高职高专公共基础课系列教材

新编计算机基础教程

（Windows 10 + Office 2016）

主编　张玉斌　张焕成

西安电子科技大学出版社

内 容 简 介

本书是根据计算机应用基础课程的教学要求，结合最新的计算机科学技术的发展成果编写的。书中以理论讲解为基础，用实例引导读者学习，深入浅出地讲解了Windows 10 操作系统和 Office 2016 办公软件的基本操作方法。全书共分五篇，内容包括 Windows 10 系统应用及网络使用、Word 2016 文字处理高效办公、Excel 2016 表格处理高效办公、PowerPoint 2016 演示文稿高效办公、网络环境下协同办公及办公数据的安全和共享。

本书在选材上力求精练、重点突出，既重视基础知识的讲解，又强调应用技能的培养；对于操作部分的讲解图文并茂、易学易用。本书可作为高职高专院校计算机基础课程的教材，也可作为计算机应用培训及企事业单位办公人员的参考书。

图书在版编目(CIP)数据

新编计算机基础教程：Windows 10 + Office 2016 / 张玉斌，张焕成主编. —西安：西安电子科技大学出版社，2020.7(2025.8 重印)
ISBN 978-7-5606-5731-8

Ⅰ.①新…　Ⅱ.①张…　②张…　Ⅲ.①Windows 操作系统—高等职业教育—教材
②办公自动化—应用软件—高等职业教育—教材　Ⅳ.①TP316.7　②TP317.1

中国版本图书馆 CIP 数据核字(2020)第 106833 号

策　　划　刘小莉
责任编辑　刘百川　雷鸿俊
出版发行　西安电子科技大学出版社(西安市太白南路 2 号)
电　　话　(029)88202421　88201467　　邮　　编　710071
网　　址　www.xduph.com　　电子邮箱　xdupfxb001@163.com
经　　销　新华书店
印刷单位　河北虎彩印刷有限公司
版　　次　2020 年 7 月第 1 版　2025 年 8 月第 5 次印刷
开　　本　787 毫米×1092 毫米　1/16　印　张　25
字　　数　592 千字
定　　价　65.00 元
ISBN 978-7-5606-5731-8

XDUP 6033001-5

前　言

随着计算机科学技术、网络技术和多媒体技术的飞速发展，计算机在人类社会的各个领域都得到了广泛的应用，并影响着人们日常的工作、学习和生活。计算机已经成为人们提高工作质量和工作效率的必备工具，因此，计算机文化、计算机基本操作是当代大学生的必修内容。

目前，“计算机应用基础”是高等职业教育的核心课程之一，属于公共基础课，教学目的是让学生逐步认识并掌握计算机在国民经济各个领域中的应用，从而为顺利进入职业生涯做好准备。

计算机应用基础教学已经进行了很多年，但由于软件升级很快，导致原来的教材内容落后于时代。另外，计算机普及程度越来越深入，大学生对计算机的熟悉程度已经比过去提高了很多，所以大学阶段的计算机基础教育需要紧跟时代，学习一些前沿的计算机实用技术。为此，我们结合当前计算机基础教育的形势和任务，并按照教育部对高职院校计算机基础课程的要求编写了本书。本书全面系统地介绍了 Windows 10 操作系统及应用、计算机上网及办公通信、Office 2016 办公软件、网络环境下协同办公及办公数据的安全和共享等方面的知识，强调知识性、技能性与应用性的紧密结合。

本书分为五篇，共 18 章，具体内容安排如下：

第一篇为 Windows 10 系统应用及网络使用，包括第 1～5 章，主要介绍 Windows 10 基本操作、文件管理与磁盘维护、Windows 10 系统环境设置、个性定制及附件管理、网络连接与设置、网络沟通与交流等。

第二篇为 Word 2016 文字处理高效办公，包括第 6～8 章，主要介绍文档基本操作、文本的输入与编辑、文本与段落样式的设置、图文混排、表格的创建与编辑、文档的高级排版技术等。

第三篇为 Excel 2016 表格处理高效办公，包括第 9～12 章，主要介绍工作簿与工作表的基本操作、工作表的编辑、数据的输入、公式与函数的使用、数据处理与图表的使用等。

第四篇为 PowerPoint 2016 演示文稿高效办公，包括第 13～16 章，主要介绍演示文稿的制作技术、演示文稿的编辑和美化、幻灯片的动画效果设置和放映方式设置等。

第五篇为网络环境下协同办公及办公数据的安全和共享，包括第 17 章和第 18 章，主要介绍办公文件的加密、共享以及常用工具软件的使用等。

本书从实际出发，力求内容新颖、技术实用、通俗易懂，适合作为高职高专院校计算机基础课程的教材。参加本书编写工作的教师均长期从事计算机基础教学和学科建设工作，计算机理论和实践教学经验十分丰富。本书由张玉斌、张焕成主编，其中张焕成编写

第 1～8 章和第 14～16 章；张玉斌编写第 9～13 章和第 17、18 章。本书的编写得到了河北艺术职业学院各级领导和西安电子科技大学出版社刘小莉等编辑的关心和支持，在此一并表示感谢。

本书各章节素材均可在西安电子科技大学出版社官网(www.xduph.com)下载。

在编写过程中，我们尽可能将最好的讲解呈现给读者，但由于水平有限，书中可能还存在不足之处，敬请读者不吝指正。若读者在学习中遇到困难或疑问，或对本书有何建议，可发 E-mail 至 jsjjc2019@126.com。

编　者

2020 年 4 月

目　　录

第一篇　Windows 10 系统应用及网络使用

第二篇 Word 2016 文字处理高效办公

第三篇 Excel 2016 表格处理高效办公

第四篇 PowerPoint 2016 演示文稿高效办公

第五篇 网络环境下协同办公及办公数据的安全和共享

第一篇

Windows 10 系统应用及网络使用

Windows 10 是微软公司推出的最新一代操作系统。在使用 Windows 10 操作系统之前，要先将 Windows 10 操作系统安装到系统中。本篇主要介绍 Windows 10 操作系统各项基本使用方法及技巧，具体包括以下五章内容：

第 1 章　从零开始——认识 Windows 10 操作系统
第 2 章　快速入门——掌握 Windows 10 操作系统
第 3 章　附件管理——轻松使用 Windows 10 的附件
第 4 章　管理控制——灵活使用 Windows 10 操作系统
第 5 章　计算机上网及办公通信——网络连接、设置及沟通交流

第 1 章　从零开始

——认识 Windows 10 操作系统

本章介绍 Windows 10 的基本操作，包括 Windows 10 的启动与退出、认识 Windows 10 桌面、开始菜单和窗口的基本操作等。

本章学习目标如下：

(1) 掌握 Windows 10 的启动方法。

(2) 掌握 Windows 10 的桌面设置方法。

(3) 了解 Cortana 小娜的设置及使用方法。

(4) 掌握 OneDrive 的设置及使用方法。

1.1　Windows 10 操作入门

1.1.1　启动与退出 Windows 10

1. 启动

按下装有 Windows 10 操作系统的主机电源开关，计算机开机自检启动，直到显示 Windows 10 操作系统欢迎界面，如图 1-1 所示。

图 1-1　Windows 10 欢迎界面

2. 登录

在 Windows 10 欢迎界面中单击鼠标左键或按键盘上的回车键，显示登录框，选择登录用户。如为 Microsoft 账户，则输入用户 PIN 码(如图 1-2 所示)，或单击【登录选项】，选择输入 Microsoft 账户密码方式登录(如图 1-3 所示)；如为本地用户，则选择登录用户，输入密码登录。

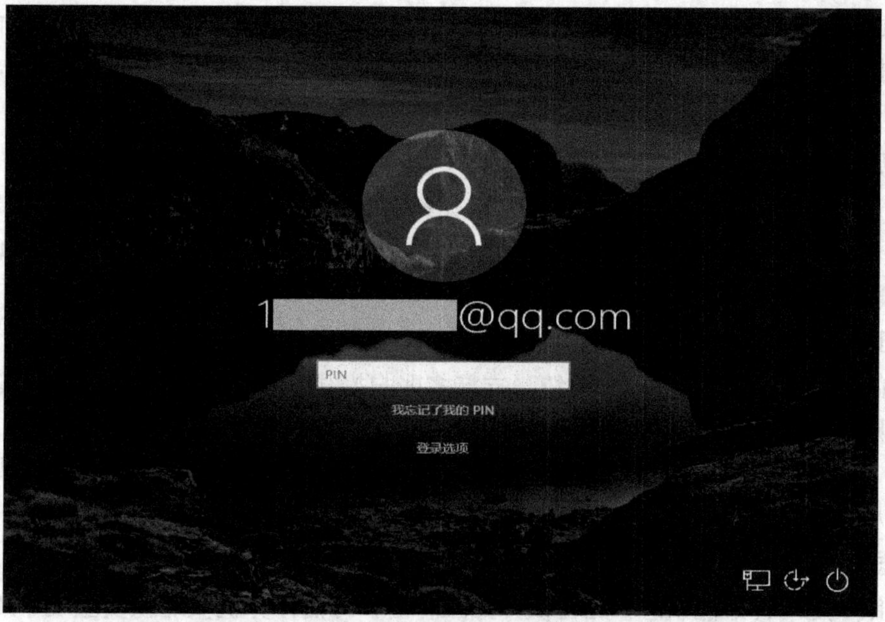

图 1-2　Microsoft 账户使用 PIN 登录

图 1-3　使用账户密码登录

可选的其他登录方式还有 Windows Hello 人脸、Windows Hello 指纹、安全密钥、图片密码等(有些计算机支持，如带指纹和摄像头的便携式计算机一般都支持)。下面以 Windows

Hello 人脸登录为例介绍 Windows 10 的登录过程，其他登录方式类似。

使用 Windows Hello 人脸登录：选择【开始】菜单→【设置】→【账户】→【登录选项】。如果计算机支持该功能，则在 Windows Hello 下将看到【人脸】选项。完成设置后，瞥一眼计算机屏幕即可登录。

3. 锁定账户

在临时不使用计算机时，为保护计算机的安全应锁定系统。在离开计算机之前，选择【开始】按钮，在【开始】菜单左侧，选择账户名称图标(或头像)，单击【锁定】，或直接按【Windows 徽标键 + L】组合键。

4. 退出登录

选择【开始】按钮，在【开始】菜单中左键单击用户头像，在弹出的菜单列表中选择【注销】。操作系统提示保存未完成的工作，然后注销当前登录账户，返回到 Windows 10 欢迎界面。

5. 切换用户

Windows 10 属于多用户操作系统，支持多账户操作，可以根据需要切换到其他账户，当前登录账户的任务仍然保留。

选择【开始】按钮，在【开始】菜单左侧，选择账户名称图标(或头像)→【切换用户】→【其他用户账户】。

6. 睡眠/唤醒

“睡眠”是一种节能状态，当再次开始工作时，可使计算机快速恢复全功率工作(通常在几秒之内)。让计算机进入睡眠状态就像暂停 DVD 播放机一样，计算机会立即停止工作，并做好继续工作的准备。

在计算机进入睡眠状态时，显示器将关闭，而且通常计算机的风扇也会停止工作。计算机机箱外侧的一个指示灯闪烁或变黄就表示计算机处于睡眠状态。这个过程只需要几秒。

由于 Windows 10 将记住用户正在进行的工作，因此在使计算机睡眠前不需要关闭应用和文件。但是，在将计算机置于任何低功耗模式前，最好还是手动保存工作。这样在下次打开计算机时(并在必要时输入密码)，屏幕显示将与先前关闭计算机时的完全一样。

使用【开始】菜单使计算机进入睡眠状态的操作为：单击【开始】按钮，然后单击【开始】菜单右下角的【睡眠】。

若要唤醒计算机，可按下计算机机箱上的电源按钮。因为不必等待 Windows 操作系统重新启动，所以计算机将在数秒内被唤醒，并且几乎可以立即恢复工作。

计算机处于睡眠状态时，耗电量极少，它只需维持内存中的工作。如果是便携式计算机，也不必担心，因为电池电量不会耗尽。计算机睡眠时间持续几个小时之后，或者电池电量变低时，系统会将用户的工作保存到硬盘上，然后计算机将完全关闭，不再消耗电量。

使用【开始】菜单使计算机进入休眠状态的操作为：单击【开始】按钮，然后在【开始】菜单左侧选择【电源】按钮→【休眠】。

在大多数计算机上，可以通过按电源按钮恢复计算机工作状态，有的计算机能够通过按键盘上的任意键、单击鼠标或打开便携式计算机的盖子来唤醒。

7. 重启

在遇到应用或操作系统失去反应、出错或其他如新安装应用程序或驱动程序后需要重启操作系统等情况时，可选择重启 Windows 10 操作系统，具体操作为：单击【开始】按钮，在【开始】菜单左侧单击【电源】按钮，然后选择【重启】，则 Windows 10 提示保存未完成的工作，然后重启计算机，重启后重新登录即可进入操作系统。

8. 关机

用完计算机以后应将其正确关闭，这一点很重要，不仅是因为节能，这样做还有助于使计算机更安全，并确保数据得到保存。关闭计算机的方法有三种：① 按计算机的电源按钮；② 使用【开始】菜单上的【关机】按钮；③ 如果是便携式计算机，则合上其盖子(需提前设置合上盖子的动作为【关机】)。

关机前，应退出所有打开的应用程序，保存未保存的文件，关闭所有打开的窗口。单击【开始】按钮，在【开始】菜单左侧选择【电源】按钮，然后选择【关机】。如果仍有未完成的工作，则 Windows 10 会提示保存未保存的文件或是否完成未完成的操作，然后关机。

1.1.2　桌面

桌面是打开计算机并登录到 Windows 10 之后看到的主屏幕区域，如图 1-4 所示。就像实际的桌面一样，它是用户工作的平面。打开应用或文件夹时，它们便会出现在桌面上。还可以将一些项目(如文件和文件夹)放在桌面上，并且随意排列它们。

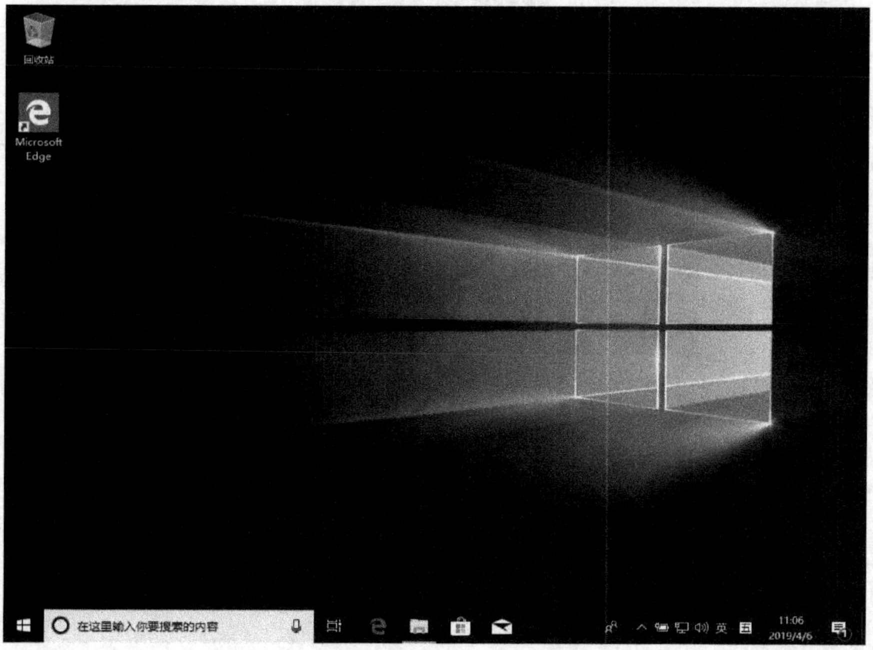

图 1-4　Windows 10 桌面

桌面由桌面背景、桌面图标、任务栏组成。任务栏位于屏幕的底部，显示正在运行的程序，并可以在它们之间进行切换。它还包含【开始】按钮，使用该按钮可以访问程序、文件夹和计算机设置。任务栏上从左到右分别是【开始】按钮、搜索图标或搜索框、Cortana(小娜)智能助理、任务视图按钮、固定到任务栏的程序区域(默认依次显示 Edge 浏览器、文件夹、Microsoft Store 微软商店、邮件和其他打开的程序)和通知区域。

有时打开的应用太多，默认桌面过于杂乱。多个桌面非常适用于将无关的持续性项目整理得井井有条，或在会议前快速切换桌面。这里可新建一个或多个虚拟桌面，将这些应用安排移动到不同桌面下运行。若要创建一个新的虚拟桌面，在任务栏上选择【任务视图】→【新建桌面】，然后将打开的某些应用拖到新桌面上。若要在多个桌面之间切换，则再次单击【任务视图】，选择其他桌面。

1.1.3　桌面背景

桌面背景为 Windows 10 系统背景图案，可根据需要进行设置。

桌面背景(也称为壁纸)可以是个人收集的数字图片、Windows 提供的图片、纯色或带有颜色框架的图片。可以选择一个图像作为桌面背景，也可以显示幻灯片放映。

在桌面空白的地方单击鼠标右键，在弹出的快捷菜单中单击【个性化】，如图 1-5 所示，打开【个性化】设置页面；在左侧单击【背景】，转到【背景】设置页面，如图 1-6 所示。

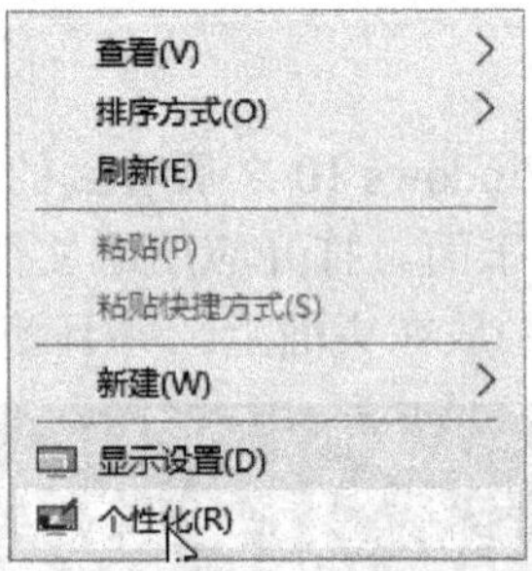

图 1-5　打开个性化设置

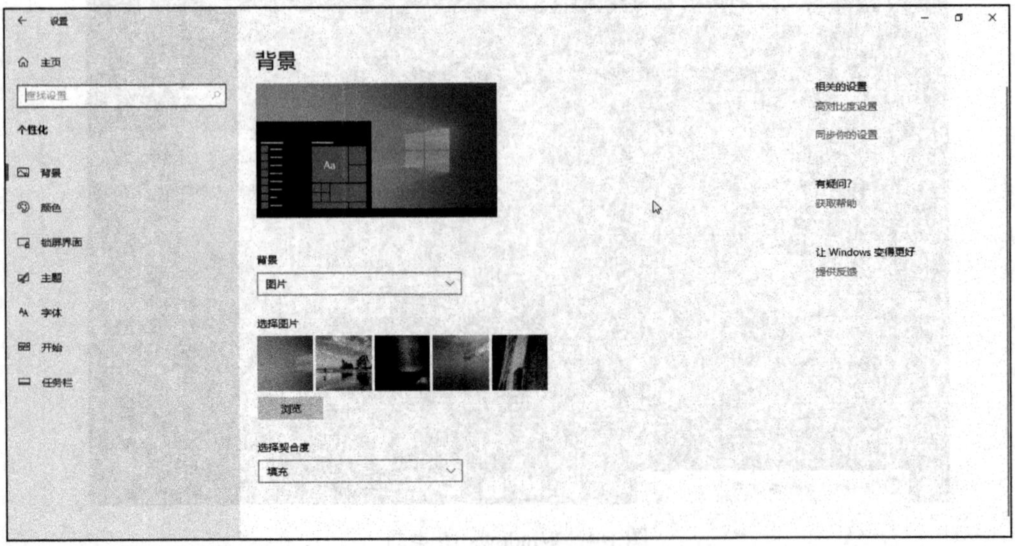

图 1-6　设置桌面背景

在【背景】栏下，可选择一张图片，或者创建图片的幻灯片放映。

如果要使用的图片不在选择图片列表中，则单击【浏览】，弹出【打开】窗口搜索计算机上的图片。找到所需的图片后，单击【选择图片】按钮，或双击该图片，将它设置为桌面背景，如图 1-7 所示。

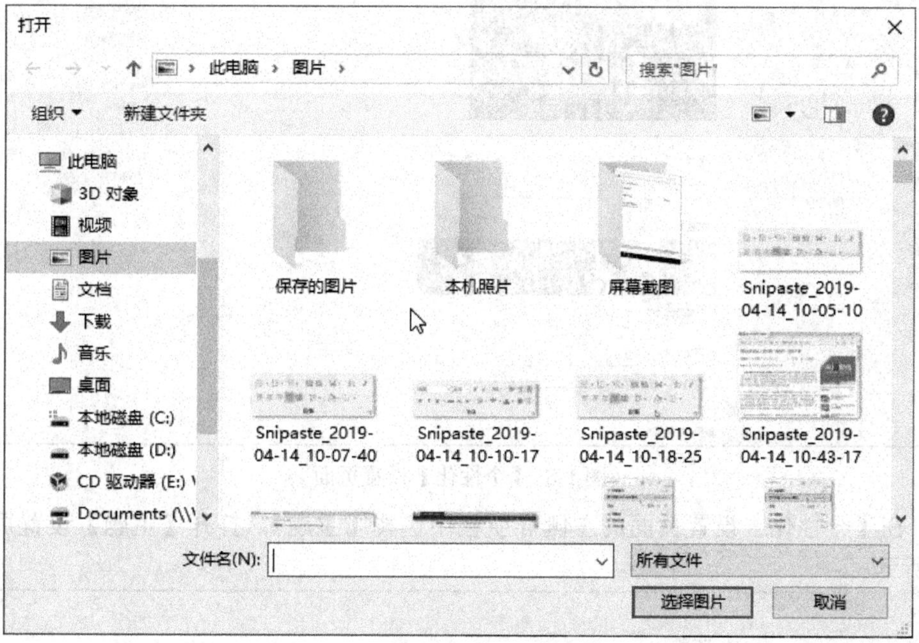

图 1-7　浏览图片设置桌面背景

选定图片后，单击【选择契合度】栏下的箭头，在下拉列表中选择图片作为背景适合屏幕大小的方式：填充、适应、拉伸、平铺、居中、跨区等。

如果选择适应或居中的图片作为桌面背景，还可以设置颜色背景。在【选择契合度】下，单击【适应】或【居中】，在新出现的【选择你的背景颜色】下选择背景颜色或自定义颜色。

另外一种设置桌面背景图片的方式是，右键单击存储在计算机上的任何图片(或当前查看的图片)，然后在快捷菜单列表中单击【设置为桌面背景】。

1.1.4　桌面图标

桌面图标由图片和相应的内容或功能描述文字组成，用来标识 Windows 10 操作系统中的应用程序、文件或文件夹等。双击桌面图标，可打开相应的程序、文件、文件夹等。Windows 10 操作系统默认有两个图标，分别为回收站和 Edge 浏览器，回收站用于临时存储删除的文件和文件夹，Edge 浏览器用于进行网页浏览。也可根据需要显示更多的系统图标或向桌面添加应用或文件和文件夹图标。

1. 添加系统图标

常用的系统桌面图标包括【此电脑】、用户文件夹、【回收站】、【控制面板】和【网络】。

添加或删除常用的桌面图标的步骤如下：

(1) 鼠标右键单击桌面上的空白区域，在弹出的快捷菜单中单击【个性化】，打开【个性化】设置页面，如图 1-8 所示。

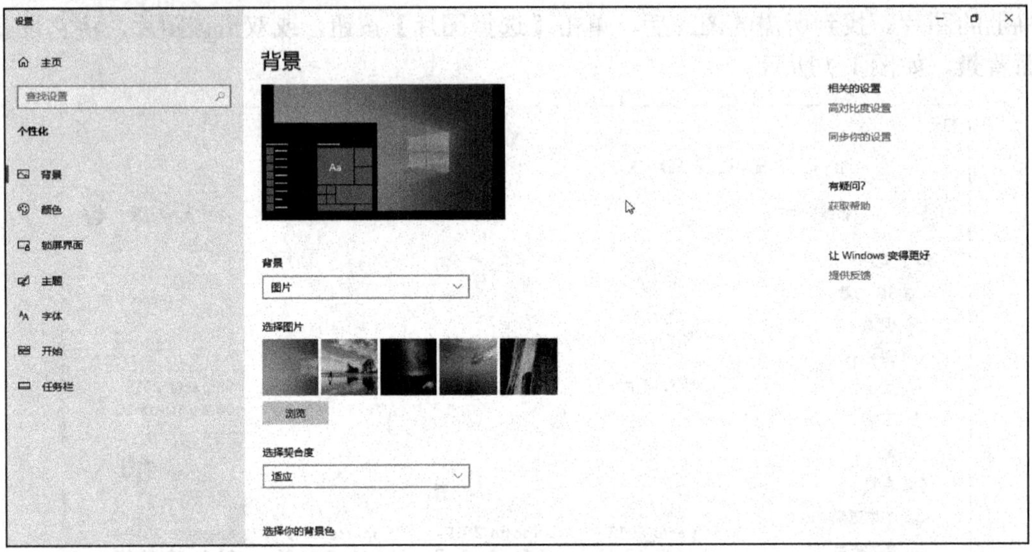

图 1-8 【个性化】设置页面

(2) 在【个性化】设置页面的左侧导航栏中选择【主题】，打开【主题】设置页面，如图 1-9 所示。

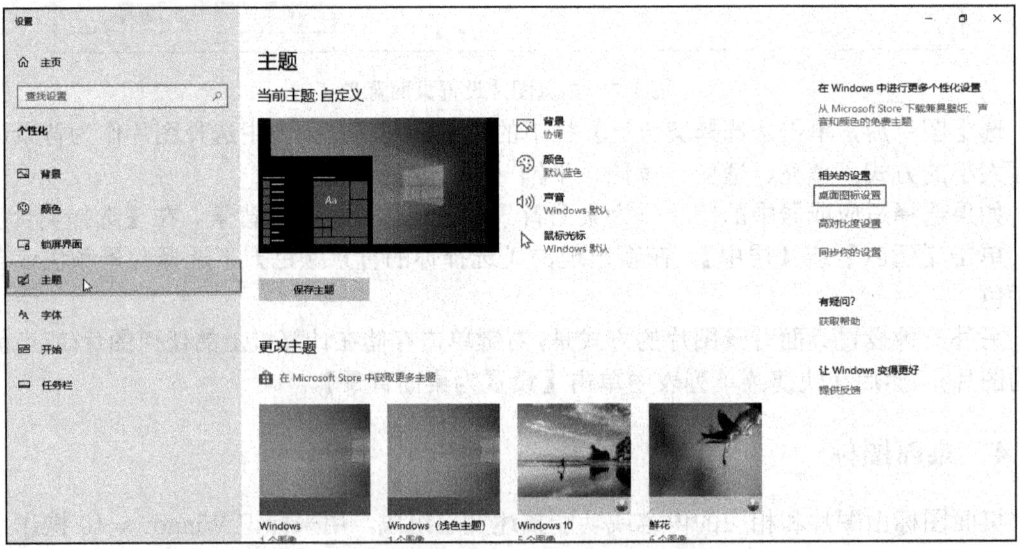

图 1-9 【主题】设置页面

(3) 在【主题】设置页面中单击【相关的设置】下的【桌面图标设置】，打开【桌面图标设置】对话框，如图 1-10 所示。

(4) 在【桌面图标】下面，选中想要添加到桌面的图标的复选框，或清除想要从桌面上删除的图标的复选框，然后单击【确定】。

(5) 选中某个图标，然后单击【更改图标】，可以更改默认图标，修改后如想改回系统默认图标，可单击【还原默认值】，如图 1-11 所示。

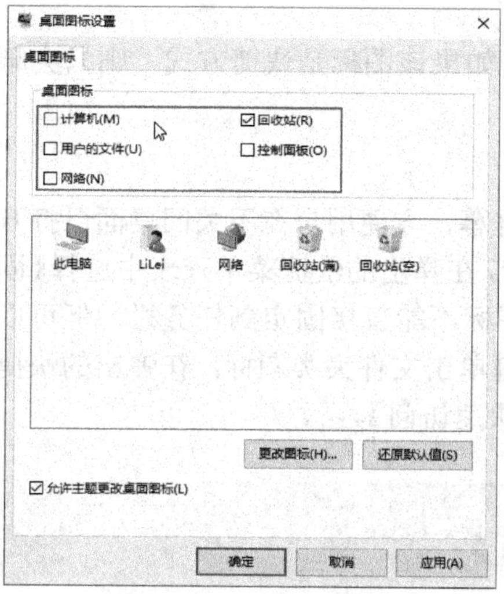

图 1-10 【桌面图标设置】对话框

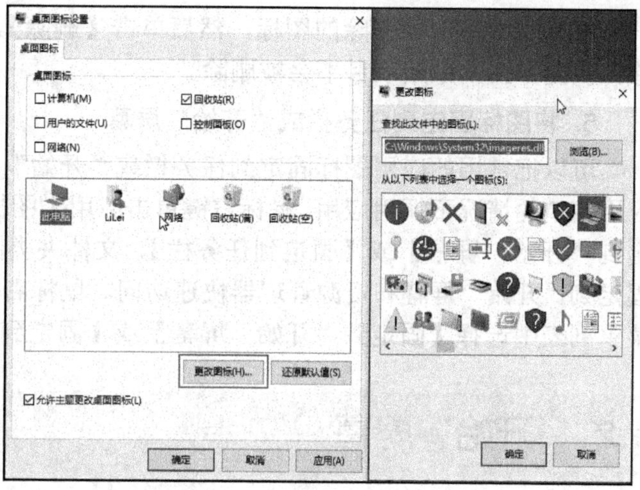

图 1-11 更改默认系统图标

2. 排列图标

除了手动移动图标外，还可以让 Windows 自动排列图标。鼠标右键单击桌面上的空白区域，在弹出的快捷菜单中单击【查看】，勾选【自动排列图标】，如图 1-12 所示，Windows 便将图标排列在左上角并将其锁定在此位置。若要对图标解除锁定以便移动它们，可再次单击【自动排列图标】，同时清除旁边的复选标记。

默认情况下，Windows 会在不可见的网格上均匀地隔开图标。若要将图标放置得更近或更精确，需要关闭网格。鼠标右键单击桌面上的空白区域，在弹出的快捷菜单中单击【查看】，然后单击【将图标与网格对齐】以清除复选标记，如图 1-13 所示。重复这些步骤可将网格再次打开。

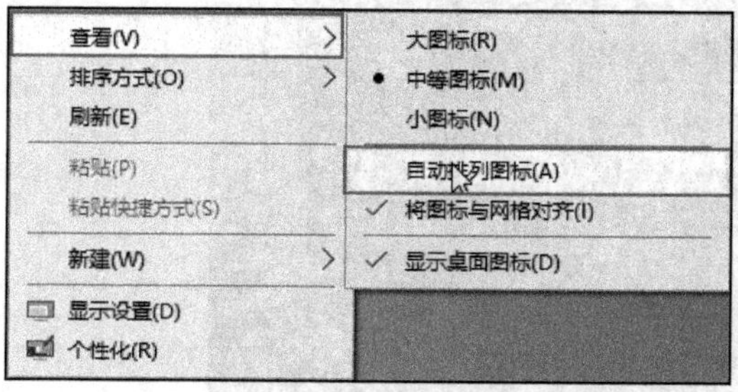

图 1-12 自动排列图标

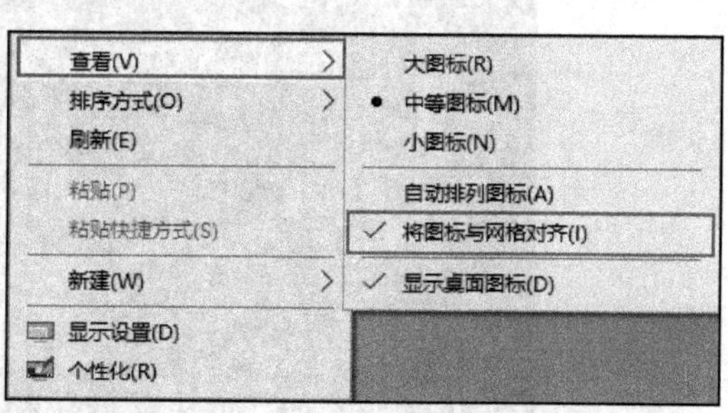

图 1-13 设置和取消图标与网络对齐

3. 隐藏和显示所有桌面图标

如果想要临时隐藏所有桌面图标，而并不删除它们，可以鼠标右键单击桌面上的空白部分，在弹出的快捷菜单中单击【查看】，然后单击【显示桌面图标】以从该选项中清除复选标记，如图 1-14 所示。也可以通过再次单击【显示桌面图标】来显示图标。

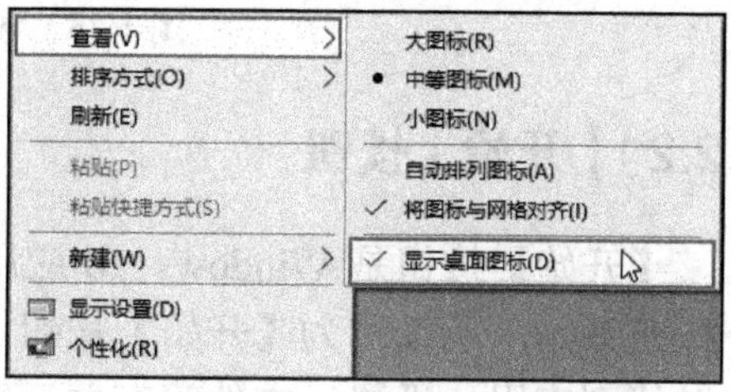

图 1-14 显示和隐藏桌面图标

4. 删除桌面图标

鼠标右键单击要删除的图标，然后单击【删除】。如果该图标是快捷方式，则只会删除该快捷方式，原始项目不会被删除。

5. 将图标固定到任务栏或“开始”屏幕

可以把常用的应用图标固定到任务栏或“开始”屏幕，方便用户在不关闭桌面已打开应用窗口的情况下调用应用。鼠标右键单击应用类图标，在弹出的快捷菜单列表中选择【固定到“开始”屏幕】或【固定到任务栏】。文件夹类图标不能直接固定到任务栏，但可以固定到“开始”屏幕和资源管理器快速访问。鼠标右键单击文件夹类图标，在弹出的快捷菜单列表中选择【固定到“开始”屏幕】或【固定到快速访问】。

1.2 “开始”屏幕

1.2.1 “开始”屏幕的组成

鼠标左键单击【开始】按钮，打开“开始”屏幕，如图 1-15 所示。“开始”屏幕左侧由下向上分别为电源、设置、图片、文档、用户和展开菜单按钮；中间从上向下依次为最近添加的应用、最常用的应用和以首字母分类排序的应用列表；右侧为固定到“开始”屏幕的应用磁贴区域。

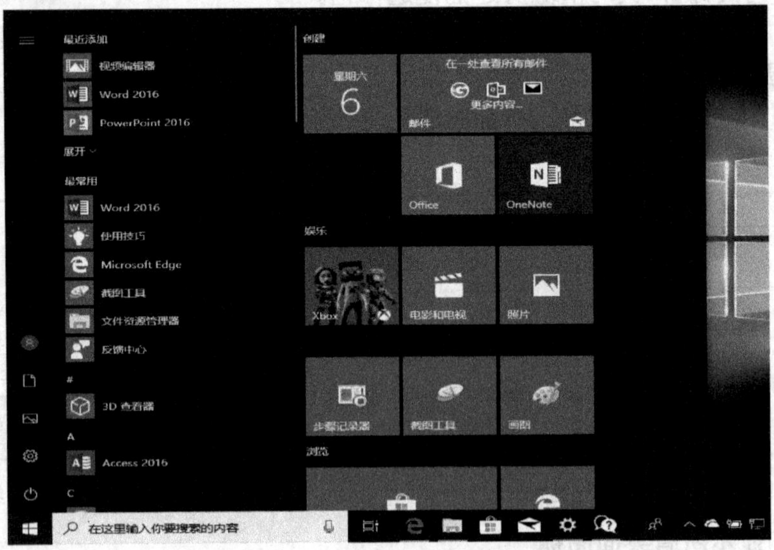

图 1-15　Windows 10 的“开始”屏幕

1.2.2 【开始】按钮

【开始】按钮是 Windows 10 应用、文件夹和设置的主入口。大部分操作都从单击这个按钮开始，所以称为【开始】按钮。鼠标左键单击【开始】按钮，打开“开始”屏幕，可以找到应用、设置、文件等有关计算机操作的全部内容。

1. 电源

鼠标左键单击【电源】选项，可将计算机关机、重启、睡眠。

2. 设置

鼠标左键单击【设置】选项，打开【设置】窗口，对账户等相关选项进行设置，如图1-16 所示。

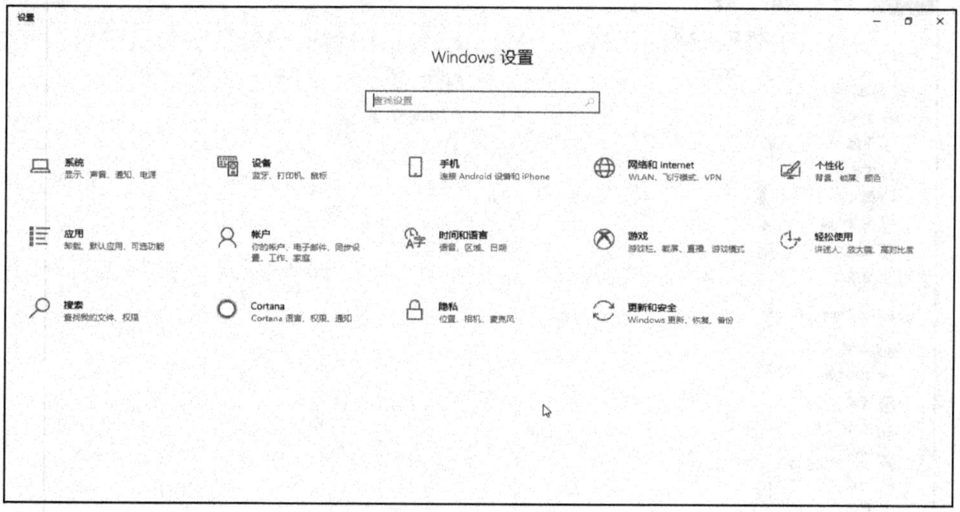

图 1-16 【设置】窗口

3. 图片

鼠标左键单击【图片】选项，打开本机【图片】库文件夹，如图 1-17 所示。该文件夹为 Windows 10 操作系统默认的图片保存位置，使用画图等工具创建的图片会默认保存在这个文件夹内。

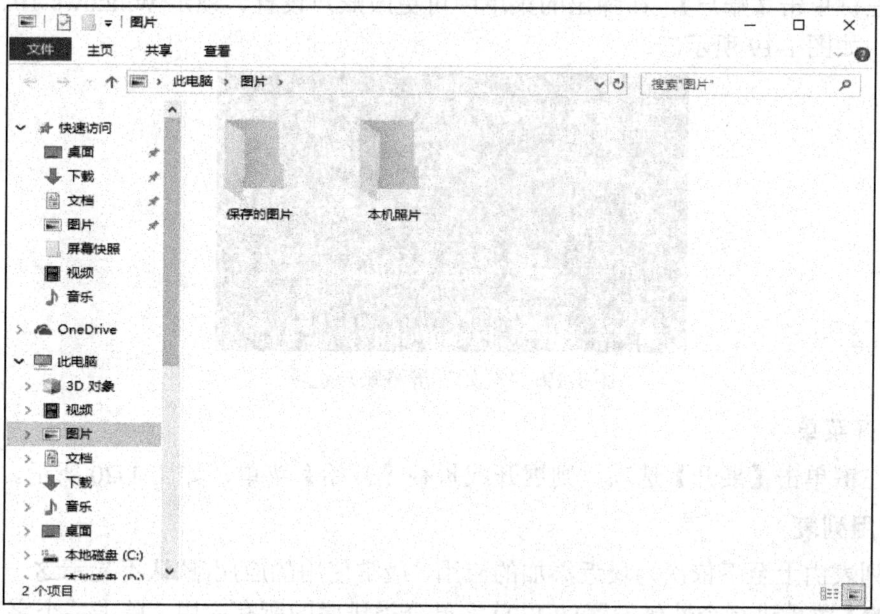

图 1-17 【图片】库文件夹

4. 文档

鼠标左键单击【文档】选项，打开本机【文档】库文件夹，如图 1-18 所示。该文件夹为 Windows 10 操作系统默认的文档保存位置，使用记事本、写字板和 Office 程序创建的文档，会默认保存在这个文件夹内。

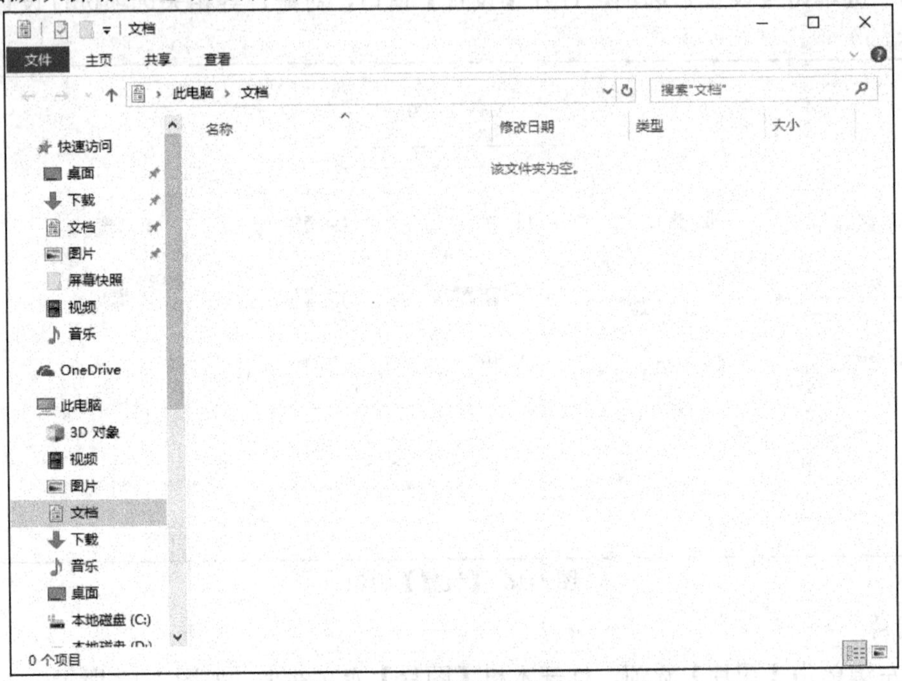

图 1-18 【文档】库文件夹

5. 用户

鼠标左键单击【账户】，在弹出的菜单中可更改账户设置、锁定 Windows 10、注销或切换账户，如图 1-19 所示。

图 1-19 “开始”屏幕账户选项

6. 展开菜单

鼠标左键单击【展开】选项，则展开或折叠【开始】菜单，如图 1-20 所示。

7. 应用列表

应用列表由上至下依次为最近添加的应用、最常使用的应用(默认不显示这一部分，需要对【开始】菜单进行个性化设置)和以首字母分类排序的所有应用。单击某个字母，切换到以字母为索引的列表，然后单击要查找应用的首字母，切换到以该字母为首字母的应用列表，这样方便找到应用，如图 1-21 所示。

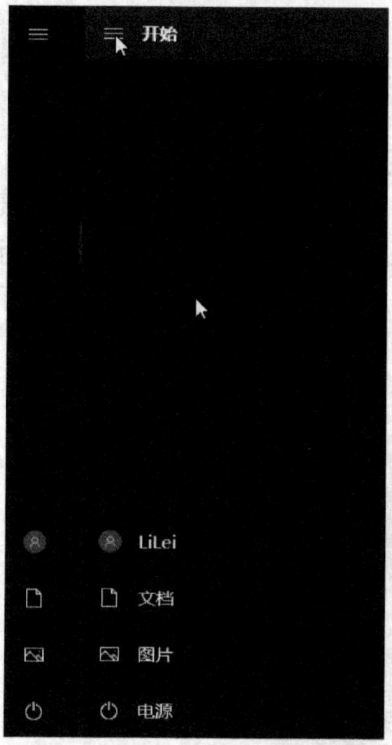

图 1-20　【开始】菜单【展开】按钮

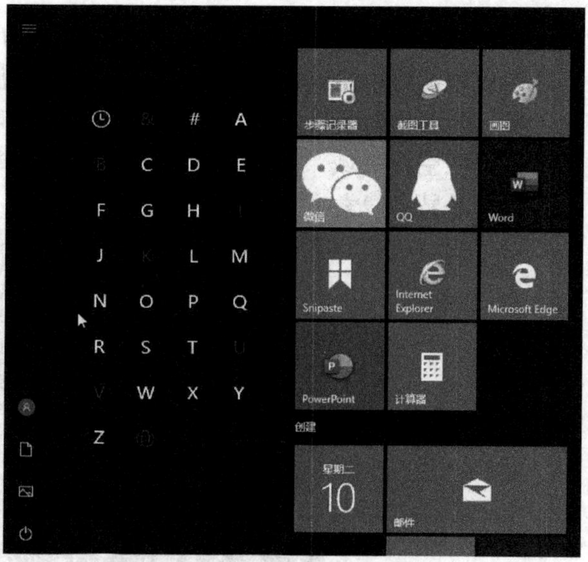

图 1-21　【开始】屏幕应用索引

8. 【开始】按钮快捷菜单

鼠标右键单击【开始】按钮，弹出【开始】按钮快捷菜单，可快速访问 Windows 10 各方面设置的相关功能，如图 1-22 所示。

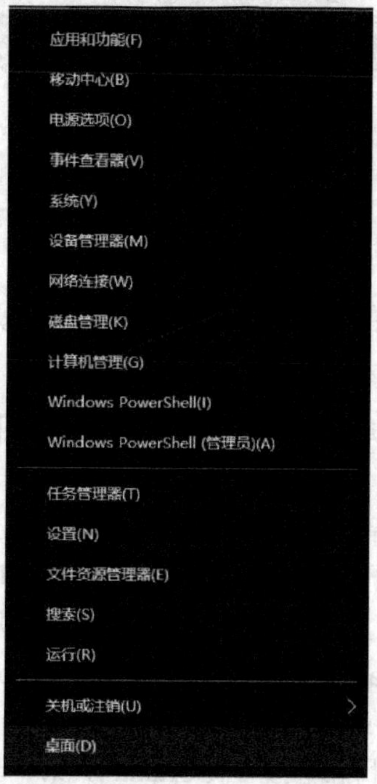

图 1-22　【开始】按钮快捷菜单

1.3　搜索框

搜索在任务栏上有两种显示方式：① 显示为搜索图标，优点是占用任务栏空间小，缺点是搜索时需要单击切换为搜索框；② 显示为搜索框，优点是可直接在其中输入要搜索的内容，缺点是占用任务栏较大空间。设置搜索任务栏上显示方式的操作如下：鼠标右键单击任务栏空白区域，在弹出的快捷菜单中选择【搜索】，然后选择【隐藏】、【显示搜索图标】或【显示搜索框】，如图 1-23 所示。

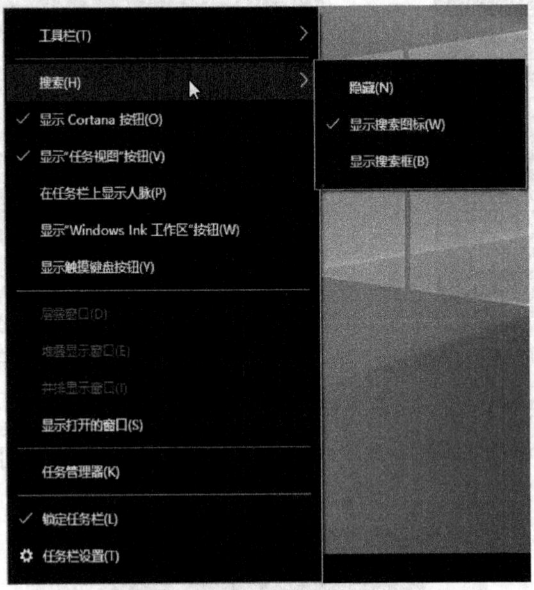

图 1-23　设置搜索显示方式

1.4　Cortana(小娜)

Cortana (小娜)是 Microsoft 的数字助理，其使命是帮助用户做好各种事情。

1. 启动 Cortana

可使用语音【你好小娜】或单击任务栏上的 Cortana 图标来启动 Cortana，并对 Cortana 讲话。

最常用易用的还是使用语音命令打开应用或对计算机进行设置以及设置提醒。比如，使用语音命令【你好小娜，打开记事本】，Cortana 将语音响应用户的要求，并打开记事本应用。使用【你好小娜，打开设置】，Cortana 将打开设置页面。用户甚至可以要求 Cortana 唱首歌或讲个笑话，或和 Cortana 闲聊。如果不确定 Cortana 能完成的工作，可尝试问 Cortana【你会做什么?】，如图 1-24 所示。

Cortana 旨在帮助用户处理日常任务。Cortana 从第一天起就做好了随时回答用户问题和完成基本任务的准备，她会随时间的推移不断学习，以便为用户提供越来越多的帮助。

图 1-24　Cortana (小娜)运行界面

2. 隐藏 Cortana

Cortana 是构成 Windows 10 的一部分。这意味着无法完全关闭 Cortana。如果用户不希望使用此功能，可将 Cortana 从任务栏中隐藏：在任务栏上，鼠标右键单击【Cortana】或空白处，在弹出的快捷菜单中清除勾选【显示“Cortana 按钮”】。

3. 设置 Cortana

单击 Cortana 界面左侧窗格上的【设置】，打开【Cortana】设置页面，对 Cortana 的外观、响应方式、语言、权限等进行详细设置。比如，在【你好小娜】下打开【让 Cortana 响应“你好小娜”】功能，这样通过语音就能唤醒 Cortana，如图 1-25 所示。

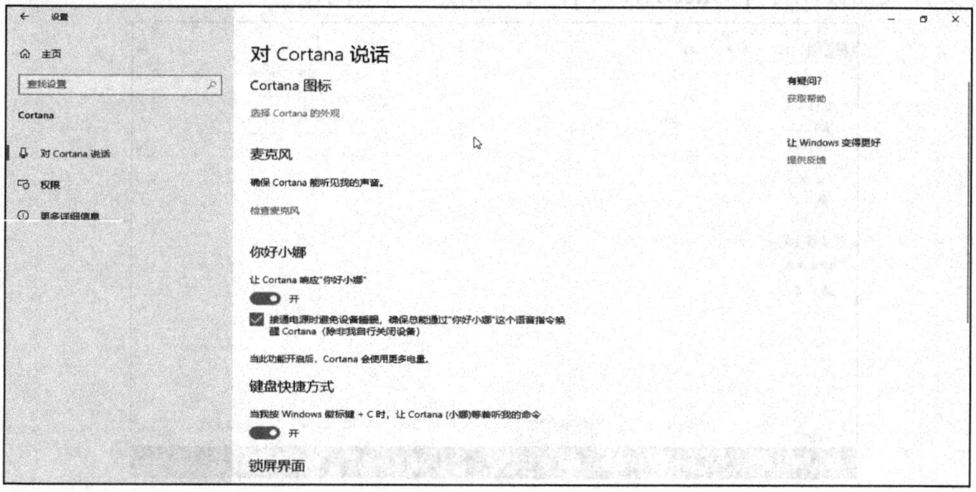

图 1-25　Cortana 设置

1.5　任务视图

任务视图用于显示当前使用的桌面、运行的应用和打开的窗口，以便在不同桌面、应用、窗口间切换，如图 1-26 所示。

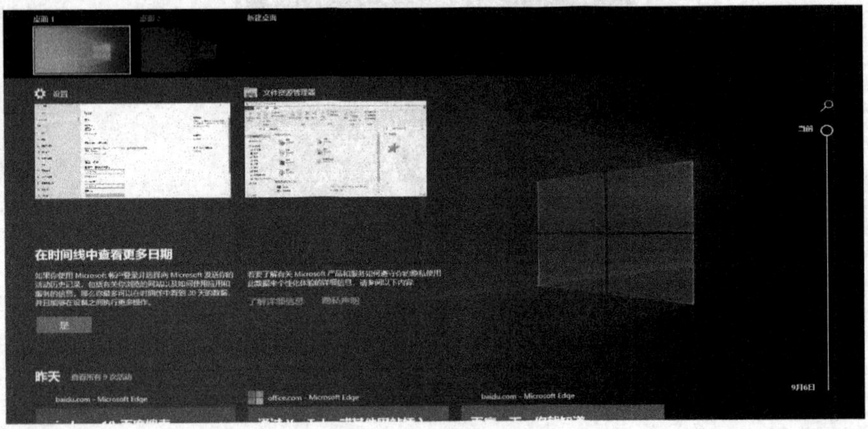

图 1-26　任务视图

任务视图还提供了时间线，时间线可以让用户随时跳转到某个时间点，去查看当时所做的工作。可视化的时间轴上展现了客户做过的一切，并且可以快捷地跳转到任何时间点去访问文件、应用和网站，允许用户在当前正在运行的应用程序和过去的活动之间进行切换。

在任务视图中，还可以新建一个或多个虚拟桌面以整理应用，并在桌面间切换。

使用虚拟桌面整理打开应用：若要创建一个新的虚拟桌面，则在任务栏上选择【任务视图】→【新建桌面】，然后打开某些应用。若要在桌面之间切换，则返回任务视图。

OneDrive 是 Microsoft 账户附带的免费网盘。用户可以将文件保存在 OneDrive 文件夹中，以便在任何设备上访问它们。OneDrive 图标在任务栏的右侧，单击【OneDrive】，然后选择文件夹图标以打开 OneDrive 文件夹，如图 1-27 所示。

图 1-27　OneDrive 文件夹初始内容

第 2 章　快速入门

——掌握 Windows 10 操作系统

本章介绍了 Windows 10 中应用窗口的组成和窗口的基本操作。

本章学习目标如下：

(1) 掌握 Windows 10 窗口的使用方法。

(2) 掌握 Windows 10 的个性化设置方法。

2.1　窗口

每当打开程序、文件或文件夹时，它都会在屏幕上称为窗口的框或框架中显示(这是 Windows 操作系统获取其名称的位置)。因为在 Windows 中窗口随处可见，了解如何移动它们、更改它们的大小或隐藏它们就变得很重要。

2.1.1　窗口的组成

虽然每个窗口的内容各不相同，但所有窗口都有一些共通点：一方面，窗口始终显示在桌面上；另一方面，大多数窗口都具有相同的基本组成部分。画图应用的窗口如图 2-1 所示。

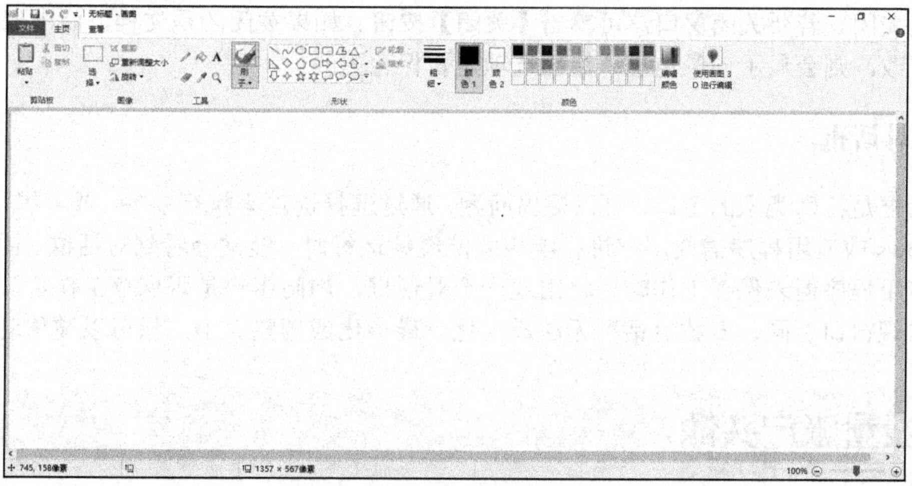

图 2-1　画图应用窗口

2.1.2　窗口的基本操作

若要移动窗口，则用鼠标指针指向标题栏，然后将窗口拖动到合适的位置(“拖动”意味着指向项目，按住鼠标按钮，用指针移动项目)然后释放鼠标按钮。

若要使窗口填满整个屏幕，则单击【最大化】按钮或双击该窗口的标题栏。

若要将最大化的窗口还原到以前的大小，则单击【还原】按钮(此按钮出现在【最大化】按钮的位置上)或双击窗口的标题栏。

若要调整窗口的大小，则将鼠标指向窗口的任意边框或角，当鼠标指针变成双箭头时，拖动边框或角可以缩小或放大窗口。需要注意的是，已最大化的窗口无法调整大小，必须先将其还原为先前的大小。另外，虽然多数窗口可被最大化和调整大小，但也有一些固定大小的窗口，如对话框。

隐藏窗口又称为最小化窗口。如果要隐藏窗口而不将其关闭，则可以将其最小化。若要最小化窗口，则单击【最小化】按钮后，窗口就会从桌面上消失，只在任务栏上显示为按钮。若要使最小化的窗口重新显示在桌面上，则单击其任务栏按钮，窗口就会准确地按最小化前的样子显示。

如果打开了多个应用或文档，桌面会快速布满杂乱的窗口，这样不容易跟踪已打开的窗口，因为一些窗口可能部分或完全覆盖了其他窗口。

通过按【Alt + Tab】组合键可以切换回先前的窗口，通过按住【Alt】键并重复按【Tab】键可以循环切换所有打开的窗口和桌面。释放【Alt】键可以显示所选的窗口。

在桌面上可以按喜欢的任何方式排列窗口。还可以按层叠、纵向堆叠或并排三种方式使 Windows 自动排列窗口。若要应用这些选项，则在桌面上打开多个窗口后用鼠标右键单击任务栏的空白区域，在弹出的快捷菜单中选择【层叠窗口】、【堆叠显示窗口】或【并排显示窗口】。

对齐窗口将在移动窗口的同时自动调整窗口的大小，或将这些窗口与屏幕的边缘对齐。对齐窗口可以并排排列窗口、垂直展开窗口或最大化窗口。

关闭窗口会将其从桌面和任务栏中删除。当打开程序或文档的窗口无须继续使用时，可以将其关闭。若要关闭窗口，可单击【关闭】按钮。如果关闭的是文档，而未保存对其所做的更改，则会显示一条消息，给出选项是否保存更改。

2.1.3　对话框

对话框是特殊类型的窗口，可以提出问题，通过选择选项来执行任务，或者提供信息。当 Windows 或应用程序需要用户进行响应才能继续运行时，经常会看到对话框。比如，用户退出应用程序但未保存工作时，将出现一个对话框，询问用户是否保存工作。

与常规窗口不同，多数对话框无法最大化、最小化或调整大小，只可以被移动。

2.2　设置账户头像

若要为账户选择在登录屏幕、【开始】菜单上显示的头像，则选择【开始】→【设置】

→【账户】→【账户信息】，在【创建头像】下选择【相机】或【从现有图片中选择】，如图 2-2 所示。

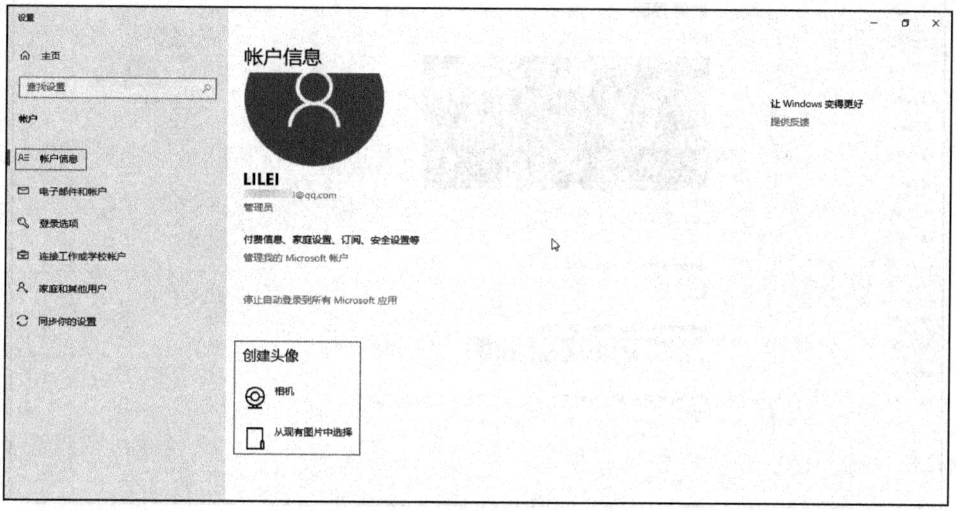

图 2-2　创建或更改账户头像

2.3　Windows 10 个性化显示

2.3.1　使用图片作为桌面背景

选择【开始】→【设置】→【个性化】→【背景】，在【背景】下选择【图片】→【浏览】，选择想要使用的图片，如图 2-3 所示。

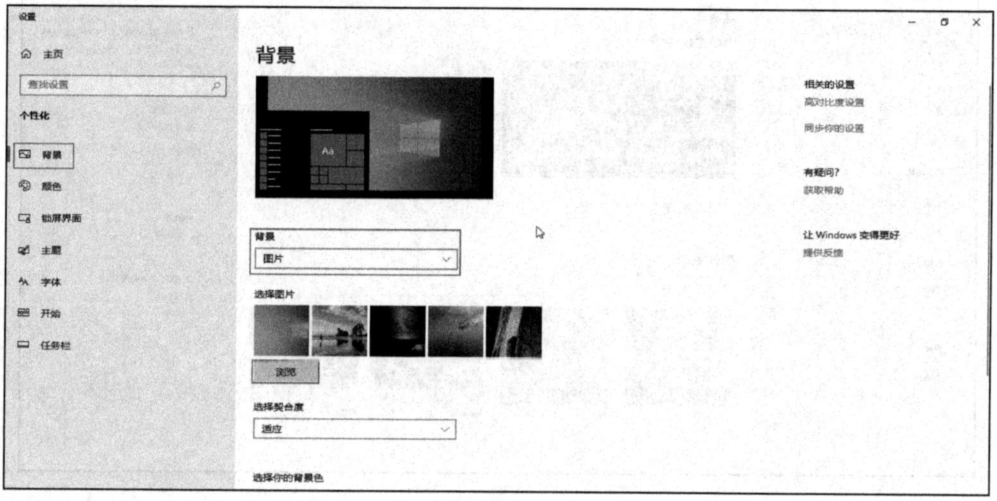

图 2-3　使用图片作为桌面背景

2.3.2　个性化锁屏界面

选择【开始】→【设置】→【个性化】→【锁屏界面】，然后更改设置可选择需要的锁屏界面外观和在锁屏界面上显示状态的应用，如图 2-4 所示。

图 2-4　个性化锁屏界面

2.3.3　更改主题

更改主题可以在计算机上彰显用户的个性。选择【开始】→【设置】→【个性化】→【主题】，然后选择要应用的新主题，或更改现在主题的背景、颜色、声音、鼠标光标等，如图 2-5 所示。除了默认的内置主题外，还可以选择【在 Microsoft Store 中获取更多主题】，下载新的桌面主题。

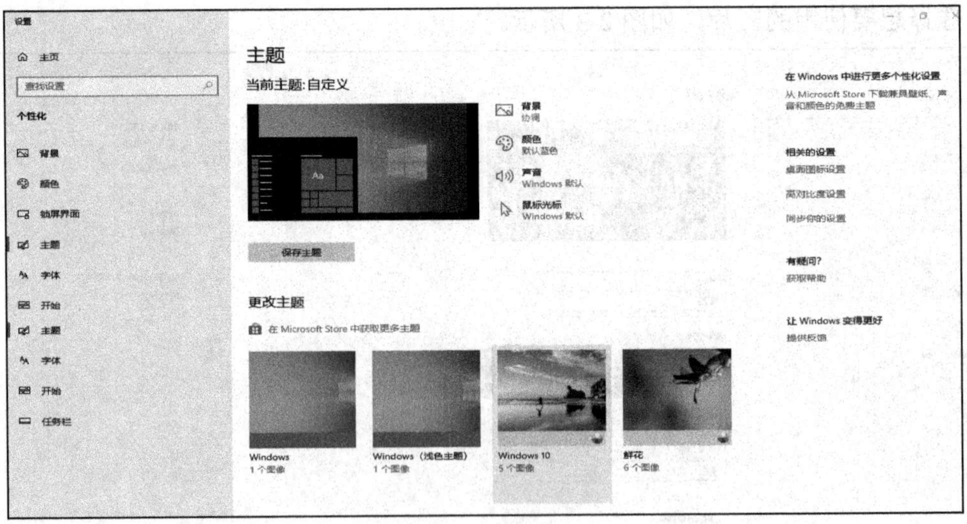

图 2-5　更改主题

2.3.4　自定义桌面颜色

选择【开始】→【设置】→【个性化】→【背景】，在右侧的【背景】下选择【纯色】，然后选择【自定义颜色】，创建用户最喜爱的色调，如图 2-6 所示。

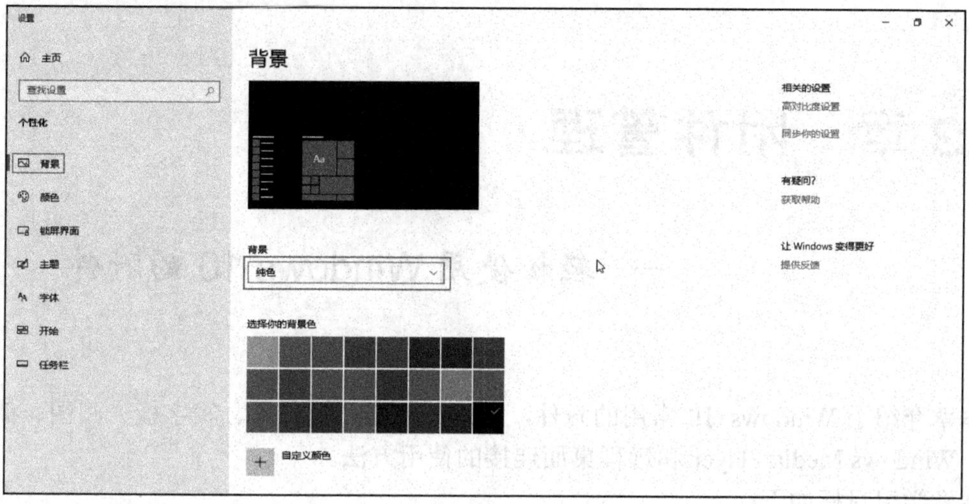

图 2-6　自定义桌面颜色

2.3.5　更改系统日期与时间

计算机时钟用于记录创建或修改计算机中文件的时间。计算机系统的日期与时间有时可能显示不正确，这时就需要更改系统的日期和时间。

鼠标右键单击任务栏右侧的【日期和时间】，在快捷菜单中选择【调整日期/时间】，打开【日期和时间】设置页面，如图 2-7 所示。

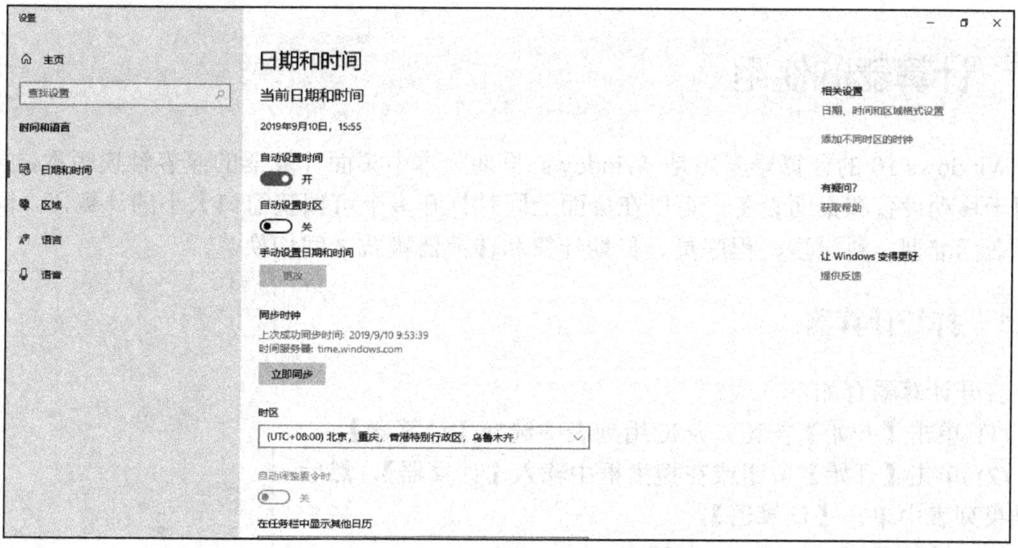

图 2-7　【日期和时间】设置页面

系统默认自动设置时间，可通过单击【同步时钟】下的【立即同步】，校正和更新时间。若要手动设置日期和时间，则首先关闭【自动设置时间】开关，然后单击【更改】，在打开的【更改日期和时间】对话框中设置日期和时间，完成后单击【更改】。若要更改时区，则单击时区的下拉列表框选择当前所在的时区。

第 3 章　附件管理

——轻松使用 Windows 10 的附件

本章介绍了 Windows 10 常用的附件，包括计算器、记事本、写字板、画图、截图、便签、Windows Media Player 和远程桌面连接的使用方法。

本章学习目标如下：

(1) 掌握计算器的使用。

(2) 掌握记事本的使用。

(3) 掌握写字板的使用。

(4) 掌握画图的使用。

(5) 掌握截图的使用。

(6) 掌握远程桌面连接的使用。

(7) 了解 Windows Media Player 的使用。

3.1　计算器的使用

Windows 10 的计算器应用是 Windows 早期版本中桌面计算器的兼容触摸版本，同时适用于移动设备和桌面设备。可以在桌面上同时打开多个可调整窗口大小的计算器，同时可以在标准型、科学型、程序员、日期计算和转换器模式之间切换。

3.1.1　打开计算器

打开计算器有如下方式：

(1) 单击【开始】按钮，从应用列表中选择【计算器】。

(2) 单击【开始】按钮或在搜索框中输入【计算器】，然后在结果列表中单击【计算器】。

标准计算器窗口如图 3-1 所示。

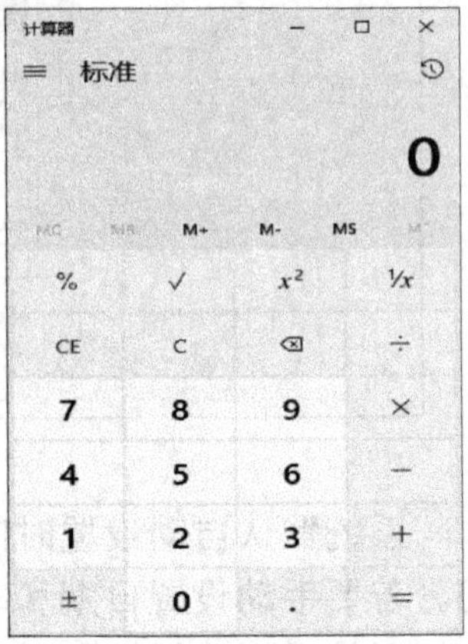

图 3-1　标准计算器

单击【导航】按钮，然后选择所需模式。切换模式时，将清除当前的计算。除了加、减、乘、除这样简单的运算，计算器还提供了科学型计算器和程序员计算器的高级功能。可以单击计算器按钮来执行计算，或者使用键盘键入进行计算。通过按键盘上的【Num Lock】，还可以使用数字键盘键入数字和运算符。

3.1.2　查看计算历史记录

计算历史记录可以跟踪计算器在一个会话中执行的所有计算，并可用于标准模式和科学型模式。

单击【历史记录】按钮，或按【Ctrl + H】组合键，则会显示计算历史记录列表用于查看，再次单击该按钮，则回到计算模式。

标准模式和科学型模式中的计算历史记录会分别进行保存。显示的历史记录取决于当前所使用的模式。

3.1.3　计算日期

可以使用计算器计算两个日期之差，或计算自某个特定日期开始增加或减少天数。单击【导航】按钮，选择【日期计算】，如图 3-2 所示。

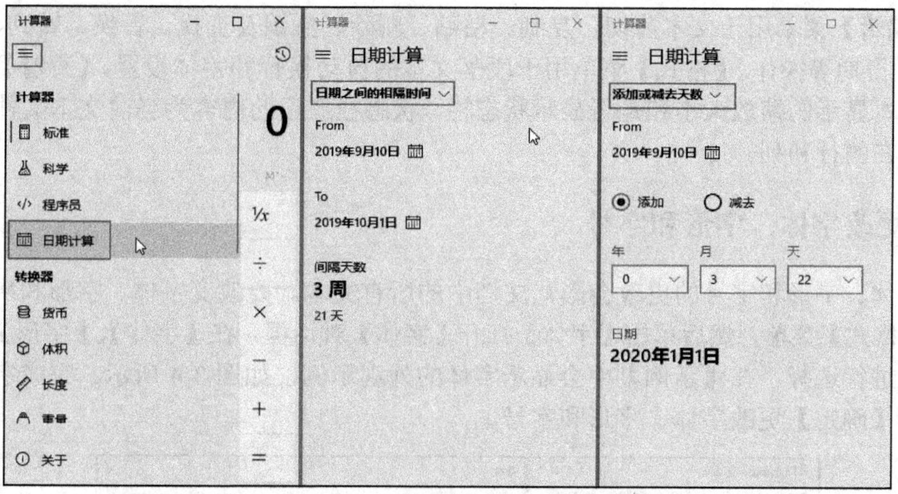

图 3-2　使用计算器进行日期计算

选择【日期之间的相隔时间】，在 From 下日历控件中点选开始日期，在 To 下日历控件中点选到期日期，则自动计算出相隔几周几天和总天数。

选择【添加或减去天数】，则可计算出指定日期向后或向前推一段时间(若干年月日)的日期。

3.2　记事本的使用

记事本是 Windows 10 操作系统默认安装的一个简单快捷的文本编辑器应用，主要用来进行非格式文字信息的记录和存储。常用于简单文本的记录、配置文件、批处理命令等文本的编辑。虽然 Windows 10 操作系统中的记事本也能进行字体格式的设置，但重点还是纯文本的编辑，其保存文件的默认类型为文本文档，扩展名默认为“.txt”。

3.2.1　打开记事本

打开记事本有如下方式：

(1) 单击【开始】按钮，从应用列表中选择【Windows 附件】应用组下的【记事本】。

(2) 单击【开始】按钮，或在任务栏上的搜索框中键入“记事本”，然后在结果列表中单击【记事本】。

记事本启动后的工作界面如图 3-3 所示。

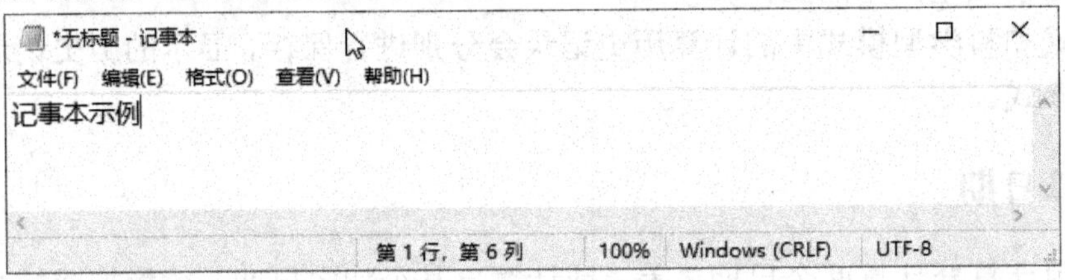

图 3-3　记事本工作界面

【文件】菜单用于文本文件的新建、打开、保存、另存为、页面设置和打印及退出记事本。【编辑】菜单用于文本剪切、复制、粘贴、删除、撤销及查找、替换、转到、全选、插入时间/日期等操作。【格式】菜单用于段落文本的自动换行和字体设置。【查看】菜单用于设置文本显示的缩放大小和是否显示状态栏，状态栏显示的内容为当前文本文件的格式和光标所在的行和列。

3.2.2　更改字体、字形和字号

对字体、字形和字号的更改会影响文档中的所有文本。要改变字体、字形和字号，首先单击【格式】菜单，然后单击【字体】打开【字体】对话框，在【字体】、【字形】和【字号】框中进行选择。在【示例】中会显示字体的外观示例，如图 3-4 所示。完成字体选择后，单击【确定】更改字体、字形和字号。

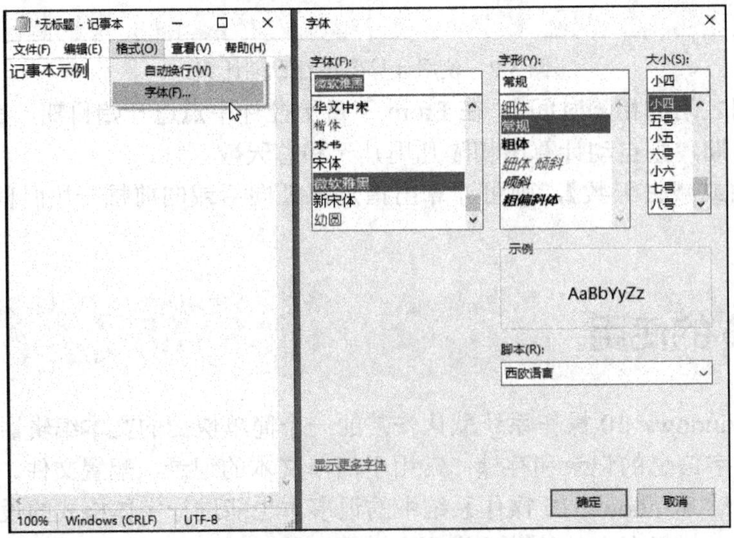

图 3-4　设置字体、字形和字号

3.2.3 剪切、复制、粘贴或删除文本

通过【编辑】菜单能够实现文本剪切、复制、粘贴和删除等操作，如图 3-5 所示。

图 3-5 记事本的【编辑】菜单

3.2.4 打印记事本文档

要打印记事本文档，首先单击【文件】菜单，然后单击【打印】。在【打印】对话框中的【常规】选项卡下，选择所需的打印机及其打印选项，并设置打印范围和份数，然后单击【打印】开始打印文档，如图 3-6 所示。

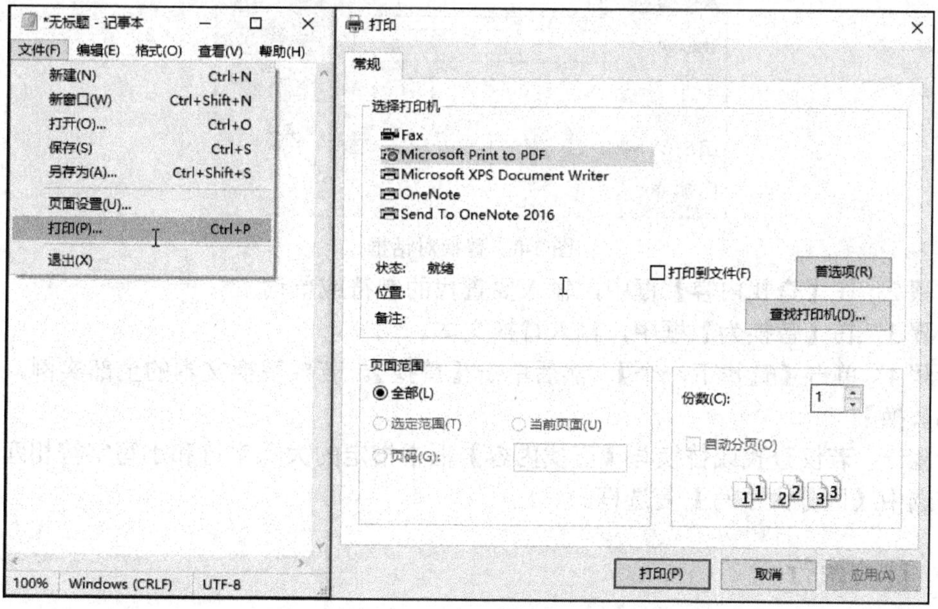

图 3-6 记事本中的打印

若要更改决定打印文档外观的设置，可单击【文件】菜单，打开【页面设置】并在其中设置打印文档外观。

3.2.5 查找和替换特定的字符或单词

1. 查找特定的字符或单词的步骤

步骤 1　单击【编辑】菜单，然后单击【查找】。

步骤 2　在【查找内容】框中，键入要查找的字符或单词，如图 3-7 所示。

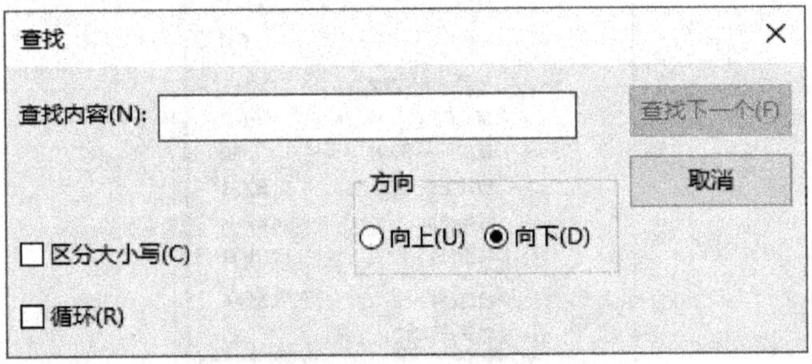

图 3-7　查找对话框

步骤 3　在【方向】下，单击【向上】从当前光标位置向文档顶部进行搜索，单击【向下】从光标位置向文档底部进行搜索。

步骤 4　单击【查找下一个】。

2. 替换特定的字符或单词的步骤

步骤 1　单击【编辑】菜单，输后单击【替换】，如图 3-8 所示。

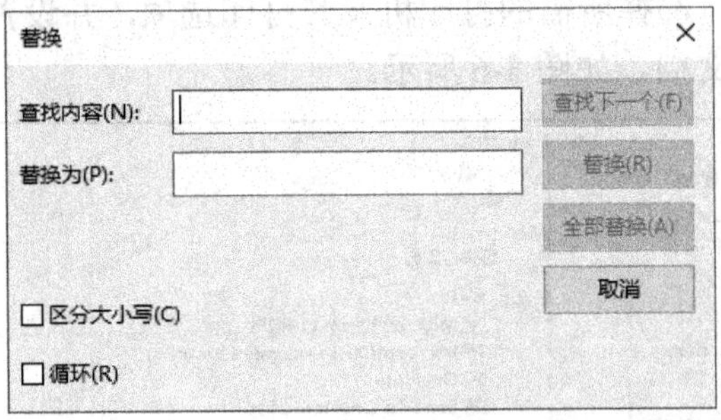

图 3-8　替换对话框

步骤 2　在【查找内容】框中，输入要查找的字符或单词。

步骤 3　在【替换为】框中，输入替换文本。

步骤 4　单击【查找下一个】，然后单击【替换】。若要替换文本的全部实例，可单击【全部替换】。

步骤 5　若仅查找或替换与【查找内容】框中指定的大写字符和小写字符相匹配的文本，需选中【区分大小写】复选框。

3.2.6 自动换行

记事本文档中的文本经常超出屏幕右边缘，在不滚动的情况下，要想能够看到所有文本，需要使用自动换行。单击【格式】菜单，然后单击【自动换行】，如图 3-9 所示。

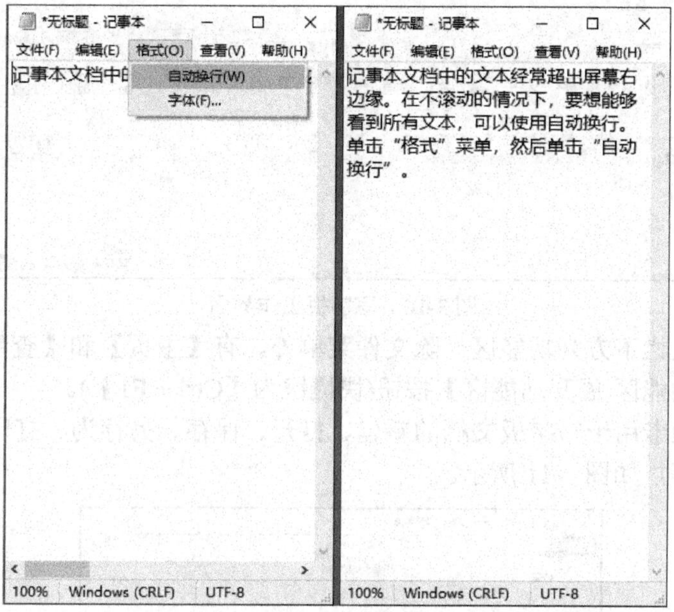

图 3-9　自动换行

3.3　写字板的使用

写字板是 Windows 10 操作系统默认安装的一款用于文档的创建和编辑的文档处理桌面应用。与主要用于处理不带格式的普通文本的记事本不同，写字板除了能用于格式化文本的编辑外，还能插入图片、在画图应用中创建的绘图、格式化的日期和时间，其他文档对象，进行查找和替换等。在没有安装 Word 应用的计算机上，写字板完全可以作为轻量级的 Word，编写出漂亮的文档。写字板应用创建的文件默认的保存类型为富文本文档(扩展名为*.rtf)。

3.3.1　打开写字板

打开写字板应用有如下方法：

(1) 单击【开始】按钮，从应用列表中选择【Windows 附件】应用组下的【写字板】。

(2) 单击【开始】按钮，或在任务栏上的搜索框中，键入写字板，然后在结果列表中单击【写字板】。

写字板桌面应用启动后的工作界面如图 3-10 所示。

写字板标题栏左侧为可自定义的快速访问工具栏，默认自左向右显示用于保存活动文档的【保存】按钮、用于撤销上一个操作的【撤销】按钮、用于重复上一个操作的【重复】按钮。单击右侧的【自定义快速访问工具栏】，打开自定义快速访问工具栏下拉菜单，可以通过勾选来添加或删除快速访问工具栏上的按钮，还可以设置快速访问工具栏在功能区正文显示和功能区最小化。

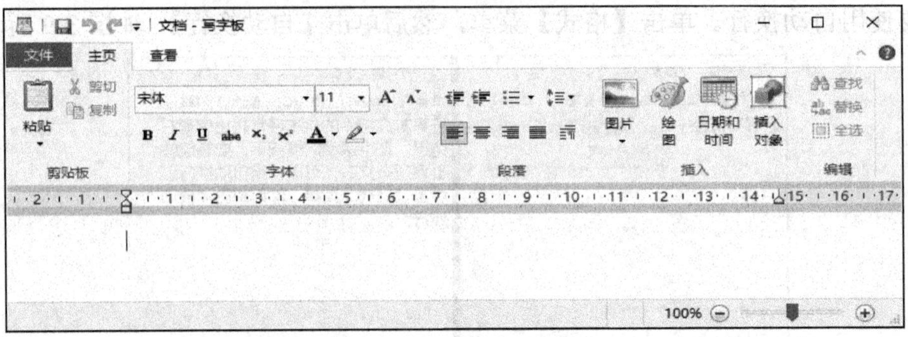

图 3-10　写字板工作界面

快速访问工具栏下方为功能区，除文件菜单外，有【主页】和【查看】两个选项卡，向右为【最小化功能区/展开功能区】按钮(快捷键为【Ctrl + F1】)。

【文件】选项卡用于写字板文档的新建、打开、保存、另存为、打印、页面设置和在电子邮件中发送等，如图 3-11 所示。

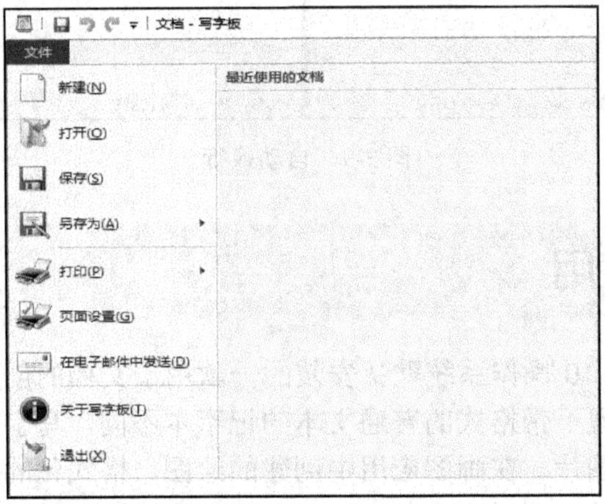

图 3-11　文件选项卡

【主页】选项卡下的功能区分为【剪贴板】、【字体】、【段落】、【插入】、【编辑】五个分组，如图 3-12 所示。【剪贴板】分组用于文本或图片对象的剪切、复制、粘贴等操作。【字体】分组用于包括字体、字号、增加/减小字号、加粗、倾斜、下划线、删除线、上/下标、颜色、突出显示的颜色等字体格式的设置。【段落】分组用于段落缩进量的增加/减少、启用项目符号或编号列表、设置段落内部行间距、设置段落对齐方式和显示【段落】对话框。在【段落】对话框中可对段落的左/右及首行缩进、行间距和对齐方式进行统一设置。【插入】分组用于插入图片及调整图片大小、插入调用画图应用创建的绘图、插入特定格式日期和时间和插入各类微软 Office 文件对象等。【编辑】分组用于简单的文本查找和替换以及全选文档的内容。

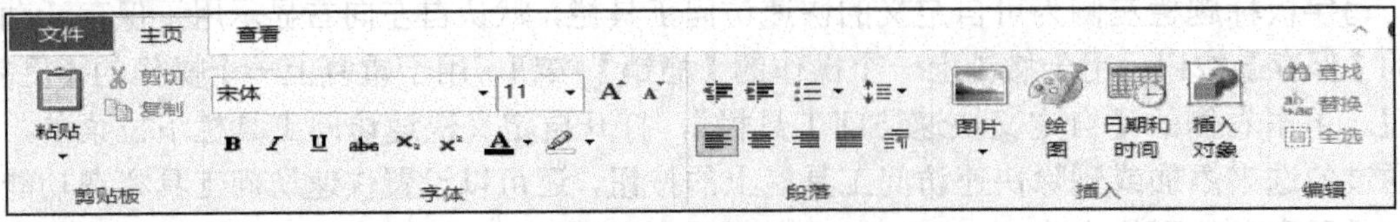

图 3-12　主页选项卡

【查看】选项卡分为【缩放】、【显示或隐藏】和【设置】三个分组。【缩放】分组用于设置查看文档的显示比例。【显示或隐藏】分组用于显示或隐藏标尺和状态栏。【设置】分组用于设置文档的【自动换行】方式和【度量单位】，如图 3-13 所示。

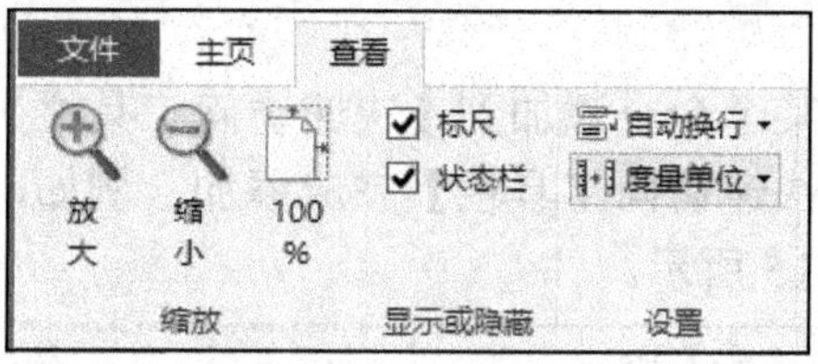

图 3-13　查看选项卡

3.3.2　创建、打开和保存文档

使用表 3-1 中的命令可创建、打开或保存文档。

表 3-1　文件常用操作命令

新建文档	单击【文件】选项卡，然后单击“新建”。
打开文档	单击【文件】选项卡，然后单击【打开】
保存文档	单击【文件】选项卡，然后单击【保存】
用新名称或格式保存文档	单击【文件】选项卡，指向“另存为”，然后单击文档要保存的格式

写字板可以打开和保存文本文档(.txt)、多格式文本文件(.rtf)、Word 文档(.docx)和 OpenDocument Text (.odt)文档。其他格式的文档会作为纯文本文档打开，但可能无法按预期显示。

3.3.3　打印文档

需要打印文档时单击功能区【文件】选项卡，选择【打印】，然后选择所需的选项：打印、快速打印和打印预览，如图 3-14 所示。

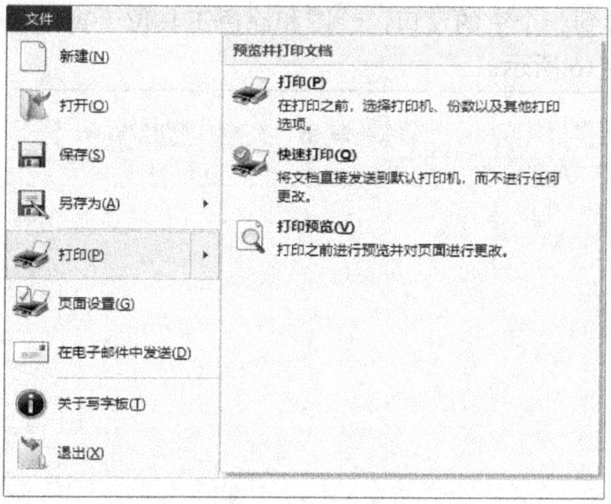

图 3-14　文件打印菜单

3.3.4 提高【写字板】的工作效率

提高【写字板】的工作效率可将最常用的命令放在【功能区】上的【快速访问工具栏】上。

若要将【写字板】中的某个命令添加到【快速访问工具栏】上，鼠标右键单击该按钮或命令，然后单击【添加到快速访问工具栏】完成添加。例如，将【粘贴】按钮添加到快速访问工具栏的方法如图 3-15 所示。

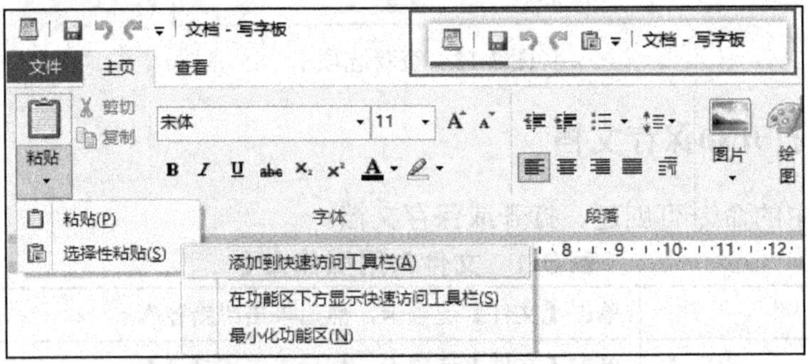

图 3-15　添加按钮到快速访问工具栏

3.4 画图和画图 3D

3.4.1 画图

画图是 Windows 中的一项功能，使用该功能可以绘制、编辑图片以及为图片着色。可以像使用数字画板那样使用画图来绘制简单图片、有创意的设计，或者将文本和设计图案添加到其他图片中，如那些用数字照相机拍摄的照片。

单击【按钮】或在任务栏上的搜索栏中键入画图，在查找结果中打开【画图】应用。

启动画图时，将看到一个空的窗口，绘图和涂色工具位于窗口顶部的功能区中。画图窗口的各个部分如图 3-16 所示。

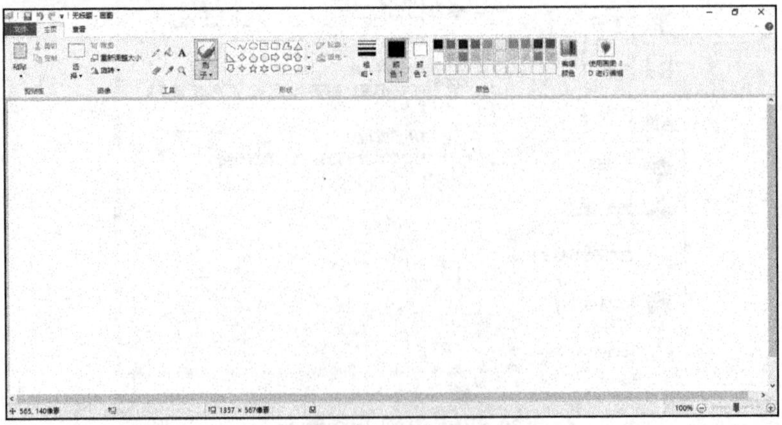

图 3-16　画图窗口

画图的功能区包括绘图工具的集合，使用起来非常方便。可以使用这些工具徒手画图并向图片中添加各种形状。

1. 绘制直线

使用工具和形状(如铅笔、刷子、直线和曲线)可以绘制直线。所绘制的内容取决于绘图时移动鼠标的方式。例如，使用直线工具可以绘制直线，如图 3-17 所示。

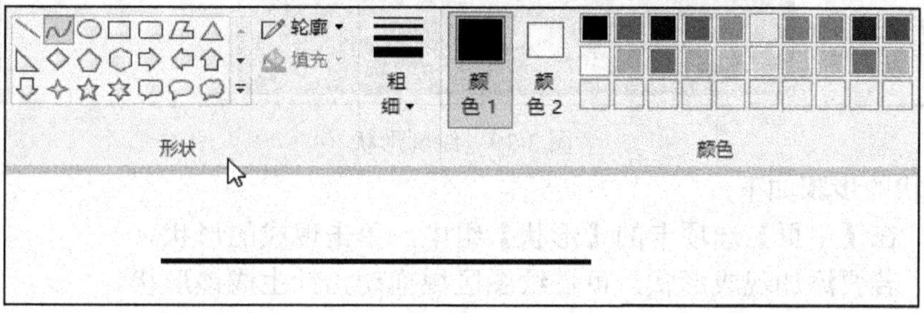

图 3-17　绘制直线

绘制直线的步骤：

步骤 1　在【主页】选项卡的【形状】组中，单击【直线】。

步骤 2　在【颜色】组中，单击【颜色 1】，然后单击要使用的颜色。

步骤 3　若要绘图，请在绘图区域拖动指针。

2. 绘制曲线

图画并非仅包含直线。铅笔和刷子可以用于绘制完全随机的自由形状，如图 3-18 所示。

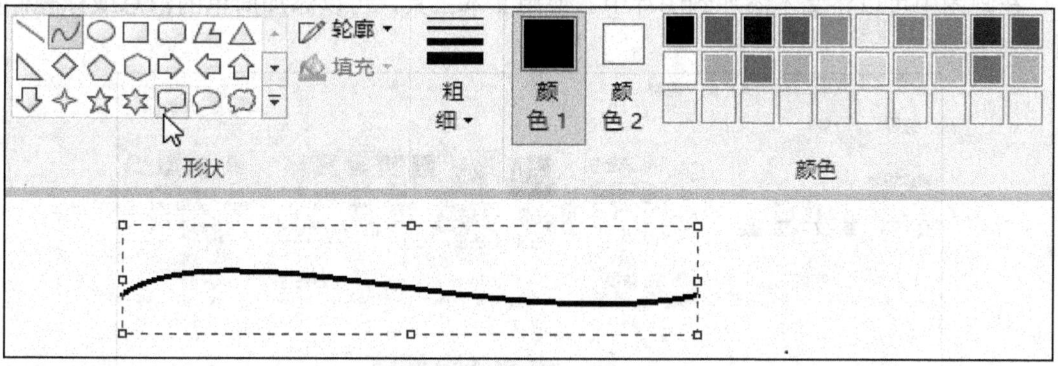

图 3-18　绘制曲线

绘制曲线的步骤：

步骤 1　在【主页】选项卡的【工具】组中，单击【铅笔】工具。

步骤 2　在【颜色】组中，单击【颜色 1】，然后选择要使用的颜色。

步骤 3　若要绘图，请在绘图区域拖动指针并生成曲线。

如果要生成具有不同外观的线条，可使用另一个刷子。

3. 绘制形状

在画图中可以绘制很多不同的形状。例如，可以绘制已定义的现成形状，如矩形、圆形、正方形、三角形和箭头等。此外，还可以通过使用多边形形状绘制多边形来生成自定义形状，该多边形可以具有任何数目的边，如图 3-19 所示。

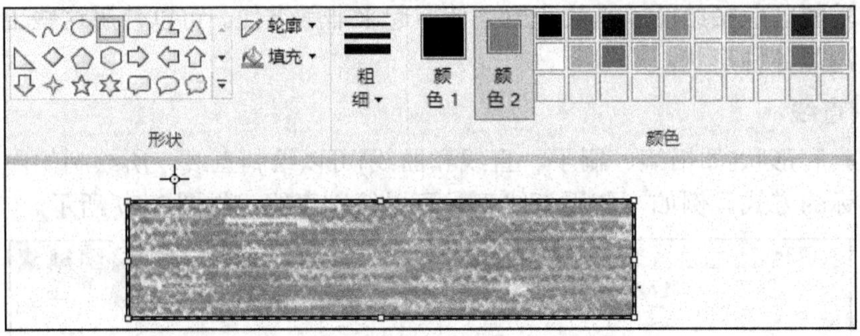

图 3-19　绘制形状

绘制形状的步骤如下：

步骤 1　在【主页】选项卡的【形状】组中，单击现成的形状。

步骤 2　若要添加现成形状，可在绘图区域拖动指针生成该形状。

步骤 3　若要更改边框样式，可在【形状】组中单击【边框】，然后选择某种边框样式；如果不希望形状具有边框，则单击【无轮廓线】。

步骤 4　在【颜色】组中，单击【颜色 1】，然后选择用于边框的颜色。

步骤 5　在【颜色】组中，单击【颜色 2】，然后单击要用于填充形状的颜色。

步骤 6　若要更改填充样式，可在【形状】组中单击【填充】，然后选择某种填充样式。如果不希望填充形状，则单击【无填充】。

4. 添加文本

在画图中可以将文本添加到图片中。使用文本工具，可以添加简单的消息或标题，如图 3-20 所示。

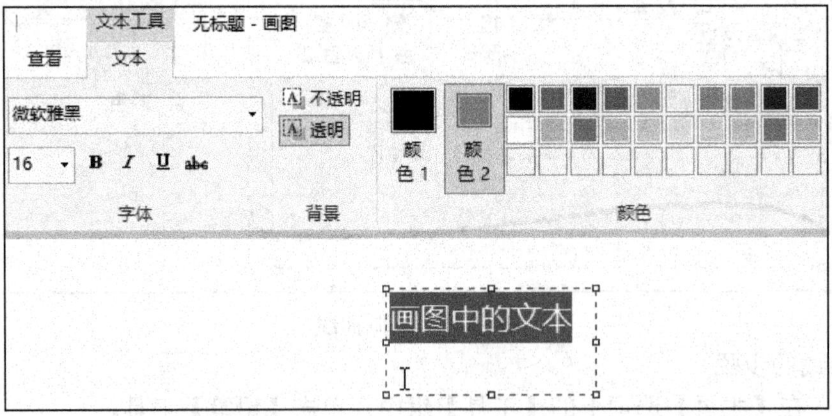

图 3-20　添加文本

添加文本的步骤：

步骤 1　在【主页】选项卡的【工具】组中，单击【文本】工具。

步骤 2　在希望添加文本的绘图区域拖动指针。

步骤 3　在【文本工具】下，在【文本】选项卡的【字体】组中选择字体、大小和样式。

步骤 4　在【颜色】组中，单击【颜色 1】，然后选择某种颜色，则此为文本颜色。

步骤 5　键入要添加的文本。

5. 擦除图片中的部分内容

如果有操作错误或者需要更改图片中的部分内容，可使用橡皮擦。默认情况下，橡皮擦将所擦除的区域更改为白色，但可以通过更改橡皮擦颜色来更改擦除区域的颜色。例如，将背景颜色设置为黄色，则所擦除的任何部分都将变成黄色。

擦除图片中的某部分的步骤：

步骤 1　在【主页】选项卡的【工具】组中，单击【橡皮擦】工具。

步骤 2　在【颜色】组中，单击【颜色 2】，然后选择要在擦除时使用的颜色。如果要在擦除时使用白色，则不必选择颜色。

步骤 3　在要擦除的区域内拖动指针。在图 3-21 中使用橡皮擦擦除了上面绘制的矩形的一部分。

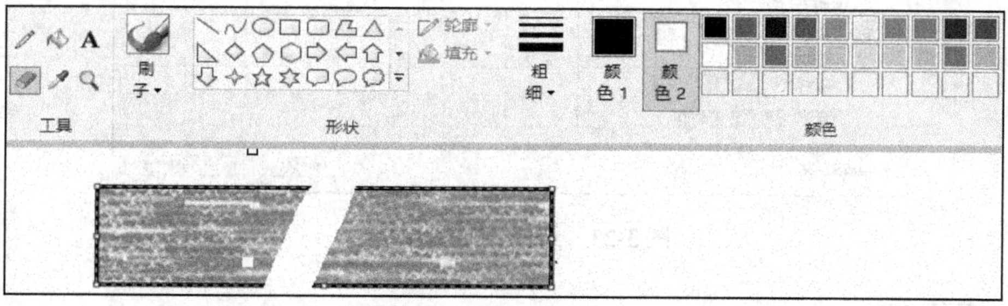

图 3-21　使用橡皮擦擦除图片中的部分内容

6. 保存图片

随手保存图片，这样就不会意外丢失所绘制的图形。要进行保存，单击【文件】选项卡，然后单击【保存】，或单击快速访问工具栏上的【保存】按钮。这将保存上次保存之后对图片所做的全部更改。

首次保存创建的图片时，需要给图片指定一个文件名。保存图片的步骤如下：

步骤 1　单击【文件】菜单，然后单击【保存】，如图 3-22 所示。

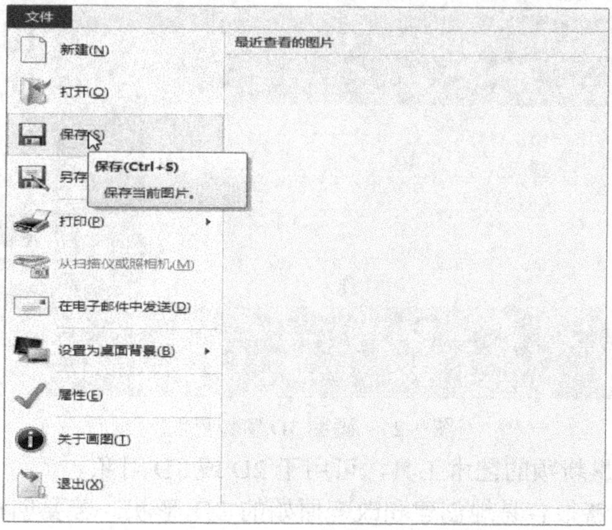

图 3-22　保存图片

步骤 2　在【保存类型】框中，选择需要的文件格式。

步骤 3　在【文件名】框中键入名称，然后单击【保存】，如图 3-23 所示。

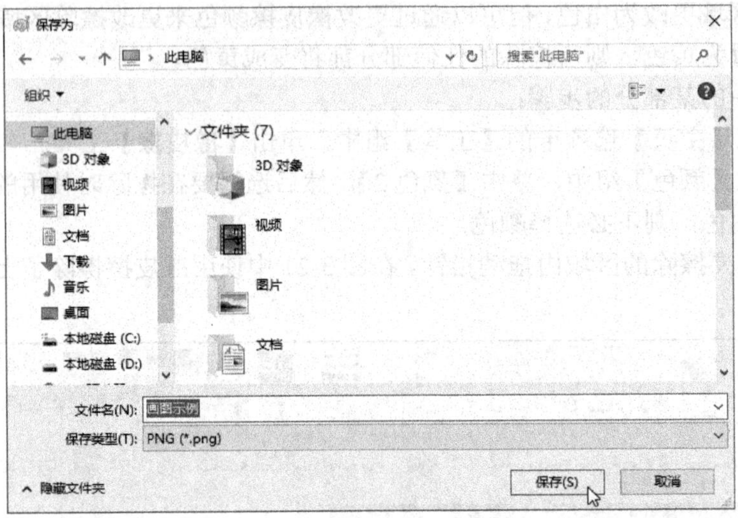

图 3-23　给保存的图片命名

3.4.2　画图 3D

画图 3D 是经典画图的最新演进版，用于手绘 3D 对象，与经典画图相比，还需要继续完善。

单击【开始】，在应用列表中找到 Windows 附件，选择 Paint 3D，打开画图 3D 窗口，如图 3-24 所示。

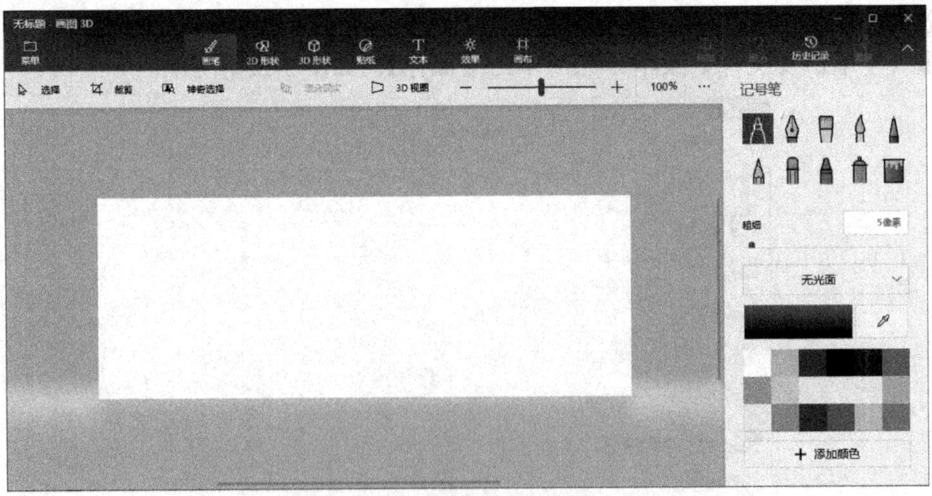

图 3-24　画图 3D 窗口界面

画图 3D 拥有大量新颖的艺术工具，可用于 2D 或 3D 对象。

在画图 3D 中能够很容易地创建和改变原始的 3D 形状。若要创建立方体、圆柱体或其他基本 3D 对象，可转至 3D 菜单，从预加载设置中选择你想创建的 3D 对象，然后在工作区中单击并拖动即可创建该对象，如图 3-25 所示。

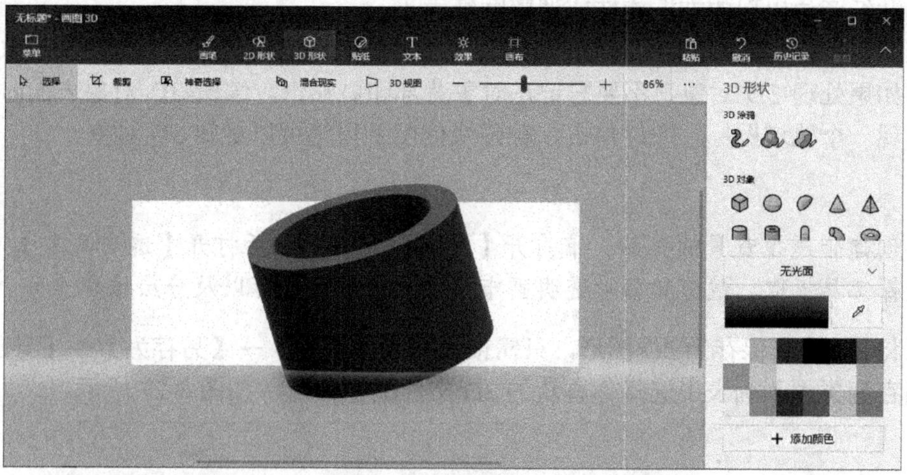

图 3-25　画图 3D 建模

创建好 3D 对象之后，对象周围将出现一个方框，内含四个操作工具。你可以使用这四个操作工具在空间中倾斜对象、旋转对象和移动对象。

要调整 3D 对象的深度，可抓取方框边缘后将其拉大或拉小。

单击对象将其选中，然后在画布上拖动以移动该对象。复制(Ctrl + C)和粘贴(Ctrl + V)对象可以创建对象的副本，将形状副本依次堆叠、放置，可创建新的形状。

选择颜色后，可以选择画笔使用该颜色在画布中作画。或者从 3D 对象菜单中选择一些基本的 3D 对象或模型，在画图 3D 中作画。

使用贴纸可以在画图 3D 中的 2D 和 3D 对象添加真实纹理个性化设置你创建的模型。

使用贴纸的步骤：

步骤 1　在顶部菜单中选择“贴纸”图标，然后选择形状、贴纸贴花或纹理以添加到 2D 或 3D 对象中，如图 3-26 所示。

图 3-26　在画图 3D 中使用贴纸

步骤 2　选择希望使用的贴纸之后，单击并拖动该贴纸即可在你的工作区中创建贴纸，然后使用贴纸旁边出现的方框旋转或调整贴纸大小。

步骤 3　设置好贴纸之后，可以在贴纸右侧选择印戳图标，可在 2D 或 3D 对象表面印戳贴纸。如果处理 3D 对象，不要忘记在对象背部印戳贴纸。编辑 3D 对象表面时，对象下方将出现一个轨道图标。通过单击、触碰或使用手写笔可以旋转 3D 对象。

◈ **提示**

若要创建带透视背景的作品，请打开【画布】菜单，然后打开【透明画布】。可以使用箭头选择工具抓取、裁剪和移动透明画布上创建的任何内容以及分层堆积作品。

可以将 3D 图形保存为 2D 图形，只需依次转到【菜单】→【另存为】→【导出】，然后从【另存为类型】列表中选择你喜欢的 2D 文件类型即可，如图 3-27 所示。

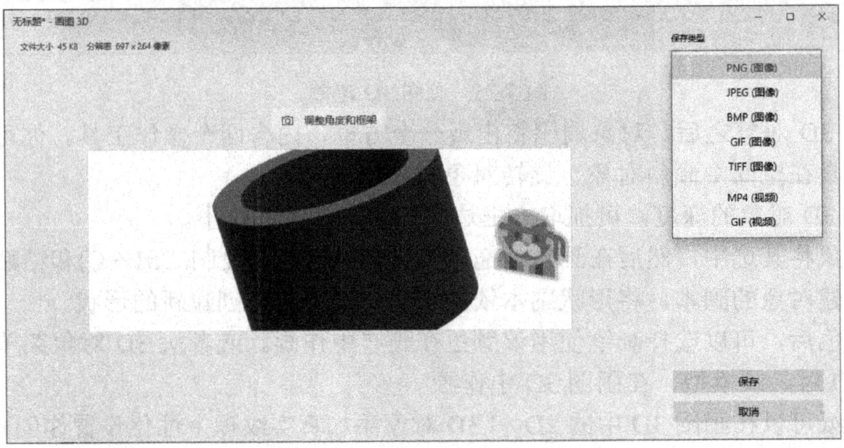

图 3-27　3D 图形另存为 2D 图形

3.5　截图和草图工具

在 Windows 10 之前的 Windows 版本中，可以使用截图工具捕获屏幕上任何对象的屏幕快照或截图，然后对其添加注释、保存或共享。在 Windows 10 中的截图工具已经向【截图和草图】迁移，但截图功能目前仍然保留。

启动【截图和草图】的几种方法

(1) 单击【开始】按钮，在开始菜单应用列表中选择【截图和草图】。

(2) 在任务栏上的搜索框中，键入【截图和草图】，然后从结果列表中选择【截图和草图】。

(3) 按【Windows 徽标键 + Shift + S】组合键，启动截图工具栏。屏幕变暗并且光标以十字形显示。在要截取的区域边缘选择一个点，然后鼠标左键单击光标，移动光标以突出显示要截取的区域，截取的区域将显示在屏幕上。

截取的图像将保存到剪贴板中，可粘贴到电子邮件或文档中。【截图和草图】提供对图像进行标注的手写笔、圆珠笔、铅笔、荧光笔和橡皮擦工具，并提供裁剪、保存、复制或共享选项。截图和草图的工作界面如图 3-28 所示。

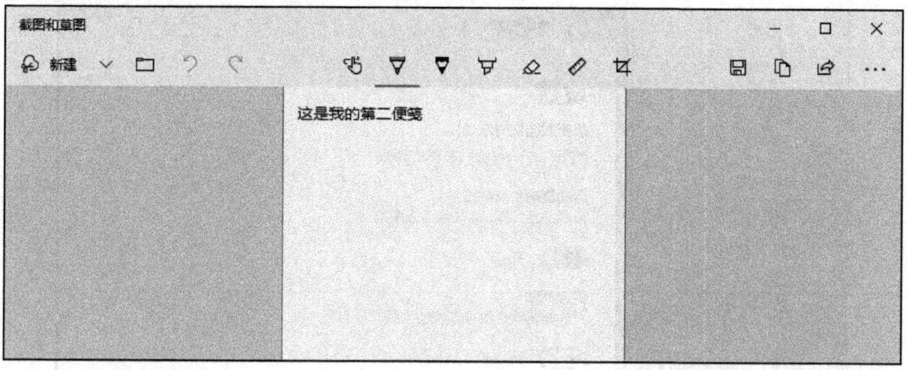

图 3-28　截图和草图的工作界面

3.5.1　获取屏幕截图

获取屏幕截图的步骤如下：

步骤 1　启动【截图和草图】应用。

步骤 2　按下【新建】按钮默认立即启动截图。或单击【新建】右侧的箭头，在下拉列表中设置【立即截图】、【在 3 秒后截图】或【在 10 秒后截图】，如图 3-29 所示。【立即截图】用于截取屏幕上已经显示的内容，而后二者可用于进行菜单下拉列表截图和右键快捷菜单的截图，这些菜单可在延迟时间段内打开，然后再被截取。

图 3-29　截图延时设置

步骤 3　截图栏允许捕获以下类型的截图，如图 3-30 所示。

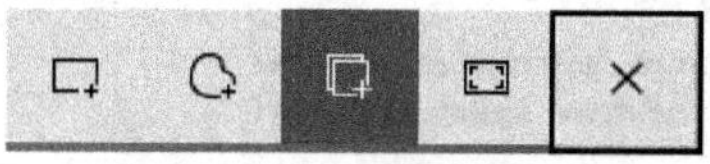

图 3-30　截图栏允许捕获的截图类型

在截图了屏幕的一个区域后，截图的图像将添加到剪贴板，可以立即将其粘贴另一个应用中。也可以使用截图和草图应用为图像添加批注、保存或共享该图像。

3.5.2　设置【截图和草图】

设置【截图和草图】可以单击【截图和草图】应用工具条最右侧的【更多】按钮，在下拉列表中选择【设置】，打开【截图和草图】的设置页面，如图 3-31 所示。

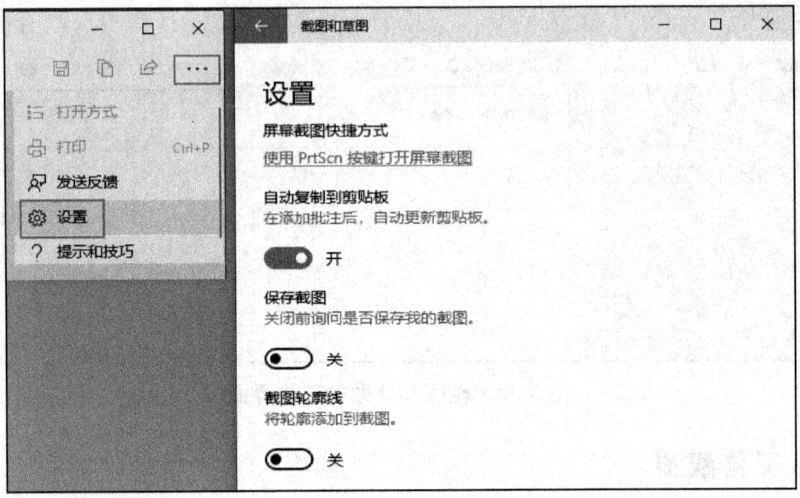

图 3-31　设置【截图和草图】

【PrtScn】键默认用于捕获全屏截图，并将其发送到剪贴板；【Alt + PrtScn】组合键用于捕获当前活动窗口，并将其发送到剪贴板，可用于简单截图。但截图栏可提供更多的截图工具用于精确截图，为更好地控制屏幕捕获选项，可以依次选择【开始】菜单→【设置】→【轻松使用】→【键盘】，打开在键盘设置页面下的屏幕截图快捷方式的【使用 PrtScn 按键打开屏幕截图】，选择使用【PrtScn】键打开截图栏而不是使用【Windows 徽标键 + Shift + S】组合键，如图 3-32 所示。

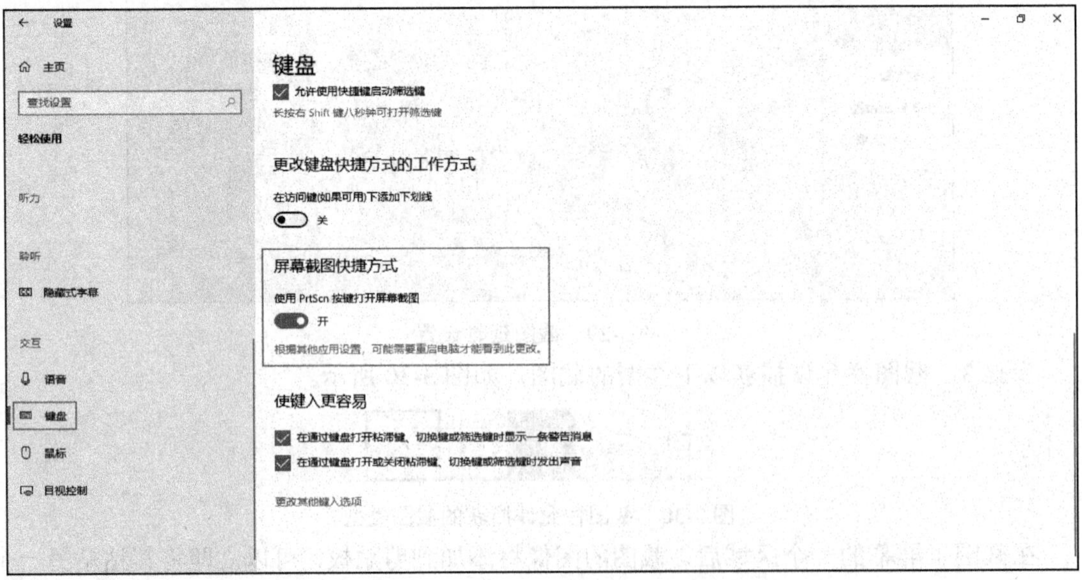

图 3-32　设置使用 PrtScn 按键打开屏幕截图

3.5.3　共享和保存截图

当打开截图以及对截图进行编辑时，【截图和草图】会将批注的截图复制到剪贴板。【截图和草图】允许将批注的图像保存到文件，方法是单击工具条上的【另存为】按钮，将图像保存到指定位置。单击【共享】按钮，可将图像发送到联系人，或共享到其他的应用。

3.6 Windows Media Player

Windows Media Player 是 Windows 10 内置的默认媒体播放程序，提供了直观易用的界面，用户可以播放数字媒体文件、整理数字媒体收藏集、将喜爱的音乐刻录成 CD、从 CD 翻录音乐、将数字媒体文件同步到便携设备，并可从在线商店购买数字媒体内容。

3.6.1 启动 Windows Media Player

若要打开 Windows Media Player，可单击【开始】按钮，选择应用列表中的【Windows 附件】，然后单击 Windows Media Player。首次使用，会进行初始设置，界面如图 3-33 所示，若接受默认【推荐设置】，单击【完成】；若选择【自定义设置】，单击【下一步】，进入【选择隐私选项】界面，进行相关设置后，单击【完成】。

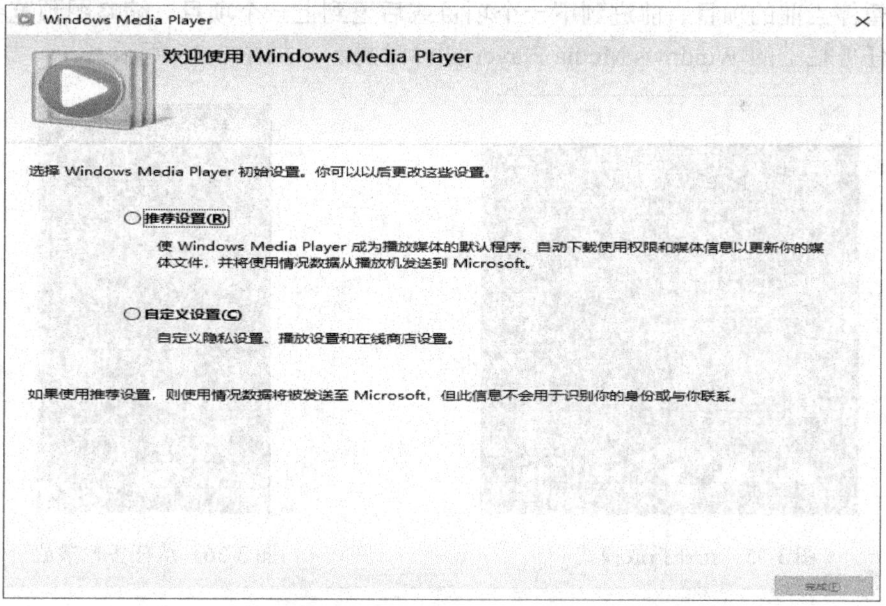

图 3-33 Windows Media Player 初始设置界面

3.6.2 Windows Media Player 播放模式选择

Windows Media Player 可以选择以两种模式来享受媒体：【播放机库】模式和【正在播放】模式。【播放机库】模式下可以全面控制播放的大多数功能，如图 3-34 所示。【正在播放】模式提供最适合播放的简化媒体视图，如图 3-35 所示。

若要从【播放机库】转至【正在播放】模式，只需单击播放机右下角的【切换到正在播放】按钮。若要返回到播放机库，单击播放机右上角的【切换到媒体库】按钮。

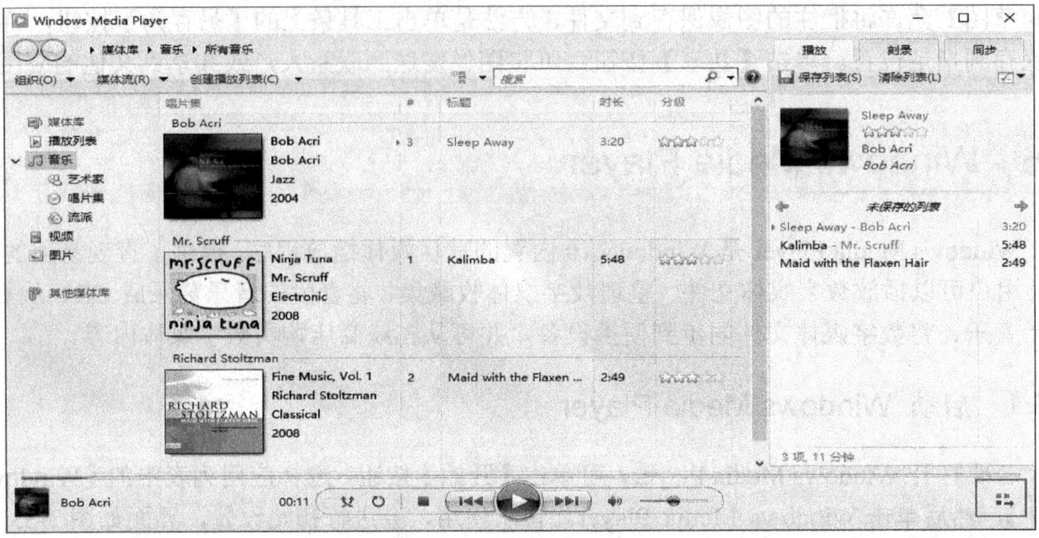

图 3-34　播放机库模式

从任务栏播放可以在播放机处于最小化时控制播放机。可以使用缩略图预览中的控件来播放或暂停当前的项目、前进到下一个项目或后退到上一个项目。缩略图预览会在鼠标指针指向任务栏上的 Windows Media Player 图标时显示，如图 3-36 所示。

图 3-35　正在播放模式

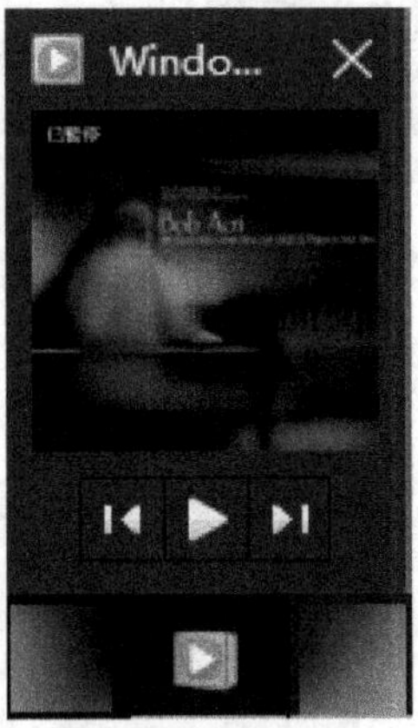

图 3-36　从任务栏播放

3.6.3　使用选项卡完成关键任务

使用播放机右上角的选项卡，可在播放机库中打开列表窗格，这样就可以更轻松地关注特定的任务，如创建喜爱歌曲播放列表、将自定义歌曲列表刻录到 CD，或与便携式媒体播放机同步媒体库中的播放列表。

3.7　远程桌面连接

远程桌面允许用户使用远程桌面客户端从一台计算机访问另一台运行 Windows 的计

算机。例如，家中的计算机使用所有工作场所的计算机的程序、文件及网络资源，就像坐在工作场所的计算机前一样。

若要连接到远程计算机，该计算机必须为开启状态，必须具有网络连接，远程桌面必须可用，必须能够通过网络访问该远程计算机，还必须具有连接权限。

3.7.1　启用远程桌面

设置远程计算机启用远程桌面可单击【开始】按钮，选择【设置】，然后在【设置】窗口中单击【系统】，打开系统设置页面。在左侧窗格中选择【远程桌面】，打开启用远程桌面开关，如图 3-37 所示。弹出远程桌面设置窗口，询问【是否启用远程桌面?】，单击【确认】，如图 3-38 所示。

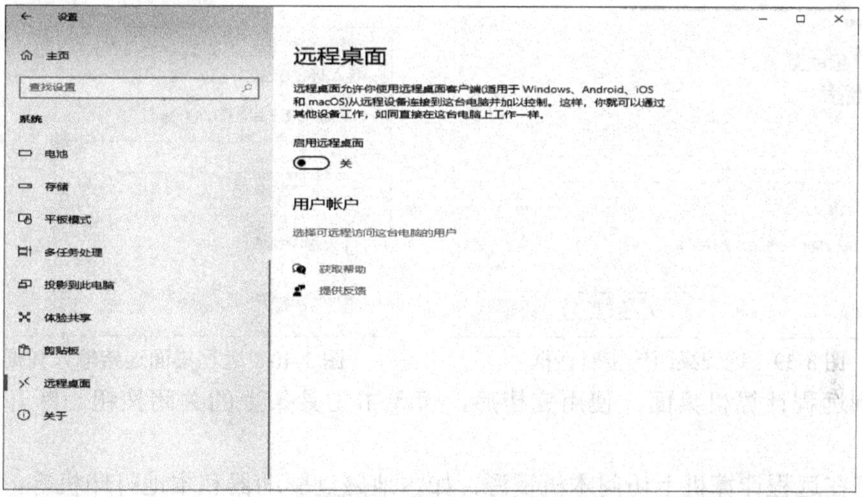

图 3-37　远程桌面设置对话框

图 3-38　是否启用远程桌面对话框

回到【远程桌面】设置页面，单击【用户帐户】下的【选择可远程访问这台电脑的用户】，打开【远程桌面用户】对话框，列出现有可以连接到这台计算机的用户。如果当前用户是计算机上的管理员，则当前的用户账户将自动添加到此远程用户列表中。添加允许远程连接的用户，可单击【添加】按钮，打开【选择用户】对话框，在【输入对象名称来选择】中，键入要添加的用户名，然后单击【确定】，该用户名将出现在【远程桌面用户】对话框的用户列表中；删除允许远程连接的用户，在现有允许远程连接用户列表中选中该用户，然后单击【删除】。最后单击【确定】，关闭【远程桌面】用户对话框。

注意：远程桌面连接无法连接处于睡眠或休眠状态的计算机，因此，必须确保远程计算机上的睡眠或休眠设置被设置成【从不】。

3.7.2　连接到远程计算机

单击【开始】按钮，在应用列表中找到并打开【Windows 附件】，单击【远程桌面连接】。或在任务栏搜索框中输入【远程桌面连接】，在结果列表中单击【远程桌面连接】应用。启动远程桌面连接，显示【远程桌面连接】对话框，如图 3-39 所示。

在【计算机】中，键入要连接到的计算机的名称或 IP 地址，然后单击【连接】。

注意：如果允许远程连接，则 Windows 防火墙将自动打开所需的端口。如果正在使用其他防火墙，请确保远程桌面端口(通常为 3389，但基于安全经常改为其他端口)已打开。

在打开的【输入你的凭据】界面中输入远程计算机上的用户名和密码，单击【确定】，勾选下方的【记住我的凭据】，以后连接时就可不必再输入，如图 3-40 所示。

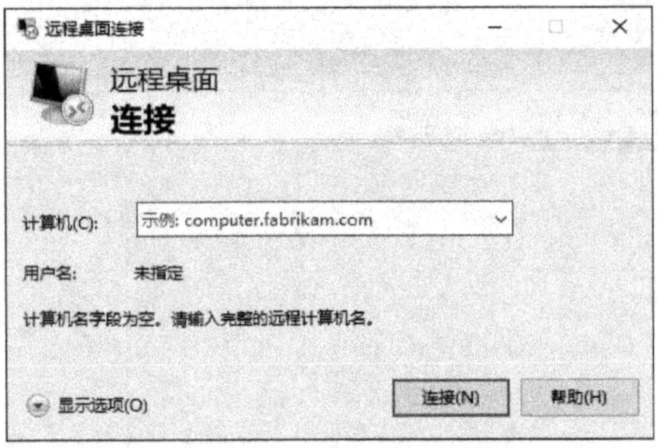

图 3-39　远程桌面连接对话框

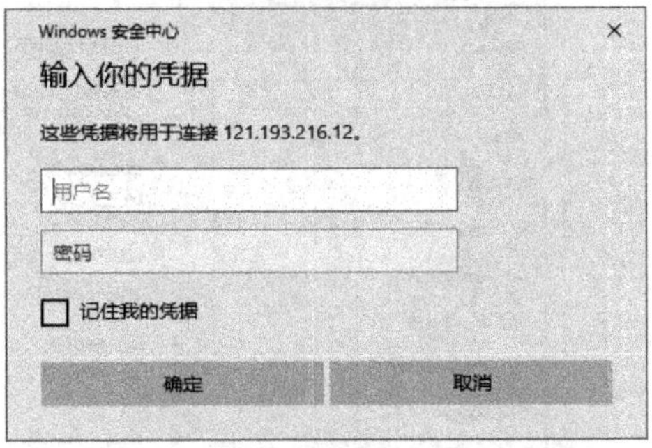

图 3-40　远程桌面连接输入凭据对话框

登录到远程计算机桌面，使用完毕后，可单击工具条上的关闭按钮，断开远程桌面连接。

如果想在远程计算机上访问本机资源，如本地磁盘驱动器和本地打印机等，可单击远程桌面连接窗口左下角的【显示选项】，打开远程桌面连接选项设置页面，对远程连接进行详细设置，如图 3-41 所示。

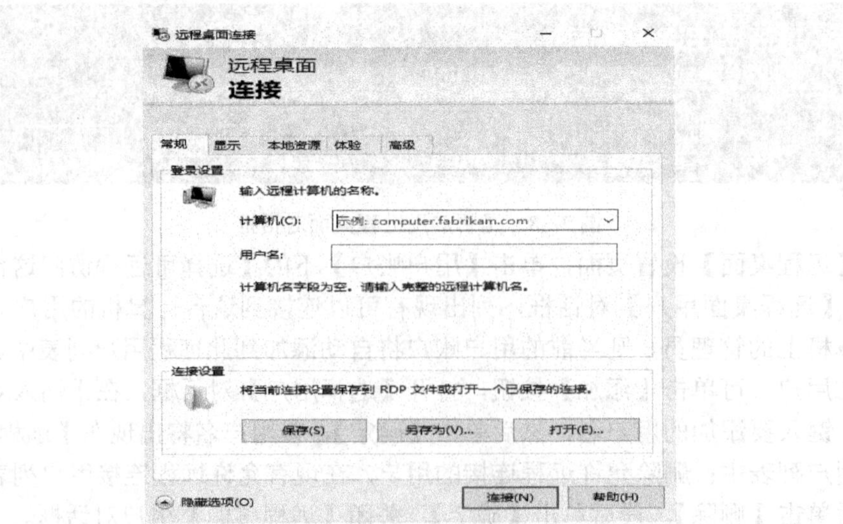

图 3-41　远程桌面连接选项

第 4 章　管理控制

——灵活使用 Windows 10 操作系统

本章介绍了管理控制 Windows 10 操作系统的方法，包括查看系统信息、控制面板和 Windows 设置的使用、通过任务管理器管理和控制任务、命令提示符和 Windows PowerShell 的操作、Windows 10 的文件管理和应用管理。

本章学习目标如下：

(1) 了解如何查看系统信息。

(2) 了解任务管理器管理和控制任务的使用。

(3) 掌握控制面板和 Windows 设置的使用。

(4) 掌握 Windows 10 的文件管理和应用管理。

4.1　系统信息

对计算机进行软硬件安装配置或调试，常常需要查看系统信息。系统信息包括有关计算机硬件配置、计算机组件和软件(包括驱动程序)的详细信息。

4.1.1　查看系统详细信息

在任务栏搜索框中输入【系统信息】，在结果列表中选择【系统信息】应用，打开【系统信息】，如图 4-1 所示。

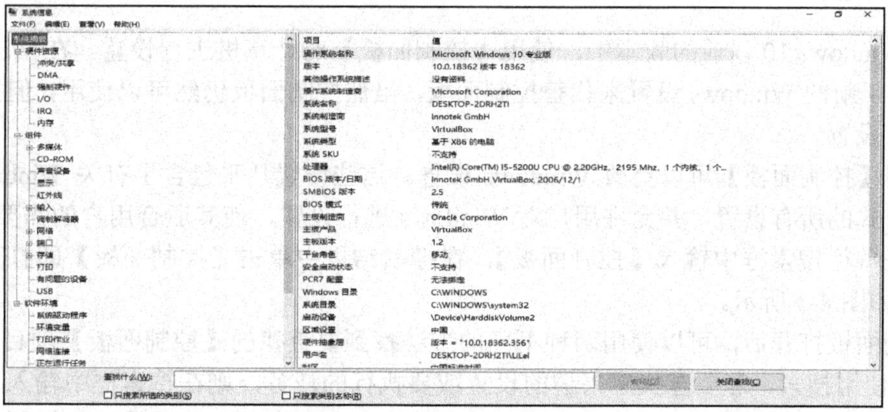

图 4-1　查看系统详细信息

若要在系统信息中查找特定的详细信息，可在窗口底部的【查找什么】框中键入要查找的信息。例如，若要查找计算机的 Internet 协议(IP)地址，则在【查找什么】框中键入【IP】，然后单击【查找】。

4.1.2　查看系统基本信息

可以通过【系统】查看系统的基本信息。鼠标右键单击【开始】按钮，在快捷菜单中选择【系统】，或通过打开【控制面板】中的【系统】可以查看用户计算机的重要信息摘要，如图 4-2 所示。

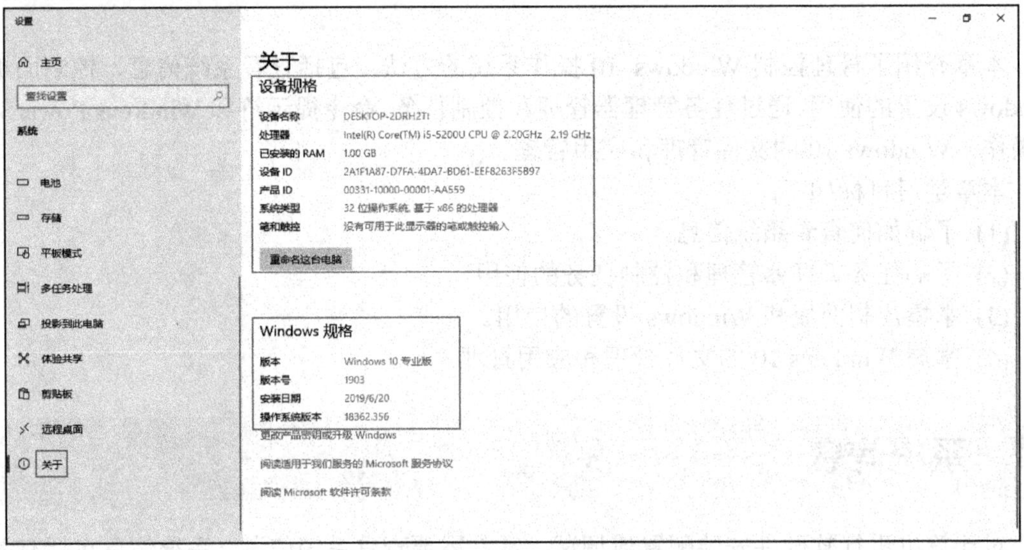

图 4-2　查看系统基本信息

4.2　控制面板和 Windows 设置

4.2.1　控制面板

在 Windows 10 以前的版本中，使用【控制面板】对计算机进行设置。在 Windows 10 中，采用了新的 Windows 设置来代替控制面板，虽然控制面板仍然可以使用，但推荐使用 Windows 设置。

使用【控制面板】可以更改 Windows 设置。这些设置几乎包含了有关 Windows 外观和工作方式的所有设置，并允许用户对 Windows 进行设置，使其适合用户的需要。

在任务栏搜索框中输入【控制面板】，在搜索结果中单击【控制面板】即打开【控制面板】，如图 4-3 所示。

控制面板打开后，可以使用两种不同的方法找到要查找的【控制面板】项目：

(1) 使用搜索。若要查找感兴趣的设置或要执行的任务，则在搜索框中输入单词或短语。例如，输入【声音】可查找与声卡、系统声音以及任务栏上音量图标的设置有关的特定任务。

(2) 浏览。可以通过单击不同的类别(例如系统和安全、程序或网络和 Internet 等)并查看每个类别下列出的常用任务来浏览【控制面板】。或者在【查看方式】下，单击【大图标】或【小图标】，以查看所有【控制面板】项目的列表。

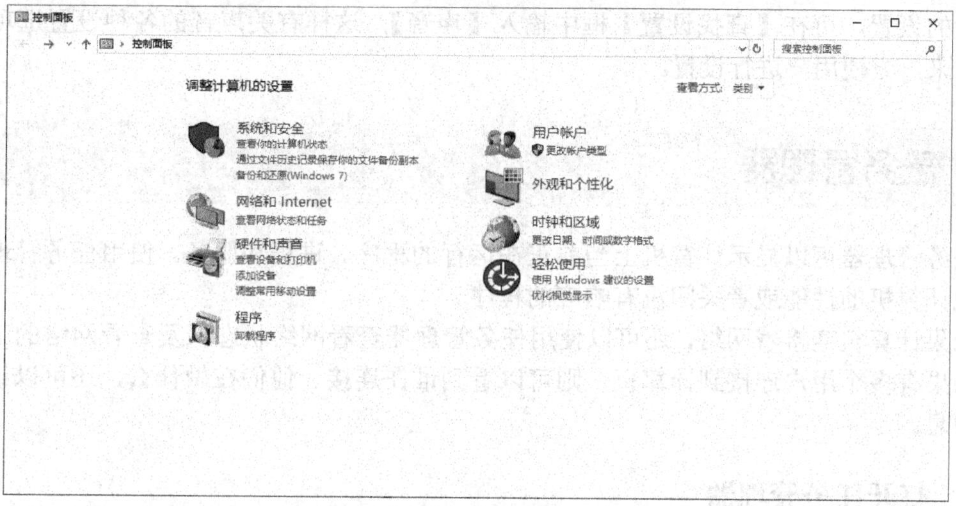

图 4-3　控制面板

4.2.2 Windows 设置

Windows 10 中采用 Windows 设置来对计算机的各方面进行设置管理，如图 4-4 所示。打开 Windows 设置有以下几种方法：

(1) 单击【开始】菜单按钮，在左侧栏选择【设置】。

(2) 鼠标右键单击【开始】菜单按钮，在弹出的快捷菜单中选择【设置】。

(3) 单击任务栏右侧的【操作中心】，然后选择【所有设置】。

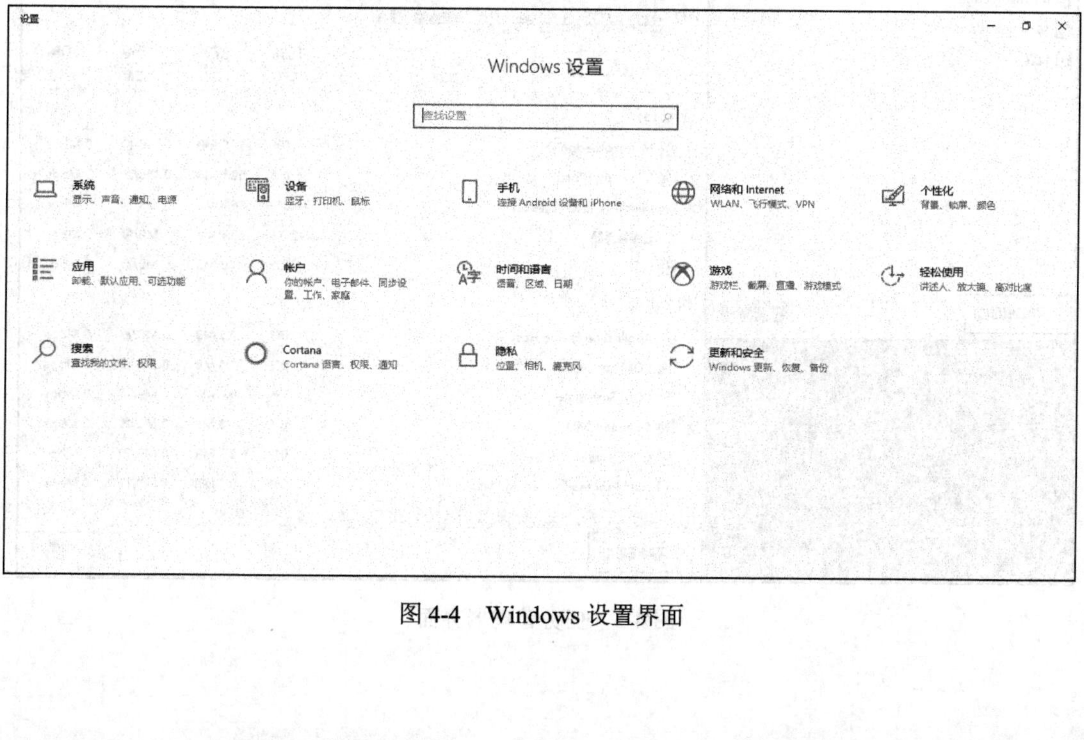

图 4-4　Windows 设置界面

Windows 设置界面打开后，可按任务类别查找并进行相关的设置，例如，要卸载或更改应用，则单击【应用】类别；要对计算机进行优化，则单击【个性化】类别等。但要查找更具体的设置的方式，则需要在【查找设置】框中输入相关设置的关键词，比如进行声音相关的设置，可在【查找设置】框中输入【声音】，这样有关声音的各种设置选项就会显示出来，方便用户进行设置。

4.3　任务管理器

任务管理器可以显示计算机上当前正在运行的程序、进程和服务。使用任务管理器可以监视计算机的性能或者关闭没有响应的程序。

如果计算机连接着网络，还可以使用任务管理器查看网络状态以及查看网络的工作情况。如果有多个用户连接到计算机，则可以看到谁在连接、他们在做什么，还可以给他们发送消息。

4.3.1　打开任务管理器

鼠标右键单击【开始】按钮，在弹出的快捷菜单中选择【任务管理器】，或右键单击任务栏上的空白区域，然后单击【任务管理器】，或者通过按【Ctrl + Shift + Esc】组合键来打开任务管理器。任务管理器默认以简略信息模式显示当前运行应用的列表，单击【详细信息】切换到详细信息模式，除了应用列表外还显示后台进程等详细信息。在详细信息模式下单击【简略信息】，则返回简略信息模式，可根据需要切换。任务管理器界面如图 4-5 所示。

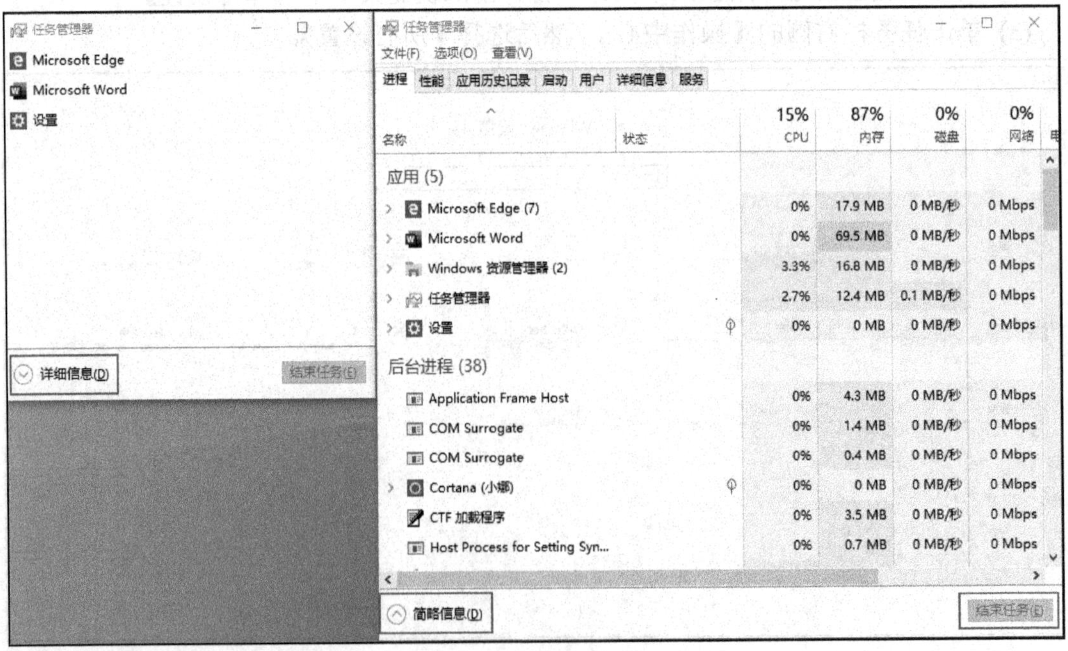

图 4-5　任务管理器界面

4.3.2　退出停止响应的应用

如果计算机上的应用停止响应，则 Windows 将尝试查找问题并自动解决该问题。如果不想等待或 Windows 不能自动解决该问题，则可以使用任务管理器手动结束该程序。

使用任务管理器手动结束程序比等待更快，但是将丢失所有未保存的更改。如果想保留重要的工作，则等待几分钟，先让 Windows 尝试解决该问题。

退出停止响应的应用的步骤如下：

步骤 1　鼠标右键单击【开始】按钮或任务栏上的空白区域，然后单击【任务管理器】，打开【任务管理器】。

步骤 2　单击【进程】选项卡，选择没有响应的应用或后台进程，然后单击【任务管理器】右下角的【结束任务】按钮，如图 4-6 所示。

图 4-6　在任务管理器中退出停止响应的应用

4.4　Windows 10 文件管理

4.4.1　文件系统与文件

在 Windows 操作系统中，文件系统控制着数据的存储和检索方式。如果没有文件系统，放置在存储介质中的信息将是大量的数据，无法判断一条信息在何处启止。通过将数据分成几块并给每个部分取一个名字，这些信息就容易被隔离和识别。这些被隔离的数据称为文件。用于管理这些信息组及其名称的结构和逻辑规则称为文件系统。

文件名用于标识文件系统中的存储位置，大多数文件系统对文件名的长度都有限制。在某些文件系统中，比如 Windows 使用的 NTFS 文件系统，文件名不区分大小写(名称 MYFILE 和 myfile 指的是同一文件)；但在类 UNIX 操作系统中，比如 Linux 中，文件名区分大小写(名称 MYFILE、MyFile 和 myfile 指的是三个单独的文件)。

文件系统通常具有目录(也称为文件夹)，作为文件的容器，允许用户将若干个文件分组存放到单独的集合中。目录或文件夹也可以包含子目录或子文件夹。

在计算机上，文件用图标表示，这样便于通过查看其图标来识别文件类型。常见文件类型图标如图 4-7 所示。

图 4-7　常见文件类型图标

4.4.2　文件资源管理器

文件资源管理器是 Windows 10 操作系统进行文件管理的应用。在打开文件夹或库时，可以在窗口中看到它。文件资源管理器的各个不同部分旨在帮助用户围绕 Windows 进行导航，或更轻松地使用文件、文件夹和库。可以通过单击桌面任务栏上的【文件资源管理器】，或右键单击【开始】按钮，在弹出的菜单中选择【文件资源管理器】，直接打开文件资源管理器，如图 4-8 所示。打开的文件资源管理器工作界面如图 4-9 所示。

图 4-8　打开文件资源管理器的两种方式

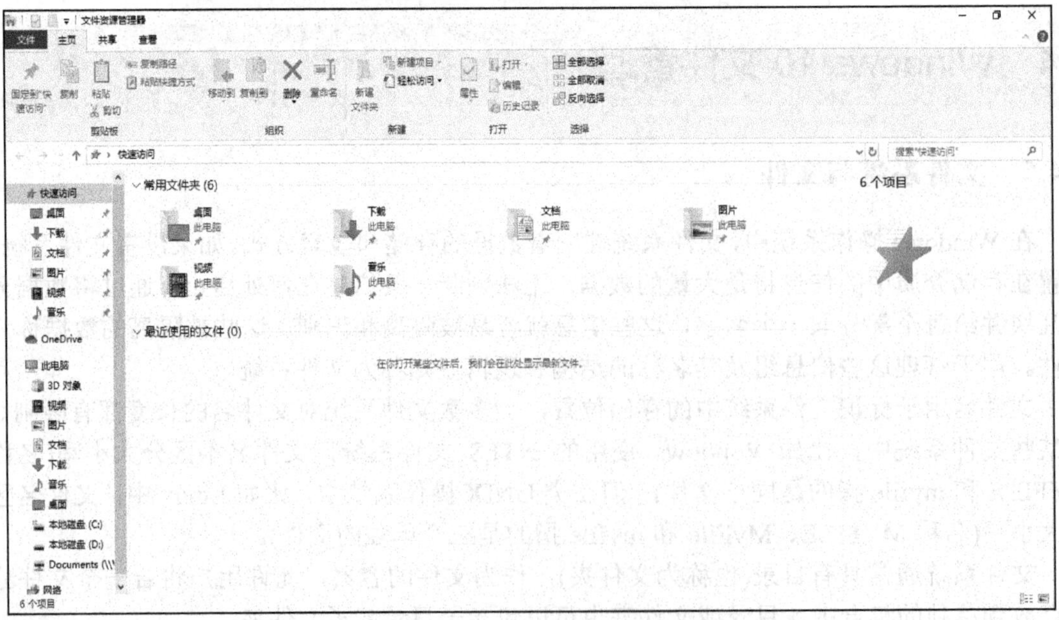

图 4-9　文件资源管理器工作界面

4.4.3　查看和排列文件或文件夹

在打开文件夹或库时，可以更改文件在窗口中的显示方式。例如，可以选择较大(或较小)图标或者允许查看每个文件的不同种类信息的视图。若要执行这些操作，需要使用【查看】选项卡上的【布局】组和【当前视图】组中的按钮，如图 4-10 所示。

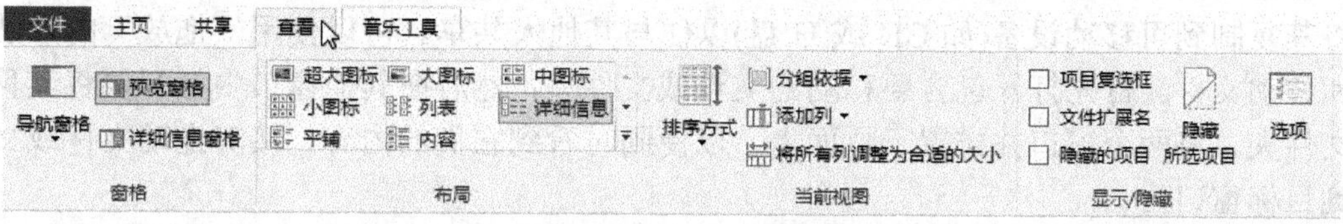

图 4-10　文件资源管理器的【查看】选项卡

切换到【查看】选项卡，在【布局】组中有 8 种不同的文件或文件夹显示方式，分别为：超大图标、大图标、中图标、小图标、列表、详细信息、平铺和内容，将鼠标指针悬停到相应选项上可实时预览显示效果。

在文件资源管理器中，可以根据需要按照不同的排列方式对文件或文件夹进行排序。单击【查看】选项卡【当前视图】组中的【排序方式】按钮，可按照名称、类型、总大小、标记、创建日期、修改日期等进行升序或降序排列。

4.4.4　查找文件或文件夹

查找文件可能意味着浏览数百个文件和子文件夹，为了省时省力，可以使用搜索框查找文件。

搜索框位于每个窗口的顶部。若要查找文件，首先打开文件最有可能存在的文件夹或库作为搜索的起点，然后单击搜索框并键入文本。搜索框基于所键入文本筛选当前视图。如果搜索文本与文件的名称、标记或其他属性，甚至与文本文档内的文本相匹配，则将文件作为搜索结果显示出来。

如果基于属性(如文件类型)搜索文件，可以在开始键入文本前单击搜索框，在功能区的【搜索工具】的【搜索】选项卡下，通过选择搜索的位置(【位置】组)、搜索属性(【优化】组)、是否搜索文件内容和在压缩文件中进行搜索(【选项】组【高级选项】)，来缩小搜索范围。这样会在搜索文本中添加一条【搜索筛选器】(如【类型】)，它将提供更准确的结果。在该选项卡下，选择【保存搜索】可以保存此次搜索的结果，供以后快捷调用。【打开文件位置】可以打开搜索结果中某文件或文件夹所在的位置，如图 4-11 所示。

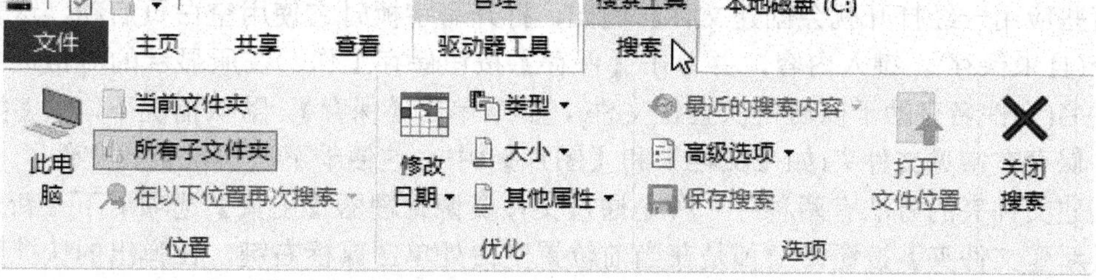

图 4-11　文件资源管理器中的【搜索】选项卡

如果没有搜索到文件，则可以更改搜索范围。例如，如果在文档库中未搜索到文件，则可以单击【库】将搜索范围扩展到其余的库。

4.4.5　复制和移动文件或文件夹

有时可能希望更改文件在计算机中的存储位置，例如可能要将文件移动到其他文件夹或将其复制到可移动设备(如 CD 或 U 盘)以便与其他人共享。可以使用“拖放”的方法复制和移动文件。首先打开包含要移动的文件或文件夹，然后在其他窗口中打开要将其移至的文件夹，将两个窗口并排置于桌面上，以便同时看到它们的内容，接着拖动文件或文件夹到目标窗口内。

如果在存储于同一个硬盘上的两个文件夹之间拖动某个项目，则是移动该项目，这样就不会在同一位置上创建相同文件或文件夹的副本。如果将项目拖动到其他位置(如网络位置或其他硬盘)的文件夹或可移动设备中，则会复制该项目。如果将文件或文件夹复制或移动到某个库，该文件或文件夹将存储在库的“默认保存位置”。

复制或移动文件的另一种方法是在导航窗格中将文件从文件列表拖动至文件夹或库，而不需要打开两个单独的窗口。还可以选中文件或文件夹，使用功能区【主页】选项卡【剪贴板】组中的【复制】或【剪切】命令或快捷方式【Ctrl + C】或【Ctrl + X】，在目标位置通过【粘贴】命令或快捷方式【Ctrl + V】的方法复制或移动文件或文件夹。还可以通过【主页】选项卡上【组织】组中的【移动到】和【复制到】来移动和复制文件或文件夹，如图 4-12 所示。

图 4-12　文件资源管理器【主页】选项卡中移动和复制文件或文件夹

4.4.6　创建文件或文件夹

创建新文件的最常见方式是使用应用，例如在【记事本】应用中创建文本文档或者在【画图】应用中创建图片文件。

有些应用一经打开就会创建文件。例如，打开写字板时它使用空白页启动，这表示为文件空(且未保存)。键入内容，并单击【保存】按钮保存工作。在所显示的对话框中，键入文件名(文件名有助于以后再次查找文件)，然后单击【保存】。默认情况下，大多数应用将文件保存在常见文件夹(如【文档】和【图片】)中，这便于下次再次查找文件。

创建文件夹的方法有两种：一种是通过文件资源管理器【主页】选项卡下【新建】组中的【新建文件夹】按钮；一种是在当前位置空白处单击鼠标右键，在弹出的快捷菜单中选择【新建】→【文件夹】。

4.4.7　删除文件或文件夹

当不再需要某个文件或文件夹时，可以从计算机中将其删除以节约空间并保证计算机不为无用文件所干扰。若要删除某个文件，则打开包含该文件的文件夹或库，然后选中该文件，按键盘上的【Delete】键，然后在【删除文件】对话框中单击【是】。

文件删除后，它会被临时存储在【回收站】中。【回收站】可视为最后的屏障，它可恢复意外删除的文件或文件夹。硬盘空间不足时，可选择清空【回收站】以释放无用文件所占用的所有硬盘空间。

4.4.8　打开现有文件

若要打开某个文件，可双击该文件。文件将通常用与该文件类型相关联的默认应用打开。例如，文本文件将在记事本应用中打开。

但是并非始终如此，如果某文件类型与多个应用关联，有时需要选择用哪个应用打开。例如，双击图片文件通常打开【照片】应用，但若要更改图片，可以使用【照片】或其他应用。右键单击该文件，单击【打开方式】，然后在与该文件类型相关的应用列表中选择要使用的应用。

第 5 章　计算机上网及办公通信

——网络连接、设置及沟通交流

本章介绍了安装 Windows 10 的计算机连接到有线网络和无线网络的方法。

本章学习目标如下：

(1) 了解有线连接。

(2) 掌握无线连接。

(3) 掌握 Windows 10 收发邮件。

(4) 掌握 Windows 10 与微信、QQ 之间的文件传输。

安装 Windows 10 的计算机连接到网络，按连接物理介质分为连接到有线网络和无线网络，按 IP 分配方式又分为动态 IP 地址网络和静态 IP 地址网络。

5.1　有线连接

首先将已接入有线网络交换机的网线的另一端接入计算机的 LAN 口。鼠标右键单击任务栏通知区域的网络连接图标，在弹出菜单中选择“打开‘网络和 Internet’设置”，如图 5-1 所示。

在【设置】窗口中，单击右侧【更改网络设置】下的【更改适配器选项】，如图 5-2 所示。

图 5-1　在快捷菜单中打开“网络和 Internet”设置

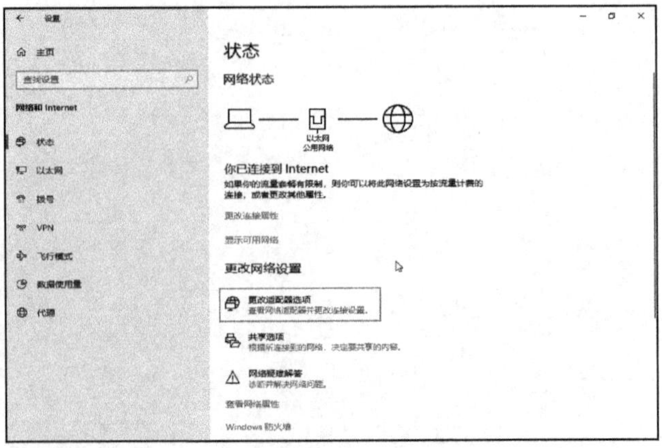

图 5-2　“网络和 Internet”设置界面

打开【网络连接】窗口，右键单击【以太网】连接图标，在弹出的快捷菜单中打开【属性】菜单项，如图 5-3 所示。

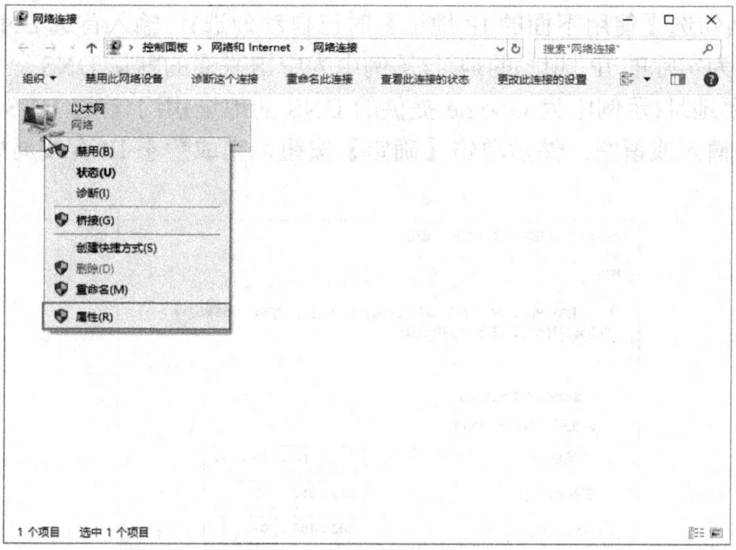

图 5-3　网络连接设置

在打开的【以太网属性】页面中，选中【Internet 协议版本 4(TCP/IPv4)】，单击【属性】按钮，如图 5-4 所示。

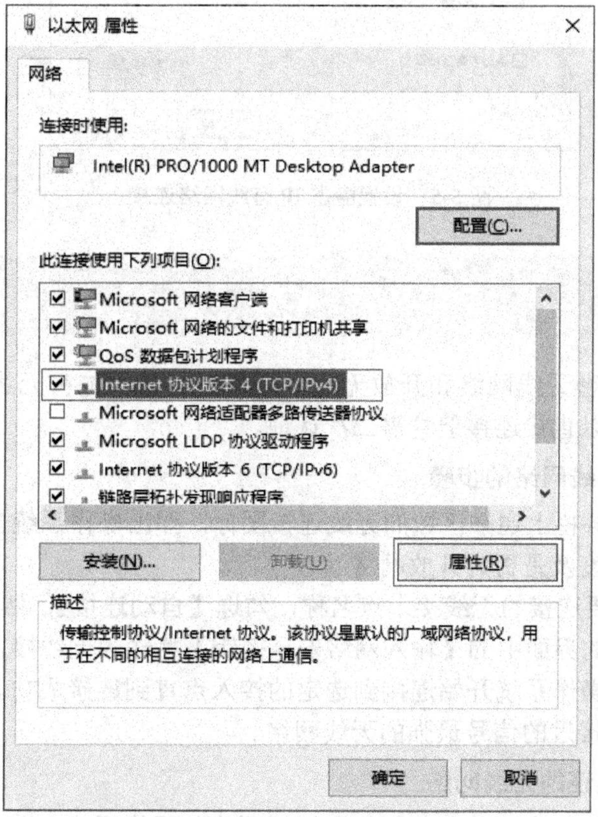

图 5-4　以太网属性设置

在打开的【Internet 协议版本 4(TCP/IPv4)属性】窗口中，勾选【使用下面的 IP 地址】，依次输入从网络管理员处或 ISP 获得的 IP 地址、子网掩码、网关。勾选【使用下面的 DNS 服务器地址】(当勾选【使用下面的 IP 地址】时已自动勾选)，输入首选 DNS 服务器(DNS 用于将域名转换为实际的 IP 地址)的地址(示例中为中国联通的默认 DNS 服务器)，下面的备选 DNS 服务器地址(示例中为 Google 提供的 DNS 的地址)用于首选 DNS 服务器故障时使用，根据需要输入或留空。然后单击【确定】按钮，完成静态 IP 有线局域网络的连接，如图 5-5 所示。

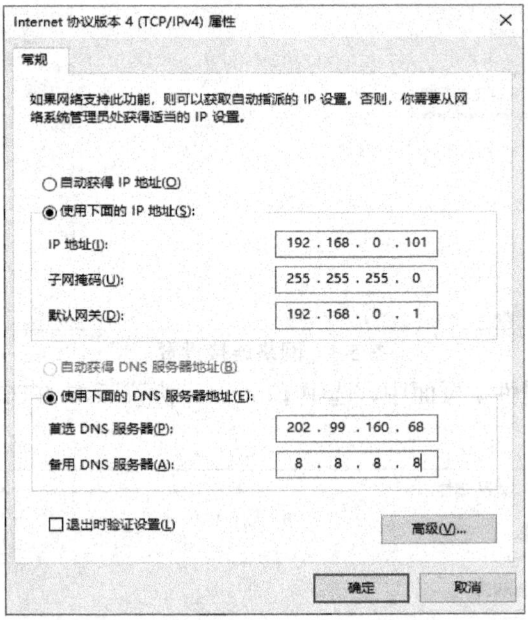

图 5-5　设置静态 IP 有线网络连接

5.2　无线连接

无线连接分为加密无线网络和开放无线网络两种，其中加密无线网络连接时需要密钥，开放无线网络可以直接连接但常需二次认证。

1. 连接到加密无线网络的步骤

步骤 1　单击任务栏上通知区域的无线连接图标，弹出操作系统自动搜索到的无线接入点设备、其信号强度及是否为开放网络。

步骤 2　单击想要连接的无线接入点名称，勾选【自动连接】，然后单击【连接】。

步骤 3　在打开的界面中的【输入网络安全密钥】栏输入无线接入点的连接密码，单击【下一步】按钮，操作系统开始连接到选定的接入点直到连接成功。此后操作系统启动后将自动连接曾经连接过的信号最强的无线网络。

2. 连接到二次认证的无线网络

有的无线网络，比如企事业办公网络和城域网公共无线网络，为方便连接设置为开放网络，用户连接时不需要密码，而是通过连接后弹出网页输入用户名和密码的方式进行认证或通过微信登录认证。打开浏览器，在自动弹出的认证页面上输入用户名和密码即可，微信和手机号认证的无线网络按相应提示操作即可。

5.3　动态 IP 网络连接

在动态 IP 网络下，将连接到局域网交换机的网线插入计算机 LAN 口，操作系统自动获取局域网络 DHCP 服务器分配的 IP 地址和 DNS，不用进行其他配置就可以直接上网。查看其网络连接的 Internet 协议版本 4(TCP/IPv4)属性，如图 5-6 所示。

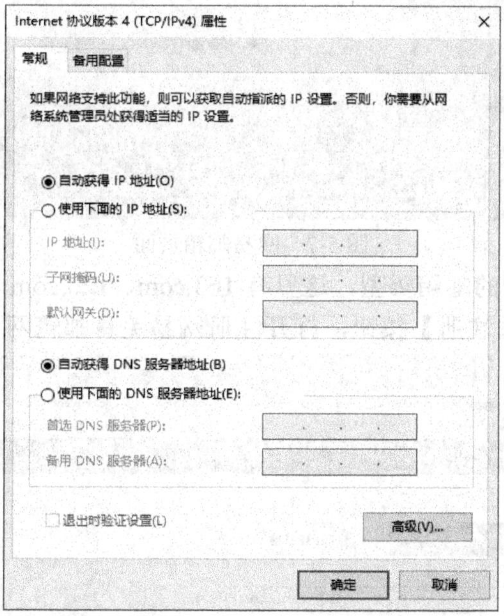

图 5-6　设置动态 IP 有线网络连接

5.4　Windows 10 收发电子邮件

在日常工作中，使用邮件办公是必备的技能之一。本节学习通过网页邮件账户的申请、在 Windows 10 中添加配置邮件账户和使用 Windows 10 内置邮件应用收发邮件及使用网页收发邮件的过程。

5.4.1　邮件账户的申请

网络上有很多服务商为用户提供免费的电子邮箱服务。下面以申请 163 电子邮箱为例，介绍申请免费电子邮箱的方法。

步骤 1　启动 Edge 浏览器，在地址栏中输入 email.163.com，进入网易免费邮箱网页，如图 5-7 所示。

图 5-7　网易邮箱页面

步骤 2　选择要注册的邮箱类型，这里有 163.com、126.com 和 yeah.net 三种选择，鼠标左键单击网页上的【去注册】按钮，打开注册网易免费邮箱网页，如图 5-8 所示。

图 5-8　免费邮箱注册页面

步骤 3　依次输入自己想注册的邮箱账户的名称(如果该邮件地址已被注册，则需更换邮箱账户名称直到可用)、密码、确认密码、手机号和验证码。按网页提示，使用手机编辑短信：222 发送到 10690163222，以确保账号安全。然后，单击【已发送短信验证，立即注册】按钮，打开邮箱主页，完成 163 免费邮箱注册，如图 5-9 所示。

图 5-9　完成邮箱注册并登录

5.4.2　邮件账户的配置

邮箱账户的配置步骤如下：

步骤 1　从任务栏上或开始菜单中找到并单击【邮件】应用图标，启动邮件应用，单击【添加账户】，如图 5-10 所示。

图 5-10　首次打开【邮件】应用

步骤 2　选择自己的邮箱账户类型，如果不是 Outlook、Gmail 或 Yahoo 等邮箱，选择【其他账户】，如图 5-11 所示。

步骤 3　在如图 5-12 所示的【其他账户】页面中，输入自己的电子邮件地址。设置发送邮件时显示的你的名称，这个名称会显示在收到你邮件的电子邮箱的收件箱的名称中。然后输入密码，注意，这里的密码不是你的邮箱的登录密码，而需要填入邮箱提供给第三方邮件应用的授权码。为了保障用户邮箱的安全，邮箱提供了 POP3/IMAP 服务的开关。系统缺省设置是【关闭】的，在用户需要这些功能时请【开启】这些服务，开启这些服务时会获得授权码，授权码是用于登录第三方邮件客户端的专用密码。

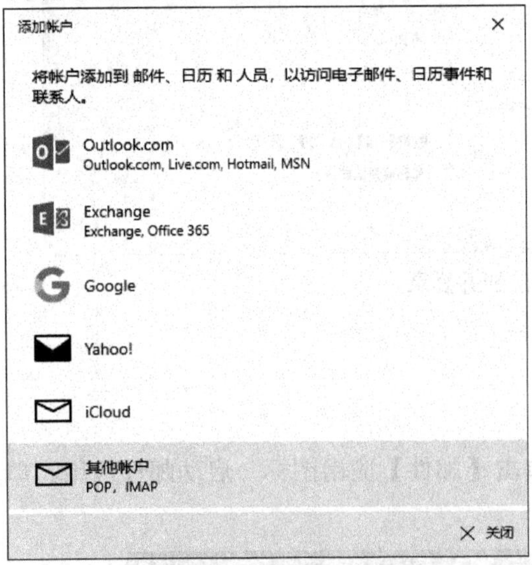

图 5-11　选择添加邮件账户类型

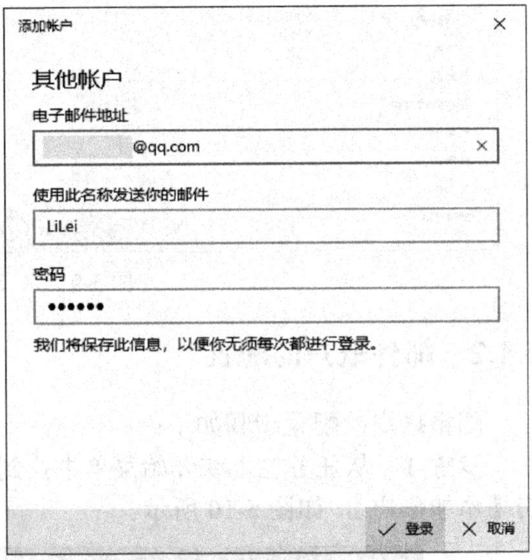

图 5-12　添加其他邮件账户

以 QQ 邮箱为例，得到授权码的方式如下：

步骤 1　首先，打开浏览器，登录自己的 QQ 邮箱，打开设置中的【账户】选项卡，开启 IMAP/SMTP 服务，如图 5-13 所示。

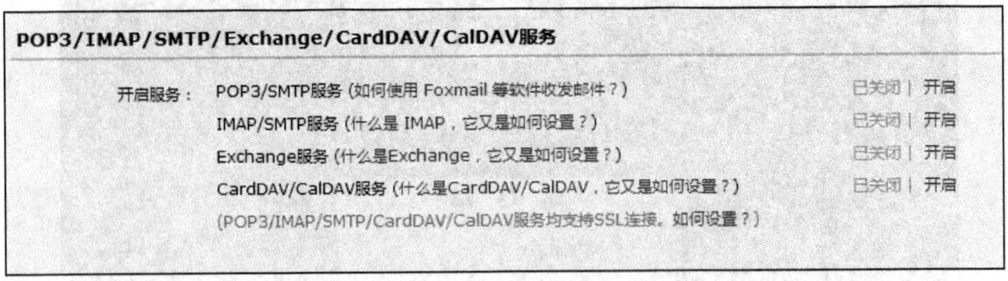

图 5-13　QQ 邮箱账户服务设置

步骤 2　根据页面提示，通过邮箱绑定手机验证密保，如图 5-14 所示。

步骤 3　通过验证后，使用 QQ 邮箱的第三方授权码开启 IMAP/SMTP 服务，如图 5-15 所示。

步骤 4　返回到 Windows 10 邮件添加账户窗口，在【密码】处填入上述授权码，单击【登录】按钮，完成添加邮箱，如图 5-16 所示。

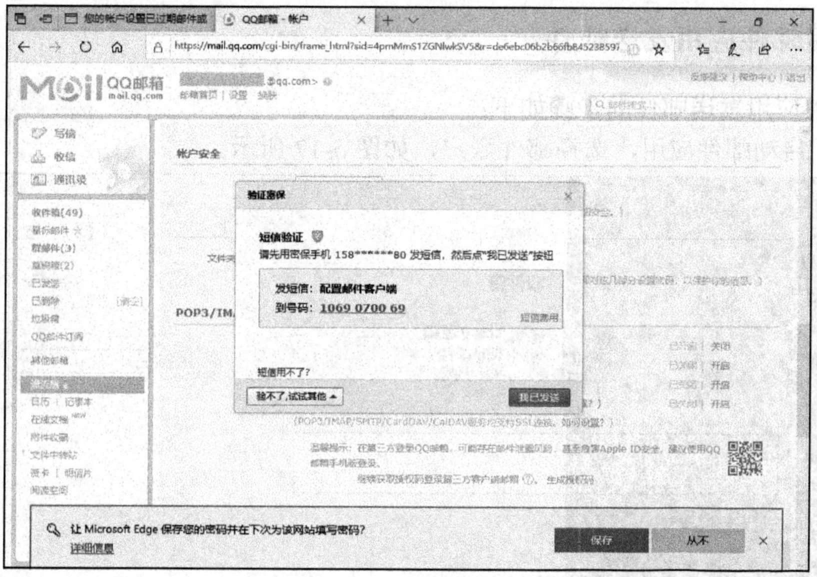

图 5-14　邮箱配置验证授权

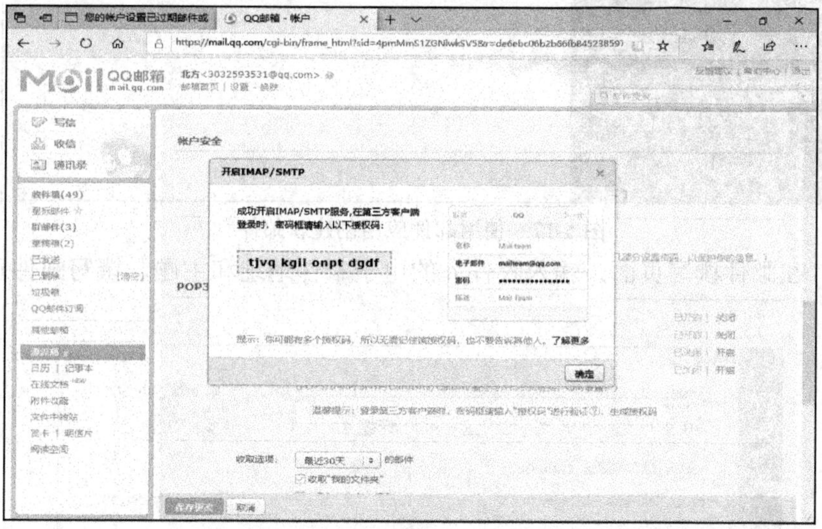

图 5-15　得到第三方客户端登录授权码开启 IMAP/SMTP 服务

图 5-16　完成邮件账户添加

5.4.3　使用邮件应用发送邮件

使用邮件应用发送邮件的步骤如下：

步骤 1　启动邮件应用，选择邮件账户，如图 5-17 所示。

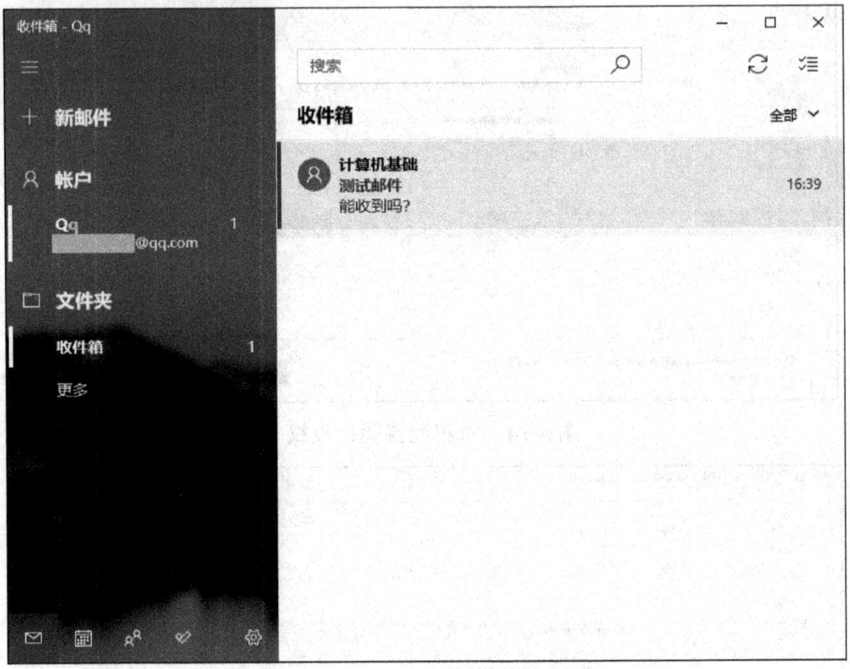

图 5-17　使用邮件应用创建新邮件

步骤 2　在邮件撰写页面，输入收件人的电子邮件地址和主题、撰写邮件正文，如图 5-18 所示。

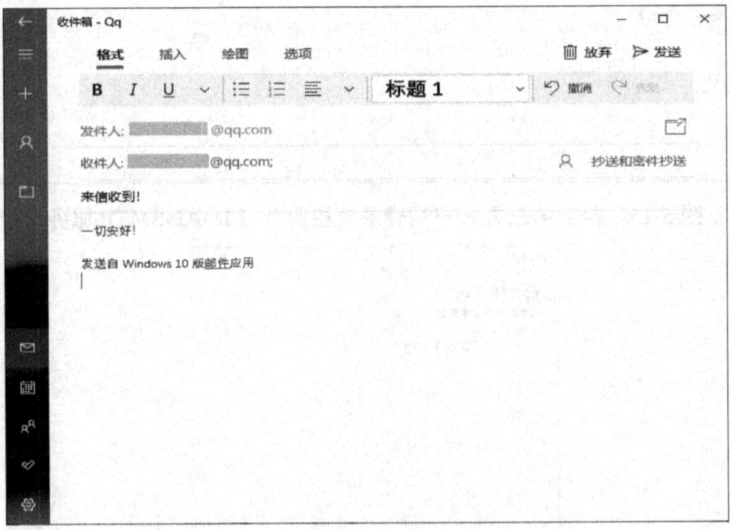

图 5-18　在邮件应用中撰写邮件

步骤 3　在编辑区切换到【插入】选项卡，可插入文件、图片以及表格、表情符号等，如图 5-19 所示。

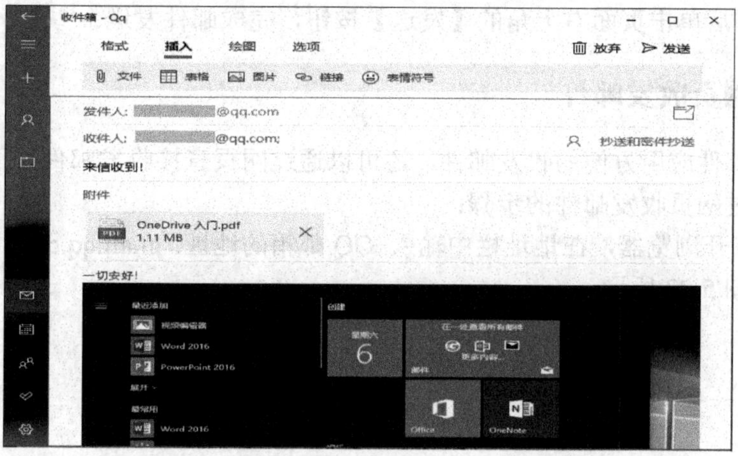

图 5-19　撰写邮件时插入图片、文件和表情符号

步骤 4　切换到【绘图】选项卡，在添加绘图画面后可以手绘图形，如图 5-20 所示。

图 5-20　在邮件中插入绘图

步骤 5　切换到【选项】选项卡，可以设置邮件的优先级、使用的语言并进行拼写检查和进行查找等，如图 5-21 所示。

图 5-21　设置邮件选项

步骤 6　最后单击页面右上角的【发送】按钮，完成邮件发送。

5.4.4　使用网页收发邮件

除了通过邮件应用方便的收发邮件，还可以通过网页直接收发邮件。下面以 QQ 邮箱为例，说明通过网页收发邮件的步骤：

步骤 1　打开浏览器，在地址栏中输入 QQ 邮箱的地址：mail.qq.com，打开 QQ 邮箱登录页面，如图 5-22 所示。

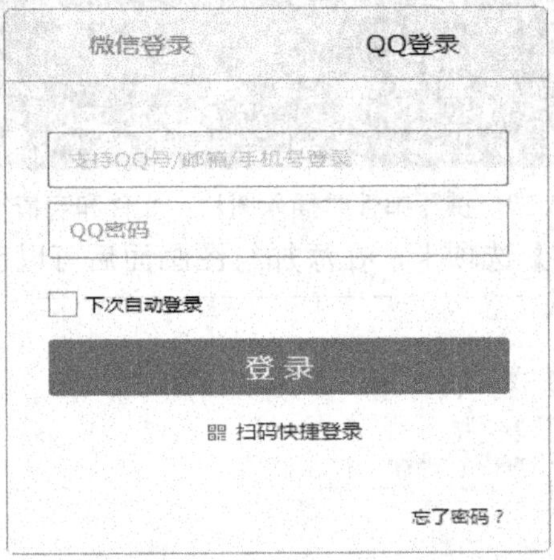

图 5-22　QQ 邮箱登录界面

步骤 2　单击【QQ 登录】，输入 QQ 号(邮箱或手机号)和密码，然后单击【登录】。或单击【扫码快捷登录】，使用 QQ 手机版扫码登录。如果微信与 QQ 号绑定的话，还可通过手机微信扫描二维码登录。QQ 邮箱页面如图 5-23 所示。

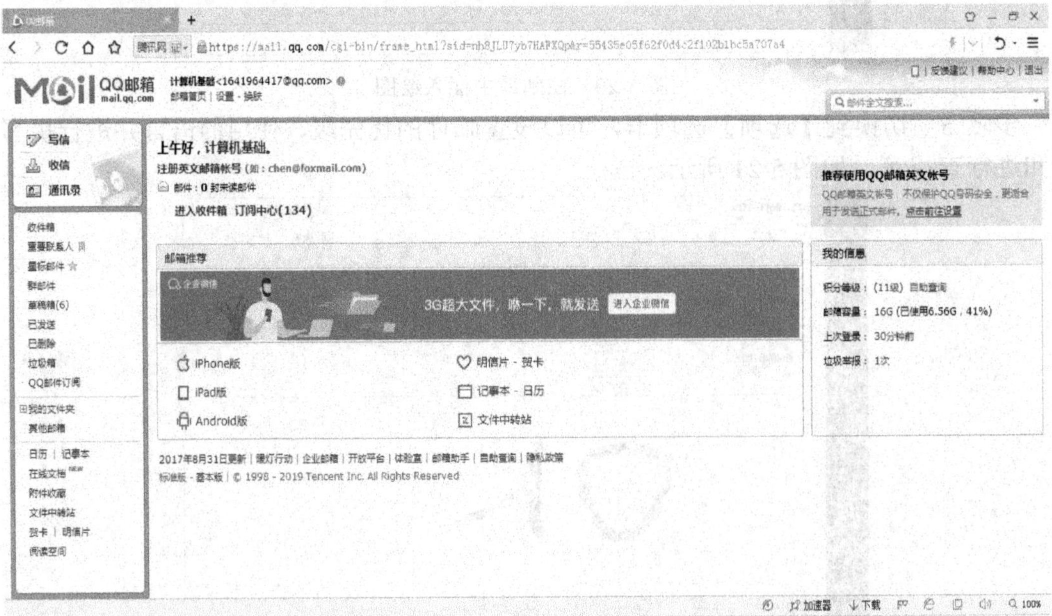

图 5-23　QQ 邮箱页面

步骤 3 要撰写发送邮件，单击页面左侧窗格中的【写信】，打开写信界面，如图 5-24 所示。

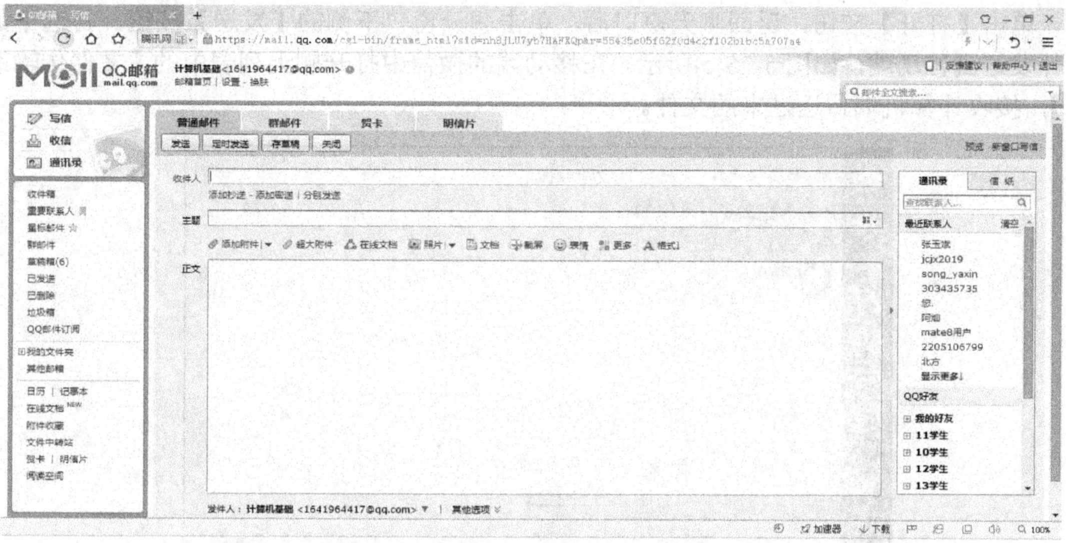

图 5-24 在网页 QQ 邮箱中撰写新邮件

步骤 4 在【收件人】栏中输入对方的电子邮件地址，或从页面右侧的【通讯录】列表中选择已存在的收件人。在【主题】栏中输入邮件的主题。在【正文】区域输入邮件的正文。如需添加文件作为附件的话，单击【主题】栏正文的【添加附件】来添加文件。

步骤 5 邮件撰写完毕后，单击【发送】按钮，即完成了邮件的撰写和发送。

若要接收邮件，单击邮箱页面左侧窗格中的【收件箱】，页面中部显示收件箱中收到的邮件列表，查看某一封邮件，在该邮件上单击即打开邮件阅读页面。查看邮件后，单击上方的【回复】即可回复该封邮件。

5.5 Windows 10 与移动设备协同工作

在 Windows 10 中可以通过安装移动端应用的计算机版来实现与移动设备的协同工作，比如文件互传等。本节以最常使用的微信和 QQ 为例，介绍计算机端与移动端之间的文件互传方法。

5.5.1 微信

1. 微信 PC 版的下载安装

打开 Edge，在地址栏中输入 https://pc.weixin.qq.com/，在网页中下载并安装微信 PC 版。或在微软应用商店搜索微信 For Windows，获取安装微信。

2. 微信计算机端与移动端传送文件

单击应用列表中的微信图标，启动微信。用微信手机端扫一扫出现的二维码，登录微信(如果是自己的固定使用计算机，还会出现直接带头像的登录选项)。单击聊天列表中的

【文件传输助手】，在打开的【文件传输助手】聊天窗口下侧选择【发送文件】图标，如图 5-25(a)所示。在弹出的打开窗口中浏览并选择要发送到移动端的文件，如图 5-25(b)所示。单击【打开】按钮，返回聊天窗口后，单击聊天窗口下侧的【发送】按钮，将选中的文件发送到移动端，如图 5-25(c)所示。在移动端的微信中打开聊天列表中的【文件传输助手】，接收计算机端传送过来的文件。

(a)

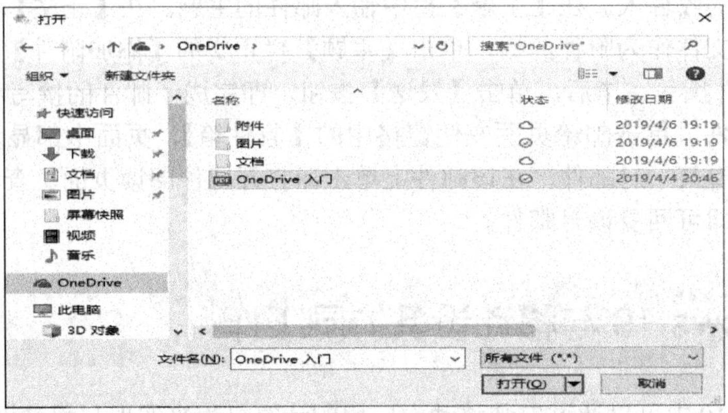

(b)

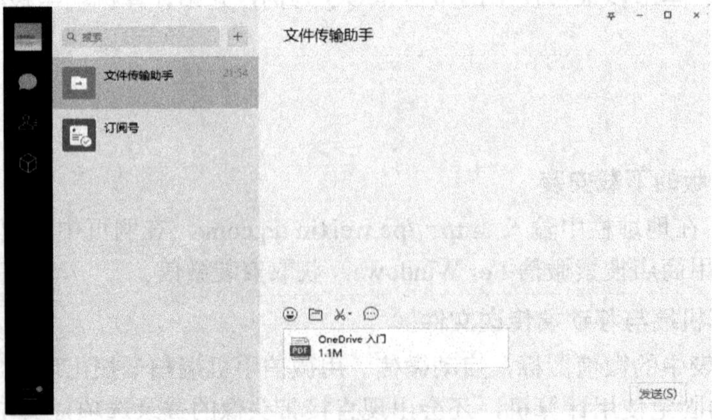

(c)

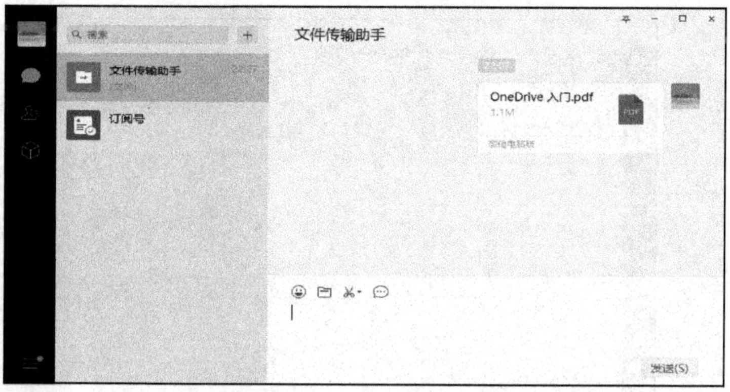

(d)

图 5-25　微信计算机端向移动端发送文件

微信移动端与计算机端传送文件与上述过程类似，微信移动端通过文件传输助手将文件传送到微信计算机端。

5.5.2　QQ

1. QQ PC 版的下载安装

打开 Edge，在地址栏中输入 http://im.qq.com/pcqq/，在网页中下载并安装 QQ PC 版。或打开微软应用商店，搜索 QQ，获取安装。

2. QQ 计算机端与移动端传送文件

首先计算机端和手机端同时登录 QQ，单击【联系人】，在打开的联系人列表中单击【我的设备】，如图 5-26(a)所示。展开我的设备，选择要将文件发送到的移动设备，如图 5-26(b)所示。在聊天窗口中单击【文件夹】图标，在弹出的文件列表中选择【本机文件】，如图 5-26(c)所示。在弹出的【打开】窗口中选中要发送的文件，单击【打开】按钮，则完成发送文件到移动端，如图 5-26(d)所示。

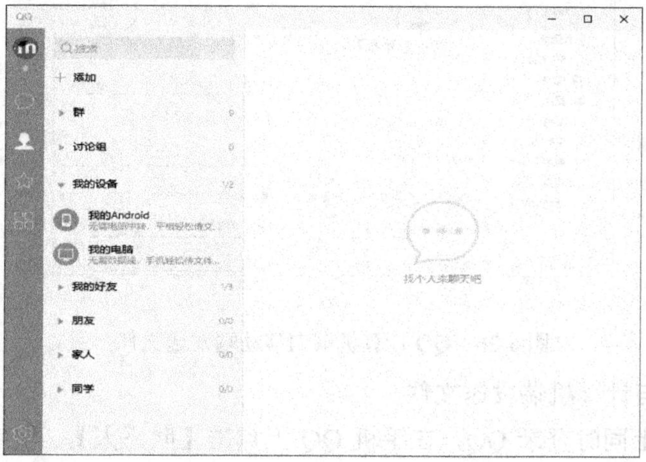

(a)

(b)

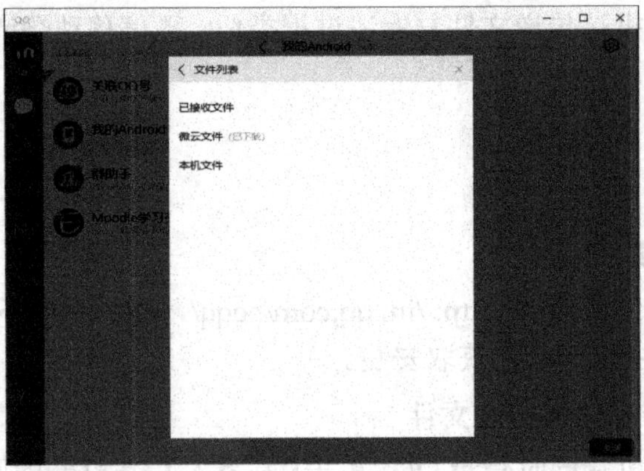

(c)

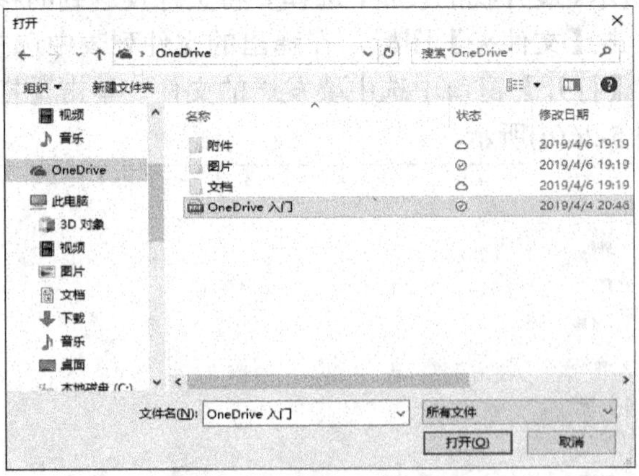

(d)

图 5-26　QQ 计算机端向移动端发送文件

3. QQ 移动端与计算机端发送文件

计算机和手机上同时登录 QQ，在手机 QQ 上点击【联系人】，再点击【设备】，点击【我的电脑】。在弹出的聊天窗口中单击【文件夹】图标，选择要发送的文件，再点击【打开】，则将文件发送到计算机端。

第二篇

Word 2016 文字处理高效办公

Word 2016 是 Office 2016 办公组件中的一个编辑文字文档的主要工具。本篇主要介绍编辑文档、美化文档、审阅与打印等知识，具体包括以下 3 章内容：

第 6 章　办公基础——Word 2016 的基本操作

第 7 章　美化文档——Word 2016 文档样式的设置与美化

第 8 章　排版文档——Word 2016 长文档的高级排版

第 6 章　办公基础

——Word 2016 的基本操作

Word 2016 是 Office 2016 办公组件中的一个编辑文档的基本工具。本章介绍 Word 2016 的基本操作，包括新建文档、保存文档、输入文本内容、编辑文本内容等。

本章学习目标如下：

(1) 掌握软件的启动与退出方法。
(2) 掌握文件的保存方法。
(3) 掌握新建与打开文档的基本操作。
(4) 掌握文本的输入方法。
(5) 掌握编辑文本的方法。
(6) 掌握设置字体样式的方法。
(7) 掌握设置段落的方法。
(8) 掌握设置项目符号和编号的方法。

6.1　Word 2016 文档的创建与保存

本节将介绍 Word 2016 文档创建与保存的基本操作。

6.1.1　文档的创建

文档的创建是使用 Word 2016 的基础，文档创建的操作步骤如下：

步骤 1　单击【开始】按钮，在应用列表 W 字母开头的应用分组中，单击【Word 2016】启动应用，如图 6-1 所示。

图 6-1　启动 Word 2016 软件

步骤 2　在如图 6-2 所示的创建文档界面中选择【空白文档】，即可新建一个名为“文档 1”的空白文档，如图 6-3 所示。

图 6-2　创建文档界面

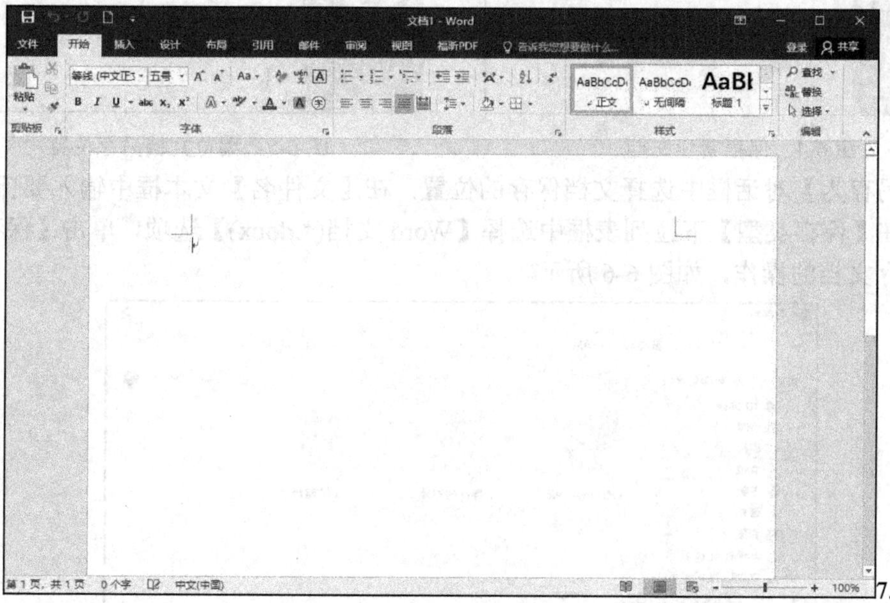

图 6-3　空白文档窗口

还可以在 Windows 桌面或者文件夹的空白处单击鼠标右键，在弹出的快捷菜单中选择【新建】→【Microsoft Word 文档】来创建一个 Word 文档。用户可以直接重新命名该新建文档。

6.1.2　文档的保存和导出

在使用 Word 2016 工作时，文档以临时文件的形式保存在计算机中，如果意外退出 Word 2016，很容易造成文档的丢失。所以文档的保存和导出是非常重要的，只有保存或导出文档后才能确保文档不会丢失。

1. 保存新建文档

新建并编辑 Word 文档后，单击【文件】选项卡，在左侧的列表中单击【保存】选项，如图 6-4 所示。

如需另存文档，单击【另存为】，在【另存为】界面中单击【浏览】按钮选择文档另存的位置，如图 6-5 所示。

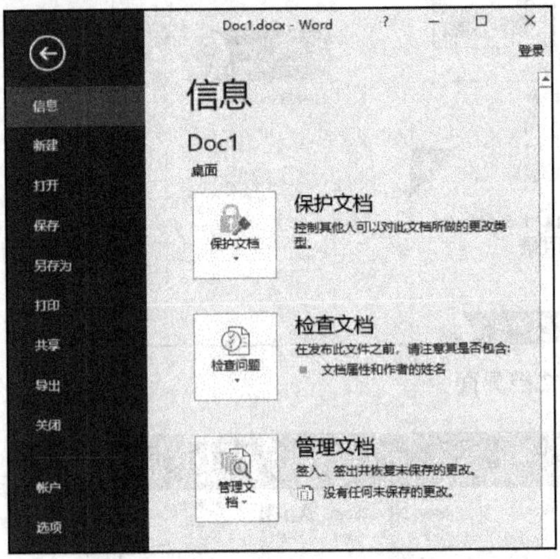

图 6-4　保存新建文档

图 6-5　浏览文档另存位置

在【另存为】对话框中选择文档保存的位置，在【文件名】文本框中输入要保存的文档名称，在【保存类型】下拉列表框中选择【Word 文档(*.docx)】选项，单击【保存】，即可完成保存文档的操作，如图 6-6 所示。

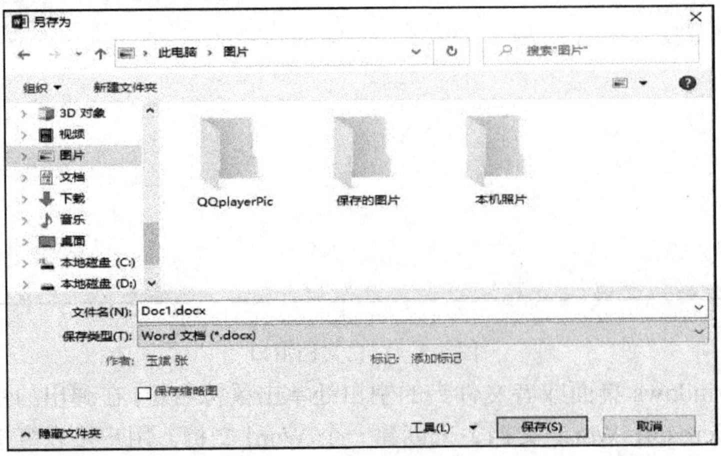

图 6-6　文档命名保存

对已存在文档还有两种方法可以保存更新。

(1) 单击快速访问工具栏中的【保存】图标。

(2) 使用【Ctrl + S】组合键可以实现快速保存。

◈ **提示**

关于文档保存，务必记住【Ctrl + S】保存快捷键！时时刻刻把编辑过程中的保存训练成下意识行为，这样可以避免很多重复性的工作，尤其是在职场工作上。

还可以通过设置文档自动保存时间来保存文档。

单击【文件】选项卡，在列表中选择【选项】→【保存】，将保存自动恢复信息时间间隔设置为 1 分钟，如图 6-7 所示。

图 6-7　在 Word【保存】选项中设置自动保存时间

这样设置以后，Word 就会每隔 1 分钟自动保存一次文档，即使以后文档非正常关闭，也最多只是损失这 1 分钟的内容。

◈ **提示**

合理设置保存自动恢复信息时间间隔，对于长文档来说，如果设置时间过短，会造成 Word 频繁自动保存，甚至严重到没有用于编辑的时间。

2. 导出文档

我们还可以将文档导出其他格式。例如将文档导出为 PDF 文档，其具体操作如下：

步骤 1　在打开的文档中单击【文件】选项卡，在左侧的列表中单击【导出】选项，选择【创建 PDF/XPS 文档】项，并单击右侧的【创建 PDF/XPS】按钮，如图 6-8 所示。

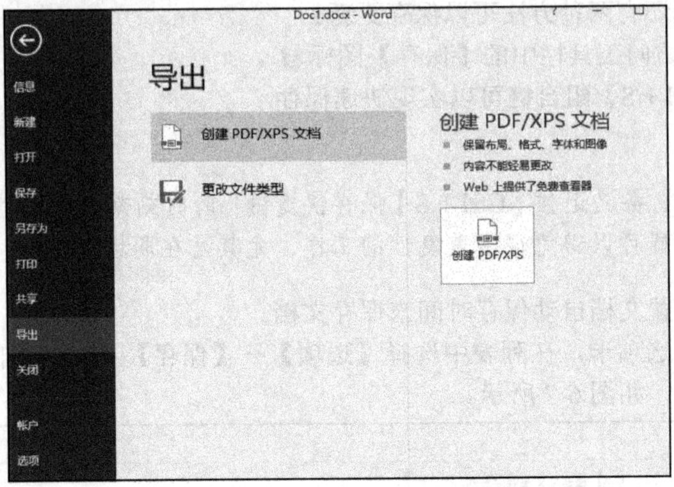

图 6-8　导出为 PDF/XPS 文档窗口

步骤 2　在【发布为 PDF 或 XPS】对话框的【文件名】文本框中输入要保存的文档名称，在【保存类型】下拉列表框中选择【PDF(*.pdf)】选项，单击【发布】按钮，即可将 Word 文档导出为 PDF 文件。

除此之外，还可以将文档导出为模板格式、纯文本格式、RTF 格式以及网页格式。在【导出】区域单击【更改文件类型】选项，即可在右侧的【更改文件类型】列表中选择导出类型。

6.1.3　使用 Word 2016 预设模板创建文档

Word 2016 拥有已经预设好的模板文档，用户在使用过程中，只需在指定位置填写相关的文字即可。例如，制作一个毛笔临摹字帖的具体操作步骤如下：

步骤 1　单击【文件】选项卡，在弹出的下拉列表中选择【新建】，然后单击【新建】区域的【书法字帖】按钮，如图 6-9 所示。

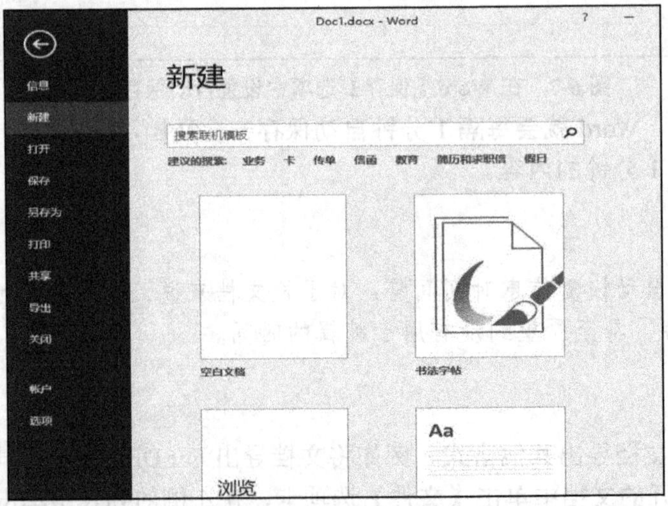

图 6-9　新建书法字帖窗口

步骤 2　弹出【增减字符】窗口，在【可用字符】列表中选择需要的字符，单击【添加】按钮即可将所选字符添加至【已用字符】列表中，如图 6-10 所示。

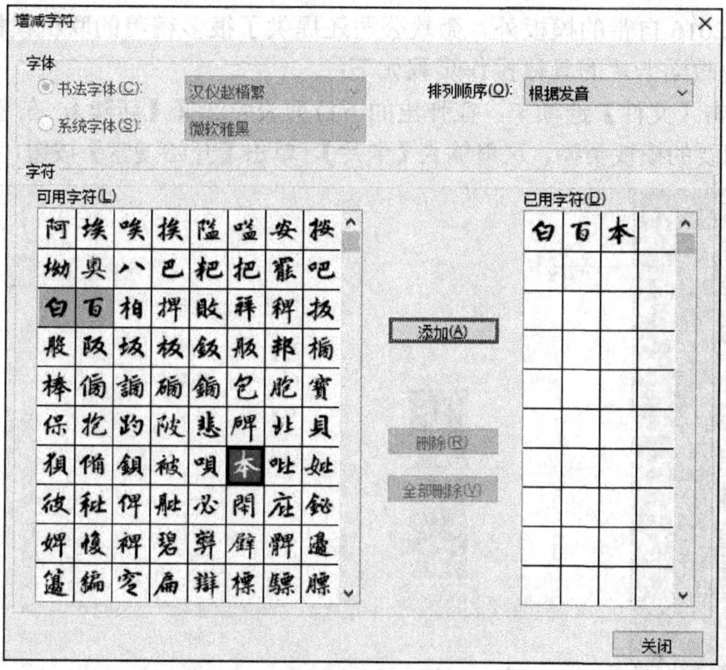

图 6-10　【增减字符】窗口

如果在【已用字符】列表中有不需要的字符，可以选择该字符后单击【删除】按钮进行删除。

步骤 3　添加完成后单击【关闭】按钮，即可完成对书法字帖的创建，如图 6-11 所示。

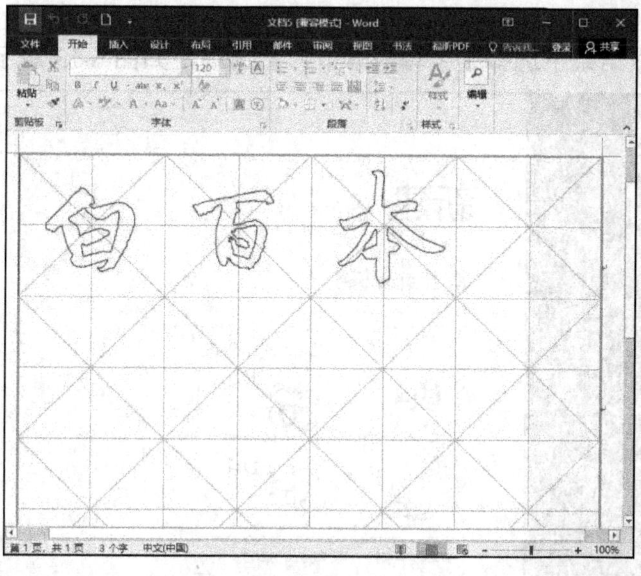

图 6-11　字帖创建结果

在【增减字符】窗口的【字体】选项组中，选中【系统字体】单选项，再单击【系统字体】右侧的下拉按钮，可以选择系统中安装的字体样式添加到书法字帖中。

6.1.4 使用 Word 2016 联机模板创建文档

除了 Word 2016 自带的模板外，微软公司还提供了很多精美的联机模板。通过联机模板制作一个字母教学卡片的具体操作步骤如下：

步骤 1　单击【文件】选项卡，在弹出的下拉列表中选择【新建】，在【搜索联机模板】搜索框中输入想要的模板类型，这里输入【卡片】，单击【开始搜索】按钮，如图 6-12 所示。

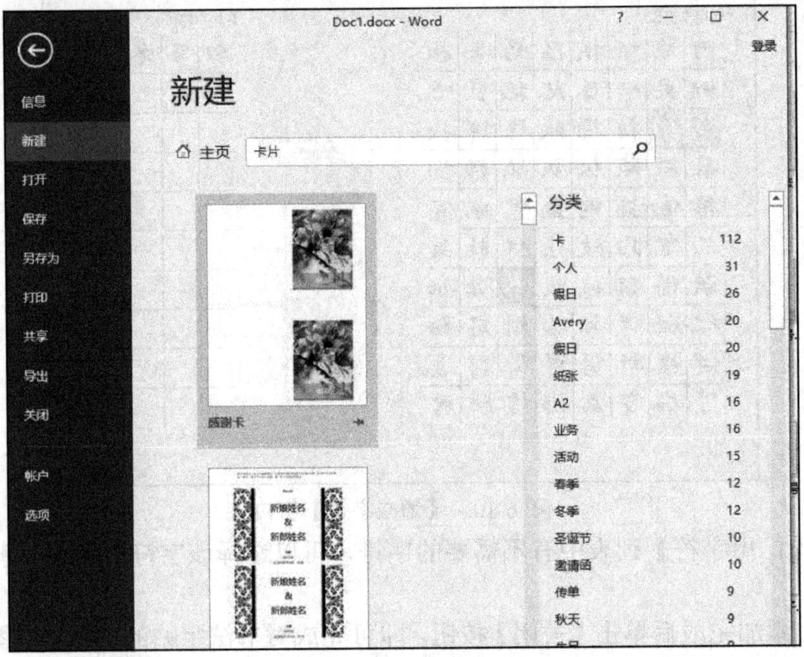

图 6-12　搜索卡片在线模板

步骤 2　在搜索结果中选择【字母教学卡片】选项，如图 6-13 所示。

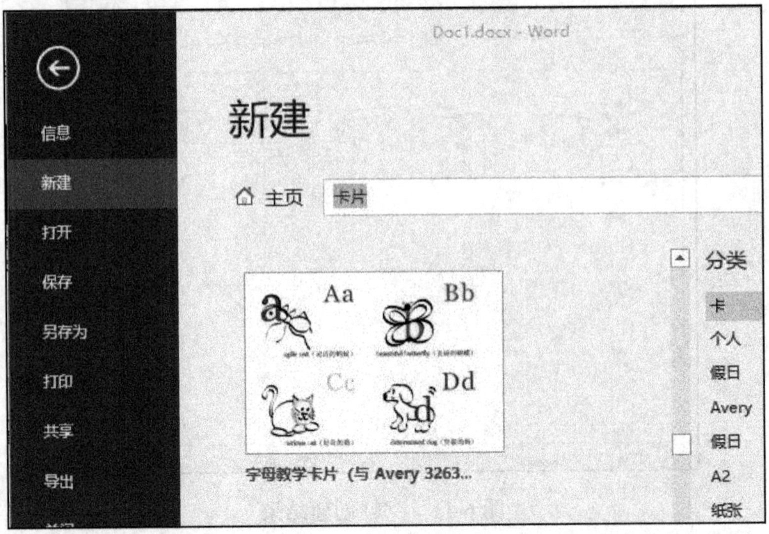

图 6-13　选择【字母教学卡片】选项

步骤 3　在弹出的【字母教学卡片】预览界面中单击【创建】按钮即可下载该模板，

如图 6-14 所示。下载完成后打开该模板并创建字母教学卡片，如图 6-15 所示。

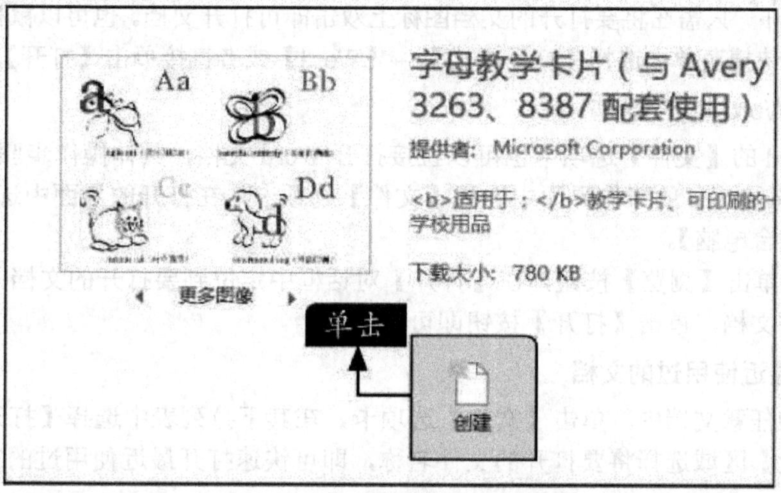

图 6-14　下载字母教学卡片模板

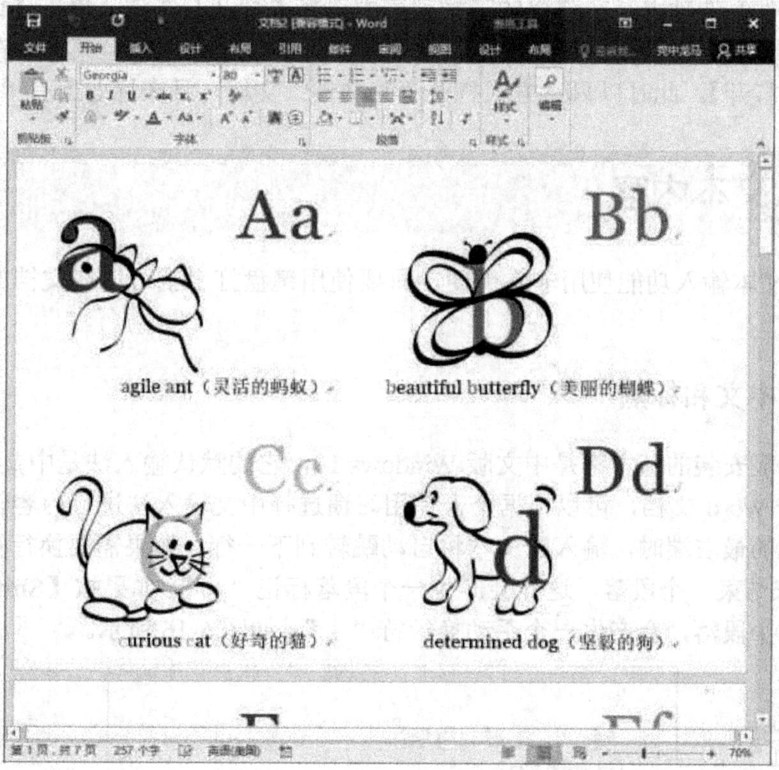

图 6-15　创建字母教学卡片

6.2　打开文档

Word 2016 提供了多种打开已有 Word 文档的方法，下面介绍几种常用的方法。

1. 正常打开文档

一般情况下，只需在将要打开的文档图标上双击即可打开文档。也可以鼠标右键单击文件，在弹出的快捷菜单中选择【打开方式】→【Word】或者直接单击【打开】，打开文档。

2. 通过 Word 打开文档

通过 Word 的【文件】选项卡也可以直接打开 Word 文档，具体操作步骤如下：

步骤 1　在 Word 的工作界面中选择【文件】选项卡，在打开的界面中选择【打开】，然后选择【这台电脑】。

步骤 2　单击【浏览】按钮，在【打开】对话框中定位到要打开的文档的路径，然后选中要打开的文档，单击【打开】按钮即可打开文档。

3. 打开最近使用过的文档

在打开的任意文档中，单击【文件】选项卡，在其下拉列表中选择【打开】选项，在右侧的【最近】区域选择将要打开的文件名称，即可快速打开最近使用过的文档。

4. 以只读方式打开文档

选择【文件】选项卡，在弹出的下拉列表中选择【打开】选项，单击【浏览】按钮，在【打开】对话框中选择要打开的文档，单击【打开】按钮旁的下拉菜单，在菜单中选择【以只读方式打开】。此时以只读方式打开“某文件”文档，且在标题上有“只读”字样。

6.3　输入文本内容

Word 的文本输入功能使用非常简便，只要使用键盘打字就可以在文档的编辑区域输入文本内容。

6.3.1　输入中文和标点

计算机一般安装的基本都是中文版 Windows 10，它的默认输入法是中文输入法。

新建一个 Word 文档，可以根据个人使用习惯选择中文输入法进行内容输入。当输入文字到达一行的最右端时，输入的文本将自动跳转到下一行。如果需要换行输入，则可按【Enter】键来结束一个段落，这样会产生一个段落标记“↵”。如果按【Shift + Enter】组合键来结束一个段落，会产生一个手动换行符“↓”，如图 6-16 所示。

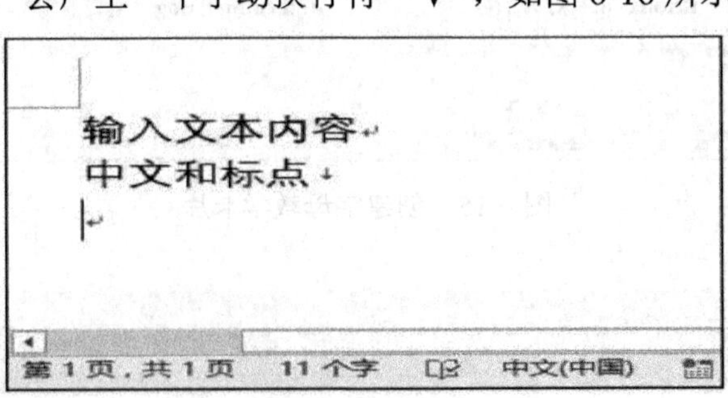

图 6-16　文字输入

如果用户需要输入标点，按键盘上的标点键即可。例如输入一个句号，如图 6-17 所示。

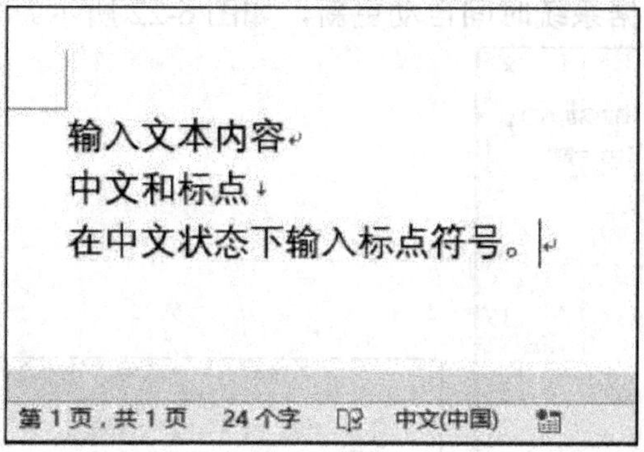

图 6-17　输入句号

6.3.2　输入英文和标点

在编辑文档时，有时需要输入英文和英文标点符号，按【Shift】键即可在中文和英文输入法之间切换。输入英文和英文标点符号的具体操作步骤如下：

步骤 1　在中文输入法状态下，按【Shift】键切换至英文输入法，然后在键盘上按相应的英文按键，即可输入英文，如图 6-18 所示。

步骤 2　输入英文标点和输入中文标点的方法相同，如按【Shift + 1】组合键，即可在文档中输入一个英文的感叹号“!”，如图 6-19 所示。

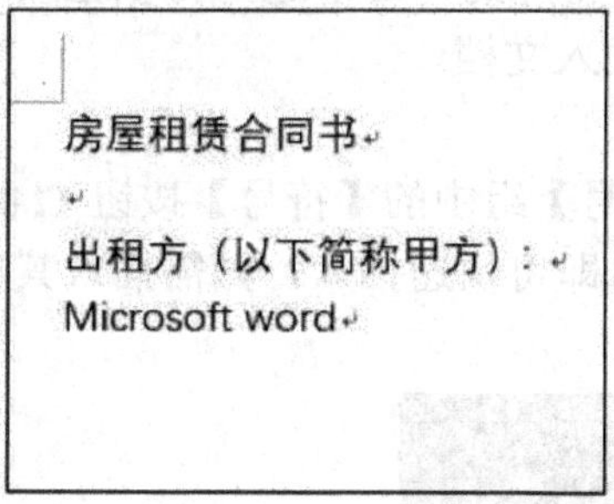

图 6-18　输入英文

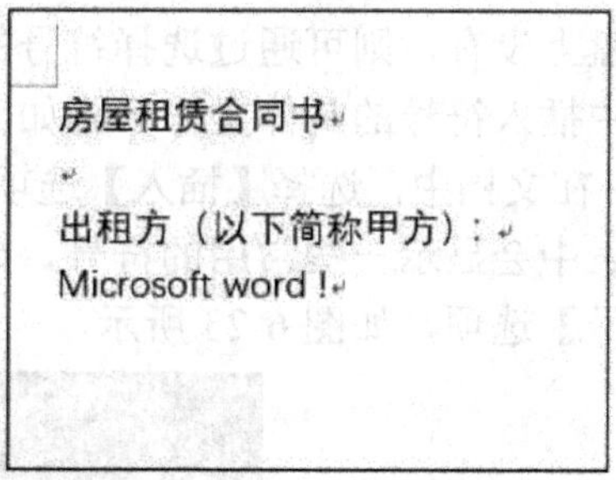

图 6-19　输入英文感叹号

6.3.3　输入日期和时间

在文档中插入日期和时间的具体操作步骤如下：

步骤 1　单击【插入】选项卡【文本】选项组中的【日期和时间】按钮，如图 6-20 所示。

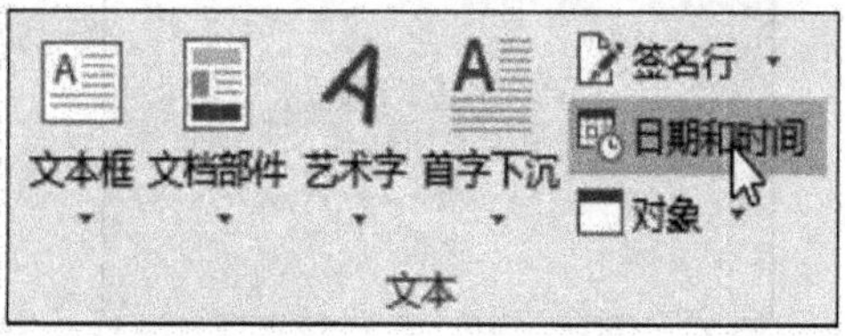

图 6-20　插入日期和时间

步骤 2　在弹出的【日期和时间】对话框中，任选一种日期和时间格式，然后勾选【自动更新】复选框，单击【确定】按钮，如图 6-21 所示。此时即可将日期和时间插入文档中，且插入的日期和时间会根据系统时间自动更新，如图 6-22 所示。

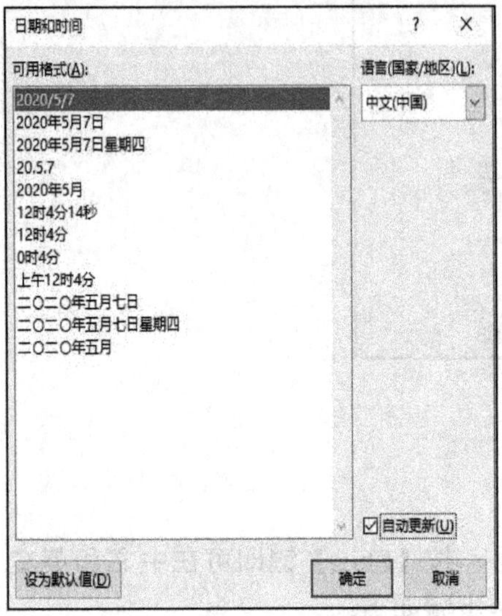

图 6-21 【日期和时间】对话框

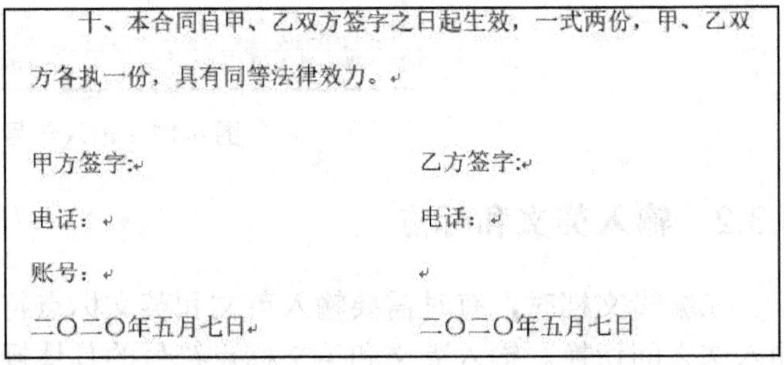

图 6-22 在文档中插入自动更新的日期和时间

6.3.4 插入符号和特殊符号

编辑 Word 文档时会使用到一些常用的符号和特殊的符号，这些可以直接通过键盘输入。如果键盘上没有，则可通过选择符号的方式插入文档。

在文档中插入符号的具体操作步骤如下：

步骤 1 在文档中，选择【插入】选项卡【符号】组中的【符号】按钮 Ω 符号 。在弹出的下拉列表中会显示一些常用的符号，单击符号即可快速插入，如需插入其他符号则单击【其他符号】选项，如图 6-23 所示。

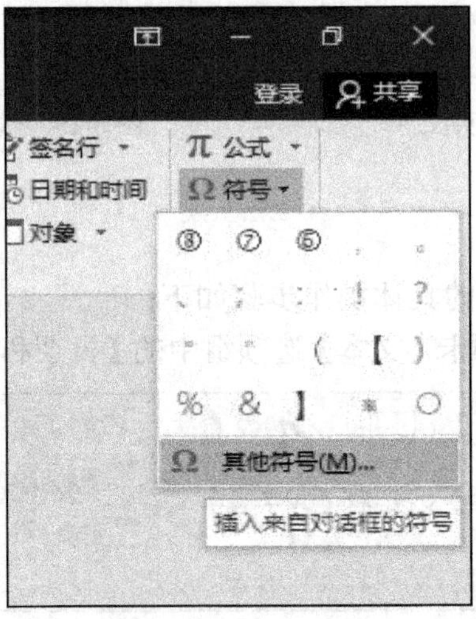

图 6-23 插入其他符号

步骤 2 在【符号】对话框中的【符号】选项卡的【字体】下拉列表框中选择所需字

体，在【子集】下拉列表框中选择专用字符集，选择后的字符将全部显示在字符列表框中，如图 6-24 所示。

图 6-24 字符集

步骤 3 选中符号，单击【插入】按钮即可插入符号，也可以直接双击符号来插入。插入完成后，关闭【插入】对话框，可以看到符号已经插入到文档中光标所在的位置，如图 6-25 所示。

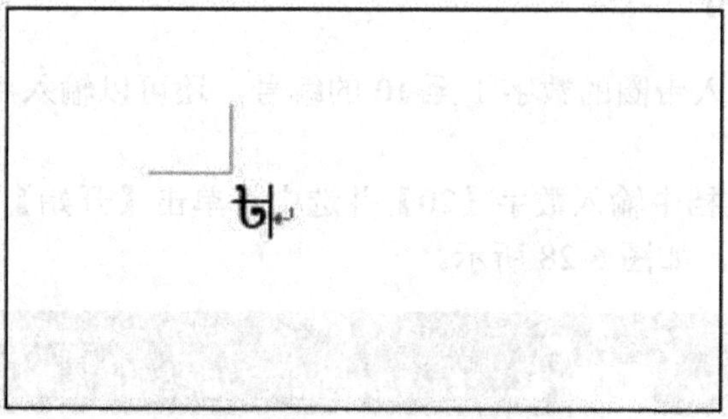

图 6-25 符号插入结果

◇ **提示**

单击【插入】按钮后【符号】对话框不会关闭。

如果在文档编辑中经常用到某些符号，可以单击【符号】对话框中的【快捷键】按钮为其定义快捷键。

通常情况下，文档中除了包含一些汉字和标点符号外，为了美化版面还会使用一些特殊符号，如※、♀、♁等。插入特殊符号的具体操作步骤如下：

步骤 1 选择【插入】选项卡【符号】组中的【符号】按钮 Ω符号·。在弹出的下拉列表中单击【其他符号】选项。

步骤 2　在【符号】对话框中选择【特殊字符】选项卡，在【字符】列表框中选择需要插入的符号即可。系统还为某些特殊符号定义了快捷键，可以直接按下这些快捷键插入该符号，如图 6-26 所示。

步骤 3　单击【插入】按钮，关闭【插入】对话框，可以看到选择的特殊字符已经插入到文档中光标所在的位置，如图 6-27 所示。

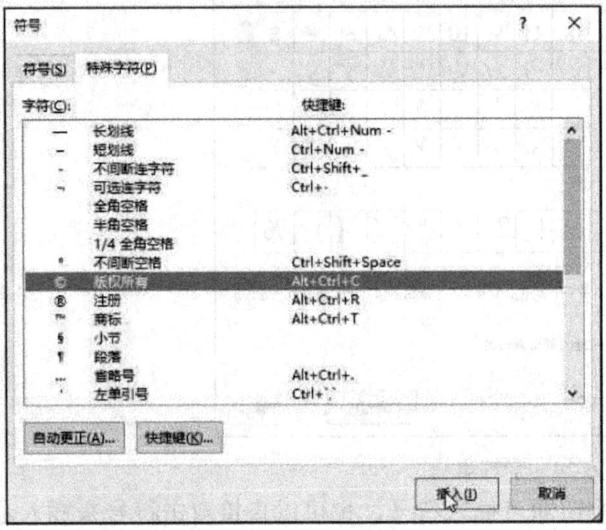

图 6-26　特殊字符插入界面

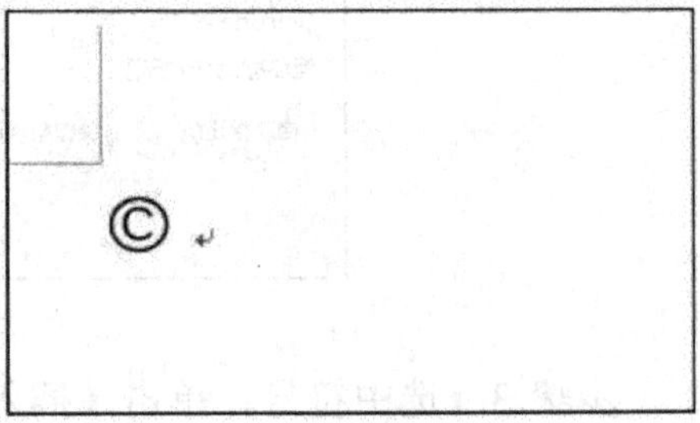

图 6-27　插入特殊字符

6.3.5　插入带圈字符

在 Word 中可以插入带圈的数字 1 至 10 的编号，还可以输入 10 以上的带圈数字，具体操作步骤如下：

步骤 1　在新建文档中输入数字【20】并选中，单击【开始】选项卡【字体】组中的【带圈字符】按钮㊫，如图 6-28 所示。

图 6-28　带圈字符

步骤 2　在【带圈字符】对话框中选择显示的样式，然后单击【确定】按钮，如图 6-29 所示。带圈字符最终效果如图 6-30 所示。

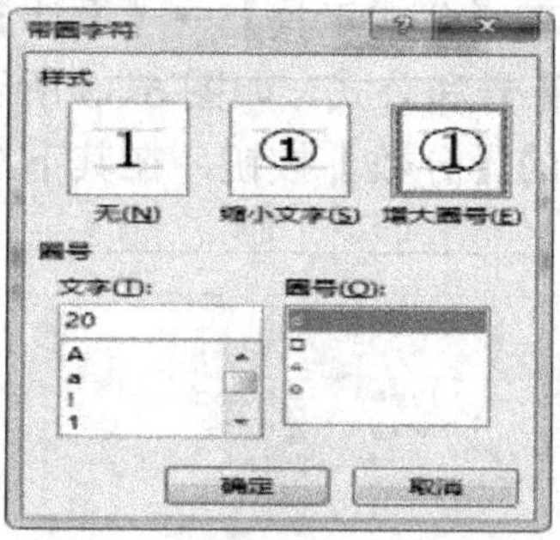

图 6-29　带圈字符对话框

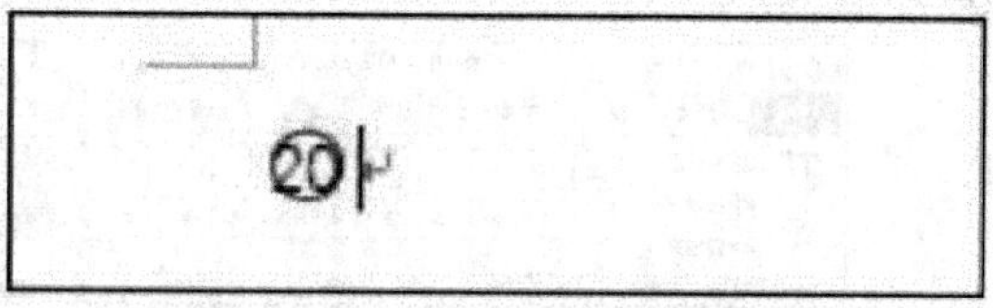

图 6-30　带圈字符设置效果

6.3.6　输入数学公式

在编辑数学方面的文档时数学公式的使用会非常频繁。如果直接输入公式，比较繁琐，既浪费时间又容易输错。在 Word 2016 中，可以直接使用【公式】按钮来输入数学公式，具体操作步骤如下：

步骤 1　将光标定位在需要插入公式的位置，切换到【插入】选项卡，在【符号】选项组中单击【公式】按钮，在弹出的下拉列表中选择【二项式定理】选项，如图 6-31 所示。返回 Word 文档即可看到插入的此公式，如图 6-32 所示。

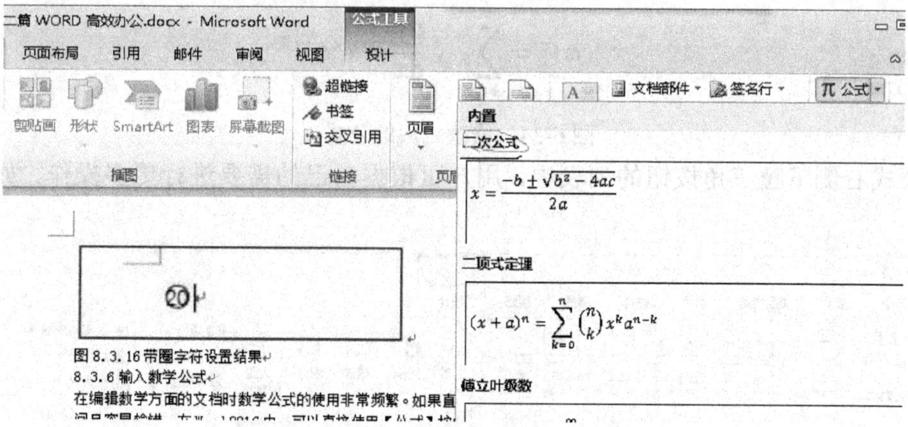

图 6-31　选择【二项式定理】选项

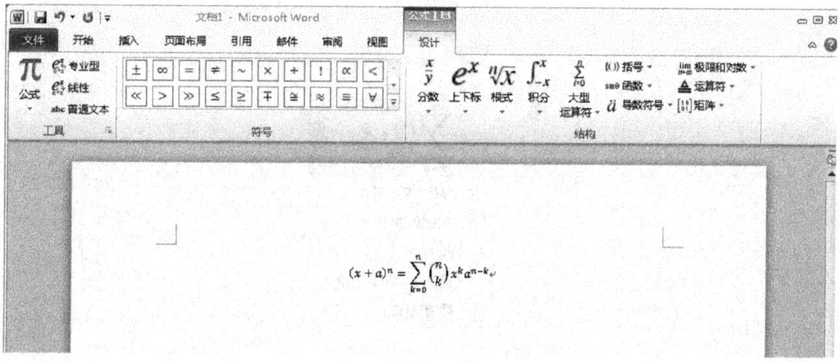

图 6-32　插入公式

步骤 2　在插入的公式中选择公式需要修改的部分，在【公式工具】→【设计】选项卡下的【符号】和【结构】选项组中选择将要用到的运算符号和公式，如图 6-33 所示。例如，若要更改公式中的“*n*/*k*”，则单击【结构】选项组中的【分数】按钮，在其下拉列表中选择【d*y* /d*x*】选项，结果如图 6-34 所示。

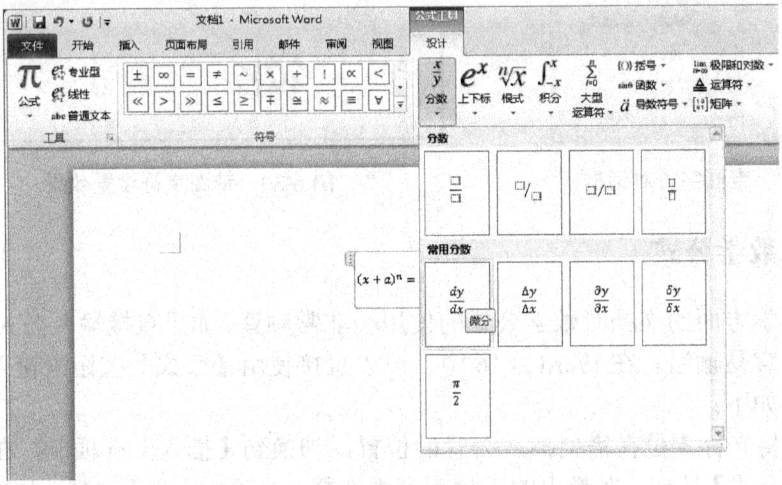

图 6-33　运算符号和公式选择界面

$$(x+a)^n=\sum_{k=0}^{n}\left(\frac{\mathrm{d}y}{\mathrm{d}x}\right)x^k a^{n-k}$$

图 6-34　修改之后的公式

在公式右侧下拉三角按钮的列表中，用户可根据自己的需要进行更多操作，如图 6-35 所示。

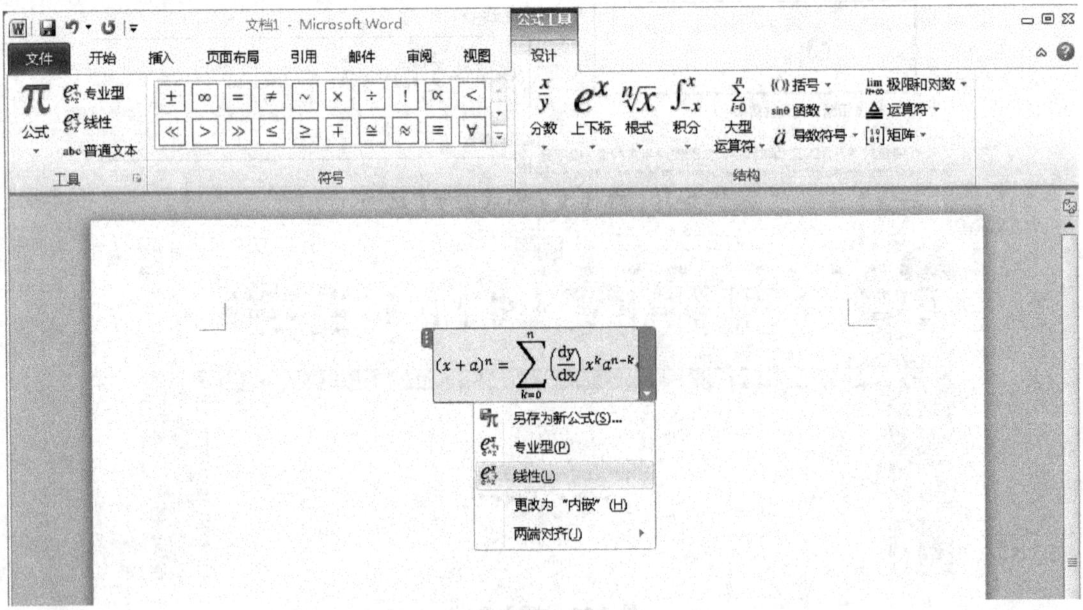

图 6-35　选择更多公式选项

6.4　编辑文本内容

文档创建完毕后就可以对文档中的内容进行编辑了，对文本进行编辑的操作主要有选中、复制、移动、删除文本等。

6.4.1　选中、复制与移动文本

选中、复制与移动文本是文本编辑中基本的操作。

选中文本是进行文本编辑的基础，所有的文本只有被选中后才能实现各种编辑操作，不同的文本范围，其选择的方法也不尽相同，下面分别进行介绍。

如果要选中一个词组，只要双击选中的词组中任意一个字，即可选中该词组，如图 6-36 所示。

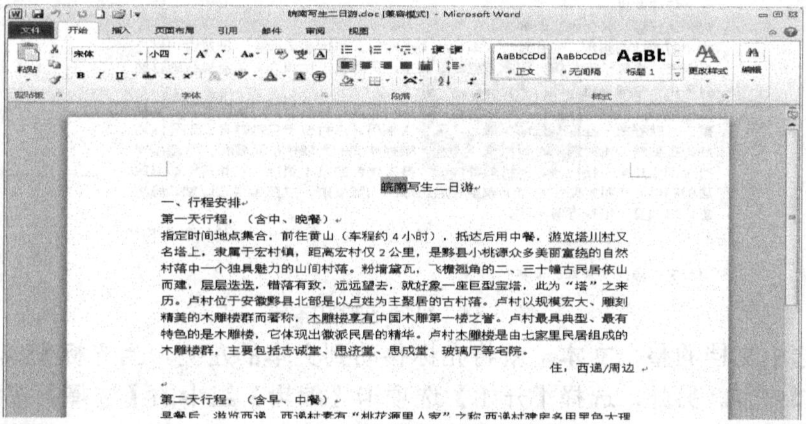

图 6-36　选中词组

如果要选中一个句子，就按住【Ctrl】键，同时在需要选中的句子中部位置单击，即可选中句子，如图 6-37 所示。

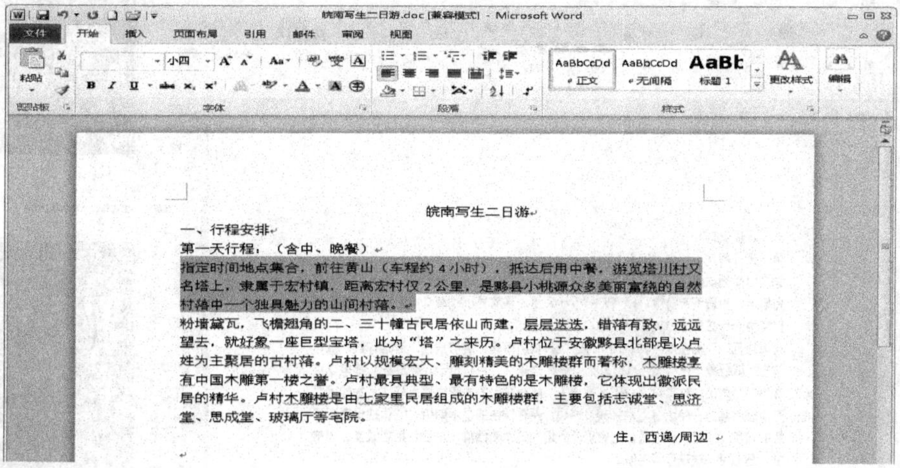

图 6-37　选中句子

如果要选中一行文本，就将光标移动到选中行的左侧，当光标变成↗状时单击，即可

选中光标右侧的行。

如果要选中一段文本，就将光标移动到选中行的左侧，当光标变成↗状时双击，即可选中光标右侧的整段内容。

如果要选中任意一段文本，就单击要选中文本的起始位置，然后按住鼠标左键向结束位置拖动。

如果要选中的文本是纵向的，就按住【Alt】键，然后从起始位置拖动鼠标到结束位置，如图 6-38 所示。

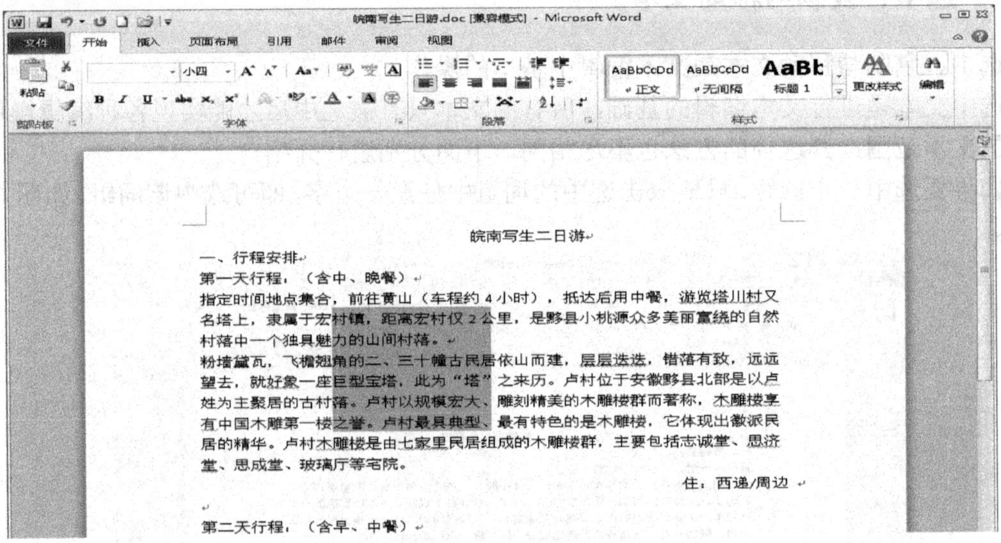

图 6-38　纵向选择文本

如果要选中文档的整个文本，就将光标移动到文本的左侧，当光标变成↗时三击，即可选择全部内容。另外，选择【开始】选项卡【编辑】组中的【选择】按钮，在弹出的下拉列表中选择【全选】选项，也可全选文档，如图 6-39 所示。在文档中任意位置按【Ctrl + A】组合键也可以全选文档。

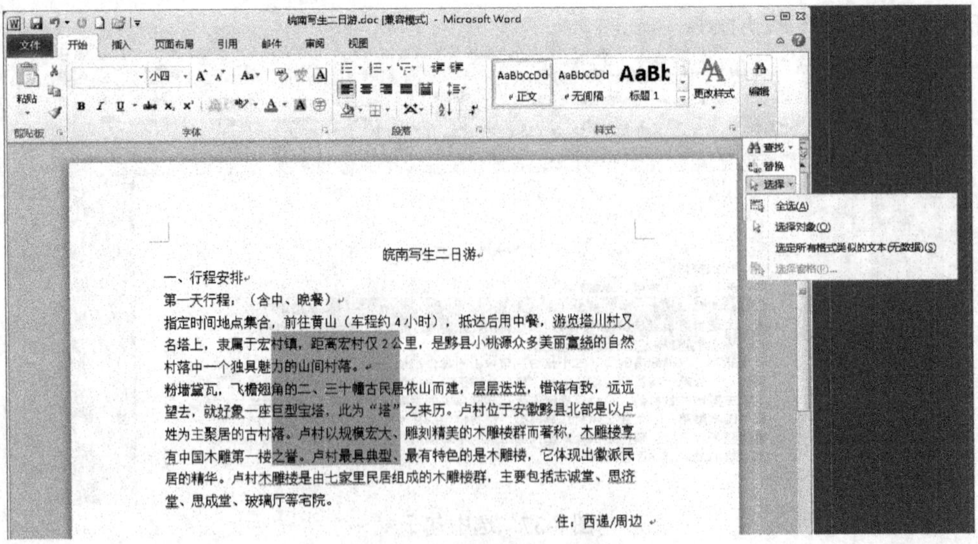

图 6-39　选择【全选】选项

在文本编辑过程中，有些内容需要重复使用，利用复制和移动功能即可实现操作，而不必重复输入，具体操作步骤如下：

步骤 1　选中要复制的内容，切换到【开始】选项卡，在【剪贴板】分组中选择【复制】按钮，如图 6-40 所示。

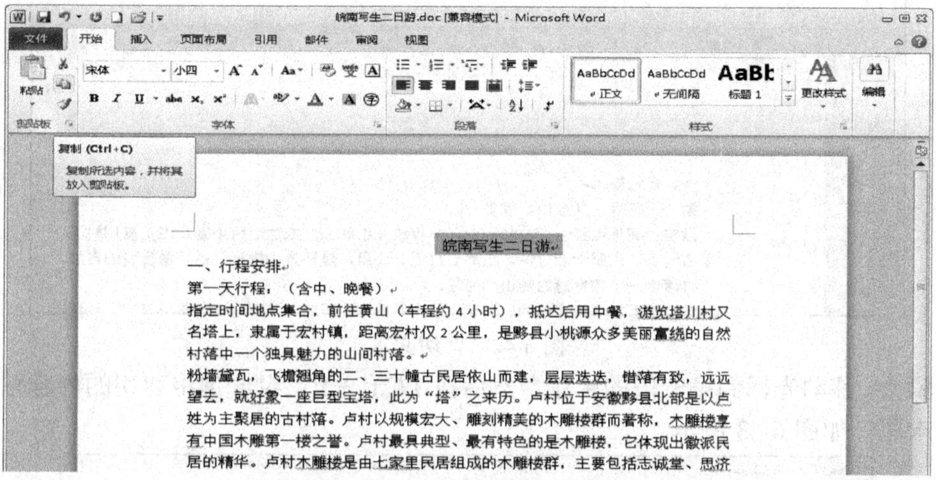

图 6-40　选中要复制的内容

步骤 2　将光标定位到要插入文本的位置，然后单击【开始】选项卡中的【粘贴】按钮，即可将选中的文本复制到指定的位置，如图 6-41 所示。

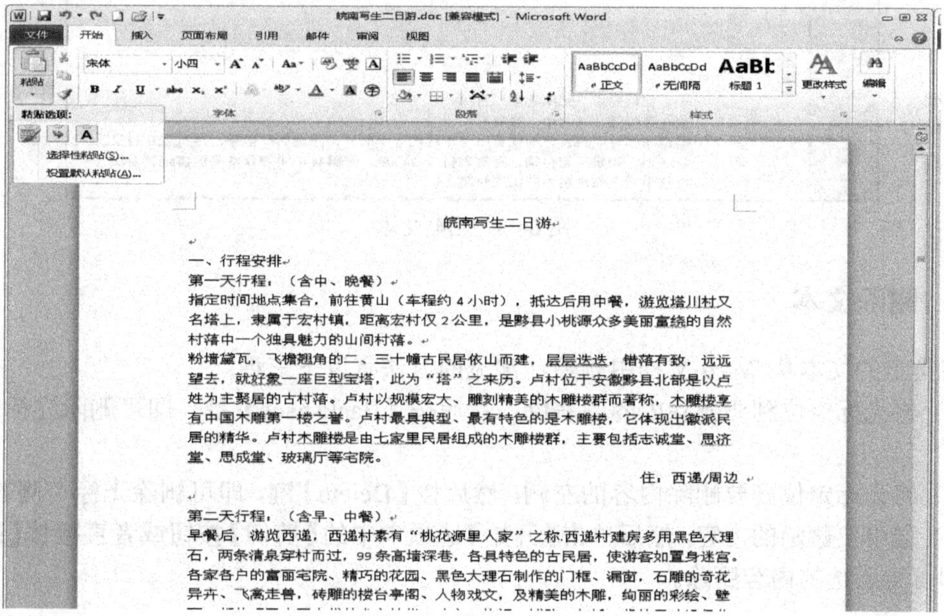

图 6-41　粘贴文本

使用组合键也可以复制和粘贴文本，其中【Ctrl + C】组合键为复制文本，【Ctrl + V】组合键为粘贴文本。

使用剪切功能可以移动文本，具体操作步骤如下：

步骤 1　选中需要剪切的文字，按【Ctrl + X】组合键，选中的文字就会被剪切掉，如

图 6-42 所示。

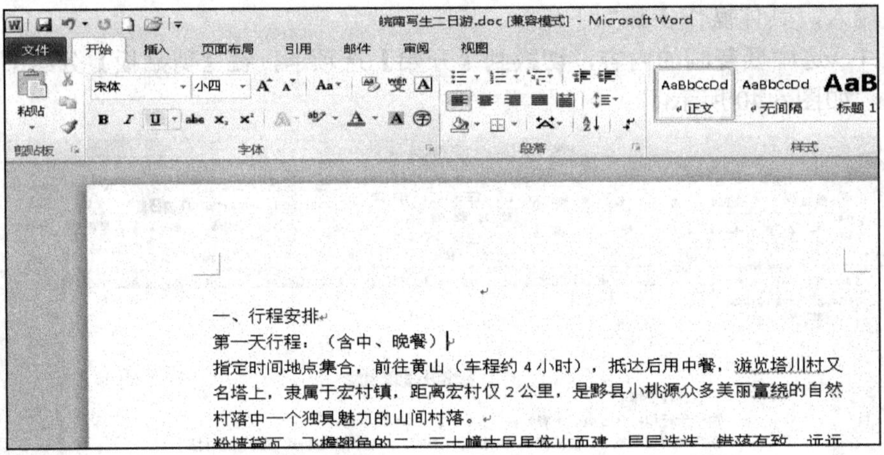

图 6-42　剪切文本

步骤 2　移动光标到第一段的末尾，然后按【Ctrl + V】组合键将剪切的内容粘贴在第一段的末尾，如图 6-43 所示。

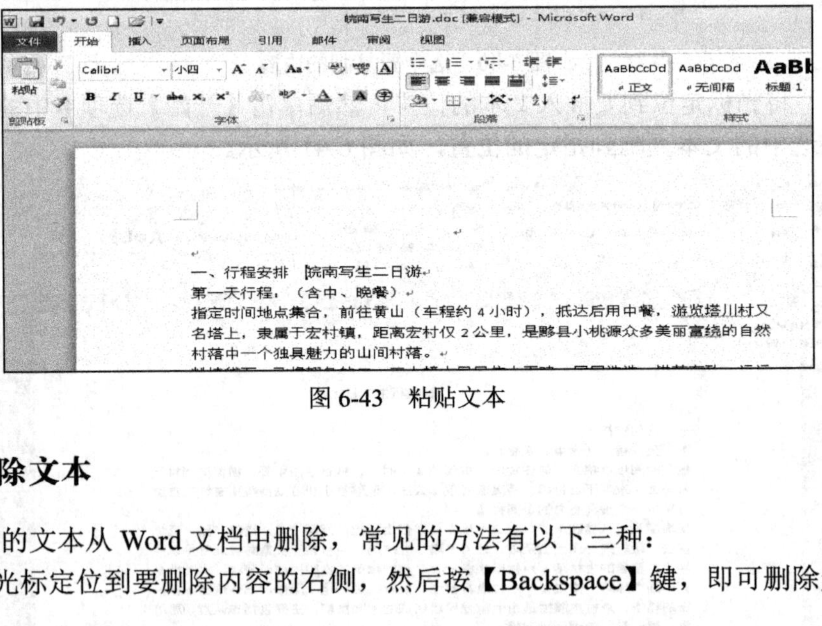

图 6-43　粘贴文本

6.4.2　删除文本

将指定的文本从 Word 文档中删除，常见的方法有以下三种：

(1) 将光标定位到要删除内容的右侧，然后按【Backspace】键，即可删除光标左侧的内容。

(2) 将光标定位到要删除内容的左侧，然后按【Delete】键，即可删除光标右侧的内容。

(3) 选中要删除的内容，然后单击【开始】选项卡中的【剪切】按钮或者直接按【Delete】键，即可将所选的内容删除。

6.5　设置字体样式

字体样式主要包括字体基本格式、边框、底纹、间距和突出显示等。字体样式设置的好坏，直接影响到文本内容的阅读效果，美观大方的字体样式可以给人以简洁、清新、赏心悦目的阅读感觉。

1. 设置字体、字号和字形

在 Word 2016 中，设置字体、字号和字形的主要方法有以下三种：

(1) 使用【字体】选项组设置字体。在【开始】选项卡的【字体】选项组中单击相应的按钮来修改字体格式是最常用的字体格式设置方法。【字体】选项组如图 6-44 所示。

(2) 使用【字体】对话框设置字体。选择要设置的文字，单击【开始】选项卡【字体】选项组右侧的按钮 或单击鼠标右键，在快捷菜单中选择【字体】选项，在【字体】对话框中设置字体的格式，如图 6-45 所示。

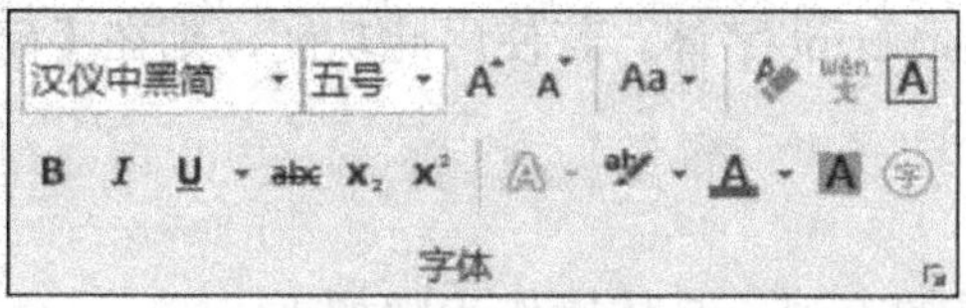

图 6-44　【字体】选项组

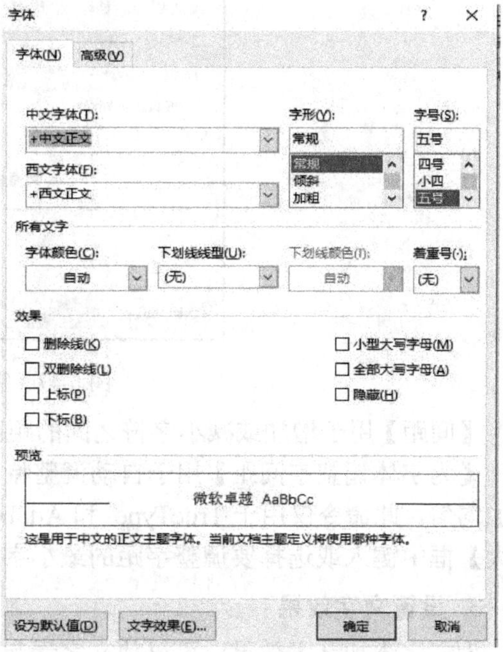

图 6-45　【字体】对话框

(3) 使用浮动工具栏设置字体。选择要设置字体格式的文本，文本区域右上角会弹出一个浮动工具栏，单击相应的按钮即可修改字体格式，如图 6-46 所示。

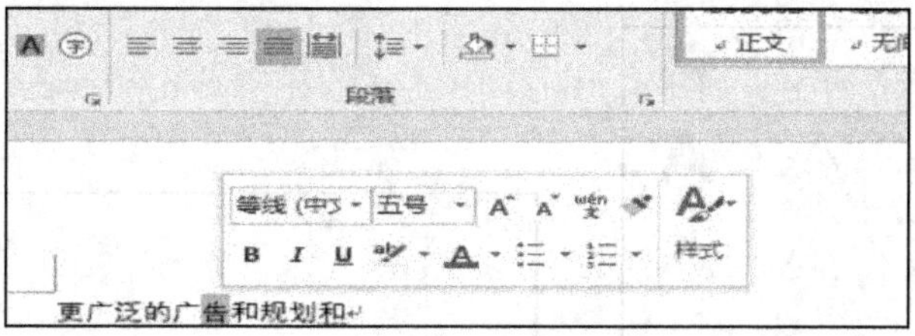

图 6-46　浮动工具栏

2. 设置字符间距

字符间距是指文档中字与字之间的间距、位置等。按下【Ctrl + D】组合键打开【字体】对话框，选择【高级】选项卡，在【字符间距】区域可设置字体【缩放】、【间距】和【位置】等，如图 6-47 所示。

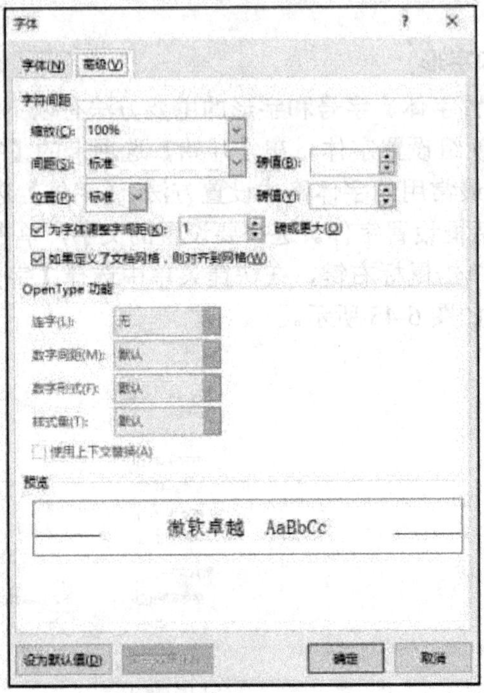

图 6-47　字符间距设置

【间距】用于增加或减小字符之间的距离。在【磅值】框中键入或选择一个间距数值。

【为字体调整字间距】用于自动调整特定字符组合之间的间距量，使整个文字的分布更加均匀。此命令仅用于 TrueType 和 Adobe PostScript 字体。若使用此功能，则在【磅或更大】框中键入或选择要调整字距的最小字号。

3. 设置文字效果

为文字添加艺术效果，可以使文字看起来更加美观，具体操作步骤如下：

选择要设置的文本，在【开始】选项卡的【字体】组中单击【文本效果和版式】按钮，在如图 6-48 所示的下拉列表中选择【文本】效果，如选择第 2 行第 2 个效果，则所选择的文本内容即会应用用户选择的文本效果，如图 6-49 所示。

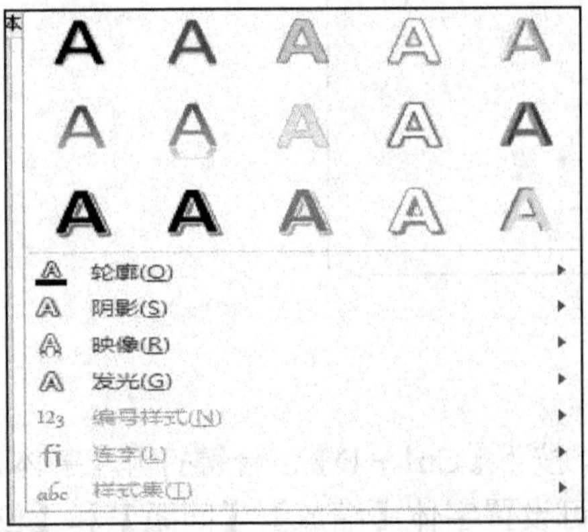

图 6-48　文本效果选项

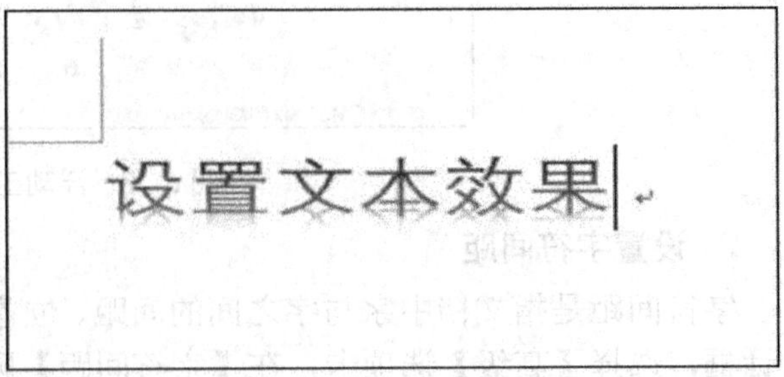

图 6-49　文本艺术效果

6.6　设置段落样式

段落样式是指以段落为单位所进行的格式设置。本节主要讲解段落的对齐方式、段落的缩进、行间距及段落间距等。

1. 对齐方式

整齐的排版效果可以使文本更为美观，对齐方式就是段落中文本的排列方式。Word 2016 中提供了五种常用的对齐方式，分别为左对齐、右对齐、居中对齐、两端对齐和分散对齐，如图 6-50 所示。

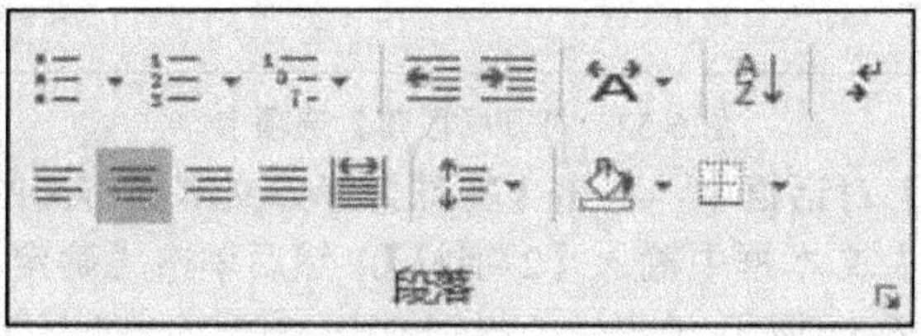

图 6-50　【段落】选项组

不仅可以通过工具栏【段落】选项组中的对齐方式按钮来设置对齐，还可以通过【段落】对话框来设置对齐，具体操作步骤如下：

单击【开始】选项卡【段落】选项组右下角的按钮(或单击鼠标右键，在弹出的快捷菜单中选择【段落】菜单项)，弹出【段落】对话框。在【缩进和间距】选项卡下，单击【常规】组中【对齐方式】右侧的下拉按钮，在弹出的列表中选择需要的对齐方式，如图 6-51 所示。

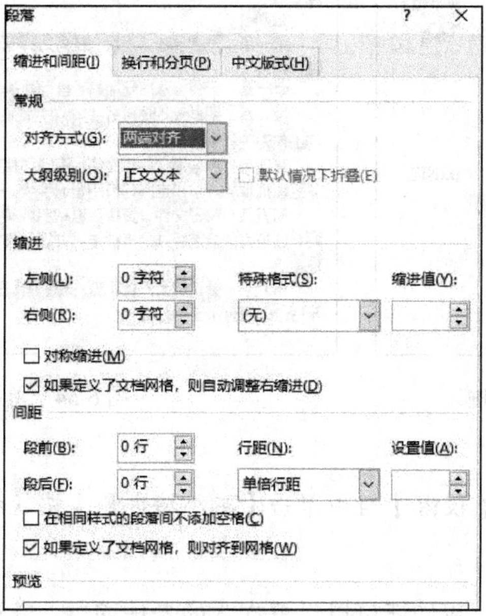

图 6-51　段落对齐方式

2. 段落的缩进

段落缩进是指段落到左右页边距的距离。根据中文的书写形式，通常情况下正文中每个段落都会首行缩进两个字符。段落缩进的具体操作步骤如下：

步骤 1　打开随书素材中的“素材\ch06\办公室保密制度.docx”文件，选中要设置缩进的文本，单击【段落】选项组右下角的 按钮，如图 6-52 所示。

图 6-52　打开【段落】选项卡

步骤 2　在【段落】对话框中，单击【特殊】下方文本框右侧的下拉按钮，选择【首行】选项，在【缩进值】文本框中输入【2 字符】，然后单击【确定】按钮，如图 6-53 所示。首行缩进效果如图 6-54 所示。

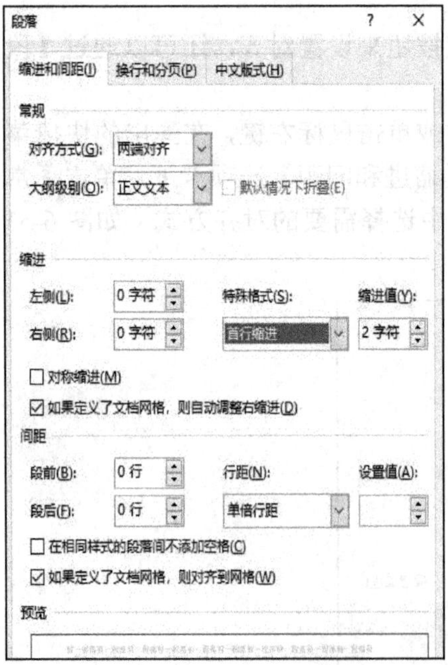

图 6-53　设置首行缩进

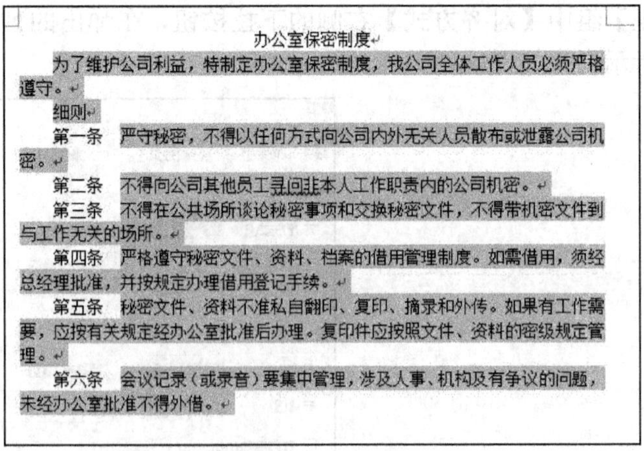

办公室保密制度

为了维护公司利益，特制定办公室保密制度，我公司全体工作人员必须严格遵守。

细则

第一条　严守秘密，不得以任何方式向公司内外无关人员散布或泄露公司机密。

第二条　不得向公司其他员工打听非本人工作职责内的公司机密。

第三条　不得在公共场所谈论秘密事项和交换秘密文件，不得带机密文件到与工作无关的场所。

第四条　严格遵守秘密文件、资料、档案的借用管理制度。如需借用，须经总经理批准，并按规定办理借用登记手续。

第五条　秘密文件、资料不准私自翻印、复印、摘录和外传。如果有工作需要，应按有关规定经办公室批准后办理。复印件应按照文件、资料的密级规定管理。

第六条　会议记录（或录音）要集中管理，涉及人事、机构及有争议的问题，未经办公室批准不得外借。

图 6-54　首行缩进效果

◇ 提示

在【开始】选项卡的【段落】组中单击【减小缩进量】按钮和【增加缩进量】按钮可以调整缩进。

除了设置首行缩进外，我们还可以设置文本的悬挂缩进，其设置方法与设置首行缩进相同。图 6-55 就是文本悬挂缩进的效果图。

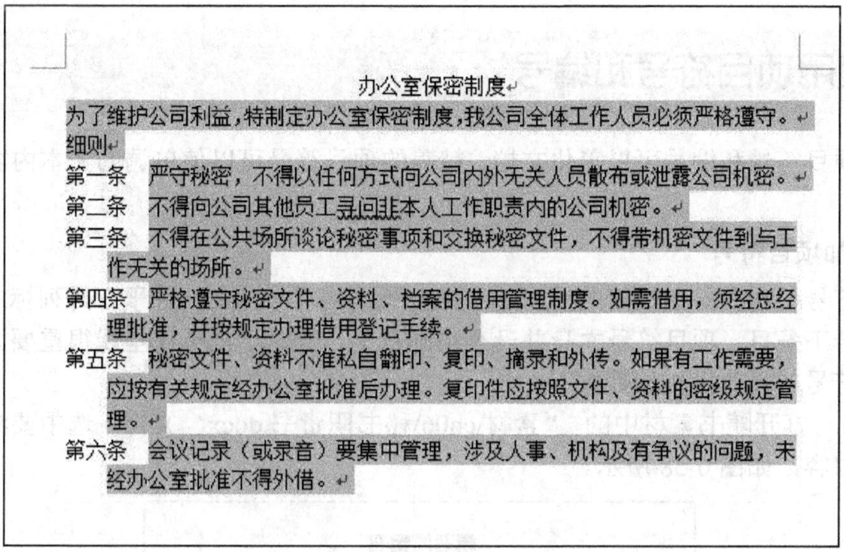
办公室保密制度
为了维护公司利益，特制定办公室保密制度，我公司全体工作人员必须严格遵守。
细则
第一条　严守秘密，不得以任何方式向公司内外无关人员散布或泄露公司机密。
第二条　不得向公司其他员工录问非本人工作职责内的公司机密。
第三条　不得在公共场所谈论秘密事项和交换秘密文件，不得带机密文件到与工作无关的场所。
第四条　严格遵守秘密文件、资料、档案的借用管理制度。如需借用，须经总经理批准，并按规定办理借用登记手续。
第五条　秘密文件、资料不准私自翻印、复印、摘录和外传。如果有工作需要，应按有关规定经办公室批准后办理。复印件应按照文件、资料的密级规定管理。
第六条　会议记录（或录音）要集中管理，涉及人事、机构及有争议的问题，未经办公室批准不得外借。

图 6-55　文本悬挂缩进效果图

3. 段落间距及行距

段落间距是指文档中段落与段落之间的距离，行距是指行与行之间的距离。设置段落间距及行距的操作步骤如下：

步骤 1　打开随书素材中的“素材\ch06\办公室保密制度.docx”文件，选择文本并单击【段落】选项组右下角的 按钮。

步骤 2　在【段落】对话框中选择【缩进和间距】选项卡，在【间距】中分别设置【段前】为【0 行】，【段后】为【0.5 行】，在【行距】下拉列表中选择【1.5 倍行距】选项，如图 6-56 所示。单击【确定】按钮，段落样式设置效果如图 6-57 所示。

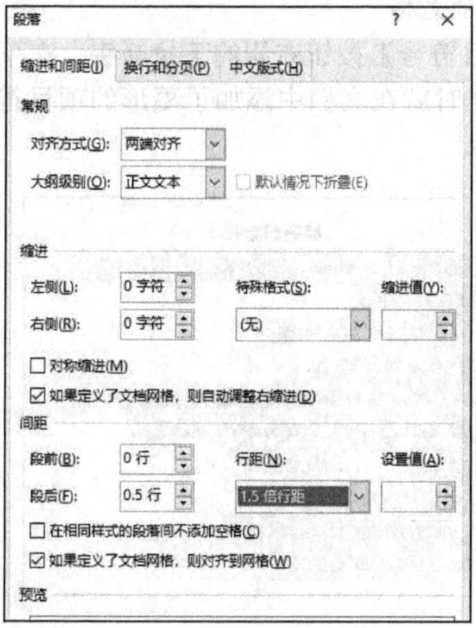

图 6-56　段落前后间距和行距设置

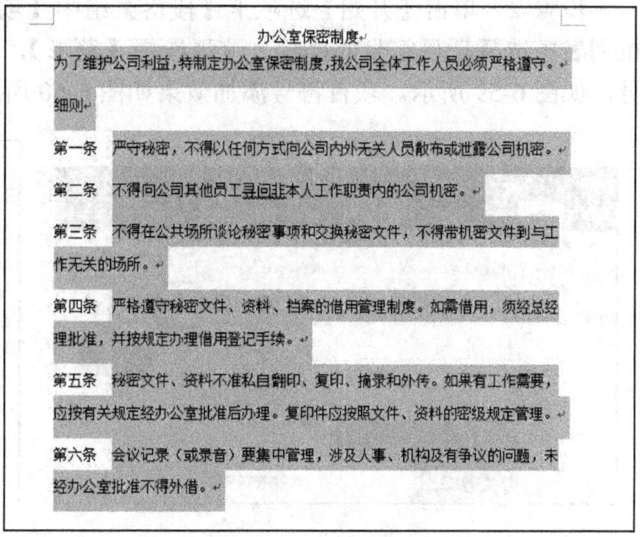
办公室保密制度
为了维护公司利益，特制定办公室保密制度，我公司全体工作人员必须严格遵守。
细则
第一条　严守秘密，不得以任何方式向公司内外无关人员散布或泄露公司机密。
第二条　不得向公司其他员工录问非本人工作职责内的公司机密。
第三条　不得在公共场所谈论秘密事项和交换秘密文件，不得带机密文件到与工作无关的场所。
第四条　严格遵守秘密文件、资料、档案的借用管理制度。如需借用，须经总经理批准，并按规定办理借用登记手续。
第五条　秘密文件、资料不准私自翻印、复印、摘录和外传。如果有工作需要，应按有关规定经办公室批准后办理。复印件应按照文件、资料的密级规定管理。
第六条　会议记录（或录音）要集中管理，涉及人事、机构及有争议的问题，未经办公室批准不得外借。

图 6-57　设置段落样式效果

6.7　使用项目符号和编号

添加项目符号和编号可以美化文档，精美的项目符号可以使单调的文本内容变得更生动、专业。

1. 添加项目符号

项目符号就是在一些段落的前面加上完全相同的符号，是一种平行排列标志，表示在某项下有若干条目。项目符号本身并没有实际意义，但对于视觉化呈现很重要。在文档中添加项目符号的具体操作步骤如下：

步骤 1　打开随书素材中的“素材\ch06\秘书职责书.docx”文档，选中要添加项目符号的文本内容，如图 6-58 所示。

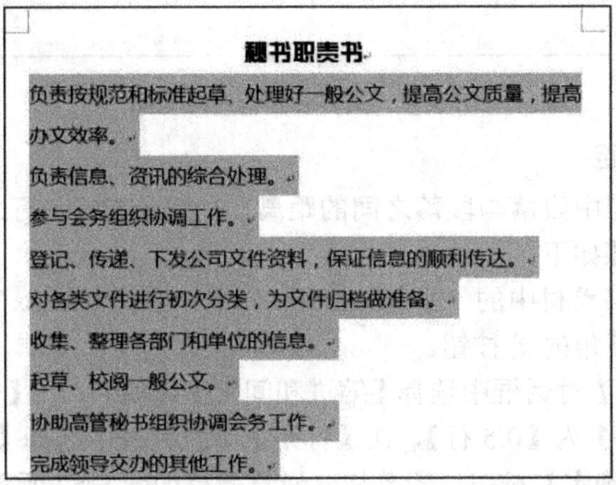

图 6-58　选择添加项目符号的文本

步骤 2　单击【开始】选项卡【段落】组中【项目符号】按钮右侧的下拉箭头，在下拉列表中选择项目符号的样式。这里选择【菱形】，此时就在文档中添加了菱形的项目符号，如图 6-59 所示。项目符号添加效果如图 6-60 所示。

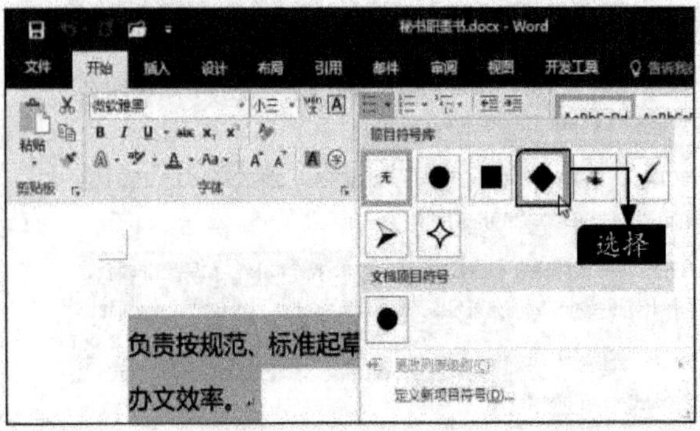

图 6-59　添加菱形项目符号

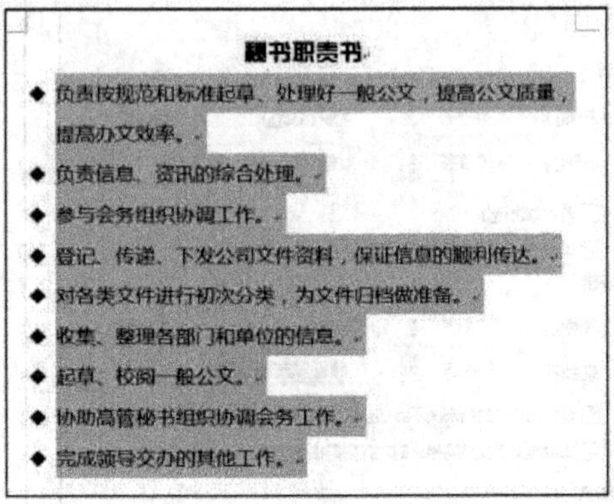

图 6-60　项目符号添加效果

还可以使用快捷菜单打开【项目符号】下拉列表，即选中要添加项目符号的文本内容，右键单击，在快捷菜单中选择【项目符号】。

2. 添加项目编号

编号和项目符号的使用方法差不多，但是能看出先后顺序，更具条理性，方便识别内容所在位置。编号是按照大小顺序为文档中行或段落添加编号，当使用了编号的项目位置发生移动或者中间有项目删除时，项目都能自动重新编号，保证编号的连贯性。在文档中添加编号的具体操作步骤如下：

步骤 1　打开随书素材中的“素材\ch06\秘书职责书.docx”文档，选中要添加项目编号的文本内容，单击【开始】选项卡【段落】组中【编号】按钮右侧的下拉箭头，在下拉列表中选择编号的样式，此时就在文档中添加了编号，如图 6-61 所示。

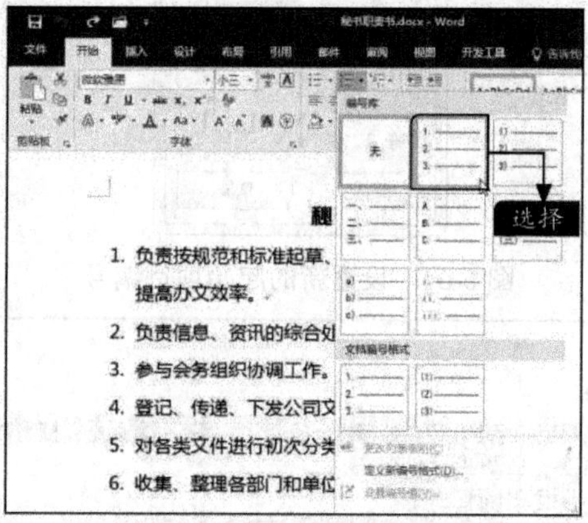

图 6-61　添加项目编号

步骤 2　选中文本内容，再次单击【编号】按钮右侧的下拉箭头，选择【定义新编号格式】，在【定义新编号格式】对话框的【编号样式】中选择编号的样式(这里选择【001，002，003，…】样式)，在【对齐方式】中选择对齐方式，单击【确定】按钮，如图 6-62 所示。插入所选的编号样式效果如图 6-63 所示。

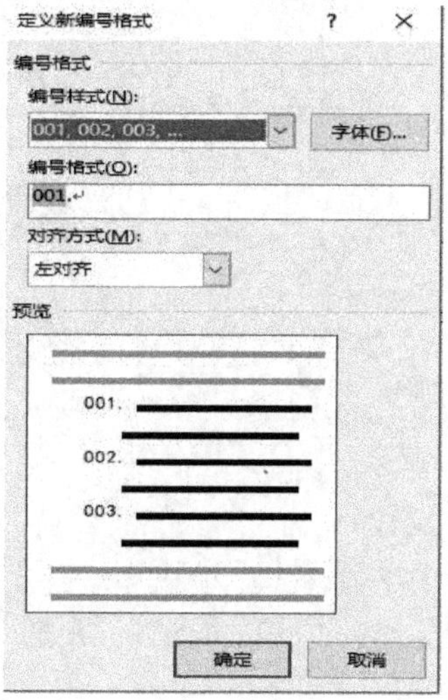

图 6-62　【定义新编号格式】对话框

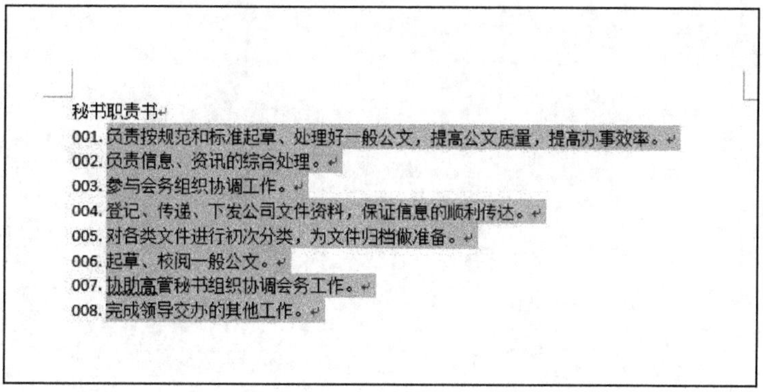

图 6-63　项目编号设置效果

还可以使用快捷菜单打开【编号】列表，即选择要添加项目符号的文本内容，右键单击，然后在快捷菜单中选择【编号】。

有时需要更改文本编号的起始值，其具体操作步骤如下：

将光标放置在已添加编号的段落前，如定位在“负责按规范……”之前，然后单击【编号】按钮 右侧的下拉箭头，在下拉列表中选择【设置编号值】，在【起始编号】对话框的【值设置为】微调框中可以输入起始值，这里输入【2】，如图 6-64 所示。单击【确定】按钮，即可看到项目将会以“002”开始进行编号，如图 6-65 所示。

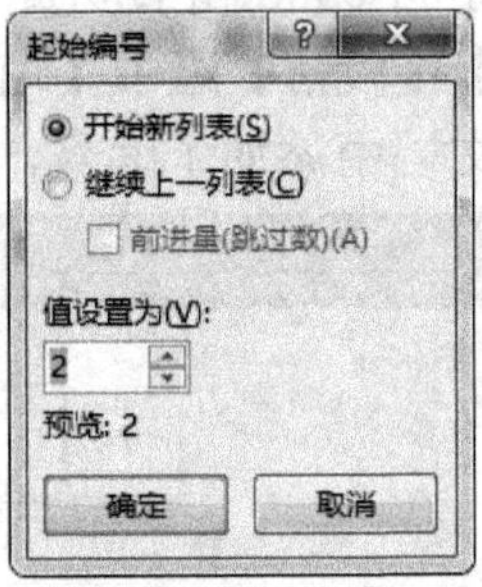

图 6-64　设置新的起始项目编号

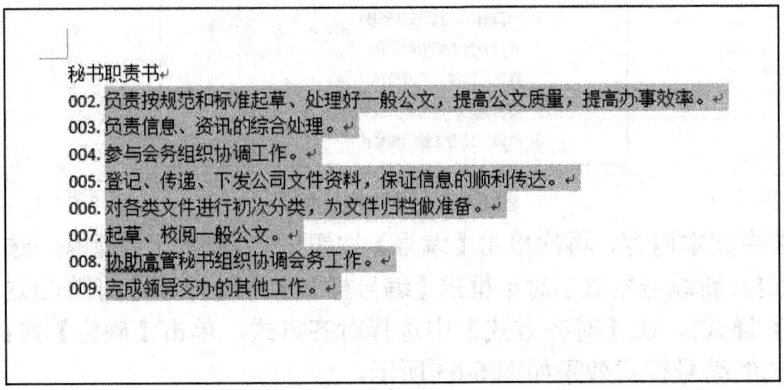

图 6-65　新项目编号设置效果

第 7 章　美化文档

——Word 2016 文档样式的设置与美化

图文并茂的文档，不仅看起来生动形象，更加充满吸引力。本章介绍 Word 2016 的美化操作，包括页面设置、使用表格、图片、SmartArt 图形、艺术字，绘制和编辑图形、图表以及导出文档中的图片等。

本章学习目标如下：

(1) 掌握页面设置方法。

(2) 掌握表格使用。

(3) 掌握图片使用。

(4) 掌握 SmartArt 使用。

(5) 掌握使用艺术字的方法。

(6) 掌握绘制和编辑图形的方法。

(7) 掌握图表的使用方法。

(8) 掌握导出文档中图片的方法。

7.1　页面设置

页面设置是指文档页面布局的设置，主要包括设置文字方向、页边距、纸张大小、分栏等。Word 2016 有默认的页面设置，用户还可以根据需要对页面进行设置。

7.1.1　设置页边距

页边距有两个作用：一是装订的需要；二是形成更加美观的文档。页边距的设置包括上、下、左、右边距以及页眉和页脚的页边距，设置页边距的方法如下：

(1) 在【布局】选项卡【页面设置】选项组中单击【页边距】，在下拉列表中选择一种页边距样式即可快速设置页边距，如图 7-1 所示。

(2) 自定义页边距。单击【布局】选项卡下【页面设置】组中的【页边距】，在下拉列表中选择【自定义边距】选项，如图 7-2 所示。

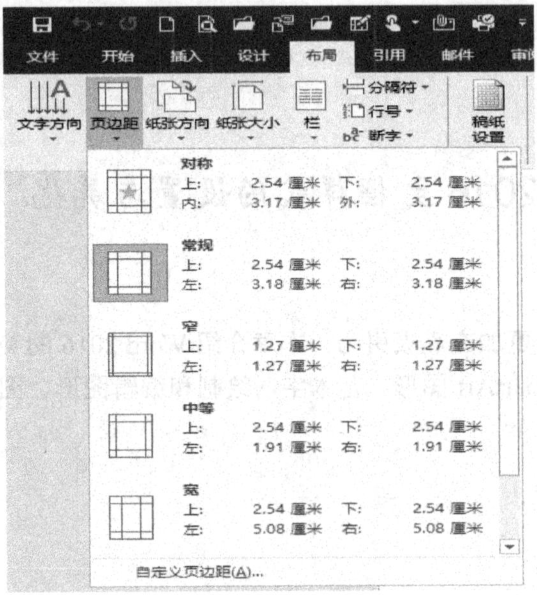

图 7-1　快速设置页边距

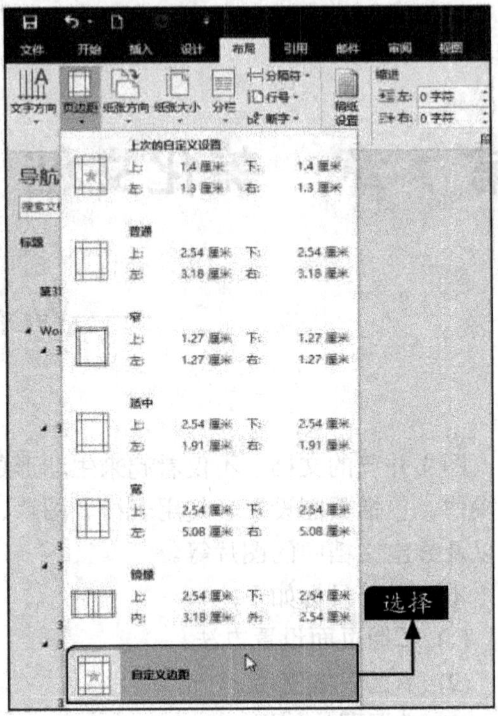

图 7-2　自定义边距

在【页面设置】对话框的【页边距】选项卡下可以自定义设置页边距，如将四个边距均设为“1 厘米”，在【预览】区域可以查看设置后的效果，如图 7-3 所示。

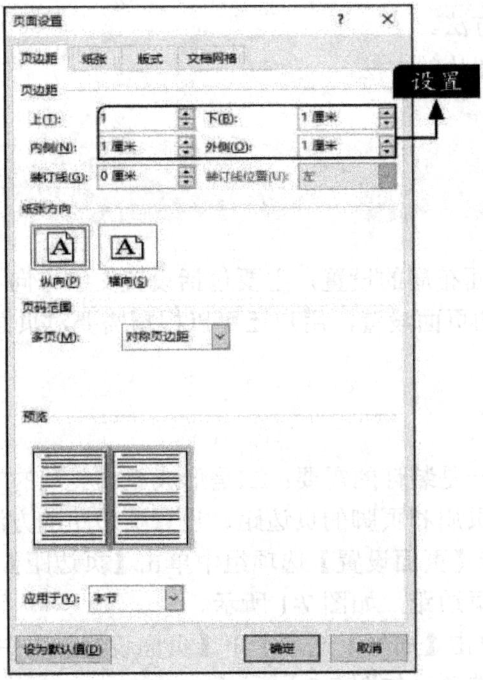

图 7-3　自定义边距对话框

如果页边距的设置超出了打印机默认的范围，将出现【Microsoft Word】提示框，提示页边距超出打印范围，选择【调整】可适当增加页边距，如图 7-4 所示。

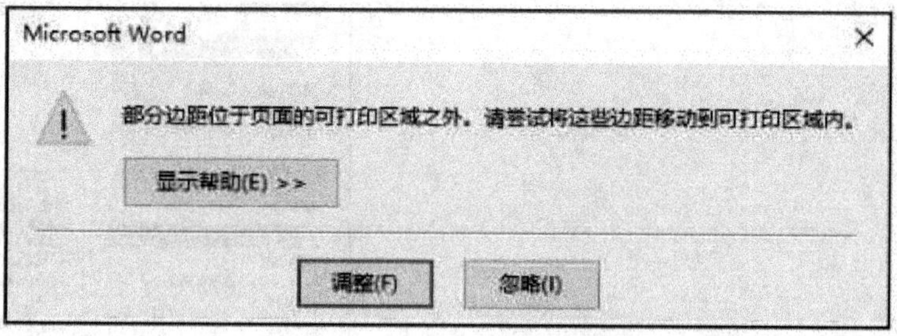

图 7-4 页边距超出范围提示

也可以选择【忽略】后手动调整。页边距太窄会影响文档的装订，而太宽不仅影响美观还浪费纸张。一般情况下，如果使用 A4 纸可以采用 Word 提供的默认值，具体设置可根据用户的要求设定。

7.1.2 设置纸张大小和方向

纸张的大小和方向也影响着文档的打印效果，因此设置合适的纸张大小和方向在 Word 文档制作过程中是非常重要的。

1. 设置纸张的方向

单击【布局】选项卡【页面设置】中的【纸张方向】按钮，在下拉列表中可以设置纸张方向为【横向】或【纵向】，如图 7-5 所示。

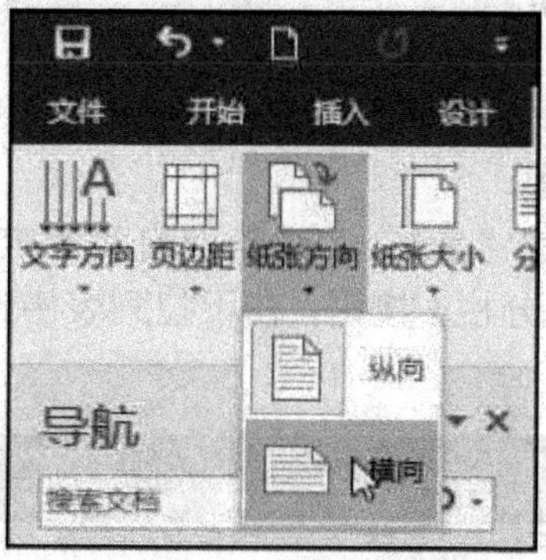

图 7-5 设置纸张方向

也可以通过【页面设置】中的【页边距】选项卡设置纸张的方向。

2. 设置纸张大小

单击【布局】选项卡【页面设置】中的【纸张大小】按钮，下拉列表中可以选择纸张大小，如图 7-6 所示。

在【页面设置】的【纸张】选项卡中还可以精确设置纸张大小和纸张来源等内容，如图 7-7 所示。

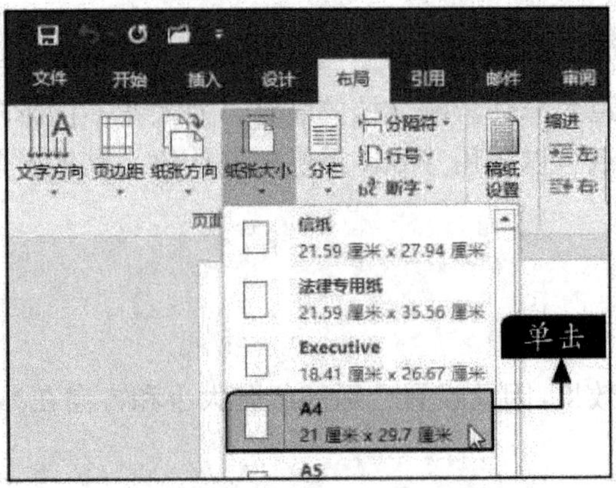

图 7-6　设置纸张大小

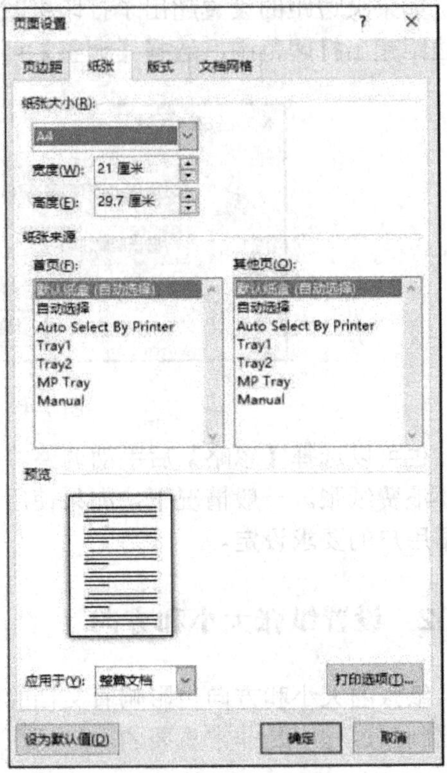

图 7-7　纸张设置对话框

7.2　设置分栏

在对文档进行排版时，常需要将文档分栏。在 Word 2016 中可以将文档分为两栏、三栏或更多栏，具体操作步骤如下：

步骤 1　打开随书素材中的“素材\ch07\毕业自我鉴定.docx”文档，选中要分栏的文本，在【布局】选项卡下单击【分栏】按钮，在下拉列表中选择对应的栏数，选择【两栏】，如图 7-8 所示。

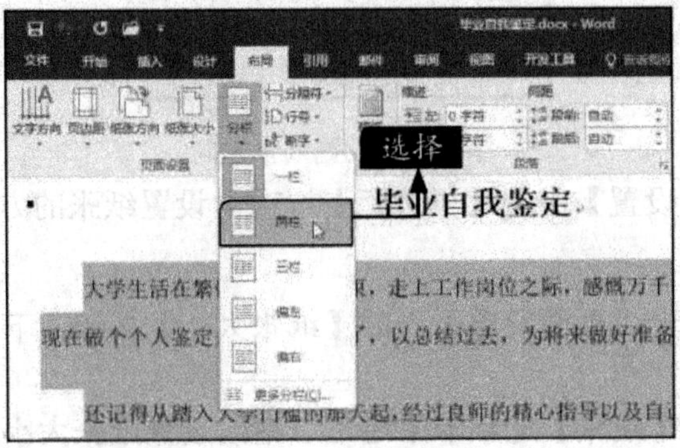

图 7-8　分两栏设置

设置两栏效果如图 7-9 所示。

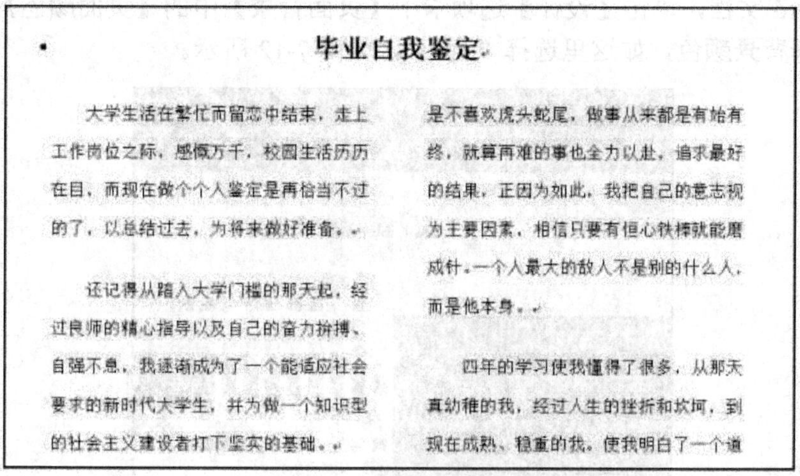
毕业自我鉴定

大学生活在繁忙而留恋中结束，走上工作岗位之际，感慨万千，校园生活历历在目，而现在做个个人鉴定是再恰当不过的了，以总结过去，为将来做好准备。

还记得从踏入大学门槛的那天起，经过良师的精心指导以及自己的奋力拼搏、自强不息，我逐渐成为了一个能适应社会要求的新时代大学生，并为做一个知识型的社会主义建设者打下坚实的基础。

是不喜欢虎头蛇尾，做事从来都是有始有终，就算再难的事也全力以赴，追求最好的结果，正因为如此，我把自己的意志视为主要因素，相信只要有恒心铁棒就能磨成针。一个人最大的敌人不是别的什么人，而是他本身。

四年的学习使我懂得了很多，从那天真幼稚的我，经过人生的挫折和坎坷，到现在成熟、稳重的我。使我明白了一个道

图 7-9　设置两栏效果

步骤 2　选中文本，再次单击【分栏】按钮，在下拉列表中选择【更多分栏】，在【分栏】对话框中显示了系统预设的 5 种分栏效果。在【栏数(N)】右侧输入要分栏的栏数，如输入“5”，然后设置栏宽、分隔线，在【预览】区域预览效果后，单击【确定】按钮，如图 7-10 所示。

分栏最终效果如图 7-11 所示。

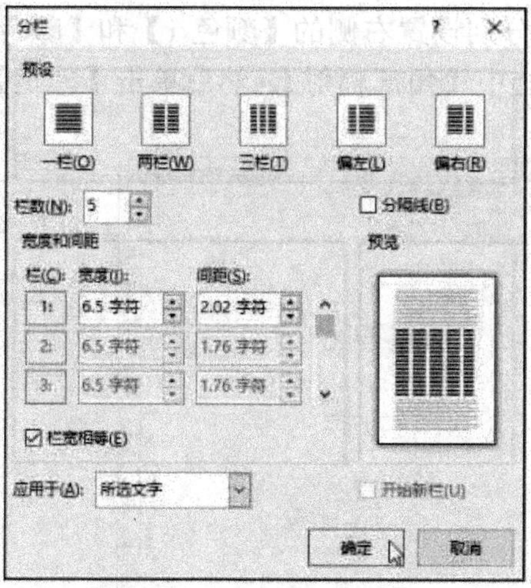

图 7-10　设置分栏对话框

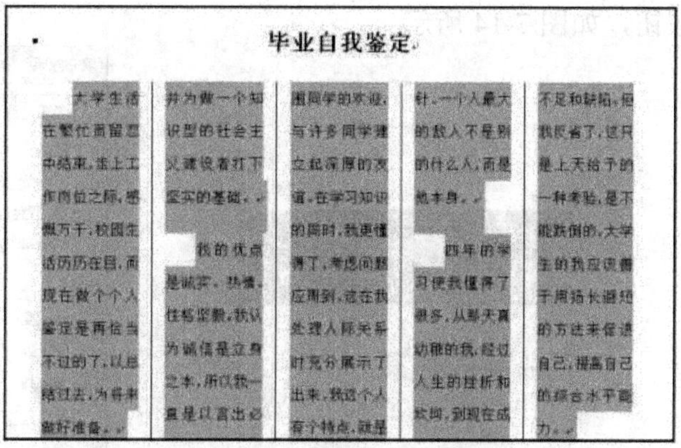

图 7-11　设置分 5 栏效果

7.3　设置文档背景

在 Word 2016 中可以通过设置页面颜色和添加页面边框使文档更加美观。

1. 设置纯色背景

在 Word 2016 中可以改变整个页面的背景颜色，或者对整个页面进行渐变、纹理、图

案和图片的填充等。本节介绍使用纯色背景填充文档，具体操作步骤如下：

新建 Word 文档，单击【设计】选项卡下【页面背景】中的【页面颜色】按钮，在下拉菜单中选择背景颜色，如这里选择“蓝色”，如图 7-12 所示。

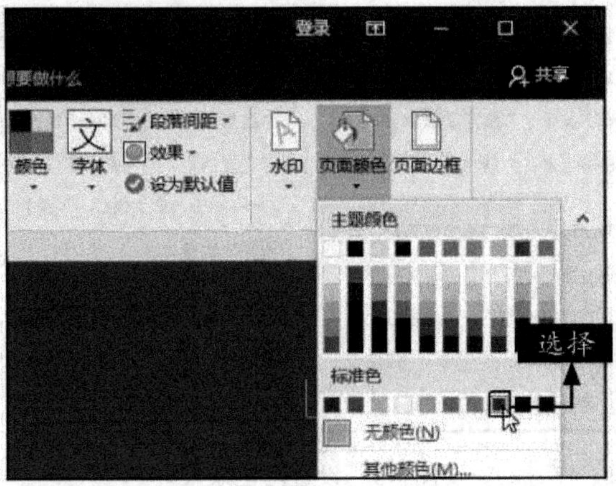

图 7-12　设置背景颜色

2. 设置填充背景

除了使用纯色填充以外，还可以使用填充效果来填充文档的背景，具体操作步骤如下：

步骤 1　新建 Word 文档，单击【设计】选项卡下【页面背景】中的【页面颜色】按钮，在下拉列表中选择【填充效果】，如图 7-13 所示。

步骤 2　在【填充效果】对话框中选中【双色】，分别设置右侧的【颜色 1】和【颜色 2】为“蓝色”和“黄色”，在下方的【底纹样式】中选中【角部辐射】，然后单击【确定】按钮，如图 7-14 所示。

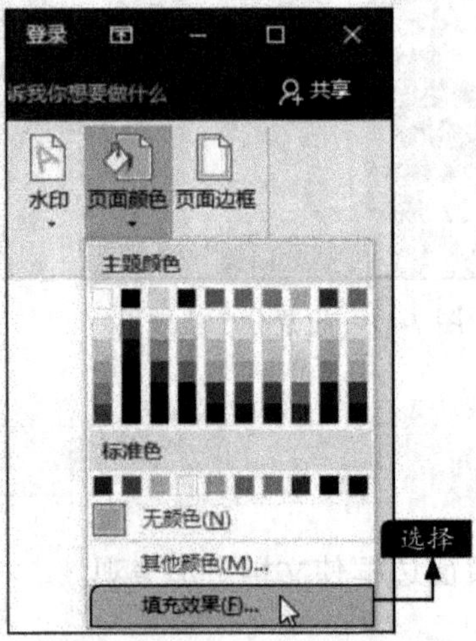

图 7-13　设置背景的填充效果

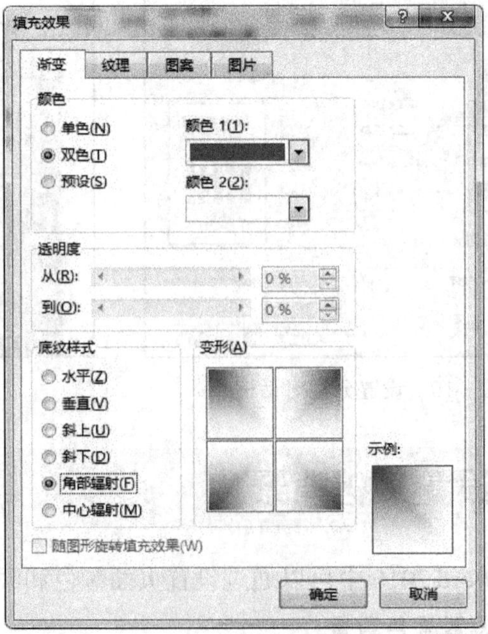

图 7-14　双色填充效果

若要为文档页面设置统一的图片背景，不建议在页面背景的【填充效果】里直接设置，建议在【页眉和页脚】进行设置。因为在【填充效果】里填充图片非常不稳定，很难达到预期效果，而在【页眉和页脚】中可以任意编辑图片，并将图片的文字环绕方式设置为【衬于文字下方】，调整图片的大小和位置到合适后，关闭【页眉和页脚】即可。

7.4 使用表格

表格是由多个行×多个列的单元格组成的，用户可以在单元格中添加文字或图片。合理使用表格可以使文本结构化、数据清晰化。

在制作表格前，首先要对表格的结构进行规划。不管表格的样式有多复杂，它都是由基本的表格经过拆分或合并得到的，所以表格的制作流程应该是：规划表格结构→创建基础表格→细化表格样式→添加表格内容→美化表格。

7.4.1 插入表格

规划表格结构就是在开始制作表格之前，确定基础表格的行列数，可以在草稿纸上手绘一个大致草图，然后根据这个草图来创建基础表格。

在 Word 2016 中插入表格的方法有 4 种。下面介绍具体的操作方法。

1. 拖动鼠标快速插入 6 列 5 行以内的表格

(1) 新建 Word 文档，单击【插入】选项卡下【表格】选项组中的【表格】按钮，在下拉列表中选择网格显示框，如图 7-15 所示。

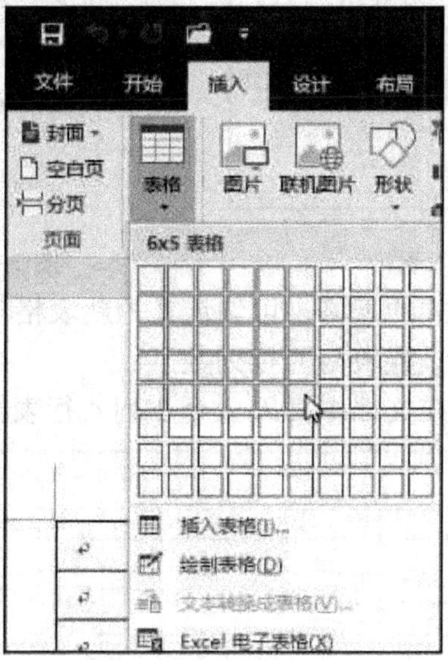

图 7-15 框选插入表格

(2) 将鼠标光标指向网格，拖曳鼠标，光标所掠过的单元格就会被选中并高亮显示。在网格顶部的提示栏中会显示选中表格的行数和列数，单击即可插入表格，如图 7-16 所示。

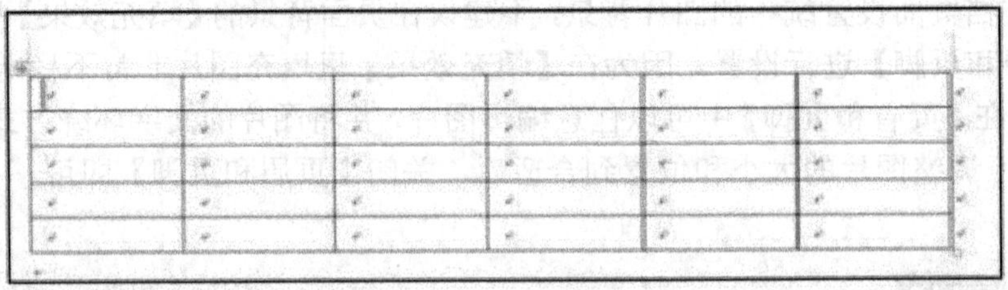

图 7-16　插入表格结果

2. 通过对话框插入表格

使用【插入表格】对话框创建表格不受行数和列数的限制，并且可以对表格宽度进行调整。

(1) 单击【插入】选项卡下【表格】选项组中的【表格】，在下拉菜单中选择【插入表格】，如图 7-17 所示。

(2) 在【插入表格】对话框的【表格尺寸】组中设置【列数】为“3”，【行数】为“4”，其他为默认，如图 7-18 所示。

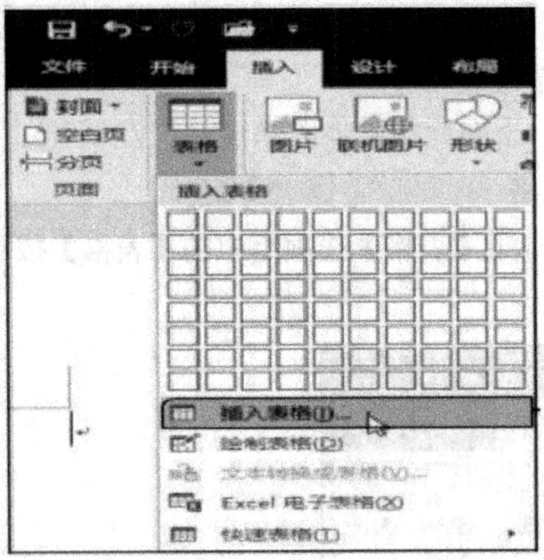

图 7-17　插入表格

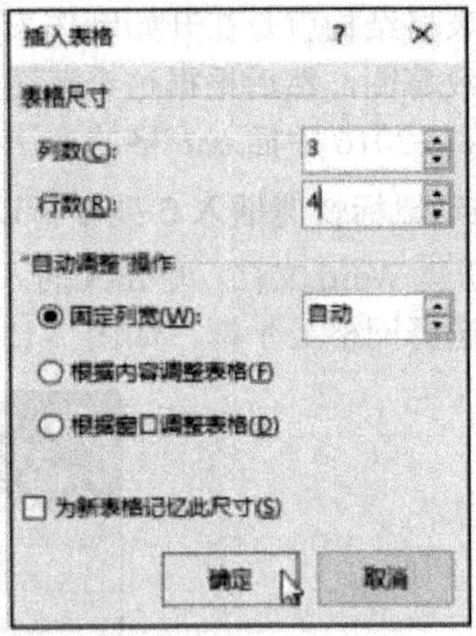

图 7-18　插入表格对话框

如果需要经常插入某种样式的表格，可勾选【为新表格记忆此尺寸】复选框，之后再插入相同的表格时就不必重复设置表格的行列数了。

单击【确定】按钮，即可在文档中插入一个 3 列 4 行表格，如图 7-19 所示。

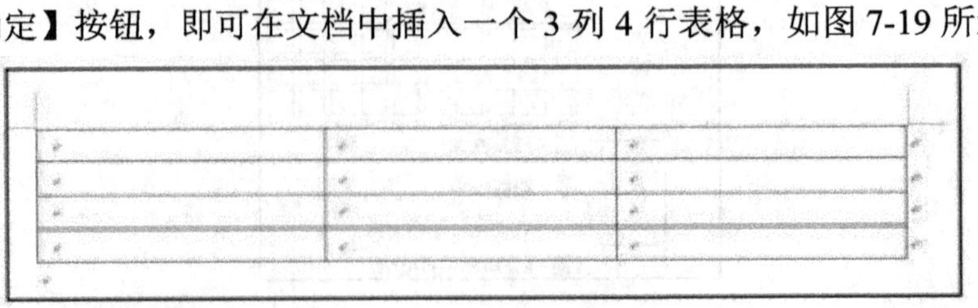

图 7-19　插入 3 列 4 行表格

3. 手动绘制不规则的表格

当用户需要创建不规则的表格时，可以使用表格绘制工具来创建表格。手动绘制表格的具体操作步骤如下：

步骤 1　单击【插入】选项卡的【表格】按钮，在下拉菜单中选择【绘制表格】，如图 7-20 所示。

步骤 2　鼠标指针变为铅笔形状时，在需要绘制表格处单击并拖曳鼠标绘制出形状为矩形的表格边界，如图 7-21 所示。

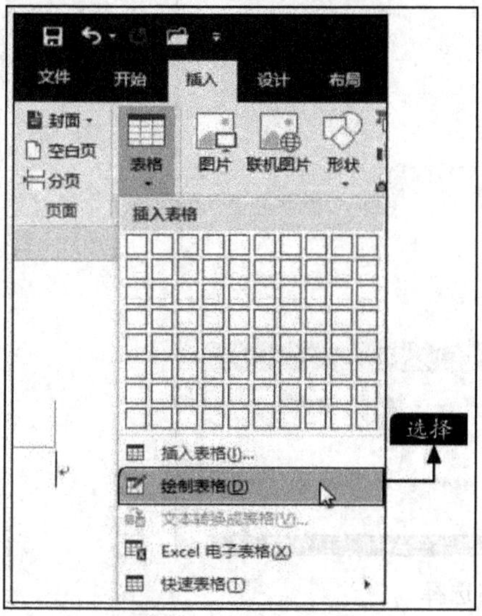

图 7-20　绘制表格命令

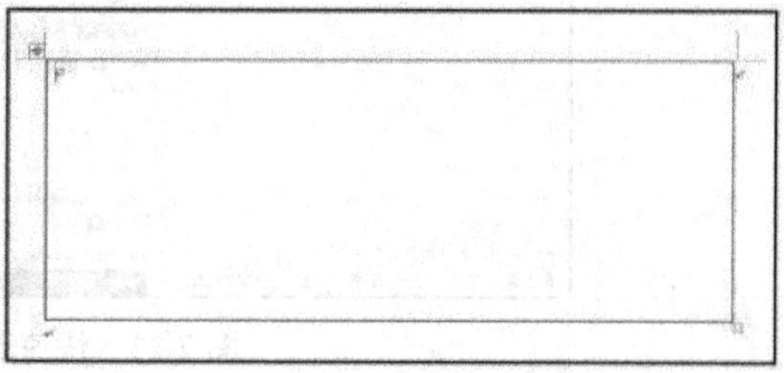

图 7-21　绘制表格

步骤 3　在该矩形中绘制行线、列线和斜线，按【Esc】键退出表格绘制模式。绘制结果如图 7-22 所示。

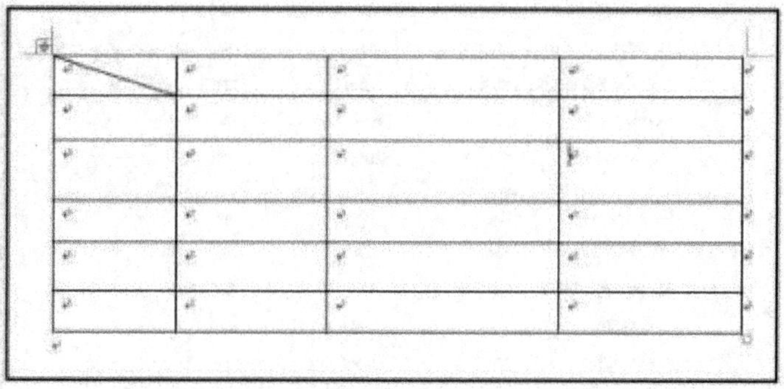

图 7-22　绘制表格结果

单击【表格工具】→【布局】选项卡【绘图】中的【擦除】按钮，当鼠标变为橡皮擦形状时可以擦除多余的线条。

4. 使用快速表格

Word 2016 中内置了一些快速表格样式，用户可以根据需要选择表格样式来创建表格，具体步骤如下：

单击【插入】选项卡下【表格】下拉菜单中的【快速表格】选项。在【快速表格】选项的子菜单中选择一种表格样式，如图 7-23 所示。

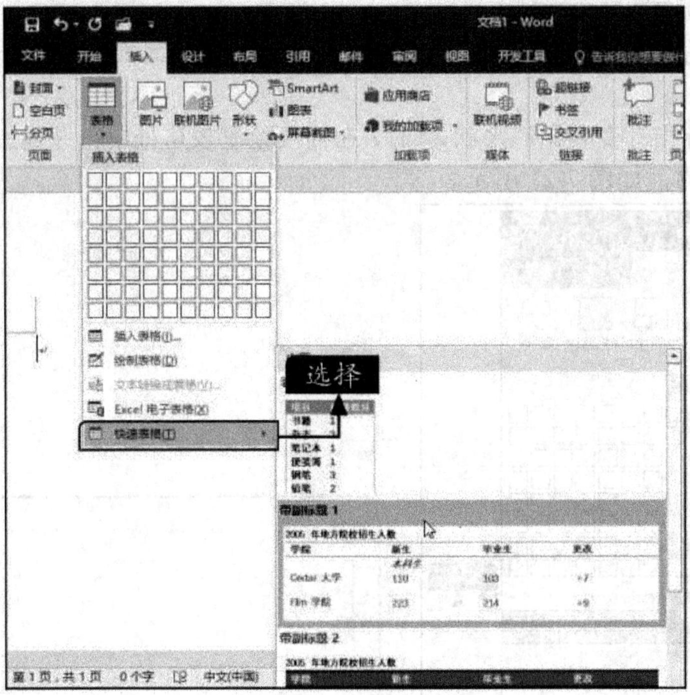

图 7-23　快速表格选择

利用快速表格功能快速地插入选择的表格，如图 7-24 所示。

2005 年地方院校招生人数

学院	新生	毕业生	更改
	本科生		
Cedar 大学	110	103	+7
Elm 学院	223	214	+9
Maple 高等专科院校	197	120	+77
Pine 学院	134	121	+13
Oak 研究所	202	210	-8
	研究生		
Cedar 大学	24	20	+4
Elm 学院	43	53	-10
Maple 高等专科院校	3	11	-8
Pine 学院	9	4	+5
Oak 研究所	53	52	+1
总计	998	908	90

来源：虚构数据，仅作举例之用

图 7-24　创建快速表格效果

7.4.2　编辑表格

在 Word 2016 中插入表格后，还可以对表格进行细化样式设置，如添加、删除行和列，合并与拆分表格或单元格，调整单元格大小，设置表格对齐方式以及设置表格行高、列宽等。

1. 添加、删除行和列

使用表格经常会出现行数、列数或单元格不够用或多余的情况，Word 2016 提供了多种添加或删除行、列及单元格的方法。

1) 插入行或列

方法 1：指定插入行或列的位置，然后单击【布局】选项卡下【行和列】中的相应插入方式按钮即可，如图 7-25 所示。

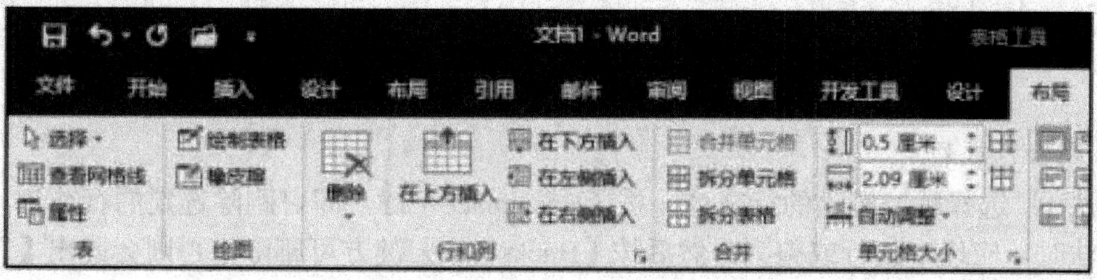

图 7-25　表格工具栏布局选项

插入方式的含义如表 7-1 所示。

表 7-1　插入方式的含义

在上方插入	在选中单元格所在行的上方插入一行表格
在下方插入	在选中单元格所在行的下方插入一行表格
在左侧插入	在选中单元格所在列的左侧插入一列表格
在右侧插入	在选中单元格所在列的右侧插入一列表格

方法 2：指定插入行或列的位置，单击鼠标右键，在快捷菜单中选择【插入】菜单项，在其子菜单中选择插入方式即可，如图 7-26 所示。

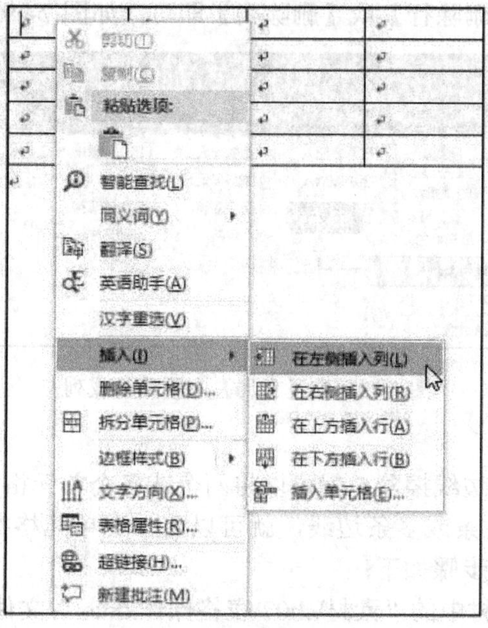

图 7-26　快速插入行列

方法 3：将光标定位至指定插入行或列的位置，此时在表格的行与列(或列与列)之间会出现⊕按钮，单击按钮即可在该位置处插入一行(或一列)，如图 7-27 所示。

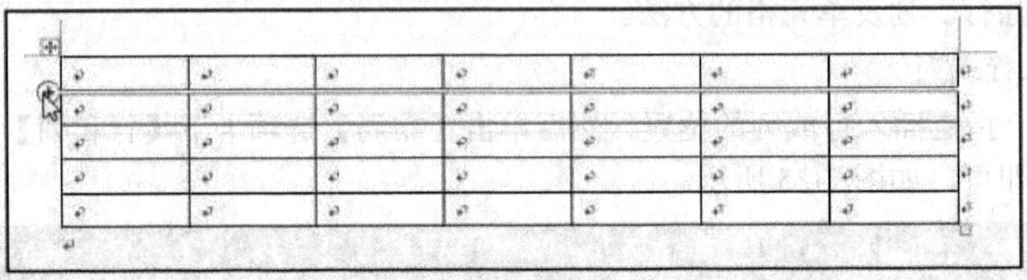

图 7-27　鼠标操作插入行列

2) 删除行或列

方法 1：选择需要删除的行或列，按【Backspace】键，即可删除选定的行或列。在使用该方法时，应选中整行或整列，然后按【Backspace】键方可删除，否则会弹出【删除单元格】对话框，提示删除哪些单元格，如图 7-28 所示。

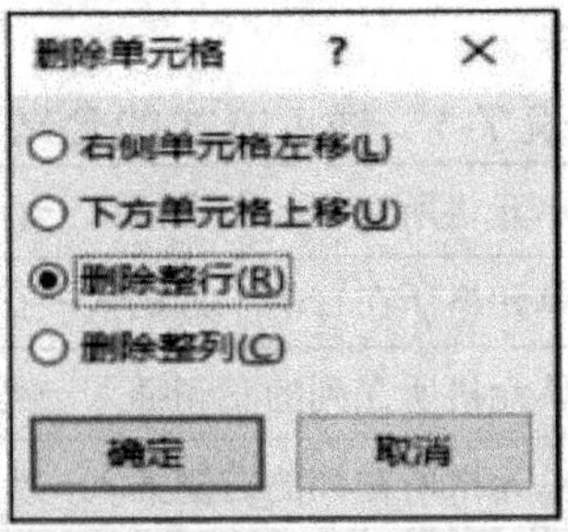

图 7-28　【删除单元格】对话框

方法 2：选择需要删除的行或列，单击【布局】选项卡下【行或列】中的【删除】按钮，在下拉菜单中选择【删除行】或【删除列】即可，如图 7-29 所示。

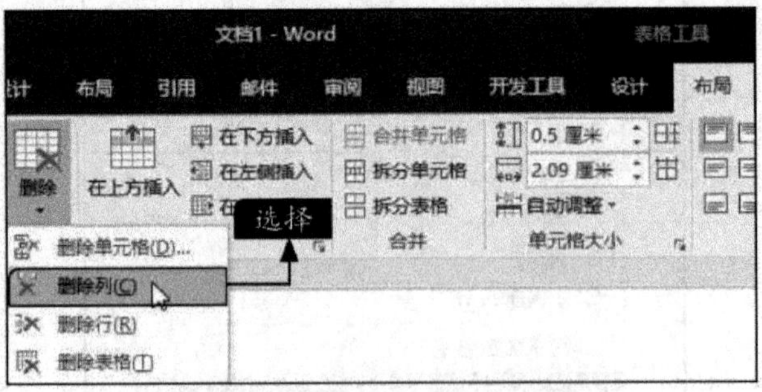

图 7-29　在【布局】中删除行或列

2. 合并与拆分表格

把相邻单元格之间的边线擦除，就可以将两个或多个单元格合并为一个大的单元格，而在一个单元格中添加一条或多条边线，就可以将一个单元格拆分成两个或多个小单元格。合并与拆分单元格的步骤如下：

步骤 1　打开随书素材中的“素材\ch07\表格操作.docx”文件，选择要合并的单元格，如图 7-30 所示。

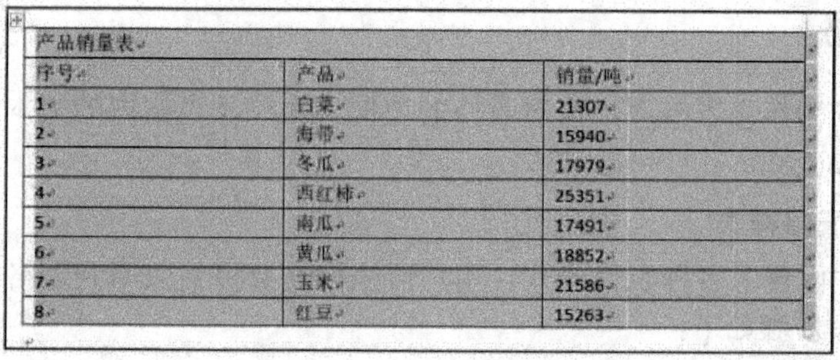

产品销量表		
序号	产品	销量/吨
1	白菜	21307
2	海带	15940
3	冬瓜	17979
4	西红柿	25351
5	南瓜	17491
6	黄瓜	18852
7	玉米	21586
8	红豆	15263

图 7-30　产品销售表

步骤 2　单击【布局】选项卡下【对齐方式】中的【水平居中】按钮，如图 7-31 所示。

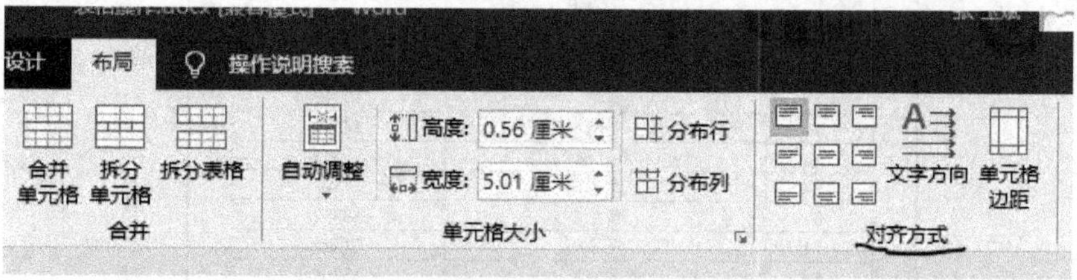

图 7-31　产品销量表水平居中

将所选内容设置为水平居中对齐效果如图 7-32 所示。

产品销量表		
序号	产品	销量/吨
1	白菜	21307
2	海带	15940
3	冬瓜	17979
4	西红柿	25351
5	南瓜	17491
6	黄瓜	18852
7	玉米	21586
8	红豆	15263

图 7-32　水平居中效果

对齐按钮的含义如表 7-2 所示。

表 7-2　对齐按钮的含义

【靠上两端对齐】按钮	文字靠单元格左上角对齐
【靠上居中对齐】按钮	文字居中，并靠单元格顶部对齐
【靠上右对齐】按钮	文字靠单元格右上角对齐
【中部两端对齐】按钮	文字垂直居中，并靠单元格左侧对齐
【水平居中】按钮	文字在单元格内水平和垂直都居中
【中部右对齐】按钮	文字垂直居中，并靠单元格右侧对齐
【靠下两端对齐】按钮	文字靠单元格左下角对齐
【靠下居中对齐】按钮	文字居中，并靠单元格底部对齐
【靠下右对齐】按钮	文字靠单元格右下角对齐

7.4.3　美化表格

在 Word 2016 制作完表格后，可对表格的边框、底纹及表格内的文本进行美化设置，使表格看起来更加美观。

1. 快速应用表格样式

Word 2016 中内置了多种表格样式，用户可根据需要将其应用到表格中。快速应用表格样式的具体操作步骤如下：

步骤 1　打开随书素材中的“素材\ch07\表格操作.docx”文件，将光标置于要设置样式的表格的任意单元格内，如图 7-33 所示。

产品销量表		
序号	产品	销量/吨
1	白菜	21307
2	海带	15940
3	冬瓜	17979
4	西红柿	25351
5	南瓜	17491
6	黄瓜	18852
7	玉米	21586
8	大豆	15263

图 7-33　打开表格操作素材

步骤 2　单击【设计】选项卡下【表格样式】的【其他】按钮，在下拉菜单中选择一种表格样式，如图 7-34 所示。

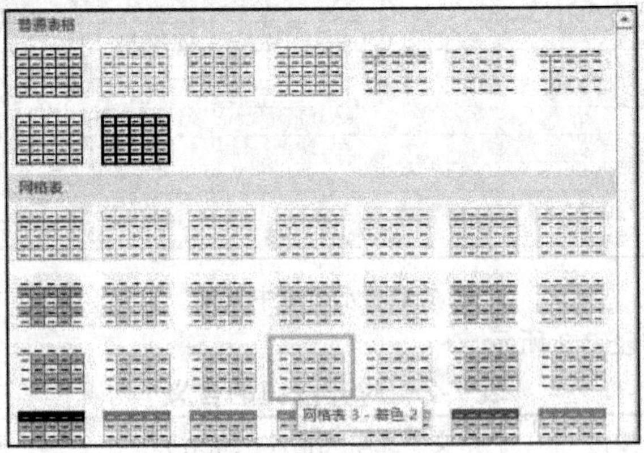

图 7-34　选择表格样式

选择的表格样式应用到表格中的效果如图 7-35 所示。

产品销量表		
序号	产品	销量/吨
1	白菜	21307
2	海带	15940
3	冬瓜	17979
4	西红柿	25351
5	南瓜	17491
6	黄瓜	18852
7	玉米	21586
8	大豆	15263

图 7-35　表格样式应用效果

2. 填充表格底纹

为了突出表格中的某些内容，可以为其填充底纹，以便用户能够清楚地看到要突出的数据。填充表格底纹的具体操作步骤如下：

步骤 1　打开随书素材中的“素材\ch07\表格操作.docx”文件，选择要填充底纹的单元格，这里选择第 2 列，如图 7-36 所示。

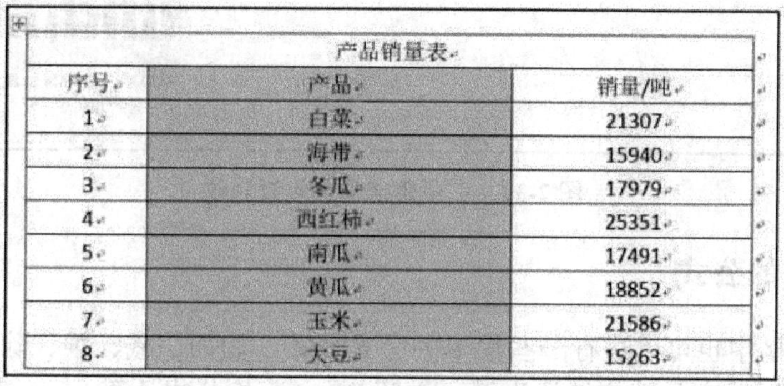

产品销量表		
序号	产品	销量/吨
1	白菜	21307
2	海带	15940
3	冬瓜	17979
4	西红柿	25351
5	南瓜	17491
6	黄瓜	18852
7	玉米	21586
8	大豆	15263

图 7-36　突出数据选择

步骤 2　单击【设计】选项卡下【表格样式】中的【底纹】按钮的下拉按钮，在下拉列表中选择一种底纹颜色，如图 7-37 所示。

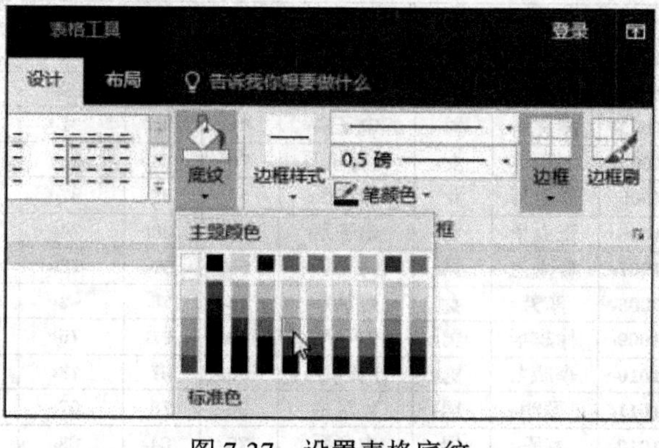

图 7-37　设置表格底纹

第 2 列设置底纹后的效果如图 7-38 所示。

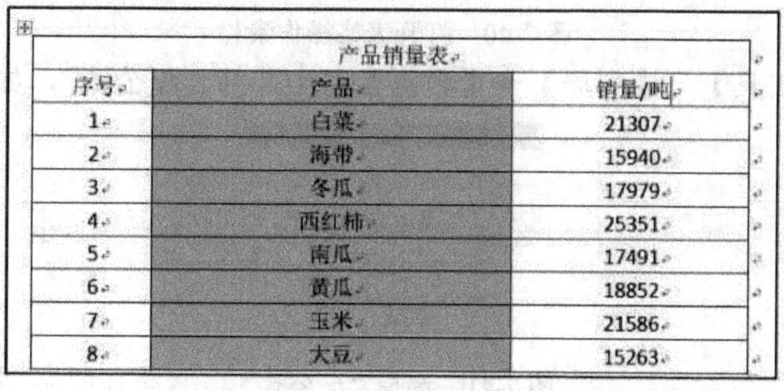

产品销量表		
序号	产品	销量/吨
1	白菜	21307
2	海带	15940
3	冬瓜	17979
4	西红柿	25351
5	南瓜	17491
6	黄瓜	18852
7	玉米	21586
8	大豆	15263

图 7-38　设置表格底纹效果

也可以单击【开始】选项卡下的【段落】中的【底纹】按钮，在下拉列表中填充表格底纹，如图 7-39 所示。

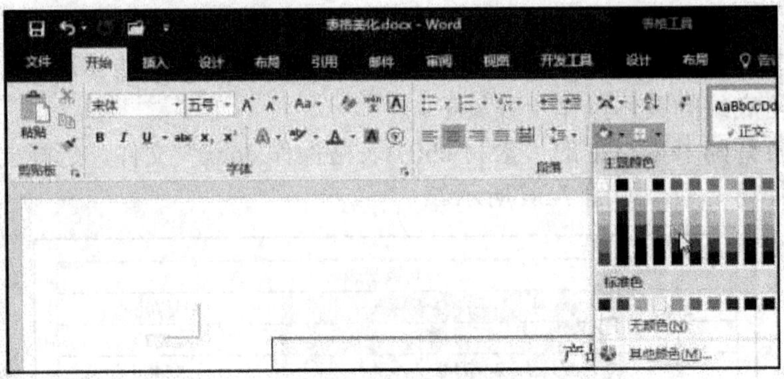

图 7-39　在段落选项中设置底纹

7.4.4　表格中的公式

在 Word 表格中也可以进行一些简单的公式计算，如加、减、乘、除、求和、求积、求平均值等。下面以产品销售统计为例，讲解 Word 表格公式计算。

(1) 打开随书素材中的“素材\ch07\表格操作公式计算.docx”文件。选择要填充总分计算结果的单元格，如图 7-40 所示。

学号	姓名	性别	系别	英语	数学	计算机	总分
0501001	王虹	女	计算机系	78	80	90	
0501002	王强	男	建筑系	91	82	89	
0501003	高文博	男	电子系	81	98	91	
0501004	刘丽冰	女	计算机系	76	78	91	
0501005	李雅芳	女	建筑系	67	98	87	
0501006	张立华	女	电子系	91	86	74	
0501007	曹雨生	男	计算机系	69	90	78	
0501008	李芳	女	建筑系	76	78	92	
0501009	徐志华	男	电子系	79	91	75	
0501010	李晓力	男	计算机系	56	67	78	
0501011	罗明	男	建筑系	90	78	67	
0501012	段平	男	电子系	75	64	88	
平均分							

图 7-40　打开表格操作素材

(2) 在【表格工具】→【布局】→【数据】组中选择“*fx* 公式”，如图 7-41 所示。

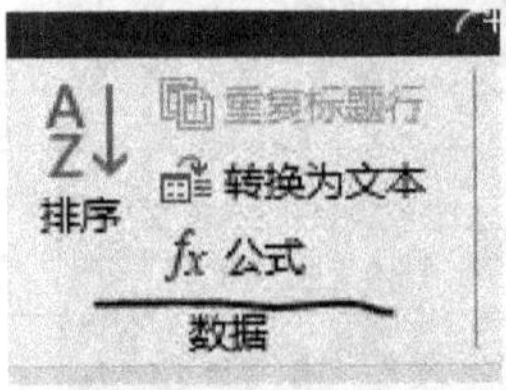

图 7-41　选择“*fx* 公式”

(3) 在打开的【公式】对话框的【公式】栏中默认显示的是“=SUM(LEFT)”求和公式，如图 7-42 所示。直接单击【确定】即可求出当前数据的和，如图 7-43 所示。

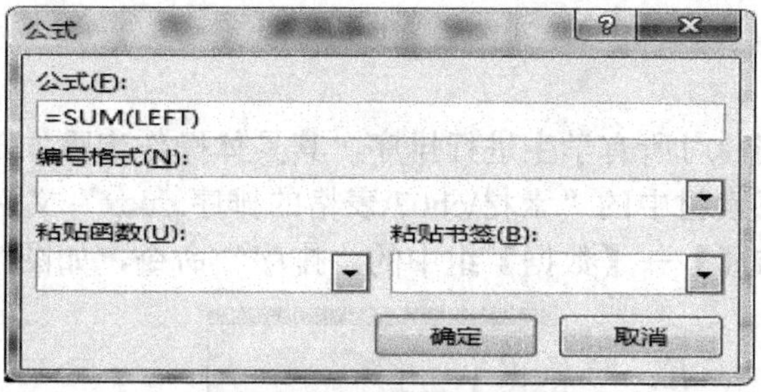

图 7-42　公式计算对话框

学号	姓名	性别	系别	英语	数学	计算机	总分
0501001	王虹	女	计算机系	78	80	90	248
0501002	王强	男	建筑系	91	82	89	
0501003	高文博	男	电子系	81	98	91	
0501004	刘丽冰	女	计算机系	76	78	91	

图 7-43　求和计算

(4) 公式插入成功以后，将光标置于下一单元格，直接按【F4】键，即可实现快速填充结果，如图 7-44 所示。

学号	姓名	性别	系别	英语	数学	计算机	总分
0501001	王虹	女	计算机系	78	80	90	248
0501002	王强	男	建筑系	91	82	89	262
0501003	高文博	男	电子系	81	98	91	270
0501004	刘丽冰	女	计算机系	76	78	91	245
0501005	李雅芳	女	建筑系	67	98	87	252
0501006	张立华	女	电子系	91	86	74	251
0501007	曹雨生	男	计算机系	69	90	78	237
0501008	李芳	女	建筑系	76	78	92	246
0501009	徐志华	男	电子系	79	91	75	245
0501010	李晓力	男	计算机系	56	67	78	201
0501011	罗明	男	建筑系	90	78	67	235
0501012	段平	男	电子系	75	64	88	227
平均分							

图 7-44　求和结果

◇ **提示**

(1) 当表格数据发生变化，公式结果需要更新时，只需全选表格，按【F9】键更新即可。

(2) 表格的求和、求平均值、求积等方式是完全一致的，只是函数不同。依次单击【表格工具】→【数据】→【公式】，插入表格公式后按【F4】键快速填充即可。

(3) 常用函数意义。SUM：求和；AVERAGE：求平均值；PRODUCT：求积函数。

(4) 正常情况下，Word 会自动识别公式的计算方向。LEFT：向左计算；RIGHT：向右计算；BELOW：向下计算；ABOVE：向上计算。

7.4.5　表格的排序

以学生成绩表为例，对所有学生进行排序，其具体操作步骤如下：

步骤 1　打开随书素材中的“素材\ch07\表格的排序.docx”文件。选中表格，依次单击【表格工具】→【布局】→【数据】组中的“排序”命令，如图 7-45 所示。

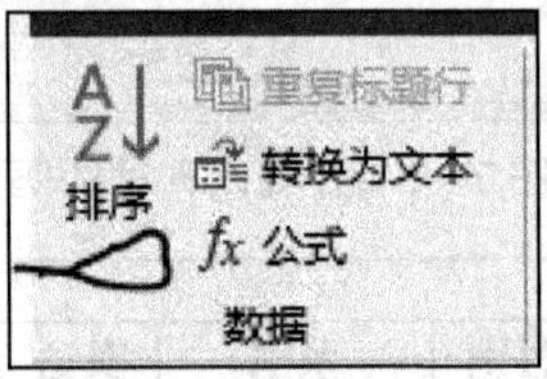

图 7-45　打开表格排序

步骤 2　在【排序】对话框中，【主关键字】选择【总分】，然后选中【降序】，单击【确定】按钮，如图 7-46 所示。此时表格内容会根据总分的大小，从高到低进行排序，排序结果如图 7-47 所示。

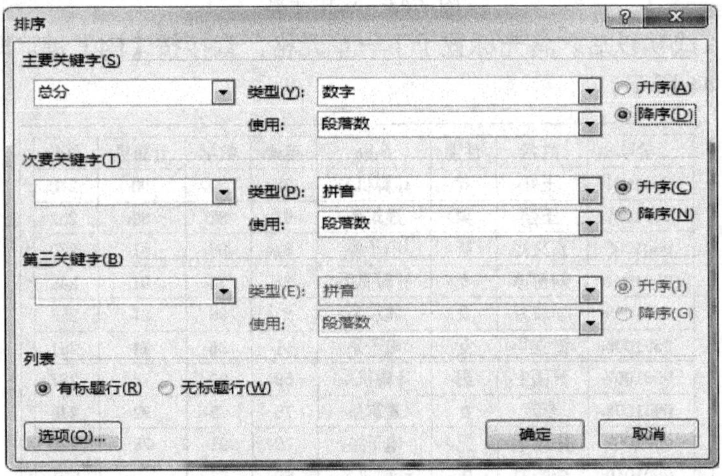

图 7-46　总分降序操作

排名	学号	姓名	性别	系别	英语	数学	计算机	总分
	0501003	高文博	男	电子系	81	98	91	270
	0501002	王强	男	建筑系	91	82	89	262
	0501005	李雅芳	女	建筑系	67	98	87	252
	0501006	张立华	女	电子系	91	86	74	251
	0501001	王虹	女	计算机系	78	80	90	248
	0501008	李芳	女	建筑系	76	78	92	246
	0501004	刘丽冰	女	计算机系	76	78	91	245
	0501009	徐志华	男	电子系	79	91	75	245
	0501007	曹雨生	男	计算机系	69	90	78	237
	0501011	罗明	男	建筑系	90	78	67	235
	0501012	段平	男	电子系	75	64	88	227
	0501010	李晓力	男	计算机系	56	67	78	201

图 7-47　排序结果

步骤 3　选中排名栏的单元格，然后选择【开始】→【段落】组中的【编号】，在编号库中选择一个合适的编号，此时所有的排名就会一键填充，如图 7-48 所示。排序排名结果如图 7-49 所示。

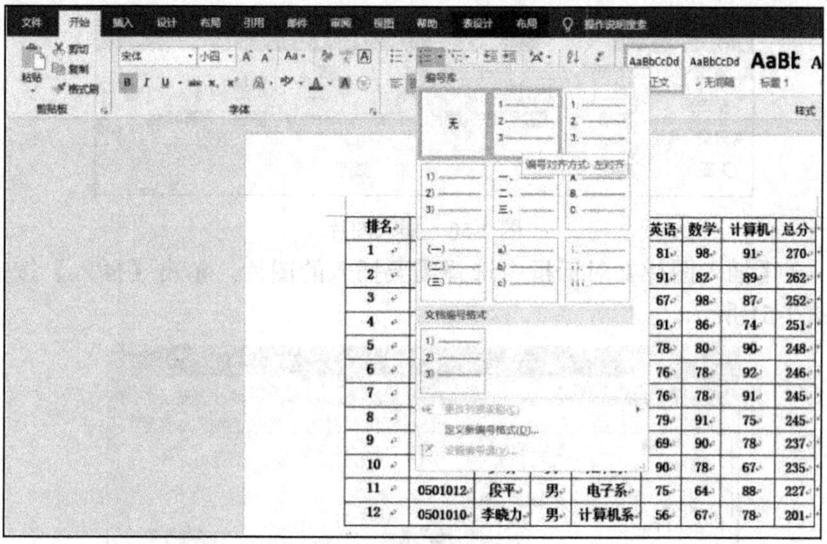

图 7-48　排名填充

排名	学号	姓名	性别	系别	英语	数学	计算机	总分
1	0501003	高文博	男	电子系	81	98	91	270
2	0501002	王强	男	建筑系	91	82	89	262
3	0501005	李雅芳	女	建筑系	67	98	87	252
4	0501006	张立华	女	电子系	91	86	74	251
5	0501001	王虹	女	计算机系	78	80	90	248
6	0501008	李芳	女	建筑系	76	78	92	246
7	0501004	刘丽冰	女	计算机系	76	78	91	245
8	0501009	徐志华	男	电子系	79	91	75	245
9	0501007	曹雨生	男	计算机系	69	90	78	237
10	0501011	罗明	男	建筑系	90	78	67	235
11	0501012	段平	男	电子系	75	64	88	227
12	0501010	李晓力	男	计算机系	56	67	78	201

图 7-49　排序排名结果

7.5　使用图片

图文排版是在文档中插入一些图片使文档更加生动形象，插入的图片可以是一副剪贴画、一张照片或者一副图画。

7.5.1　插入图片

在 Word 2016 中，可以在文档中插入本地图片，还可以插入联机图片。

1. 插入本地图片

在 Word 中可以插入保存在计算机硬盘中的图片，具体操作步骤如下：

步骤 1　打开随书素材中的“素材\ch07\万象出版集团.docx”文件，将光标定位于需要插入图片的位置。

步骤 2　单击【插入】选项卡下【插图】中的【图片】按钮，如图 7-50 所示。

图 7-50　插入图片

步骤 3　在【插入图片】对话框中选择需要插入的图片，单击【插入】按钮即可插入该图片，如图 7-51 所示。

图 7-51　选择插入选定的插图文件

2. 插入联机图片

在文档中插入从各种联机来源中查找和插入图片的具体操作步骤如下：

步骤 1　将光标定位于需要插入图片的位置，然后单击【插入】选项卡【插图】的【联机图片】按钮，在【插入图片】窗格的【Office.com 剪贴画】搜索框中输入“图书”，单击【搜索】，如图 7-52 所示。

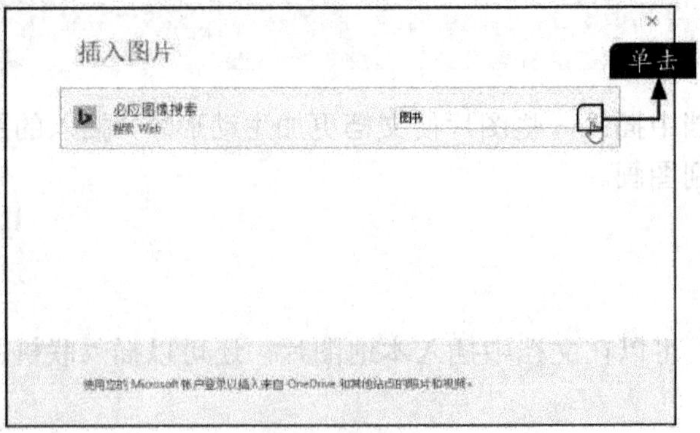

图 7-52　搜索联机图片

步骤 2　在搜索结果中选择喜欢的图片，如图 7-53 所示，单击【插入】按钮，此时就在文档中插入了选择的联机图片，效果如图 7-54 所示。

图 7-53　选择联机图片

图 7-54　插入联机图片效果

7.5.2　编辑图片

图片插入到文档后，图片的设置不一定符合要求，这时就需要对图片进行适当的调整，图片编辑的步骤如下：

步骤 1　选中图片，单击【图片工具】→【格式】→【调整】中的【颜色】按钮，在下拉列表中选择一种样式即可改变图片颜色，如图 7-55 所示。

图 7-55　设置图片颜色

步骤 2　单击【大小】选项组【裁剪】的下拉按钮，在下拉菜单中选择【裁剪为形状】→【心形】选项，如图 7-56 所示。

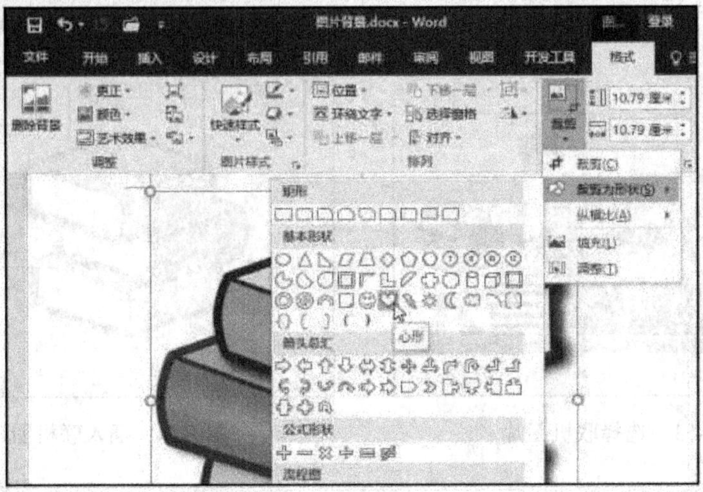

图 7-56　裁剪图形

步骤 3　单击【图片样式】选项组中的【其他】按钮，在下拉列表中选择【柔滑边缘椭圆】，如图 7-57 所示。柔滑边缘的效果如图 7-58 所示。

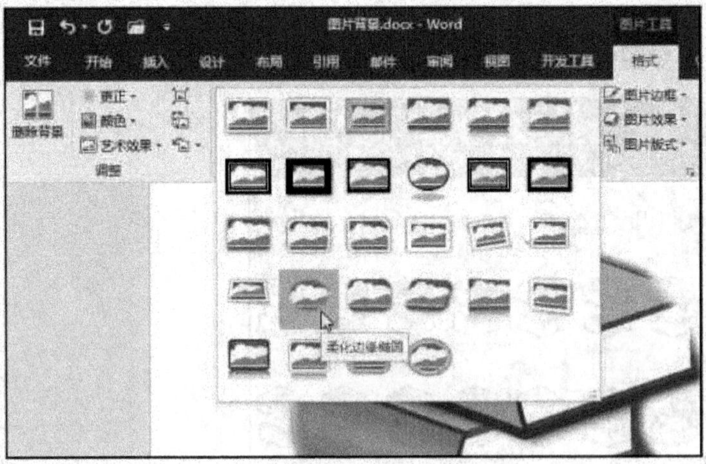

图 7-57　柔滑边缘椭圆

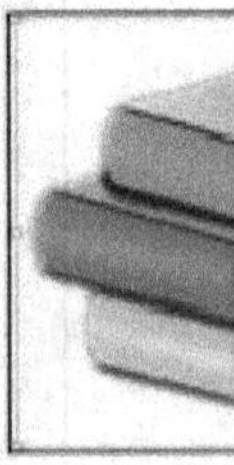

图 7-58　柔滑边缘椭圆效果

7.5.3　设置图片布局

调整图片在文档中的位置的方法有两种：一是使用鼠标拖曳移动至目标位置；二是使用【布局】对话框来调整图片位置。使用【布局】对话框调整图片位置的具体操作步骤如下：

步骤 1　打开随书素材中的“素材\ch07\工作室宣传.docx”文件，选中要编辑的图片，单击【格式】选项卡下【排列】中【位置】按钮，在下拉列表中选择【其他布局选项】，如图 7-59 所示。

步骤 2　在【布局】对话框的【文字环绕】中，选择【环绕方式】为四周型，如图 7-60 所示。

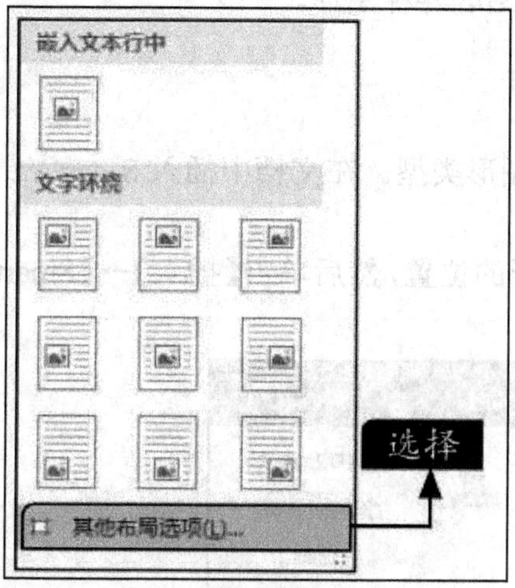

图 7-59　其他布局选项

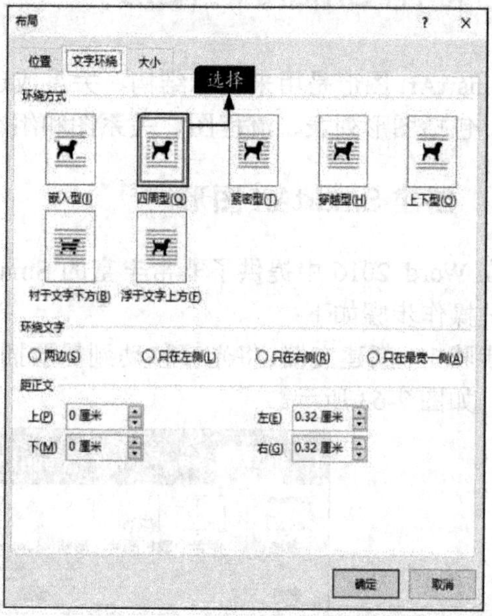

图 7-60　设置文字环绕为四周型

步骤 3　选择【位置】选项卡，在【水平】选项组中设置图片的水平对齐方式。选择【对齐方式】，在下拉列表框中选择【居中】，如图 7-61 所示。单击【确定】按钮，设置效果如图 7-62 所示。

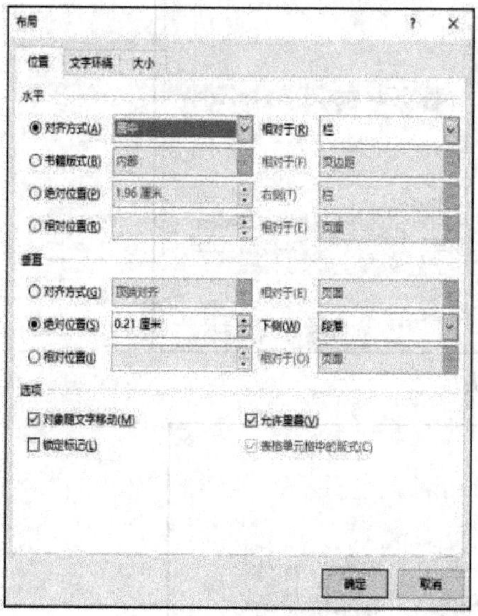

图 7-61　位置设置

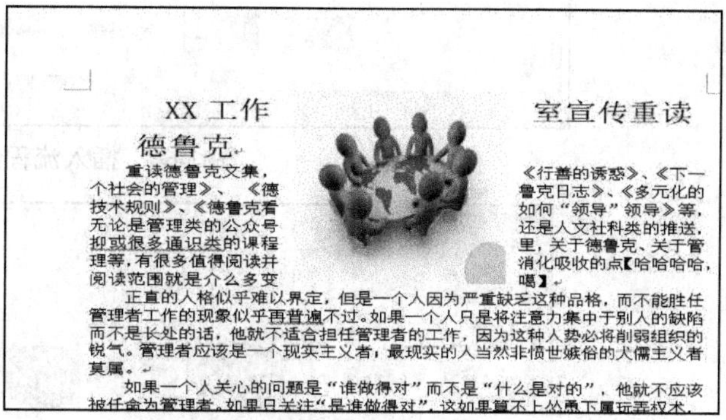

图 7-62　图片编辑设置效果

◇ **提示：**

使用【布局】对话框来调整图片位置的方法对【嵌入型】图片无效。

7.6　使用 SmartArt 图形

SmartArt 图形是用来展示结构、关系或过程的图表，它以非常直观的方式与用户交流信息，包括图形列表、流程图、关系图和组织结构图等各种图形。

7.6.1　创建 SmartArt 图形

在 Word 2016 中提供了非常丰富的 SmartArt 图形类型。在文档中插入 SmartArt 图形的具体操作步骤如下：

步骤 1　新建文档，将光标移动到需要插入图形的位置，然后单击【插入】→【SmartArt】按钮，如图 7-63 所示。

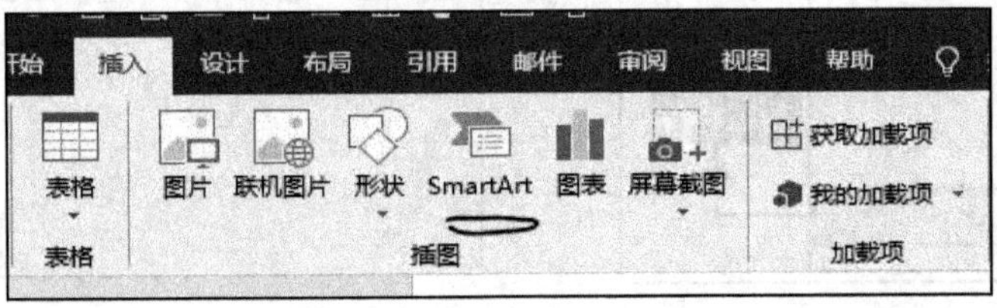

图 7-63　插入 SmartArt 图形

步骤 2　在【选择 SmartArt 图形】对话框中的【流程】选项卡中选择【流程箭头】，如图 7-64 所示。单击【确定】按钮即可将图形插入到文档中，如图 7-65 所示。

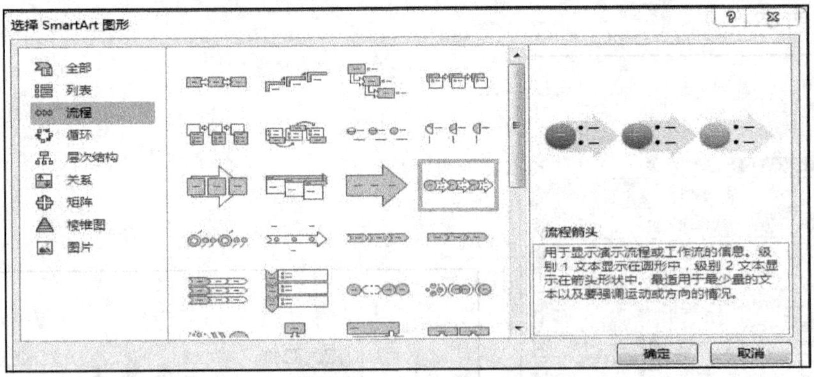

图 7-64　插入流程箭头

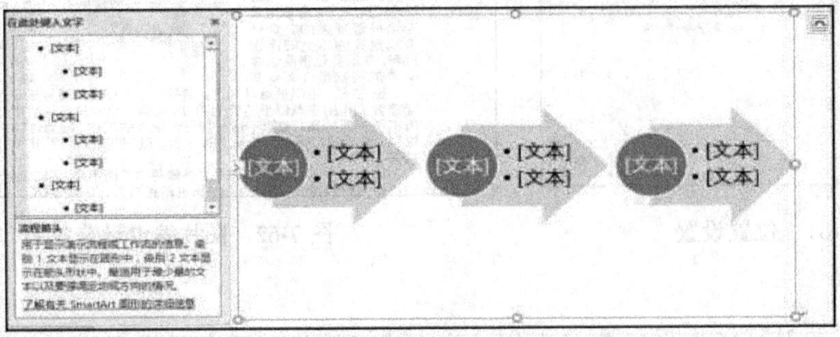

图 7-65　箭头流程图

步骤 3　在 SmartArt 图形【文本】处单击并输入相应的文字，输入完成后单击 SmartArt 图形以外的任意位置，即可完成 SmartArt 图形的编辑。

7.6.2　改变 SmartArt 图形布局

对创建的 SmartArt 图形布局不满意时，可以改变其图形布局，具体操作步骤如下：

选中创建的 SmartArt 图形，单击【SmartArt 工具】→【设计】选项卡下【版式】组中的【其他】按钮，在下拉列表中选择一种布局。单击【确定】按钮，即可改变 SmartArt 图形布局，如图 7-66 所示。

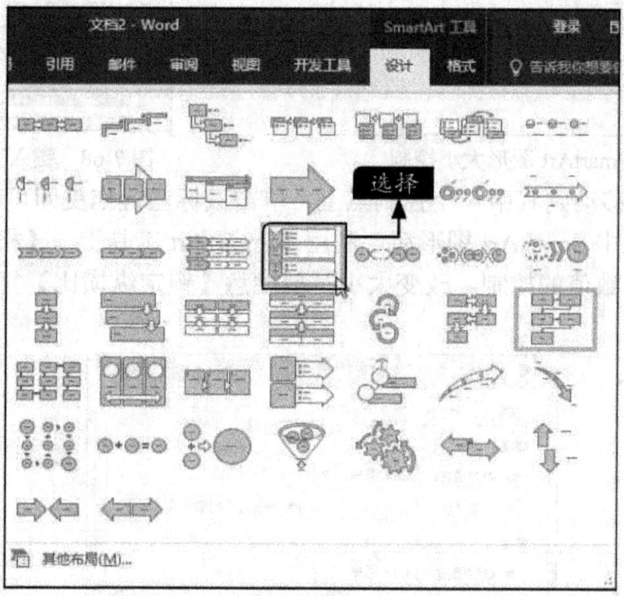

图 7-66　调整 SmartArt 图形布局

7.6.3　应用颜色和主题

SmartArt 图形中的某些部分需要重点突出，这时可以给它设置使用主题颜色。具体操作步骤如下：

选择插入的 SmartArt 图形，单击【SmartArt 工具】→【设计】选项卡下【SmartArt 样式】组中的【更改颜色】按钮，在下拉列表中选择一种主题颜色，即可为其应用选中的主题颜色。

7.6.4　调整 SmartArt 图形的大小

为了使插入的 SmartArt 图形适合页面的大小，可以对其进行调整，具体操作步骤如下：

步骤 1　选中插入的 SmartArt 图形，在图形四周会出现 7 个控制点以及左侧的向左箭头，如图 7-67 所示。单击左侧的 按钮，在【在此处键入文字】对话框中可输入 SmartArt 图形里形状块里的文字，如图 7-68 所示。

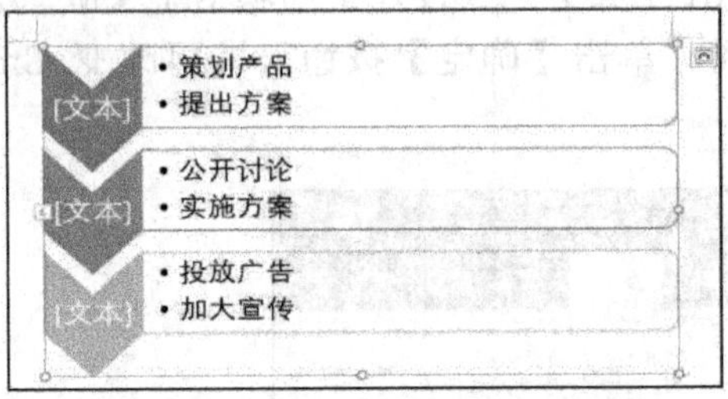

图 7-67　SmartArt 图形大小控制

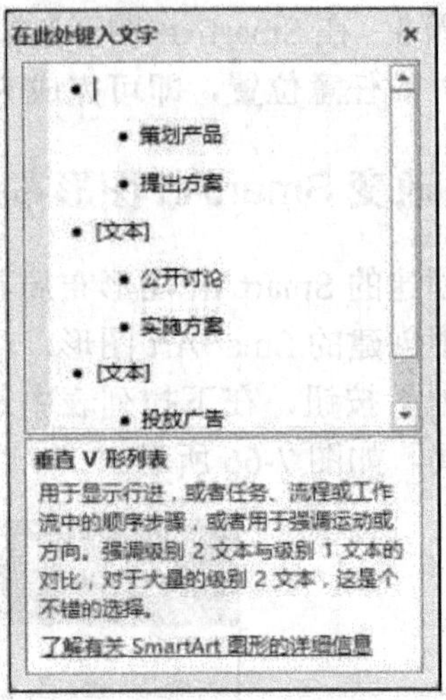

图 7-68　键入文字对话框

步骤 2　将光标移动到其中一个控制点上，单击鼠标左键拖曳即可改变 SmartArt 图形的大小。还可以在选中 SmartArt 图形后，利用【SmartArt 工具】→【格式】→【布局】里的【大小】进行具体数值的控制。改变大小时要注意【锁定纵横比】复选框是否勾选，如图 7-69 所示。

图 7-69　SmartArt 布局大小设置

7.7　使用艺术字

艺术字是指文档中具有特殊效果的字体。艺术字不是普通的文字而是图形对象，可以像处理其他图形那样进行相关操作。

7.7.1　创建艺术字

创建艺术字的具体操作步骤如下：

步骤 1　新建文档，单击【插入】选项卡【文本】组中的【艺术字】按钮，在下拉列表中选择一种艺术字样式，如图 7-70 所示。此时在文档中插入了一个艺术字文本框，如图 7-71 所示。

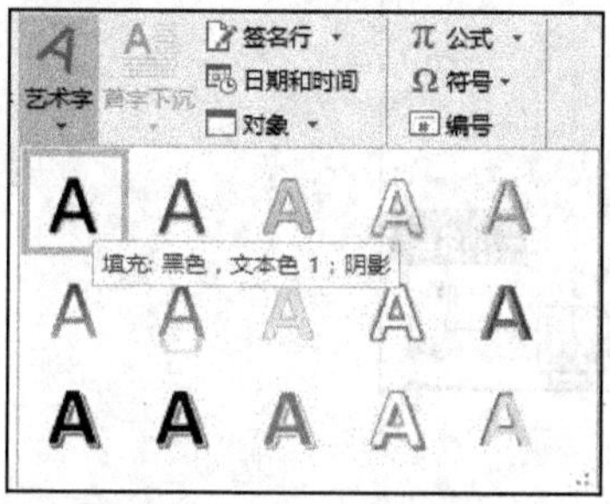

图 7-70　插入艺术字

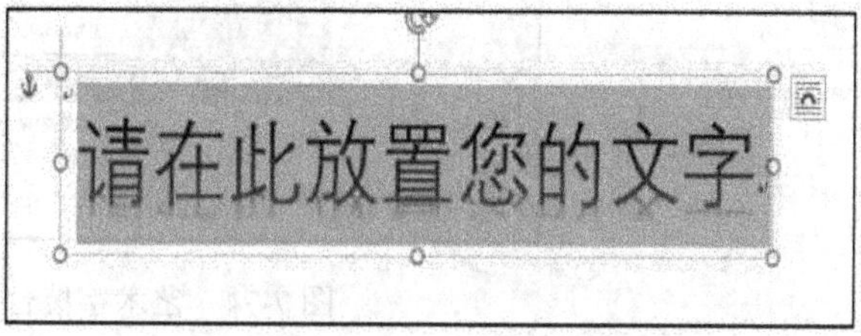

图 7-71　输入艺术字文本框

步骤 2　在“请在此放置您的文字”文本框中输入“我们的家”字样，即可完成艺术字的创建，如图 7-72 所示。

图 7-72　输入艺术字

7.7.2　更改艺术字样式

在 Word 2016 中提供了非常丰富的艺术字类型，可根据需要进行更加直观的美化设计，在文档中更改艺术字样式的具体操作步骤如下：

步骤 1　选择艺术字文本框，单击【绘图工具】→【格式】选项卡【形状样式】选择组中的【其他】按钮，在下拉列表中选择一种样式，如图 7-73 所示。

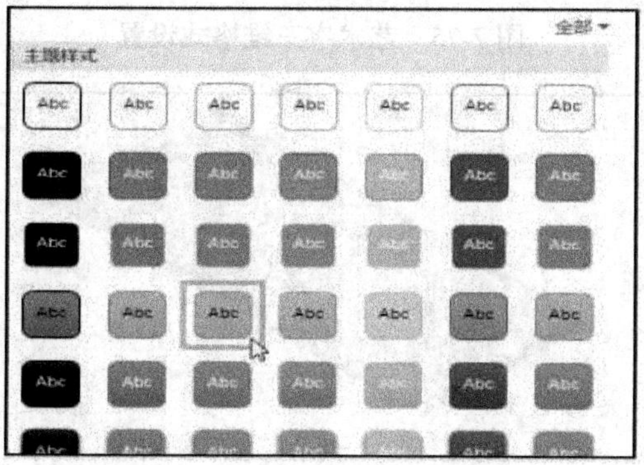

图 7-73　艺术字形状样式列表

步骤 2　然后在【形状样式】选择组中单击【形状效果】按钮，在下拉列表中单击【棱台】→【棱台】→【松散嵌入】，如图 7-74 所示。

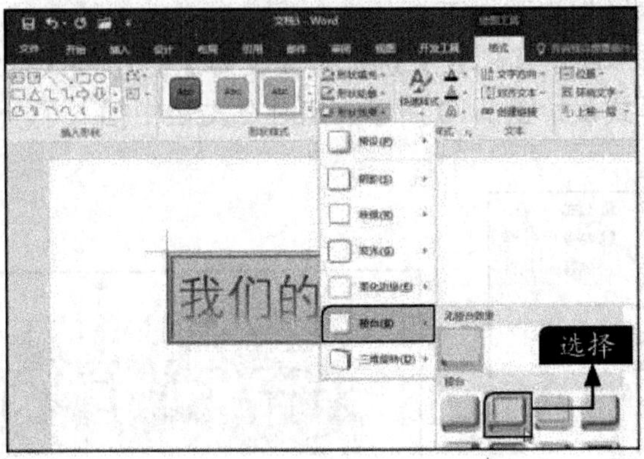

图 7-74　艺术字棱台效果

步骤 3　选择文本内容，单击【艺术字样式】选项组中【其他】按钮，在下拉列表中选择艺术字样式即可更改原有的样式。

步骤 4　在【艺术字样式】选择组中单击【文本效果】按钮，在下拉列表中选择【三维旋转】→【平行】→【等长顶部朝上】选项，如图 7-75 所示。最终设置效果如图 7-76 所示。

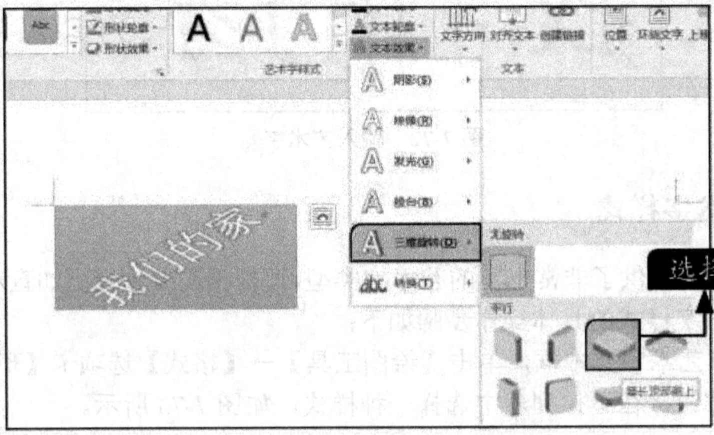

图 7-75　艺术字三维格式设置

图 7-76　艺术字三维效果

7.8 绘制和编辑图形

除了插入图片和 SmartArt 图形之外，还可以通过【插入】选项组中的【形状】按钮来绘制图形并对其进行编辑。

7.8.1 绘制图形

通过【形状】按钮中的图形可以在文档中绘制基本图形，如直线、箭头、方框和椭圆等。在文档中绘制基本图形的步骤如下：

步骤 1 新建一个文档，移动光标到需要绘制图形的位置，单击【插入】选项卡【插图】组中的【形状】按钮，在下拉列表中选择【基本形状】中的【笑脸】，如图 7-77 所示。

步骤 2 移动鼠标光标到绘图画布区域，鼠标指针会变为“十”字形状，这时按下鼠标左键不放，拖曳鼠标到一定位置后放开，在绘图画布上就会显示出绘制的笑脸，如图 7-78 所示。

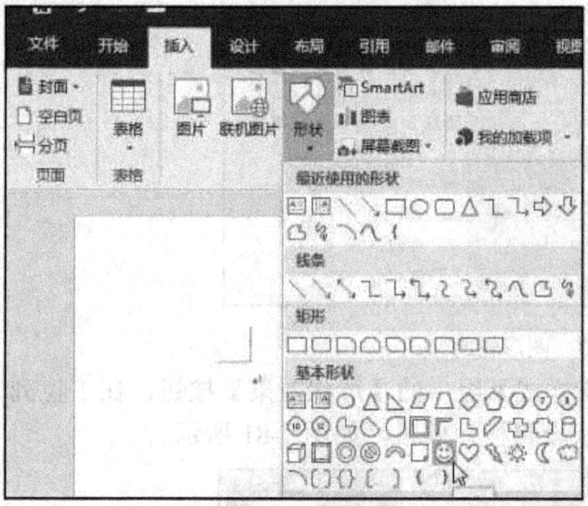

图 7-77 插入基本形状

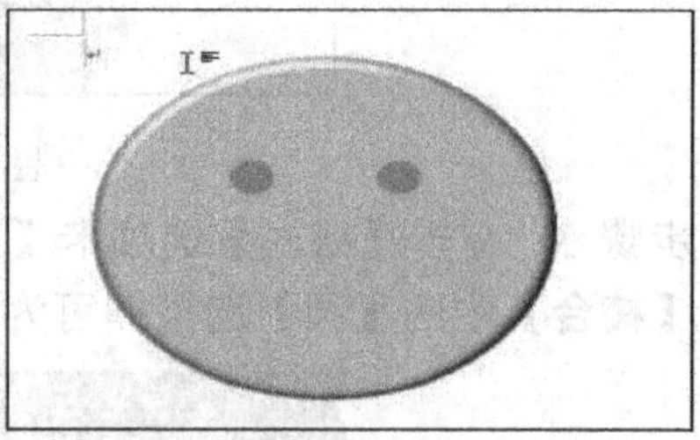

图 7-78 绘制笑脸

正方形是矩形的特例，圆形是椭圆形的特例。首先选择单击【矩形】或【椭圆】，在绘图画布上进行绘制时先按住【Shift】键，再拖曳鼠标进行绘制。

7.8.2 编辑图形

图形绘制完成后，还可以对其进行编辑，具体的操作步骤如下：

步骤 1 选中要插入的图形，单击【格式】选项卡【形状样式】组中的【形状填充】按钮右侧的下拉箭头，在下拉列表中选择一种形状颜色即可更改形状的颜色，如图 7-79 所示。

步骤 2 单击【形状轮廓】按钮右侧的下拉箭头，在下拉列表中选择一种颜色，即可更改形状轮廓的颜色，如图 7-80 所示。

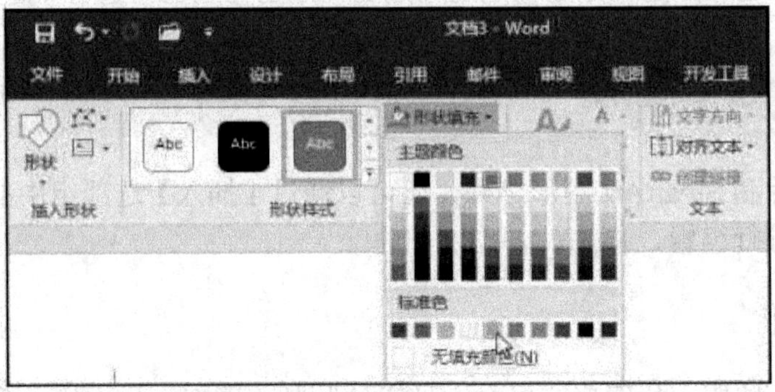

图 7-79　图形填充颜色

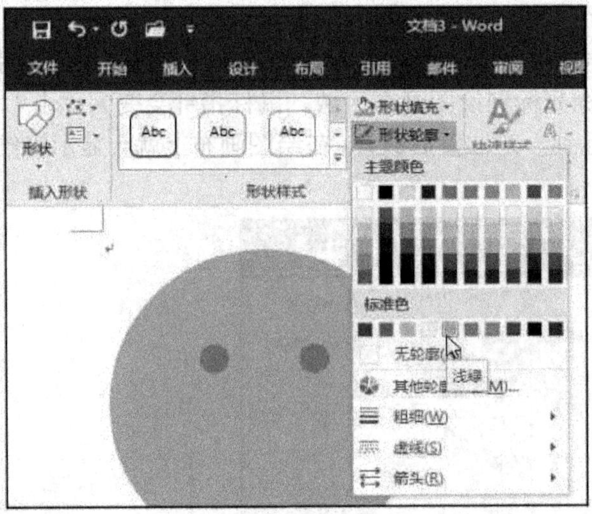

图 7-80　图形轮廓修改

步骤 3　单击【格式】选项卡【形状样式】组中的【形状效果】按钮，在下拉列表中选择【棱台】中的【圆】选项即可为形状设置棱台效果，如图 7-81 所示。

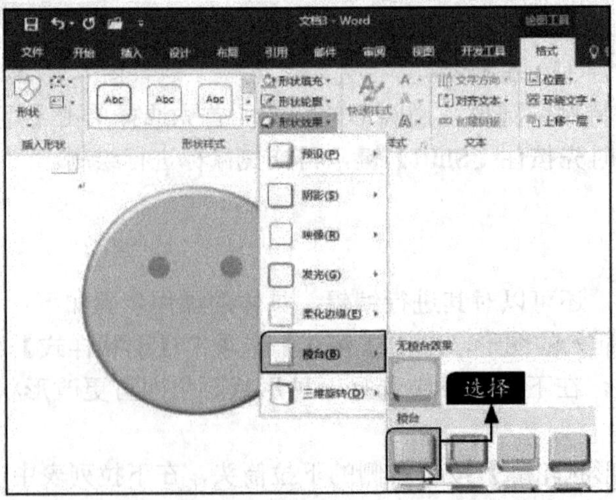

图 7-81　图形效果设置

单击【格式】选项卡【形状样式】选项组中【其他】按钮，在下拉列表中可以选择预设好的形状、效果和颜色。

7.9　使用图表

利用 Word 2016 强大的图表功能可以使原本单调的数据信息变得生动，方便查看数据的差异、图案和预测趋势等。

7.9.1　创建图表

Word 2016 为用户提供了大量预设的图表，可以快速地创建所需的图表。创建图表的步骤如下：

步骤 1　打开随书素材中的“素材\ch07\图表数据.docx”文件，将光标定位在要插入图表的位置，单击【插入】选项卡【插图】组中的【图表】按钮，如图 7-82 所示。

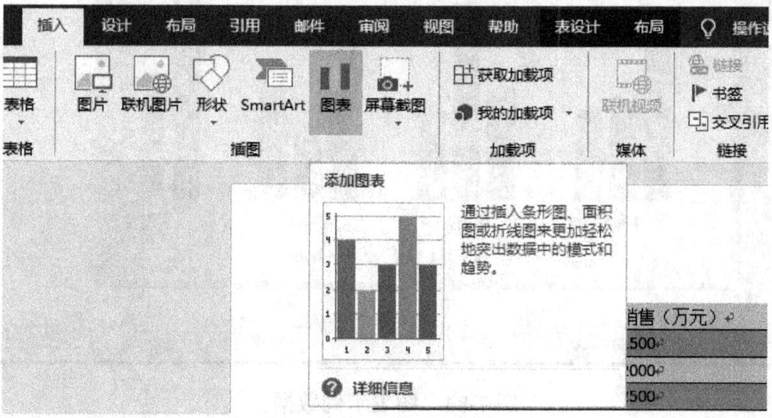

图 7-82　插入图表

步骤 2　在【插入图表】对话框的【图表类型】中选择【柱形图】，在右侧选择图表样式，如图 7-83 所示。

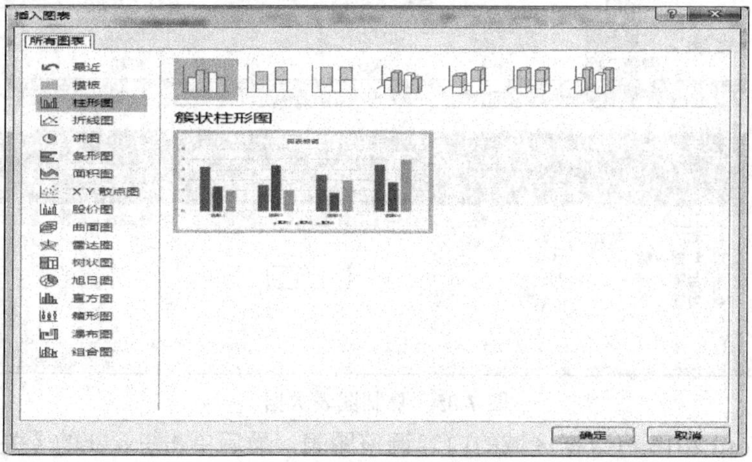

图 7-83　选择图表类型

步骤 3　单击【确定】按钮，系统随机弹出标题为【Microsoft Word 中的图表】的 Excel 2016 窗口，表中显示的是示例数据，如图 7-84 所示。

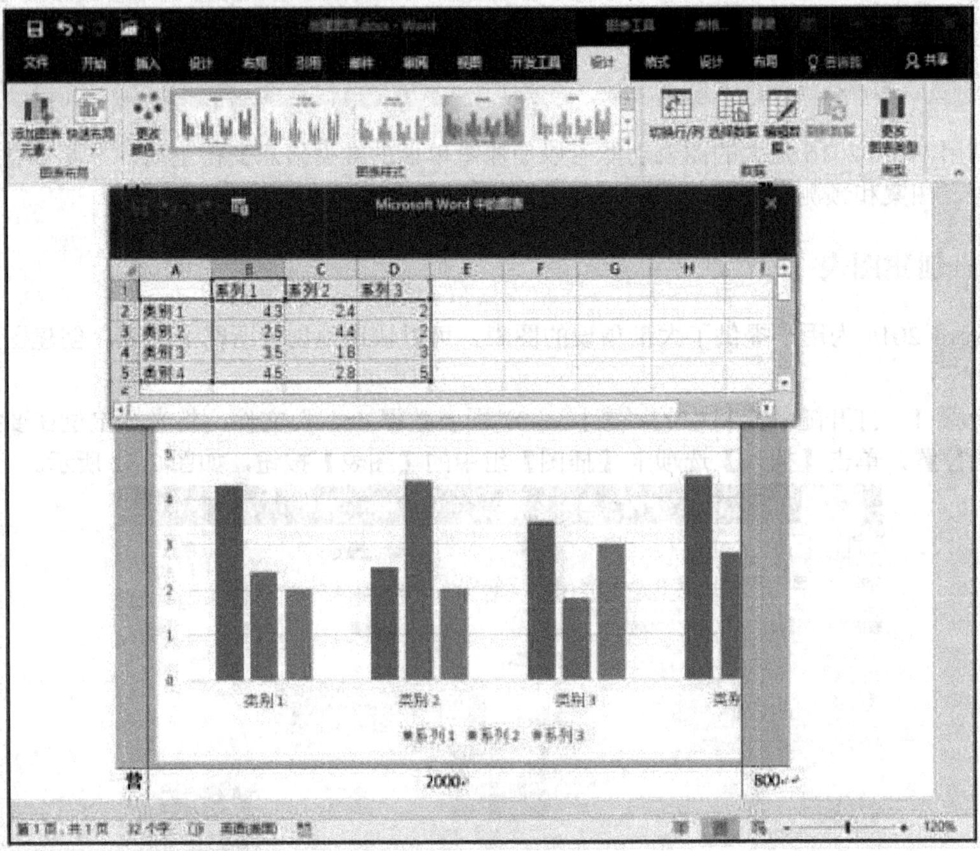

图 7-84　图表示例数据

步骤 4　在 Excel 表中删除全部示例数据，将 Word 文档表格中的数据复制粘贴到 Excel 表中的蓝色方框内，并拖动蓝色框线的右下角，使之与数据范围一致，如图 7-85 所示。

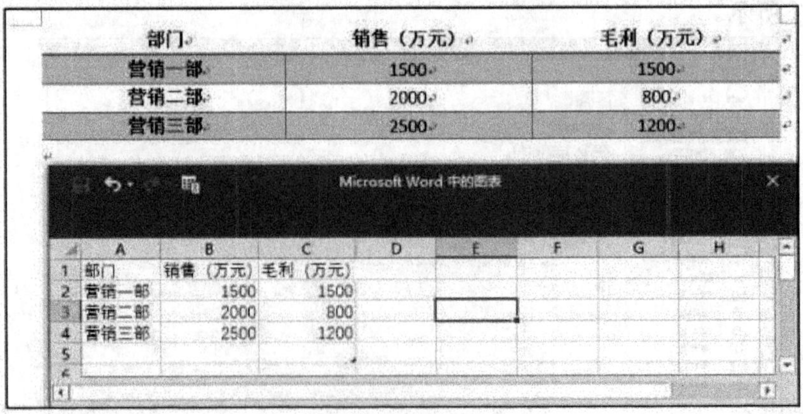

图 7-85　复制图表数据

步骤 5　Word 2016 将数据区域的内容调整图表，最后单击 Excel 的【关闭】按钮即可返回 Word 文件中查看创建的图表，如图 7-86 所示。

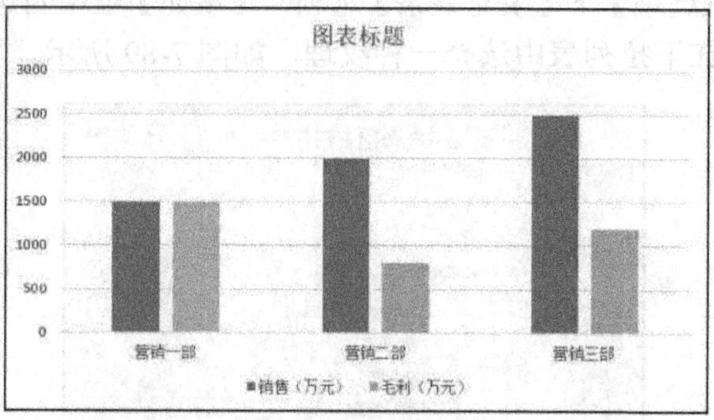

图 7-86 图表创建结果

7.9.2 美化图表

在图表创建完毕后，还可以对图表的样式、布局、图表标题、坐标轴标题、图例、数据标签、数据表、坐标轴和网格线等内容进行修改，具体操作步骤如下：

步骤 1 单击选中插入完成的图表，单击【设计】选项卡【图表样式】中【其他】按钮，在弹出的下拉列表中选择一种图表样式，如图 7-87 所示，即可为图表更改样式。

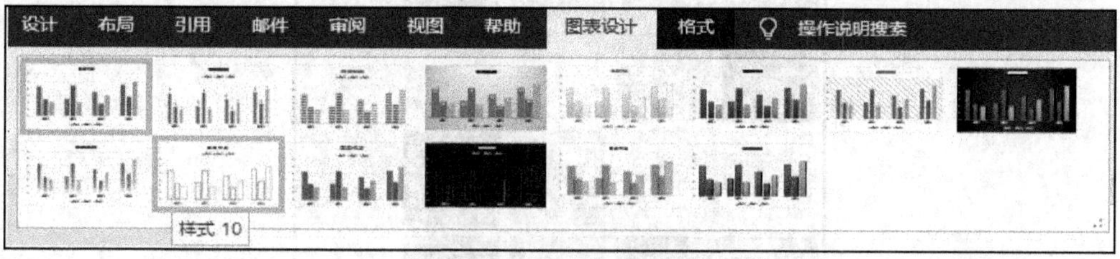

图 7-87 选择图表样式

步骤 2 单击【格式】选项卡【形状样式】中的【设置形状样式】按钮，在文档右侧会弹出【设置图表区格式】窗格，如图 7-88 所示。

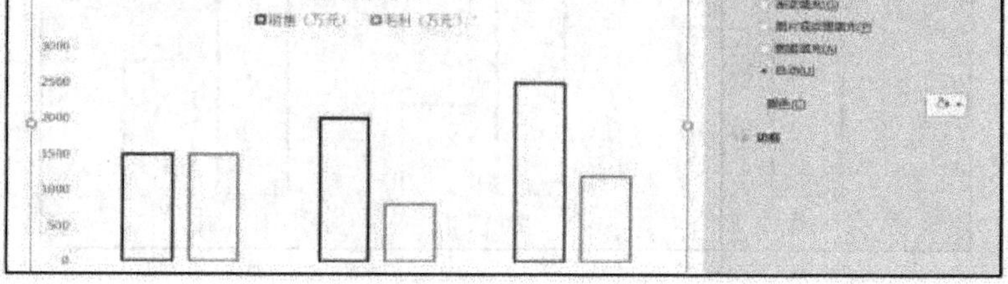

图 7-88 设置图表区格式

步骤 3　在【图表选项】下【填充线条】选项卡【填充】组中勾选【图片和纹理填充】，单击【纹理】按钮，在下拉列表中选择一种纹理，如图 7-89 所示。

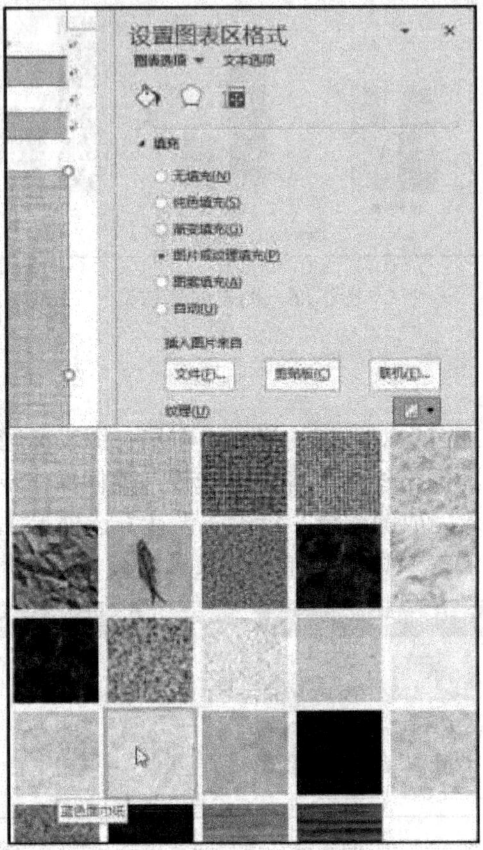

图 7-89　选择纹理图案

步骤 4　添加图表背景后，单击选中“图表标题”文本字样，将其删除并输入“销售额对比图”，最终效果如图 7-90 所示。

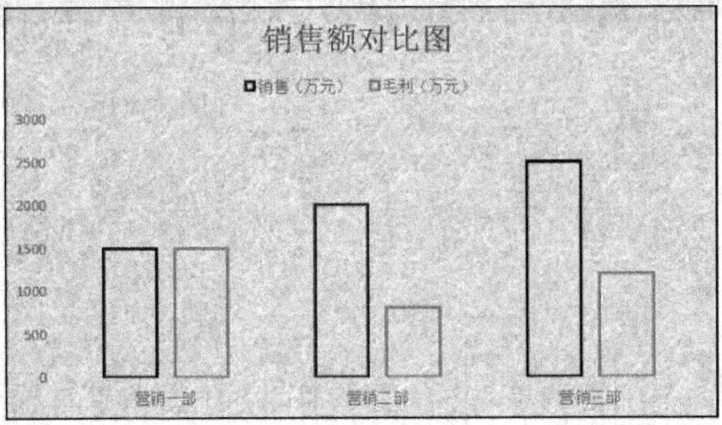

图 7-90　图表标题修改

选中图表中不同的部分单击右键，在弹出的快捷菜单中可以对应不同的部分进行进一步的美化设计。

7.10　导出文档中的图片

平时浏览其他的电子文档时，如果发现某篇文档中的图片比较好，希望将图片保存到计算机上，这时需要导出文档中的图片，具体操作步骤如下：

步骤 1　在需要保存图片上单击鼠标右键，在快捷菜单中选择【另存为图片】，如图 7-91 所示。

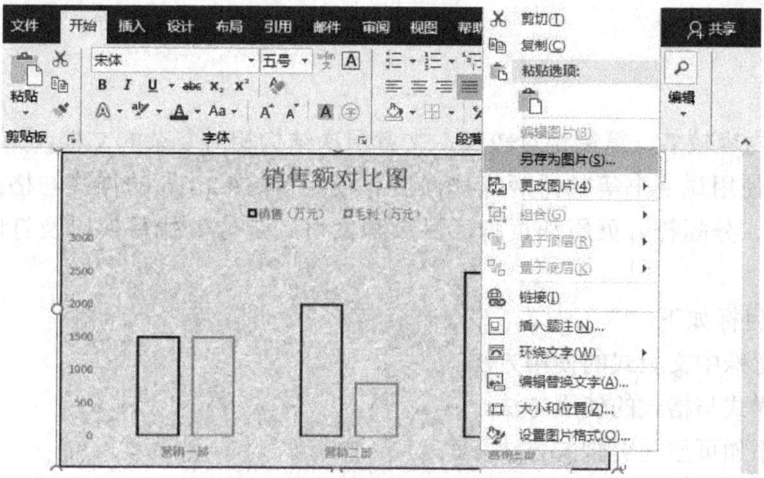

图 7-91　选择【另存为图片】命令

步骤 2　在【保存文件】对话框选中择要保存的路径和文件名，在【保存类型】中选择需要的类别，如“JPEG 文件交换格式”等，单击【保存】按钮完成图片导出，如图 7-92 所示。

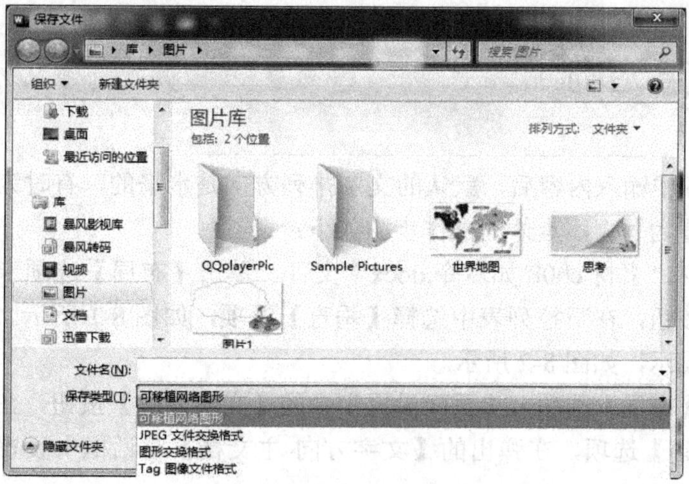

图 7-92　【保存文件】对话框

第 8 章　排版文档

——Word 2016 长文档的高级排版

对于文字内容较多、篇幅相对较长、文章层次结构相对复杂的文档，如毕业论文、商业报告、软件使用说明书等的排版操作，可以使用 Word 2016 的样式与格式、特殊中文版式、格式刷、分隔符、页眉和页脚、目录和索引、定位查找替换以及打印等常用功能来处理。

本章学习目标如下：

(1) 掌握特殊中文版式的使用方法。

(2) 掌握样式与格式的使用方法。

(3) 掌握添加页眉与页脚的方法。

(4) 掌握创建目录和索引的方法。

(5) 掌握文档内出现错误的处理。

(6) 掌握文档内的定位、查找与替换。

(7) 掌握文档的打印。

8.1　设置文字方向

在 Word 2016 中输入内容后，默认的文字排列方向是水平的，有时为了排版常常将文字的排列方向设置为垂直，具体的操作步骤如下：

打开随书素材“素材\ch08\如梦令.docx”文件，单击【布局】选项卡【页面设置】中的【文字方向】按钮，在下拉列表中选择【垂直】选项，如图 8-1 所示。文档中的文本内容将以垂直方式显示，如图 8-2 所示。

还可以单击【布局】选项卡【页面设置】中的【文字方向】按钮，在下拉列表中选择【文字方向选项(x)】选项，在弹出的【文字方向-主文档】对话框中设置文字方向，如图 8-3 所示。

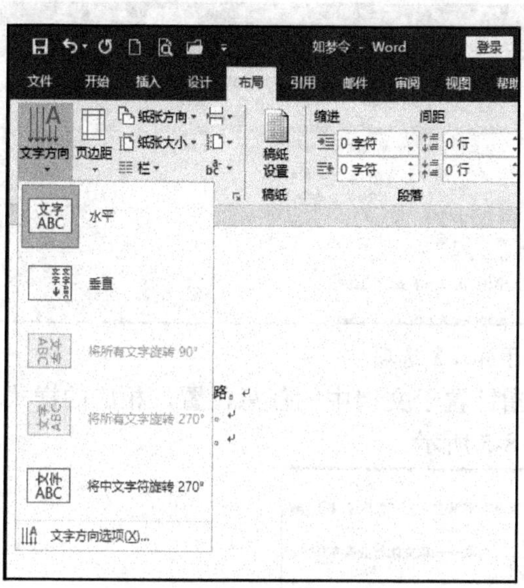

图 8-1　选择【垂直】选项

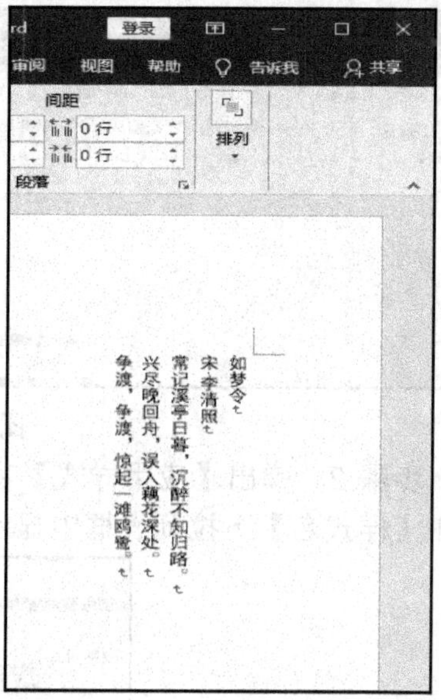

图 8-2　文本以垂直方式显示

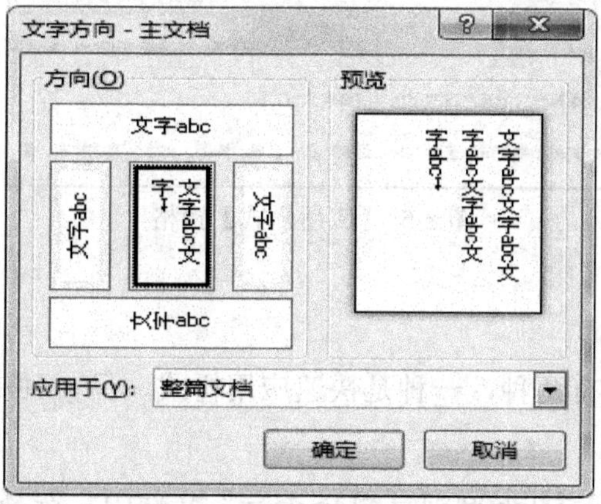

图 8-3　【文字方向-主文档】对话框

8.2　使用样式与格式

样式包括字符样式和段落样式。字符样式的设置以单个字符为单位，段落样式的设置以段落为单位。字符样式可以应用于任何文字，包括字体、字体大小和修饰等，段落样式应用于整个文档，包括字体、行间距、对齐方式、缩进格式、制表位、边框和编号等。

8.2.1　查看样式

使用【应用样式】窗格查看样式的具体操作步骤如下：

步骤 1　打开随书素材中“素材\ch08\河艺简介.docx”文件，单击【开始】选项卡【样式】中的【其他】按钮，在下拉列表中选择【应用样式】选项，如图 8-4 所示。

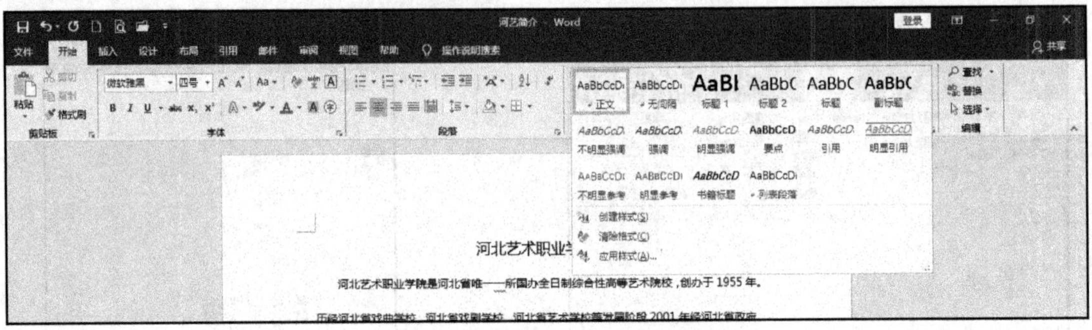

图 8-4　选择【应用样式】选项

步骤 2　弹出【应用样式】窗格，将鼠标指针置于文档中的任意位置，相应的样式将会在【样式名】下拉列表框中显示出来，如图 8-5 所示。

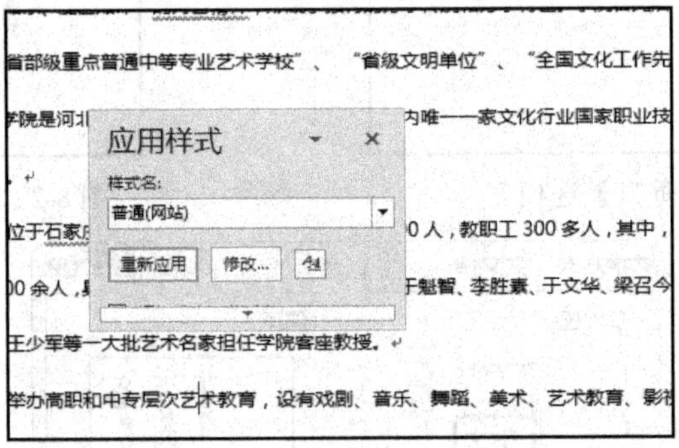

图 8-5　【应用样式】窗格

8.2.2　应用样式

应用样式的方法主要有两种，一种是快速应用样式，另一种是使用样式列表。

1. 快速使用样式

步骤 1　在打开的“素材\ch08\河艺简介.docx”文件中，选择要应用样式的文本(或者将鼠标光标定位在要应用样式的段落内)，例如将光标定位至第一段段内，如图 8-6 所示。

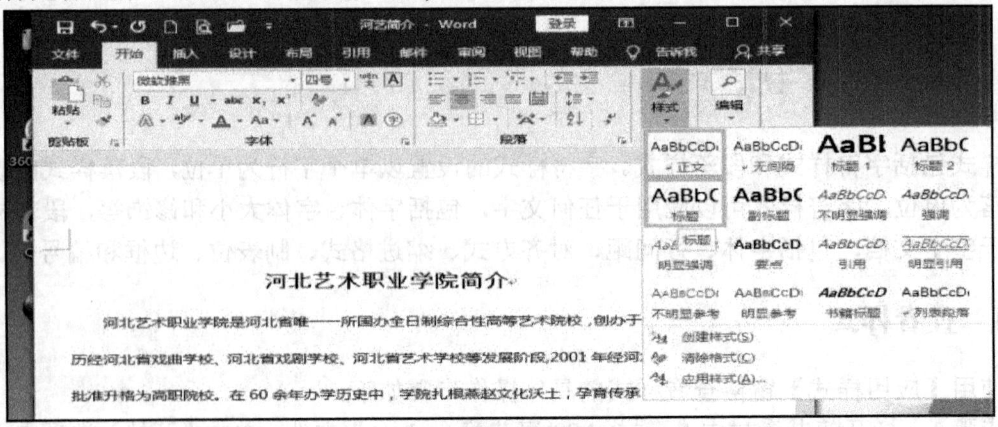

图 8-6　选择应用样式

步骤 2　单击【开始】选项卡【样式】中的【其他】按钮，从【弹出】样式下拉列表中选择【标题】样式，此时第一段即变为标题样式。

2. 使用样式列表

步骤 1　选中需要应用样式的文本，如图 8-7 所示。

步骤 2　单击【开始】选项卡【样式】组中的【样式】按钮，弹出【样式】窗格，在【样式】窗格的列表中单击需要的样式选项即可，例如单击【标题 1】选项，如图 8-8 所示。

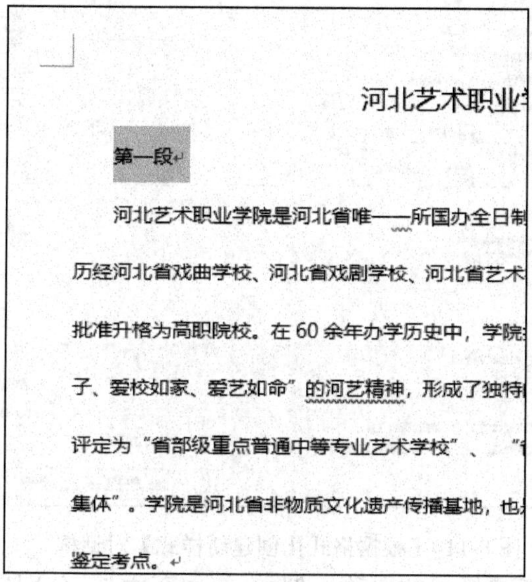

图 8-7　选择文本

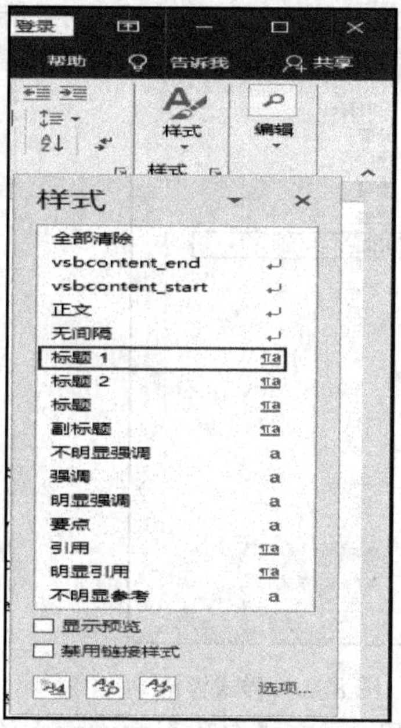

图 8-8　【样式】窗格

步骤 3　返回到 Word 文档中，此时选中的文本已经应用了【标题 1】样式，如图 8-9 所示。

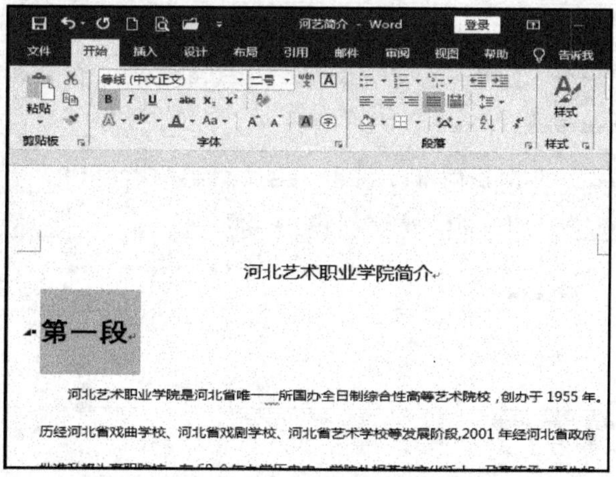

图 8-9　应用样式的文本

8.2.3　自定义样式

当系统内置的样式不能满足需求时，用户可以自定义创建样式，具体操作步骤如下：

步骤 1　打开随书素材“素材\ch08\产品说明书.docx”文件，选中需要应用样式的文本(或者将插入符移至需要应用样式的段落内的任意一个位置)，然后单击【开始】选项卡【样式】中的【样式】按钮，弹出【样式】窗格，如图 8-10 所示。

步骤 2　单击【新建样式】按钮，打开【根据格式化创建新样式】对话框，如图 8-11 所示。

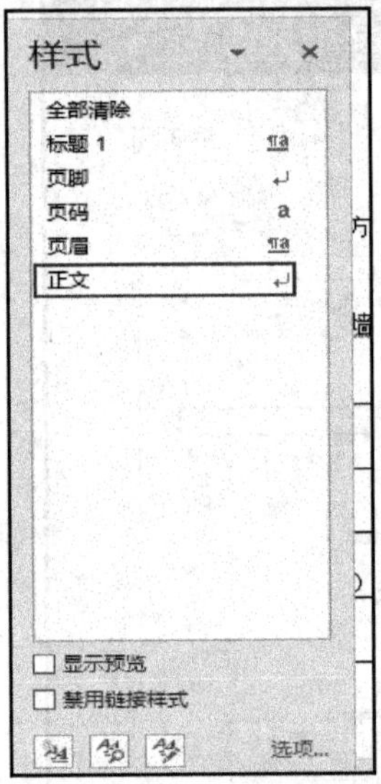

图 8-10　样式窗格

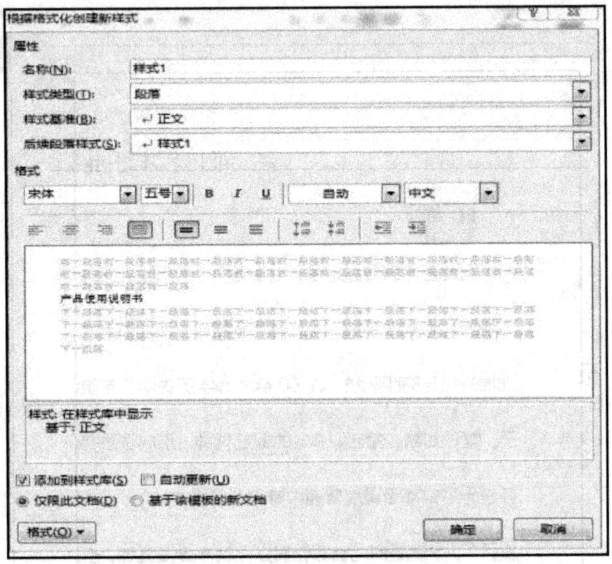

图 8-11　【根据格式化创建新样式】对话框

步骤 3　在【名称】文本框中输入新建样式的名称，例如 “内正文”。分别在【样式类型】、【样式基准】和【后续段落样式】下拉列表中选择需要的样式类型和样式基准，根据需要设置字体格式，单击【倾斜】按钮，如图 8-12 所示。

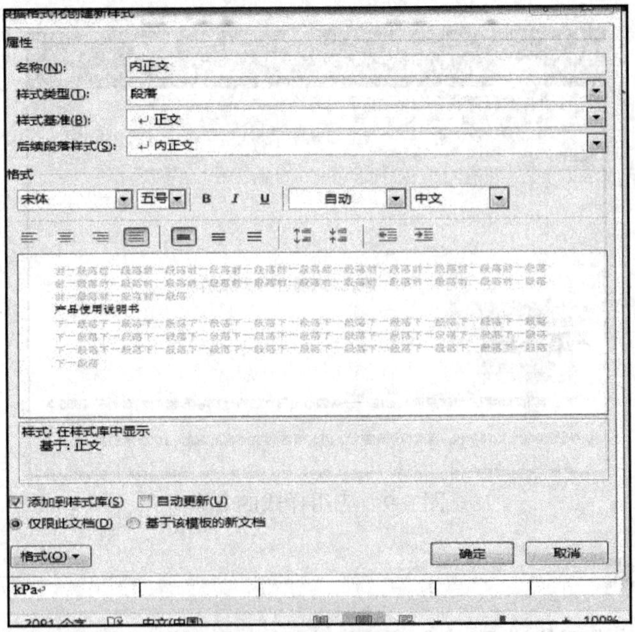

图 8-12　设置样式

步骤 4　单击左下角的【格式】按钮，在下拉列表中选择【段落】，如图 8-13 所示。

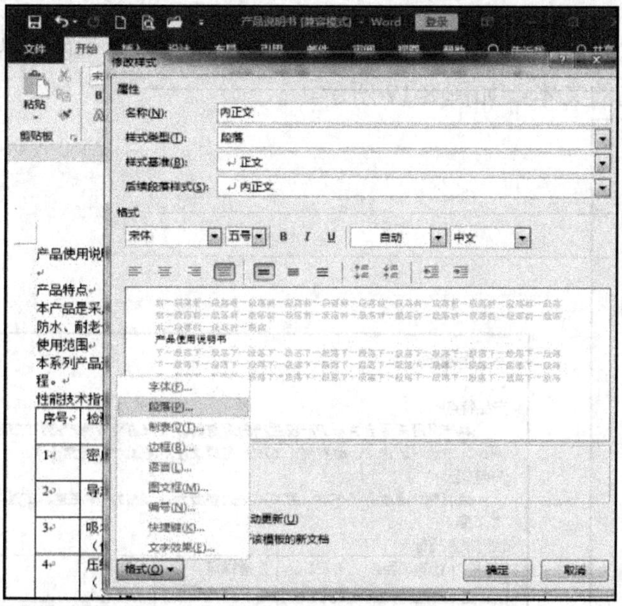

图 8-13　选择【段落】选项

步骤 5　在段落对话框中设置“首行缩进，2 字符”，单击【确定】按钮，如图 8-14 所示。

步骤 6　返回【根据格式化创建新样式】对话框，在中间区域预览效果，单击【确定】按钮，如图 8-15 所示。

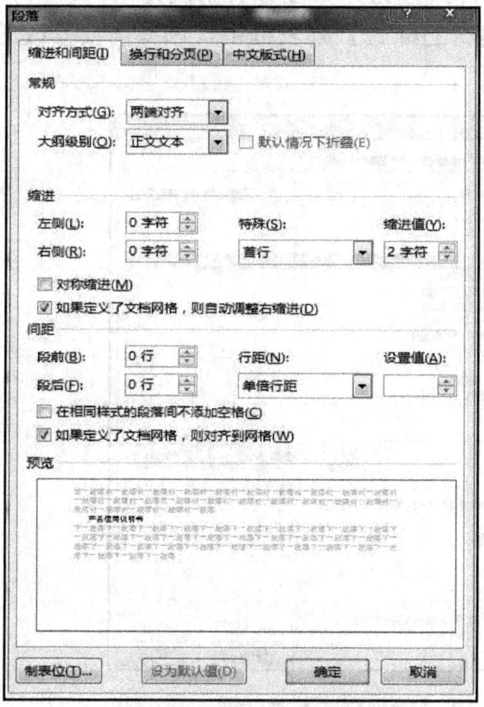

图 8-14　设置特殊格式

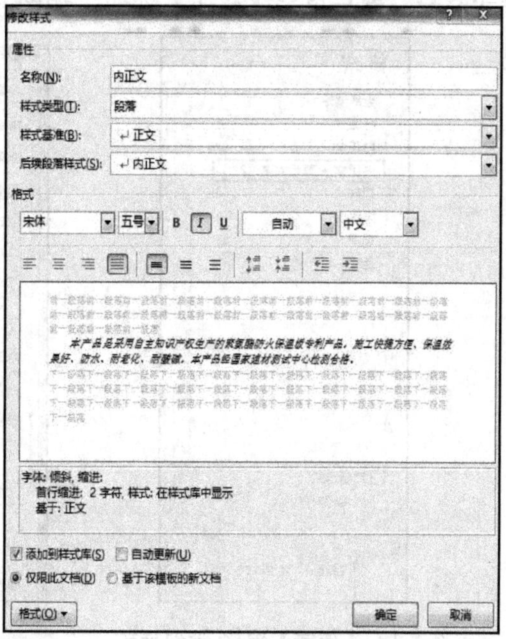

图 8-15　预览效果

步骤 7　在【样式】窗格中查看创建的新样式，单击新样式即可应用到选中的文本，如图 8-16 所示。

步骤 8　选中其他要用该样式的文本，单击【样式】窗格中的【内正文】样式，即可将该样式应用到新选的文本，如图 8-17 所示。

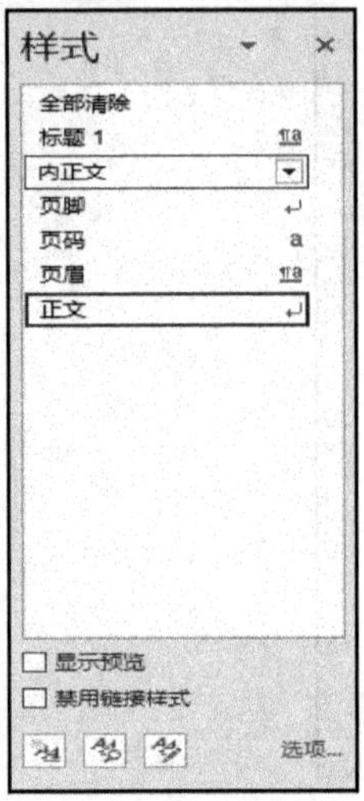

图 8-16 【样式】窗格

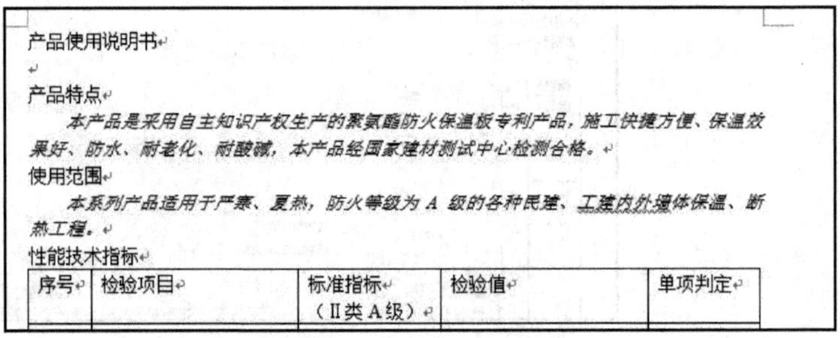

图 8-17　应用自定义样式

8.2.4　修改样式

用户还可以对样式进行修改，具体操作步骤如下：

步骤 1　在【样式】窗格中，单击下方的管理样式按钮，如图 8-18 所示。

步骤 2　在【管理样式】对话框的【选择要编辑的样式】列表框中，选择需要修改的样式名称，然后单击【修改】按钮，如图 8-19 所示。

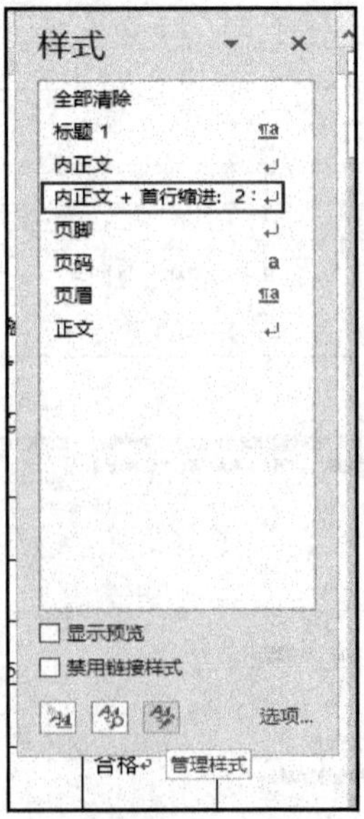

图 8-18 【样式】窗格-管理样式

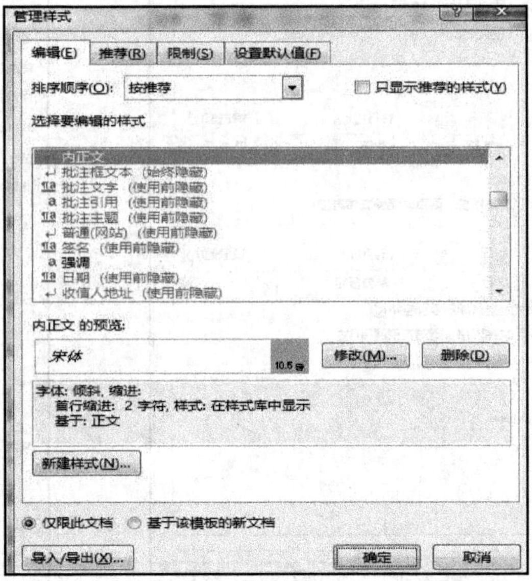

图 8-19 【管理样式】对话框

步骤 3 在【修改样式】对话框中根据需要设置字体、字号、加粗、段间距、对齐方式和缩进量等选项，然后单击【确定】按钮可完成样式的修改。

步骤 4 单击【管理样式】窗口中的【确定】按钮，即可完成样式的修改。

8.2.5 清除样式

当需要清除某段文字的格式时，选中该段文字，单击【开始】选项卡【样式】中的【其他】按钮，在下拉列表中选择【清除格式】选项，如图 8-20 所示。

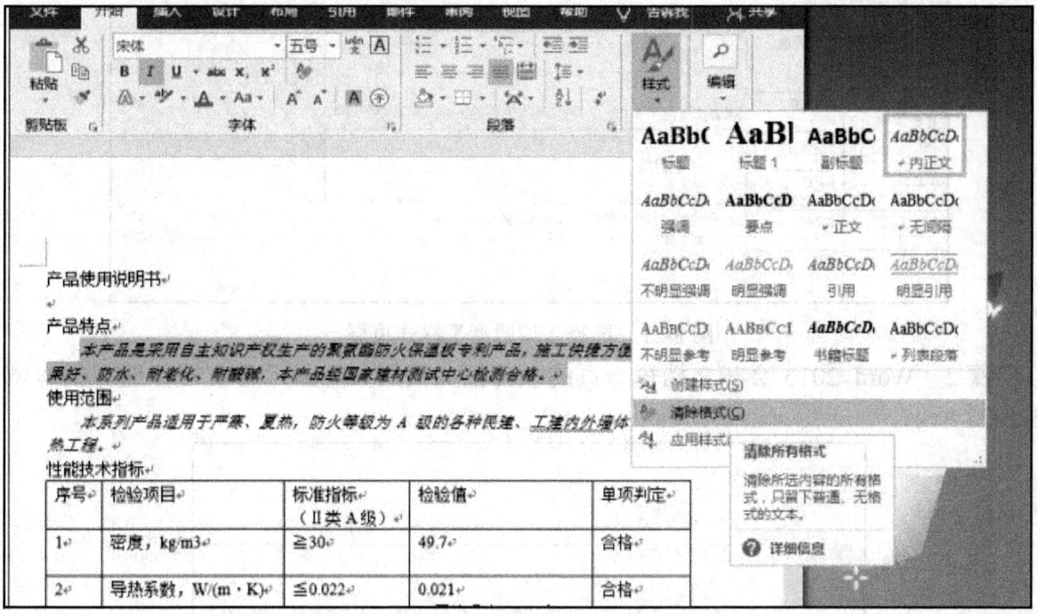

图 8-20 【清除格式】选项

8.3 添加页眉和页脚

Word 2016 提供了丰富的页眉和页脚模板，使用户在插入页眉和页脚时变得更为快捷。

8.3.1 插入页眉和页脚

在页眉和页脚中可以输入文档的基本信息，例如文档名称、章节标题、页码等。这不仅能使文档更美观，还能向读者快速传达文档要表达的信息。

1. 插入页眉

步骤 1 打开随书素材“素材\ch08\产品说明书.docx”文件，单击【插入】选项卡【页眉和页脚】中的页眉按钮，在【页眉】下拉列表中选择需要的页眉，例如选择【边线型】，如图 8-21 所示。

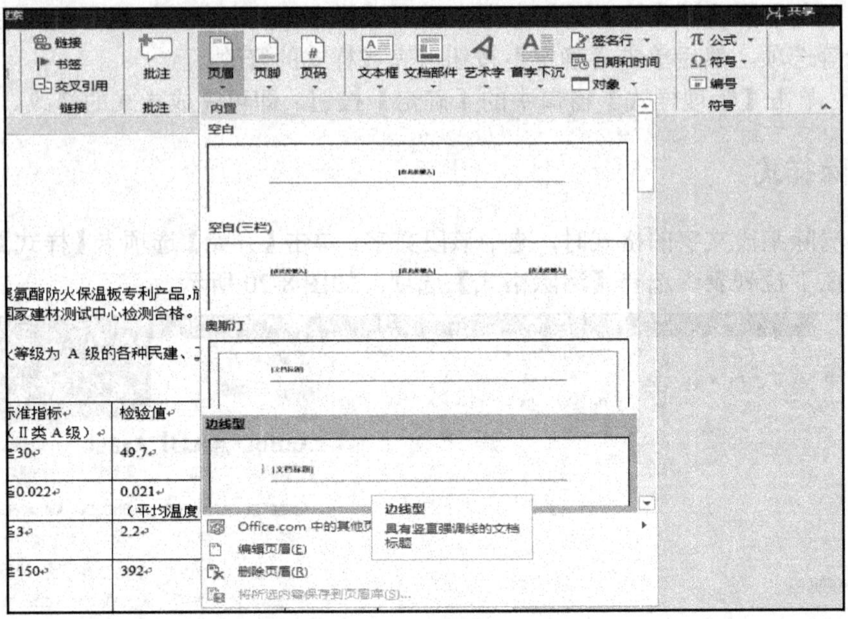

图 8-21　选择【边线型】样式页眉

步骤 2　Word 2016 会在文档每一页的顶部插入页眉，并显示【文档标题】文本域，如图 8-22 所示。

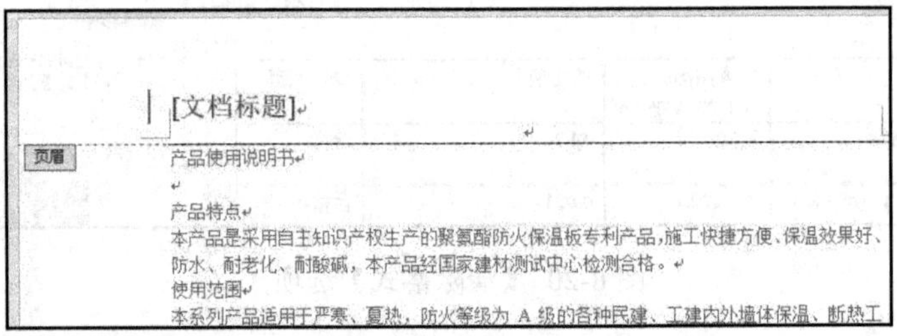

图 8-22　插入页眉

步骤 3　在页眉的文本域中输入内容，单击【设计】选项卡【关闭】中的【关闭页眉和页脚】按钮，完成页眉设置，如图 8-23 所示。

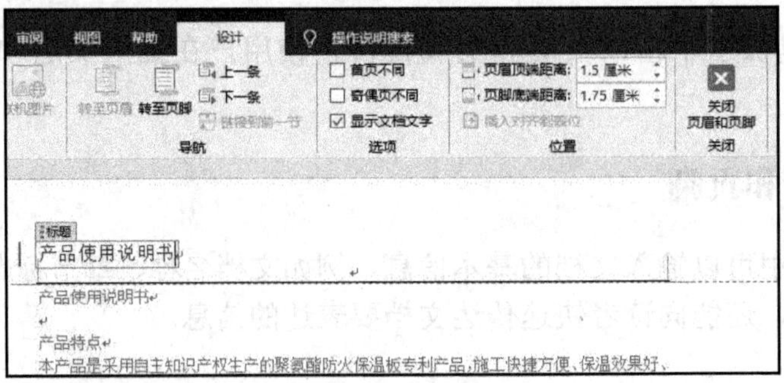

图 8-23　输入内容

2. 插入页脚

步骤 1　单击【设计】选项卡【页眉和页脚】中【页脚】选项。在【页脚】下拉列表中选择【怀旧】样式，如图 8-24 所示。文档自动跳转至页脚编辑状态，如图 8-25 所示。

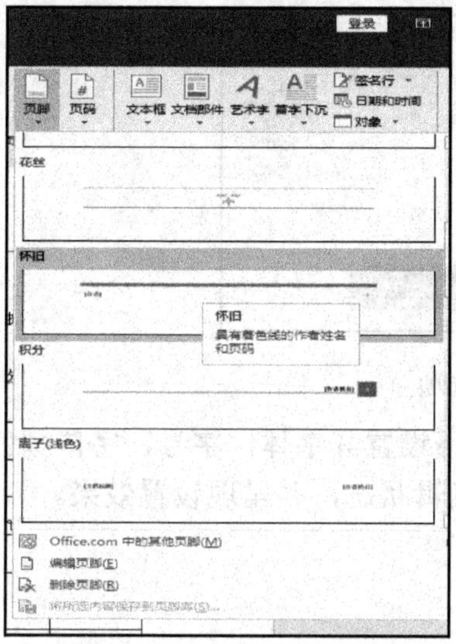

图 8-24　选择【怀旧】样式

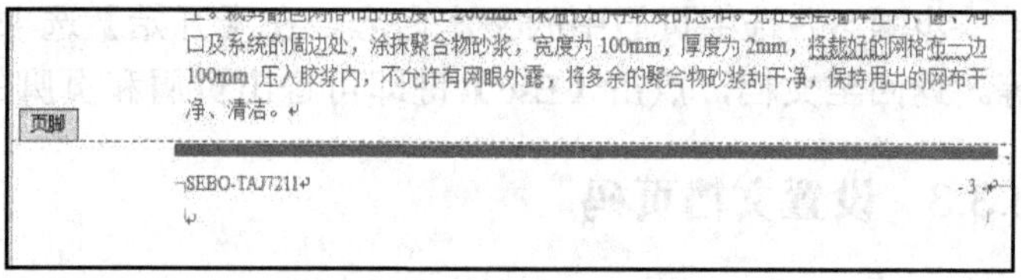

图 8-25　插入页脚

步骤 2　输入页脚内容，单击【设计】选项卡【关闭】中的【关闭页眉和页脚】按钮即可看到插入页脚的效果。

8.3.2　设置页眉和页脚

插入页眉和页脚后，还可以根据需要设置页眉和页脚，具体操作步骤如下：

步骤 1　双击插入的页眉，使其处于编辑状态。单击【设计】选项卡【页眉和页脚】中的【页眉】按钮，在下拉菜单列表中选择【镶边】样式，如图 8-26 所示。

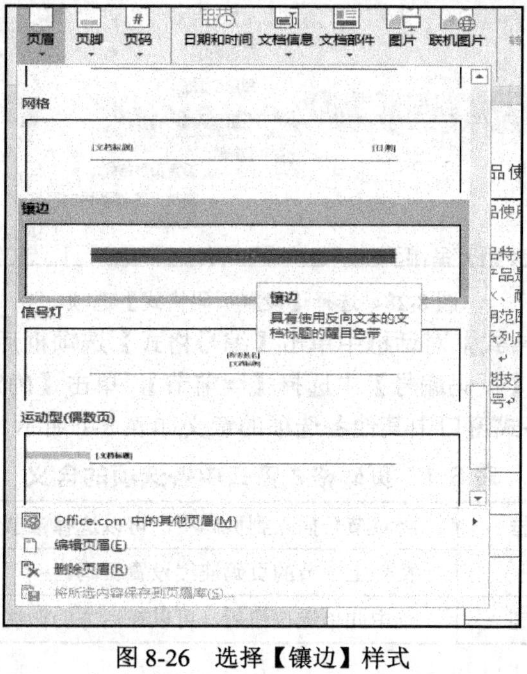

图 8-26　选择【镶边】样式

步骤 2　选中【设计】选项卡【选项】中【奇偶页不同】复选项，如图 8-27 所示。

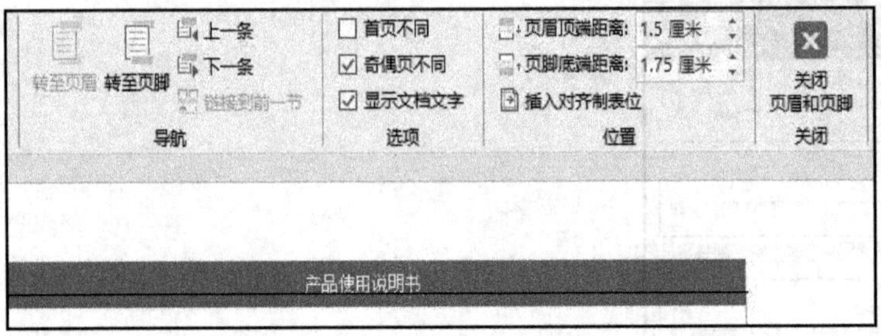

图 8-27　选中【奇偶页不同】复选项

步骤 3　选中页眉中的文本内容，在【开始】选项卡下设置其字体，字号，字体颜色等。返回至文档，点击【Esc】键即可退出页眉和页脚的编辑状态，并呈现设置效果。

8.3.3　设置文档页码

在文档中插入页码的具体操作步骤如下：

步骤 1　打开随书素材“素材\ch08\产品说明书.docx”文件，单击【插入】选项卡【页眉和页脚】中的【页码】按钮，在下拉列表中选择【设置页码格式】，如图 8-28 所示。

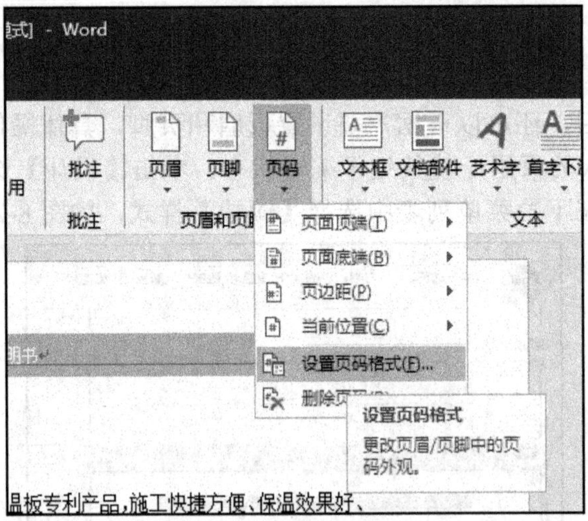

图 8-28　选择【设置页码格式】选项

步骤 2　在【页码格式】对话框中单击【编号格式】选项框后的按钮，在下拉列表中选择一种编号格式，在【页码编号】中选择【续前节】，单击【确定】完成文档页码设置，如图 8-29 所示。页码格式窗口中其他各选项的意义如表 8-1 所示。

表 8-1　页码格式窗口中各选项的含义

【包含章节号】复选框	将章节号插入到页码中，可以选择章节起始样式和分隔符
【续前节】单选按钮	接着上一节的页码连续设置页码
【起始页码】单选按钮	选中此单选按钮后，可以在后方的微调框中输入起始页码数

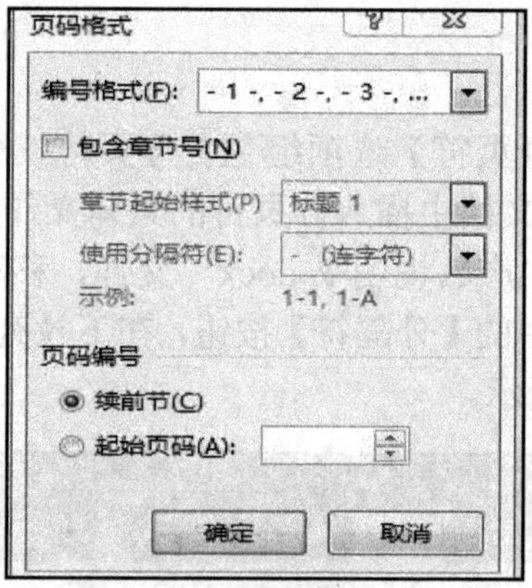

图 8-29　页码格式对话框

步骤 3　单击【插入】选项卡【页眉和页脚】中的【页码】按钮，在下拉列表中选择【页面底端】中的【普通数字 2】即可插入页码，如图 8-30 所示。

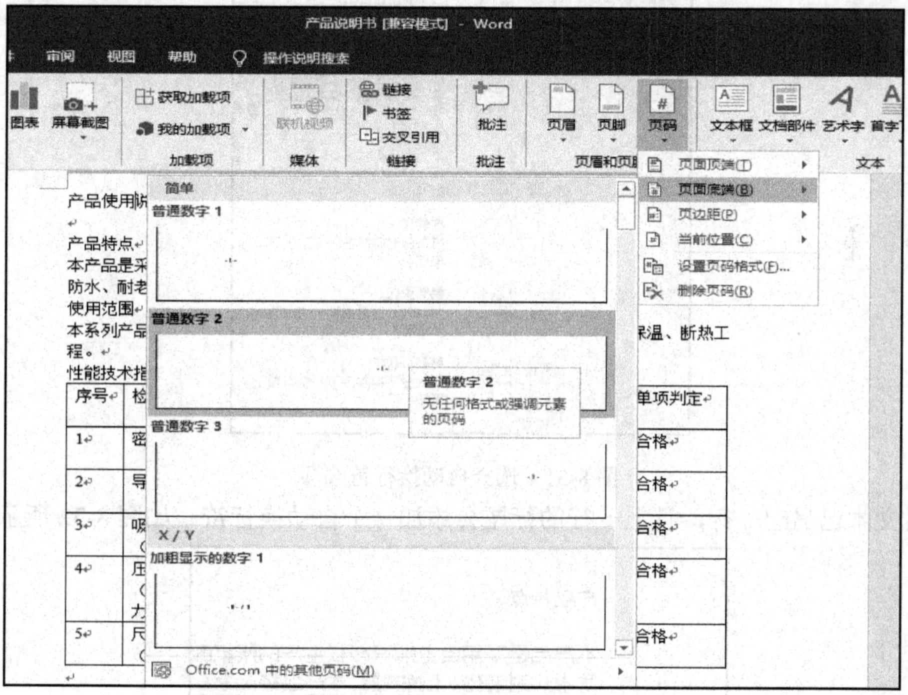

图 8-30　插入页码格式

步骤 4　在文档中插入数字页码后单击【关闭页眉和页脚】按钮，退出页眉和页脚编辑状态。

8.4　使用分隔符

排版时部分内容需要另起一节或另起一页，这时就需要在文档中插入分节符或者分页符进行分隔。

8.4.1　插入分页符

分页符用于分隔页面，【分页符】选项组包含分页符、分栏符和自动换行符，下面以插入自动换行符为例，介绍在文档中插入分页符的具体操作步骤。

打开随书素材“素材\ch08\产品说明书.docx”文件，移动光标到要换行的位置。单击【布局】选项卡【页面设置】中的【分隔符】按钮，在下拉列表中的【分页符】中选择【自动换行符】选项，如图 8-31 所示。

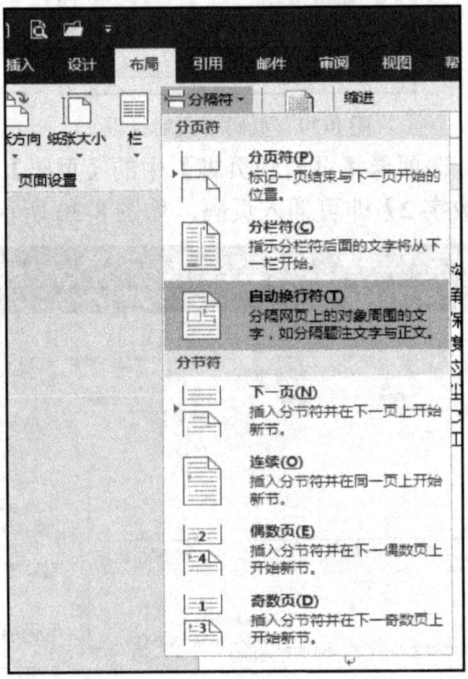

图 8-31　选择自动换行符选项

此时文本已另起一行，且上一行的行尾会添加一个自动换行符，如图 8-32 所示。

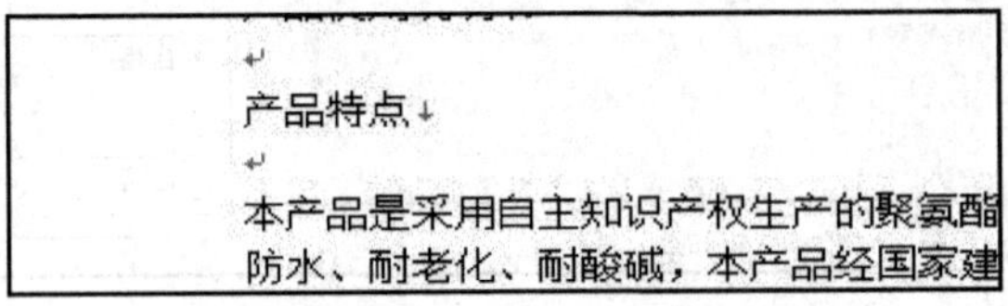

图 8-32　自动换行符

8.4.2　插入分节符

为了便于对同一文档不同部分的文本进行不同的格式化操作，可以将文档分隔成多节。节是文档格式化的最大单位，分节可使文档的编辑、排版更灵活，版面更美观。插入分节符的操作步骤具体如下。

打开随书素材“素材\ch08\产品说明书.docx”文件，移动光标到要换行的位置。单击【布局】选项卡【页面设置】中的【分隔符】按钮，在下拉列表中的【分节符】中选择【下一页】即可完成分节，如图 8-33 所示。

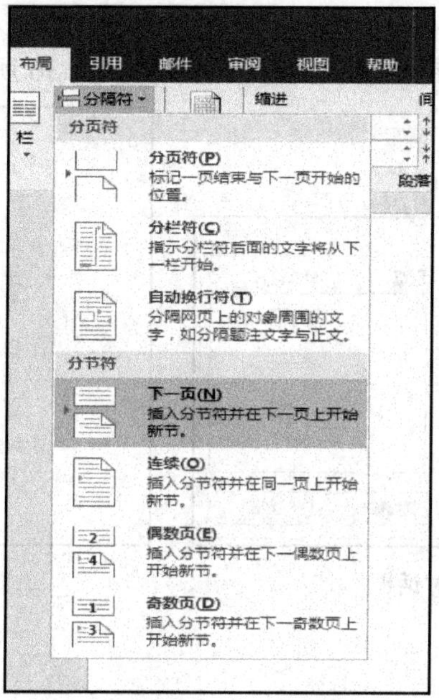

图 8-33　选择【下一页】选项

8.5　特殊的中文版式

Word 2016 中包含了特殊的中文版式，例如常用的纵横混排、首字下沉等。

8.5.1　纵横混排

纵横混排可以对文档进行混合排版，具体操作步骤如下：

步骤 1　打开随书素材“素材\ch08\如梦令.docx”文件，选中需要垂直排列的文本内容，单击【开始】选项卡【段落】中的【中文版式】按钮，在下拉列表中选择【纵横混排】，如图 8-34 所示。

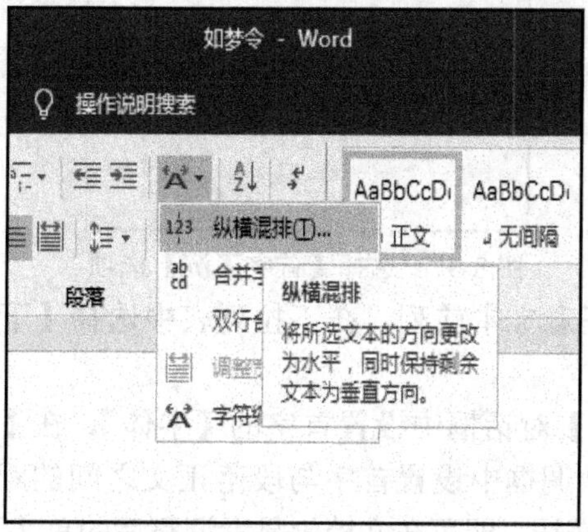

图 8-34　选择纵横混排选项

步骤 2　在【纵横混排】对话框中撤销已选中的【适应行宽】复选框，在【预览】区域预览设置后的效果，如图 8-35 所示。

步骤 3　单击【确定】按钮，纵横混排的效果如图 8-36 所示。

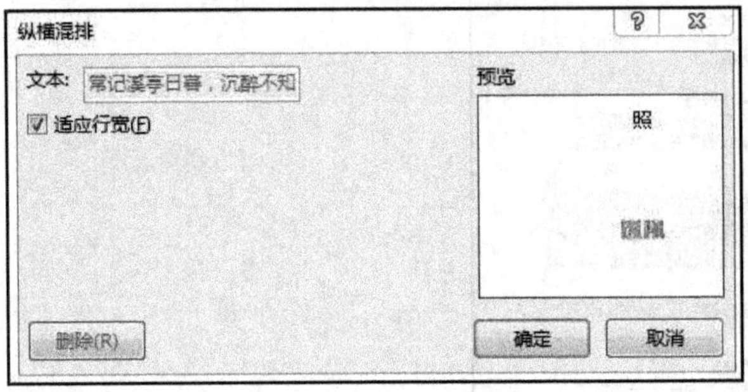

图 8-35 【纵横混排】对话框

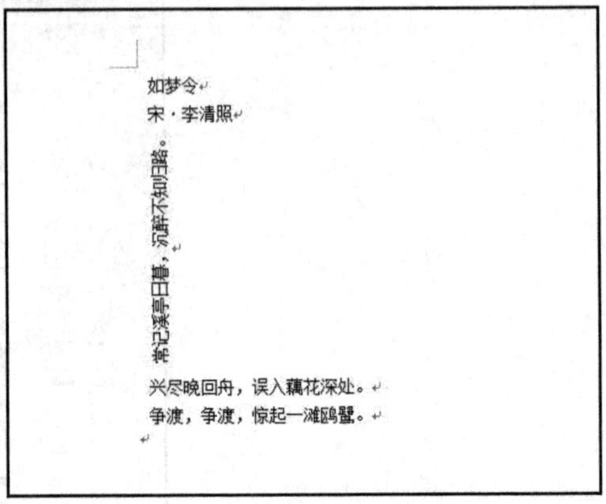

图 8-36　纵横混排效果

8.5.2　首字下沉

首字下沉是将段首的第一个字符放大数倍并以下沉的方式显示，以改变文档的版面样式。设置首字下沉效果的具体步骤如下：

步骤 1　打开随书素材“素材\ch08\如梦令.docx”文件，将光标定位到任意一段文本的任意位置，单击【插入】选项卡【文本】中的【首字下沉】按钮，在下拉列表中选择【首次下沉选项】，如图 8-37 所示。

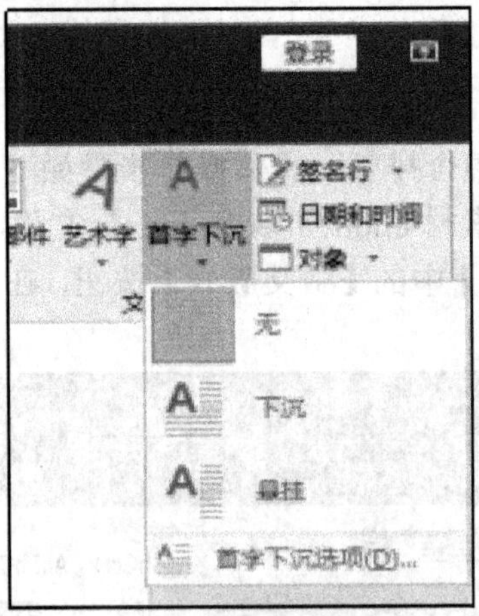

图 8-37　选择【首字下沉】选项

或将鼠标指针放置在任意文本前列，在下拉列表中选择【下沉】选项，可直接显示下沉效果。

步骤 2　在【首字下沉】对话框中设置首字的【字体】，在【下沉行数】微调框中设置下沉行数，在【距正文】微调框中设置首字与段落正文之间的距离，如图 8-38 所示。

步骤 3　单击【确定】按钮，即可在文档中显示调整后的首字下沉效果，如图 8-39 所示。

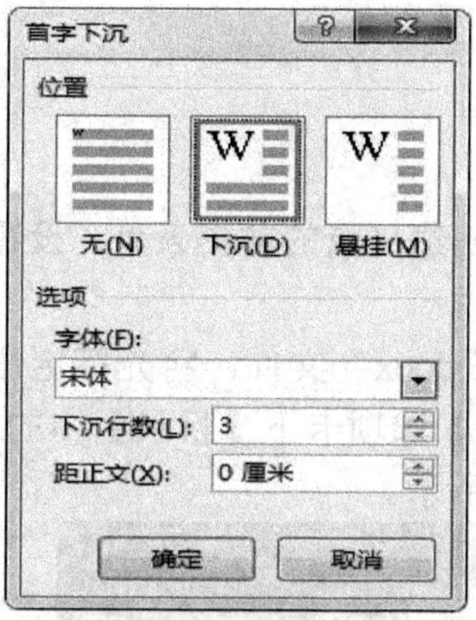

图 8-38 【首字下沉】对话框

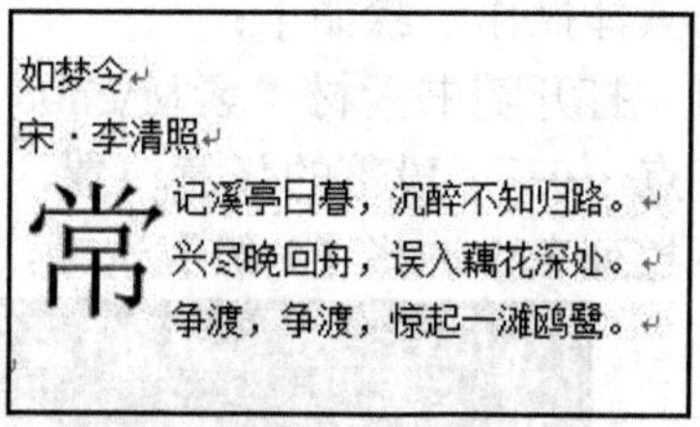

图 8-39 首字下沉效果

8.6 格式刷的使用

格式刷是 Word 2016 中使用频率非常高的一个工具。通过格式刷可以快速地将当前的文本或段落的格式应用到另一文本或段落中。使用格式刷的具体步骤如下：

步骤 1 选中要引用格式的文本，单击【开始】选项卡【剪贴板】中的【格式刷】按钮，鼠标光标将变为刷子的形状，如图 8-40 所示。

步骤 2 选中要改变段落格式的段落，即可将格式应用至所选段落，如图 8-41 所示。

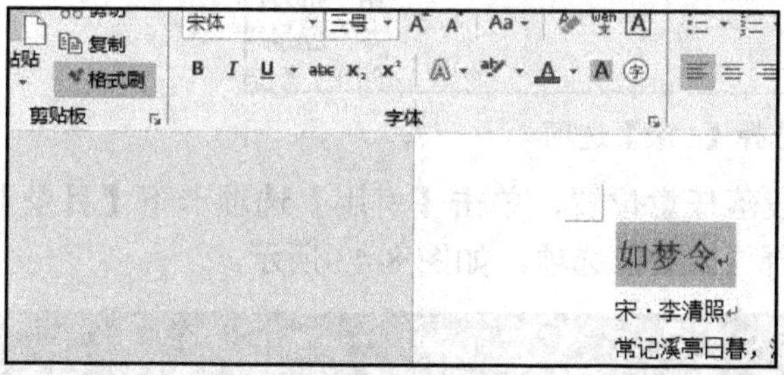

图 8-40 格式刷按钮

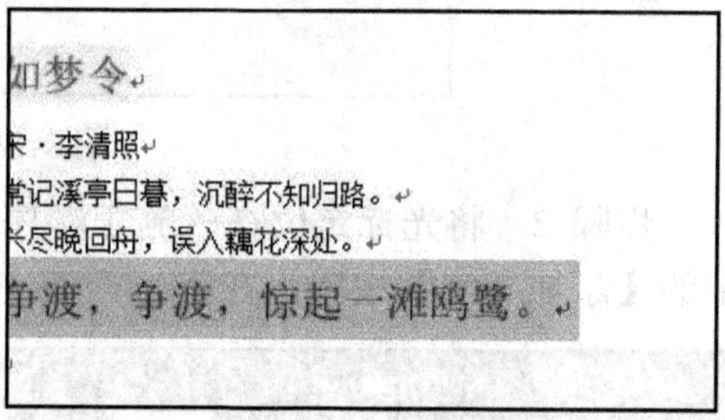

图 8-41 使用格式刷

◈ **提示**

单击一次，格式刷按钮仅能使用一次该样式。连续两次单击格式刷按钮，就可多次使用该样式。另外我们还可以使用快捷键进行格式的复制，在选中复制格式的原段落后，按住【Ctrl + Shift + C】组合键，然后选中要改变格式的文本，再按【Ctrl + Shift + V】组合键即可改变文本的格式。

8.7 创建目录

目录可以帮助用户方便、快捷地查阅有关的内容。编制目录就是列出文档的各级标题以及每个标题所在的页码。

8.7.1　创建文档目录

插入文档的页码并为目录段落设置大纲级别是创建目录的前提条件，设置段落级别并创建目录的具体操作步骤如下：

步骤 1　打开随书素材“素材\ch08\产品说明书.docx”文件，将光标定位在“第一部分，产品特点……”段落的任意位置，单击【引用】选项卡下【目录】中的【添加文字】按钮，在下拉列表中选择【1 级】选项，如图 8-42 所示。

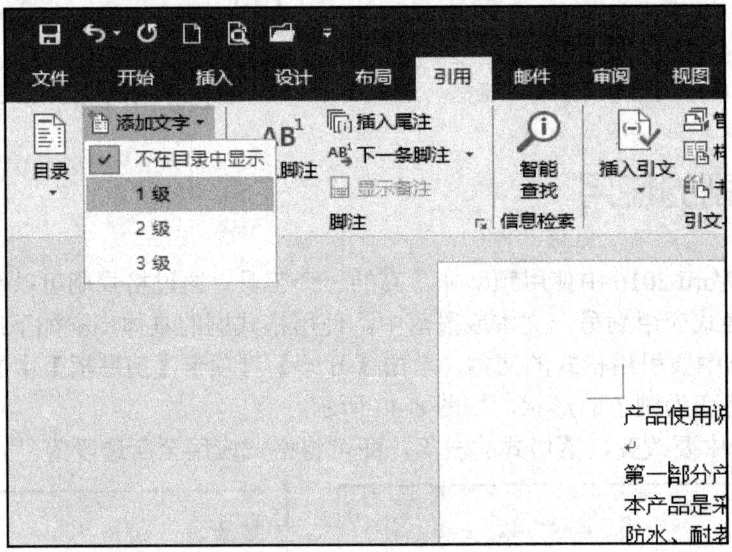

图 8-42　选择【1 级】选项

步骤 2　将光标定位在“施工顺序”段落任意位置，单击【引用】选项卡下【目录】中的【添加文字】按钮，在下拉列表中选择【2 级】选项，如图 8-43 所示。

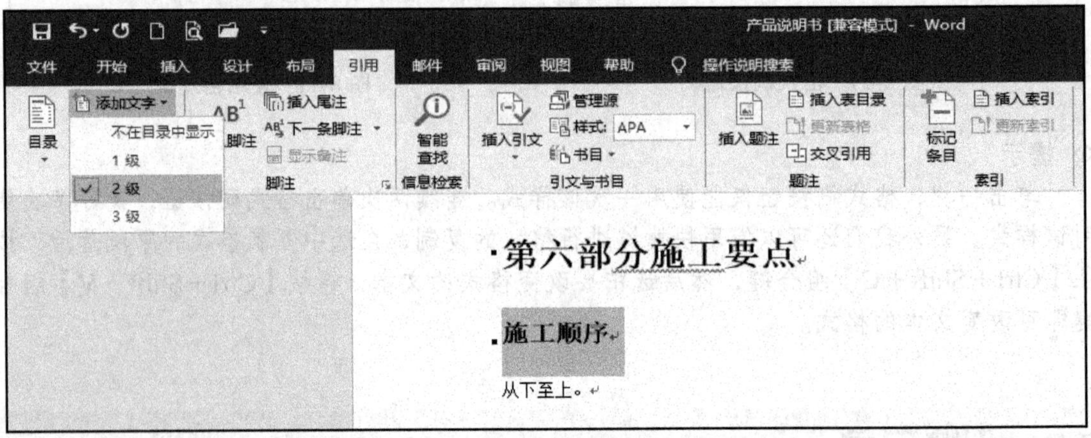

图 8-43　选择【2 级】选项

步骤 3　使用【格式刷】快速设置其他标题级别，如图 8-44 所示。

步骤 4　为文档插入页码，然后将光标移至第一部分文字前面，按【Ctrl + Enter】组合键插入空白页，然后将光标定位在第 1 页中。单击【引用】选项卡【目录】中的【目录】按钮，在下拉列表中选择【自定义目录】选项，如图 8-45 所示。

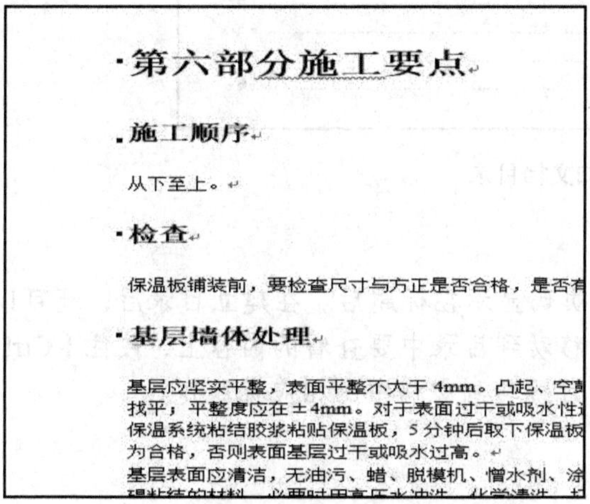

图 8-44　使用格式刷设置其他标题级别

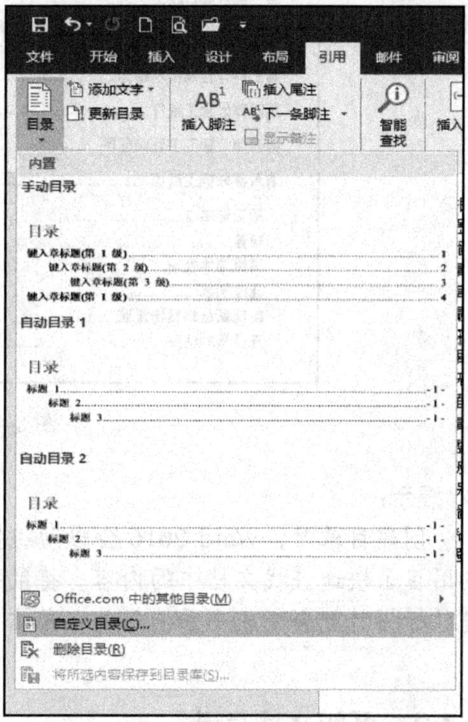

图 8-45　选择【自定义目录】选项

步骤 5　在【目录】对话框中选择【格式】列表中的【正式】选项，在【显示级别】微调框中输入(或者选择)显示级为“2”，在预览区域可以看到设置后的效果，如图 8-46 所示。

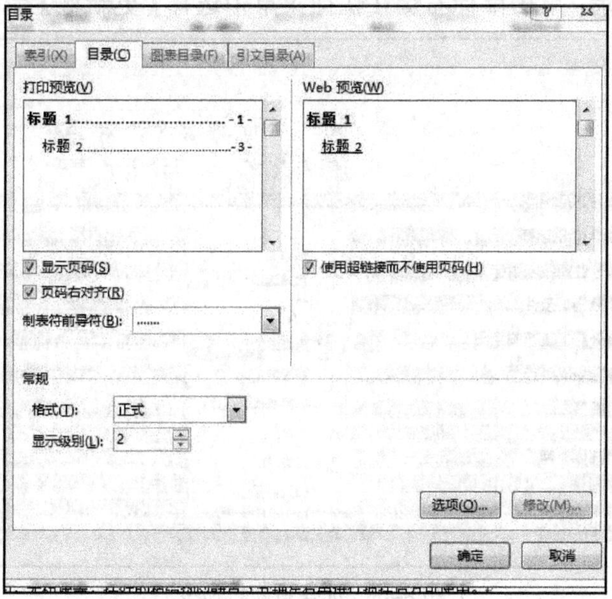

图 8-46　目录对话框

步骤 6　单击【确定】按钮在指定的位置建立目录，如图 8-47 所示。

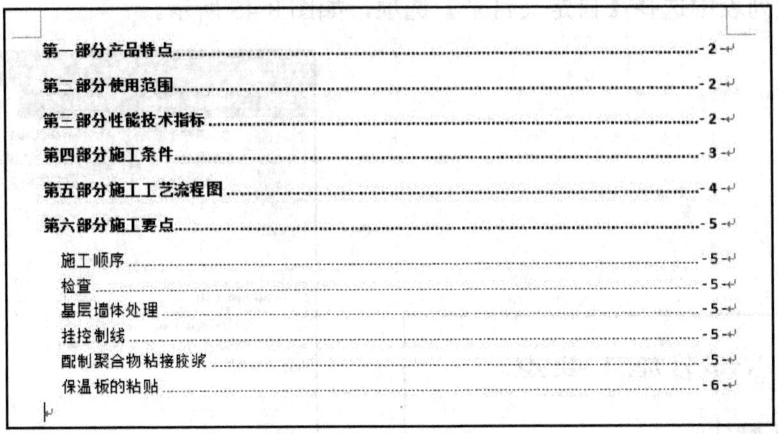

图 8-47　添加文档目录

◇ **提示：**

创建目录时，Word 2016 会自动将插入的页码显示在标题后。在建立目录后，还可以利用目录快速查找文档中的内容。将鼠标指针移动到目录中要查看的内容上，按住【Ctrl】键鼠标指针就会变成小手的形状，单击鼠标即可跳转到文档中的相应标题处。

8.7.2　更新文档目录

编制目录后，如果在文档中进行了增加和删除文本的操作而使页码发生了变化，或者在文档中标记了新的目录项，就需要对编制的目录进行更新，具体的步骤如下：

步骤 1　选中目录，单击鼠标右键在快捷菜单中选择【更新域】命令，如图 8-48 所示。

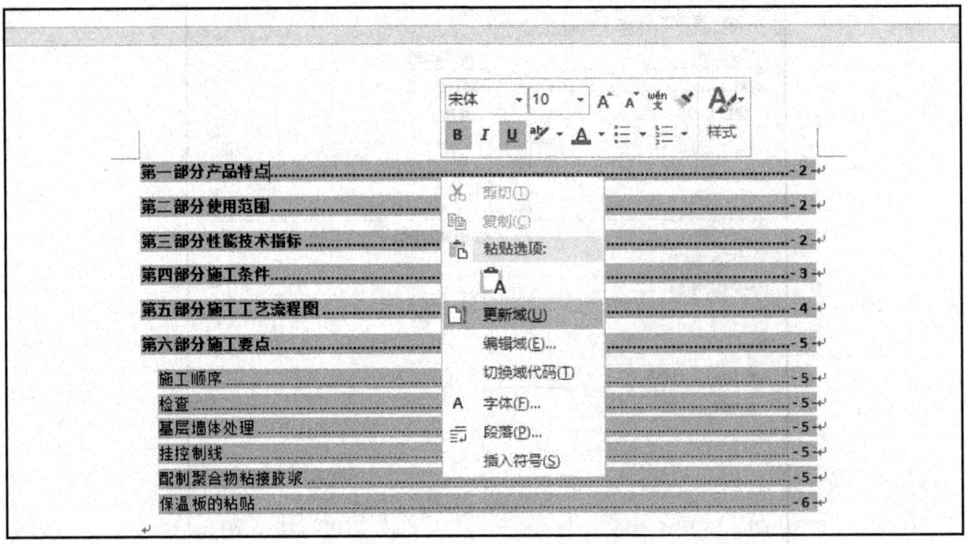

图 8-48　选择更新域命令

步骤 2　在【更新目录】提示对话框中选中【更新整个目录】，单击【确定】按钮即可完成对文档目录的更新，如图 8-49 所示。

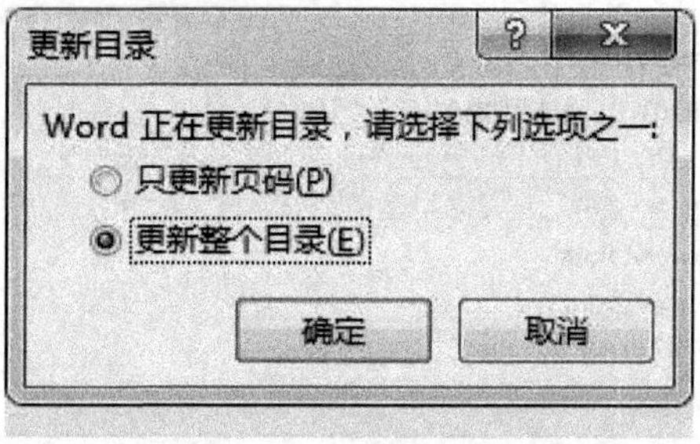

图 8-49 更新目录对话框

8.8 文档的处理错误功能

Word 2016 提供了处理错误的功能，用于发现文档中的错误并给予修正。提供的处理错误功能主要包括拼写语法检查，自动更正错误等。

8.8.1 拼写和语法检查

在输入文本时，如果输入了错误的或不可识别的单词，Word 2016 就会在该单词下用红色波浪线进行标记；如果是语法错误，在出现错误的部分就会用绿色波浪线进行标记。设置自动拼写与语法检查的具体操作步骤如下：

步骤 1 新建一个文档，在文档中输入一些语法不正确和拼写不正确的内容，切换到【审阅】选项卡，单击【校对】中的【拼写和语法】按钮，如图 8-50 所示。

图 8-50 单击拼写和语法按钮

步骤 2 打开【拼写检查】窗格，在其中显示了检查的结果，如图 8-51 示。

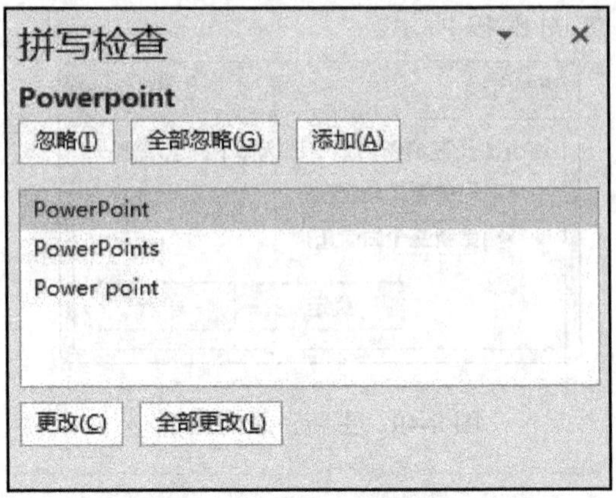

图 8-51　拼写检查窗格

步骤 3　在检查结果中，用户可以选择正确的输入语句，然后单击【更改】按钮，对输入错误的语句进行更改，更改完毕后会弹出一个信息提示对话框，提示用户拼写和语法检查完成。单击【确定】按钮返回 word 文档，此时文档中的红线已消失，表示语法更改完成。

也可以选中出错的单词，然后鼠标右键单击，在快捷菜单中选择全部忽略命令，Word 2016 就会忽略这个错误，此时错误语句下方的红色波浪线就会消失。

8.8.2　使用自动更正功能

在 Word 2016 中除了拼写和语法检查功能之外，还可以使用自动更正功能检查和更正错误的输入。例如输入“神月”系统就会自动更正为“审阅”，使用自动更正功能的操作步骤如下：

步骤 1　在 Word 2016 文档窗口中切换到【文件】选项卡，在打开的界面中选择【选项】，如图 8-52 所示。

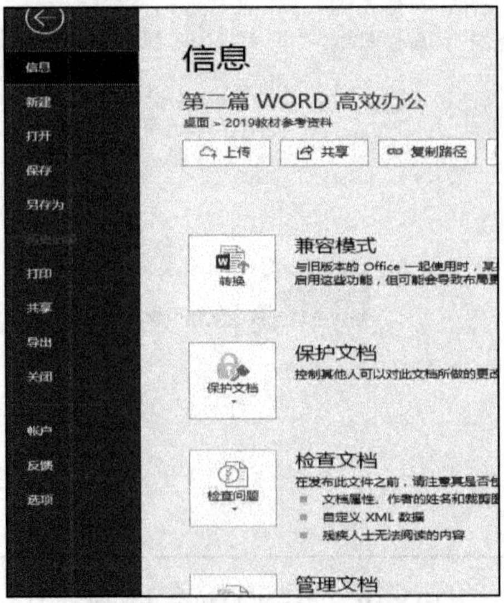

图 8-52　信息界面

步骤 2　在【Word 选项】对话框的列表中选择【校对】选项，然后在右侧的窗口中单击【自动更正选项(A)】按钮，如图 8-53 所示。

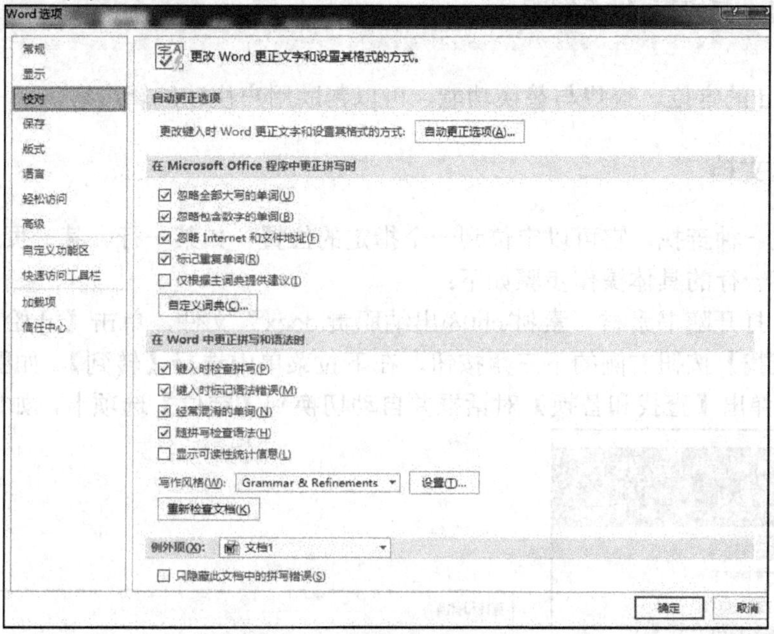

图 8-53　【word 选项】对话框

步骤 3　弹出【自动更正：英语(美国)】对话框，在【替换】文本框中输入“Microsoft”，在【替换为】文本框中输入“Microsoft”，如图 8-54 所示。

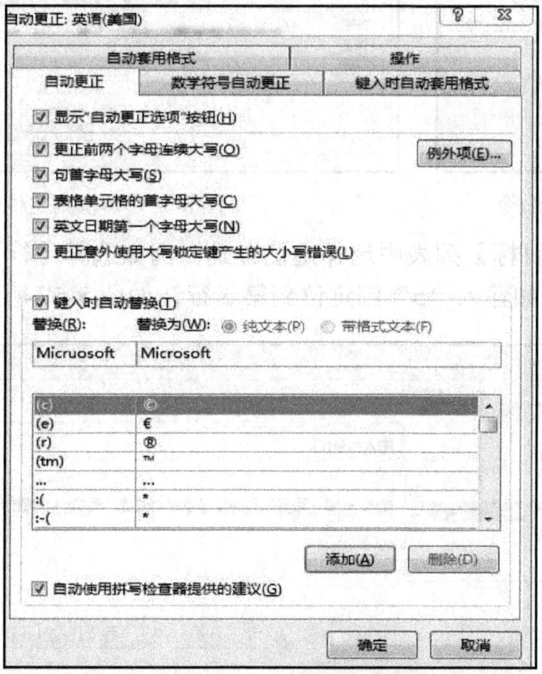

图 8-54 【自动更正：英语(美国)】对话框

步骤 4　单击【确定】按钮返回文档编辑模式，再编辑文本时就会按照刚刚设置的内容自动更正错误。

8.9 定位、查找与替换

利用 Word 的定位、查找与替换功能，可以帮助用户快速编辑内容。

8.9.1 定位文档

定位也是一种查找，它可以定位到一个指定的位置，如某一行、某一页或某一节。将光标定位在某一行的具体操作步骤如下：

步骤 1　打开随书素材“素材\ch08\出纳职责.docx”文件，单击【开始】选项卡【编辑】中的【查找】按钮右侧的下三角按钮，在下拉菜单中选择【转到】，如图 8-55 所示。

步骤 2　弹出【查找和替换】对话框并自动切换到【定位】选项卡，如图 8-56 示。

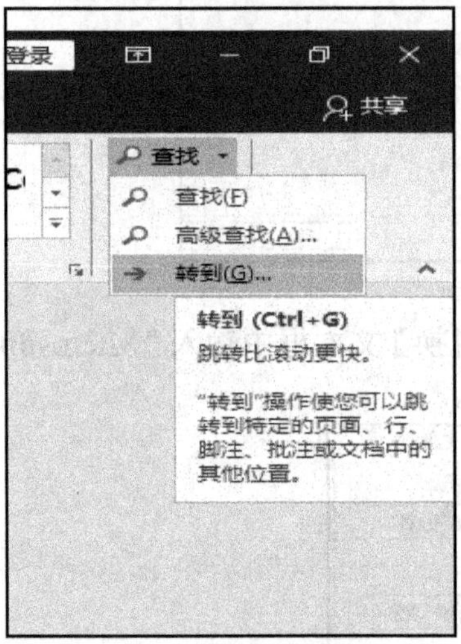

图 8-55　选择转到命令

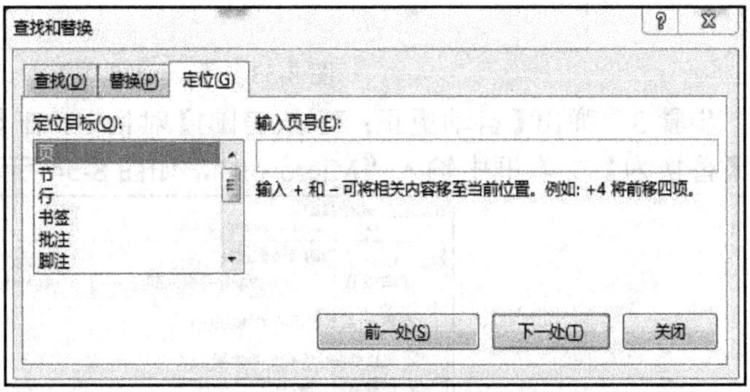

图 8-56　切换到定位选项卡

步骤 3　在【定位目标】列表中选择定位方式，例如选择【行】，在右侧【输入行号】文本框中输入行号，例如输入“5”则定位到第 5 行，如图 8-57 所示。

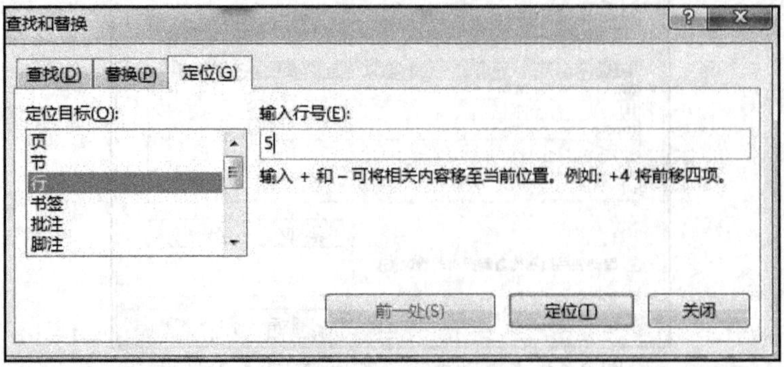

图 8-57　输入行号

步骤 4　单击【定位】按钮，即可定位至选择的位置，如图 8-58 所示。

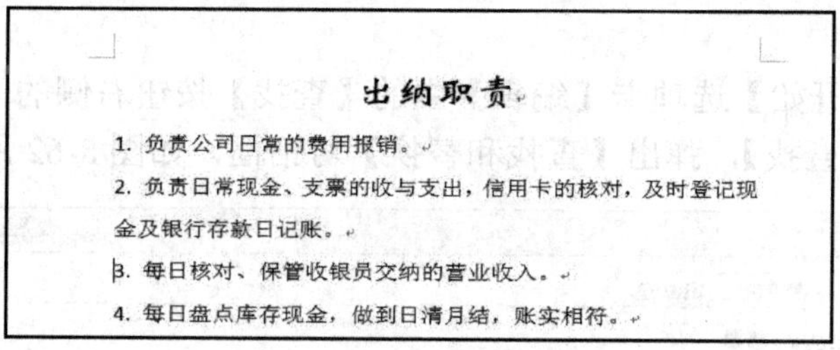

图 8-58　定位到第 5 行

8.9.2　查找文本

查找功能可以帮助用户定位到目标位置，以便快速找到想要的信息。查找分为查找和高级查找。

1. 查找

步骤 1　打开随书素材“素材\ch08\员工培训计划书.docx”文件，单击【开始】选项卡【编辑】中的【查找】按钮右侧的下拉三角符号，在下拉菜单中选择【查找】命令，如图 8-59 所示。

步骤 2　在文档的左侧打开【导航】任务窗格，在下方的文本框中输入要查找的内容。例如输入“培训”，如图 8-60 所示。

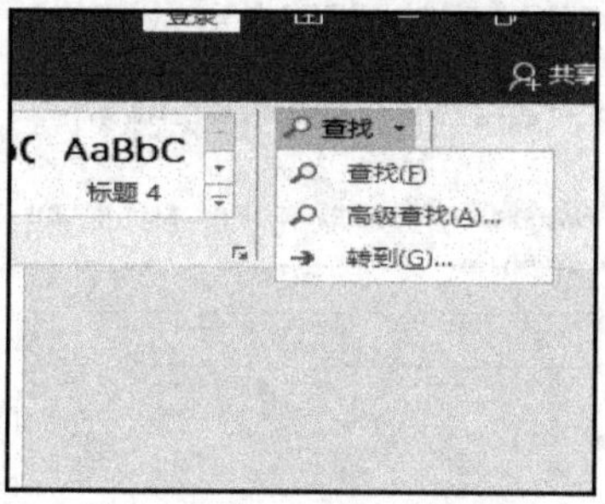

图 8-59　选择查找命令

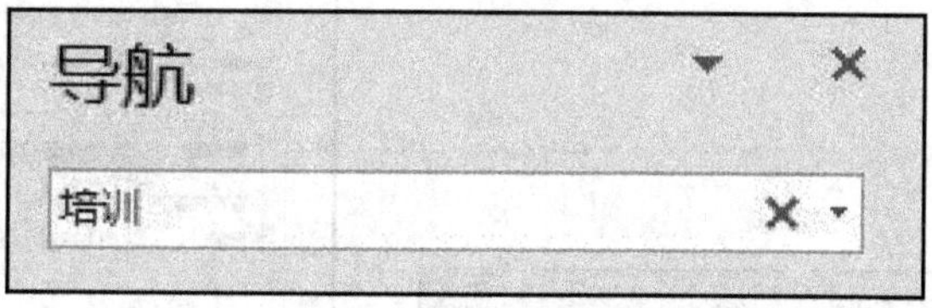

图 8-60　输入查找内容

步骤 3　此时在文本框的下方提示有多个结果，并且在文档中查找到的内容都会以黄色背景显示，如图 8-61 所示。

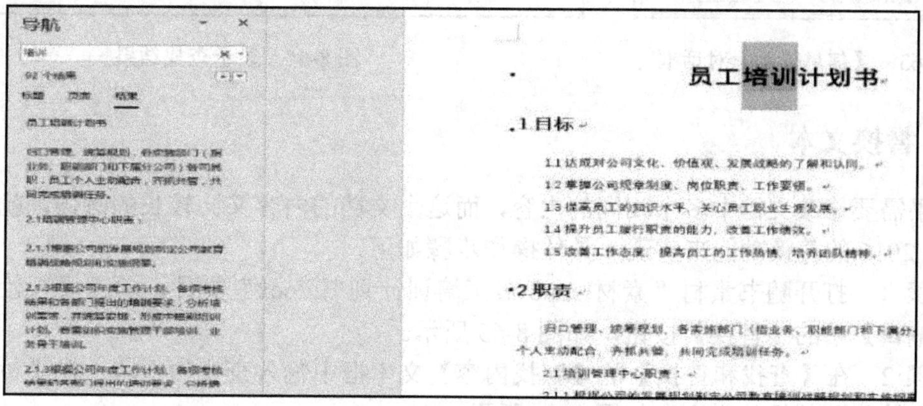

图 8-61　显示查找结果

2. 高级查找

步骤 1　单击【开始】选项卡【编辑】中的【查找】按钮右侧的下拉三角符号，在下拉菜单中选择【高级查找】，弹出【查找和替换】对话框，如图 8-62 所示。

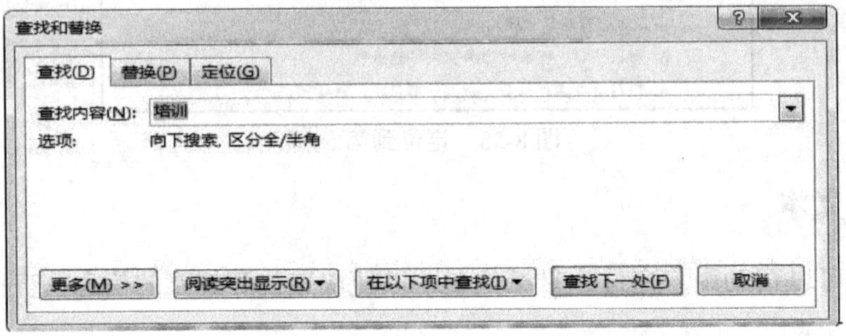

图 8-62　【查找和替换】对话框

步骤 2　在【查找】选项卡中的【查找内容】文本框中输入要查找的内容，单击【查找下一处】按钮，Word 2016 即开始查找。如果查找不到搜索内容，则会弹出信息对话框，提示未找到搜索项，如图 8-63 所示。如果查找到文本，Word 将会定位到文本位置，并将查找到的文本背景用灰色显示，如图 8-64 所示。

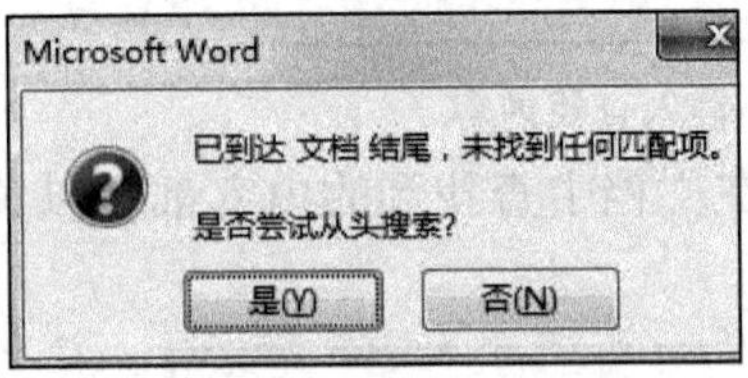

图 8-63　【信息提示】对话框

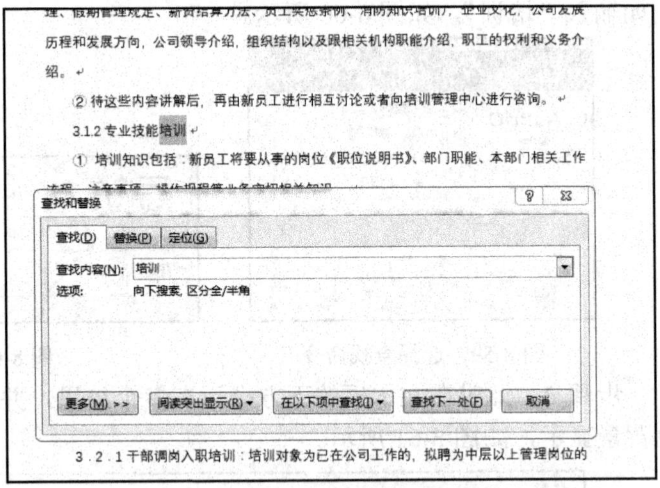

图 8-64　显示查找结果

8.9.3　替换文本

如果需要修改文档中多个相同的内容，而这个文档的内容又比较长的时候，就需要借助 Word 2016 的替换功能来实现，具体操作步骤如下：

步骤 1　打开随书素材“素材\ch08\员工培训计划书.docx”文件，单击【开始】选项卡下【编辑】中的【替换】按钮，如图 8-65 所示。

步骤 2　在【查找和替换】的【查找内容】文本框中输入查找的内容，在【替换为】文本框中输入要替换的内容，如图 8-66 所示。

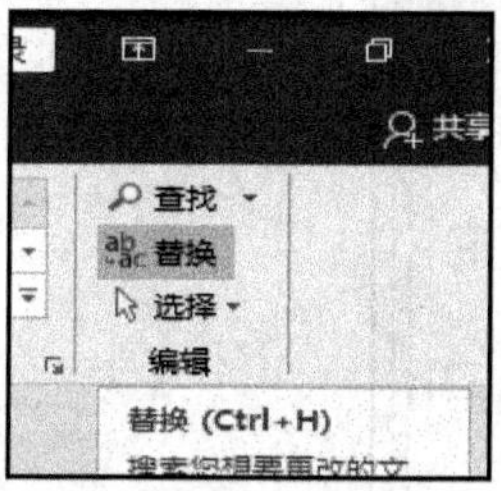

图 8-65　单击【替换】按钮

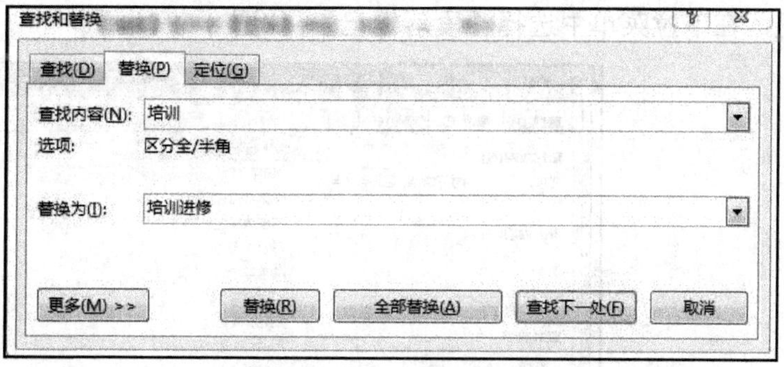

图 8-66　【查找和替换】对话框

步骤 3　如果只希望替换当前光标的下一个“培训”字样，则单击【替换】按钮。如果希望替换 Word 文档中所有的“培训”字样，则单击【全部替换】按钮，替换完毕后会弹出一个替换数量提示对话框，如图 8-67 所示。

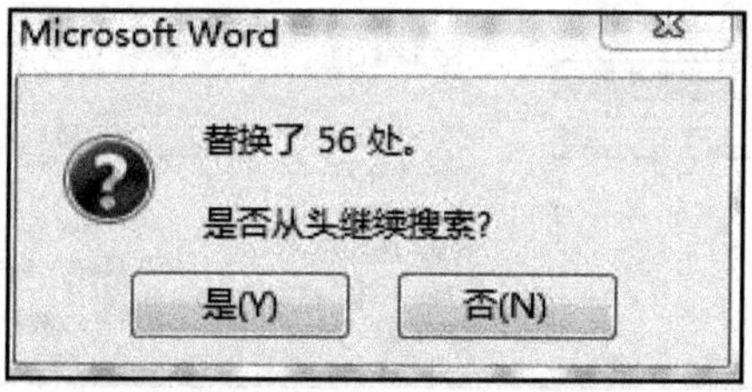

图 8-67　【替换信息提示】对话框

步骤 4　关闭信息提示对话框返回到【查找和替换】对话框，然后单击【关闭】按钮，即可在 Word 文档中看到替换后的效果。

8.9.4　查找和替换的高级应用

Word 2016 不仅能根据指定的文本查找和替换，还能根据指定的复杂格式进行查找和替换，例如将段落标记统一替换为手动换行符的具体操作步骤如下：

步骤 1　打开随书素材“素材\ch08\员工培训计划书.docx”文件，单击【开始】选项卡【编辑】中的【替换】按钮，打开【查找和替换】对话框，如图 8-68 所示。

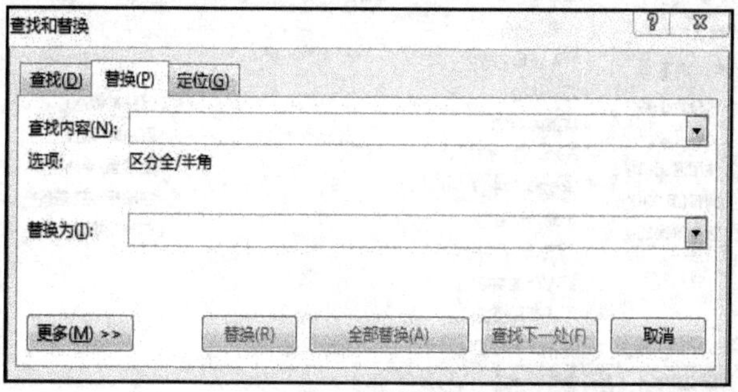

图 8-68　【查找和替换】对话框

步骤 2　在【查找和替换】对话框中点击【更多】按钮，在【搜索选项】中选择需要查找的条件。将鼠标光标定位在【查找内容】文本框中，在【替换】中单击【特殊格式】

按钮，在下拉菜单中选择【段落标记】，如图 8-69 所示。

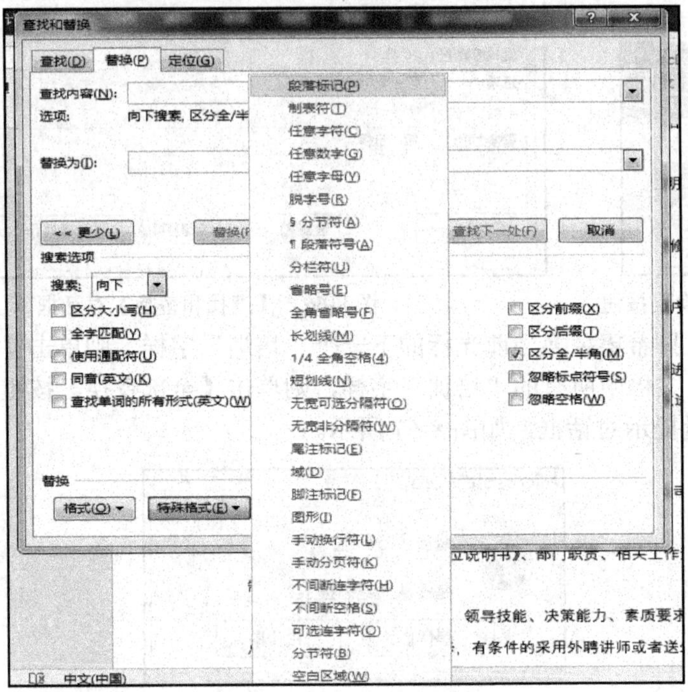

图 8-69　特殊格式列表

步骤 3　将鼠标光标定位在【替换为】文本框中，在【替换】中单击【特殊格式】按钮，在下拉菜单中选择【手动换行符】选项，如图 8-70 所示。

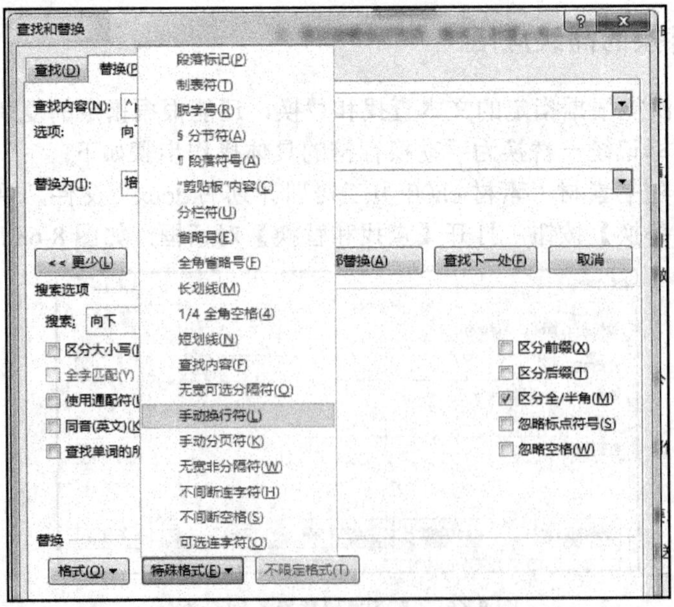

图 8-70　选择【手动换行符】选项

步骤 4　单击【全部替换】按钮，即可将文档中所有段落标记替换为手动换行符。此时弹出提示对话框显示替换总数，单击【确定】按钮即可完成文档的替换。

8.10　文件的打印

打印作为整个排版的最后过程，也是至关重要的。虽然现在提倡无纸化办公，但在工作中打印文档还是必不可少的。本节介绍如何对 Word 文档进行打印设置。

8.10.1　打印预览

在打印 Word 文档前，可以对文档先进行预览，该功能可以根据文档打印的设置模拟文档打印在纸张上的效果。

预览可以及时发现文档中的版式错误，如果对打印效果不满意，也可以及时对文档的版面进行重新设置和调整，以获得满意的打印效果。下面介绍预览打印文档的打印效果的方法。

打开 Word 文档，单击【文件】选项卡下的【打印】选项(或者直接按【Ctrl + P】组合键)进入【打印】界面。左侧窗口中将显示所有与文档打印有关的命令选项，右侧的窗格中将能够预览打印效果。拖动【显示比例】滚动条上的滑块能够调整文档的显示大小，单击【下一页】按钮和【上一页】按钮，将能够进行预览的翻页操作，如图 8-71 所示。

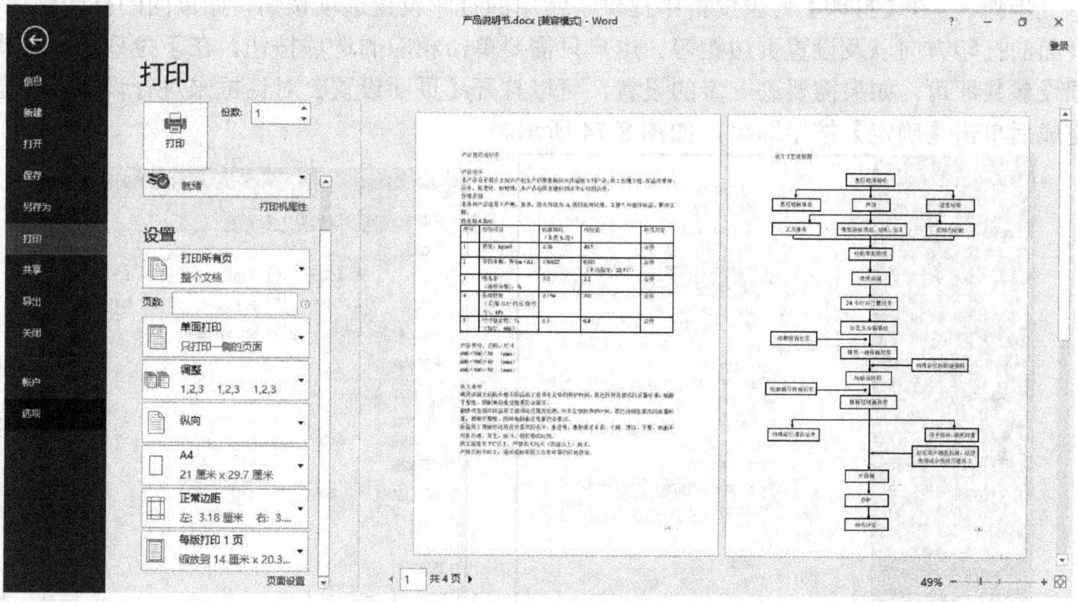

图 8-71　打印设置对话框

打印设置完成后，如果对预览效果满意，就可以对文档进行打印了。

8.10.2　打印设置

在 Word 2016 中，进行打印页面、页数和份数等设置，可以直接在【打印】列表中选择操作。下面介绍 Word 2016 中打印文档的设置方法。

步骤 1　打开需要打印的 Word 文档，单击【文件】选项卡下的【打印】，在中间窗格中【份数】增量框中设置打印份数，单击【打印】按钮即可开始文档的打印，如图 8-72 所示。

图 8-72　设置打印份数

步骤 2　Word 2016 默认的是打印文档中的所有页面，单【打印所有页】按钮，在打开的列表中选择相应的选项，可对需要打印的页进行设置，如选择【打印当前页】则只打印当前页，如图 8-73 所示。

步骤 3　在【打印】列表窗格中提供了常用的打印设置选项按钮，如页面的打印顺序、页面的打印方向以及设置页边距等。用户只需要单击相应的选项按钮，在下拉列表中选择预设参数即可。如果需要进一步的设置，可以打开【页面设置】对话框来进行设置，设置完成后单击【确定】按钮即可，如图 8-74 所示。

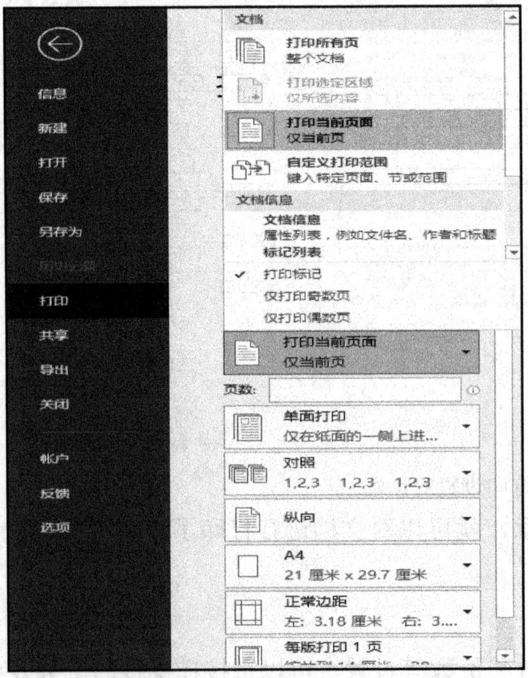

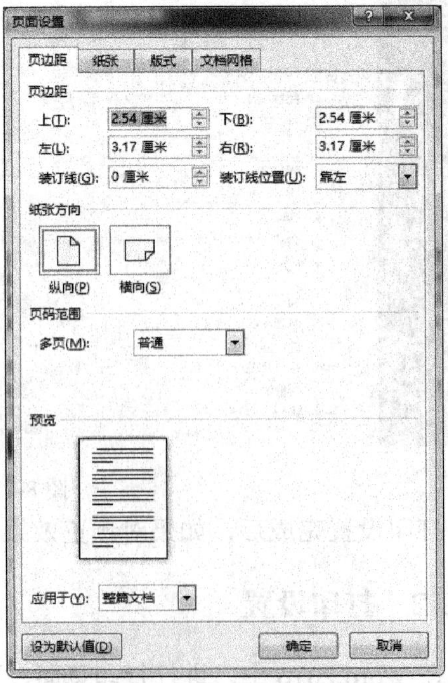

图 8-73　打印当前页　　　　图 8-74　【页面设置】对话框

步骤 4　在【页面设置】对话框中切换到【页面布局】标签，点击【页边距】下拉列表，选择【自定义边距】，如图 8-75 所示。

步骤 5 对“页边距”进行设置，在【多页】下拉列表中，选择【对称页边距】，点击【确定】，如图 8-76 所示。

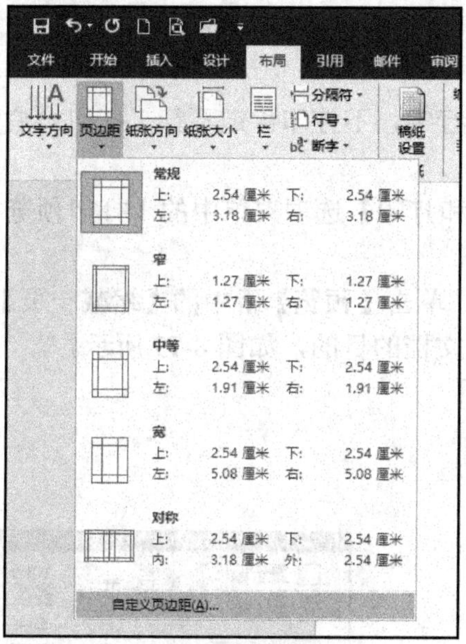

图 8-75 【自定义边距】选项

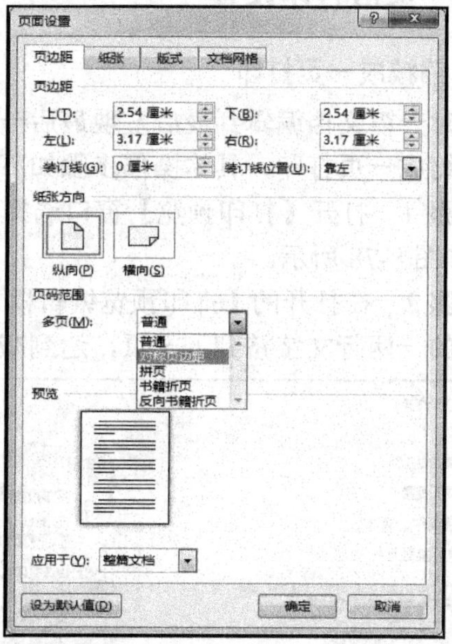

图 8-76 【对称页边距】选项

步骤 6 在【文件】选项中选择【打印】。勾选【手动双面打印】，系统会先自动打印奇数页，打完奇数页后，需要人工把所有的纸张反过来，放进打印机后再打印偶数页，如图 8-77 所示。

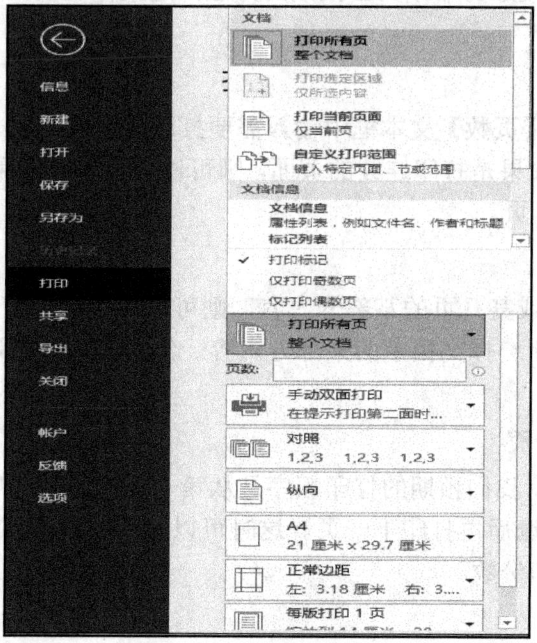

图 8-77 手动双面打印

若不使用【手动双面打印】，可以在页面范围下面设置【仅打印奇数页】，打印完后再把纸反过来打印偶数页。如果是一体打印机，则双面打印由打印机自行控制。

8.10.3　灵活打印设置

1. 缩减成一页打印

有时一篇文档编辑到最后发现最后一页就两行字，不打印肯定不行，打印太浪费，这时可以缩成一页打印，具体操作步骤如下：

步骤 1　打开【打印预览】窗口选择【预览和打印】选项菜单中的【打印预览编辑模式】，如图 8-78 所示。

步骤 2　在打开的【打印预览编辑模式】中，单击【预览】组中的【缩减一页】，即可使多出的一两行文字挤到上一页，达到减少一页文档的目的，如图 8-79 所示。

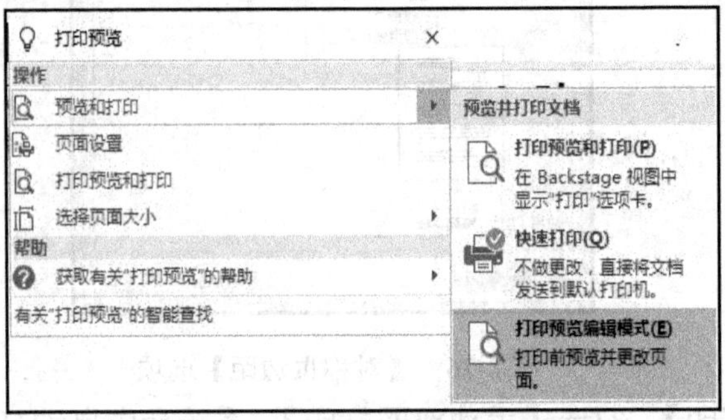

图 8-78　打印预览编辑模式

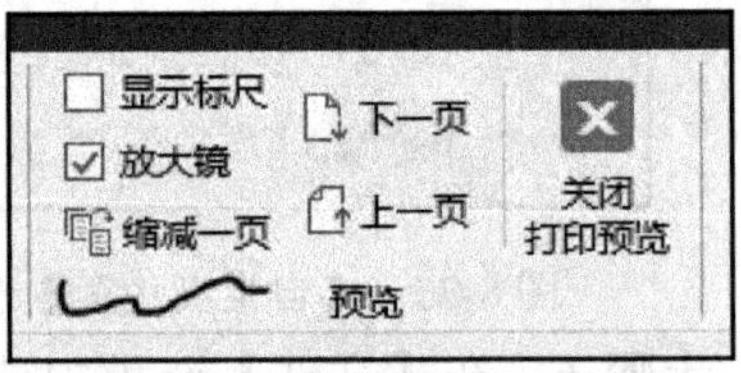

图 8-79　打印预览缩减一页

此功能的原理是通过略微缩小文字间距和大小的方式将文档缩减一页，这个方法需要由多出的文字量而定。最好的缩减页面张数的方法，是集体调整文档内容的行间距或者字符间距。

2. 只打印部分文档

在【打印】界面的【页数】文本框中输入需要打印的页码，如【2,5,8】，则是打印第 2 页，第 5 页和第 8 页。如果是打印连续的页面，则可以在页码之间用短横线隔开，如 6-10，则是打印第 6 页到第 10 页。

3. 打印所选内容

如果只打印某一页或某几页的某部分内容，则可以通过鼠标左键结合【Shift】键连续选择或者【Ctrl】键间断选择文档中的某部分内容，然后利用【打印】界面中的【打印选定区域】完成打印。

4. 打印文档自动分页

当打印多份文档时，我们预期的打印顺序是从第一页打印到最后一页，然后重复多遍，而不是将一页先打印多遍后再打印下一页。这时可以在【打印】界面【设置】中选择【对照】，再设置相应的打印份数。

第三篇

Excel 2016 表格处理高效办公

Excel 2016 是 Office 2016 中的重要组件之一，也是目前使用最广泛的办公软件之一。它具有强大的数据计算、分析能力，可以进行复杂的数据运算、统计分析和辅助决策等，同时它还能将数据用各种统计报表、图表展示出来。

Excel 用于处理日常办公中有大量表格或数据需要计算处理的文档，如报表、工资表、资产表、商品明细表、销售表等，被广泛地应用于财务、行政、统计等领域。

本篇主要介绍 Excel 的基本操作、数据的输入与编辑、数据的计算、图表的使用以及数据的管理与分析等知识，具体包括以下四章内容：

第 9 章　制作基础——Excel 2016 的基本操作

第 10 章　编辑工作表——工作表中数据的输入与编辑

第 11 章　计算及丰富工作表——工作表中的数据计算及内容丰富

第 12 章　分析工作表——工作表中数据的管理与分析

第 9 章　制作基础

——Excel 2016 的基本操作

Excel 2016 主要用于电子表格处理。电子表格是一种数据处理和报表制作的工具软件，只要将数据输入到规律排列的单元格中，便可依据单元格的位置通过算术(或逻辑)运算，分析汇总各单元格中的数据信息，并且可以把相关数据通过各种表格和图表展示出来。本章主要介绍 Excel 2016 的基本操作。

本章学习目标如下：

(1) 掌握创建工作簿的方法。

(2) 掌握工作表的基本操作。

(3) 掌握单元格的基本操作。

(4) 掌握行、列的基本操作。

9.1　单元格、工作表和工作簿

Excel 2016 主要用于电子表格处理，它可以高效地完成各种表格和图的设计，以及复杂的数据计算和分析。要进行电子表格的管理，首先要分清楚单元格、活动单元格、工作表、工作簿等概念。

9.1.1　单元格和活动单元格

Excel 2016 工作区中的一个个长方形格就是单元格，它是构成工作表的基本单位。如果一个单元格被选中，会以粗线方框包围着，此时被选中的单元格称为活动单元格，如图 9-1 所示。

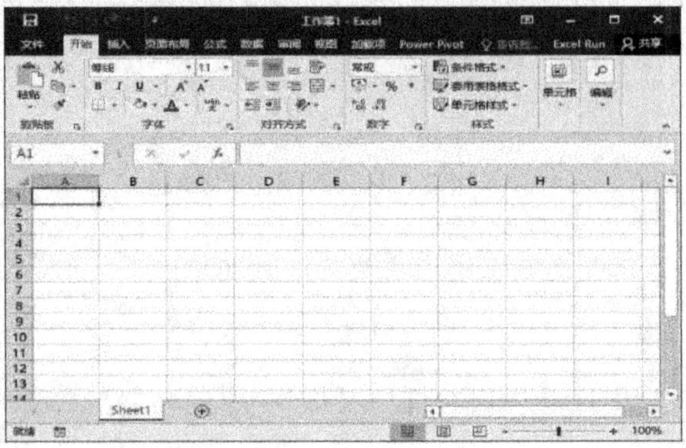

图 9-1　单元格和活动单元格

9.1.2　工作表

工作表是工作簿中的一个表。在工作表的标签上显示了系统默认的工作表名称为 Sheet1,可根据需要继续添加 Sheet2、Sheet3 等。工作表标签可以根据需要自行命名，如图 9-2 所示。

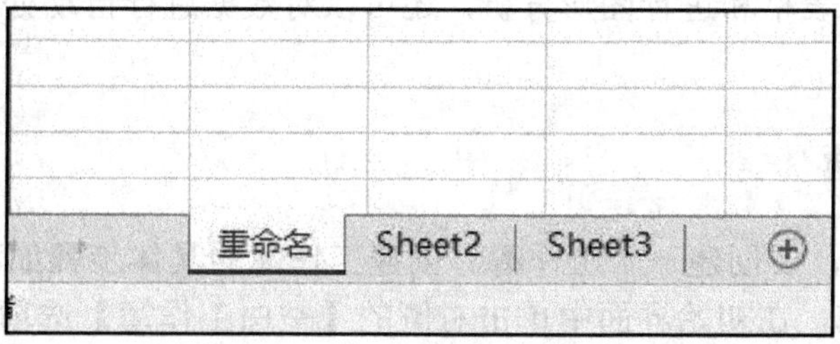

图 9-2　工作表重命名

工作簿内可包含有多个具有不同类型的工作表，常用以下两种类型的工作表：

(1) 一般工作表：基本数据的工作表。它是存储和处理数据的主要空间，是最基本的工作单位，由行和列组成。各行、各列都包含若干个单元格。工作表的名称显示在左下角的工作表标签中，工作表中突出、有下划线的为活动工作表。

(2) 图表工作表：以图表形式表示数据的工作表，如柱形图、条形图等。

9.1.3　工作簿

工作簿是指在 Excel 中用来存储并处理工作数据的文件，扩展名是.xlsx。在 Excel 2016 中一个文档称为一个工作簿。工作簿就像一个活页夹，而工作表就像活页夹中的活页纸。一个工作簿最多包含 255 个工作表，但系统默认的初始工作表只有 1 个。在一个工作簿中，无论有多少个工作表，将其保存时都会保存在同一个工作簿文件中，而不是按照工作表的个数保存，如图 9-3 所示。

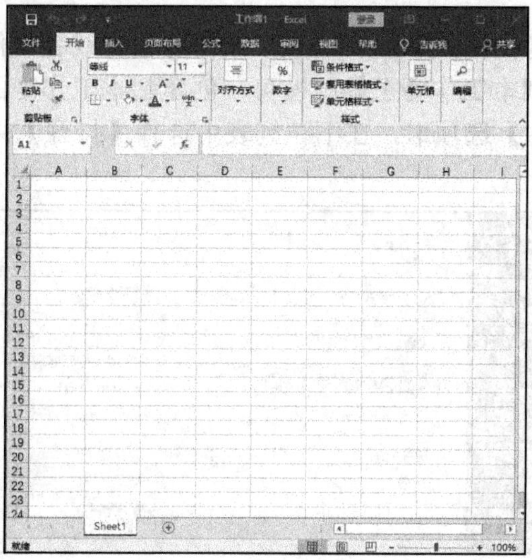

图 9-3　Excel 工作簿

9.2　工作簿的基本操作

Excel 是办公自动化中非常重要的一款软件，很多企业都使用 Excel 进行数据管理，它不仅能够方便地处理表格和进行图形分析，还可以对数据进行自动处理和计算。本节介绍工作簿的基本操作。

9.2.1　创建工作簿

使用 Excel 之前，要创建一个工作簿。创建工作簿的具体步骤如下：

启动 Excel 2016，在初始界面中单击右侧的【空白工作簿】选项，如图 9-4 所示，系统会自动创建一个名为“工作簿 1”的工作簿。

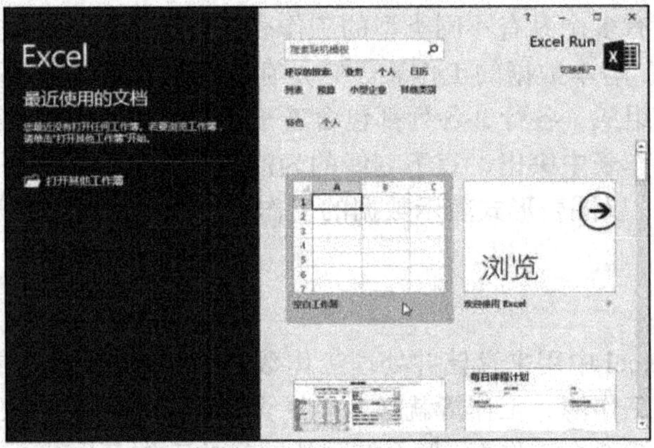

图 9-4　新建空白工作簿

9.2.2　创建副本工作簿

如果要创建的工作簿的格式和现有的某个工作簿相同或者类似，则可基于该工作簿创建副本工作簿，然后在副本工作簿上修改即可。创建副本工作簿的具体步骤如下：

步骤 1　单击【文件】选项卡，在下拉列表中选择【打开】中的【这台电脑】选项，如图 9-5 所示。

图 9-5　打开现有工作簿

步骤 2　在【打开】对话框中选择要新建的工作簿名称，此处选择【学生成绩表.xlsx】文件，单击【打开】按钮右下角的三角箭头，在快捷菜单中选择【以副本方式打开】选项，如图 9-6 所示，即可创建一个名为“副本(1)学生成绩表.xlsx”的工作簿，如图 9-7 所示。

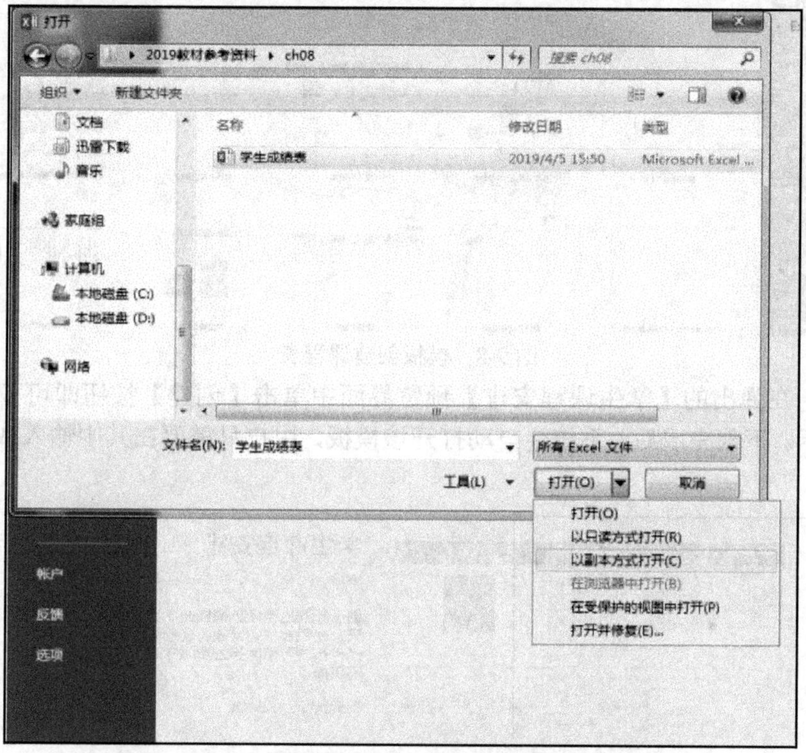

图 9-6　基于现有工作簿创建副本工作簿

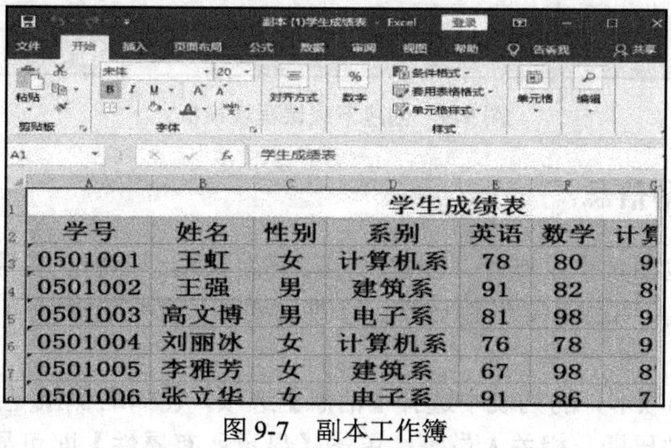

图 9-7　副本工作簿

9.2.3　使用模板创建工作簿

在使用 Excel 的过程中，可以使用系统自带的模板或者搜索联机模板，并在模板上进行修改及使用。例如可以通过 Excel 模板创建一个课程表，具体操作步骤如下：

步骤 1　单击【文件】选项卡，在下拉列表中选择【新建】选项，然后单击【新建】区域的【学生课程安排】按钮，如图 9-8 所示。

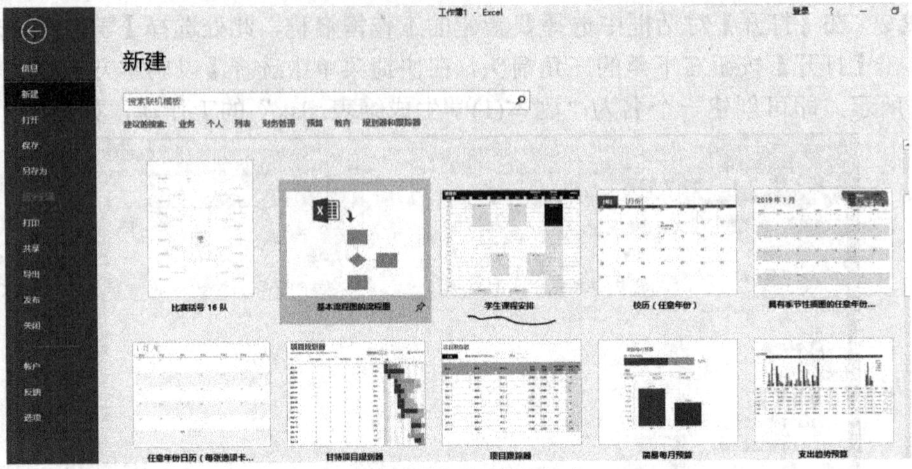

图 9-8　模板创建课程表

步骤 2　在弹出的【学生课程安排】预览界面中单击【创建】按钮即可下载该模板，如图 9-9 所示。下载完成后，系统会自动打开该模板，用户只需要在其中输入或修改相应的数据即可。

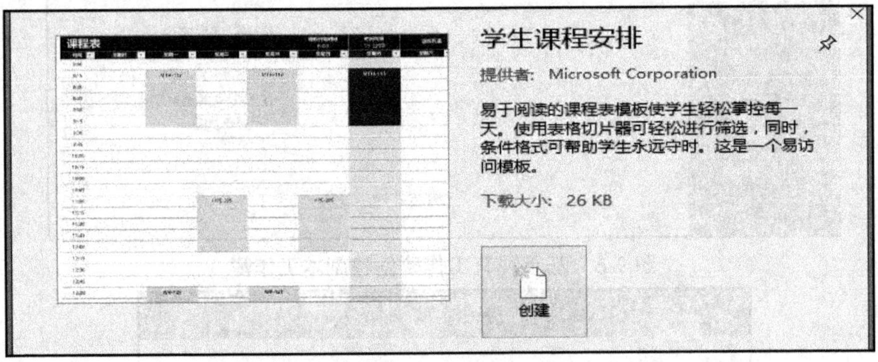

图 9-9　创建下载课程表模板

9.2.4　设置工作簿信息

工作簿的属性包括大小、作者、创建日期、修改日期、标题、备注等信息。有些信息是由系统自动生成的，如大小、创建日期、修改日期等；有些信息是可以修改的，如作者、标题等。

选择【文件】选项卡，的列表中选择【信息】选项，窗口右侧就是此文档的属性信息，包括基本属性、相关日期、相关人员等，单击【显示所有属性】即可显示更多的属性，在属性类别右侧可进行对应修改，如标题、标记、备注等。

9.3　打开和保存工作簿

在实际工作中，常常会打开已有的工作簿并在对其进行修改、添加等操作后保存。本节介绍打开和保存工作簿的方法。

9.3.1　打开工作簿

打开 Excel 2016 工作簿的方法有很多种，常用的方法如下。

1. 双击图标打开

一般情况下，找到要打开的工作簿所处的位置，双击图标即可打开。

2. 从菜单命令打开

单击鼠标右键，在快捷菜单中单击【打开】命令打开文件，或者选择【打开方式】选项，在弹出的列表中选择【Excel】打开工作簿。

3. 使用【文件】选项卡打开

单击【文件】选项卡，在下拉列表中选择【打开】选项，在【打开】区域单击【浏览】按钮，如图 9-10 所示。在【打开】对话框中选择要打开的工作簿，然后单击【打开】按钮。

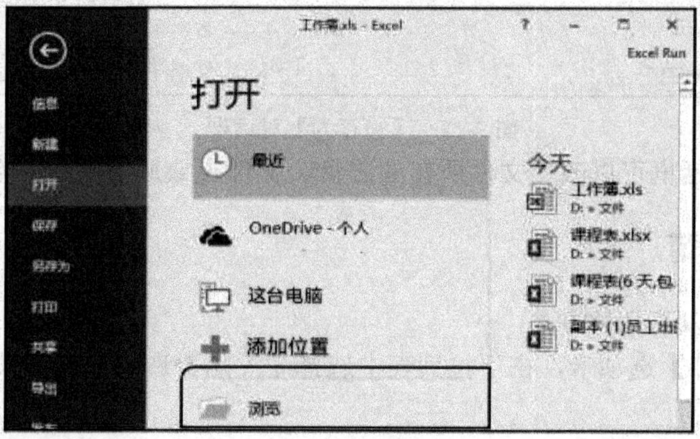

图 9-10　浏览选择文件

9.3.2　保存工作簿

单击【文件】选项卡，在下拉列表中选择【保存】选项，可以将现有的文档保存到目的地中，如图 9-11 所示。

图 9-11　保存工作簿

另存工作簿可以单击【文件】选项卡，在下拉列表中选择【另存为】选项，将工作簿按照需求保存，如图 9-12 所示。

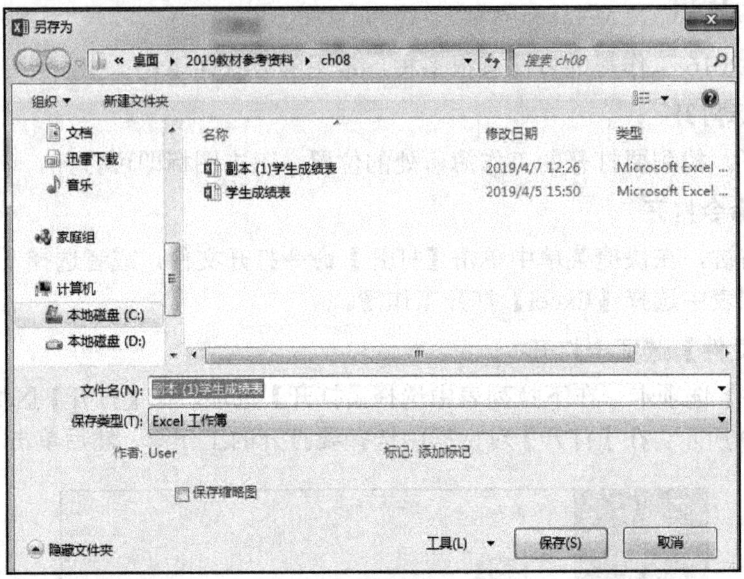

图 9-12　【另存为】对话框

【另存为】对话框可以改变文件所在的磁盘、文件夹或原有的文件名。

9.3.3　关闭工作簿

关闭工作簿有以下几种方法：

(1) 单击【文件】选项卡，在下拉列表中选择【关闭】选项，可以关闭当前 Excel 工作簿。

(2) 单击 Excel 界面右上角的【关闭】按钮，可退出 Excel 2016。

(3) 在窗口标题栏上右键单击，在弹出的快捷菜单中选择【关闭】即可关闭工作簿。

(4) 单击 Excel 窗口，直接按【Alt + F4】组合键也可关闭当前文件。

9.4　工作表的基本操作

工作表是工作簿组成部分，使用工作表可以组织和分析数据。默认情况下，新创建的工作簿只包含 1 个工作表，名称为“Sheet1”，用户可以对工作表进行选中、隐藏、插入、删除、移动、复制、重命名等基本操作。

9.4.1　工作表的选中

在对 Excel 工作表进行操作之前必须先选中它。用鼠标选中 Excel 工作表是最常用的方法，只需在对应的工作表标签上单击即可，这样可以一次选中一个工作表。如果要选中不连续的多个 Excel 工作表，则需要按住【Ctrl】键同时选择相应的 Excel 工作表。如果要选择连续的多个 Excel 工作表，则需要按住【Shift】键同时再去选择连续的几个 Excel 工作表。

9.4.2　隐藏工作表

在实际应用中，可以将暂时用不到的 Excel 表格隐藏起来，在需要的时候再将它们显示出来，具体操作方法如下：

(1) 选择并用鼠标右键单击要隐藏的工作表标签，在快捷菜单中选择【隐藏】选项，则隐藏该工作表，如图 9-13 所示。

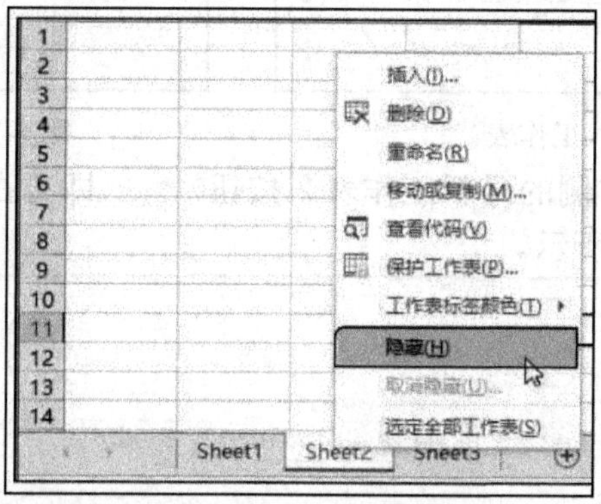

图 9-13　隐藏工作表

(2) 在任意一个标签上单击鼠标右键，在快捷菜单中选择【取消隐藏】菜单项，如图 9-14 所示。在【取消隐藏】对话框中选择要取消隐藏的工作表名称，如图 9-15 所示。单击【确定】按钮，则显示被隐藏的工作表。

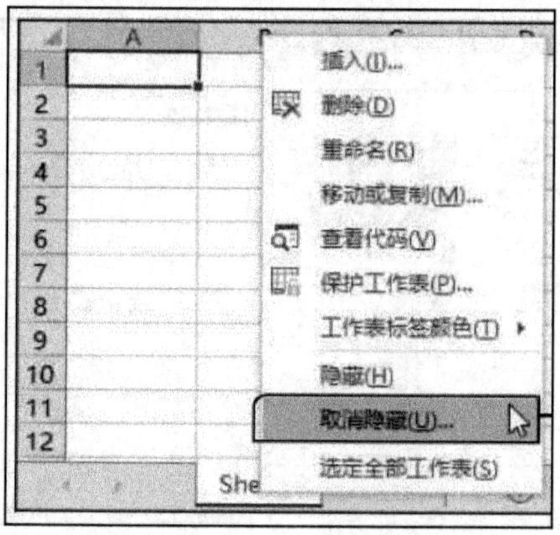

图 9-14　【取消隐藏】选项

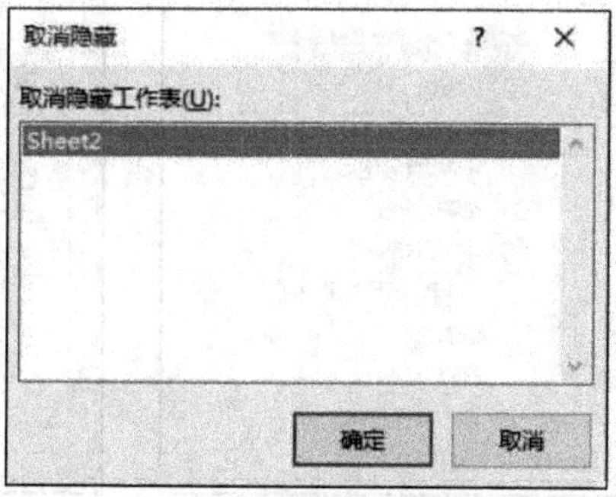

图 9-15　【取消隐藏】对话框

9.4.3　工作表的插入

在 Excel 2016 中，新建的工作簿只有一个工作表，当该工作簿需要保存多个工作表时，就需要在工作簿中插入新的工作表。在工作簿中插入工作表的方法主要有以下四种：

(1) 打开需要插入工作簿的文件，在文档窗口中单击工作表 Sheet 1 的标签，然后单击【开始】选项卡【单元格】中的【插入】按钮，在下拉列表中选中【插入工作表】，如图 9-16 所示，即可在活动工作表的前面插入一个新的活动工作表。新插入的工作表系统自动命名为“Sheet N (N 为一个自然数)”，如图 9-17 所示。

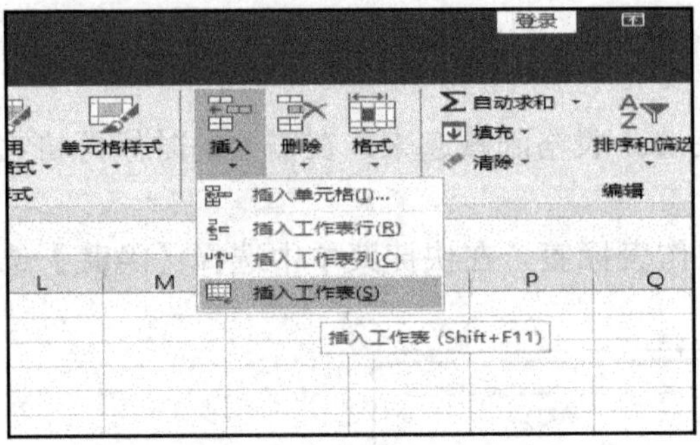

图 9-16　插入工作表

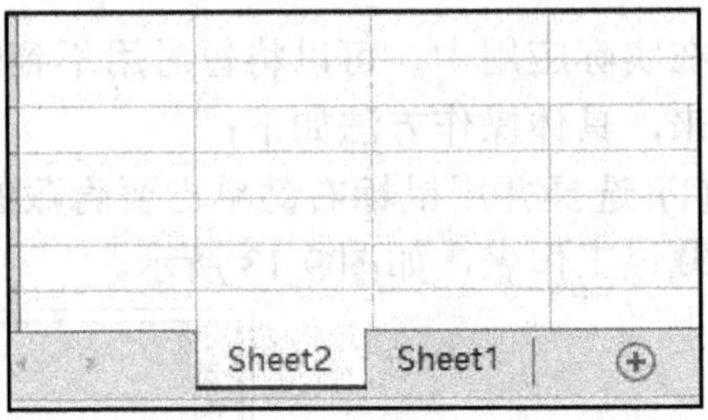

图 9-17　新建工作表

(2) 单击工作表标签右侧的【新工作表】按钮⊕，即可在工作表标签最右侧插入一个新的工作表，如图 9-18 所示。

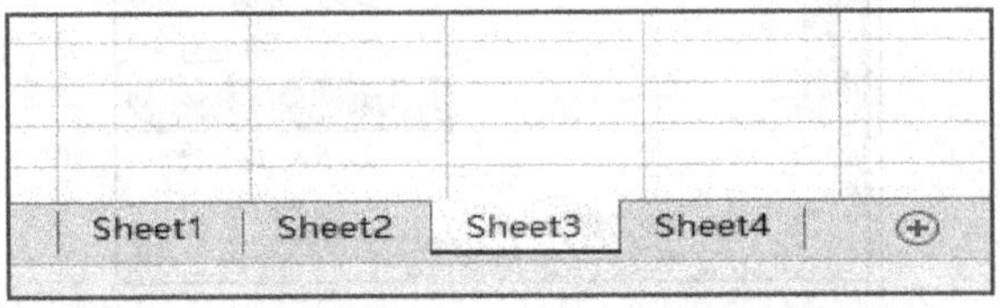

图 9-18　通过【新工作表】按钮添加新工作表

(3) 鼠标右键单击工作表 Sheet1 的标签，在快捷菜单中选择【插入】命令，如图 9-19 所示。在【插入】对话框中选择【常用】中的【工作表】图标，如图 9-20 所示。单击【确定】按钮，即可插入新的工作表。

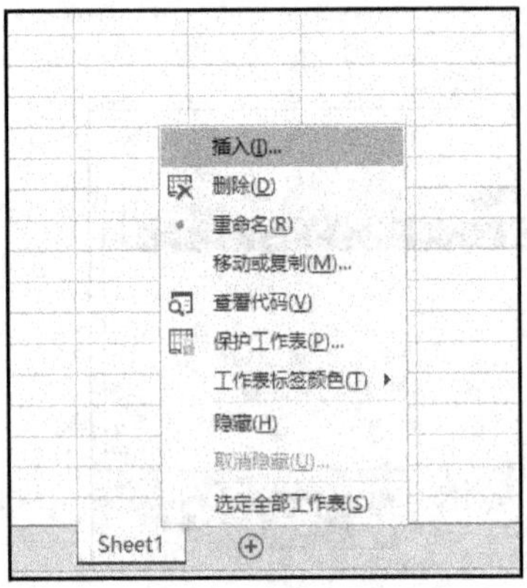

图 9-19　在快捷菜单中选择【插入】命令

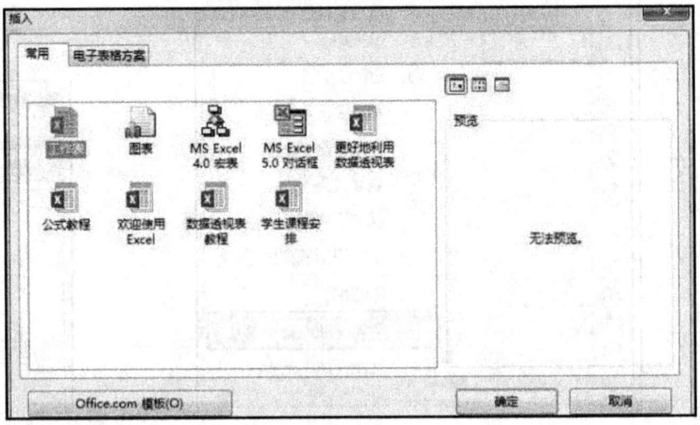

图 9-20　【插入】对话框

(4) 按【Shift + F11】组合键，即可在当前工作簿的活动工作表左侧插入新的工作表。

9.4.4　工作表的删除

为了便于管理 Excel 表格，同时节省存储空间，可将无用的 Excel 表格删除。删除 Excel 表格的方法主要有以下两种：

(1) 选择要删除的工作表，单击【开始】选项卡【单元格】中的【删除】按钮，在下拉菜单中选择【删除工作表】，即可将选择的工作表删除，如图 9-21 所示。

(2) 鼠标右键单击要删除工作表的标签，在快捷菜单中选择【删除】，即可将工作表删除，如图 9-22 所示。需要注意的是，该删除操作不能撤销，即工作表将被永久删除。

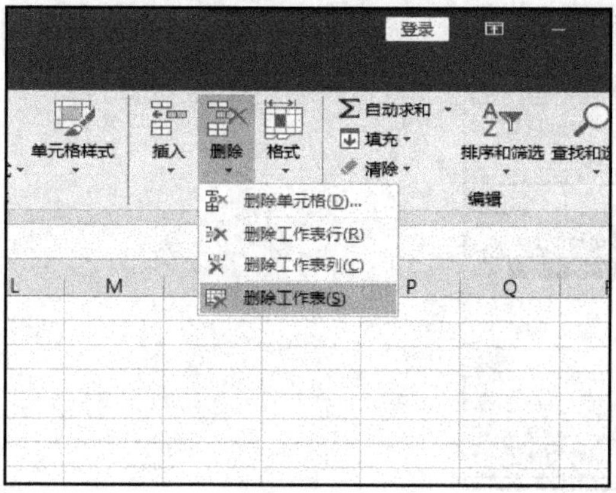

图 9-21　【删除工作表】选项

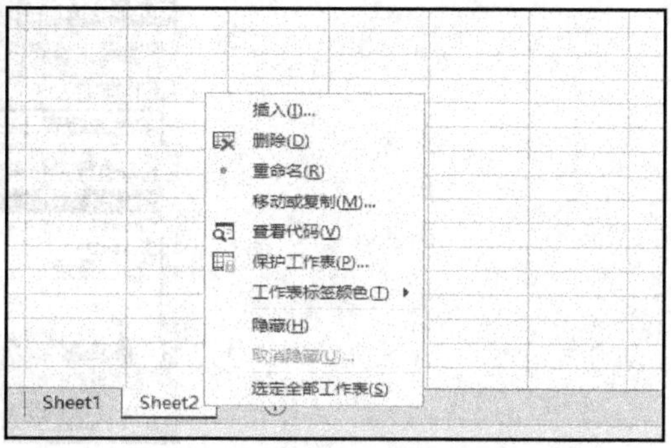

图 9-22　快捷菜单删除工作表

9.4.5　工作表的移动

移动工作表最简单的方式就是使用鼠标操作。在同一个工作簿中移动工作表的方法有以下两种：

1. 直接拖曳移动工作表

选中要移动的工作表的标签，按住鼠标左键并拖曳鼠标指针到工作表的新位置，如图 9-23 所示。松开鼠标左键，工作表即被移动到新位置。

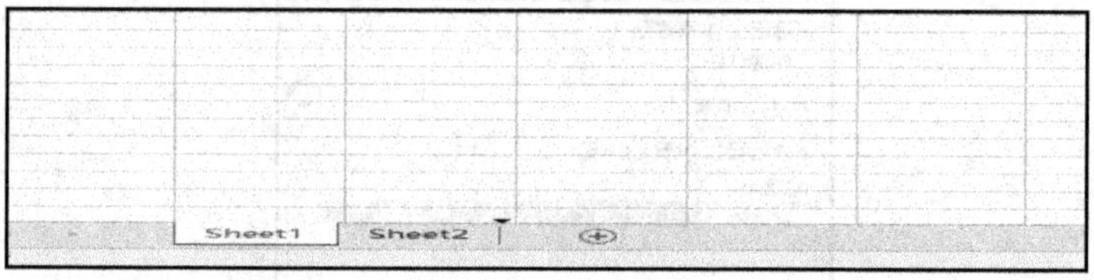

图 9-23　使用鼠标拖曳移动工作表

2. 使用快捷菜单移动工作表

步骤 1　在要移动的工作表标签上单击鼠标右键，在快捷菜单中选择【移动或复制】选项，如图 9-24 所示。

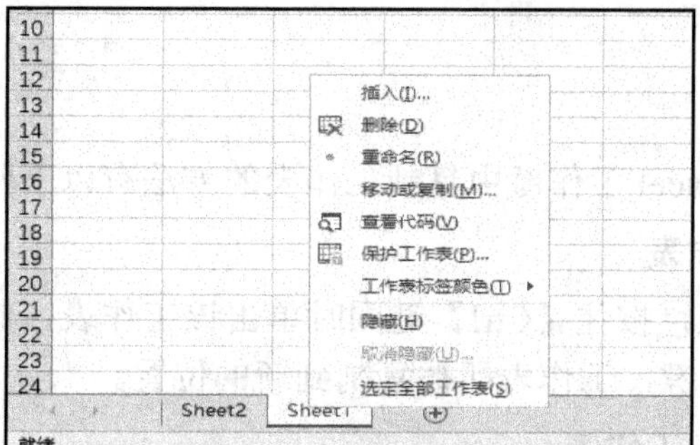

图 9-24　在快捷菜单中选择【移动或复制】选项

步骤 2　在【移动或复制工作表】对话框中选择要插入的位置，如图 9-25 所示。单击【确定】按钮，即可将当前工作表移动到指定的位置。

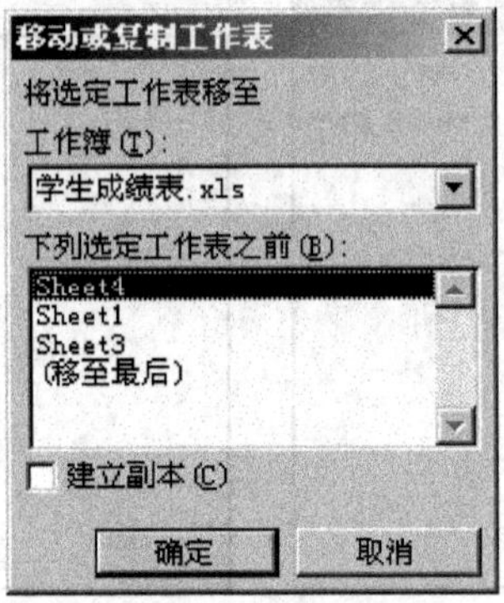

图 9-25　【移动或复制工作表】对话框

还可以在不同的工作簿中移动工作表，但前提是工作簿必须是打开的。其具体操作步骤如下：

步骤 1　在要移动的工作表标签上单击鼠标右键，在快捷菜单中选择【移动或复制】选项。

步骤 2　在【移动或复制工作表】对话框的【将选定工作表移至工作簿】下拉列表中选择要移动到的目标工作簿位置，在【下列选定工作表之前】列表框中选择工作表要插入的位置，如图 9-26 所示。单击【确定】按钮，即可将当前工作表移动到指定的位置。

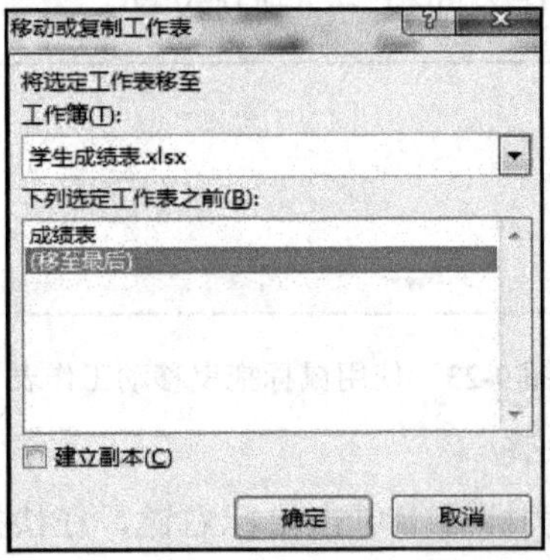

图 9-26　【移动或复制工作表】对话框

9.4.6　工作表的复制

用户在一个或多个 Excel 工作簿中复制工作表的方法有以下两种：

1. 使用鼠标复制工作表

选中要复制的工作表，按住【Ctrl】键同时单击该工作表，然后拖曳鼠标指针到工作表的新位置，松开鼠标左键，工作表即被复制到新的位置。

2. 使用快捷菜单复制工作表

步骤 1　选择要复制的工作表，在工作表标签上单击鼠标右键，在快捷菜单中选择【移动或复制】选项，如图 9-27 所示。

步骤 2　在【移动或复制工作表】对话框中选择要复制的目标工作簿和插入工作表的位置，然后勾选【建立副本】复选框，如图 9-28 所示。单击【确定】按钮，即可完成复制工作表的操作。

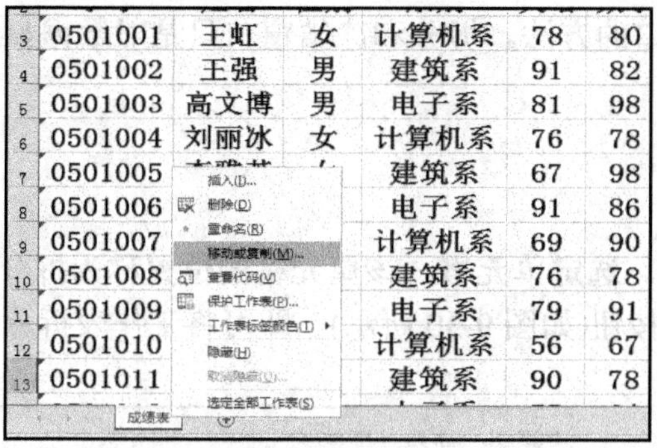

图 9-27　选择【移动或复制】选项

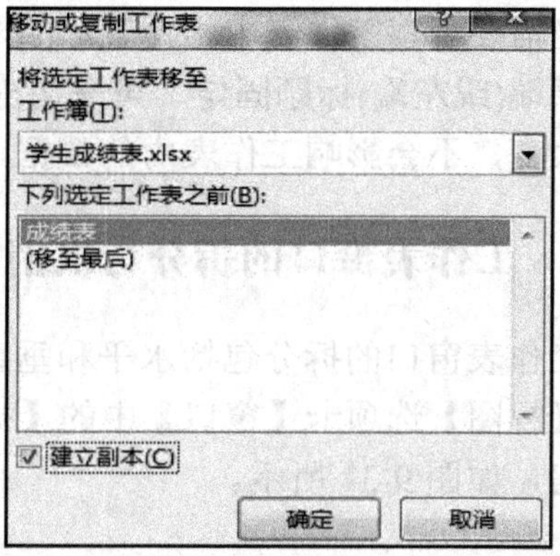

图 9-28　【移动或复制工作表】对话框

9.4.7　工作表的重命名

每个工作表都有自己的名称，默认情况下 Excel 是以 Sheet1、Sheet2、Sheet3……来命名工作表的，但这种命名方式不便于管理工作表，为了更好地管理工作表，我们可以对工作表进行重命名操作。重命名工作表的方法有两种，分别是直接在标签上重命名和使用快捷菜单重命名。

还可以设置工作表的标签颜色。在工作表标签上单击鼠标右键，在快捷菜单中选择【工作表标签颜色】按钮，或通过【文件】选项卡【单元格】组中【格式】选项下的【工作表标签颜色】按钮，设置工作表标签的颜色，如图 9-29 所示。

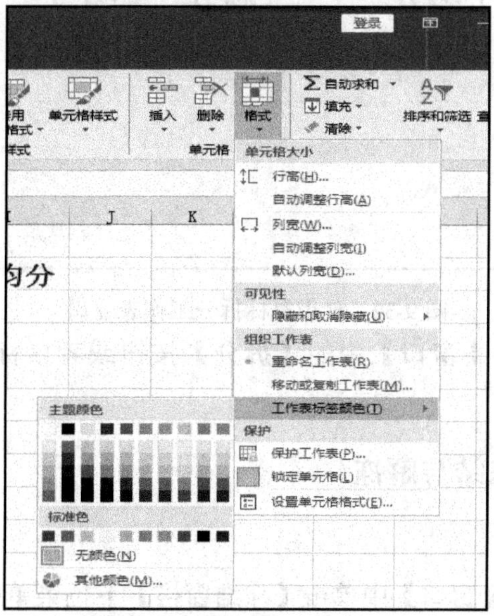

图 9-29　工作表标签颜色设置

9.5　工作表窗口的拆分和冻结

当需要观察工作表中相距较远的两块数据时，可以通过拆分窗口实现；若需要使工作表的顶端(或左端)标题固定，可采用冻结窗口的方法。拆分和冻结窗口只是对数据显示方式的改变，不会影响工作表内的数据。

9.5.1　工作表窗口的拆分与取消拆分

工作表窗口的拆分包括水平和垂直拆分。选定单元格，该单元格的位置称为拆分点，单击【视图】选项卡【窗口】中的【拆分】按钮(如图 9-30 所示)，即可将工作表拆分成四个窗格，如图 9-31 所示。

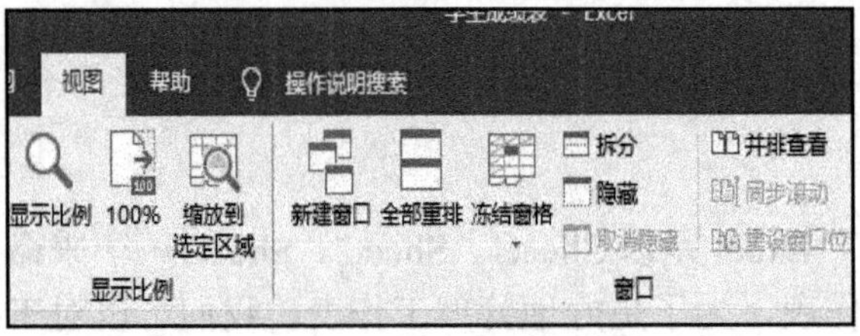

图 9-30　【拆分】按钮

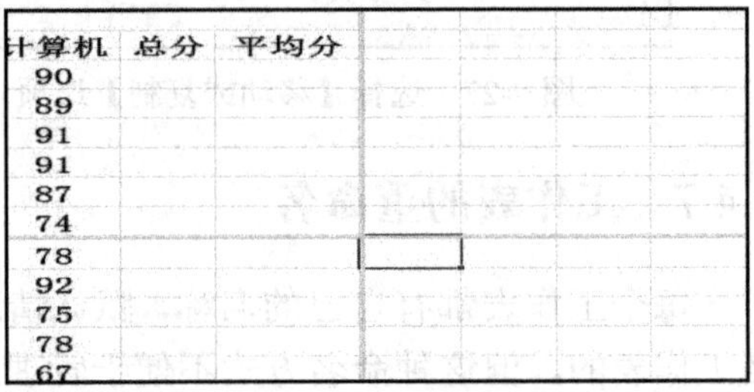

图 9-31　拆分窗格

还可以用鼠标拆分窗口。将鼠标指针移动到水平滚动条或垂直滚动条的拆分框上，单击鼠标左键并拖动指针到达合适的位置后松开鼠标，如图 9-32 所示。

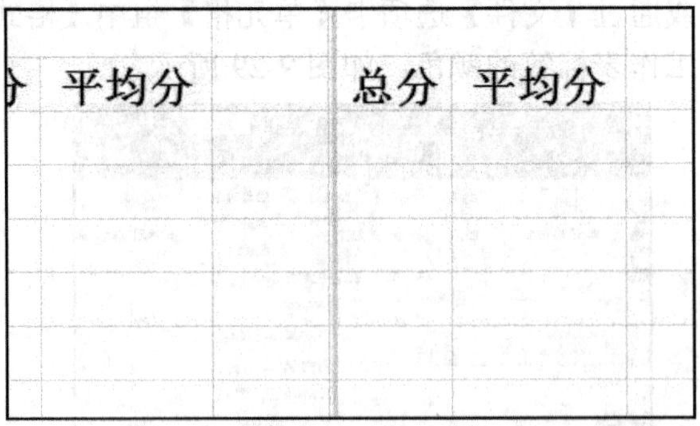

图 9-32　使用鼠标拆分工作表窗口

单击【视图】选项卡【窗口】中的【拆分】按钮或者鼠标双击拆分条可以去除拆分条。

9.5.2　工作表窗格的冻结与解冻

1. 工作表的冻结

在【视图】选项卡的【窗口】中单击【冻结窗格】下拉菜单中的相应选项，即可完成窗格的冻结，如图 9-33 所示。

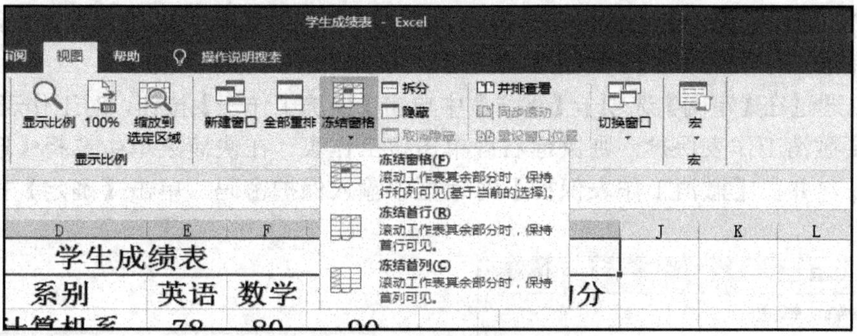

图 9-33　工作表冻结选项

冻结窗格各选项含义如表 9-1 所示。

表 9-1　冻结窗格各选项的含义

冻结窗格	当前选定单元格将成为冻结点，其上侧和左侧的单元格都被冻结
冻结首行	当前工作表的首行被冻结，滚动其余部分，首行永远可见
冻结首列	当前工作表的首列被冻结，滚动其余部分，首列永远可见

2. 工作表的解冻

在【视图】选项卡的【窗口】中单击【冻结窗格】下拉菜单中的【取消冻结窗格】命令，即可解冻工作表。

9.6　保护工作表

Excel 提供了保护工作表的功能，以防工作表被更改、移动或删除某些重要的数据。保护工作表的具体操作步骤如下：

步骤 1　选择要保护的工作表，单击鼠标右键，在下拉菜单中选择【保护工作表】，或者在【开始】选项卡的【单元格】中选择【格式】下的【保护工作表】，如图 9-34 所示。

步骤 2　在【保护工作表】对话框中，用户可以根据需要勾选保护内容并输入取消工作表保护时使用的密码，如图 9-35 所示。

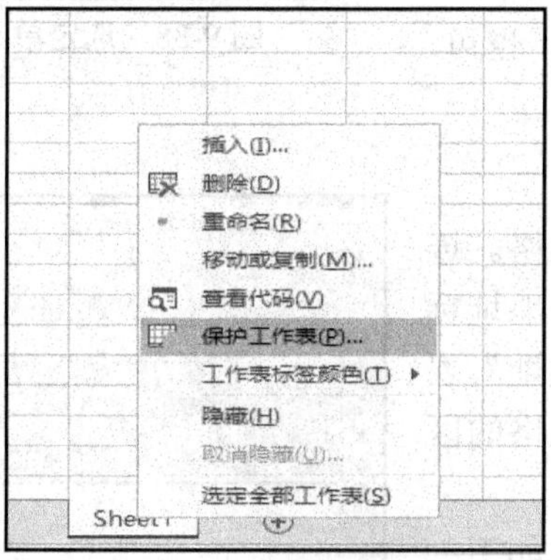

图 9-34　保护工作表

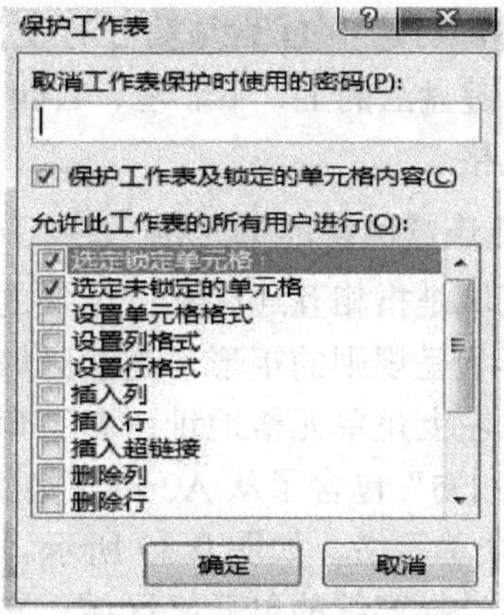

图 9-35　【保护工作表】对话框

步骤 3　单击【确定】按钮，在弹出的【确认密码】对话框中重新输入密码，单击【确定】按钮完成工作表的保护，如图 9-36 所示。

也可以通过在【审阅】选项卡【保护】中单击【保护工作表】按钮，对工作表进行保护。

如果要撤消工作表保护，则鼠标右键单击该工作表，在快捷菜单中选择【取消工作表保护】命令，并在【撤消工作表保护】对话框中输入保护密码，单击【确定】按钮，如图 9-37 所示。

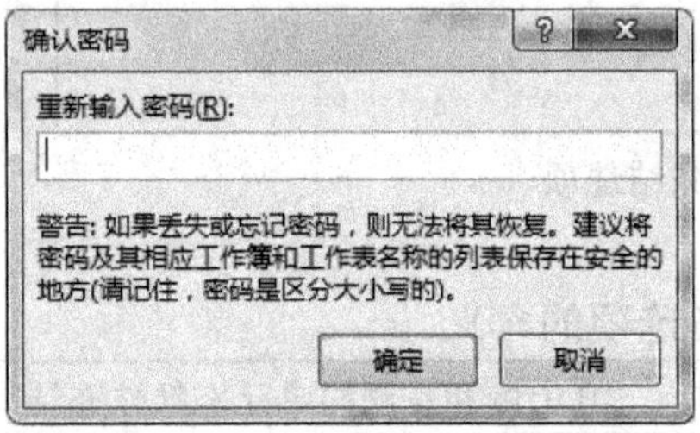

图 9-36　【确认密码】对话框

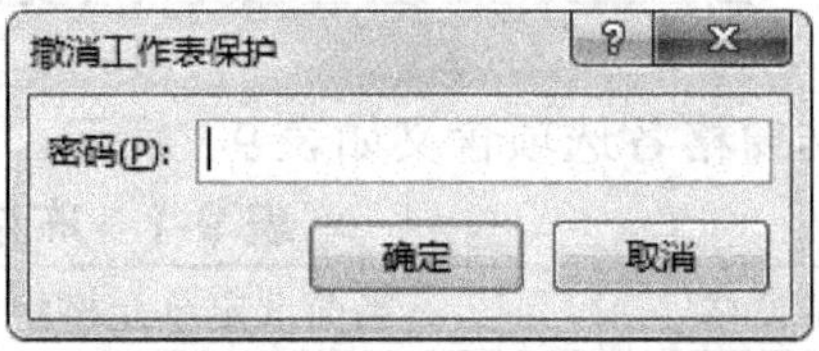

图 9-37　【撤消工作表保护】对话框

9.7　单元格的基本操作

单元格是 Excel 的基本元素，要使用好 Excel，首先需要掌握单元格的操作方法。

9.7.1　选择单元格

对单元格进行编辑操作，首先要选择单元格或单元格区域。启动 Excel 并创建一个新的工作簿时，A1 单元格会处于自动选定状态。

1. 选择一个单元格

单击某一单元格，若单元格的边框线变成粗线，则说明单元格处于选定状态，当前单元格的地址则显示在名称框中，如图 9-38 所示。

在名称框中输入目标单元格的地址，如“D5”，按【Enter】键即可选中 D 列与第 5 行交汇处的单元格。此外，使用键盘上的上、下、左、右四个方向键，也可以选定单元格。

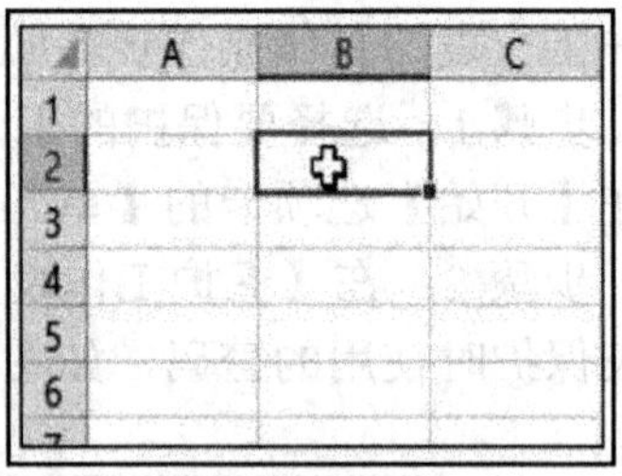

图 9-38　选定单元格

2. 选择连续区域的单元格

连续区域是指相互连续紧密衔接的多个单元格。连接的区域形状呈规则的矩形，连续区域的单元格地址标识一般以“左上角单元格地址：右下角单元格地址”表示。如“A2:D5”包含了从 A2 单元格到 D5 单元格的区域，共 16 个单元格，如图 9-39 所示。

如果要选择连续的单元格区域，常用的方法如下：

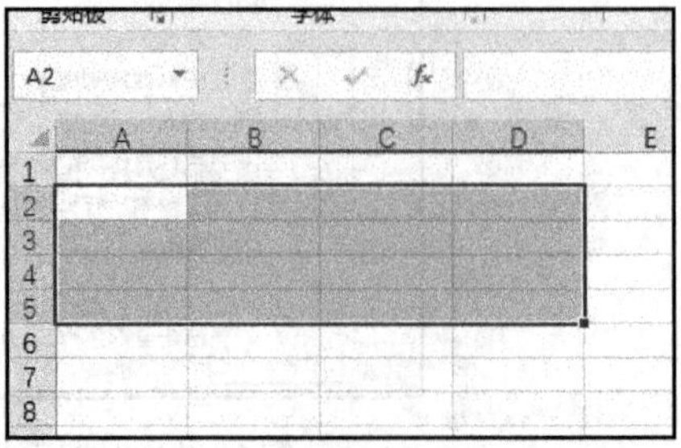

图 9-39　选中连续单元格区域

(1) 选中一个单元格，按住鼠标左键，在工作表中拖曳鼠标选取相邻的区域。

(2) 选中一个单元格，按住【Shift】键，使用方向键选取相邻的区域。

(3) 选定左上角的单元格，按住【Shift】键同时单击该区域右下角的单元格，即可选中单元格区域。

(4) 在工作表名称框中输入连续区域的单元格地址，按【Enter】键即可选取该区域。

3. 选择不连续区域的单元格

不连续区域的单元格是指不相邻的单元格或单元格区域。不连续区域的单元格地址主要由单元格或单元格区域的地址组成并以英文“,”分隔。例如，“A1:B4,C7:C9,G10”即为一个不连续区域的单元格地址，如图 9-40 所示。

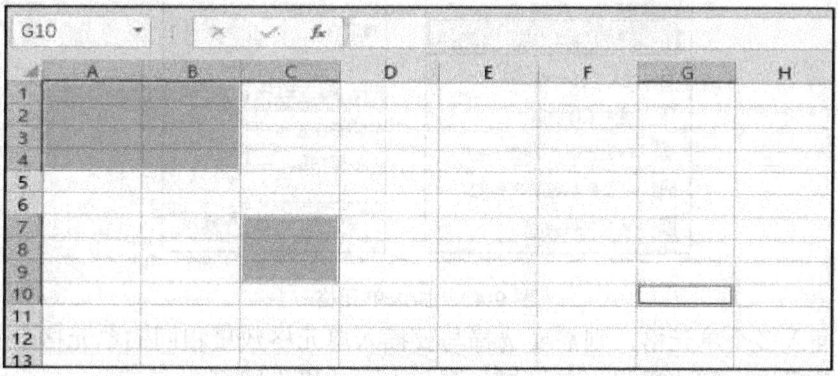

图 9-40　不连续区域的单元格

不连续区域的选择操作方法如下：

(1) 选定一个单元格或者连续区域，按住【Ctrl】键不放，使用鼠标左键单击(或者拖曳)选择多个单元格或者连续区域，选择完毕，松开【Ctrl】键即可。

(2) 在工作表名称框中输入不连续区域的单元格地址，按【Enter】键，即可选取指定的单元格区域。

除了选择连续和不连续单元格区域外，还可以选择所有单元格，即选择整张工作表，其方法有以下两种：

(1) 按【Ctrl + A】组合键可以选择整个表格。

(2) 单击工作表左上角行号与列标相交处的【选定全部】按钮，即可选定整个工作表，如图 9-41 所示。

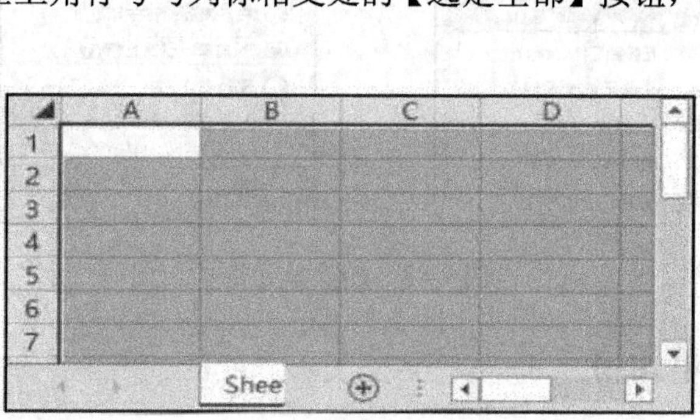

图 9-41　选择整张工作表

9.7.2　插入和删除单元格

在工作表中，可以在活动单元格的上方和左侧插入空白单元格，也可以删除不需要的单元格。

1. 插入单元格

选择要插入单元格的位置，在【开始】选项卡【单元格】中单击【插入】下方的箭头，然后单击【插入单元格】菜单命令，在【插入】对话框中单击要插入单元格的方式即可，如图 9-42 所示。

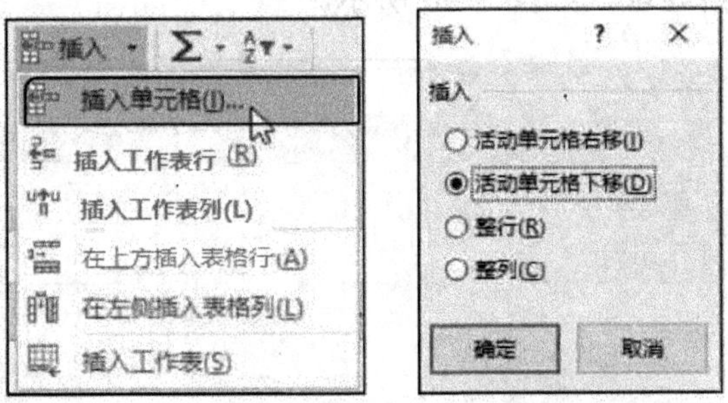

图 9-42　插入单元格

如果要插入多个单元格，则需要选择与要插入单元格数量相同的单元格。例如，要插入 2 个空白单元格，则选择 2 个单元格，重复上面的操作即可。

如果要重复插入单元格，可单击要插入单元格的位置，按【Ctrl + Y】组合键执行重复操作即可。

2. 删除单元格

选择要删除的单元格，在【开始】选项卡的【单元格】中单击【删除】按钮下方的箭头，在下拉菜单中选择【删除单元格】即可删除单元格。

如果要设置删除单元格的方式，可在【删除】对话框中选择【右侧单元格左移】、【下方单元格上移】、【整行】、【整列】，并单击【确定】按钮，如图 9-43 所示。

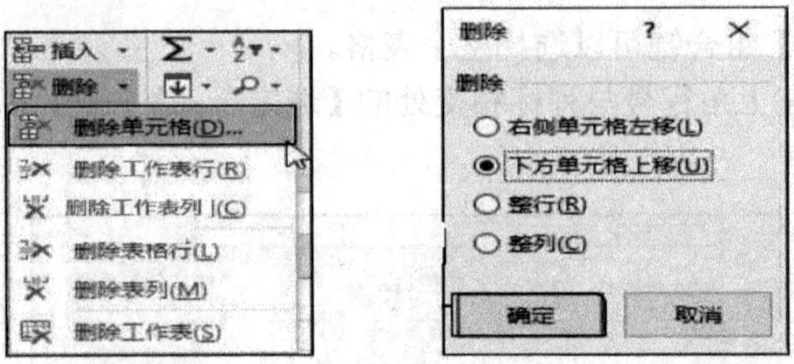

图 9-43　删除单元格

9.7.3　合并与拆分单元格

合并与拆分单元格是最常用的调整单元格的方法。

1. 合并单元格

合并单元格是指在 Excel 工作表中，将两个或多个选定的相邻单元格合并成一个单元格，具体操作步骤如下：

打开随书素材中的“素材\ch09\学生成绩表.xlsx”文件，选择单元格区域 A1:I1，单击【开始】选项卡【对齐方式】中【合并后居中】按钮右侧的下拉箭头，在列表中选择【合并后居中】选项(如图 9-44 所示)，该表格标题行即合并且居中显示，如图 9-45 所示。

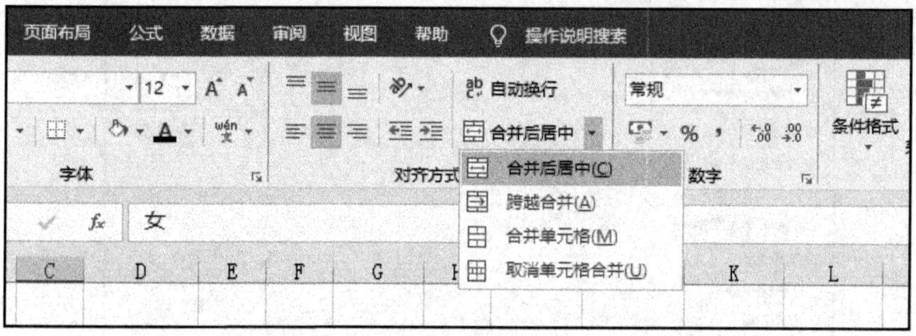

图 9-44　【合并后居中】选项

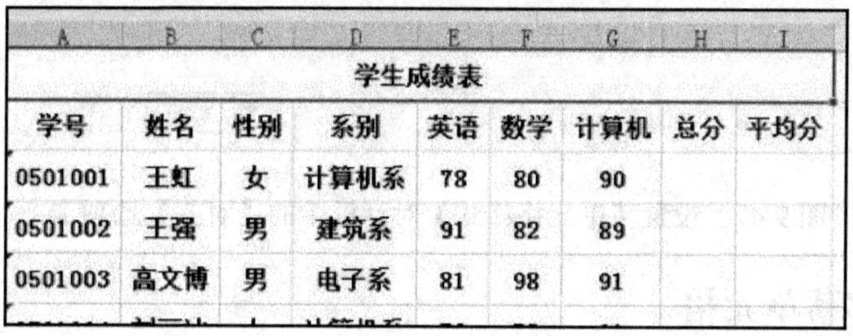

学生成绩表								
学号	姓名	性别	系别	英语	数学	计算机	总分	平均分
0501001	王虹	女	计算机系	78	80	90		
0501002	王强	男	建筑系	91	82	89		
0501003	高文博	男	电子系	81	98	91		

图 9-45　合并后居中效果

2. 拆分单元格

在 Excel 工作表中，还可以将合并后的单元格拆分成多个单元格，具体操作步骤如下：

选择合并后的单元格，单击【开始】选项卡【对齐方式】中【合并后居中】按钮右侧的下拉箭头，在列表中选择【取消单元格合并】选项(如图 9-46 所示)，该表格标题行即被取消合并，恢复至合并前的单元格。

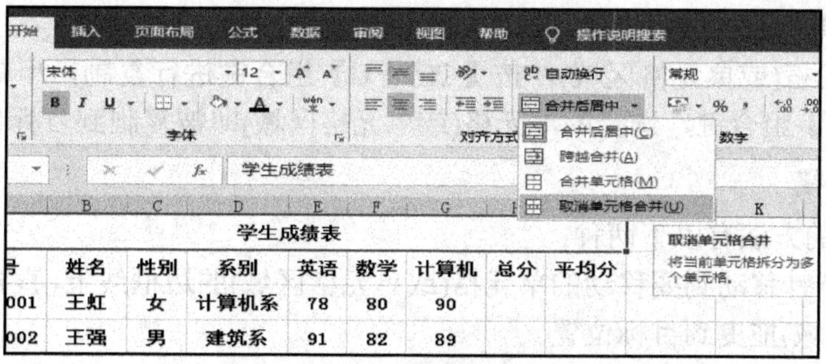

图 9-46　取消单元格合并

还可以在合并单元格上单击鼠标右键，在快捷菜单中选择【设置单元格格式】，在【对齐】选项卡下撤销选中【合并单元格】复选框，单击【确定】按钮，来拆分合并后的单元格，如图 9-47 所示。

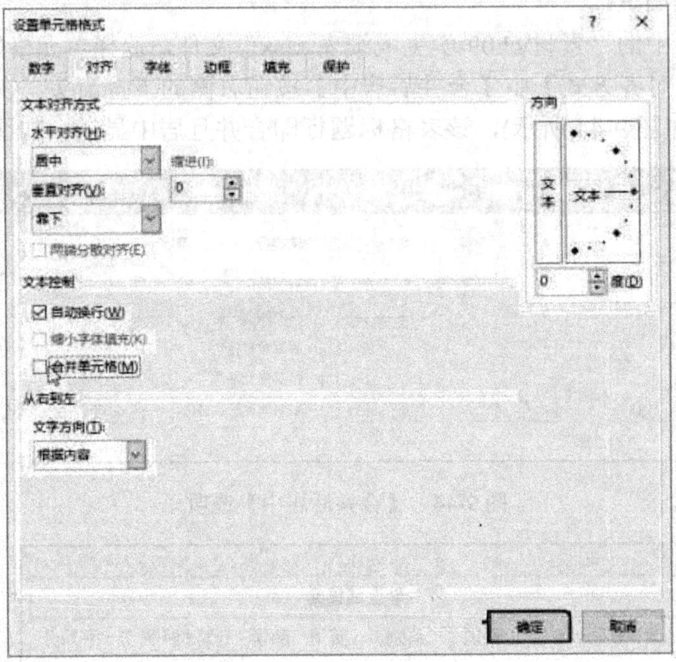

图 9-47　设置【单元格格式】对话框中的【对齐】选项卡

9.7.4　复制和移动单元格

在编辑 Excel 工作表时，使用复制移动功能可以快速地完成工作任务内容。使用鼠标复制和移动单元格区域是最快的方法。

1. 复制单元格

复制单元格的方法有以下两种：

(1) 选择要复制的单元格(或单元格区域)，按住【Ctrl】键的同时将鼠标指针移动到所选单元格(或单元格区域)的边框线上，当指针变为复制指针时，拖动鼠标指针到目标位置即可将所选择的单元格(或单元格区域)复制到目标位置。

(2) 选择单元格(或单元格区域)，按【Ctrl + C】组合键进行复制，用鼠标选择目标位置，按【Ctrl + V】组合键，选择的单元格(或单元格区域)即被复制到目标位置。

2. 移动单元格

移动单元格的方法有以下两种：

(1) 将鼠标指针移动到要移动的单元格(或单元格区域)的边框线上，直接将所选择的单元格(或单元格区域)拖曳到目标位置。

(2) 选择单元格(或单元格区域)，按【Ctrl + X】组合键进行剪切，用鼠标选择目标位置，按【Ctrl + V】组合键，选择的单元格(或单元格区域)即被移动到目标位置。

在编辑 Excel 工作表的过程中，有时需要插入复制的单元格，具体操作步骤如下：

步骤 1　选择单元格，按【Ctrl + C】组合键进行复制，选择目标位置(如选定目标区域的某一个单元格)，单击鼠标右键，在快捷菜单中选择【插入复制的单元格】，如图 9-48 所示。

步骤 2　在【插入粘贴】对话框中选择【活动单元格下移】按钮，如图 9-49 所示。单击【确定】按钮，即可将复制的单元格区域数据插入到目标单元格中。

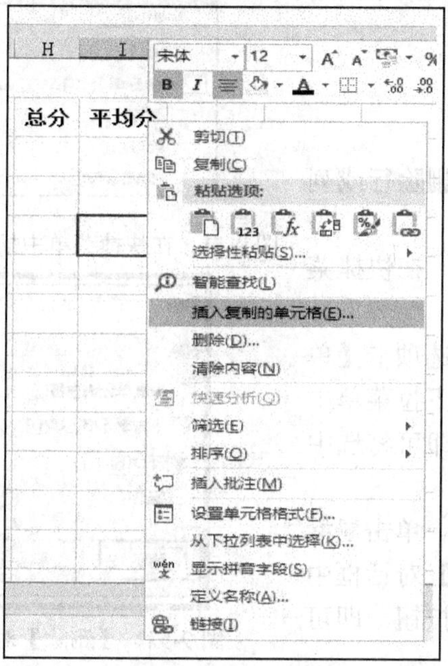

图 9-48　【插入复制的单元格】命令

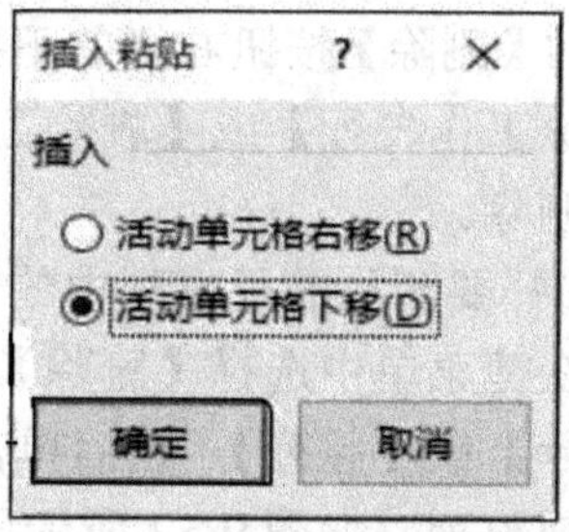

图 9-49　【插入粘贴】对话框

9.8　行与列的基本操作

行与列的基本操作包括行与列的选择、插入、删除、隐藏和显示以及行高和列宽的设置。

9.8.1　选择行与列

将鼠标光标放在行标签或者列标签上，当光标变为向右的箭头➡或向下的箭头⬇时，单击鼠标左键，即可选中该行或者该列，如图 9-50 所示。

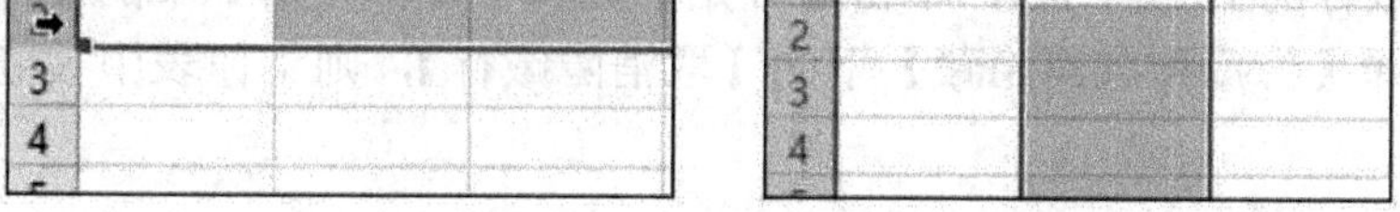

图 9-50　选中行或者列

如果按【Shift】键选择行或列时，就可以选中连续的多行或多列；如果按【Ctrl】键选择行或列时，则可选中不连续的行或列。

9.8.2　插入行与列

在工作表中插入新行，当前行则向下移动，插入新列，当前列则向右移动。如选中某行或某列后，单击鼠标右键，在快捷菜单中选择【插入】，则可插入行或列，如图 9-51 所示。

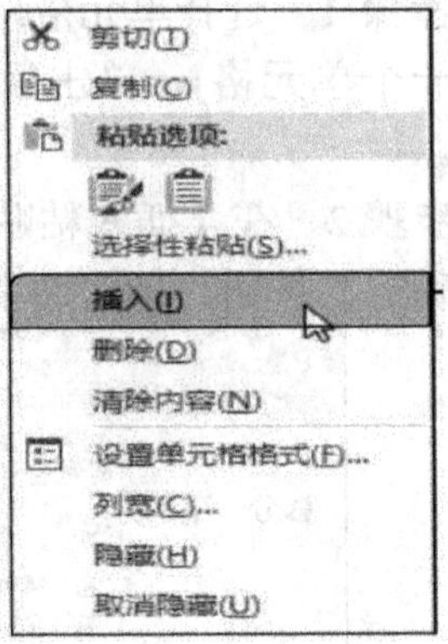

图 9-51　在快捷菜单中插入行或列

9.8.3　删除行或列

工作表中多余的行或列，可以将其删除。删除行或列的方法如下：

(1) 选择要删除的行或列，单击鼠标右键，在快捷菜单中选择【删除】，即可将其删除。

(2) 选择要删除的行或列，单击【开始】选项卡【单元格】中的【删除】按钮右侧的下拉箭头，在下拉菜单中选择【删除工作表行】或【删除工作表列】，即可将选中的行或列删除。

(3) 选择要删除的行或列中的一个单元格，单击鼠标右键，在快捷菜单中选择【删除】，在【删除】对话框中选中【整行】或【整列】，然后单击【确定】按钮，即可删除整行或整列，如图 9-52 所示。

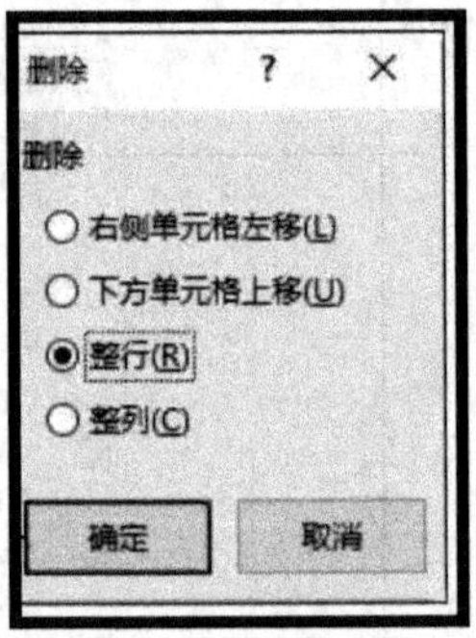

图 9-52　【删除】对话框

9.8.4　隐藏或显示行与列

使用 Excel 工作表过程中，可以将暂时不需要编辑或查看的行或列隐藏起来，使用时再显示。本节以隐藏和显示行为例进行介绍。

1. 隐藏行

选中要隐藏的行，单击【开始】选项卡【单元格】中的【格式】按钮，在下拉菜单中选择【隐藏和取消隐藏】下的【隐藏行】，则隐藏当前被选中的行。或者在选中的行或列上使用右键菜单命令，隐藏行与列。

2. 显示行与列

将行或列隐藏后，这些行或列中单元格的数据就不可见了。如果需要查看这些数据，就需要将这些隐藏的行或列显示出来。具体操作步骤如下：

选中被隐藏行的上(或下)行，单击【开始】选项卡【单元格】中的【格式】按钮，在下拉菜单中选择【隐藏和取消隐藏】下的【取消隐藏行】，则工作表中被隐藏的行即可显示出来。

9.8.5　设置行高与列宽

在 Excel 工作表中，当单元格的宽度或者高度不足时，会导致数据显示不完整，这时需要调整行高或列宽。

1. 手动调整行高或列宽

在 Excel 工作表中，可以使用鼠标快速地调整行高和列宽。

1) 调整行高

将鼠标指针移动到相邻两行的行号之间，当指针变为上下双向箭头时，按住鼠标左键上下拖动，即可改变行高。拖动时将显示出以点和像素为单位的宽度提示，如图 9-53 所示。

2) 调整列宽

将鼠标指针移动到相邻两列的列标之间，当指针变为左右双向箭头时，按住鼠标左键左右拖动，即可改变列宽，如图 9-54 所示。

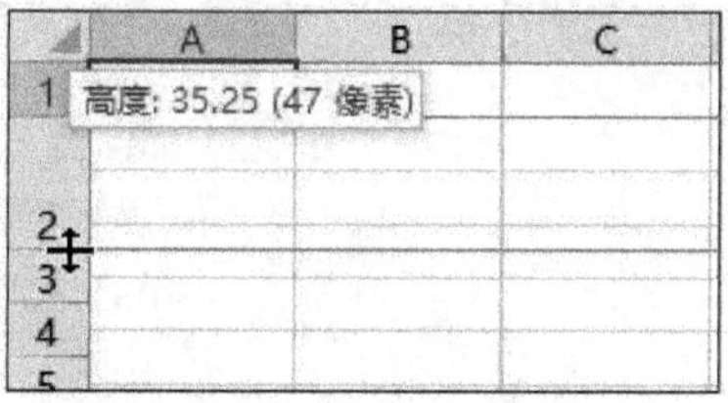

图 9-53　拖动改变行高

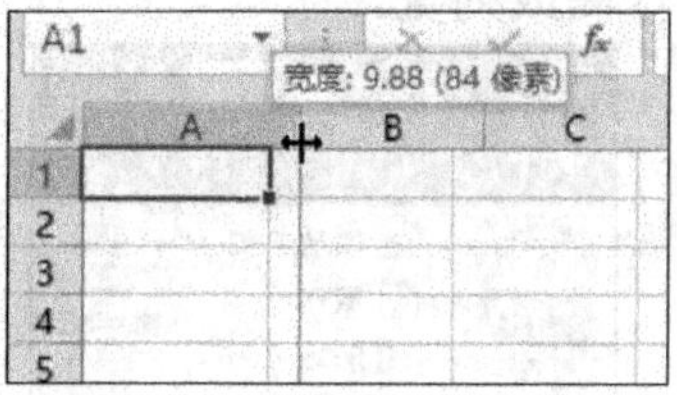

图 9-54　拖动改变列宽

3) 调整多行或多列的宽度或高度

选择要更改的行或列，然后拖动所选行号或列标下侧或右侧的边界，即可调整行高或列宽，如图 9-55 所示。

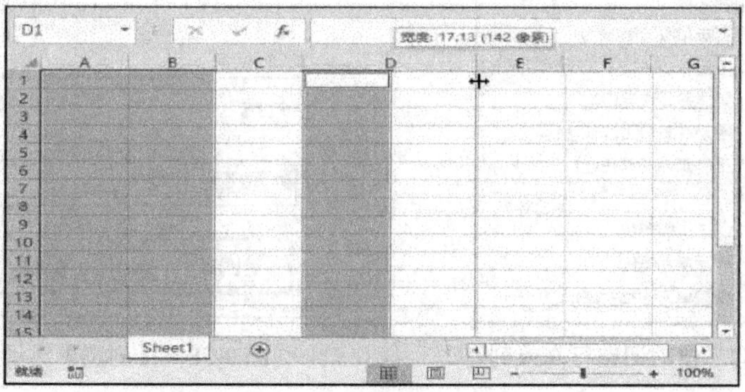

图 9-55　调整多行或多列

4) 调整所有行或列的高度或宽度

单击【全选】按钮(或按【Ctrl + A】组合键)，然后拖动任意行或列的边界线，即可调整所有的行高或列宽，如图 9-56 所示。

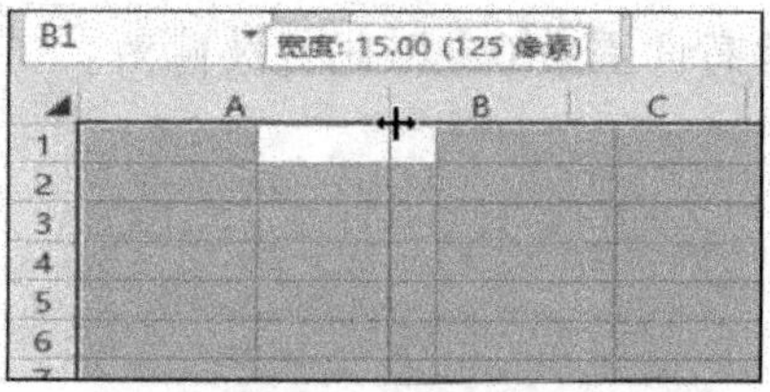

图 9-56　调整所有的列宽或行高

2. 自动调整行高与列宽

Excel 使用过程中也可以根据单元格内容，自动调整行高或列宽。选择要调整的行或列，单击【开始】选项卡【单元格】中的【格式】按钮，在下拉菜单中选择【自动调整列宽】或【自动调整行高】，如图 9-57 所示。

3. 为行高与列宽设定固定值

虽然使用鼠标可以快速调整行高或列宽，但精确度不高，如果需要调整行高或列宽为固定值，就需要使用【行高】或【列宽】命令进行调整，其具体操作步骤如下：

在行号或列标上单击鼠标右键，在快捷菜单中选择【行高】或【列宽】菜单命令，弹出【行高】或【列宽】对话框，如图 9-58 所示。单击【确定】按钮，则选中行或列即被调整成对应的行高或列宽。

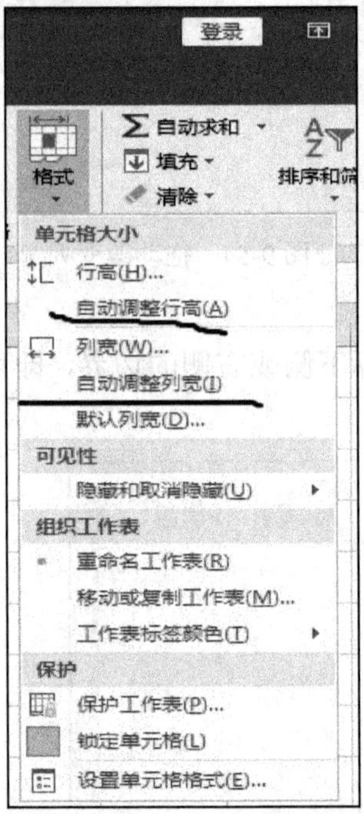

图 9-57　自动调整行高或列宽

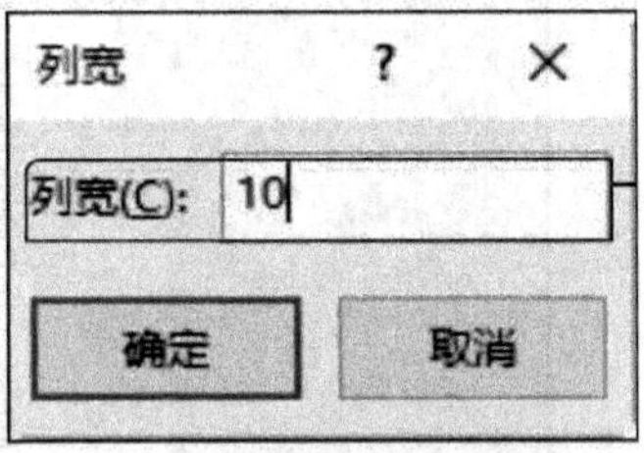

图 9-58　【列宽】对话框

◇ **提示：**

输入相应的行高或列宽值，列宽的数值范围为 0～255，表示以标准字体进行格式设置的单元格中可显示的字符数，默认列宽是 8.43 个字符。如果列宽设置为 0，则此列被隐藏。

行高的数值范围为 0～409，表示以点计量的高度(1 点约为 0.035 厘米)，默认行高为 12.75 点(约 0.4 厘米)。如果行高设置为 0，则此行被隐藏。

第 10 章 编辑工作表

——工作表中数据的输入与编辑

在 Excel 的单元格内可以输入各种类型的数据，包括文本、数字、日期和时间等。本章将介绍输入数据、快速填充和编辑数据的方法。

本章学习目标如下：

(1) 掌握 Excel 的输入技巧。

(2) 掌握快速填充单元格数据的方法。

(3) 掌握修改与编辑单元格数据的方法。

(4) 掌握设置文本格式的方法。

(5) 掌握设置工作表边框的方法。

(6) 掌握使用内置样式设置工作表的方法。

10.1 工作表数据

Excel 中的数据有很多种，选择一个单元格单击鼠标右键，在下拉列表中选择【设置单元格格式】，在【设置单元格格式】对话框中选择【数字】选项卡，左侧的列表中列出了各种数据的类型，如图 10-1 所示。

图 10-1 【设置单元格格式】对话框

常用的数据分类如下：

(1) 常规格式是不包括特定格式的数据格式，Excel 中默认的数据格式即为常规格式。如图 10-2 中显示的数据，A 列为常规格式显示，B 列为文本格式，C 列为数值格式。

	A	B	C
1	常规	文本	数值
2	123	123	123.00
3	1.23457E+12	1234567890123	1234567890123.00
4			
5			

图 10-2　数据常规格式显示

(2) 数值格式主要用于设置小数点位数，用数值格式表示金额时，还可以使用千分位分隔符表示，如图 10-3 所示。

部门	名称	数量	单位	单价（元）	总价（元）	备注
办公区	组合办公桌椅	1	套	1780	1780	
办公区	电话机	1	部	450	450	
办公区	饮水机	1	个	130	130	
财务	A4打印纸	1	箱	78	78	
财务	办公桌	2	个	450	900	
财务	保险柜	1	台	1600	1600	
财务	电脑	1	台	2700	2700	
财务	文件柜	1	个	359	359	
财务	打印机	1	个	340	340	
财务	文件夹	2	个	20	40	
财务	办公椅	2	个	130	260	
财务	电话机	1	部	78	78	

图 10-3　数值格式显示

(3) 货币格式主要用于设置货币的形式，包括货币类型和小数位数等，如图 10-4 所示。

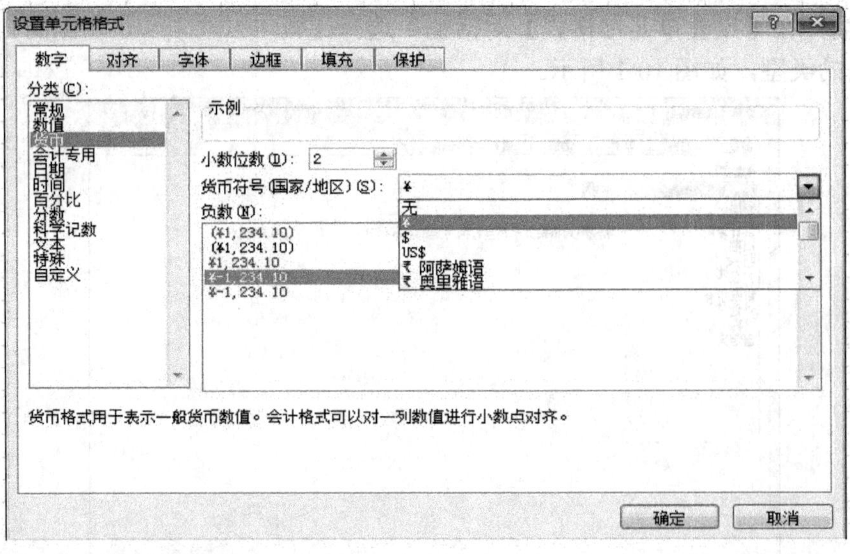

图 10-4　货币格式显示

(4) 会计专用格式是用货币符号表示数字、货币符号。与货币符号不同的是，会计专用格式可对一列数值进行货币符号和小数点对齐设置，如图 10-5 所示。

	A	B	C
1	月份	收入	
2	1月份	¥2,563.0	
3	2月份	¥3,012.0	
4	3月份	¥3,520.0	
5	4月份	¥3,549.0	
6	5月份	¥3,891.0	
7	6月份	¥4,023.0	

	A	B	C
1	月份	收入	
2	1月份	¥ 2,563.0	
3	2月份	¥ 3,012.0	
4	3月份	¥ 3,520.0	
5	4月份	¥ 3,549.0	
6	5月份	¥ 3,891.0	
7	6月份	¥ 4,023.0	

图 10-5 会计专用格式显示

(5) 日期和时间格式。在单元格中输入日期(一般数据之间用“-”或“/”符号连接，如“2013-5-30”或“2013/5/30”)和时间时，系统会默认的日期和时间格式显示，我们也可以对其设置其他的日期和时间的格式显示，如图 10-6 所示。

性别	入职日期	学历	出生时间
男	2013年5月30日	本科	上午7时25分
男	2013年5月12日	大专	下午2时21分
女	2013年5月12日	大专	上午7时26分
女	2013年6月15日	本科	下午2时22分
男	2013/6/18	大专	7:27 AM
男	2013/6/28	本科	2:23 PM
女	2013/7/1	硕士	7:28 AM
男	2013/7/16	大专	2:24 PM
女	2013/7/19	本科	7:29 AM

图 10-6 日期和时间格式显示

(6) 百分比格式。将单元格中的数字转换为百分比格式，有两种方式。

① 先设置后输入。

先设置单元格的数字格式为百分比，在输入数值时，Excel 会自动在输入的数字末尾加上“%”。

② 先输入后设置。

在单元格中输入数据，设置单元格数字格式为【百分比】，小数位数为“2”，单击【确定】按钮，即可设置数据的小数位数为两位并添加“%”符号，如图 10-7 所示。

	A	B	C	D
1	先设置后输入	先输入后设置		
2	86.00%	86.00%		
3	24.00%	24.00%		
4	58.00%	58.00%		
5	76.00%	76.00%		
6	21.00%	21.00%		
7				
8				

Sheet1

图 10-7 百分比数据格式显示

(7) 分数格式。使用分数格式将以实际分数的形式显示或键入数字。要将数字显示为分数，可以先应用分数格式，再输入相应的数值，或在先输入数字“0”+ 空格后再输入需要的分数。

(8) 文本格式包含字母、数字和符号等。在文本格式中数字作为文本处理，单元格显示的内容和输入的内容完全一致。如果输入“001”，默认情况下显示为“1”，若设置为文本格式则显示为“001”。先输入英文单引号再输入 001 也可以使数字以文本格式显示。

(9) 特殊格式。如邮政编码、电话号码和身份证号码等，全部由数字组成，为避免 Excel 将其默认为数字格式，可以先设置使用特殊格式，如图 10-8 所示。

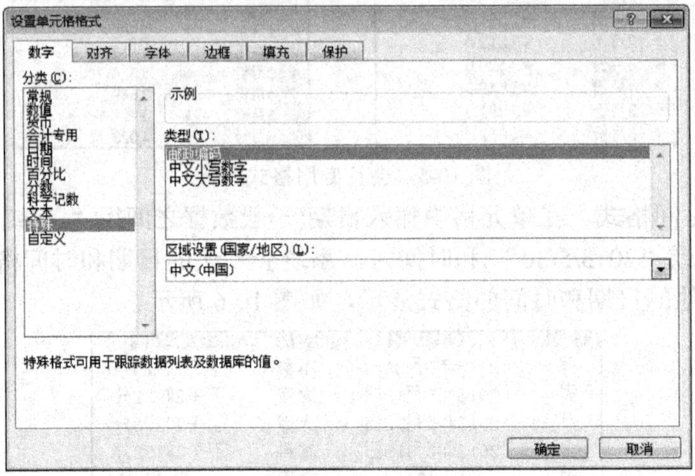

图 10-8　特殊格式显示

(10) 自定义格式。当所有的格式都不能满足需要，我们还可以设置自定义格式。例如在输入学生基本信息时，学号的前几位都是相同的，这时就可以进行自定义格式设置，来简化输入的过程，且保证位数显示一致，如图 10-9 所示。

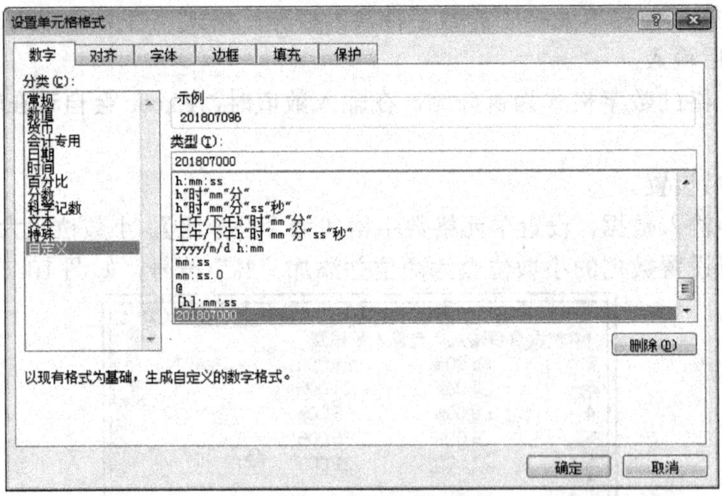

图 10-9　自定义格式设置

10.2　输入数据

在单元格中输入的数据主要包括四类：文本、数值、日期和时间、特殊符号等。

10.2.1　输入文本

文本是 Excel 工作表中最常见的数据类型之一，单元格中的文本包括字母、汉字、数字、空格和符号等，每个单元格最多可包含 32 000 个字符。

在默认情况下，输入文本的对齐方式为“左对齐”。若输入文本的长度大于单元格的列宽，文本会自动占用相邻的单元格，若相邻的单元格已存在数据，则会截断文本显示，被截断显示的文本只要增加单元格的列宽即可完全显示。如果在一个单元格中输入多行文本，可在需要换行处按住【Alt + Enter】组合键进行换行。

如果需要输入一长串全部由数字组成的文本，例如手机号、身份证号等，系统会自动将其作为数字处理，并用科学计数法显示。为了避免文本以科学计数法显示，可在输入的数字前添加一个英文的单引号，但单元格左上角会显示一个绿色的倒三角标识并提示存在错误，如图 10-10 所示。选中该单元格，其侧边会有一个错误图标，单击图标右侧的下拉按钮，在下拉列表中选择【错误检查选项】，如图 10-11 所示。在【Excel 选项】对话框的【错误检查规则】列表中取消选中【文本格式的数字和前面有撇号的数字】，单击【确定】按钮，如图 10-12 所示。此时系统将不再对此类错误进行检查，也不再提示存在错误。

图 10-10　数据错误标识

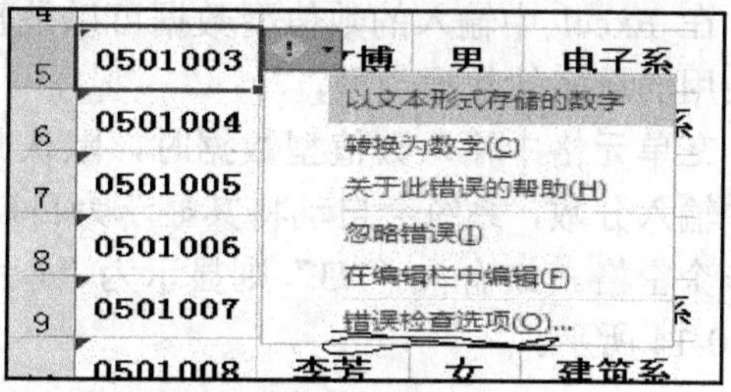

图 10-11　错误检查选项

图 10-12　【错误检查规则】列表

如果只是想隐藏当前单元格的错误标记，可以选择忽略错误选项，如图 10-13 所示。

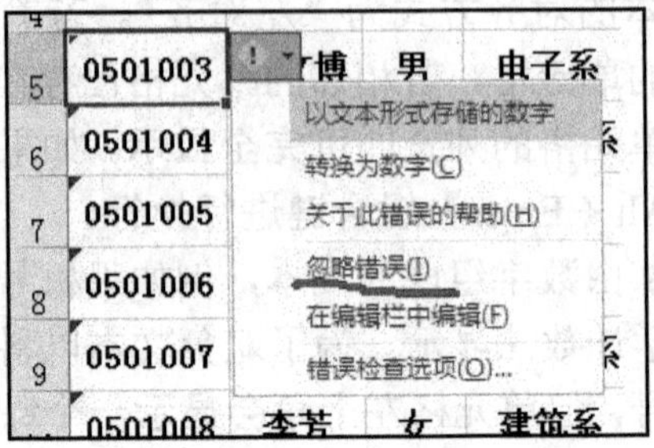

图 10-13　忽略错误

10.2.2　输入数值

在 Excel 中输入的数值型数据可以是整数、小数、分数和科学计数等，它们是 Excel 中使用的最多的数据类型。

在单元格中输入数值型数据时，默认其对齐方式为【右对齐】。另外，若直接在单元格中输入分数，系统会自动将其显示为日期，因此在输入分数时需要在分数前面加一个零和一个空格。如输入“1/3”则显示为“1 月 3 日”，若输入“0 1/3”，则显示为“1/3”，如图 10-14 所示。

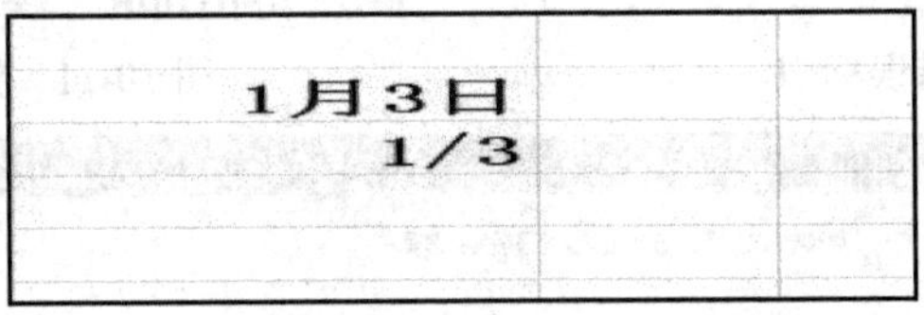

图 10-14　分数输入显示

10.2.3　输入日期和时间

日期和时间是 Excel 工作表中常见的数据类型之一。在 Excel 单元格中输入日期和时间型数据时，默认其对齐方式为【右对齐】。若要在 Excel 单元格中输入日期和时间，需要遵循以下特定的规则：

(1) 在单元格中输入日期型数据时，可使用斜线“/”或者连字符“-”分隔日期的年、月、日。如输入“2018-12-13”或“2018/12/13”，单元格中的日期格式默认显示为“2018-12-13”。如果要获取系统当前的日期，再按【Ctrl + ;】组合键即可。

(2) 在单元格中输入日时间型数据时，可使用冒号“:”分隔符分隔时间的小时、分、秒，若使用 12 小时制表示时间，就需要在时间后面添加一个空格，然后输入 am(上午)和 pm(下午)。如果要获取系统当前的时间，则按【Ctrl + Shift + ;】组合键即可。

10.2.4　插入特殊符号

在 Excel 工作表中的单元格内插入特殊符号，首先选中需要插入特殊符号单元格，单击【插入】选项卡【符号】中的【符号】按钮，在【符号】对话框的【符号】选项卡的子集下拉菜单中选择某一类型，在列表框中选择相应符号，单击【插入】按钮即可完成特殊符号的插入操作，如图 10-15 所示。

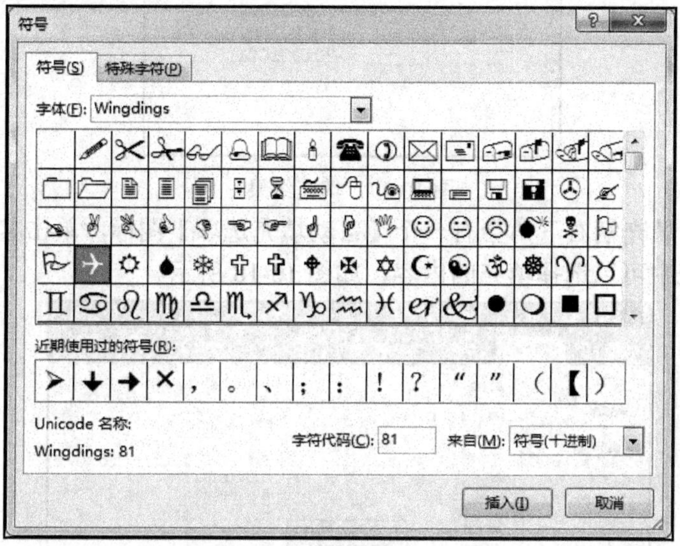

图 10-15 插入特殊符号对话框

10.3 快速填充单元格数值

为了提高 Excel 工作表中数据输入的效率，降低数据输入的错误率，Excel 还提供了快速填充表格数据的功能。常用的快速填充表格数据的方法有使用填充柄填充、使用填充命令填充等。

10.3.1 填充柄填充

填充柄是位于活动单元格右下角的方块，使用它可以规律地、快速地填充单元格。使用填充柄填充的具体操作步骤如下：

步骤 1 启动 Excel 2016，新建一个空白工作簿，在单元格中输入相关数据内容，然后将光标定位到活动单元格右下角的填充柄上，如图 10-16 所示。

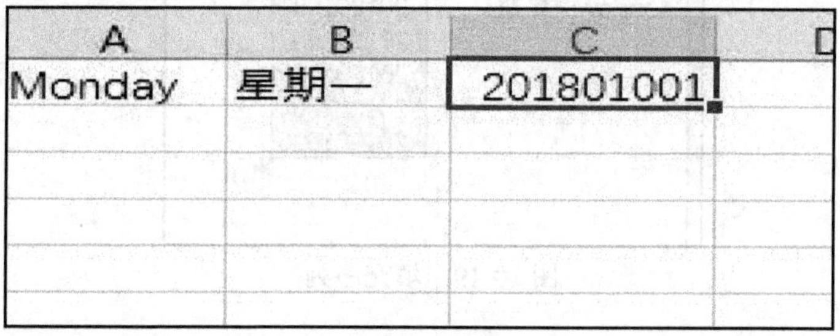

图 10-16 将光标定位到填充柄

步骤 2 当光标变为十字形状时，向下拖动光标即可快速填充选定的单元格，且填充后的单元格内容相同，如图 10-17 所示。

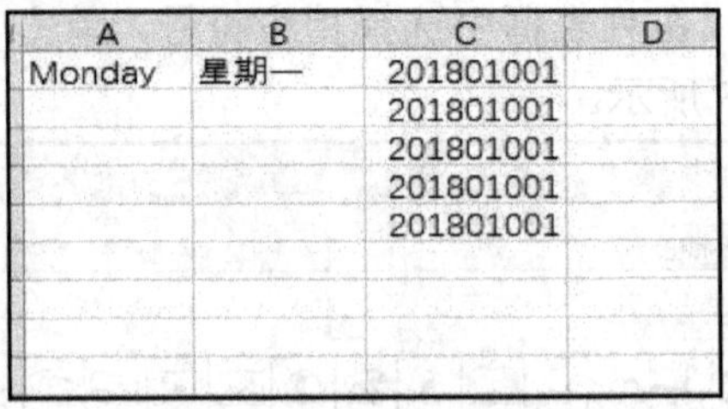

图 10-17　填充结果

填充结束后，填充柄右下角会有一个【自动填充选项】图标，单击其右侧的下拉三角图标，在下拉列表中可以选择填充的内容，如图 10-18 所示。

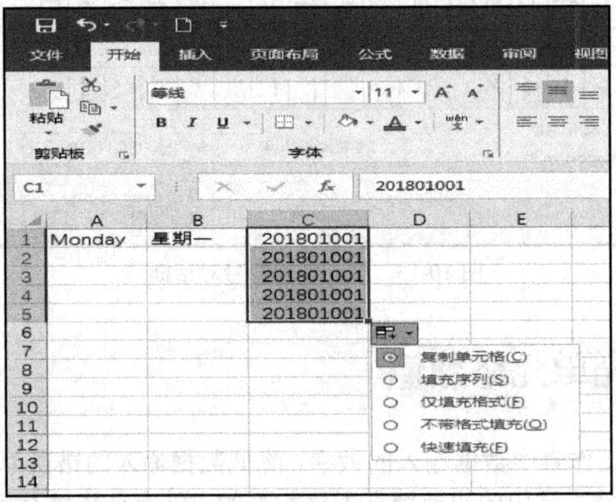

图 10-18　快速填充选项

各快速填充选项的含义如下：

【复制单元格】指快速填充单元格的内容与起始单元格内容一致。

【填充序列】指快速填充单元格中的数值以“1”为步长值进行递增，如图 10-19 所示。

【仅填充格式】指快速填充单元格的格式会与起始单元格一致，但并不填充内容。

【不带格式填充】指快速填充单元格的内容与起始单元格一致，但并不应用起始单元格的格式。

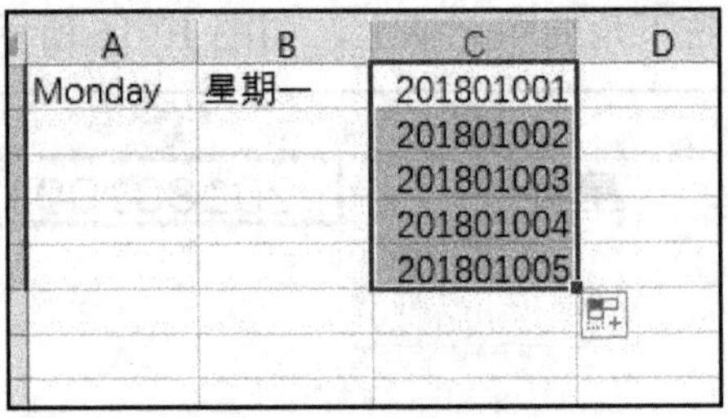

图 10-19　填充序列

10.3.2　数据序列填充

对于数值型数据，可以使用填充柄以复制和递增的形式快速填充，还可以以等差、等比的形式快速填充，本节介绍如何通过等差和等比的形式来填充数据。

1. 以等差数列形式填充数据

启动 Excel 2016，新建一个空白工作簿。在 A1 和 A2 单元格分别输入数字“1”和“5”，然后选中单元格区域 A1:A2，将光标定位到 A2 右下角的填充柄方块上，当鼠标变为十字形状时，拖动光标到 A5，松开鼠标左键，此时单元格按照步长值为“4”的等差数列形式进行填充，如图 10-20 所示。

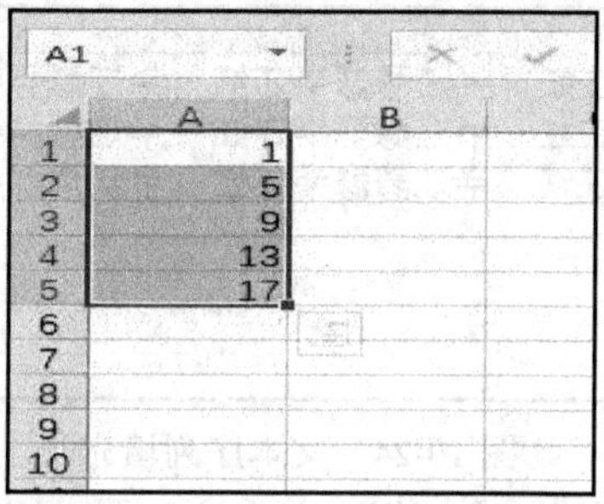

图 10-20　等差数列填充数据

2. 以等比数列形式填充数据

启动 Excel 2016，新建一个空白工作簿。在单元格中输入等比数列的起始数字，如在单元格 A1 中输入“1”，然后选择 A1:A6 单元格区域，单击【开始】选项卡【编辑】中的【填充】，在下拉列表中选择【序列】，如图 10-21 所示。在【序列填充】对话框中【序列产生在】选择为默认选项，【类型】选项选择【等比序列】，【步长值】填充“5”，单击【确定】按钮，如图 10-22 所示。等比数列填充结果如图 10-23 所示。

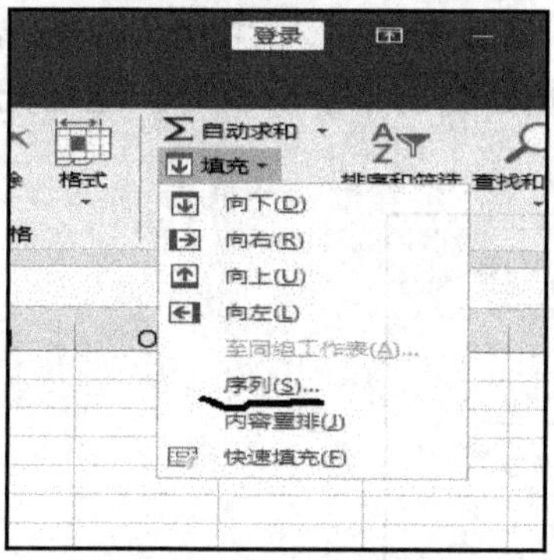

图 10-21　【填充】选项

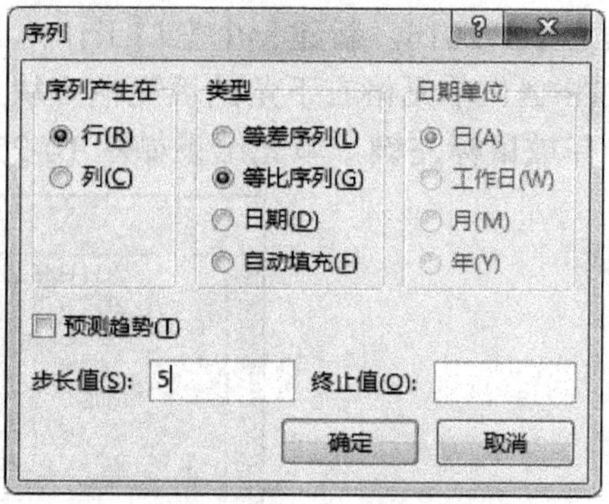

图 10-22　序列对话框

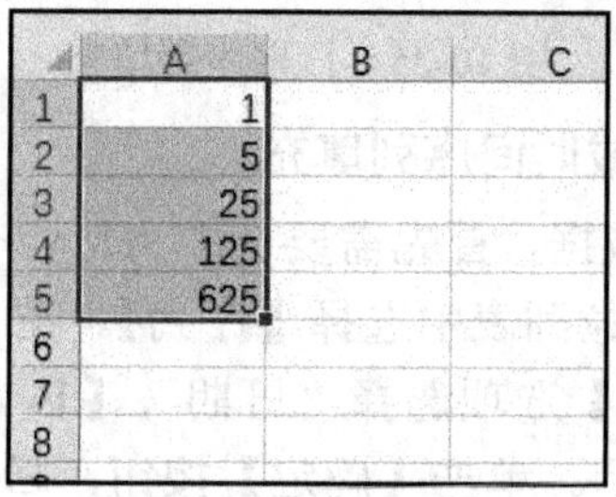

图 10-23　等比序列填充

10.3.3　文本序列填充

除了使用填充命令以外，我们还可以使用填充柄来填充文本序列，具体操作步骤如下：

启动 Excel 2016，新建一个空白工作簿。在 A1 单元格中输入文本“半江瑟瑟半江红”，然后将光标定位在 A1 右下角的填充柄方块上，当光标变为十字形状时，拖动光标到 A1:C3 区域，释放鼠标左键，单元格内容即可按照相同的文本进行填充，如图 10-24 所示。

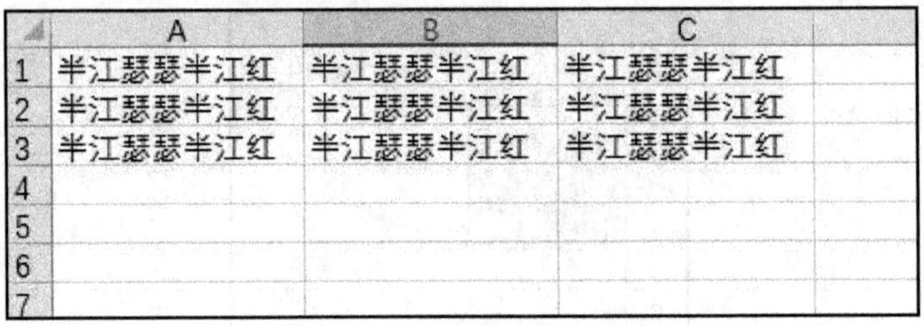

图 10-24　文本序列填充

当文本内容后带有阿拉伯数字时，进行文本序列填充文本内容不会改变但阿拉伯数字会按照递增形式进行填充。

10.3.4　日期或时间序列填充

日期和时间序列填充也可以使用填充柄和使用填充命令。不同于文本序列和数值序列填充，系统默认以复制的形式填充，日期和时间序列填充，系统默认是以递增的形式填充。

1. 使用填充柄进行日期或时间序列填充

启动 Excel 2016，新建一个空白工作簿。在 A1 单元格中输入“2018/12/12”，将鼠标光标定位在 A1 单元格右下角的填充柄方块上，当光标变为十字形状时，拖动光标到 A7 单元格，释放鼠标左键，填充结果如图 10-25 所示。

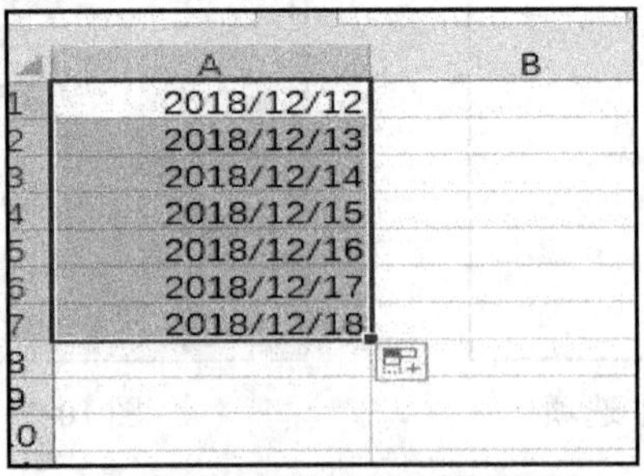

图 10-25　日期序列填充

2. 使用填充命令进行日期或时间序列填充

如果以工作日的形式填充数据，首先需要选中 A1:A7 单元格区域，单击【开始】选项卡【编辑】中的【填充】，在下拉列表中选择【序列】。在【序列填充】对话框中【系列产生在】选择为默认选项，【类型】选项选择“日期”，【日期单位】选择【工作日】，【步长值】输入“1”，如图 10-26 所示。单击【确定】按钮，日期序列填充结果显示如图 10-27 所示。

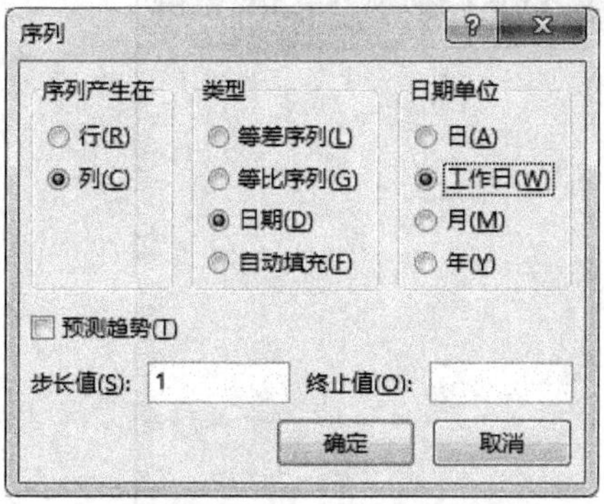

图 10-26　序列对话框

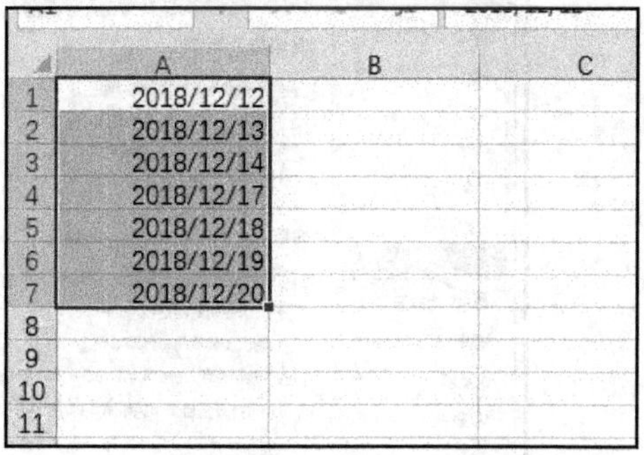

图 10-27　工作日序列填充结果

还可以根据需要将对话框中的【日期单位】修改为年、月等，根据步长值进行其他的填充。

10.3.5　自定义序列填充

在进行一些特殊的有规律的序列填充时，还可以自定义序列填充规则，具体操作步骤如下：

步骤 1　启动 Excel 2016，新建一个空白工作簿。打开【文件】选项卡，在文件操作页面中选择左侧列表中的【选项】，如图 10-28 所示。

图 10-28　【文件】选项

步骤 2　在【Excel 选项】对话框中选择【高级】选项，然后在【常规】栏中单击【编辑自定义列表】按钮，如图 10-29 所示。

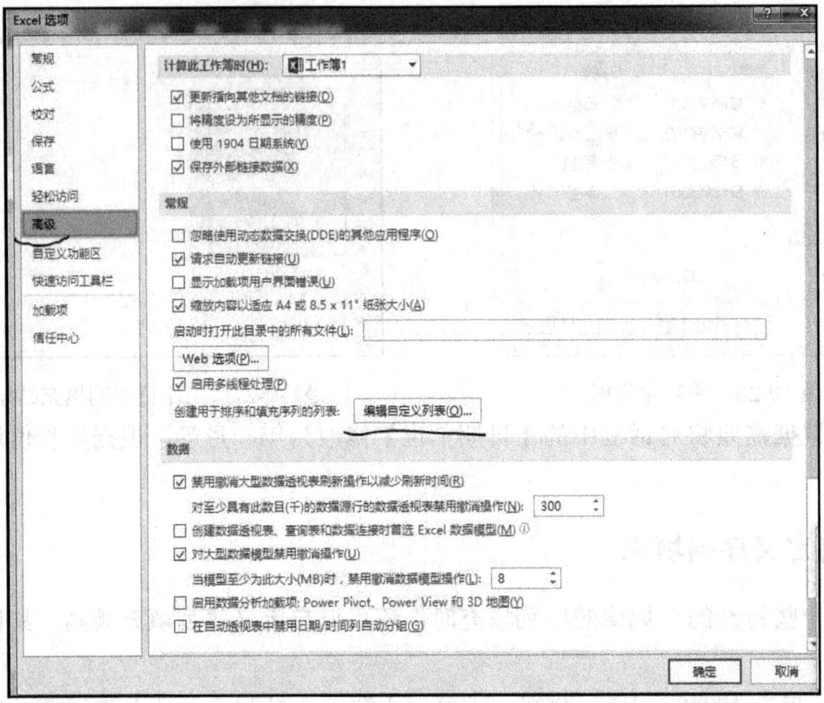

图 10-29　【Excel 选项】对话框

步骤 3　在【自定义序列】对话框中的【输入序列】文本框中依次输入自定义的序列并单击【添加】按钮。例如输入“音乐系、舞蹈系、美术系、戏剧系、传媒系、文管系、艺术系，基础部”，每个数据间用【Enter】键换行，如图 10-30 所示。

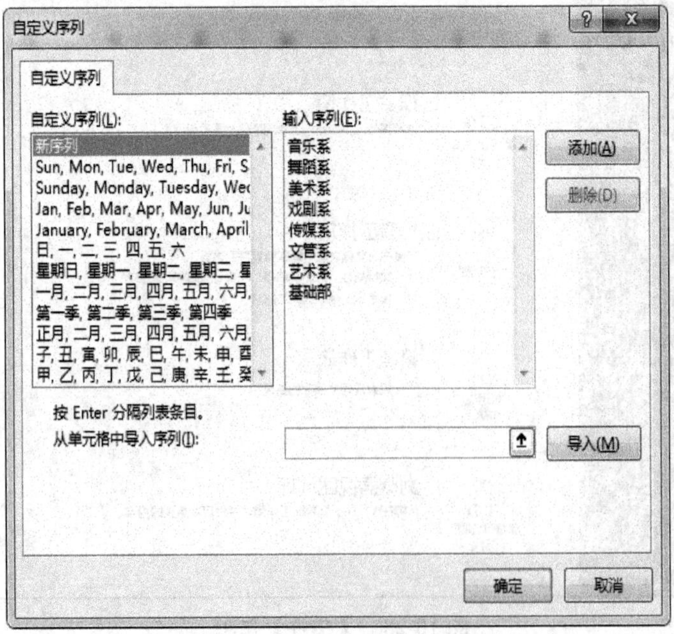

图 10-30　【自定义序列】对话框

步骤 4　添加完成后，依次单击【确定】按钮，返回到工作表界面，在 A1 单元格输入“音乐系”，然后拖动填充柄方块，系统就会以刚刚添加的自定义序列进行单元格数据填充，如图 10-31 所示。

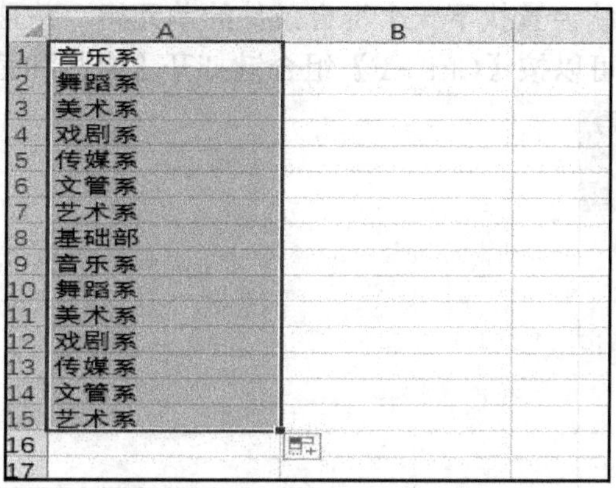

图 10-31　自定义序列填充结果

10.4　数据的编辑与修改

数据有多种格式，当表格中输入的数据错误或者格式不正确时，就需要对数据进行编辑。

1. 修改数据

将数据输入错误时，左键单击需要修改数据的单元格，然后输入要修改的数据，则该单元格将自动更正数据，原单元格中的数据将被覆盖。

2. 移动复制单元格数据

在编辑工作表时，若数据输错了位置，不必重新输入，可使用鼠标拖动将其移动和复制到正确的单元格或单元格区域，避免了重复输入，提高了效率，可采用复制的方法来编辑工作表。除了用鼠标拖动来进行复制或移动数据外，还可以使用【Ctrl + C】组合键(复制)、【Ctrl + X】组合键(剪切)和【Ctrl + V】组合键(粘贴)来实现数据的复制和移动。

3. 删除数据

若只是想清除某个或某些单元格中的内容，只要选中要清除内容的单元格或单元格区域，然后单击键盘上的【Delete】键删除即可。

4. 查找和替换数据

Excel 工作表提供的查找和替换功能，可以帮助我们快速定位到要查到的信息，并且可以有选择的用其他数值代替。我们不仅可以在一个工作表还可以在多个工作表中进行查找与替换以及批量修改信息。

在进行查找替换操作之前，应该先选定一个搜索区域，如果只选择一个单元格，则仅在当前工作表中进行搜索。如果选定一个单元格区域，则选择在该区域内进行搜索。如果选定多个工作表，则在多个工作表中进行搜索。

1) 查找数据

步骤 1　打开随书素材中“素材\ch10\学生成绩表.xlsx”文件，单击【开始】选项卡【编辑】中的【查找和选择】按钮，在下拉列表中选择【查找】，如图 10-32 所示。

步骤 2　在【查找和替换】对话框的【查找内容】文本框中输入要查找的内容，单击【查找下一个】按钮，系统会查找下一个符合条件的单元格，并且这个单元格会自动被选中，如图 10-33 所示。还可以按【Ctrl + F】组合键打开【查找和替换】对话框。

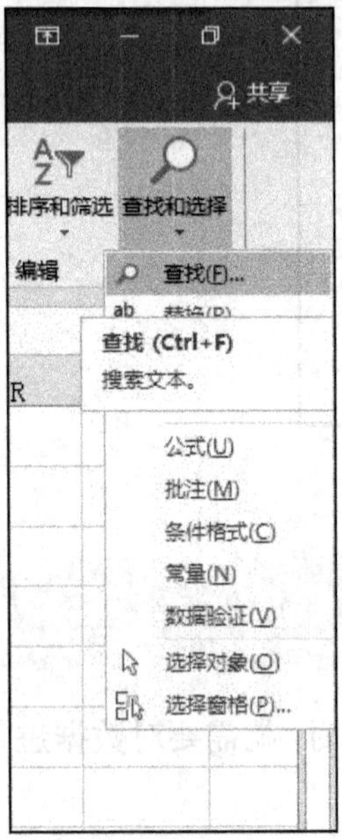

图 10-32　查找菜单项

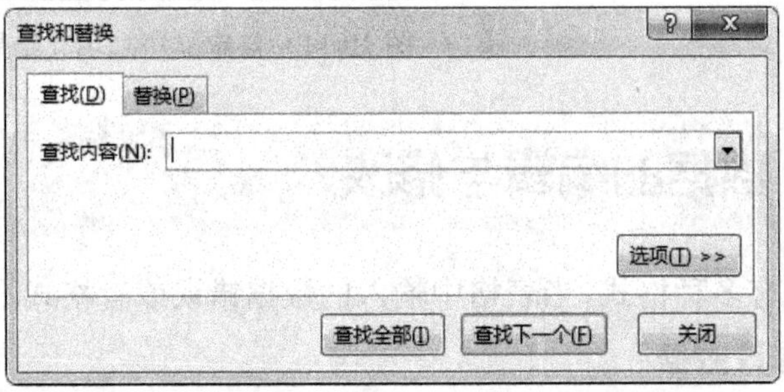

图 10-33　【查找和替换】对话框

步骤 3　单击【查找和替换】对话框中的【选项】按钮，可以设置查找的格式、范围、方式(按行或按列)等，如图 10-34 所示。

步骤 4　单击【全部查找】按钮，则会列出所有符合条件的记录，单击每一个记录即可快速定位到该记录所在的单元格，如图 10-35 所示。

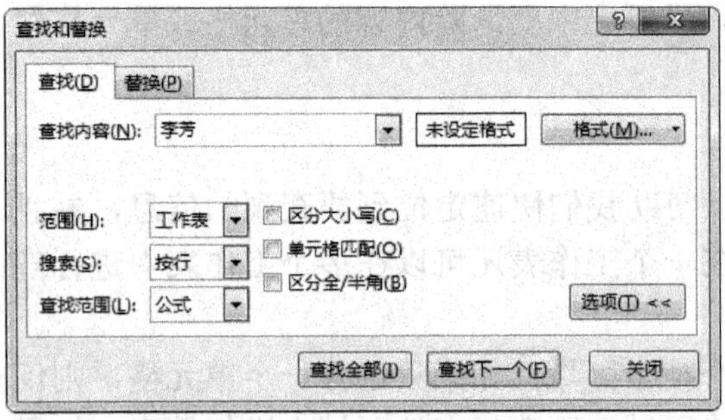

图 10-34　查找选项卡

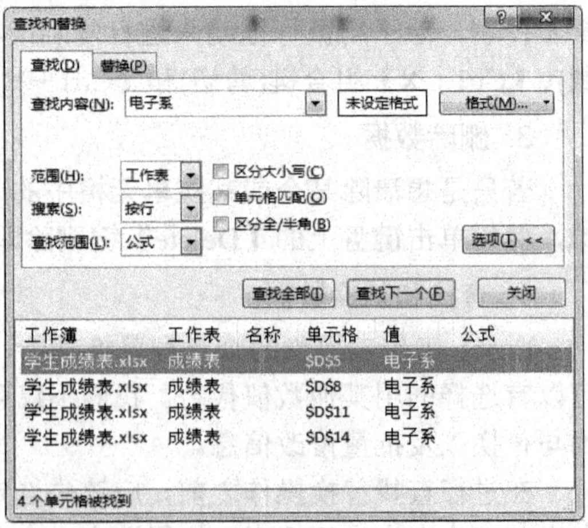

图 10-35　全部查找记录

2) 替换数据

以将内容为“电子系”的记录全部替换为“电子电工系”为例，替换数据的具体操作步骤如下：

步骤 1　打开随书素材中“素材\ch10\学生成绩表.xlsx”文件，单击【开始】选项卡【编辑】中的【查找和选择】按钮，在下拉列表中选择【替换】菜单项，如图 10-36 所示。

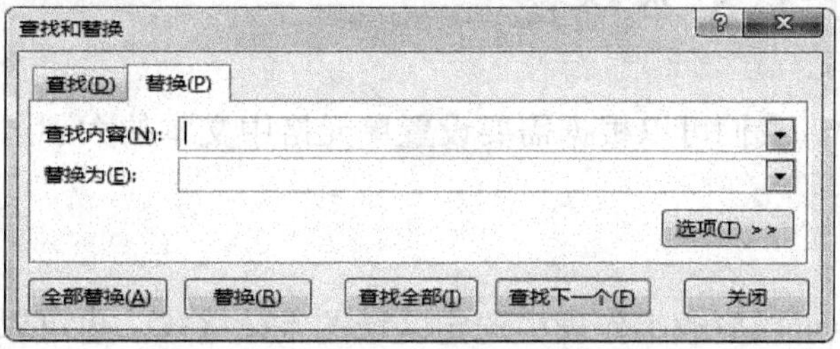

图 10-36　【查找和替换】对话框

步骤 2　在【查找和替换】对话框的【查找内容】文本框中输入要查找的内容，在【替换为】文本框中输入替换后的内容，如图 10-37 所示。

步骤 3　单击【全部替换】按钮，则可以替换选定区域中所有符合条件的单元格数据，当全部替换完成，会弹出如图 10-38 所示的提示框。

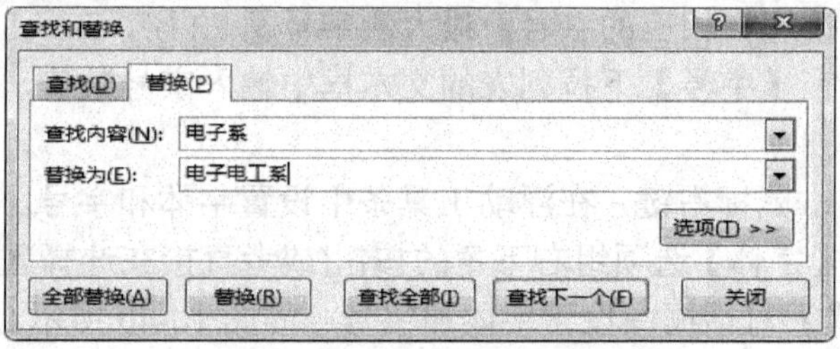

图 10-37　输入替换内容

图 10-38　【替换完成】提示框

步骤 4　单击【确定】按钮，返回 Excel 工作表。此时所有内容为“电子系”的记录均替换为“电子电工系”，如图 10-39 所示。

学生成绩表

学号	姓名	性别	系别	英语	数学	计算机	总分	平均分
0501001	王虹	女	计算机系	78	80	90		
0501002	王强	男	建筑系	91	82	89		
0501003	高文博	男	电子电工系	81	98	91		
0501004	刘丽冰	女	计算机系	76	78	91		
0501005	李雅芳	女	建筑系	67	98	87		
0501006	张立华	女	电子电工系	91	86	74		
0501007	曹雨生	男	计算机系	69	90	78		
0501008	李芳	女	建筑系	76	78	92		
0501009	徐志华	男	电子电工系	79	91	75		
0501010	李晓力	男	计算机系	56	67	78		
0501011	罗明	男	建筑系	90	78	67		
0501012	段平	男	电子电工系	75	64	88		

图 10-39　替换数据

◇ **提示：**

在进行查找和替换时，如果不能确定完整的搜索信息，可以使用通配符“？”和“*”来代替不能确定的部分信息。“？”代表一个字符，“*”代表一个或多个字符。

10.5　设置单元格文本格式

在 Excel 2016 中，我们可以根据需要设置单元格中文本的大小，颜色，方向等等。

10.5.1　设置字体

在 Excel 2016 中可以更改工作表中选定区域的字体格式，也可以更改 Excel 表格默认的字体、字号、字体颜色和文本方向等。

表格中的默认字体格式是“黑色，等线，11 号”，如果对此字体格式不满意，可以更改。字体格式设置方法如下：

首先选中需要修改字体的单元格(或单元格区域)，选择【开始】选项卡【字体】中的【字体】列表框，在下拉列表中选择需要的字体即可更改所选单元格(或单元格区域)的字体格式。在【字号】下拉列表中可以直接选择相应的字号，最大的字号是 72 磅，Excel 中支持的最大字号是 409 磅，也可以直接在【字号】下拉列表的文本框中输入字号数值，然后按【Enter】键确认。

还可以在需要改变格式的文本上单击鼠标右键，在浮动工具条中设置字体和字号。也可以在选择好需要修改的区域后，单击【字体】选项组右下角的按钮(或者直接在选择区域上单击鼠标右键)，在【设置单元格格式】对话框中设置字体和字号，如图 10-40 所示。

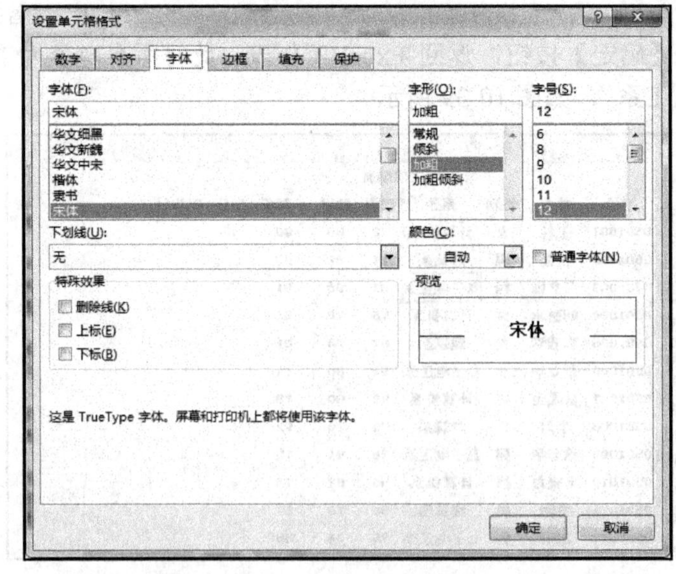

图 10-40　单元格格式对话框字体选项卡

10.5.2　设置字体颜色

Excel 2016 表格中的字体默认颜色是黑色，如果对字体颜色不满意，可以进行修改。设置字体颜色的具体操作步骤如下：

选择需要修改的单元格(或单元格区域)，单击【开始】选项卡【字体】中的【字体颜色】按钮右侧的下拉按钮，在调色板中选择需要的字体颜色即可，如图 10-41 所示。

如果调色板中没有需要的颜色，可以打开【其他颜色】选项，在【颜色】对话框的【标准】选项卡中选择需要的颜色或者在【自定义】选项卡中调整适合的颜色，单击【确定】按钮即可应用设置的字体颜色，如图 10-42 所示。

图 10-41　【字体颜色】按钮

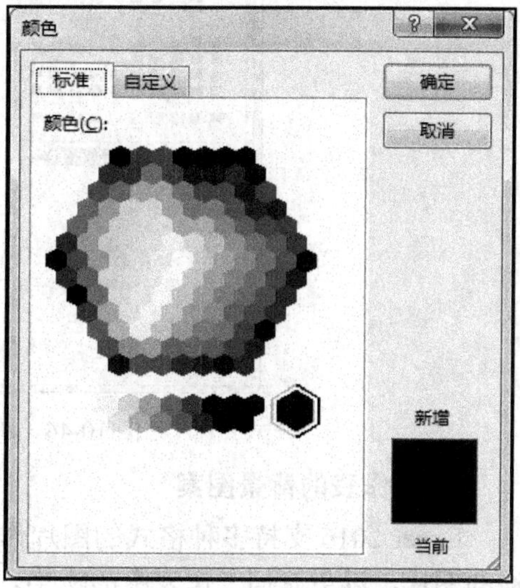

图 10-42　字体【颜色】对话框

10.5.3　设置背景颜色和图案

要使 Excel 工作表中的单元格外观更漂亮，可以为单元格设置背景颜色和背景图案。

1. 设置单元格背景颜色和填充图案

首先选中需要修改外观的单元格(或者单元格区域)，单击【开始】选项卡【字体】中的【填充颜色】按钮右侧的下拉按钮，在调色板中选择需要的填充颜色即可，如图 10-43 所示。

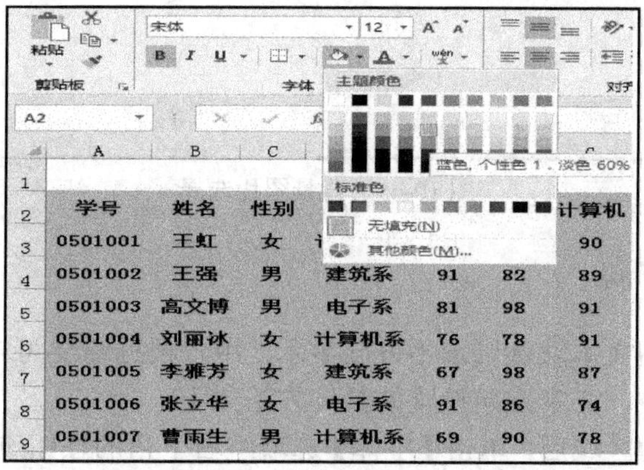

图 10-43　【填充颜色】按钮

也可以在选择好需要修改外观的区域后，单击【字体】选项组右下角的按钮，或者直接在选择区域上单击鼠标右键，在【设置单元格格式】对话框中的【填充】选项卡里进行相应设置，单击【确定】按钮即可完成填充背景颜色和填充图案的修改，如图 10-44 所示。

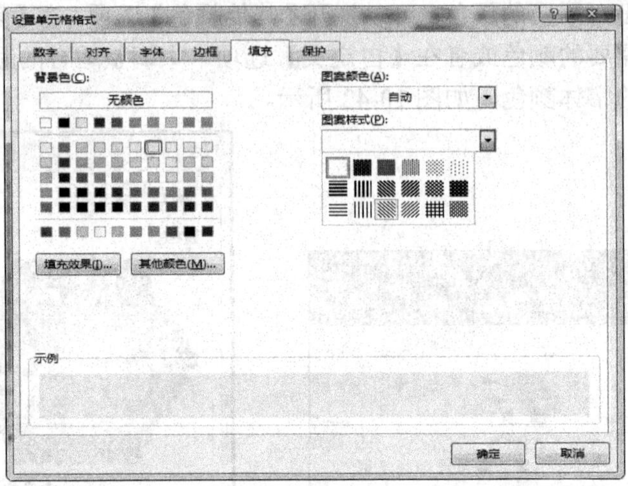

图 10-44　单元格背景和填充图案设置

2. 工作表的背景图案

Excel 2016 支持多种格式的图片作为背景图案。工作表的背景图案一般选用颜色比较淡的图片，以免遮挡工作表中的文字。其具体操作步骤如下：

选择需要设置背景的工作表，单击【页面布局】选项卡【页面设置】中【背景】按钮，在【插入图片】对话框中选择图片的来源，单击【插入】按钮，即可设置图片为工作表背景，如图 10-45 所示。

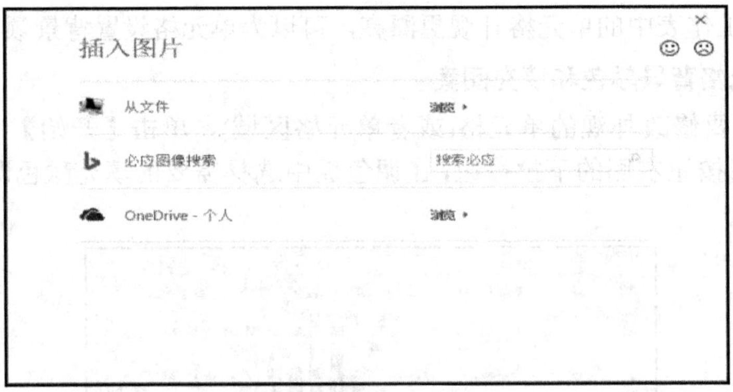

图 10-45　背景图片选择

10.5.4　设置文本方向

在 Excel 2016 中的文本默认以水平方向显示，用户根据需要可以调整其方向，以不同的角度显示在工作表中。文本方向设置的具体方法如下：

选择好需要修改的区域后，单击【字体】选项组右下角的按钮(或者直接在选择区域上单击鼠标右键)，在【设置单元格格式】对话框中的【对齐】选项卡内进行相应设置，单击【确定】按钮即可完成字体方向的修改，如图 10-46 所示。

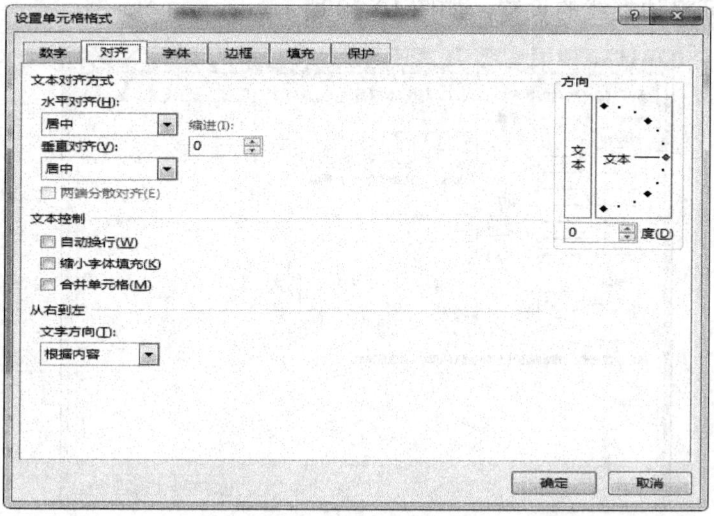

图 10-46　【设置单元格格式】对话框字体方向选项卡

10.5.5　设置边框

在 Excel 2016 工作表中，工作表的表格线默认为灰色，打印不出来，如果需要将表格线打印出来，就需要对表格边框进行相应的设置。

1. 使用功能区进行边框设置

选择好需要修改的区域后，选择【字体】选项组【边框】下拉三角按钮中的【所有框线】选项，即可对所选区域添加边框，如图 10-47 所示。

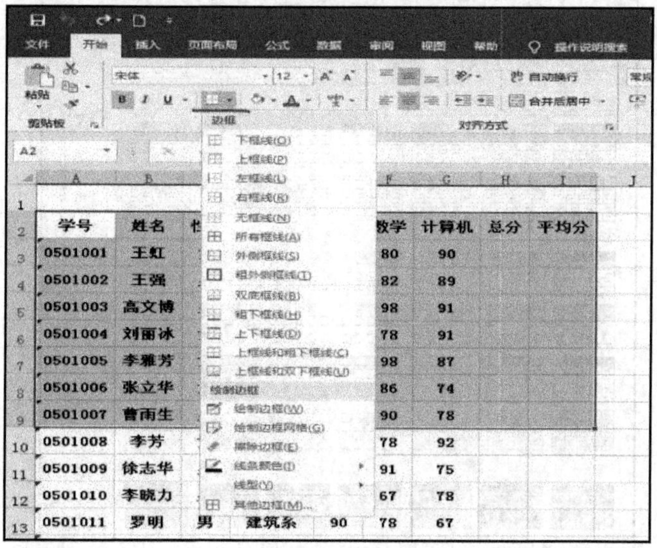

图 10-47　功能区设置边框

2. 使用对话框设置边框线

选择好需要修改的区域后，单击【字体】选项组右下角的按钮(或直接在选择区域上单击鼠标右键)在【设置单元格格式】对话框【边框】选项卡内进行相应设置，单击【确定】

按钮即可完成单元格边框线的设置，如图 10-48 所示。

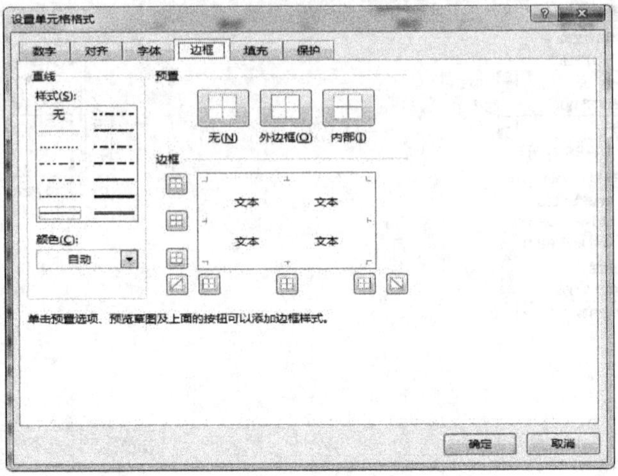

图 10-48　单元格格式对话框边框选项卡

10.5.6　设置表格样式

Excel 2016 中提供了 60 种自动套用表格格式，可以从众多预设好的样式中选择一种快速的套用在工作表中。设置表格样式的具体方法如下：

打开 Excel 文件，选择需要套用表格样式的工作表区域，单击【开始】选项卡【样式】选项组中的【套用表格格式】按钮，在下拉菜单中选择想用的格式即可，如图 10-49 所示。

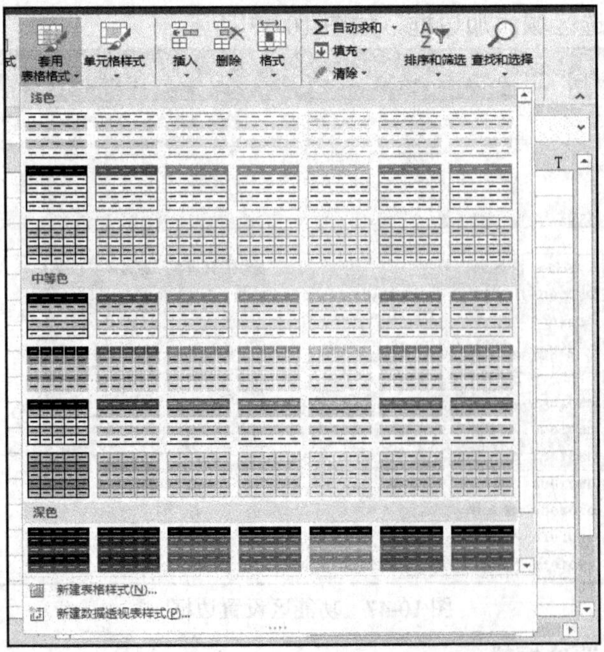

图 10-49　自动套用表格格式

如果内置的表格样式不能满足需要，还可以自定义表格样式。在下拉菜单中选择【新建表格样式】，在【新建表格样式】对话框中进行相关设置后单击【确定】按钮即可完成表格样式的设定，如图 10-50 所示。

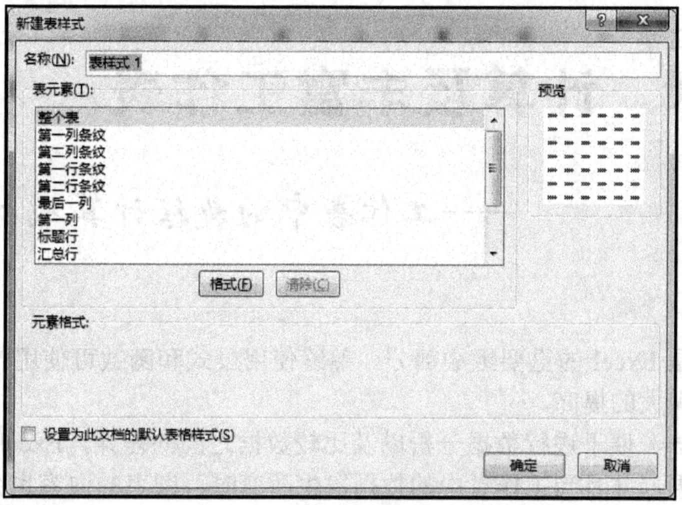

图 10-50　【新建表样式】对话框

10.5.7　设置单元格样式

Excel 2016 中内置的单元格样式包括单元格文本样式、背景样式、标题样式和数字样式等。设置单元格样式的具体方法如下：

打开 Excel 文件，选择需要套用单元格样式的工作表区域，选择【开始】选项卡【样式】中的【单元格样式】按钮，在下拉菜单中选择想用的单元格样式即可，如图 10-51 所示。

如果内置的单元格样式不能满足需要，还可以新建单元格样式。在下拉菜单中选择【新建单元格样式】，在【样式】对话框中进行相关设置后单击【确定】按钮即可完成表格样式的设定，如图 10-52 所示。

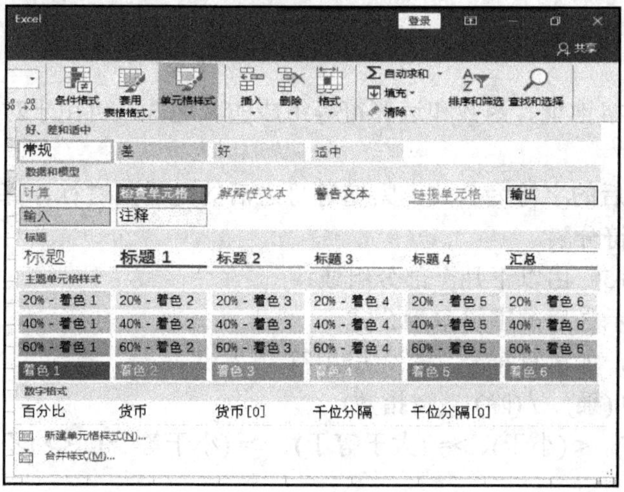

图 10-51　单元格样式

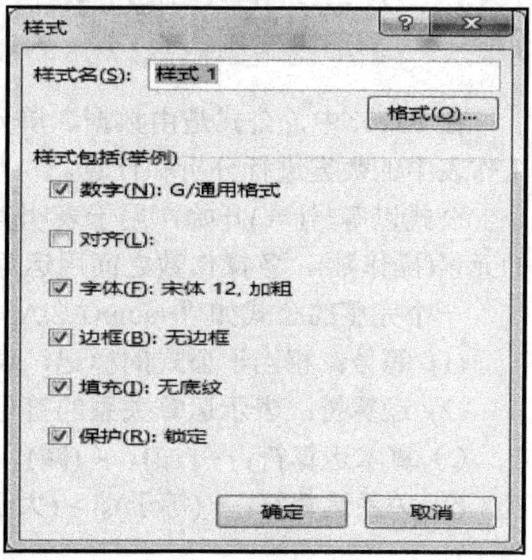

图 10-52　【新建单元格样式】对话框

第 11 章 计算及丰富工作表

——工作表中的数据计算及内容丰富

公式和函数是 Excel 的重要组成部分，熟练使用公式和函数可使用户分析和处理工作表中数据的效率大大的提高。

图表直观简洁、便于进行数据分析以及比较数据之间的差异，Excel 可以用图表的形式表示工作表数据，并且当工作表中的数据发生改变时，图表的内容也会随之自动更新。同时还可以通过在图表上还能增加数据标记、图例、标题、文字、网格线、趋势线和误差线等来美化图表或强调某些重要信息。

本章的学习目标如下：

(1) 掌握使用公式计算数据的方法。

(2) 掌握使用函数计算数据的方法。

(3) 掌握内置函数的使用方法。

(4) 掌握自定义函数的使用方法。

(5) 掌握使用图表的方法。

(6) 掌握图片美化工具的使用。

11.1 公式的基本操作

在 Excel 中，公式是由数据、单元格地址、函数和运算符等组成的表达式，可用于对工作表中的数据进行分析和计算。

公式以等号(=)开始，用于表明其后的字符为公式。紧随等号之后的是需要进行计算的元素(操作数)，各操作数之间用运算符分隔。

一个完整的公式如“=sum(A2:A5)+5”由以下几个部分组成：

(1) 等号：相当于公式的标记，表示之后的字符串为公式。

(2) 运算符：表示运算关系的符号，如运算符号“+”、引用符号“ : ”。

① 算术运算符：+ (加)、- (减)、* (乘)、/ (除)、^ (指数)。

② 关系运算符：= (等于)、> (大于)、< (小于)、>= (大于等于)、<= (小于等于)、<> (不等于)。

③ 比较运算符：用于比较两个数值的大小，其结果为逻辑值 TRUE 或者 FALSE。

④ 文本运算符：可将一个或多个文本连接起来组合成一个文本值。

(3) 函数：一些预定义的计算关系，可将参数按特定的顺序或结构进行计算，如上面的求和函数“sum”。

(4) 单元格引用：参与计算的单元格或单元格范围，如上面的单元格范围“A2:A5”。

(5) 常量：参与计算的常数，如上面的数值“5”。

在公式中利用括号可以改变运算的级别及优先顺序。

【操作样例 11.1】 计算“学生成绩表”中的“总分”，总分＝英语＋数学＋计算机。

具体操作步骤如下：

步骤 1　打开随书素材“素材\ch11\学生成绩表.xlsx”文件，选定放置结果的单元格 H3。在单元格中双击鼠标左键(或在编辑栏中单击鼠标左键)，光标开始闪烁，表示可以输入公式内容，如图 11-1 所示。

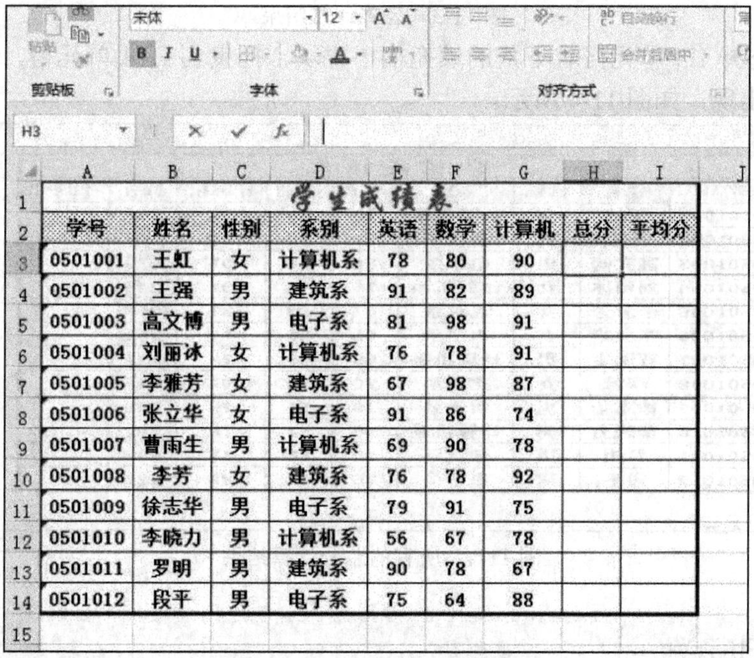

学生成绩表

学号	姓名	性别	系别	英语	数学	计算机	总分	平均分
0501001	王虹	女	计算机系	78	80	90		
0501002	王强	男	建筑系	91	82	89		
0501003	高文博	男	电子系	81	98	91		
0501004	刘丽冰	女	计算机系	76	78	91		
0501005	李雅芳	女	建筑系	67	98	87		
0501006	张立华	女	电子系	91	86	74		
0501007	曹雨生	男	计算机系	69	90	78		
0501008	李芳	女	建筑系	76	78	92		
0501009	徐志华	男	电子系	79	91	75		
0501010	李晓力	男	计算机系	56	67	78		
0501011	罗明	男	建筑系	90	78	67		
0501012	段平	男	电子系	75	64	88		

图 11-1　选择编辑栏

步骤 2　首先输入“=”，然后用鼠标单击 E3，再输入“+”，再用鼠标单击 F3，再输入“+”，最后再用鼠标单击 G3，如图 11-2 所示。

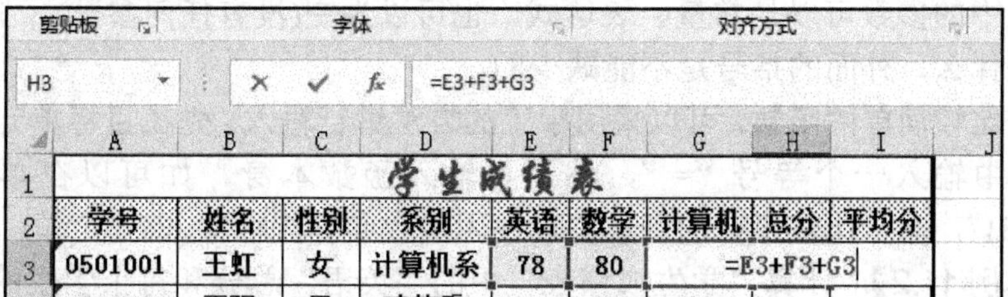

学生成绩表

学号	姓名	性别	系别	英语	数学	计算机	总分	平均分
0501001	王虹	女	计算机系	78	80	=E3+F3+G3		
0501002	王强	男	建筑系	91	82	89		
0501003	高文博	男	电子系	81	98	91		

图 11-2　输入公式

步骤 3　单击【Enter】键(或者点击编辑栏上的【 √ 】按钮)，即可完成计算，如图 11-3 所示。

学生成绩表								
学号	姓名	性别	系别	英语	数学	计算机	总分	平均分
0501001	王虹	女	计算机系	78	80	90	248	
0501002	王强	男	建筑系	91	82	89		
0501003	高文博	男	电子系	81	98	91		
0501004	刘丽冰	女	计算机系	76	78	91		
0501005	李雅芳	女	建筑系	67	98	87		
0501006	张立华	女	电子系	91	86	74		
0501007	曹雨生	男	计算机系	69	90	78		
0501008	李芳	女	建筑系	76	78	92		

图 11-3　公式计算结果

步骤 4　选择 H3 单元格右下角的填充柄小方块，拖曳到 H14 单元格，则所有的总分计算结果就会出现，如图 11-4 所示。

学生成绩表								
学号	姓名	性别	系别	英语	数学	计算机	总分	平均分
0501001	王虹	女	计算机系	78	80	90	248	
0501002	王强	男	建筑系	91	82	89	262	
0501003	高文博	男	电子系	81	98	91	270	
0501004	刘丽冰	女	计算机系	76	78	91	245	
0501005	李雅芳	女	建筑系	67	98	87	252	
0501006	张立华	女	电子系	91	86	74	251	
0501007	曹雨生	男	计算机系	69	90	78	237	
0501008	李芳	女	建筑系	76	78	92	246	
0501009	徐志华	男	电子系	79	91	75	245	
0501010	李晓力	男	计算机系	56	67	78	201	
0501011	罗明	男	建筑系	90	78	67	235	
0501012	段平	男	电子系	75	64	88	227	
总计								

图 11-4　所有的总分计算结果

11.2　使用函数

Excel 中的函数其实是一些预定义的公式，它们使用一些被称为参数的特定数值按照特定的方式进行计算。函数的一般格式为：函数名(参数列表)。

参数列表中的参数可以是常量、表达式，也可以为空(没有任何参数)。但无论参数列表中的内容是什么，外面的括号是不能缺少的。

对于一些比较简单的函数，可以采用手工的方法进行输入。先在目标单元格(或其所对应的编辑栏)中输入一个等号“=”，然后再输入函数本身，如可以在单元格中输入“=sum(E3:G3)”，对于比较复杂的函数可以使用函数向导进行输入。

【操作样例 11.2】 计算“学生成绩表”中的“英语”总分和每个学生的平均成绩。

其具体操作步骤如下：

步骤 1　打开随书素材“素材\ch11\学生成绩表.xlsx”文件，选定放置结果的单元格 E16。在单元格中双击(或在编辑栏中单击鼠标左键)，光标开始闪烁，输入“=sum(E3:E14)”，如图 11-5 所示。

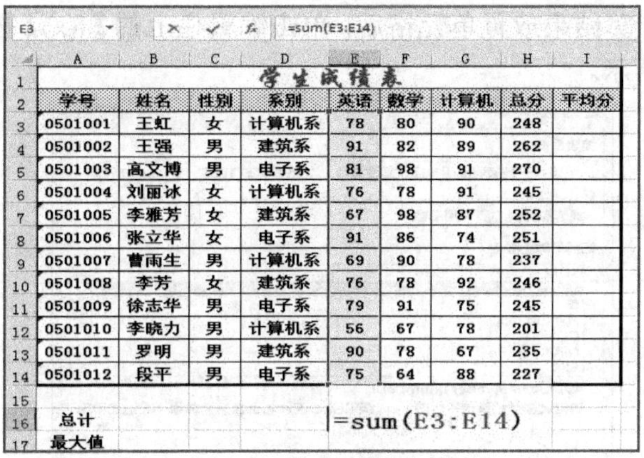

图 11-5　输入求和函数

步骤 2　单击【Enter】键，即可显示计算结果，如图 11-6 所示。

步骤 3　选定放置结果的单元格 I3。在单元格中双击(或在编辑栏中单击鼠标左键)，光标开始闪烁，单击【开始】选项【编辑】中【Σ 自动求和】按钮右侧下拉菜单中的【平均值】选项，如图 11-7 所示。

图 11-6　英语求和结果

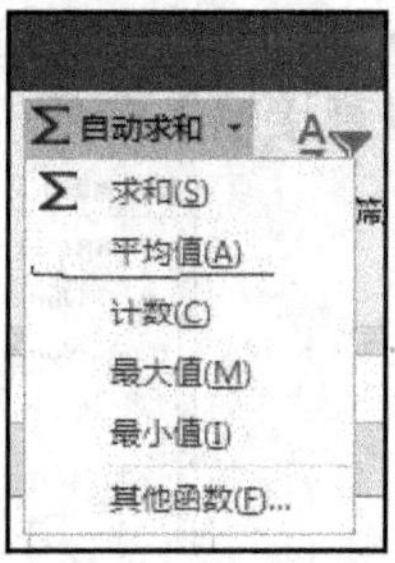

图 11-7　选择平均值函数

步骤 4　在数据项选择界面进行数据拖选，如图 11-8 所示。

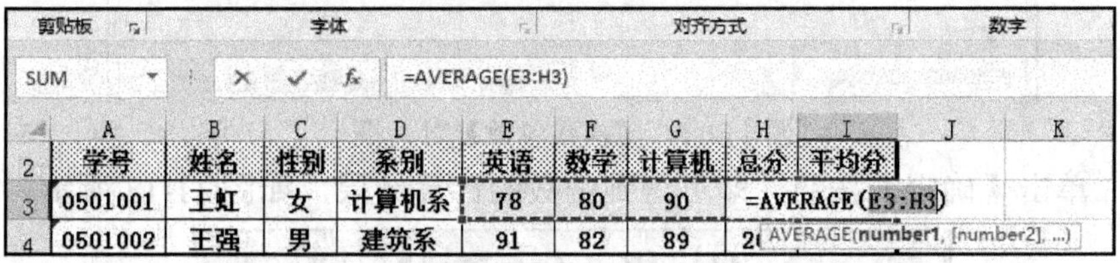

图 11-8　平均值函数计算选择项

步骤 5　单击【Enter】键，即可显示计算结果，如图 11-9 所示。

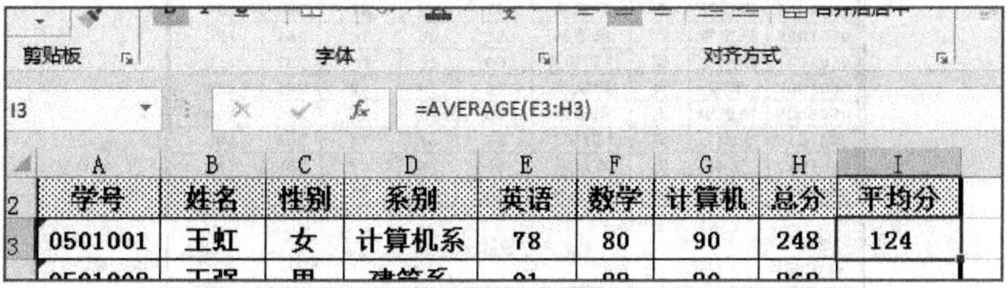

图 11-9　平均分计算结果

除了上述求平均值的方法，还可以使用函数对话框来求平均值。其具体操作步骤如下：

步骤 1　在选中计算结果放置单元格后，单击编辑栏上的【f(x)】按钮打开【插入函数】对话框，如图 11-10 所示。

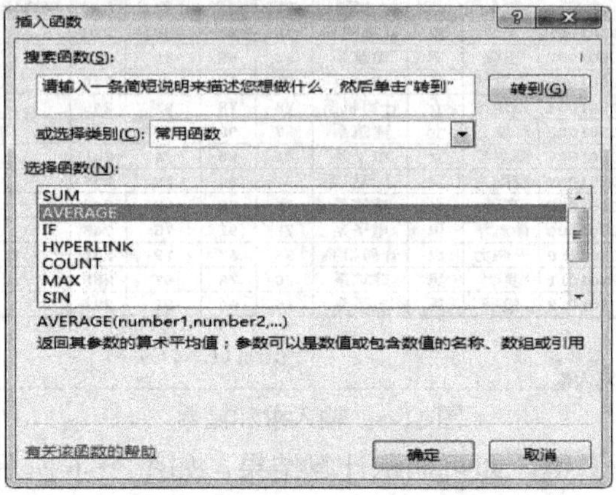

图 11-10　【插入函数】对话框

步骤 2　在【或选择类别】下拉列表框中选择【常用函数】。

步骤 3　在【选择函数】列表框中选择“AVERAGE”函数。

步骤 4　单击【确定】按钮，打开【函数参数】对话框，如图 11-11 所示。在参数框中既可以直接输入参数，也可以通过【切换】按钮到工作表中选取数据区域。

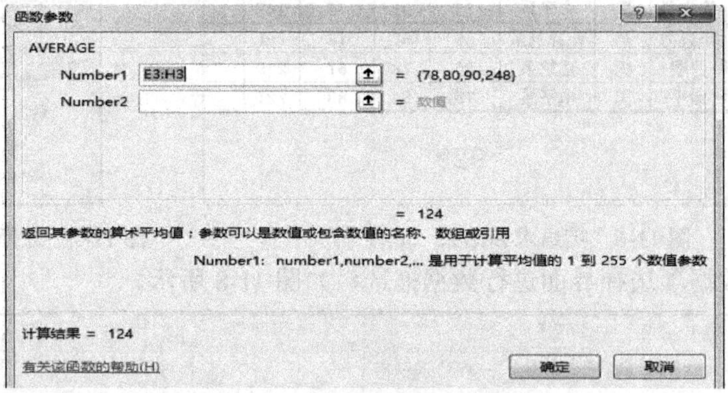

图 11-11　【函数参数】对话框

步骤 5　单击【确定】按钮，即可得到函数的计算结果，如图 11-12 所示。

A	B	C	D	E	F	G	H	I
学号	姓名	性别	系别	英语	数学	计算机	总分	平均分
0501001	王虹	女	计算机系	78	80	90	248	124
0501002	王强	男	建筑系	91	82	89	262	131
0501003	高文博	男	电子系	81	98	91	270	135
0501004	刘丽冰	女	计算机系	76	78	91	245	123
0501005	李雅芳	女	建筑系	67	98	87	252	126
0501006	张立华	女	电子系	91	86	74	251	126
0501007	曹雨生	男	计算机系	69	90	78	237	119
0501008	李芳	女	建筑系	76	78	92	246	123
0501009	徐志华	男	电子系	79	91	75	245	123
0501010	李晓力	男	计算机系	56	67	78	201	101
0501011	罗明	男	建筑系	90	78	67	235	118
0501012	段平	男	电子系	75	64	88	227	114
总计			929					
最大值								

图 11-12　平均分计算结果

11.3　设置行高和列宽

【操作样例 11.3】 将“学生成绩表”中的数据区域设置为：行高 20；列宽为自动调整列宽。

具体操作步骤如下：

步骤 1　打开随书素材“素材\ch11\学生成绩表.xlsx”文件，选中 A2:I14，单击【开始】选项中【单元格】的【格式】选项下拉菜单中的【行高】，如图 11-13 所示。

步骤 2　在【行高】对话框中输入“20”，如图 11-14 所示。

步骤 3　选中 A2:I14，单击【开始】选项中【单元格】的【格式】选项下拉菜单中的【自动调整列宽】，如图 11-15 所示。

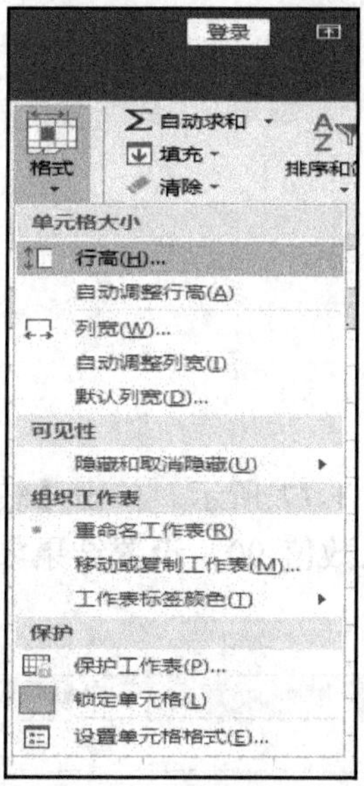

图 11-13　在单元格格式中选择行高

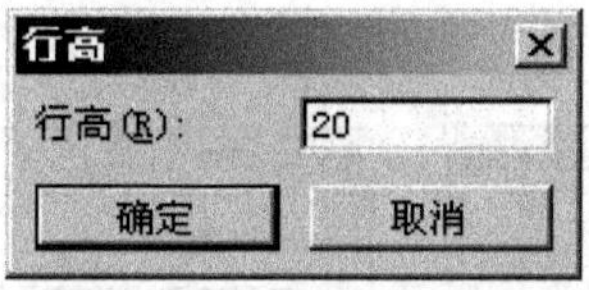

图 11-14　“行高”对话框

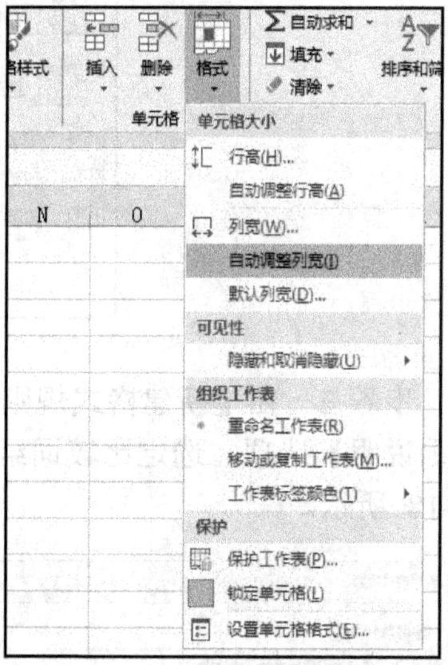

图 11-15　设置自动调整列宽

◇ **提示：**

行高和列宽的粗略调整还可以用鼠标拖动的方法来改变。

11.4　设置条件格式

在工作表中可以设置单元格的条件格式来突出显示满足设定条件的数据。如果所选单元格的数据满足指定的条件，则系统会自动将条件格式应用于单元格上。

【操作样例 11.4】 “将学生成绩表”中“英语成绩”大于等于 90 分的单元格的格式为加粗、倾斜，颜色为蓝色。

具体操作步骤如下：

步骤 1　打开随书素材“素材\ch11\学生成绩表.xlsx”文件，选中需设置格式的单元格区域 E3:E14，单击【开始】选项中【样式】的【条件格式】下拉菜单中的【突出显示单元格规则】，在其子菜单中选择【其他规则】，如图 11-16 所示。

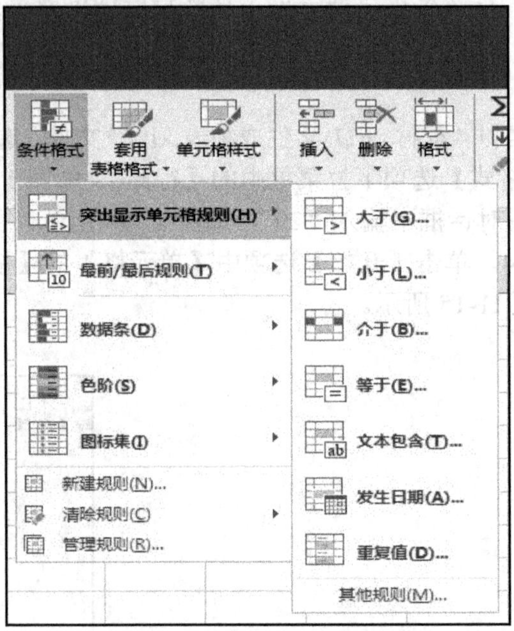

图 11-16　条件格式选项

步骤 2　在【新建格式规则】对话框中进行相关设置，如图 11-17 所示。单击【编辑规则说明】选项，选定比较词组【大于或等于】，在数值框内键入数值 90，设置结果如图 11-18 所示。

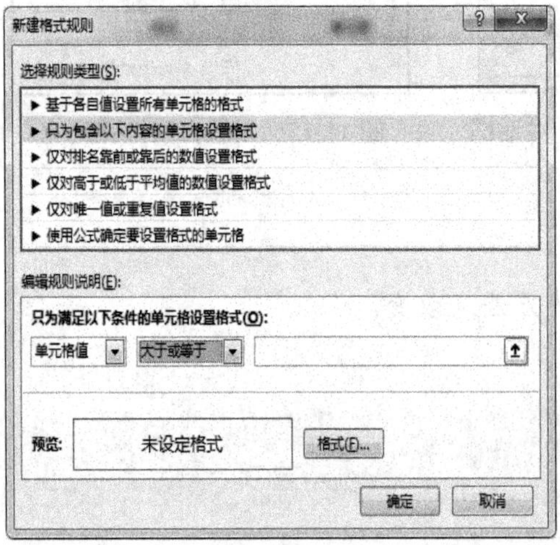

图 11-17　【新建格式规则】对话框

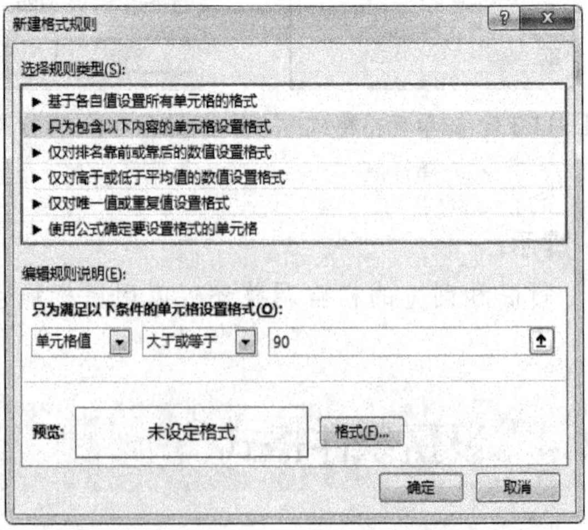

图 11-18　设置格式条件

步骤 3　单击【格式】按钮，在【设置单元格格式】对话框中设置加粗、倾斜，蓝色，如图 11-19 所示。

步骤 4 单击【确定】按钮完成设置，工作表中单元格条件设置的效果如图 11-20 所示。

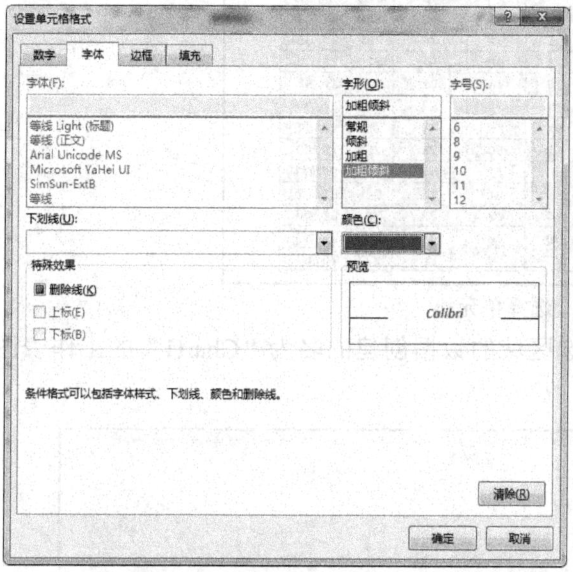

图 11-19 【设置单元格格式】对话框

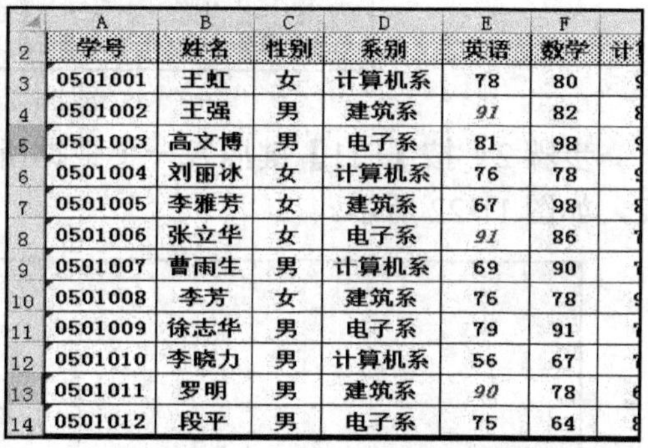

	A	B	C	D	E	F
2	学号	姓名	性别	系别	英语	数学
3	0501001	王虹	女	计算机系	78	80
4	0501002	王强	男	建筑系	91	82
5	0501003	高文博	男	电子系	81	98
6	0501004	刘丽冰	女	计算机系	76	78
7	0501005	李雅芳	女	建筑系	67	98
8	0501006	张立华	女	电子系	91	86
9	0501007	曹雨生	男	计算机系	69	90
10	0501008	李芳	女	建筑系	76	78
11	0501009	徐志华	男	电子系	79	91
12	0501010	李晓力	男	计算机系	56	67
13	0501011	罗明	男	建筑系	90	78
14	0501012	段平	男	电子系	75	64

图 11-20 英语成绩条件格式设置结果

可使用公式作为格式条件对选定单元格中的数据或条件进行设置。用户不但可以对所选区域设置条件格式，还可以通过【条件格式】对话框中的【添加】按钮来完成多条件格式设置，条件格式数最多为 3 个。

11.5 使用图表

Excel 2016 不但提供了多种内部的图表类型，而且用户还可以自定义图表。通过插入图表，我们可以更加直观地分析数据的走向和差异，通过添加图片、形状、艺术字等元素，能够丰富工作表内容。

11.5.1 创建图表的方法

在 Excel 2016 中，创建图表的方法有：使用快捷键创建、使用功能区创建和使用图表向导创建。

1. 使用快捷键创建图表

通过【F11】键或者【Alt + F1】组合键都可以快速地创建图表。不同的是，前者只能创建工作表图表，而后者只能创建嵌入式图表。嵌入式图表是与工作表数据在一起或者与其他嵌入式图表在一起的图表，而工作表图表是特定的工作表，是单独的图表。

使用快捷键创建图表的具体操作步骤如下：

步骤 1 打开随书素材中“素材\ch11\学生成绩表.xlsx”文件，选中 A1:I14 单元格区域，如图 11-21 所示。

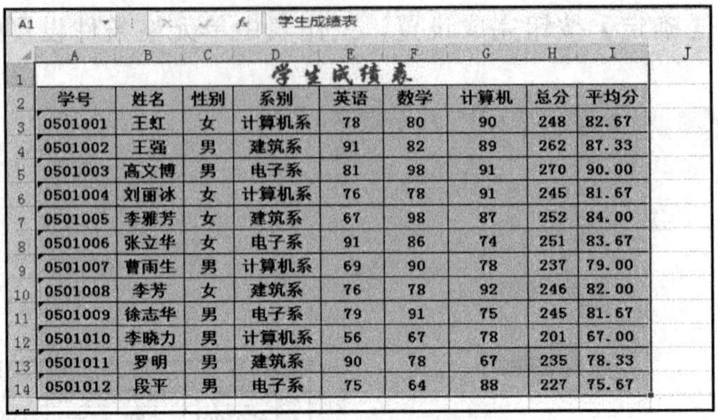

A1　学生成绩表

学号	姓名	性别	系别	英语	数学	计算机	总分	平均分
0501001	王虹	女	计算机系	78	80	90	248	82.67
0501002	王强	男	建筑系	91	82	89	262	87.33
0501003	高文博	男	电子系	81	98	91	270	90.00
0501004	刘丽冰	女	计算机系	76	78	91	245	81.67
0501005	李雅芳	女	建筑系	67	98	87	252	84.00
0501006	张立华	女	电子系	91	86	74	251	83.67
0501007	曹雨生	男	计算机系	69	90	78	237	79.00
0501008	李芳	女	建筑系	76	78	92	246	82.00
0501009	徐志华	男	电子系	79	91	75	245	81.67
0501010	李晓力	男	计算机系	56	67	78	201	67.00
0501011	罗明	男	建筑系	90	78	67	235	78.33
0501012	段平	男	电子系	75	64	88	227	75.67

图 11-21　选择单元格

步骤 2　按【F11】键插入一个根据所选区域的数据创建的名为“Chart1”的工作表图表，如图 11-22 所示。

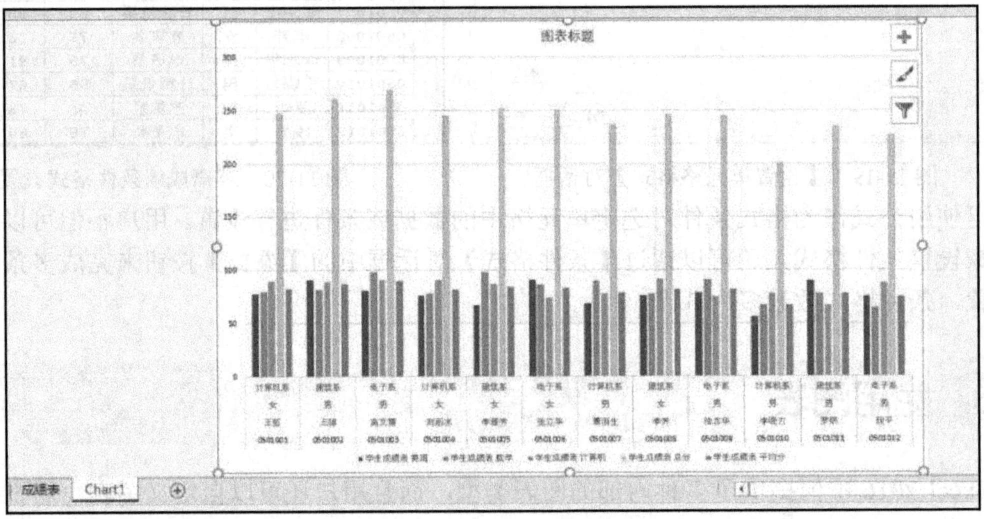

图 11-22　创建工作表图表

步骤 3　单击“成绩表”标签，返回到工作表中，选中 A1:I14 单元格区域，按下【Alt + F1】组合键，在当前工作表中插入一个嵌入式图表，如图 11-23 所示。

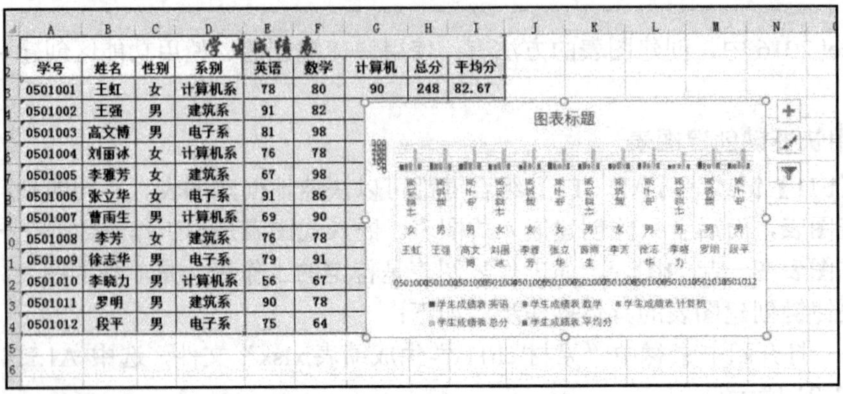

图 11-23　创建嵌入式图表

2. 使用功能区创建图表

使用功能区创建图表是最常用的方法，其具体操作步骤如下：

打开随书素材中“素材\ch11\学生成绩表.xlsx”文件，选中 A1:I14 单元格区域，单击【插入】选项卡【图表】中的【柱形图】按钮，在下拉列表框中选择【簇状柱形图】选项，如图 11-24 所示。此时即可创建一个簇状柱形图，如图 11-25 所示。

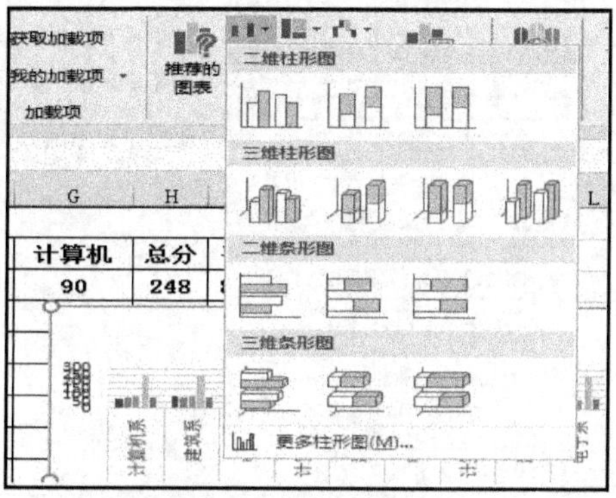

图 11-24　选择图表类型

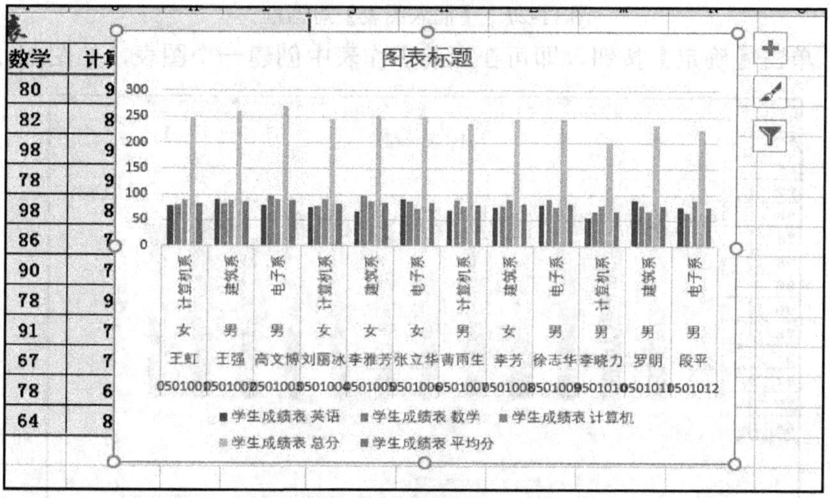

图 11-25　创建簇状柱形图

3. 使用图表向导创建图表

使用图表向导创建图表的具体操作步骤如下：

步骤 1　打开随书素材中“素材\ch11\学生成绩表.xlsx”文件，选中 A1:I14 单元格区域，单击【插入】选项卡【图表】右下角的展开按钮，如图 11-26 所示。

图 11-26　图表向导按钮

步骤 2　在【插入图表】对话框中任意选择一种图表类型，如图 11-27 所示。

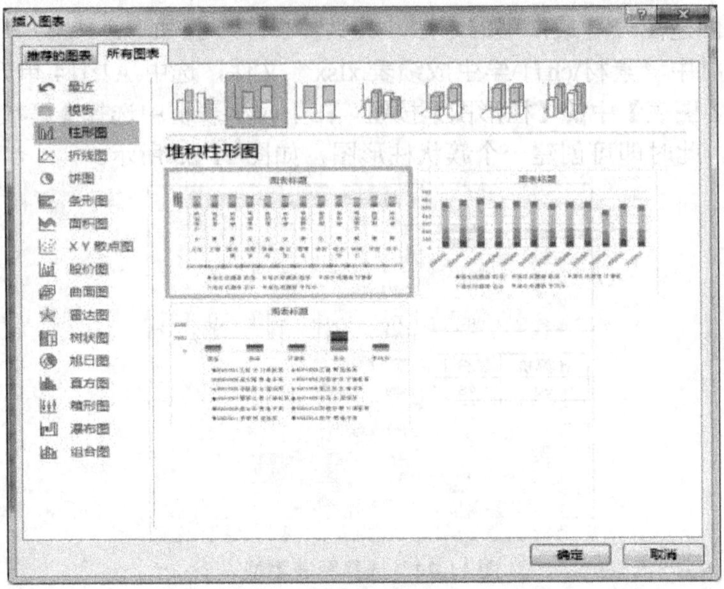

图 11-27　【插入图表】对话框

步骤 3　单击【确定】按钮，即可在当前工作表中创建一个图表，如图 11-28 所示。

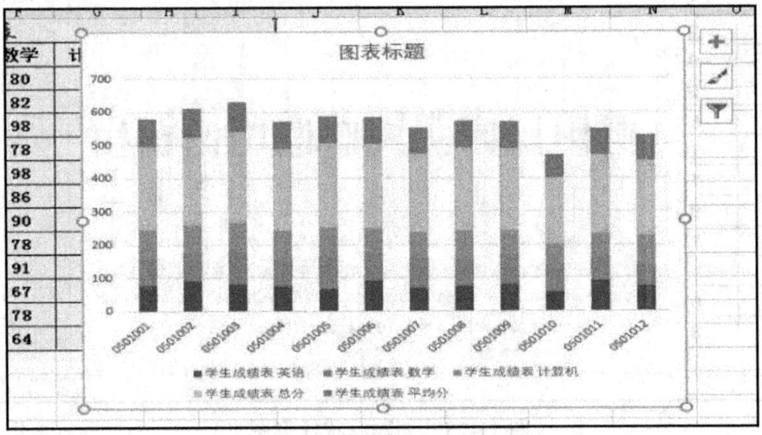

图 11-28　创建图表

11.5.2　创建迷你图

迷你图是一种小型图表，可放在工作表内任意的单个单元格中，迷你图表可以显示一系列数值的趋势。若要创建迷你图表，必须先要选中要分析的数据区域，然后再选中要放置迷你图的位置。

在 Excel 2016 中提供了三种类型的迷你图：柱形图、折线图和盈亏图。本节以柱形图为例，介绍迷你图表的创建，其具体操作步骤如下：

步骤 1　打开随书素材中“素材\ch11\学生成绩表.xlsx”文件，将光标定位在数据区域内的任意单元格，单击【插入】选项卡【迷你图】中的【折线图】按钮，如图 11-29 所示。

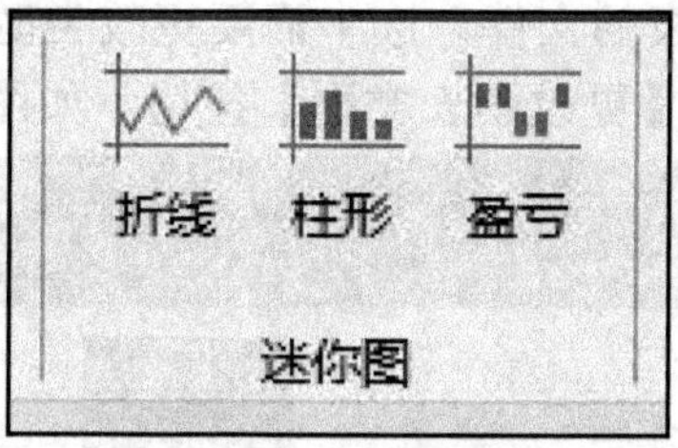

图 11-29　单击迷你图中柱形图按钮

步骤 2　在【创建迷你图】对话框中，选择数据范围 B3:I14，在【位置范围】框中选择放置迷你图的位置，如图 11-30 所示。单击【确定】按钮，迷你图即创建完成，如图 11-31 所示。

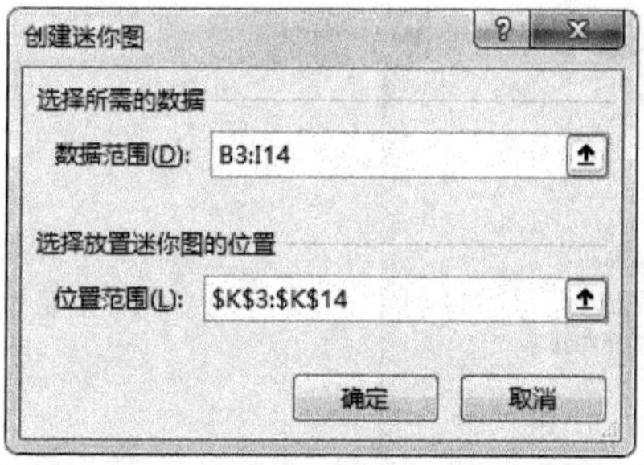

图 11-30　【创建迷你图】对话框

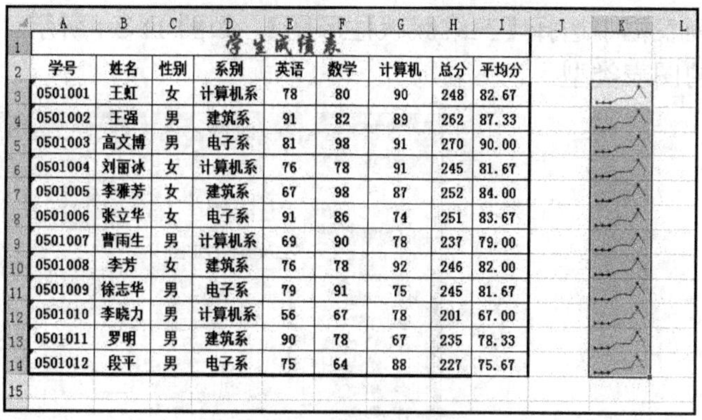

学生成绩表								
学号	姓名	性别	系别	英语	数学	计算机	总分	平均分
0501001	王虹	女	计算机系	78	80	90	248	82.67
0501002	王强	男	建筑系	91	82	89	262	87.33
0501003	高文博	男	电子系	81	98	91	270	90.00
0501004	刘丽冰	女	计算机系	76	78	91	245	81.67
0501005	李雅芳	女	建筑系	67	98	87	252	84.00
0501006	张立华	女	电子系	91	86	74	251	83.67
0501007	曹雨生	男	计算机系	69	90	78	237	79.00
0501008	李芳	女	建筑系	76	78	92	246	82.00
0501009	徐志华	男	电子系	79	91	75	245	81.67
0501010	李晓力	男	计算机系	56	67	78	201	67.00
0501011	罗明	男	建筑系	90	78	67	235	78.33
0501012	段平	男	电子系	75	64	88	227	75.67

图 11-31　创建迷你图

步骤 3　在【设计】选项卡的【显示】中，选中【高点】和【低点】复选框，此时迷你图中会将最高点和最低点标识出来，如图 11-32 所示。

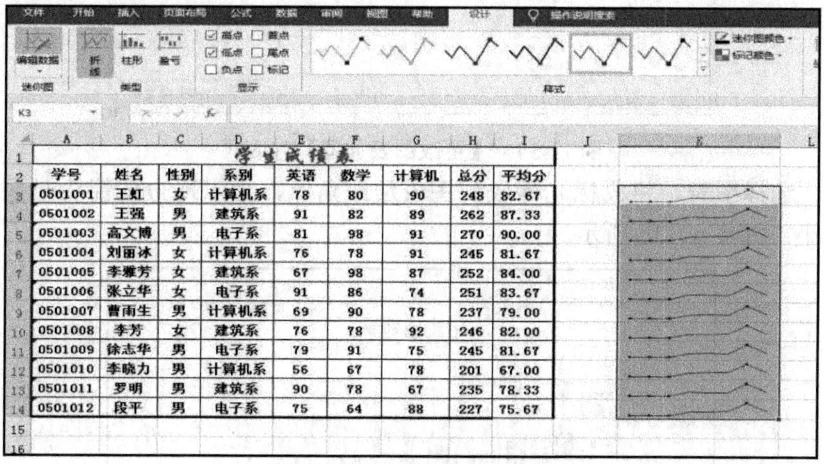

学生成绩表								
学号	姓名	性别	系别	英语	数学	计算机	总分	平均分
0501001	王虹	女	计算机系	78	80	90	248	82.67
0501002	王强	男	建筑系	91	82	89	262	87.33
0501003	高文博	男	电子系	81	98	91	270	90.00
0501004	刘丽冰	女	计算机系	76	78	91	245	81.67
0501005	李雅芳	女	建筑系	67	98	87	252	84.00
0501006	张立华	女	电子系	91	86	74	251	83.67
0501007	曹雨生	男	计算机系	69	90	78	237	79.00
0501008	李芳	女	建筑系	76	78	92	246	82.00
0501009	徐志华	男	电子系	79	91	75	245	81.67
0501010	李晓力	男	计算机系	56	67	78	201	67.00
0501011	罗明	男	建筑系	90	78	67	235	78.33
0501012	段平	男	电子系	75	64	88	227	75.67

图 11-32　标识最高点和最低点

11.5.3　更改图表类型

在建立图表时已经选择了图表类型，如果用户觉得创建的图表不能直观的表达工作表中的数据，就可以更改图表的类型，具体操作步骤如下：

步骤 1　打开需要修改图表的文件，选中需要更改类型的图表，切换到【图表工具】选项卡中，在【设计】中单击【更改图表类型】按钮，如图 11-33 所示。

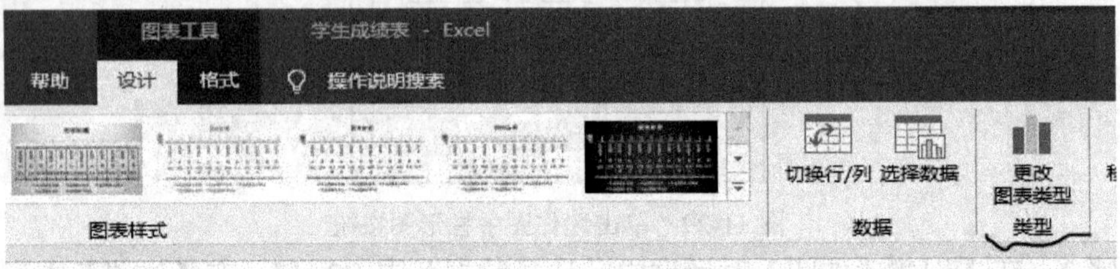

图 11-33　【更改图表类型】按钮

步骤 2　在【更改图表类型】对话框的【图表类型】列表框中选择【柱形图】，然后在列表框中选择【三维簇状柱形图】，如图 11-34 所示。单击【确定】按钮，即可得到更改后的图表类型。

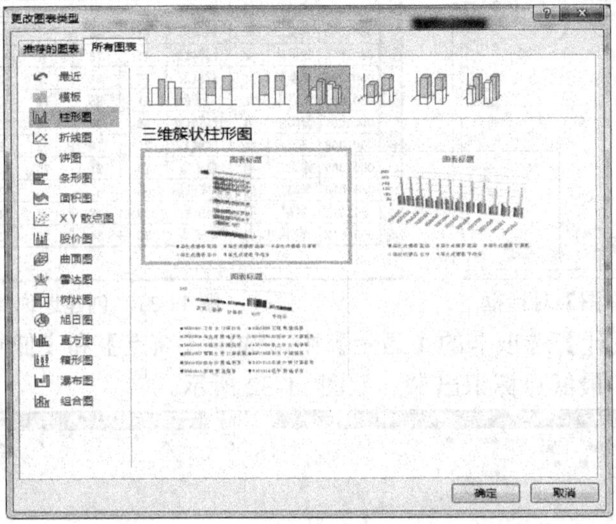

图 11-34　【更改图表类型】对话框

步骤 3　选择图表，将鼠标光标放到图表边或角上，当出现方向箭头时拖曳鼠标即可改变图表大小，如图 11-35 所示。

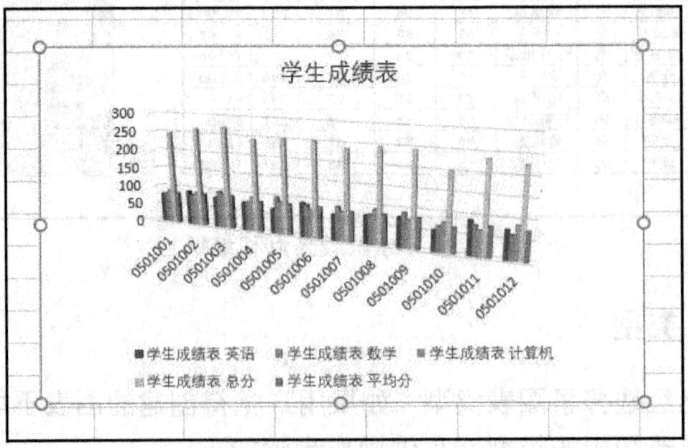

图 11-35　更改图表大小

11.5.4　使用图表样式

在 Excel 2016 中创建图表后，系统会根据创建的图表，提供多种图表样式，用户可以根据需要选中其中的样式效果，具体操作步骤如下：

步骤 1　打开 Excel 文件，选中图表，如图 11-36 所示。

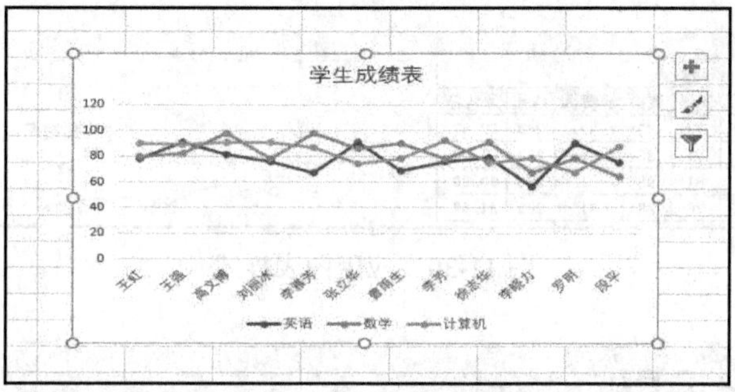

图 11-36　选中要美化的图表

步骤 2　单击【设计】选项卡【图表样式】中的【更改颜色】按钮，在颜色面板中选择颜色色块，如图 11-37 所示。

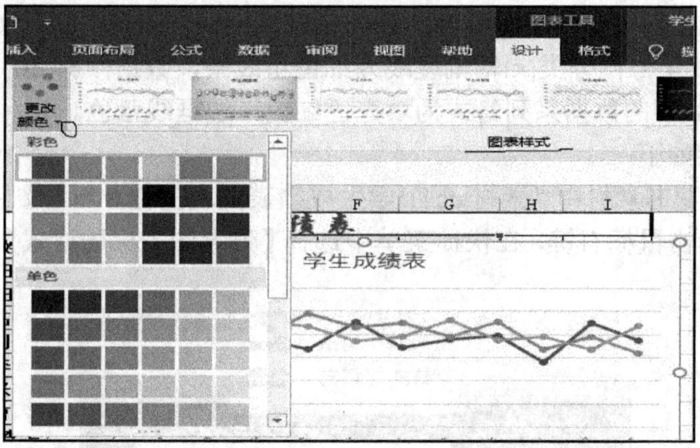

图 11-37　选择图表样式

步骤 3　选好颜色色块后，返回 Excel 工作界面，即可看到更改颜色后的图表显示效果，如图 11-38 所示。

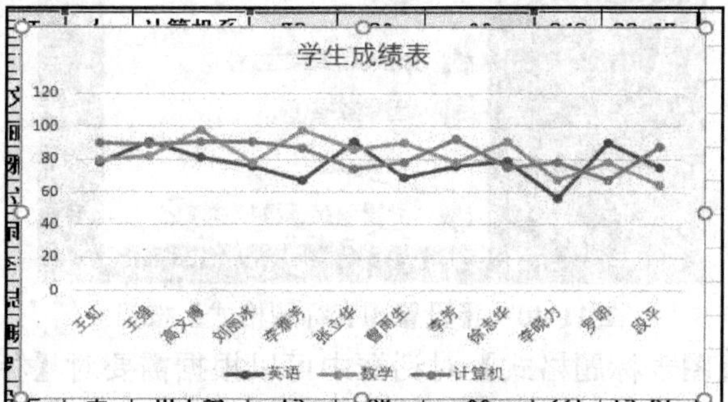

图 11-38　更改图表的颜色

步骤 4　单击【图表样式】组中的【其他】按钮，打开【图表样式】对话框，选择需要的图表样式即可应用选择的图标样式，如图 11-39 所示。

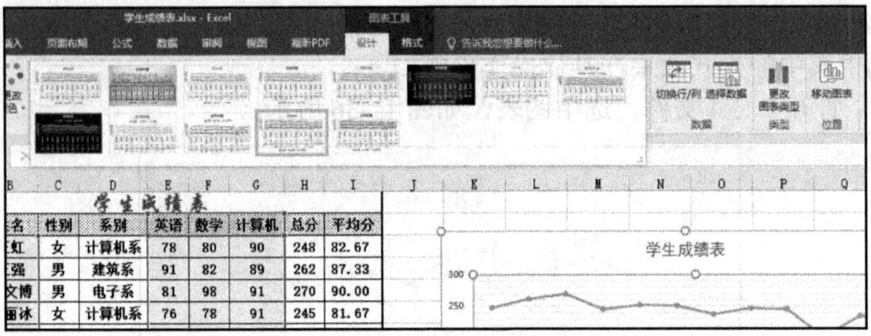

图 11-39　应用图表样式

11.6　图表美化工具

Excel 图表可以通过增加数据标记、图例、标题、文字、网格线、趋势线和误差线等图表项，来美化图表或强调某些重要信息。

【操作样例 11.5】 对学生成绩表图表美化文件中的图表部分进行如下设计：图表标题为黑体、红色、24 号；分类(x)轴刻度线为红色粗线条，数据倾斜 30°，刻度值为楷体蓝色加粗 15 号；数字的数据系列格式为填充色红色，边框线蓝色。

具体操作步骤如下：

步骤 1　打开随书素材中“素材\ch11\学生成绩表图表美化.xlsx”文件，在 Chart1 工作表的图表标题上单击鼠标右键，在快捷菜单中选择【设置图表标题格式】按钮，如图 11-40 所示。

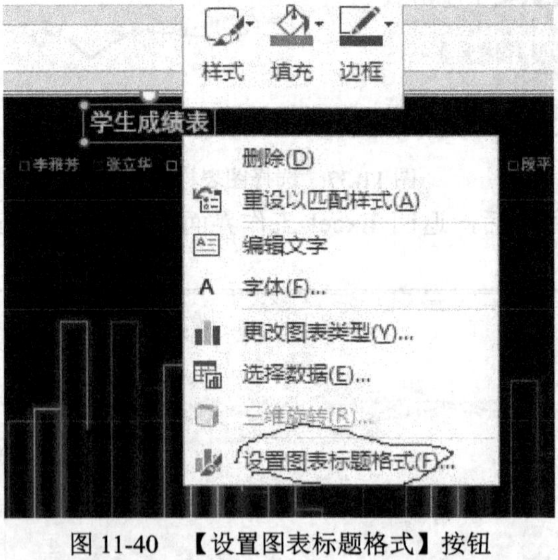

图 11-40　【设置图表标题格式】按钮

步骤 2　在【设置图表标题格式】对话框中可以根据需要对【标题选项】和【文本选项】分别进行相应设置，如图 11-41 所示。

步骤 3 在图表标题文字上单击鼠标右键，在快捷菜单中选择【字体】，在【字体】对话框中的【中文字体】选择【黑体】、在【字体颜色】中选择【红色】、在【大小】中选择【24 号】，如图 11-42 所示。

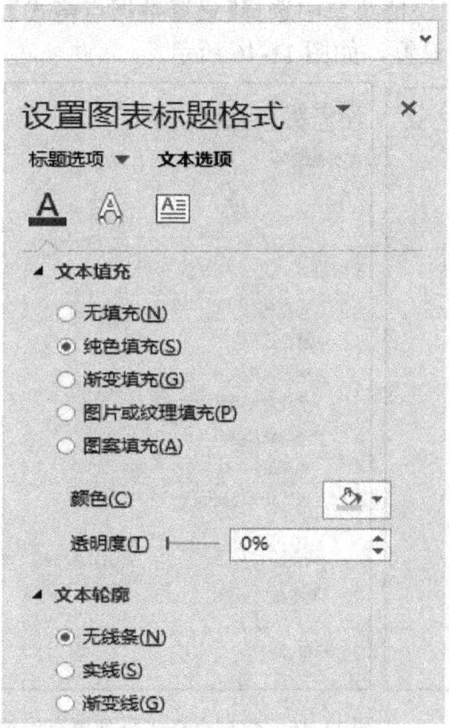

图 11-41 【设置图表标题格式】对话框

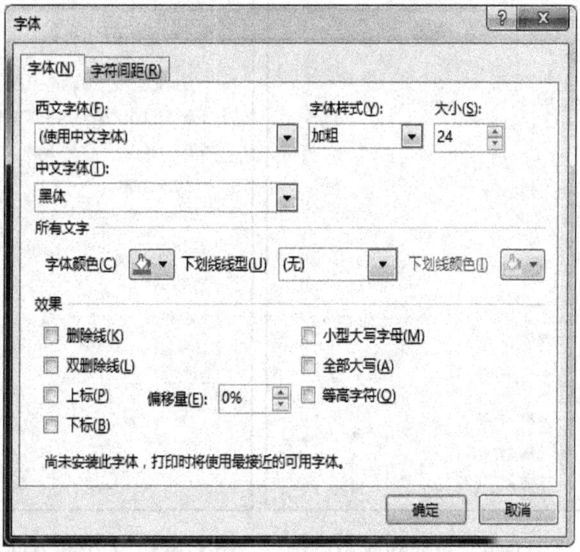

图 11-42 【字体】对话框

步骤 4 在图表的 X 坐标轴上单击鼠标右键，在快捷菜单中选择【设置坐标轴格式】选项，如图 11-43 所示。

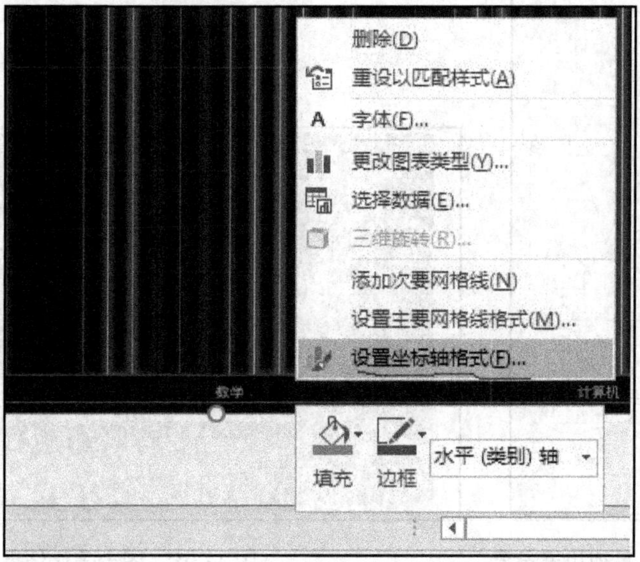

图 11-43 【设置坐标轴格式】选项

步骤 5　在【设置坐标轴格式】对话框的【填充和线条】选项中对刻度线进行设置，如图 11-44 所示。

步骤 6　在【大小和方向】中的【对齐方式】选项进行相关设置，如图 11-45 所示。

步骤 7　在图表中的数据系列上单击鼠标右键，在快捷菜单中选择【设置数据点格式】，在【设置数据点格式】对话框中选择【填充】选项并设置，如图 11-46 所示。

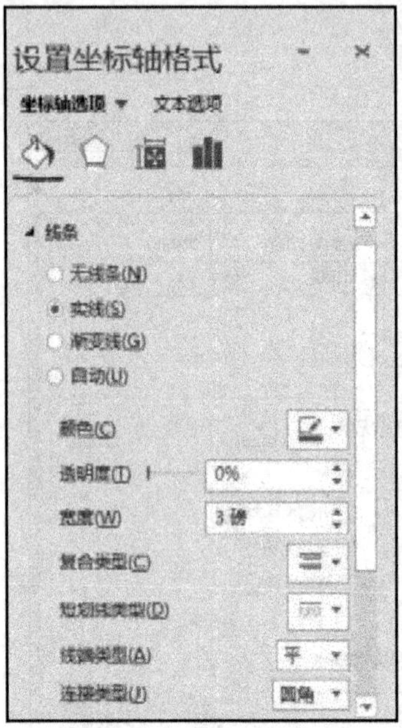

图 11-44　填充和线条设置

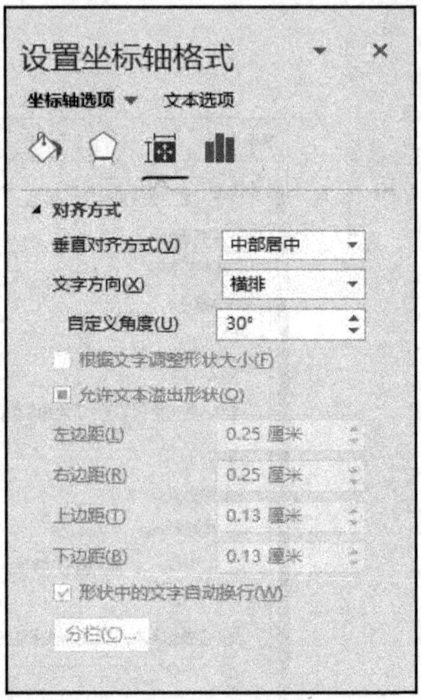

图 11-45　大小和方向设置

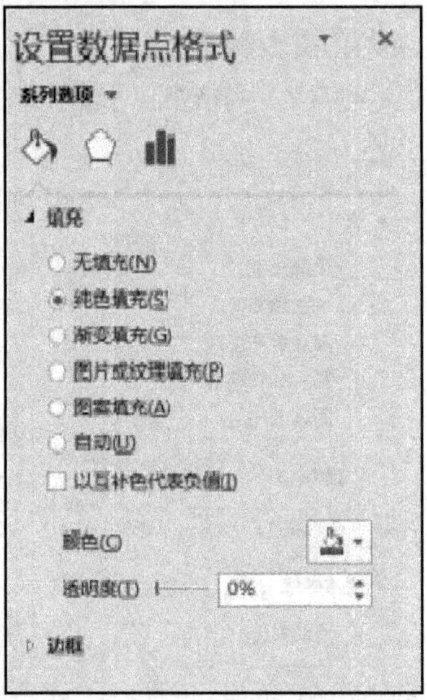

图 11-46　数据点格式系列填充设置

步骤 8　在【边框】选项中按照图 11-47 所示对边框进行设置。图表美化设置效果如图 11-48 所示。

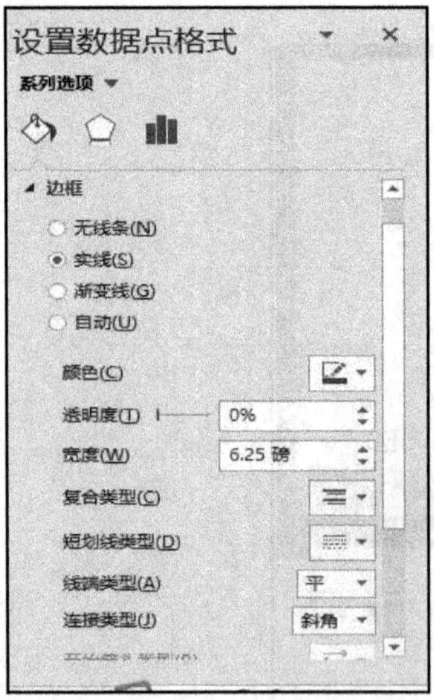

图 11-47　数据点格式系列边框设置

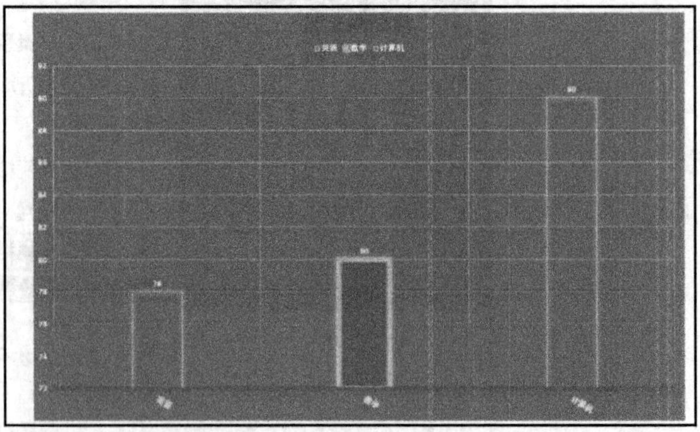

图 11-48　图表美化结果

第 12 章　分析工作表

——工作表中数据的管理与分析

使用 Excel 2016 可对工作表中的数据进行分析，例如通过排序功能可对数据表中的内容按照特定的规则排序，使用筛选功能可使满足给定条件的数据单独显示，使用分类汇总可以分别显示需求数字信息等。本章主要介绍工作表数据管理与分析的方法。

本章学习目标如下：

(1) 掌握通过排序分析数据的方法。

(2) 掌握通过筛选分析数据的方法。

(3) 掌握使用分类汇总分析数据的方法。

(4) 掌握使用合并计算分析数据的方法。

12.1　数据排序

数据排序是指将数据清单中，针对某一字段的数据由小到大(升序或递增)或由大到小(降序或递减)进行排序。Excel 2016 中提供了多种排序方法，用户可以根据需要进行单条件排序或多条件排序，也可以按照行列排序，还可以自定义排序。

对数值型数据，按数值大小划分升序和降序。对字符型数据，按数据的第一个字母(汉字以拼音的第一个字母)从 A～Z 次序排序称为升序，反之称为降序。

数据排序可以通过两种操作方法实现。

(1) 使用工具栏按钮。在【开始】选项【编辑】选项组中的【排序和筛选】按钮的下拉菜单中选择“升序”、“降序”或“自定义排序”，可以迅速地对数据清单中的记录按某一关键字段进行排序，如图 12-1 所示。

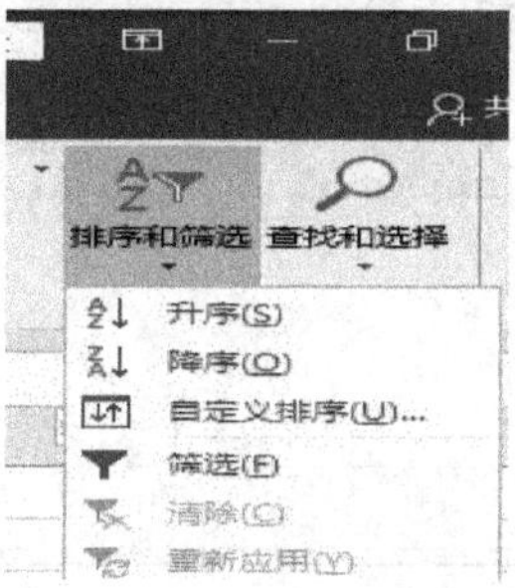

图 12-1　【排序和筛选】按钮选项

(2) 使用数据选项命令。使用【开始】选项【编辑】选项组中的【排序和筛选】下拉菜单中的【排序】按钮，只能按一个关键字段的数据进行排序。如果要按多个数据进行排序，则需要在【数据】选项组中的【排序和筛选】下【排序】中执行不同的命令选项，如图 12-2 所示。

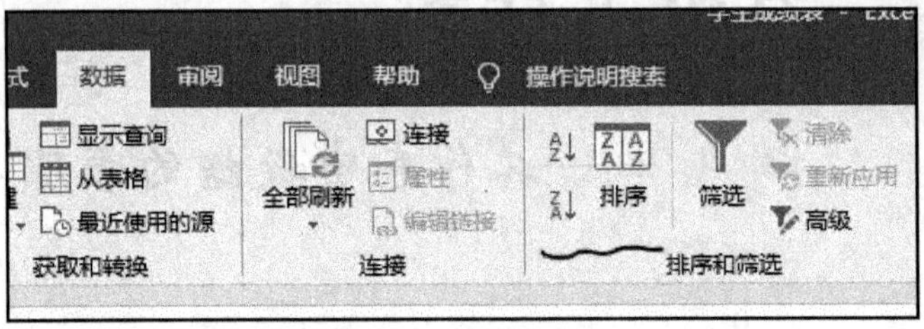

图 12-2 数据排序选项

如果在执行数据排序前，选定了数据清单的部分数据区域，则只对选定的数据区域进行排序。

12.1.1 单条件排序

单条件排序是依据单个条件对数据进行排序。

【操作样例 12.1】 对“学生成绩表”中的学号进行升序排序。

具体操作步骤如下：

打开随书素材的“素材\ch12\学生成绩表.xlsx”文件，将光标定位在排序列的任意单元格上，选择【开始】选项【编辑】选项组中【排序和筛选】按钮下拉菜单中的【升序】命令，排序结果如图 12-3 所示。

还可以通过【数据】选项【排序和筛选】选项组的【排序】命令进行排序。选中数据区域内任意单元格，单击【数据】选项【排序和筛选】选项组的【排序】，打开【排序】对话框，如图 12-4 所示。根据要求设置对应的选项，单击【确定】按钮即可得到排序结果。

	A	B	C
1			
2	学号	姓名	性别
3	0501001	王虹	女
4	0501002	王强	男
5	0501003	高文博	男
6	0501004	刘丽冰	女
7	0501005	李雅芳	女
8	0501006	张立华	女
9	0501007	曹雨生	男
10	0501008	李芳	女
11	0501009	徐志华	男
12	0501010	李晓力	男
13	0501011	罗明	男
14	0501012	段平	男

图 12-3 学号排序结果

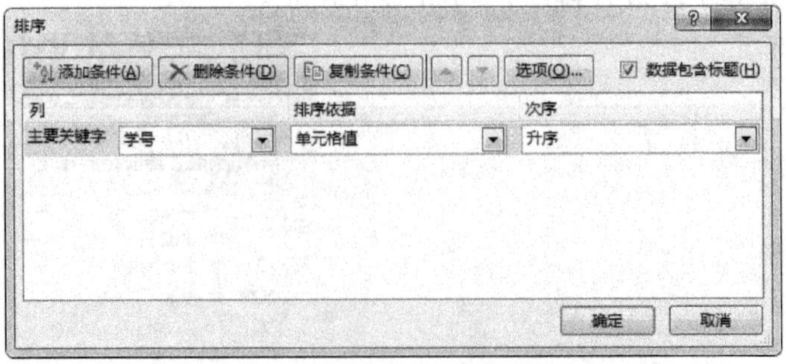

图 12-4 【排序】对话框

【**操作样例 12.2**】 对“学生成绩表”中的英语成绩进行降序排列。

操作步骤如下：

将光标定位在排序列的任意单元格，打开【数据】选项【排序和筛选】选项组【排序】命令，在【排序】对话框中设置主关键字为“英语”，排序依据为“单元格值”，次序为“降序”，点击【确定】按钮进行排序，如图 12-5 所示。

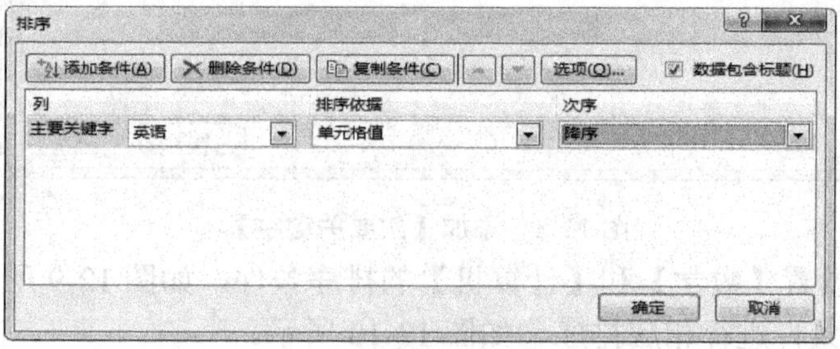

图 12-5　英语成绩降序排序设置

12.1.2　多条件排序

多条件排序是依据多个条件对数据表进行排序。

【**操作样例 12.3**】 对“学生成绩表”中的系别进行升序排序，当系别相同时再对数学成绩进行升序排列，当数学成绩相同时再对计算机成绩进行升序排列。

具体操作步骤如下：

步骤 1　打开随书素材的“素材\ch12\学生成绩表多条件排序.xlsx”文件，将光标定位在数据区域内的任意单元格上，单击【数据】选项卡【排序和筛选】组中的【排序】按钮，如图 12-6 所示。

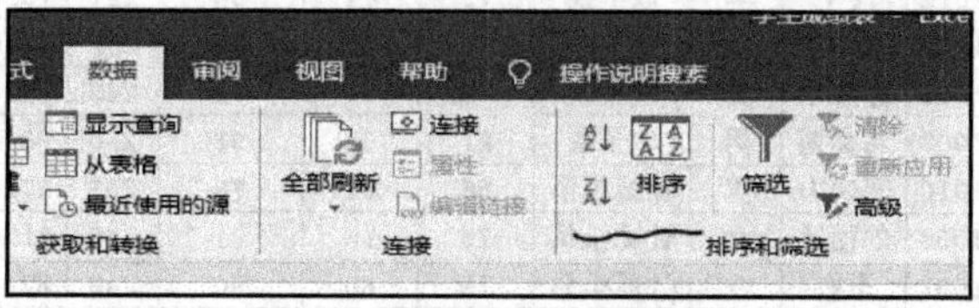

图 12-6　数据【排序】按钮

步骤 2　在【排序】对话框中单击【主要关键字】右侧的下拉按钮，在下拉列表框中选择【系别】，在【排序依据】和【次序】中分别选择【单元格值】和【升序】选项，如图 12-7 所示。

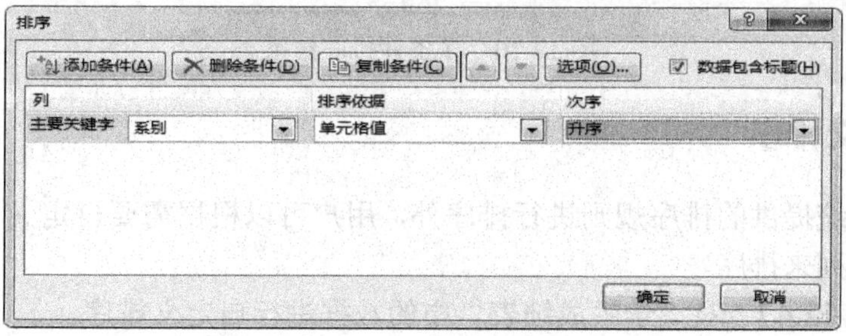

图 12-7　系别排序设置

步骤 3　单击【添加条件】按钮，添加一个【次要关键字】选项，如图 12-8 所示。

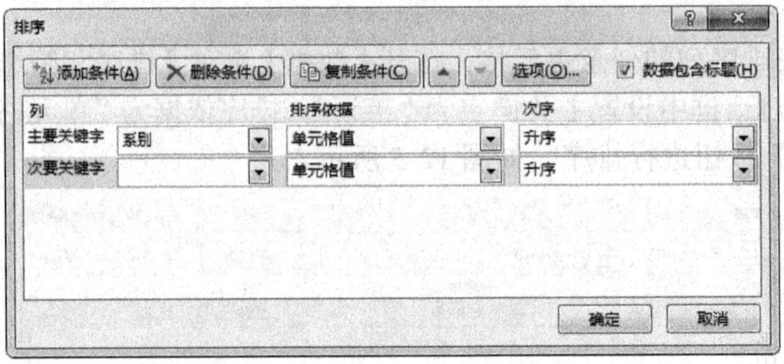

图 12-8　添加【次要关键字】

步骤 4　分别设置【数学】和【计算机】的排序条件，如图 12-9 所示。单击【确定】按钮，系统对给定条件进行相应排序，如图 12-10 所示。

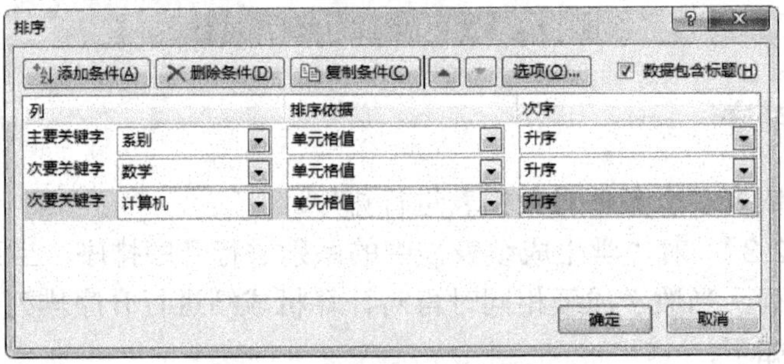

图 12-9　多条件排序设置

学生成绩表

学号	姓名	性别	系别	英语	数学	计算机	总分	平均分
0501012	段平	男	电子系	75	64	88	227	75.67
0501006	张立华	女	电子系	91	86	74	251	83.67
0501009	徐志华	男	电子系	79	91	75	245	81.67
0501003	高文博	男	电子系	81	98	91	270	90.00
0501010	李晓力	男	计算机系	56	67	78	201	67.00
0501004	刘丽冰	女	计算机系	76	78	91	245	81.67
0501001	王虹	女	计算机系	78	80	90	248	82.67
0501007	曹雨生	男	计算机系	69	90	78	237	79.00
0501011	罗明	男	建筑系	90	78	67	235	78.33
0501008	李芳	女	建筑系	76	78	92	246	82.00
0501002	王强	男	建筑系	91	82	89	262	87.33
0501005	李雅芳	女	建筑系	67	98	87	252	84.00

图 12-10　多条件排序结果

12.1.3　自定义排序

除了按照系统提供的排序规则进行排序外，用户可以根据需要自定义一个序列，使数据按照自定义序列来排序。

【操作样例 12.4】　对“学生成绩表”中的数据进行自定义排序。

具体操作步骤如下：

步骤 1　打开随书素材中的“素材\ch12\学生成绩表.xlsx”文件，选择【文件】选项卡，进入文件操作界面，单击【选项】命令，如图 12-11 所示。

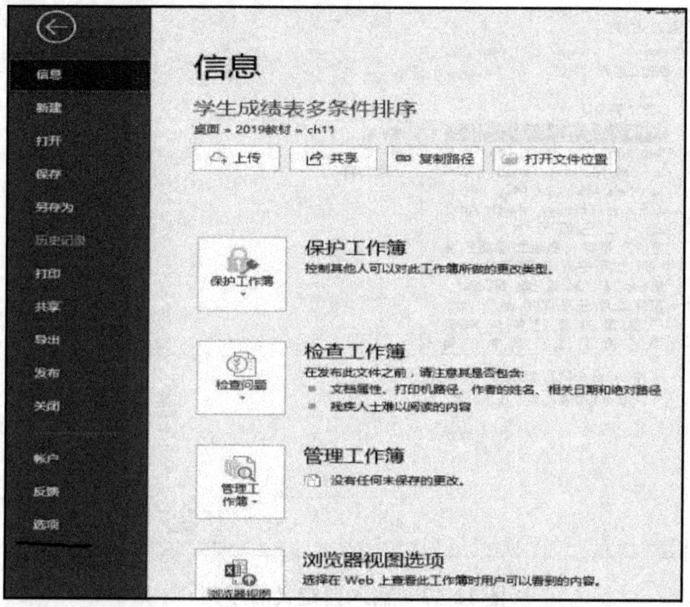

图 12-11　单击【选项】命令

步骤 2　在【Excel 选项】对话框中选择【高级】选项，单击【常规】中的【编辑自定义列表】按钮，如图 12-12 所示。

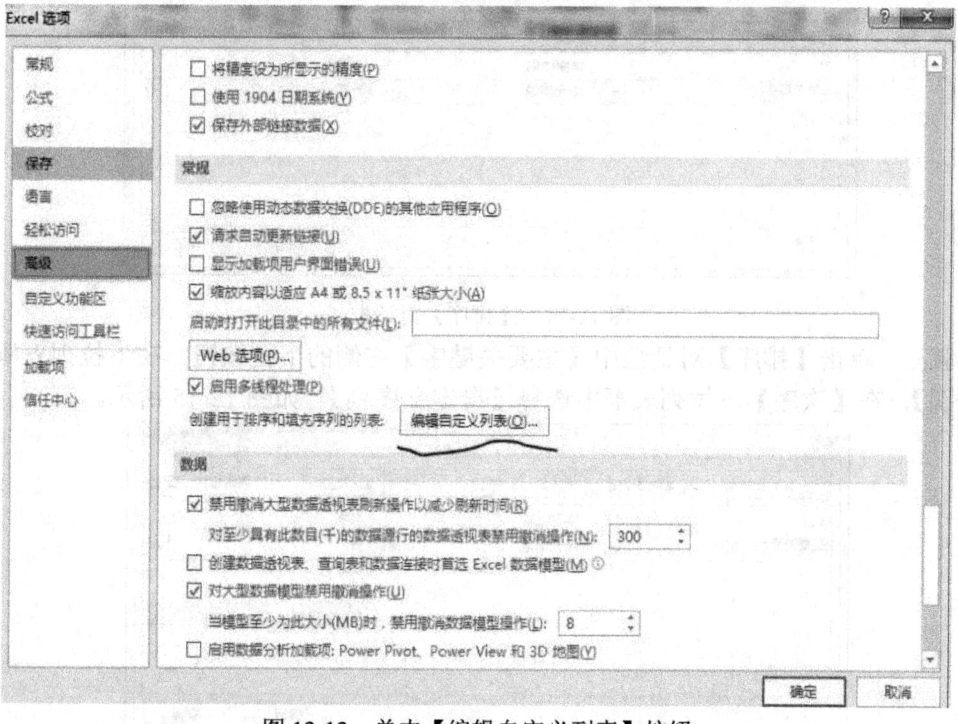

图 12-12　单击【编辑自定义列表】按钮

步骤 3　在【自定义序列】对话框的【输入序列】文本框中输入如图 12-13 所示的序

列(“建筑系，电子系，计算机系”，回车键换行或在中间用英文半角的逗号隔开)，单击【添加】按钮。

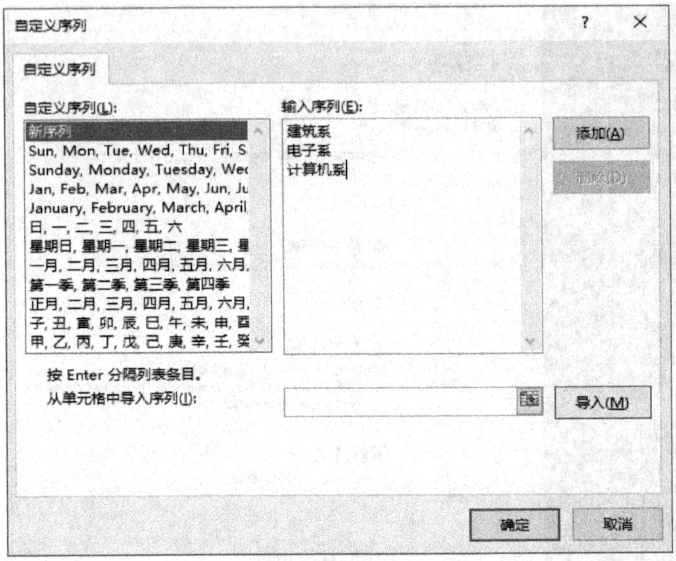

图 12-13　输入自定义的序列

步骤 4　单击【确定】按钮，返回到工作表中，将光标定位在数据区域内的任意单元格上，在【数据】选项卡中，单击【排序和筛选】中的【排序】按钮，如图 12-14 所示。

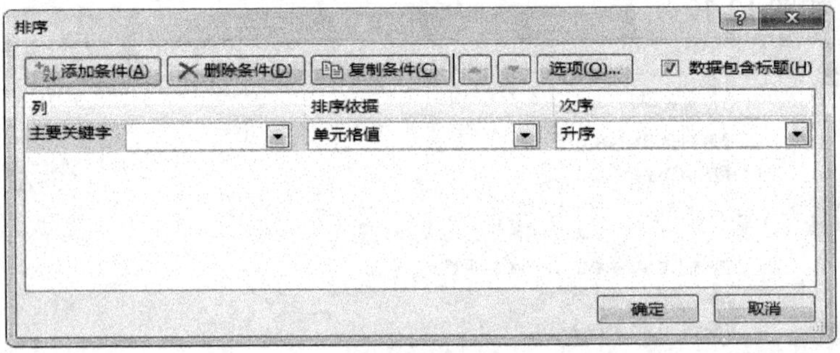

图 12-14　【排序】对话框

步骤 5　单击【排序】对话框中【主要关键字】右侧的下拉按钮，在下拉列表框中选择【系别】，在【次序】下拉列表框中选择【自定义序列】，如图 12-15 所示。

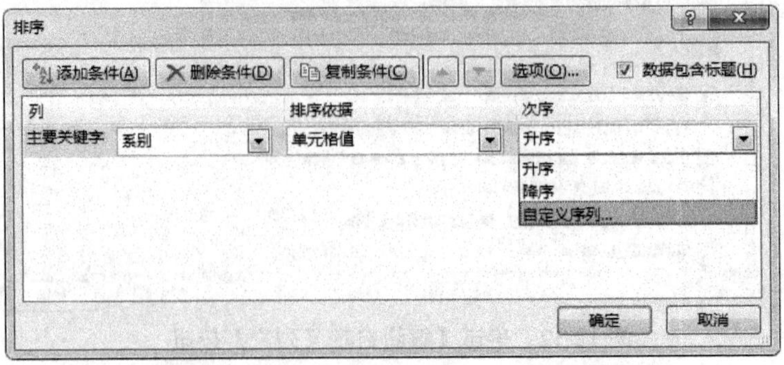

图 12-15　设置【主要关键字】的排序条件

步骤 6　在【自定义序列】对话框的【自定义排序】列表框中选择相应的序列，单击【确定】按钮，如图 12-16 所示。

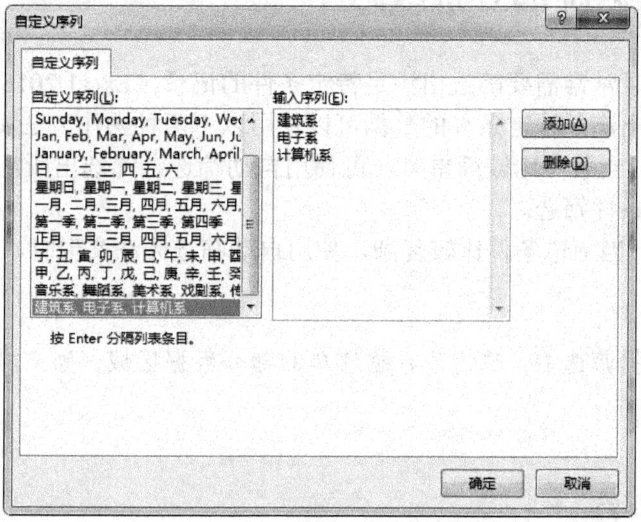

图 12-16　选择自定义序列

步骤 7　返回到【排序】对话框，可以看到【次序】的下拉列表中已经设置为自定义的序列，如图 12-17 所示。单击【确定】按钮，此时系统已经按照自定义的序列对数据进行了排序，如图 12-18 所示。

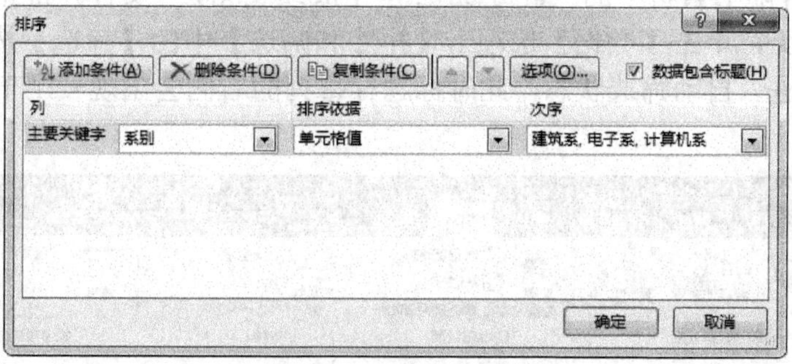

图 12-17　单击【确定】按钮

	学生成绩表								
2	学号	姓名	性别	系别	英语	数学	计算机	总分	平均分
3	0501011	罗明	男	建筑系	90	78	67	235	78.33
4	0501008	李芳	女	建筑系	76	78	92	246	82.00
5	0501002	王强	男	建筑系	91	82	89	262	87.33
6	0501005	李雅芳	女	建筑系	67	98	87	252	84.00
7	0501012	段平	男	电子系	75	64	88	227	75.67
8	0501006	张立华	女	电子系	91	86	74	251	83.67
9	0501009	徐志华	男	电子系	79	91	75	245	81.67
10	0501003	高文博	男	电子系	81	98	91	270	90.00
11	0501010	李晓力	男	计算机系	56	67	78	201	67.00
12	0501004	刘丽冰	女	计算机系	76	78	91	245	81.67
13	0501001	王虹	女	计算机系	78	80	90	248	82.67
14	0501007	曹雨生	男	计算机系	69	90	78	237	79.00

图 12-18　自定义排序结果

12.2　通过数据筛选分析数据

进行数据分析时常常需要筛选出满足特定条件的记录，Excel 2016 中提供了多种筛选数据的方法，筛选出满足特定条件的数据可以使用以下两种操作方法实现。

(1) 自动筛选。当条件比较简单时，可使用自动筛选，筛选出所需数据。自动筛选分为单条件筛选和多条件筛选。

(2) 高级筛选。当筛选条件比较复杂，使用自动筛选无法实现时，可使用高级筛选。

◇ **提示：**

如果在执行数据筛选前，选定了数据清单的部分数据区域，则只对选定的数据区域进行筛选。

12.2.1　单条件筛选

单条件筛选是将符合某项条件的数据筛选出来。

【操作样例 12.5】 在“学生成绩表”中将所有计算机系的记录筛选出来。

具体操作步骤如下：

步骤 1　打开随书素材中的“素材\ch12\学生成绩表.xlsx”文件，将光标定位在数据区域的任意单元格上，单击【数据】选项卡【排序和筛选】中的【筛选】按钮，如图 12-19 所示。数据区域进入自动筛选状态，此时标题行每列的右侧会出现一个下三角按钮，如图 12-20 所示。

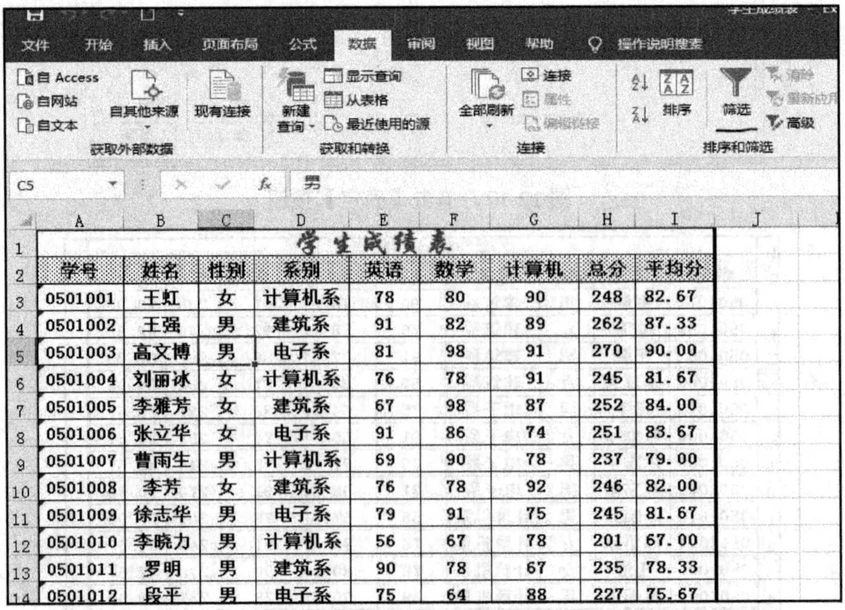

图 12-19　单击【筛选】按钮

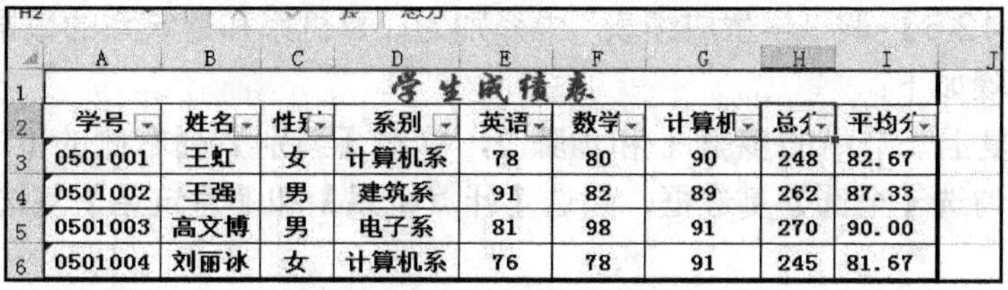

	A	B	C	D	E	F	G	H	I
1	学生成绩表								
2	学号	姓名	性别	系别	英语	数学	计算机	总分	平均分
3	0501001	王虹	女	计算机系	78	80	90	248	82.67
4	0501002	王强	男	建筑系	91	82	89	262	87.33
5	0501003	高文博	男	电子系	81	98	91	270	90.00
6	0501004	刘丽冰	女	计算机系	76	78	91	245	81.67

图 12-20　自动筛选状态

步骤 2　单击【系别】列右侧的下三角按钮，在下拉列表中取消勾选【全选】复选框，勾选【计算机系】复选框，如图 12-21 所示。

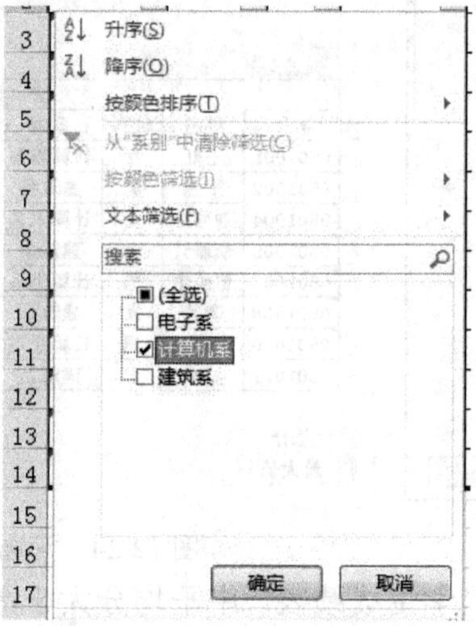

图 12-21　设置单条件筛选

步骤 3　单击【确定】按钮，此时系统将筛选出系别为计算机系的所有记录，其他记录则被隐藏起来，如图 12-22 所示。

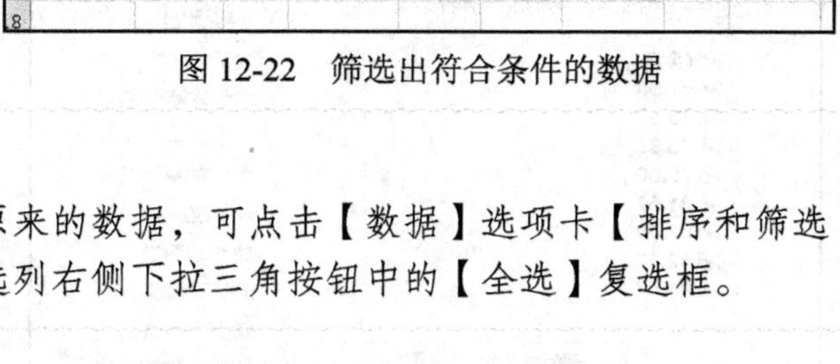

	A	B	C	D	E	F	G	H	I
1	学生成绩表								
2	学号	姓名	性别	系别	英语	数学	计算机	总分	平均分
3	0501001	王虹	女	计算机系	78	80	90	248	82.67
6	0501004	刘丽冰	女	计算机系	76	78	91	245	81.67
9	0501007	曹雨生	男	计算机系	69	90	78	237	79.00
12	0501010	李晓力	男	计算机系	56	67	78	201	67.00
15									
16	总计				929	990	1000		
17	最大值				91	98	92		

图 12-22　筛选出符合条件的数据

◈ **提示：**

筛选后要显示原来的数据，可点击【数据】选项卡【排序和筛选】选项下的【筛选】按钮，或者点击筛选列右侧下拉三角按钮中的【全选】复选框。

12.2.2　多条件筛选

多条件筛选是将符合多个条件的数据筛选出来。

【操作样例 12.6】 将“学生成绩表”中系别为计算机系和建筑系的数据记录筛选出来。

具体操作步骤如下：

步骤 1　重复上一节中的步骤 1 和步骤 2，单击【系别】列右侧的下三角按钮，在下拉列表框中取消勾选【全选】复选框，勾选【计算机系】和【建筑系】复选框，如图 12-23 所示。

步骤 2　单击【确定】按钮，此时系统将筛选出系别为计算机系和建筑系的所有记录，其他记录被隐藏，如图 12-24 所示。

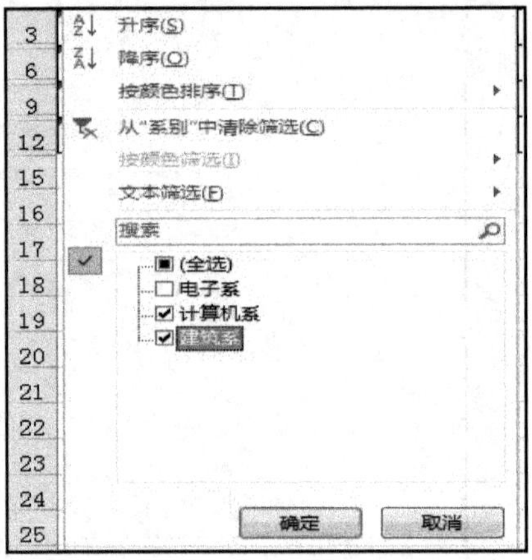

图 12-23　设置筛选多条件

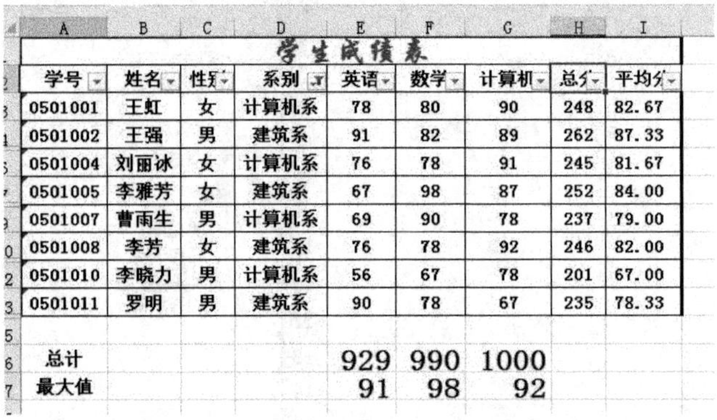

学号	姓名	性别	系别	英语	数学	计算机	总分	平均分
0501001	王红	女	计算机系	78	80	90	248	82.67
0501002	王强	男	建筑系	91	82	89	262	87.33
0501004	刘丽冰	女	计算机系	76	78	91	245	81.67
0501005	李雅芳	女	建筑系	67	98	87	252	84.00
0501007	曹雨生	男	计算机系	69	90	78	237	79.00
0501008	李芳	女	建筑系	76	78	92	246	82.00
0501010	李晓力	男	计算机系	56	67	78	201	67.00
0501011	罗明	男	建筑系	90	78	67	235	78.33
总计				929	990	1000		
最大值				91	98	92		

图 12-24　筛选出符合多条件的记录

【操作样例 12.7】 筛选“学生成绩表”中平均分大于等于 70 并且小于或等于 82 的所有记录。

具体操作步骤如下：

步骤 1　重复上一节中的步骤 1，点击【平均分】列右侧的下三角按钮，在下拉列表框中选择【数字筛选】，在菜单中选择【自定义筛选】按钮，如图 12-25 所示。

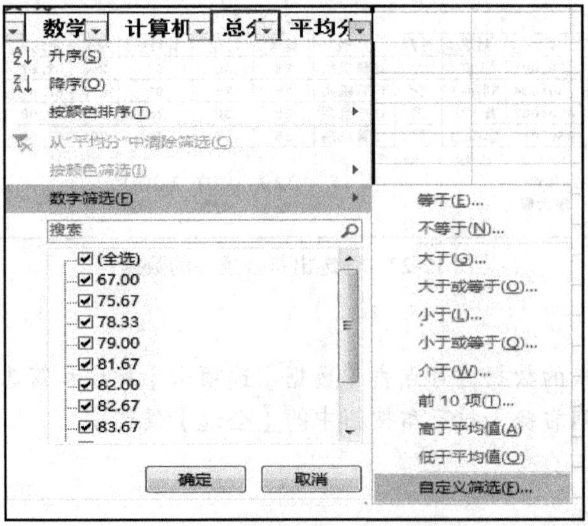

图 12-25　多条件自定义筛选

步骤 2　在【自定义筛选】对话框中进行如图 12-26 所示的设置。

图 12-26　【自定义自动筛选方式】对话框

步骤 3　单击【确定】按钮，此时系统将筛选出符合要求的所有记录，其他记录被隐藏，如图 12-27 所示。

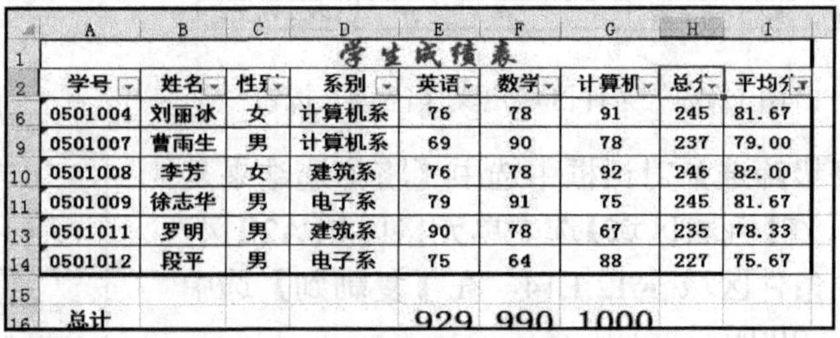

	A	B	C	D	E	F	G	H	I
1	学生成绩表								
2	学号	姓名	性别	系别	英语	数学	计算机	总分	平均分
6	0501004	刘丽冰	女	计算机系	76	78	91	245	81.67
9	0501007	曹雨生	男	计算机系	69	90	78	237	79.00
10	0501008	李芳	女	建筑系	76	78	92	246	82.00
11	0501009	徐志华	男	电子系	79	91	75	245	81.67
13	0501011	罗明	男	建筑系	90	78	67	235	78.33
14	0501012	段平	男	电子系	75	64	88	227	75.67
15									
16	总计				929	990	1000		

图 12-27　自定义筛选结果

12.2.3　高级筛选

自动筛选不能表示两个筛选字段间的“或”关系，并且筛选出来的结果会代替原数据区域，当筛选条件比较复杂或者希望筛选结果与原数据同时显示时，就要用到高级筛选。在使用高级筛选功能之前，应先建立一个条件区域，用来指定筛选的数据所必须满足的条件，并且在条件区域中要求包含筛选条件的字段名。

【操作样例 12.8】　在“学生成绩表”中筛选出英语或数学 90 分及以上的数据记录，并放置到以 A18 开始的单元格。

具体操作步骤如下：

步骤 1　打开随书素材中的“素材\ch12\学生成绩表.xlsx”文件，将光标定位在空白单元格处，将条件区域定义在 K12:L14，如图 12-28 所示。

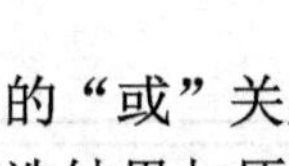

英语	数学
>=90	
	>=90

图 12-28　条件区域

◈ **提示：**

原表格中现有的数据可以直接复制粘贴，其他的符号均需在标准英文状态下录入。

步骤 2　将光标定位在数据区域内的任意单元格上，单击【数据】选项卡【排序和筛选】的【高级】按钮，如图 12-29 所示。

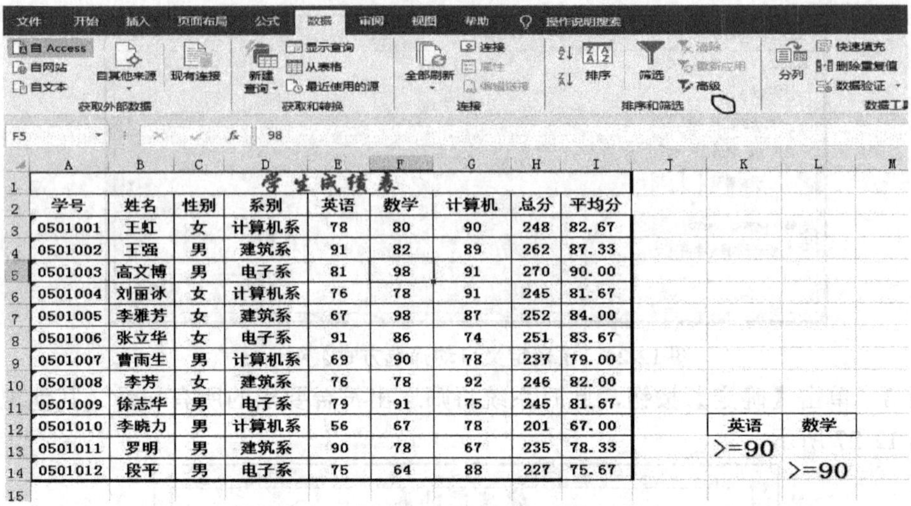

学生成绩表								
学号	姓名	性别	系别	英语	数学	计算机	总分	平均分
0501001	王虹	女	计算机系	78	80	90	248	82.67
0501002	王强	男	建筑系	91	82	89	262	87.33
0501003	高文博	男	电子系	81	98	91	270	90.00
0501004	刘丽冰	女	计算机系	76	78	91	245	81.67
0501005	李雅芳	女	建筑系	67	98	87	252	84.00
0501006	张立华	女	电子系	91	86	74	251	83.67
0501007	曹雨生	男	计算机系	69	90	78	237	79.00
0501008	李芳	女	建筑系	76	78	92	246	82.00
0501009	徐志华	男	电子系	79	91	75	245	81.67
0501010	李晓力	男	计算机系	56	67	78	201	67.00
0501011	罗明	男	建筑系	90	78	67	235	78.33
0501012	段平	男	电子系	75	64	88	227	75.67

英语	数学
>=90	
	>=90

图 12-29　条件区域定义【高级】按钮

步骤 3　在【高级筛选】对话框中选中【将筛选结果复制到其他位置】选项，在【列表区域】选中单元格区域 A2:I14，在【条件区域】选中条件区域 K12:L14，在【复制到】选中单元格 A16，如图 12-30 所示。

步骤 4　单击【确定】按钮，此时系统将在选定的列表区域中筛选出符合条件的记录，如图 12-31 所示。

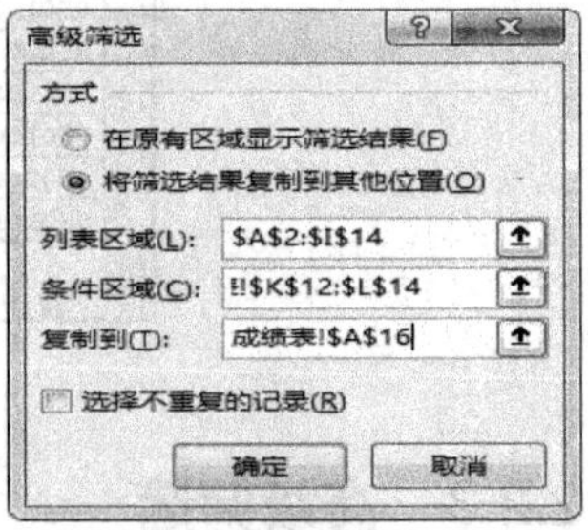

图 12-30　【高级筛选】对话框

学生成绩表								
学号	姓名	性别	系别	英语	数学	计算机	总分	平均分
0501001	王虹	女	计算机系	78	80	90	248	82.67
0501002	王强	男	建筑系	91	82	89	262	87.33
0501003	高文博	男	电子系	81	98	91	270	90.00
0501004	刘丽冰	女	计算机系	76	78	91	245	81.67
0501005	李雅芳	女	建筑系	67	98	87	252	84.00
0501006	张立华	女	电子系	91	86	74	251	83.67
0501007	曹雨生	男	计算机系	69	90	78	237	79.00
0501008	李芳	女	建筑系	76	78	92	246	82.00
0501009	徐志华	男	电子系	79	91	75	245	81.67
0501010	李晓力	男	计算机系	56	67	78	201	67.00
0501011	罗明	男	建筑系	90	78	67	235	78.33
0501012	段平	男	电子系	75	64	88	227	75.67

英语	数学
>=90	
	>=90

学号	姓名	性别	系别	英语	数学	计算机	总分	平均分
0501002	王强	男	建筑系	91	82	89	262	87.33
0501003	高文博	男	电子系	81	98	91	270	90.00
0501005	李雅芳	女	建筑系	67	98	87	252	84.00
0501006	张立华	女	电子系	91	86	74	251	83.67
0501007	曹雨生	男	计算机系	69	90	78	237	79.00
0501009	徐志华	男	电子系	79	91	75	245	81.67
0501011	罗明	男	建筑系	90	78	67	235	78.33

图 12-31　高级筛选结果

◇ 提示：

在高级筛选的定义条件区域中，列标题下不同行上的条件项表示“或”关系，同一行上的条件项表示“与”关系。

12.3　通过分类汇总分析数据

分类汇总是将经过排序后已具有一定规律的数据进行汇总，生成各类汇总报表。进行分类汇总，首先要按照汇总字段进行排序，然后执行数据分类汇总命令进行汇总。

12.3.1　简单分类汇总

要进行分类汇总的数据列表，要求每一列数据都要有列标题。Excel 2016 将依据列标题来决定如何创建分类，以及进行什么样的运算。

【操作样例 12.9】 在“2012 年第四季度自主品牌轿车销量表”中，依据厂商进行销量总和计算。具体操作步骤如下：

步骤 1　打开随书素材中的“素材\ch12\2012 年第四季度自主品牌轿车销量表.xlsx”文件，将光标定位在厂商所在 B 列内容的任意单元格上，单击【数据】选项卡【排序和筛选】组的【升序】按钮，对该列进行升序排序，如图 12-32 所示。

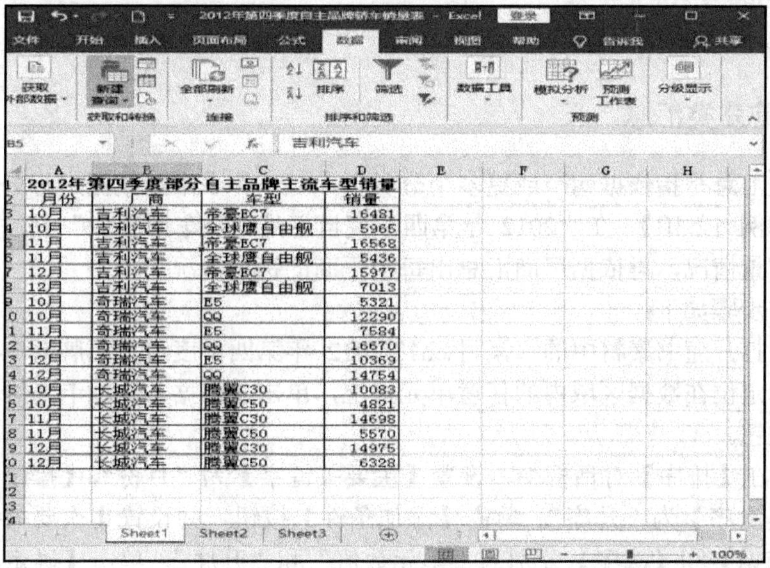

图 12-32　单击【升序】按钮

步骤 2　排序完成后，单击【数据】选项卡【分级显示】组的【分类汇总】按钮，如图 12-33 所示。

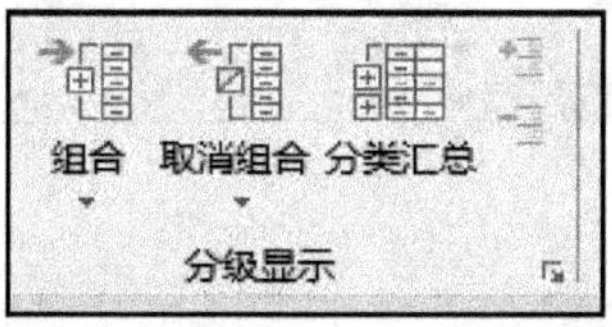

图 12-33　单击【分类汇总】按钮

步骤 3　在【分类汇总】对话框的【分类字段】下拉列表中选择【厂商】选项，在【汇总方式】下拉列表中选择【求和】，在【选定汇总项】下拉列表中选择【销量】，点击【确定】按钮，如图 12-34 所示。此时销量表将依据厂商进行分类汇总，并统计出销量总和，如图 12-35 所示。

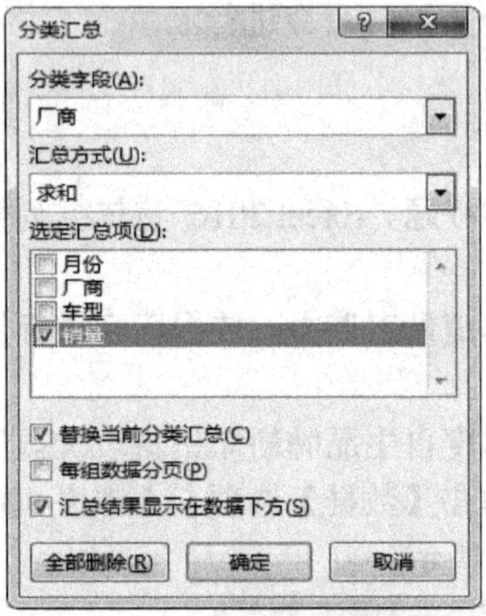

图 12-34　【分类汇总】对话框

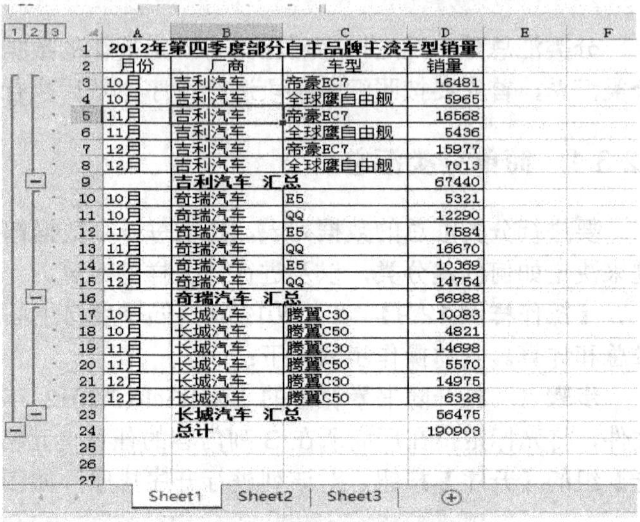

图 12-35　简单分类汇总结果

12.3.2　多重分类汇总

多种分类汇总是指依据两个或更多个分类项，对工作表中的数据进行分类汇总。

【操作样例 12.10】 在“2012 年第四季度自主品牌轿车销量表”中，先依据月份汇总出每月的销量情况，再依据厂商汇总出每个厂商的销量情况。

具体操作步骤如下：

步骤 1　打开随书素材中的“素材\ch12\2012 年第四季度自主品牌轿车销量表.xlsx”文件，将光标定位在数据区域内的任意单元格上，单击【数据】选项卡【排序和筛选】组的【排序】按钮。

步骤 2　在【排序】对话框中，设置【主要关键字】为“月份”,【排序依据】为“单元格数值”,【次序】为“升序”。单击【添加条件】按钮，并设置【次要关键字】为“厂商”,【排序依据】和【次序】分别为“单元数值”和“升序”，单击【确定】按钮，如图 12-36 所示。

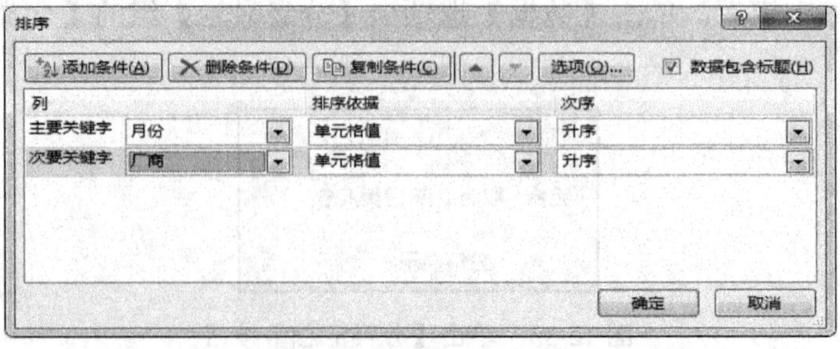

图 12-36　设置【主要关键字】和【次要关键字】

步骤 3 返回到工作表，设置分类汇总。将光标定位在数据区域内的任意单元格上，单击【数据】选项卡【分级显示】组的【分类汇总】按钮，在【分类汇总】对话框【分类字段】的下拉列表框汇总项选择【月份】，在【汇总方式】的下拉列表框中选择【求和】，在【选定汇总项】列表框中选中【销量】复选框，如图 12-37 所示。单击【确定】按钮，此时将建立月份简单分类汇总，如图 12-38 所示。

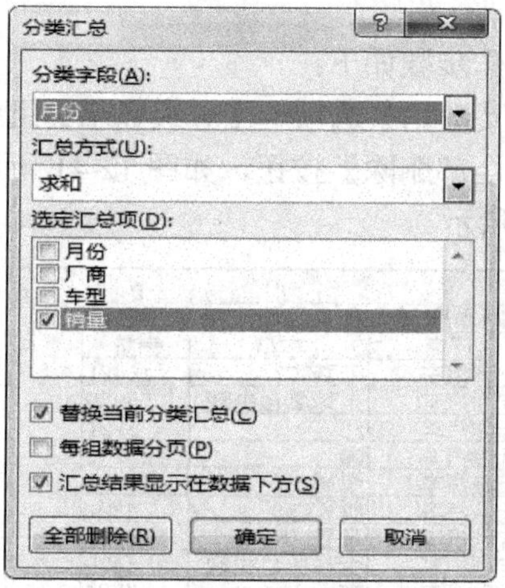

图 12-37 设置分类汇总条件

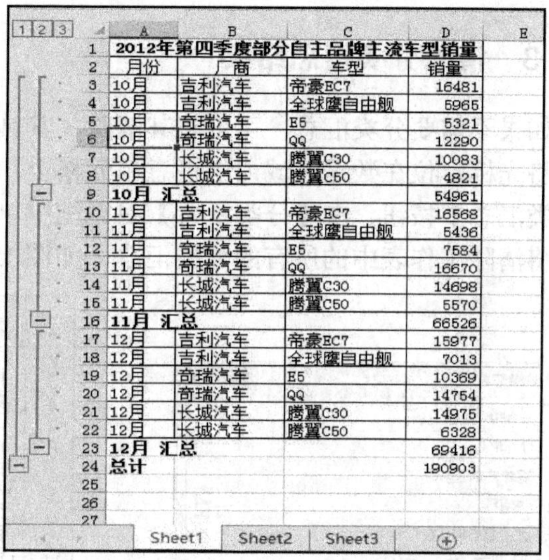

	A	B	C	D
1	2012年第四季度部分自主品牌主流车型销量			
2	月份	厂商	车型	销量
3	10月	吉利汽车	帝豪EC7	16481
4	10月	吉利汽车	全球鹰自由舰	5965
5	10月	奇瑞汽车	E5	5321
6	10月	奇瑞汽车	QQ	12290
7	10月	长城汽车	腾翼C30	10083
8	10月	长城汽车	腾翼C50	4821
9	10月 汇总			54961
10	11月	吉利汽车	帝豪EC7	16568
11	11月	吉利汽车	全球鹰自由舰	5436
12	11月	奇瑞汽车	E5	7584
13	11月	奇瑞汽车	QQ	16670
14	11月	长城汽车	腾翼C30	14698
15	11月	长城汽车	腾翼C50	5570
16	11月 汇总			66526
17	12月	吉利汽车	帝豪EC7	15977
18	12月	吉利汽车	全球鹰自由舰	7013
19	12月	奇瑞汽车	E5	10369
20	12月	奇瑞汽车	QQ	14754
21	12月	长城汽车	腾翼C30	14975
22	12月	长城汽车	腾翼C50	6328
23	12月 汇总			69416
24	总计			190903

图 12-38 月份简单分类汇总

步骤 4 将光标定位在原有数据区域的任意单元格上，单击【分级显示】组中的【分类汇总】按钮，在【分类汇总】对话框的【分类字段】下拉列表框选择【厂商】选项，在【汇总方式】下拉列表框选择【求和】选项，在【选定汇总项】列表框选择【销量】复选框，取消选中【替换当前分类汇总】复选框，如图 12-39 所示。点击【确定】按钮，两重分类汇总结果如图 12-40 所示。

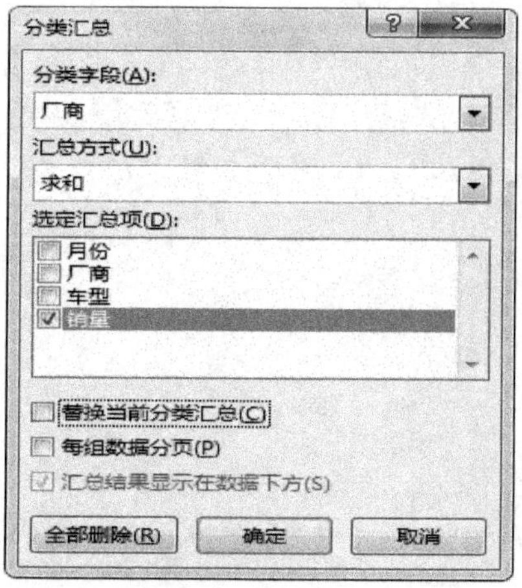

图 12-39 【分类汇总】对话框设置

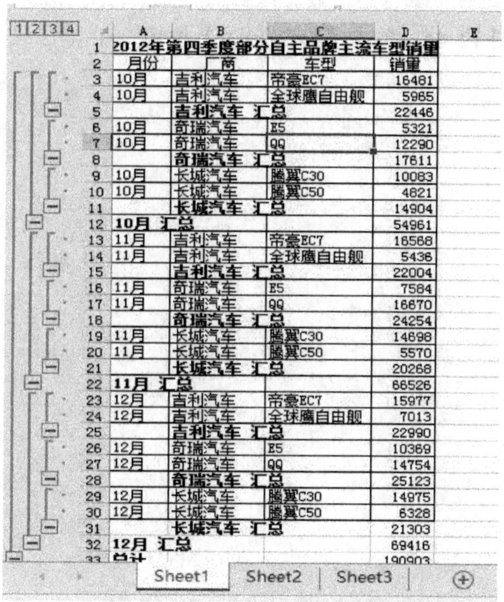

	A	B	C	D
1	2012年第四季度部分自主品牌主流车型销量			
2	月份	厂商	车型	销量
3	10月	吉利汽车	帝豪EC7	16481
4	10月	吉利汽车	全球鹰自由舰	5965
5		吉利汽车 汇总		22446
6	10月	奇瑞汽车	E5	5321
7	10月	奇瑞汽车	QQ	12290
8		奇瑞汽车 汇总		17611
9	10月	长城汽车	腾翼C30	10083
10	10月	长城汽车	腾翼C50	4821
11		长城汽车 汇总		14904
12	10月 汇总			54961
13	11月	吉利汽车	帝豪EC7	16568
14	11月	吉利汽车	全球鹰自由舰	5436
15		吉利汽车 汇总		22004
16	11月	奇瑞汽车	E5	7584
17	11月	奇瑞汽车	QQ	16670
18		奇瑞汽车 汇总		24254
19	11月	长城汽车	腾翼C30	14698
20	11月	长城汽车	腾翼C50	5570
21		长城汽车 汇总		20268
22	11月 汇总			66526
23	12月	吉利汽车	帝豪EC7	15977
24	12月	吉利汽车	全球鹰自由舰	7013
25		吉利汽车 汇总		22990
26	12月	奇瑞汽车	E5	10369
27	12月	奇瑞汽车	QQ	14754
28		奇瑞汽车 汇总		25123
29	12月	长城汽车	腾翼C30	14975
30	12月	长城汽车	腾翼C50	6328
31		长城汽车 汇总		21303
32	12月 汇总			69416
33	总计			190903

图 12-40 两重分类汇总结果

◈ **提示：**

(1) 建立分类汇总后，如果修改明细数据，汇总的数据也会跟着自动更新。

(2) 进行分类汇总前最好先选定数据范围，并根据分类字段首先进行排序。进行嵌套分类汇总时要注意去掉【替换当前分类汇总】前面的勾选符号。

12.3.3　清除分类汇总结果

如果不需要分类汇总，可以将其清除，其具体操作步骤如下：

将光标定位在数据区域内的任意单元格上，单击【数据】选项卡【分级显示】组中的【分类汇总】按钮，在【分类汇总】对话框中单击【全部删除】按钮，如图 12-41 所示。此时将清除工作表中的所有的分类汇总，如图 12-42 所示。

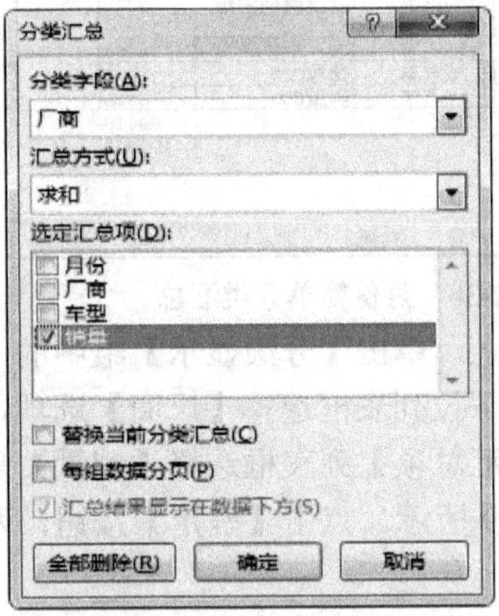

图 12-41　单击【全部删除】按钮

	A	B	C	D	E
1	2012年第四季度部分自主品牌主流车型销量				
2	月份	厂商	车型	销量	
3	10月	吉利汽车	帝豪EC7	16481	
4	10月	吉利汽车	全球鹰自由舰	5965	
5	10月	奇瑞汽车	E5	5321	
6	10月	奇瑞汽车	QQ	12290	
7	10月	长城汽车	腾翼C30	10083	
8	10月	长城汽车	腾翼C50	4821	
9	11月	吉利汽车	帝豪EC7	16568	
10	11月	吉利汽车	全球鹰自由舰	5436	
11	11月	奇瑞汽车	E5	7584	
12	11月	奇瑞汽车	QQ	16670	
13	11月	长城汽车	腾翼C30	14698	
14	11月	长城汽车	腾翼C50	5570	
15	12月	吉利汽车	帝豪EC7	15977	
16	12月	吉利汽车	全球鹰自由舰	7013	
17	12月	奇瑞汽车	E5	10369	
18	12月	奇瑞汽车	QQ	14754	
19	12月	长城汽车	腾翼C30	14975	
20	12月	长城汽车	腾翼C50	6328	
21					
22					

图 12-42　清除工作表中所有的分类汇总

第四篇

PowerPoint 2016 演示文稿高效办公

演示文稿是通过演示来传递信息的计算机文件，常用于教育和办公场景，比如教师教学、产品演示和演讲等。演示文稿由若干页幻灯片构成，幻灯片是演示文稿中相互独立又相互联系的内容。本篇主要介绍 PowerPoint 2016 演示文稿的各项基本使用方法及技巧，具体包括以下四章内容：

第 13 章　制作基础——PowerPoint 2016 的基本操作
第 14 章　对象编辑——PowerPoint 2016 幻灯片的多彩设计
第 15 章　交互效果——PowerPoint 2016 幻灯片的切换及动画设计
第 16 章　放映输出——PowerPoint 2016 演示文稿的放映、打包和发布

第 13 章 制作基础

——PowerPoint 2016 的基本操作

本章主要介绍使用 PowerPoint 2016 创建演示文稿设计创作的基本流程、幻灯片的创建和编辑的基本操作及幻灯片版式和主题的使用等。

本章学习目标如下：

(1) 掌握新建演示文稿的方法。

(2) 掌握演示文稿的编辑方法。

(3) 掌握演示文稿的打印及大小设计方法。

(4) 掌握演示文稿主题、模板的使用及自定义设计方法。

13.1 演示文稿设计创作的基本流程

演示文稿的目的是用于信息的有效传递，这就决定了演示文稿的设计创作从构思演示文稿的逻辑结构开始，并按以下顺序进行。

(1) 明确演示文稿要传递的信息。

(2) 构思演示文稿的逻辑结构。

(3) 列出演示文稿的提纲。

(4) 将演示文稿的提纲项转换为一页幻灯片。

(5) 为每一页幻灯片添加文字。

(6) 按“文不如表、表不如图”的原则设计幻灯片内容，能以图表表示的内容尽可能做成图表，不适合做成图表的内容尽量精简文字，突出重点。

(7) 为演示文稿选择合适的模板。

(8) 对应用模板后的演示文稿中的图片和文字等内容进行美化。

(9) 为演示文稿中的幻灯片根据需要设置适当的切换方式，并为幻灯片中的元素根据需要添加适当的动画。

(10) 预览演示文稿的放映，进行查错、修改和调试，同时进行排列计时，演讲预演。

(11) 最终在检查演示文稿的兼容性、嵌入字体、确定保存版本等无误后，保存和发送演示文稿。

演示文稿的设计创作流程如图 13-1 所示。

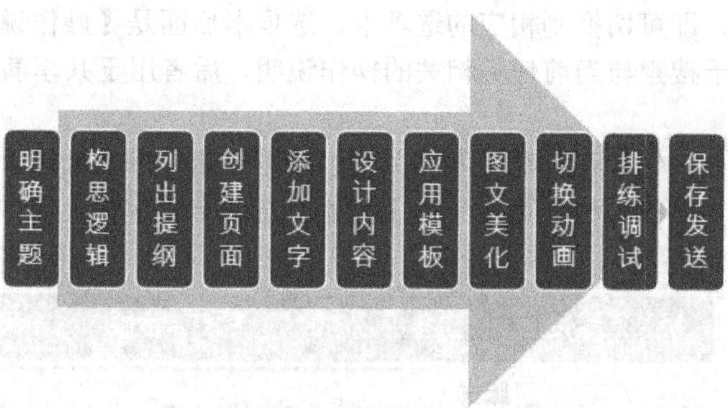

图 13-1　演示文稿的设计创作流程

13.2　PowerPoint 2016 工作界面

启动 PowerPoint 2016 打开或新建演示文稿后的程序界面如图 13-2 所示，从上到下分为四个部分，分别是标题栏、功能区、工作区和状态栏。

图 13-2　PowerPoint 2016 工作界面

1. 功能区

PowerPoint 2016 的功能区由多个选项卡组成，每个选项卡又由相应命令的按钮组成。选项卡位于标题栏下方，每个选项卡均与一种活动类型相关。PowerPoint 2016 的选项卡有【开始】、【插入】、【设计】、【切换】、【动画】、【幻灯片放映】、【审阅】、【视图】、【帮助】

等，单击选项卡名，即可切换到相应的选项卡。选项卡后面是【操作说明搜索】框和【共享】按钮，前者用于搜索与当前任务相关的操作说明，后者用于共享演示文稿到云端并与他人协作编辑。

选项卡下的命令按钮按任务逻辑及相关性组成若干组，每个组包含完成某一操作的命令按钮。例如对文本进行加粗，可以单击【开始】选项卡【字体】组中的【加粗】按钮，如图 13-3 所示。

图 13-3　【开始】选项卡【字体】组

除了默认的选项卡外，当插入某类特殊对象并对其进行编辑时，选项卡栏会自动显示与该对象相关的选项卡。例如，插入或选中图片时会显示【图片工具】选项卡，如图 13-4 所示；插入或选中形状时会显示【绘图工具】选项卡。这类选项卡只有在选中相应操作对象时才显示，以便使选项卡栏更为简洁，减少混乱。

图 13-4　选中图片后功能区出现【图片工具】选项卡

在选项卡中，除了命令按钮外还包括库，库显示为一组相关可视选项的矩形窗口或菜单。比如，【设计】选项卡下【主题】组中的主题库，可以从库中预览并选择某一主题应用到演示文稿，如图 13-5 所示。当库中元素不能完全显示时，一般会有一个下拉箭头形状的按钮，单击可以显示完整的库中元素。

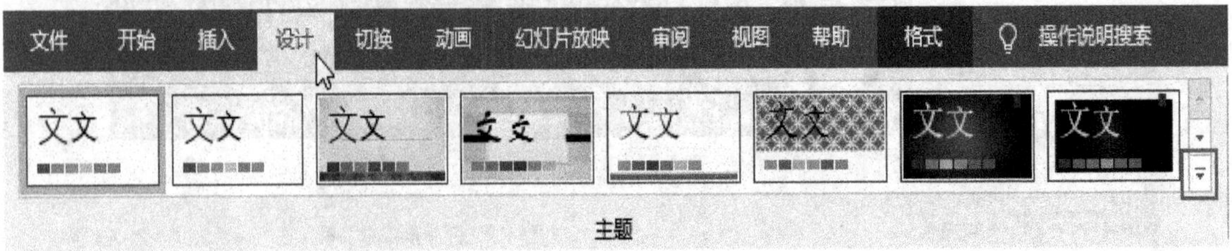

图 13-5　【设计】选项卡【主题】组中的主题库

对话框(或任务窗格)启动器按钮位于选项卡组的右下角，显示为一个右下方向的箭头，用于打开能够完成更高级(或更详细)的操作的对话框(或任务窗格)，而这些操作一般无法通过该组显示的基本命令按钮完成。例如单击【开始】选项卡【字体】组右下角的启动器按钮，在【字体】对话框中可以对字体进行更详细的设置，如图 13-6 所示。

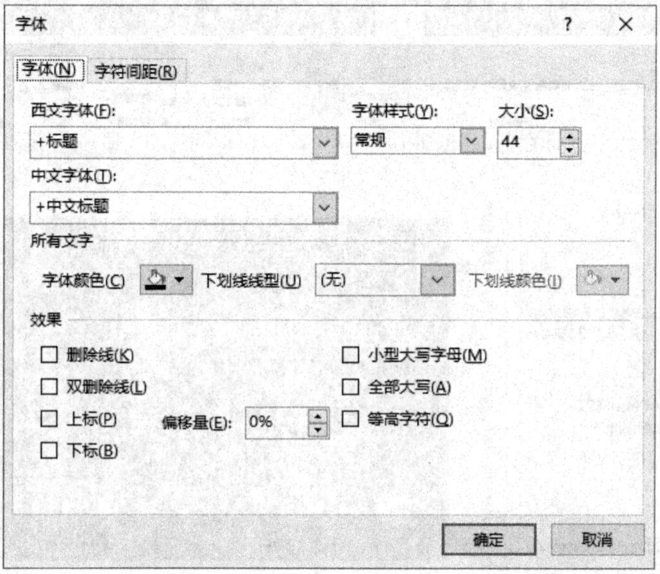

图 13-6　通过【字体】组启动器按钮打开【字体】对话框

2. 工作区

幻灯片工作区位于功能区的下方，用于幻灯片的浏览、创建和编辑，如图 13-7 所示。在默认的普通视图下，自左向右依次为幻灯片导航窗格、幻灯片编辑窗格和备注窗格、任务窗格。

图 13-7　幻灯片工作区

1) 幻灯片导航窗格

幻灯片导航窗格位于幻灯片工作区的左侧，在普通视图下，该窗格中以缩略图的形式显示演示文稿中的所有幻灯片。在大纲视图下，以大纲的形式列出演示文稿中所有幻灯片的文本大纲，如图 13-8 所示。要编辑演示文稿中的某张幻灯片，首先要在幻灯片导航窗格中单击该幻灯片的缩略图，当幻灯片显示到右侧的幻灯片编辑窗格后，才能在编辑窗格中对幻灯片进行编辑。在幻灯片导航窗格中可以进行幻灯片的添加、剪切、复制、粘贴和调整幻灯片的排序等操作。

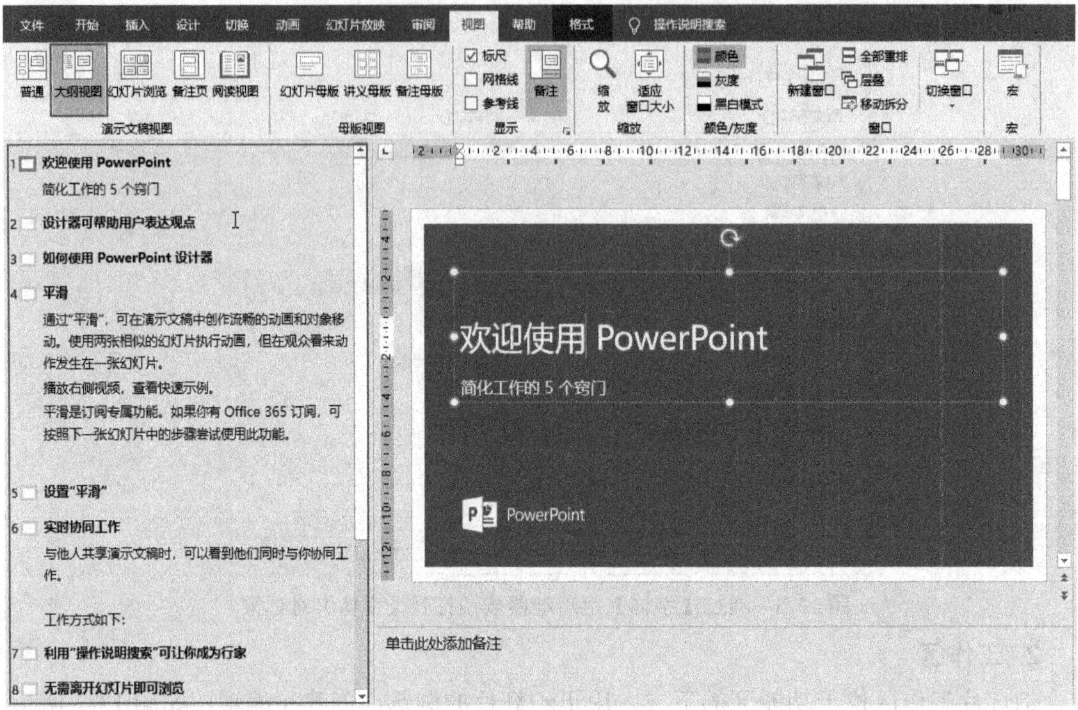

图 13-8　大纲视图下的幻灯片导航窗格

2) 幻灯片窗格

PowerPoint 2016 工作区窗口中间的白色区域为幻灯片编辑区(简称幻灯片窗格)，是演示文稿的核心部分，主要用于显示和编辑当前的幻灯片。

3) 备注窗格

备注窗格位于幻灯片编辑区的下方，用于为幻灯片添加注释说明，也可以存放演讲词，在幻灯片放映时辅助演讲。如果备注窗格处于隐藏状态，则单击状态栏上的【备注】可显示备注窗格，通过鼠标上下拖动备注窗格与幻灯片窗格之间的边界线可以调整备注窗格的大小。

4) 任务窗格

任务窗格位于幻灯片工作区的右侧，默认情况下不显示。当打开相应任务窗格时，这些任务窗格会显示在幻灯片工作区的右侧，同时缩小幻灯片窗格以提供这些任务窗格的显示空间。

3. 状态栏

状态栏位于窗口底端，用于显示当前幻灯片属性信息，如图 13-9 所示。幻灯片属性信息包括当前正在编辑的是第几张幻灯片、幻灯片总数、拼写检查、使用的语言、视图切换按钮和缩放比例按钮等。可以右键单击状态栏，在快捷菜单中对状态栏中要显示的信息进行自定义选择。

图 13-9　PowerPoint 2016 状态栏

13.3 新建演示文稿

用户可以创建空白演示文稿或根据现有模板创建演示文稿。

13.3.1 创建空白演示文稿

创建空白演示文稿的具体操作步骤如下：

步骤 1 启动 PowerPoint 2016，在 PowerPoint 2016 的开始屏幕中单击【空白演示文稿】，如图 13-10 所示。

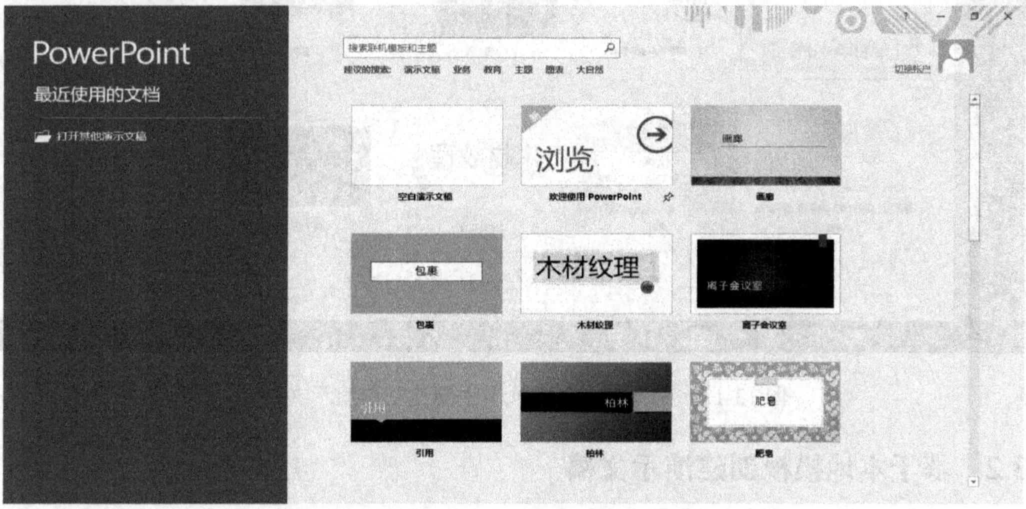

图 13-10 PowerPoint 2016 的开始屏幕

步骤 2 PowerPoint 2016 创建并打开一个默认文件名为“演示文稿 1”的空白演示文稿，如图 13-11 所示。

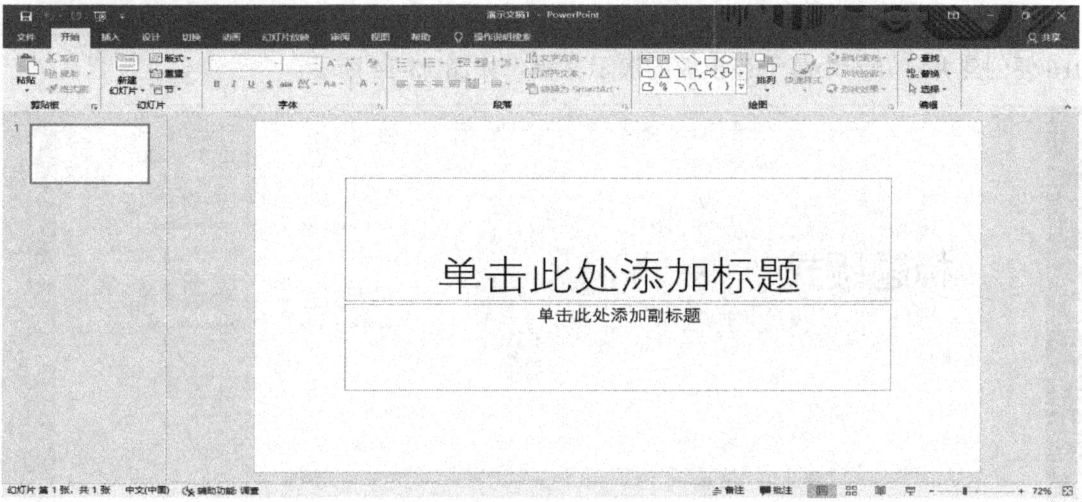

图 13-11 启动 PowerPoint 2016 时创建空白演示文稿

启动 PowerPoint 2016 后再新建空白演示文稿的方法如下：

选择【文件】选项卡，在列表中选择【新建】，在【新建】区域中单击【空白演示文稿】，如图 13-12 所示。

图 13-12　在【文件】选项卡中创建空白演示文稿

13.3.2　基于本地模板创建演示文稿

基于本地模板创建演示文稿的具体操作步骤如下：

步骤 1　启动 PowerPoint 2016，在 PowerPoint2016 的开始屏幕中单击列出的某个模板，比如【木材纹理】。

步骤 2　在模板预览窗口中选定模板后，单击【创建】按钮(如图 13-13 所示)，PowerPoint 2016 便创建并打开一个基于该模板的演示文稿，如图 13-14 所示。

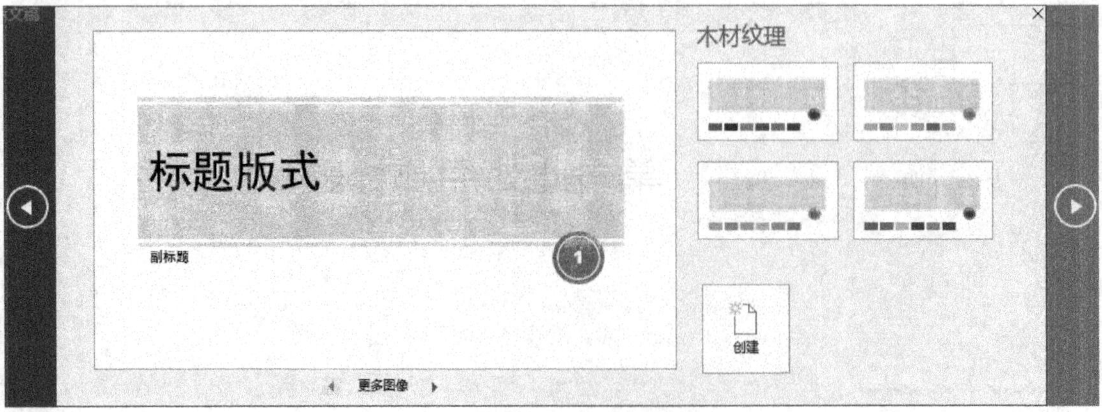

图 13-13　选择内置模板创建演示文稿

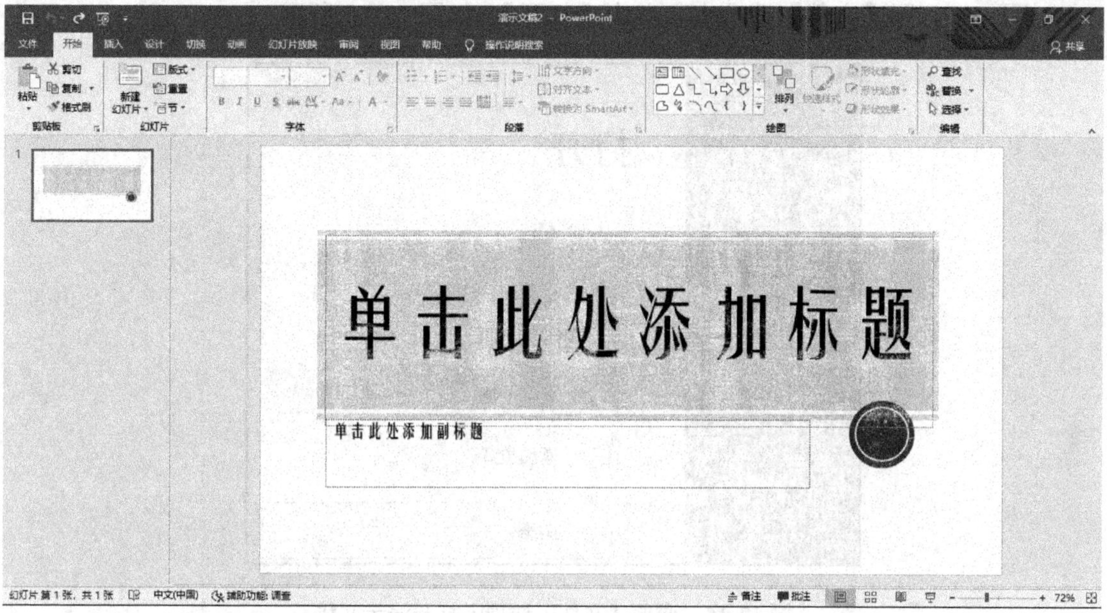

图 13-14　基于内置木材纹理模板创建的演示文稿

13.3.3　基于联机模板创建演示文稿

基于联机模板创建演示文稿的具体操作步骤如下：

启动 PowerPoint 2016，在 PowerPoint 2016 的开始屏幕上方的搜索框内输入关键词，查找联机模板和主题，根据搜索列出联机模板或主题创建演示文稿。过程与上述基于本地模板创建演示文稿相同。

◇ **提示：**

如果已经启动了 PowerPoint 2016 打开了演示文稿，或在 PowerPoint 2016 设置为不显示开始屏幕的情况下，可单击【文件】选择卡，选择【新建】，在打开的【新建】界面下创建演示文稿。

13.3.4　基于下载模板创建演示文稿

从网络下载演示文稿模板后，双击该演示文稿模板启动 PowerPoint 2016，自动创建基于该模板的演示文稿，编辑完成后默认保存为演示文稿文件类型即可。

13.4　演示文稿的打开、查看信息、保存以及关闭

13.4.1　打开演示文稿

若要打开本地演示文稿文件，其具体操作步骤如下：

步骤 1　打开【文件】选项卡，单击【打开】，如图 13-15 所示。

图 13-15　通过【文件】选项卡打开演示文稿

步骤 2　单击【浏览】按钮，找到所需的文件，单击【打开】按钮，如图 13-16 所示。

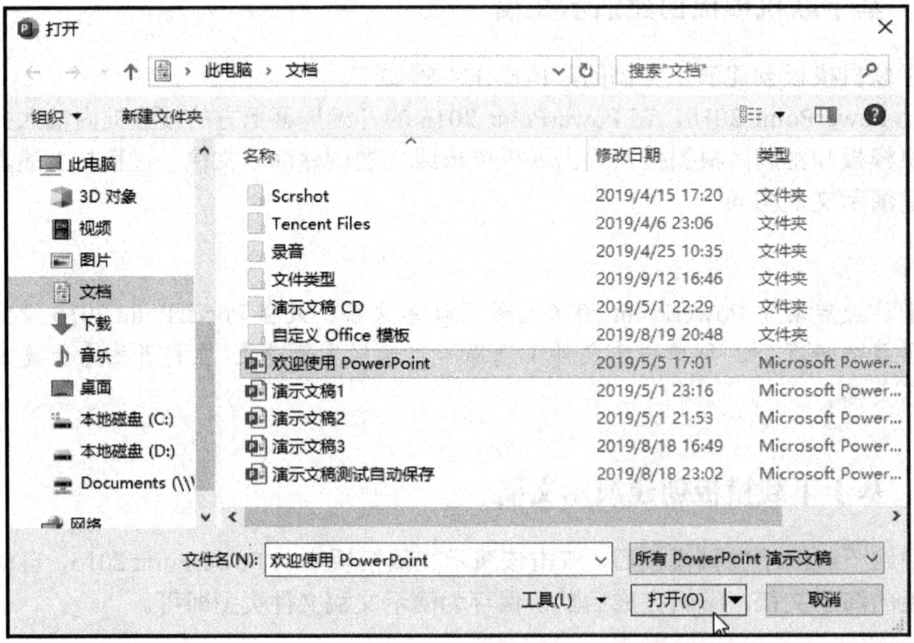

图 13-16　通过文件资源管理器浏览要打开的演示文稿

13.4.2　查看演示文稿信息

要查看演示文稿的信息可打开【文件】选项卡，单击【信息】转到【信息】页面，如图 13-17 所示。

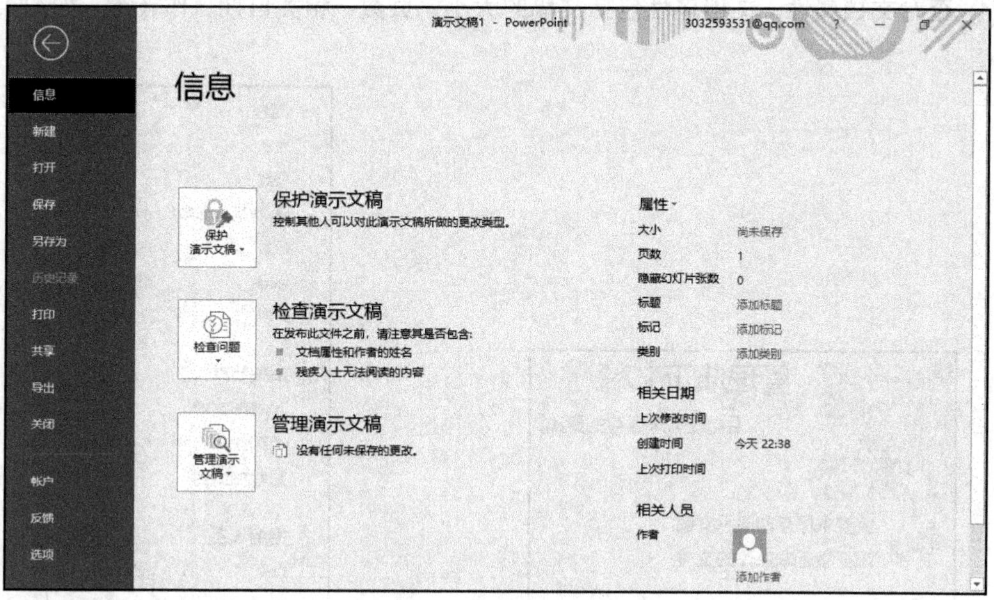

图 13-17　查看演示文稿信息

在【信息】页面下可实现如下功能(根据演示文稿内嵌入对象的不同，可能会显示更多功能)。

(1) 保护演示文稿。限制其他用户可以对此演示文稿所做的更改类型，如图 13-18 所示。

(2) 检查问题。在文档发布之前检查是否包含隐私信息和影响辅助功能方面的问题，如图 13-19 所示。

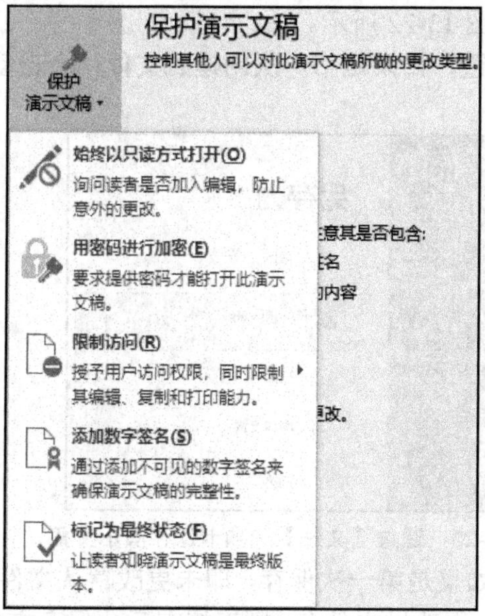

图 13-18　保护演示文稿

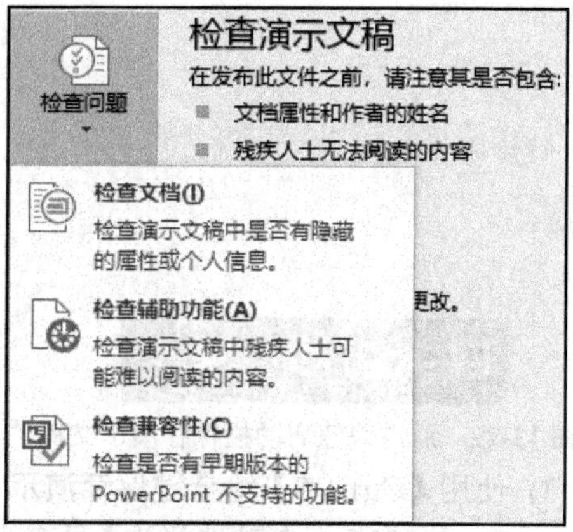

图 13-19　检查演示文稿

(3) 管理演示文稿。对因故未保存的文稿做出相应处理，如图 13-20 所示。

(4) 查看文档属性。文档属性包括文稿的大小、页数、相关日期、作者等，如图 13-21 所示。

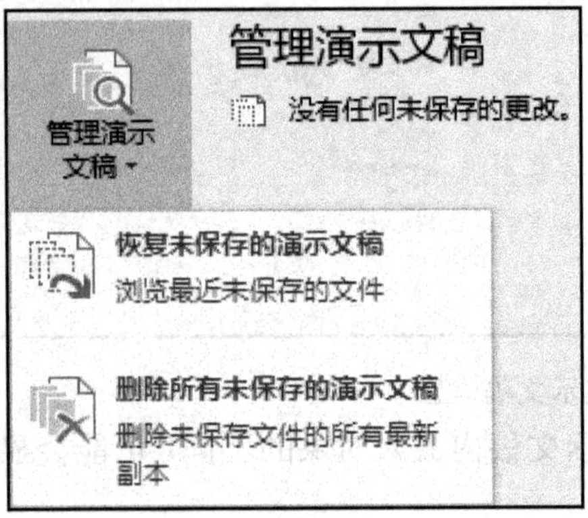

图 13-20　管理演示文稿

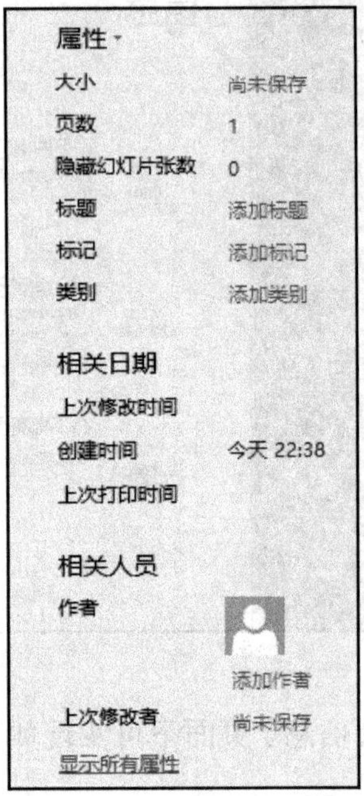

图 13-21　查看演示文稿属性

13.4.3　保存演示文稿

保存演示文稿有以下三种方法：

(1) 单击快速启动栏上的【保存】按钮，如图 13-22 所示。

(2) 打开【文件】选项卡，单击【保存】按钮，如果是第一次创建的文件，会自动跳转至【另存为】界面，如图 13-23 所示。

图 13-22　通过快速启动栏保存演示文稿

图 13-23　通过【文件】选项卡保存演示文稿

(3) 使用【Ctrl + S】组合键保存演示文稿。如果是第一次保存，即未更改默认文件名，则 PowerPoint 2016 会自动选择为【另存为】(如已更改过文件名，则直接在后台保存文件)。在【另存为】界面选择保存的位置，确定保存的位置后单击【保存】。保存位置可以选择

OneDrive-个人，这样可以与他人共享和协作，以后可从任何位置(计算机、平板电脑或手机)访问文档；选择【这台电脑】，则将演示文稿保存在本地。

13.4.4　关闭演示文稿

关闭演示文稿有多种方法。

(1) 单击 PowerPoint 应用窗口标题栏右侧的【关闭】按钮，如果有未保存的更改会提示保存，然后关闭演示文稿。如果该演示文稿是唯一的一个打开的演示文稿，关闭时会同时关闭 PowerPoint 2016。

(2) 鼠标右键单击 PowerPoint 应用窗口标题栏，在快捷菜单中选择【关闭】，如图 13-24 所示。

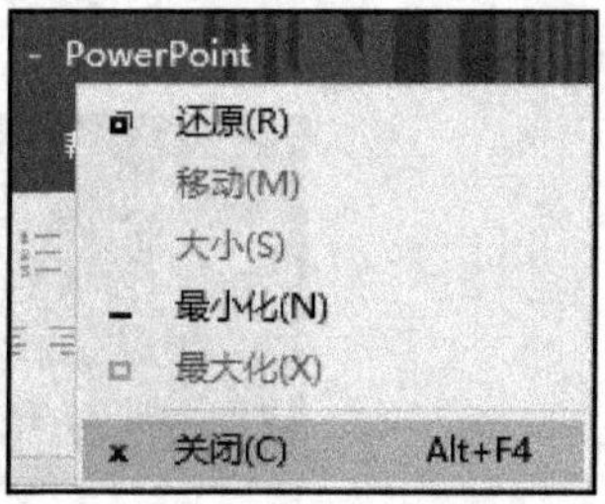

图 13-24　通过窗口标题栏关闭演示文稿

(3) 按【Alt + F4】组合键直接关闭 PowerPoint 2016。

(4) 鼠标指向任务栏的 PowerPoint 2016 应用图标，在文档预览窗口中，单击演示文稿缩略图的【关闭】按钮，如图 13-25 所示。

(5) 单击【文件】选项卡，选择【关闭】，如图 13-26 所示。这种方法仅关闭打开的演示文稿，但不退出 PowerPoint 2016，可以继续创建或打开其他演示文稿，是推荐的关闭方法。

图 13-25　通过任务栏图标关闭演示文稿

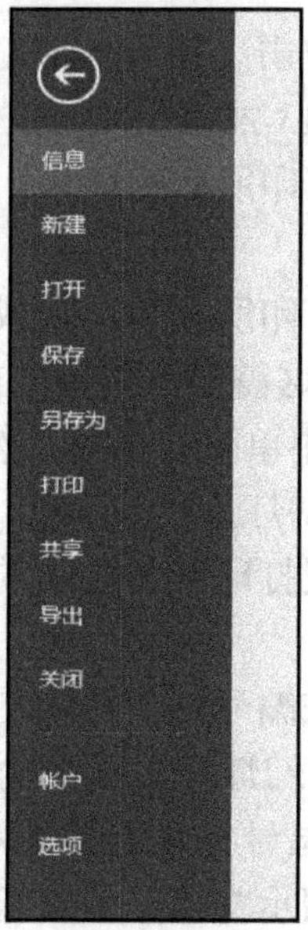

图 13:26　通过文件菜单关闭演示文稿

13.5　打印演示文稿

打印演示文稿的操作步骤如下：

步骤 1　单击【文件】选项卡。

步骤 2　选择【打印】选项，右侧显示【打印】页面，如图 13-27 所示。

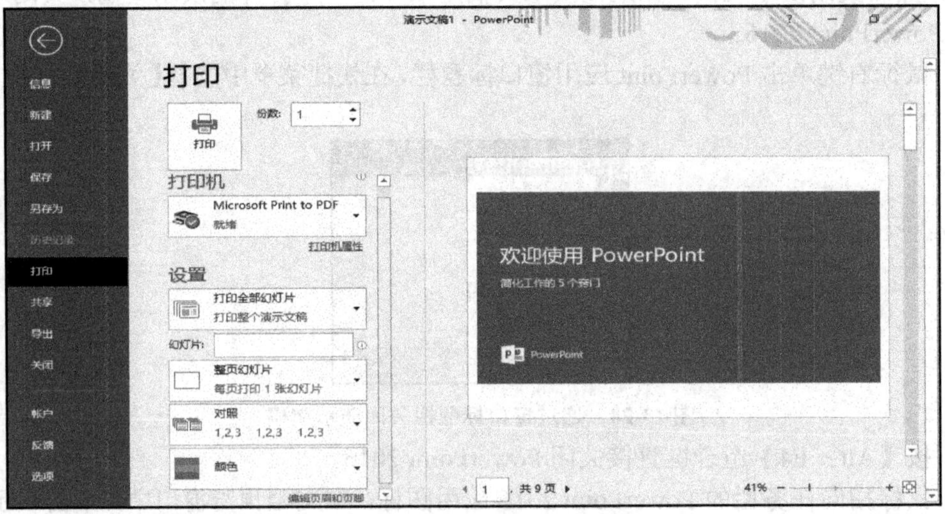

图 13-27　打印演示文稿

步骤 3　在【份数】框中，输入要打印的份数。

步骤 4　在【打印机】下，选择要使用的打印机。如果要以彩色打印，务必选择彩色打印机。

步骤 5　单击【打印全部幻灯片列表】，执行以下操作之一，如图 13-28 所示。

(1) 若要打印所有幻灯片，则单击【打印全部幻灯片】。

(2) 若要打印所选的一张或多张幻灯片，则单击【打印选定区域】。这需要在打印之前在普通视图下的幻灯片浏览窗格中选中单张幻灯片，然后按住【Ctrl】键单击选择所需的多张幻灯片。

(3) 如果仅打印当前显示的幻灯片，则单击【打印当前幻灯片】。

(4) 若要按编号打印特定幻灯片，则单击【自定义范围】，然后在【幻灯片】框中输入幻灯片的编号或范围。使用无空格的逗号将各个编号隔开，例如“1, 3, 5-12”。

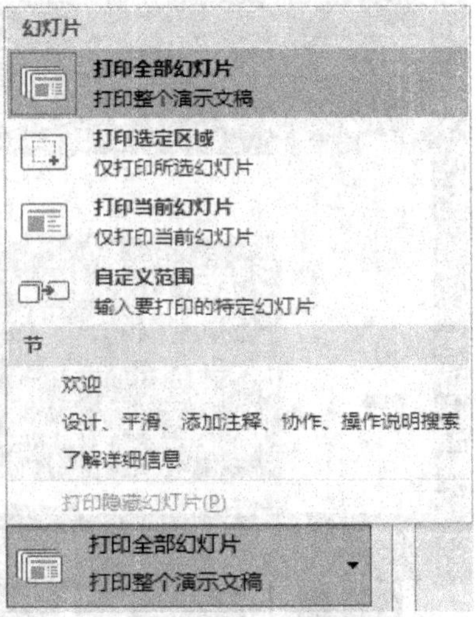

图 13-28　选择打印范围

(5) 如果演示文稿分节，可以选择打印指定节。

(6) 如果演示文稿有隐藏幻灯片，可以选择是否打印隐藏的幻灯片。

步骤 6　单击【整页幻灯片】列表，然后执行下列操作，如图 13-29 所示。

(1) 若要在整页上打印一张幻灯片，则在【打印版式】下单击【整页幻灯片】。

(2) 若要以讲义格式在一页上打印一张或多张幻灯片，则在【讲义】下选择每页所需的幻灯片数，以及幻灯片的放置方式。

(3) 若要在幻灯片周围打印一个细边框，则选择【幻灯片加框】，再次单击该项可取消打印边框。

(4) 若要在为打印机选择的纸张上打印幻灯片，则单击【根据纸张调整大小】。

(5) 若要增大分辨率、混合透明图形以及在打印作业上打印柔和阴影，则单击【高质量】。

(6) 选择是否打印批注。

(7) 选择是否打印墨迹。

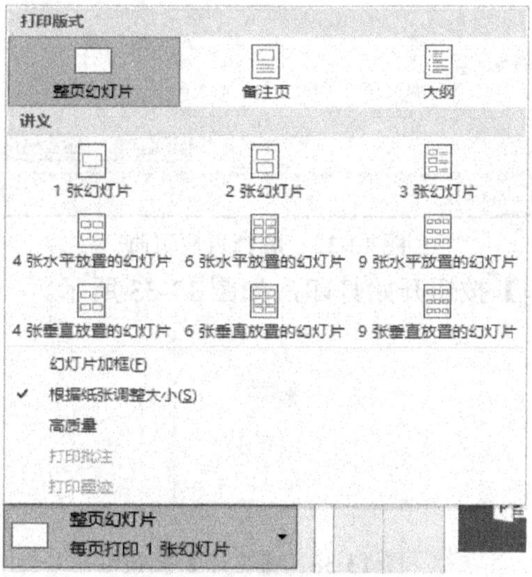

图 13-29　设置打印版式

步骤 7　单击【对照】列表，如图 13-30 所示，选择多份打印时的打印顺序。对照打印是打印完完整的一份，再打印下一份；非对照打印是先打印完一张幻灯片需要打印的份数，再开始打印下一张幻灯片。

步骤 8　打开【颜色】列表，然后选择下列颜色之一，如图 13-31 所示。

(1) 颜色。使用此选项在彩色打印机上以彩色打印。

(2) 灰度。打印的图像包含黑色和白色以及二者之间灰度色调。

(3) 纯黑白。打印不带灰度填充色的讲义。

图 13-30　选择打印顺序

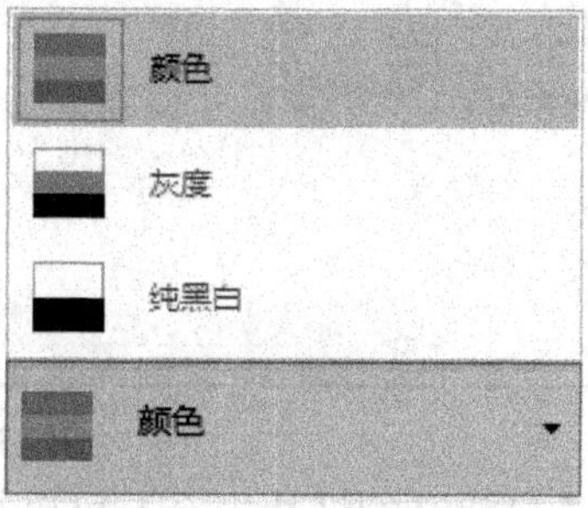

图 13-31　选择打印颜色

步骤 9　若要在打印时编辑页眉和页脚，可单击【编辑页眉和页脚】链接，然后在显示的【页眉和页脚】对话框中进行选择，如图 13-32 所示。

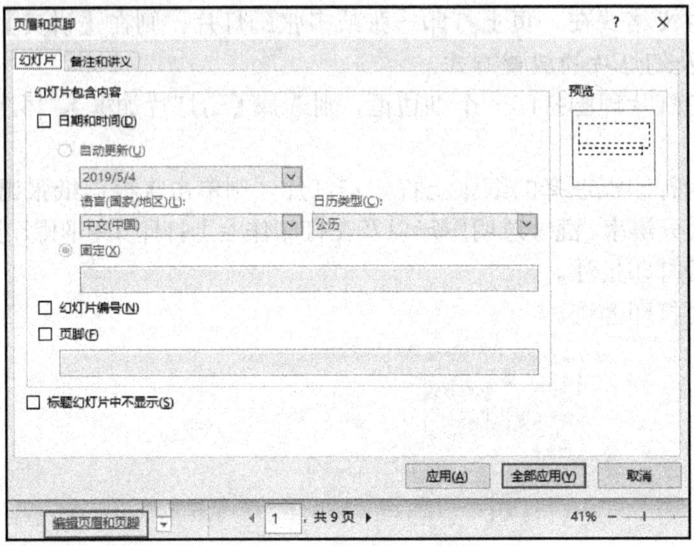

图 13-32　编辑页眉页脚

步骤 10　单击【打印】按钮开始打印，如图 13-33 所示。

图 13-33　【打印】按钮

13.6　设置幻灯片大小

要更改幻灯片大小，可以执行以下操作：

选择功能区的【设计】选项卡，单击【自定义】组的【幻灯片大小】按钮，可以选择【标准(4:3)】或【宽屏(16:9)】或【自定义幻灯片大小】，如图 13-34 所示。

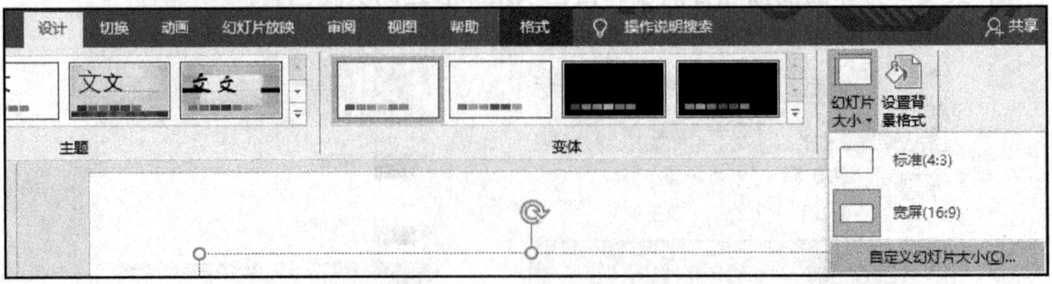

图 13-34　设置幻灯片大小

单击【自定义幻灯片大小】可以打开【幻灯片大小】对话框，在其中可以对幻灯片大小、方向等进行设置，如图 13-35 所示。

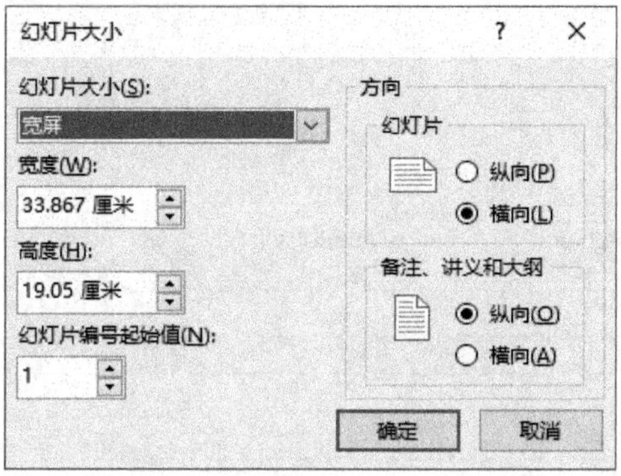

图 13-35　【幻灯片大小】对话框

13.7　定义页眉和页脚

PowerPoint 2016 可以在演示文稿中的幻灯片添加页眉和页脚。普通视图下的幻灯片的页眉和页脚是指在页脚中添加日期和时间、页脚和幻灯片编号。备注和讲义的页眉和页脚指的是添加页眉、页脚、页码、日期和时间。

给选中的幻灯片添加页眉和页脚的操作步骤如下：

步骤 1　选择【插入】选项卡，单击【文本】中的【页眉和页脚】，如图 13-36 所示。

图 13-36　【页眉和页脚】按钮

步骤 2　在如图 13-37 所示的【页眉和页脚】对话框中，单击【幻灯片】选项卡，执行下列操作之一。

(1) 若要向幻灯片中添加日期和时间，则选中【日期和时间】复选框，然后执行下列操作之一。

① 若要将日期和时间设置为固定的日期，则单击【固定】，在【固定】框中键入期望的日期。在演示文稿中设置日期固定，可以轻松地跟踪最后一次对其所做的更改。

② 若要在每次打开或打印演示文稿时使用当前日期和时间，则单击【自动更新】并选择所需的日期和时间格式。

(2) 若要添加幻灯片编号，则选中【幻灯片编号】复选框。

(3) 若要添加页脚，则选中【页脚】复选框，在页脚框中输入页脚内容。

(4) 若要在标题幻灯片中不显示页眉和页脚，则选中【标题幻灯片中不显示】复选框。

(5) 若要演示文稿所有的幻灯片都应用同样的页眉和页脚设置，则单击【全部应用】按钮。

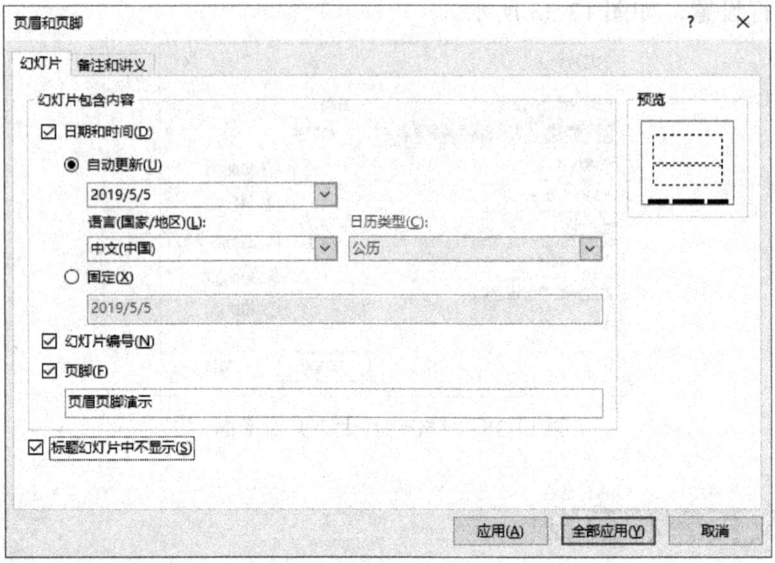

图 13-37　向幻灯片添加页眉和页脚

向备注页和讲义中添加页眉和页脚的操作：在【页眉和页脚】对话框中单击【备注和讲义】选项卡，根据需要进行相应的设置，如图 13-38 所示。

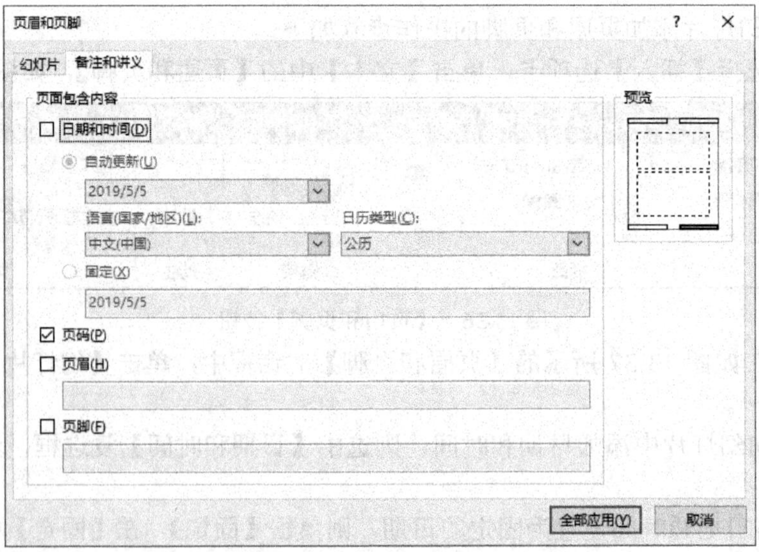

图 13-38　向备注页和讲义中添加页眉和页脚

13.8　编辑幻灯片

13.8.1　添加幻灯片

新创建的演示文稿一般默认只有一张幻灯片(通常是标题幻灯片)，应根据需要添加其他的幻灯片。在演示文稿中插入新幻灯片的具体操作步骤如下：

步骤 1　在幻灯片导航窗格中单击鼠标左键，选定幻灯片插入位置，插入位置显示为一条横线，如图 13-39 所示。

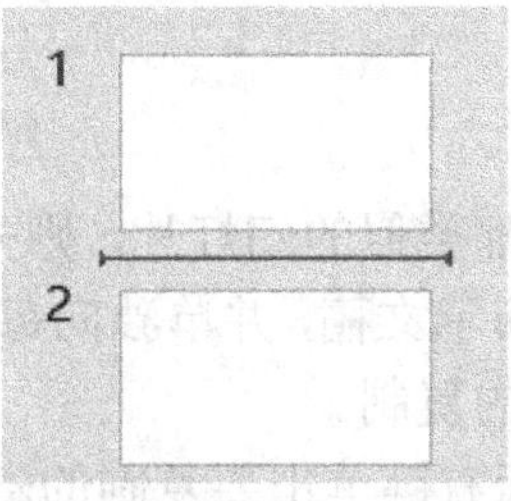

图 13-39　在幻灯片导航窗格中选择添加幻灯片的位置

步骤 2　单击【开始】选项卡【幻灯片】中【新建幻灯片】旁边的箭头，在下拉列表中选择所需的幻灯片版式，则在选定插入幻灯片的位置新建了一张选定版式的幻灯片，如图 13-40 所示。

如果希望新建幻灯片使用默认版式或与之前新建幻灯片的版式相同，则单击【新建幻灯片】按钮即可。或在幻灯片导航窗格中选定要插入幻灯片的位置，直接按【Enter】键。或在幻灯片导航窗格要插入幻灯片的位置处单击鼠标右键，在弹出的菜单中选择【新建幻灯片】，如图 13-41 所示。

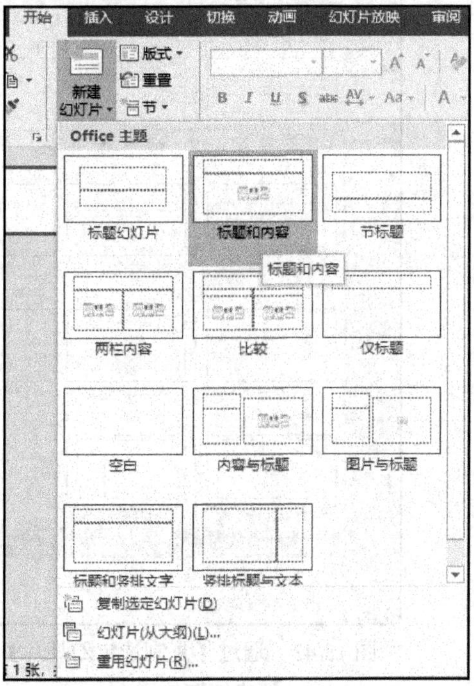

图 13-40　选择新建幻灯片的版式

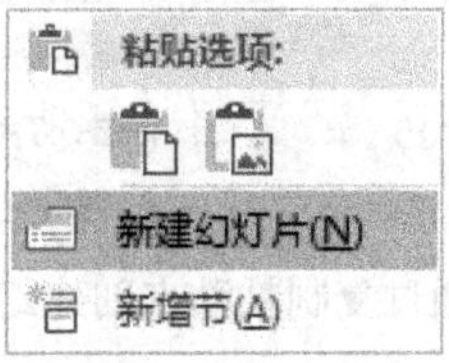

图 13-41　新建默认版式的幻灯片

13.8.2　选择幻灯片

在窗口左侧的幻灯片导航窗格中单击某张幻灯片即可选中该幻灯片，并可在编辑窗口中编辑。在幻灯片导航窗格中，按住【Ctrl】键并单击要选择的幻灯片，可选中一组不连续的幻灯片。若要选中一组连续的幻灯片，可以通过先选中要选择的首张幻灯片，然后按住【Shift】键单击要选中的末尾幻灯片完成操作。

13.8.3　复制幻灯片

如果希望创建多个内容和布局都类似的幻灯片，则先创建一个具有通用格式和内容的幻灯片，然后复制该幻灯片来建立演示文稿，并单独向每个幻灯片添加不同的内容和格式。

可以通过以下方法实现幻灯片的复制。

(1) 在幻灯片导航窗格中，鼠标右键单击要复制的幻灯片，然后选择【复制】。鼠标右键单击要添加幻灯片副本的位置，然后选择【粘贴】。通过这种复制粘贴的方法，可以将幻灯片从另外一个演示文稿插入到当前演示文稿中，如图 13-42 所示。

(2) 选中要复制幻灯片的缩略图，单击【开始】选项卡【幻灯片】中【新建幻灯片】的下拉箭头，在打开的列表中选择【复制选定幻灯片】按钮，则在选定的幻灯片的下方添加该幻灯片的副本，如图 13-43 所示。

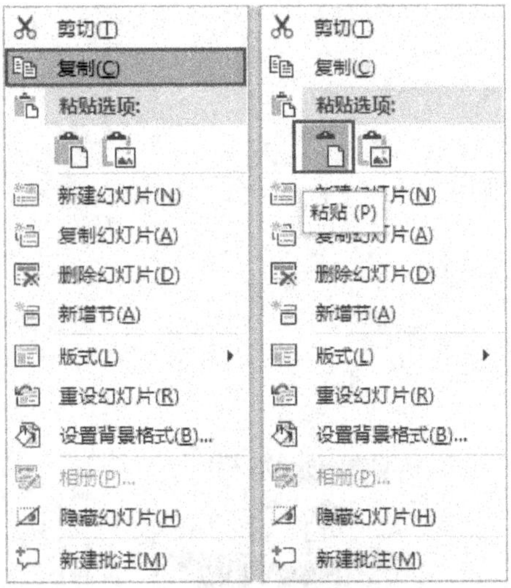

图 13-42　通过复制粘贴来创建幻灯片副本

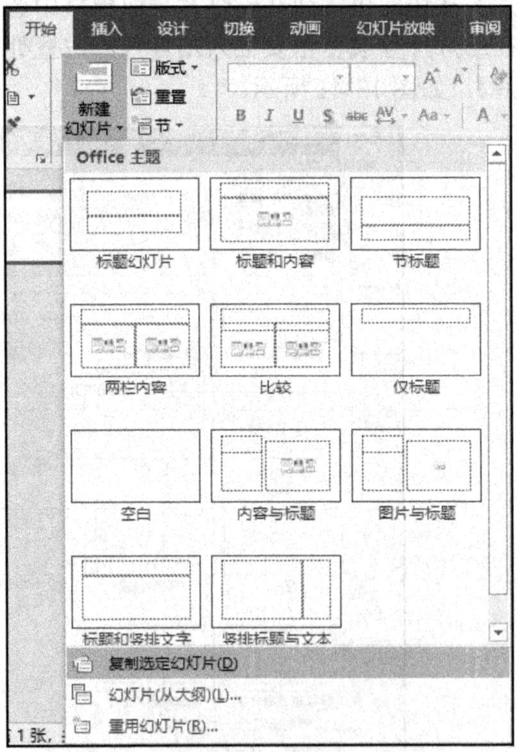

图 13-43　通过【复制选定幻灯片】按钮来创建幻灯片副本

(3) 在幻灯片导航窗格中，鼠标右键单击要复制幻灯片的缩略图，在弹出的快捷菜单中选择【复制幻灯片】，则在该幻灯片下方添加其副本，如图 13-44 所示。

(4) 在幻灯片导航窗格中选中要复制的幻灯片，按【Ctrl + D】组合键，在该幻灯片下方添加其副本。

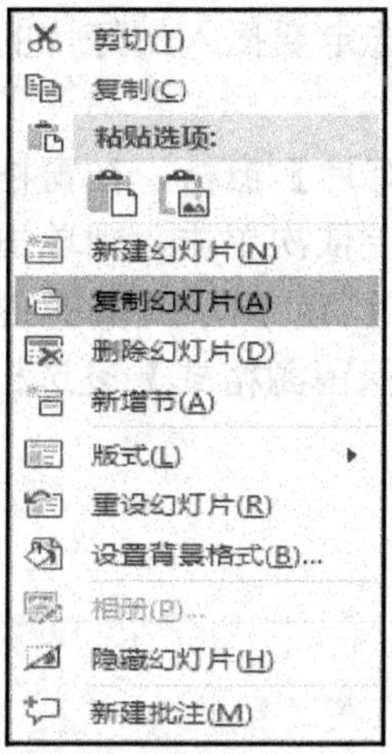

图 13-44　通过右键快捷菜单创建幻灯片副本

13.8.4　重用幻灯片

在当前编辑的演示文稿中插入另外演示文稿文件中的一个或多个幻灯片，无需打开另一个演示文稿文件。默认情况下，复制的幻灯片会在目标演示文稿中继承当前的幻灯片的设计，用户也可以选择保留要复制的幻灯片的格式。将幻灯片从一个演示文稿导入到另一个演示文稿时，它只是原始文件的副本，对其所做的更改不会影响原始幻灯片。

重用其他演示文稿的幻灯片的操作步骤如下：

步骤 1　单击【开始】选项卡【幻灯片】中【新建幻灯片】的下拉箭头，选择【重用幻灯片】，如图 13-45 所示。

步骤 2　在【重用幻灯片】窗格中单击【浏览】按钮，如图 13-46 所示。

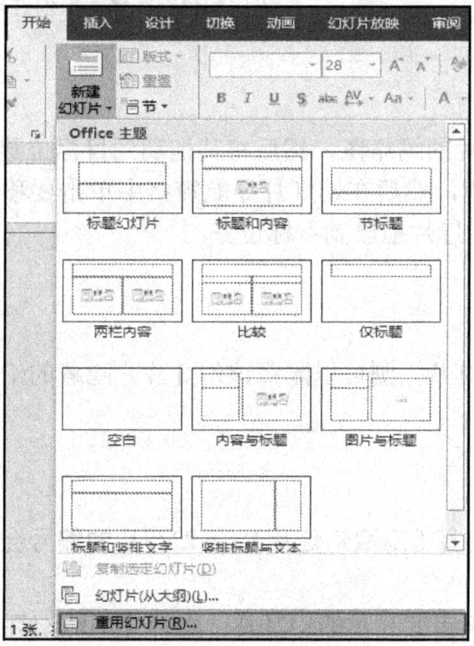

图 13-45　选择【重用幻灯片】

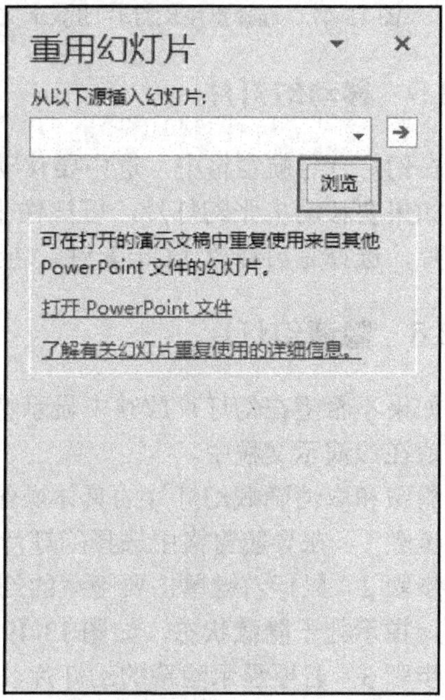

图 13-46　【重用幻灯片】窗格

步骤 3　在【浏览】对话框中选定要插入幻灯片的演示文稿源文件，单击【打开】按钮，如图 13-47 所示。

步骤 4　自动返回到【重用幻灯片】窗格，在窗格中显示要重用演示文稿源文件中的幻灯片缩略图，在要引用的幻灯片上依次单击，则单击过的幻灯片被插入到当前演示文稿中。插入到当前演示文稿后默认使用当前演示文稿的主题、格式等，若要保留源格式插入，需要选中这些缩略图列表下方的【保留源格式】复选框，如图 13-48 所示。

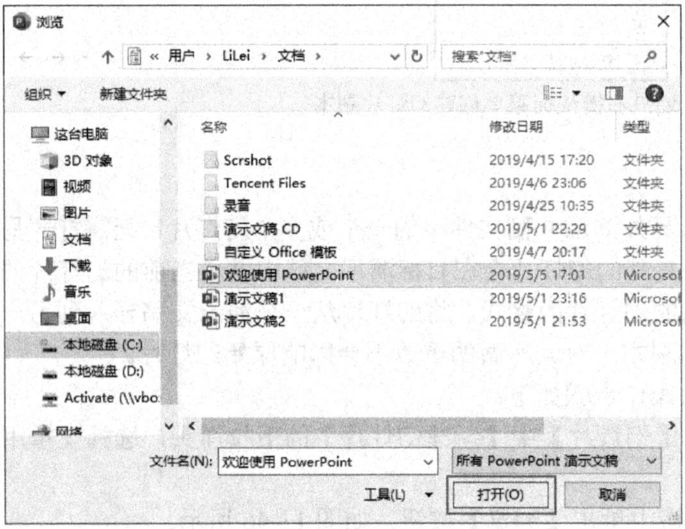

图 13-47　选择重用幻灯片的演示文稿源文件

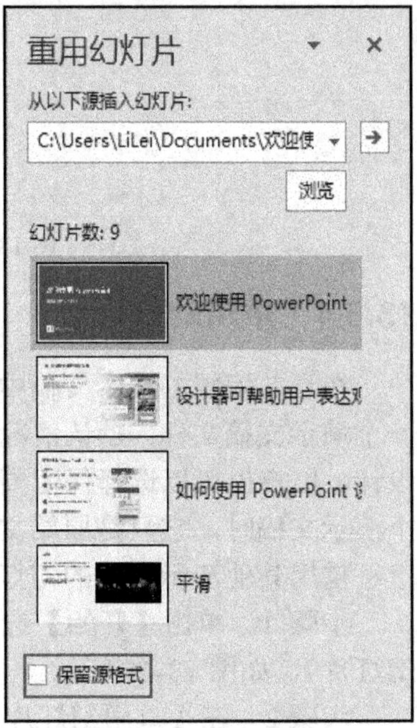

图 13-48　选择重用幻灯片

13.8.5　移动幻灯片

在幻灯片导航窗格中，选中要移动的幻灯片的缩略图，然后将其拖动到目标位置。

如果要移动多张幻灯片，可按住【Ctrl】键，然后在幻灯片导航窗格中单击要移动的幻灯片，选择完后释放【Ctrl】键，将选定的幻灯片拖放到目标位置。

13.8.6　隐藏幻灯片

如果不希望在幻灯片放映中显示特定的幻灯片，则可以隐藏该幻灯片，隐藏的幻灯片仍保留在该演示文稿中。

隐藏和取消隐藏幻灯片的具体操作步骤如下：

步骤 1　在导航窗格中选择幻灯片。

步骤 2　鼠标右键单击要隐藏的幻灯片，选择【隐藏幻灯片】，该幻灯片的编号会加上斜杠，指示处于隐藏状态，如图 13-49 所示。

步骤 3　若要显示隐藏的幻灯片，则右键单击要显示的幻灯片，选择【隐藏幻灯片】，幻灯片编号上指示隐藏状态的斜杠会消失，如图 13-50 所示。

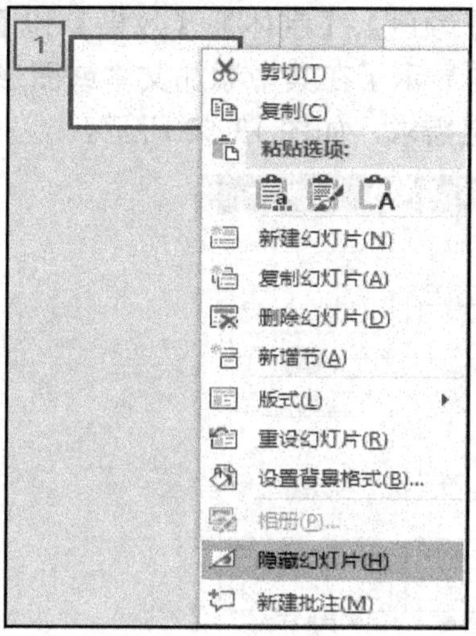

图 13-49　隐藏幻灯片

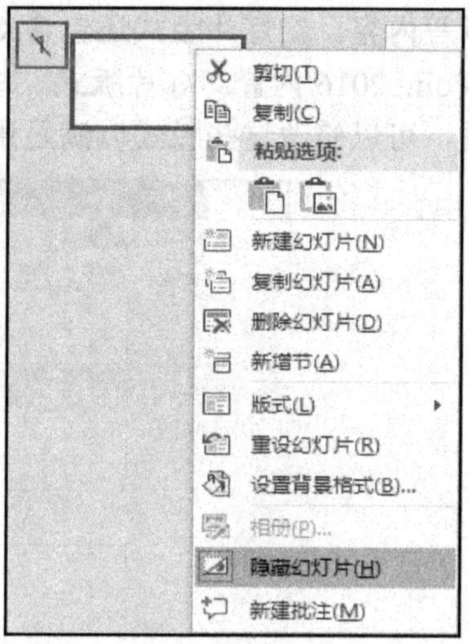

图 13-50　取消隐藏幻灯片

13.8.7　删除幻灯片

删除幻灯片可在幻灯片导航窗格中，单击选中要删除的幻灯片的缩略图，按【Delete】键或鼠标右键单击幻灯片导航窗格中要删除的幻灯片的缩略图，然后选择【删除幻灯片】，如图 13-51 所示。

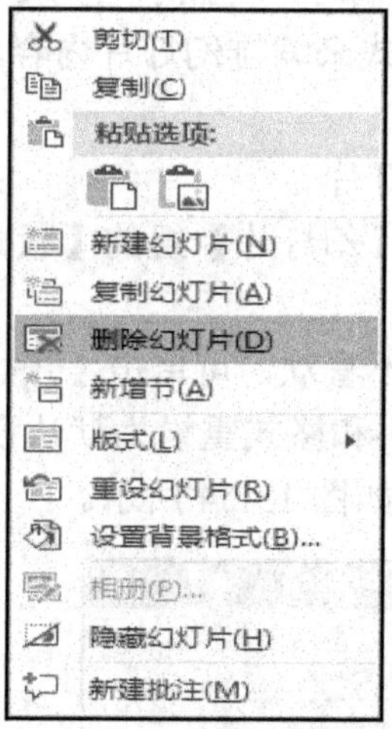

图 13-51　删除幻灯片

13.9　幻灯片版式

13.9.1　幻灯片版式概述

幻灯片版式包含幻灯片上显示的所有内容的格式、位置和占位符。占位符是幻灯片版式上的虚线容器，其中包含标题、正文文本、表格、图表、SmartArt 图形、图片、剪贴画、视频和音频等内容。幻灯片版式还包含幻灯片的【颜色】、【字体】、【效果】和【背景】。

PowerPoint 2016 内置幻灯片版式，每种版式均显示了在其中添加文本或图形的各种占位符的位置，可以修改这些版式以满足用户的特定需求，如图 13-52 所示。

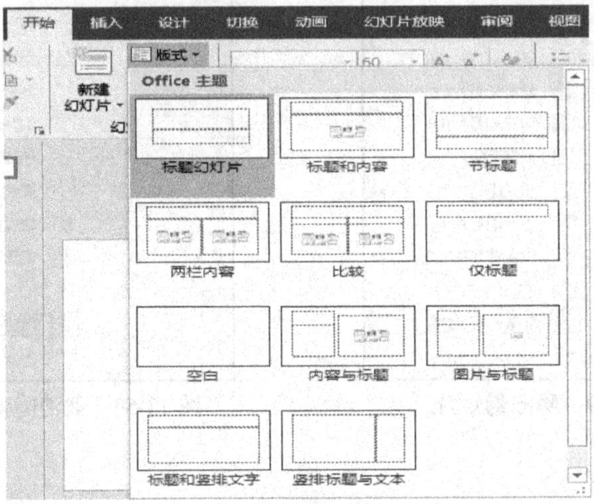

图 13-52　PowerPoint 2016 版式列表

13.9.2　应用幻灯片版式

在 PowerPoint 中打开空演示文稿时，将显示名为【标题幻灯片】的默认版式，可根据用户的偏好，使用不同的幻灯片版式来编排幻灯片内容，让幻灯片更加明晰易懂。现有幻灯片应用版式的操作步骤如下：

步骤 1　选择要更改版式的幻灯片。

步骤 2　打开【开始】选项卡【幻灯片】组的【版式】，选择所需的版式，如图 13-53 所示。

步骤 3　如果更改版式后感觉不喜欢，可单击【开始】选项卡【幻灯片】组的【重置】按钮，将幻灯片占位符的位置、大小和格式重设为默认设置，还原到原来的版式。使用【重置】不会删除所添加的任何内容，如图 13-54 所示。

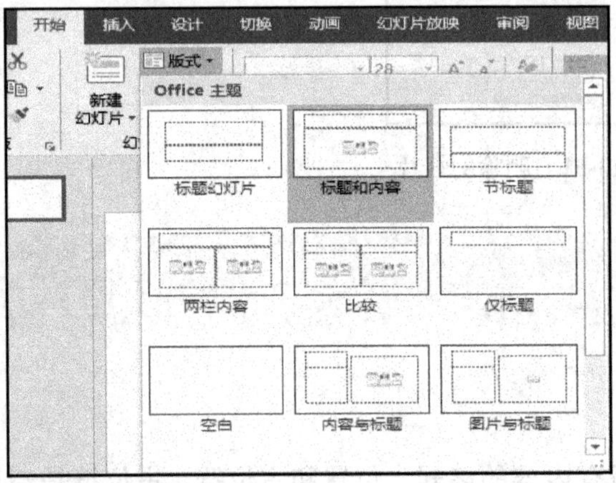

图 13-53　为幻灯片应用不同的版式

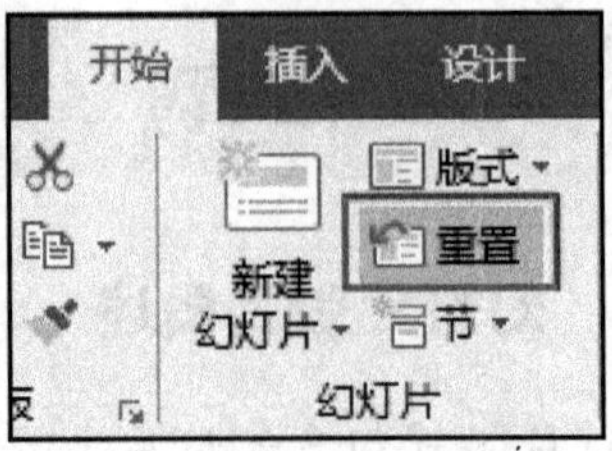

图 13-54　重置幻灯片的版式

13.10 幻灯片应用主题及模板

主题和模板可帮助用户创建外观引人注目并且一致的幻灯片内容，同时避免大量手动设置格式的操作。

13.10.1 应用主题

主题是使幻灯片具有统一的颜色、字体和视觉效果的集合。应用主题能让用户用最少的工作使演示文稿具有和谐的外观。

PowerPoint 提供了多个预设主题，每个主题都使用自己唯一的颜色、字体和效果来创建幻灯片的整体外观，主题位于功能区的【设计】选项卡上。应用主题的具体操作步骤如下：

步骤 1 打开幻灯片，在【设计】选项卡上将鼠标指向主题缩略图可以预览该主题下幻灯片的外观，如图 13-55 所示。若要查看完整的主题库，可单击【其他】下拉按钮，如图 13-56 所示。

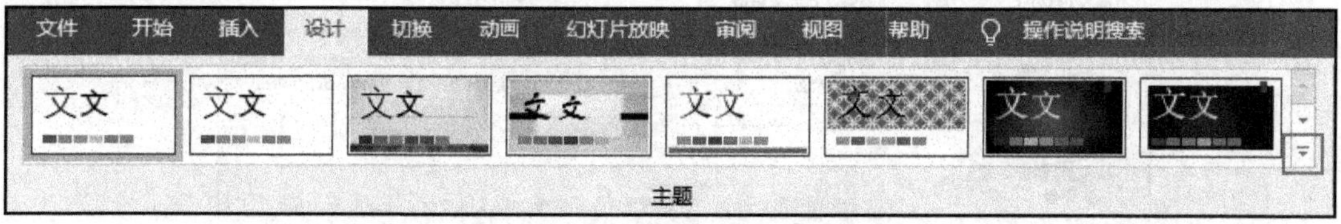

图 13-55 默认显示的主题库

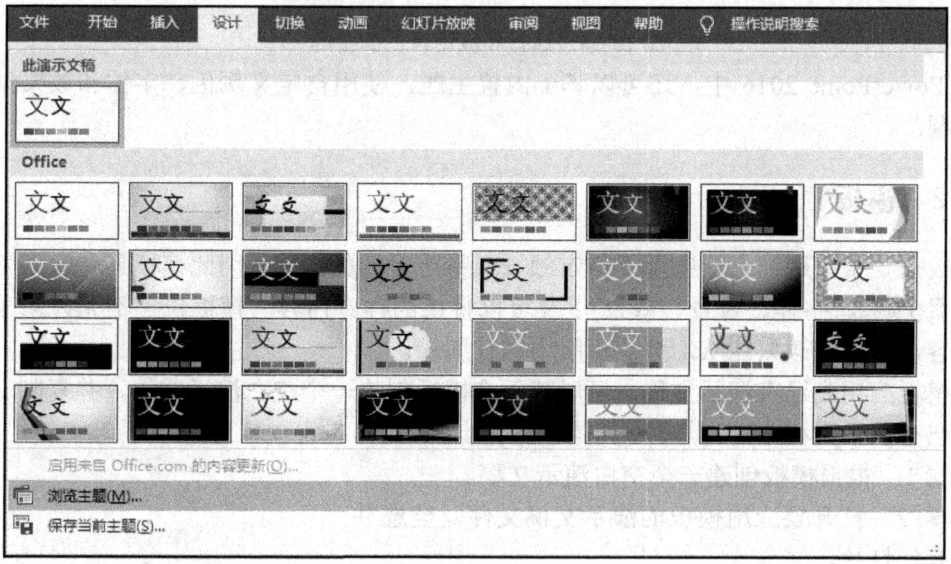

图 13-56 展开完整主题库

步骤 2 选定所需的主题，单击主题缩略图，将其应用于演示文稿中的所有幻灯片。鼠标右键单击可选择将该主题只应用于当前选定的幻灯片，如图 13-57 所示。

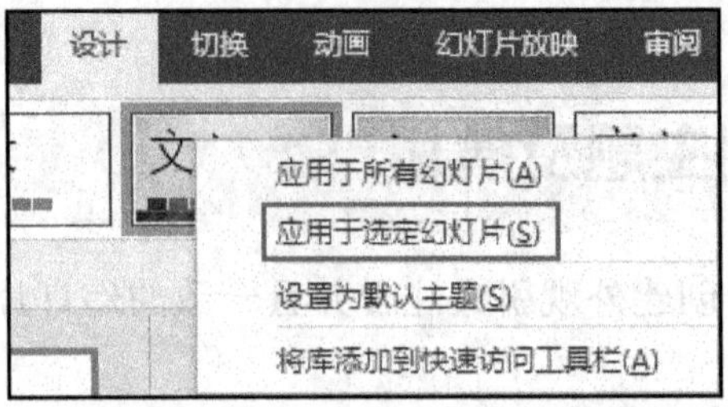

图 13-57　选择主题的应用范围

步骤 3　若要应用用户下载的主题，则单击【其他】下拉箭头，选择【浏览主题】，在【选择主题或主题文档】对话框中选择下载的主题文件，然后单击【应用】，如图 13-58 所示。

图 13-58　选择和应用自己的主题

在 PowerPoint 2016 中，还可以基于内置主题，使用自定义颜色、字体和效果创建自定义主题。

13.10.2　模板

模板是一个主题加上一些用于特定领域或特定目的的内容，因此模板具有协同工作的设计元素(颜色、字体、背景、效果)以及可以替换的样本内容。模板包含不允许修改的文本和内容，如果修改只能从幻灯片母版中进行编辑。

把模板应用到已有演示文稿，可以基于该模板创建一个空白演示文稿，并复制、粘贴或重用已有演示文稿中的幻灯片，其具体操作步骤如下：

步骤 1　根据模板创建一个空白演示文稿。

步骤 2　打开要应用模板的演示文稿文件，全选并复制所有幻灯片。

步骤 3　在基于模板创建的空白演示文稿的幻灯片导航窗格中，单击鼠标右键，选择【使用目标主题】粘贴所有幻灯片，如图 13-59 所示。

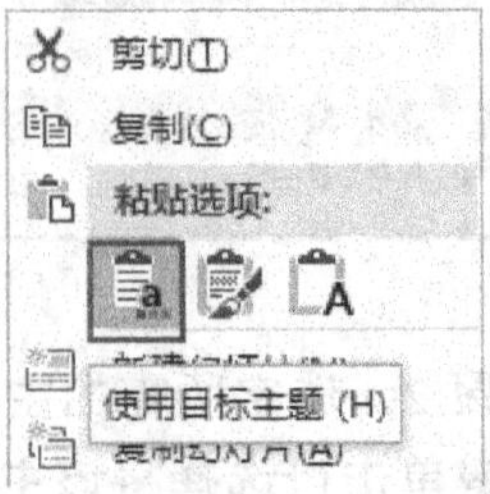

图 13-59　应用模板到已有演示文稿

13.10.3 创建模板

创建演示文稿并将其另存为 PowerPoint 模板(.potx)文件后，可以共享该模板并反复使用。要创建模板，需要修改幻灯片母版和幻灯片板式。

创建模板的操作步骤如下：

步骤 1 启动 PowerPoint 2016，选择【文件】选项卡，单击【新建】，选择【空白演示文稿】，创建一个空白演示文稿。

步骤 2 单击【设计】选项卡【自定义】组中【幻灯片大小】按钮，选择【自定义幻灯片大小】，如图 13-60 所示。

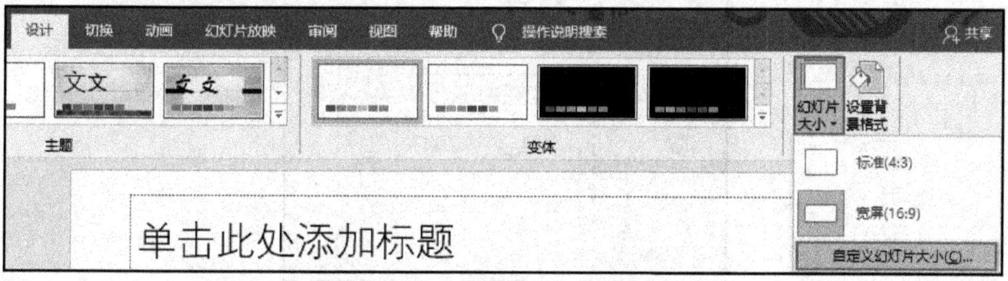

图 13-60 自定义模板的幻灯片大小

步骤 3 在【幻灯片大小】对话框中选择所需的页面方向和尺寸，如图 13-61 所示。

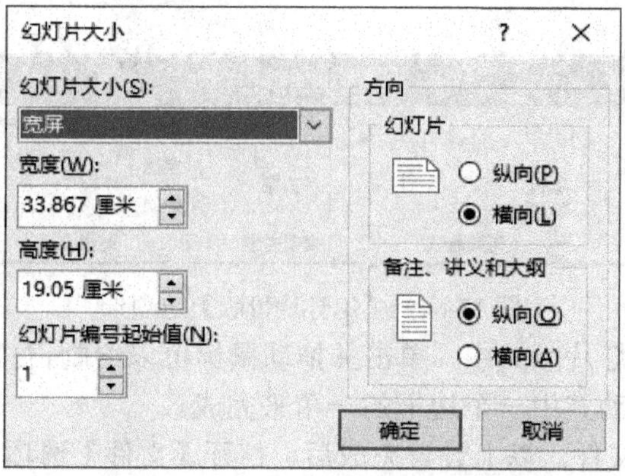

图 13-61 【幻灯片大小】对话框

步骤 4 在【视图】选项卡【母版视图】组中，选择【幻灯片母版】，如图 13-62 所示。

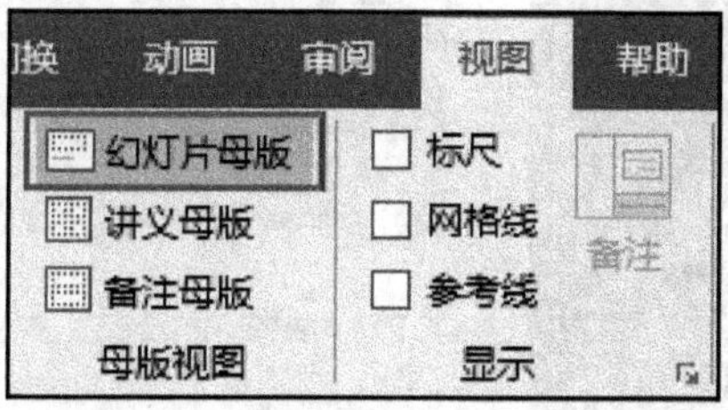

图 13-62 选择【幻灯片母版】

步骤 5 切换到幻灯片母版视图。左侧窗格幻灯片缩略图列表顶部最大的幻灯片缩略图就是幻灯片母版，其他相关幻灯片版式位于幻灯片母版下方，如图 13-63 所示。

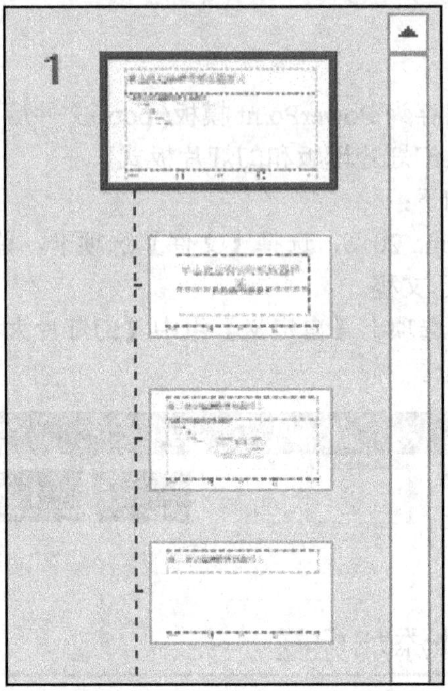

图 13-63　幻灯片母版视图

若要对幻灯片母版或幻灯片版式进行更改，可在【幻灯片母版】选项卡上执行相应操作，如图 13-64 所示。

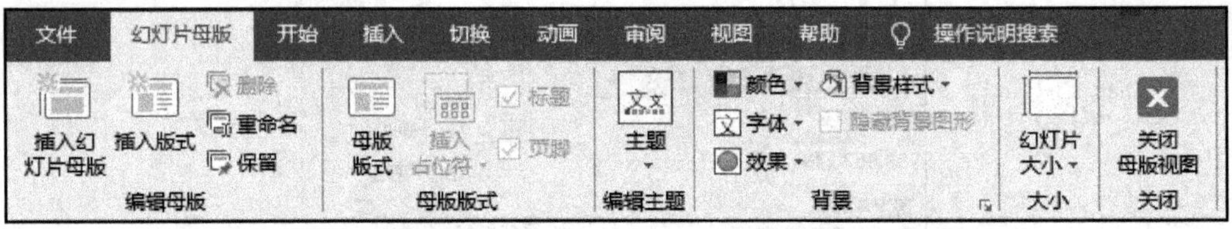

图 13-64　【幻灯片母版】选项卡

在幻灯片母版或幻灯片版式中，单击并拖动鼠标可以绘制占位符大小。若要调整占位符的大小，可以通过拖动其中一个边框的一角来完成。

步骤 6　保存模板文件。以上设置完成后，打开【文件】选项卡，选择【另存为】，单击【浏览】按钮，如图 13-65 所示。

图 13-65　【另存为】页面

在【另存为】页面的【保存类型】列表中，选择【PowerPoint 模板】，如图 13-66 所示。

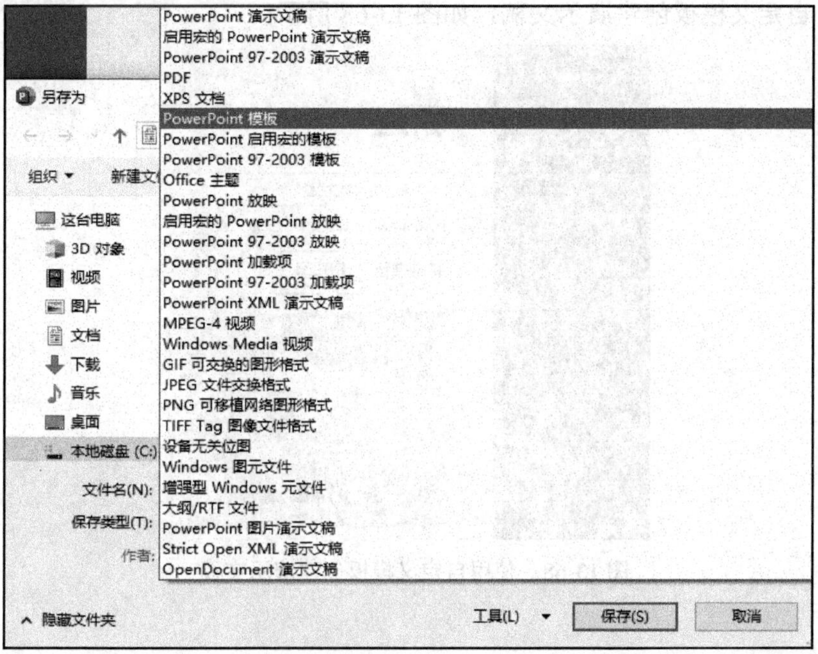

图 13-66 选择【保存类型】为【PowerPoint 模板】

选择【模板】类型时，PowerPoint 会自动将存储位置切换到【自定义 Office 模板】文件夹。

在【另存为】对话框的【文件名】框中，键入模板文件名(或不执行任何操作使用建议的文件名)，如图 13-67 所示，单击【保存】完成模板文件的保存。

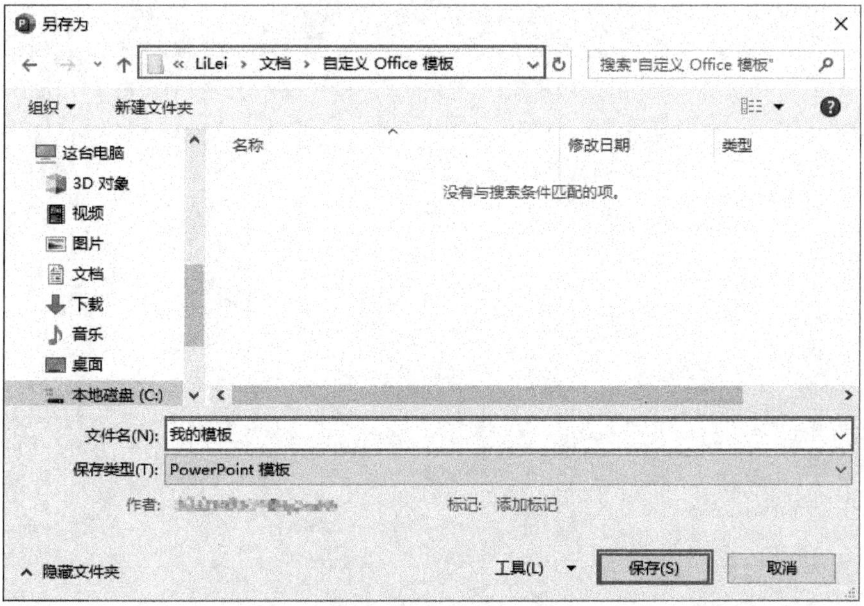

图 13-67 命名保存模板

若要将模板应用于新的演示文稿，则单击【文件】选项卡选择【新建】，在【新建】

窗口下单击【自定义】，打开【自定义 Office 模板】文件夹，选择自定义模板，单击【创建】，则基于自定义模板创建演示文稿，如图 13-68 所示。

图 13-68　使用自定义模板创建演示文稿

第 14 章　对象编辑

——PowerPoint 2016 幻灯片的多彩设计

本章介绍了向幻灯片中添加文本、表格、图像、嵌入对象、符号和公式、媒体等对象的方法及其相应的格式设置方法。

本章学习目标如下：

(1) 掌握文本添加及设置。

(2) 掌握表格的添加及设置。

(3) 掌握图像的添加及设置。

(4) 掌握嵌入对象的添加及设置。

(5) 掌握媒体等对象的添加及设置。

14.1　文本编辑

幻灯片中文本的输入主要通过向文本占位符或文本框中添加文本来实现。文本输入完成后可对文本进行字体格式和段落格式的设置。在 PowerPoint 2016 演示文稿中的占位符是一种带有虚线边缘的框，在这些框内可以放置标题及正文，或者是图表、表格和图片等对象。

14.1.1　将文本添加到文本占位符中

幻灯片中的文本占位符一般包括标题文本、副标题文本、正文文本等占位符，若要在其中添加文本，只需在文本占位符中单击鼠标左键，然后键入文本即可。如果输入的文本内容超过了占位符的大小，PowerPoint 2016 会自动缩小字号或压缩行距使文本符合占位符的大小。【文本与内容】版式幻灯片中的文本占位符，如图 14-1 所示。

14.1.2　将文本添加到文本框中

文本框是一种可移动、可调大小的文字和图形容器。使用文本框可以在一页幻灯片上放置数个文字块，或使文字按不同的方向排列。

与占位符相比，通过插入文本框输入文本更具灵活性。使用文本框可将文本放置在幻灯片上的任何位置，例如，若要为图片添加标题，可添加一个文本框并将其放置在图片旁边。

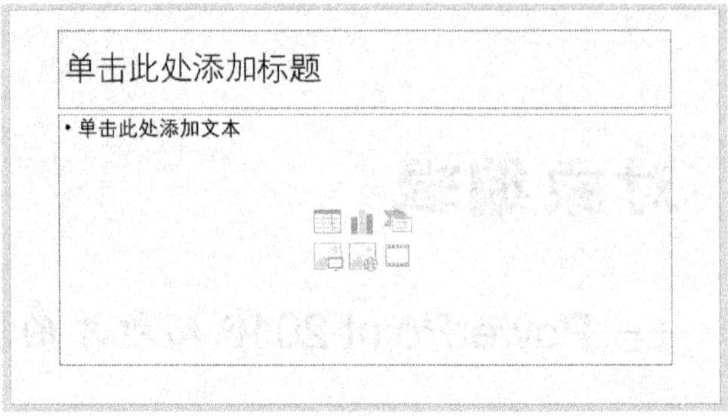

图 14-1　【文本与内容】版式幻灯片中的文本占位符

1. 添加文本框

添加文本框并向其中添加文本的操作步骤如下：

步骤 1　在【插入】选项卡【文本】中，单击【文本框】的向下箭头，选择【绘制横排文本框】或【竖排文本框】，如图 14-2 所示。

图 14-2　插入文本框

步骤 2　在幻灯片中单击并拖动鼠标指针以绘制文本框，如图 14-3 所示。

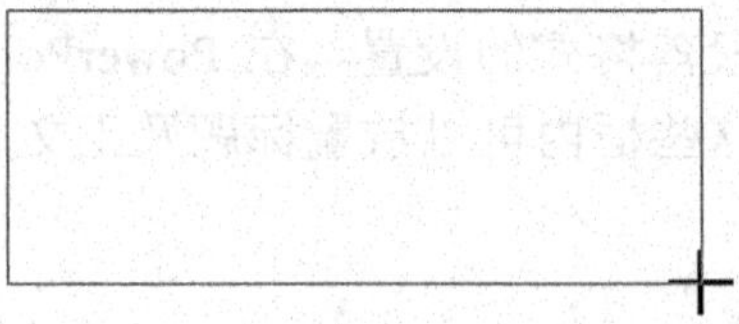

图 14-3　拖动鼠标指针绘制文本框

步骤 3　绘制完成后，光标自动停留在文本框内，可直接键入要添加的文本。

在幻灯片中添加文本框后，作为幻灯片的插入对象，可以对其进行移动、复制、删除等操作。

2. 文本框格式设置

添加文本框后，如果默认格式不能满足需要，可对其格式进行按需设置。文本框的格式包括形状样式(形状填充、形状轮廓、形状效果)、文本样式(文本填充、文本轮廓、文本效果)、大小、位置、文字方向、文字对齐方式、分栏、内部间距等。

对文本框进行格式设置，需要在选中文本框后，PowerPoint 2016 功能区出现的【绘图工具】选项卡的【格式】中进行。对某些选项进行设置时，还会打开【设置形状格式】任务窗格，便于对格式进行详细的设置，如图 14-4 所示。

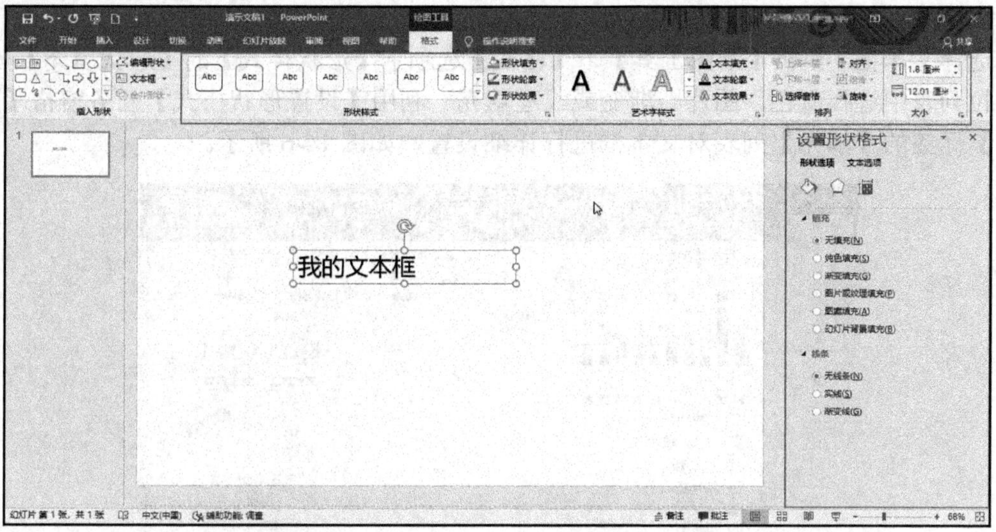

图 14-4　【绘图工具】下【格式】选项卡

1) 设置文本框的形状样式

文本框的形状样式是指文本框的外观，包括文本框的填充、轮廓和效果等。应用 PowerPoint 2016 内置的形状样式的操作步骤如下：

选中文本框。单击【绘图工具】下【格式】选项卡中【形状样式】组【形状样式】库的【其他】下拉箭头，在打开的形状样式列表中浏览并单击要应用的形状样式，如图 14-5 所示。

图 14-5　为文本框应用【形状样式】库中的形状样式

2) 设置文本框的形状填充

文本框的形状填充是指用纯色、渐变、图片或纹理填充文本框的内部。设置文本框填充的操作步骤如下：

选择文本框。单击【绘图工具】下【格式】选项卡【形状样式】的【形状填充】按钮，在下拉列表中选择颜色、图片、渐变或纹理填充。利用【设置形状格式】任务窗格【形状选项】标签的【填充】列表对文本框进行详细设置，如图 14-6 所示。

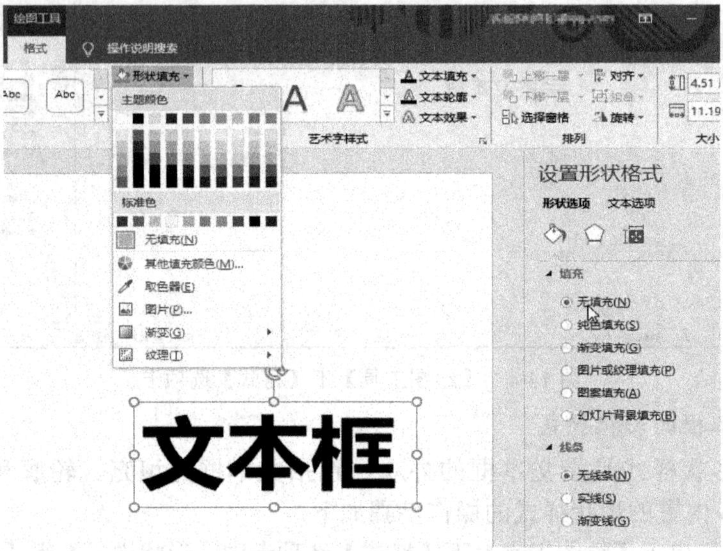

图 14-6　设置文本框的形状填充颜色

3) 设置文本框的形状轮廓

文本框的形状轮廓是指文本框边框的线型、宽度和颜色。设置文本框轮廓的操作步骤如下：

选择文本框。单击【形状格式】选项卡【形状样式】的【形状轮廓】按钮，在下拉列表中选择颜色、粗细(宽度)、虚线(线型)。利用【设置形状格式】任务窗格【形状选项】标签的【线条】列表对文本框进行详细设置，如图 14-7 所示。

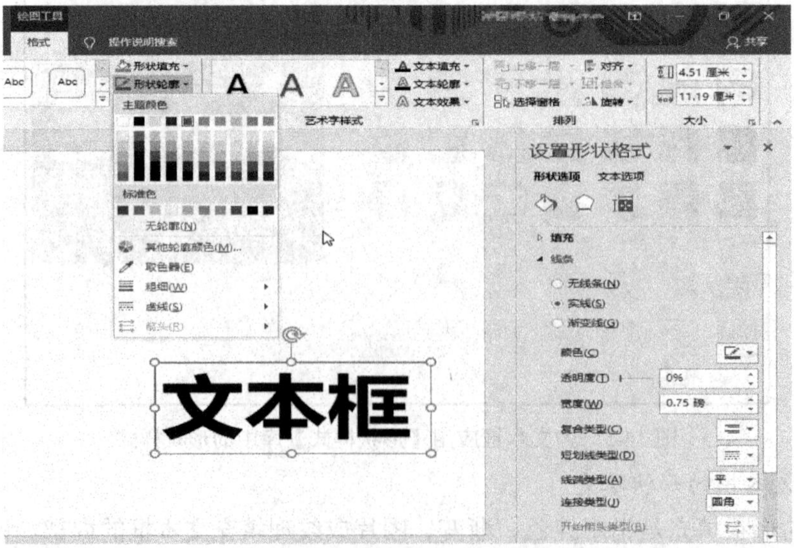

图 14-7　设置文本框的形状轮廓

如果要取消轮廓，单击【形状轮廓】下拉列表中的【无轮廓】或【设置形状格式】任务格的【无线条】。

4) 设置文本框的形状效果

文本框的形状效果是指文本框的阴影、发光、映像、三维旋转等外观效果。更改填充颜色只影响文本框的内部或正面，如果为文本框添加某种效果(如阴影)并且希望为该效果应用另一种颜色，则必须单独更改阴影的颜色。三维效果可增加文本框的深度，可以向文本框添加内置的三维效果组合，也可以添加单个三维效果。设置文本框的形状效果的操作步骤如下：

选择文本框。单击【绘图工具】下【格式】选项卡【形状样式】组中的【形状效果】按钮，单击下拉列表中某种效果(预设、阴影、映像、发光、柔化边缘、棱台、三维旋转)，打开该效果的具体效果类型，然后选中要应用的效果。利用【设置形状格式】任务窗格【形状选项】标签【效果】按钮下的列表对文本框进行详细设置，如图 14-8 所示。

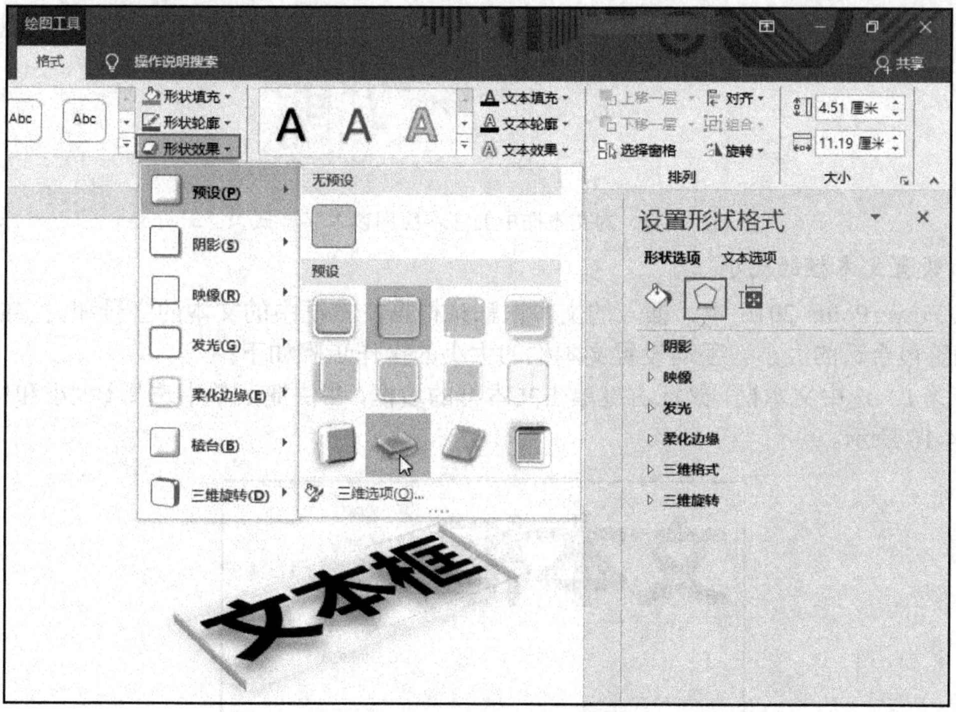

图 14-8 设置文本框的形状效果

5) 设置文本框的文本样式

文本样式也称为艺术字样式，用于给文本添加艺术风格。文本样式可以应用系统预置的艺术样式，也可以通过设置文本填充、文本轮廓、文本效果自定义艺术样式。应用系统预置文本样式的操作步骤如下：

选择文本框。单击【绘图工具】下【格式】选项卡【艺术字样式】中【艺术字样式】库的【其他】下拉箭头，在下拉列表中单击要应用的艺术字样式，如图 14-9 所示。

如果要重置文本为不加艺术风格的状态，单击【艺术字样式】下拉列表中的【清除艺术字】按钮。

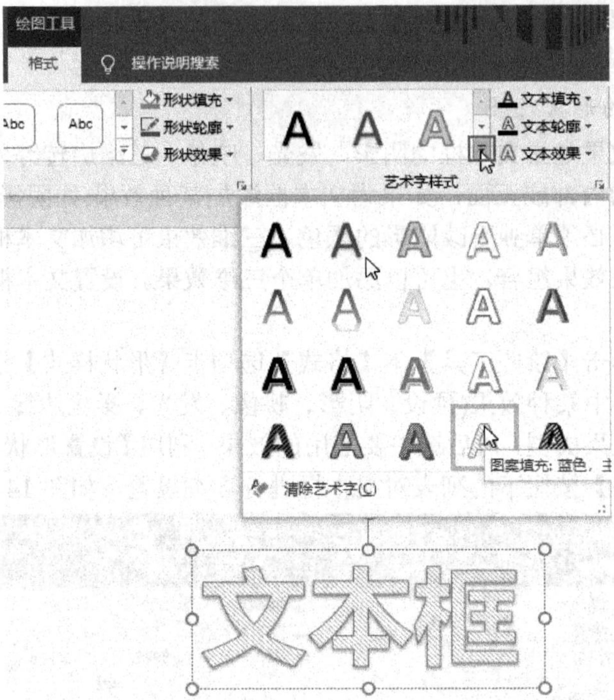

图 14-9　为文本框中的文本应用艺术字样式

6) 设置文本框的大小

在 PowerPoint 2016 中，插入的文本框默认根据文本框中的文本的字号和文字的多少自动调整最合适的大小。手动设置文本框的大小的操作步骤如下：

步骤 1　选中文本框，鼠标右键单击文本框的边框，在快捷菜单中选择【大小和位置】，如图 14-10 所示。

图 14-10　选择【大小和位置】

步骤 2　幻灯片窗格右侧的【设置形状格式】任务窗格切换到【大小和属性】页面，

在【大小】中输入幻灯片的高度、宽度及其他设置，如图 14-11 所示。

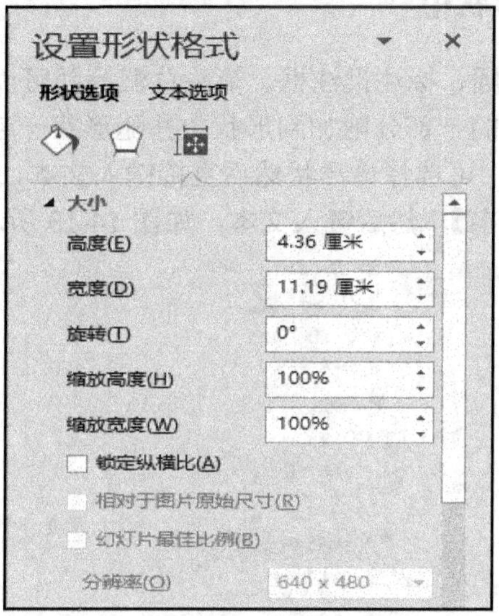

图 14-11 设置文本框的大小

7) 设置文本框的内部间距

文本框中的文本和边框之间默认有一定间距，可以根据需要调整这个间距，具体的操作步骤如下：

步骤 1 鼠标右键单击文本框的边框，在快捷菜单中选择【大小和位置】。

步骤 2 幻灯片窗格右侧的【设置形状格式】任务窗格切换到【大小和属性】页面。

步骤 3 在展开的【文本框】中输入要设置的边距，如图 14-12 所示。

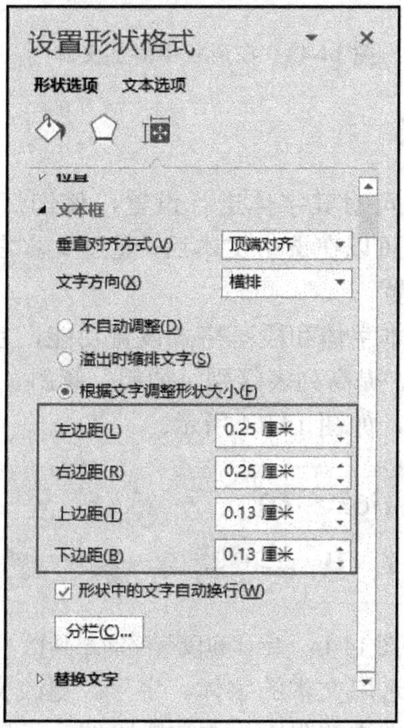

图 14-12 设置文本框内部文本与边框之间的距离

14.1.3　将文本添加到形状中

大部分形状如矩形、椭圆、标注批注框、箭头总汇等都可以包含文本。在形状中键入文本时，该文本会作为形状的一部分附加到形状中并随形状一起移动和旋转。

若要在形状中添加文本，可选择该形状然后直接键入文本，或者鼠标右键单击该形状，在快捷菜单中选择【编辑文字】，然后键入文本，如图 14-13 所示。

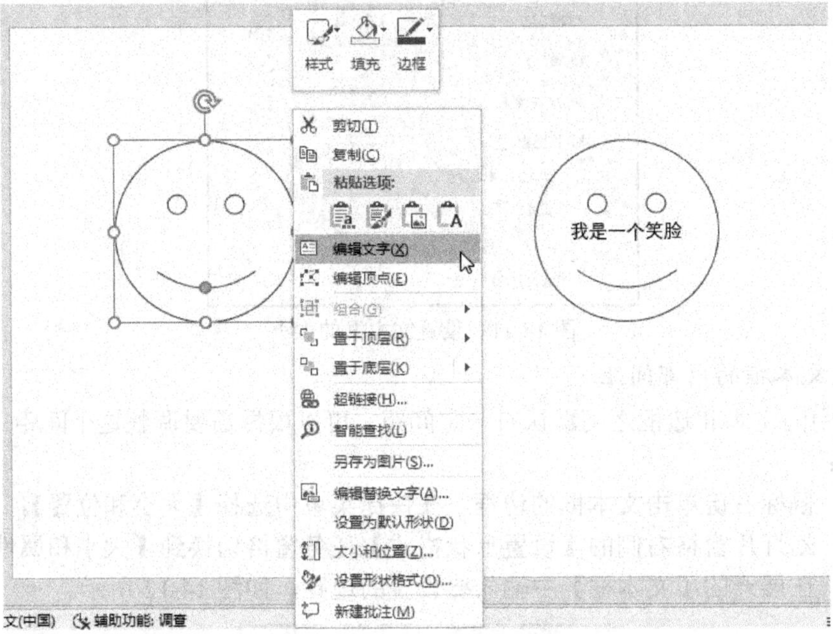

图 14-13　在形状中添加文本

14.1.4　设置文本字体格式

在幻灯片中输入文本后，可对其字体进行设置，使幻灯片重点突出、风格统一。在 PowerPoint 2016 中对字体设置可以在选中文本后，通过文本右上方出现的浮动工具栏或在【开始】选项卡【字体】中设置。

浮动工具栏具有基本的文本字体和段落格式设置功能，包括选择字体、字号、增大字号、减小字号、降低列表级别、提高列表级别、加粗、倾斜、下划线、左对齐、居中对齐、右对齐、字体颜色、格式刷等，如图 14-14 所示。

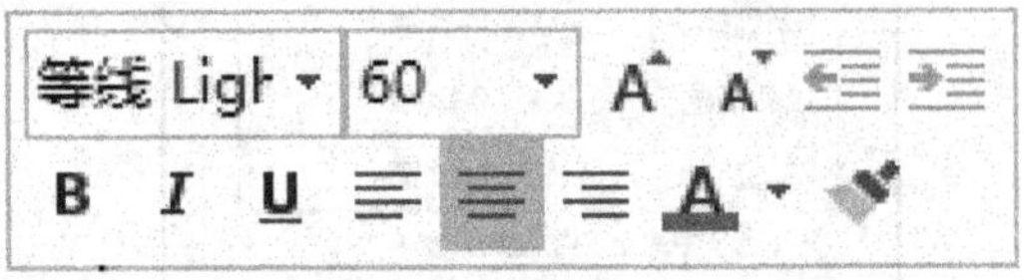

图 14-14　字体和段落浮动工具栏

字体格式的基本设置包括选取文本的字体、字号、更改文字的颜色、文本加粗、文本变斜体、文本添加下划线、文本添加阴影、添加删除线、设置字符间距、更改英文文本大小写、增大/减小字号以及清除文本的所有格式等，如图 14-15 所示。

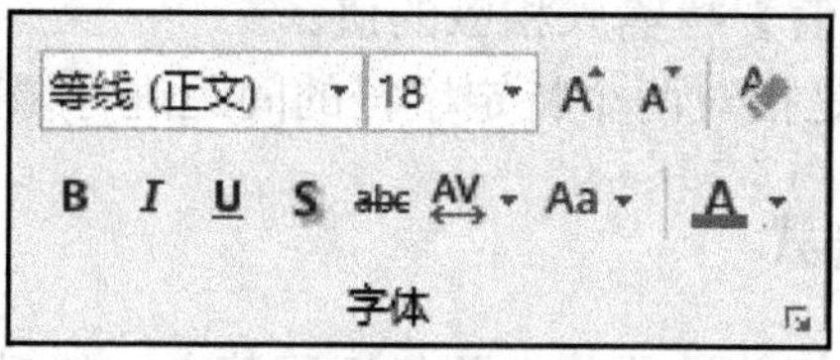

图 14-15 【开始】选项卡【字体】组

单击【字体】组右下角的对话框启动按钮，可打开【字体】对话框，对文本的字体格式进行更详细的设置，如图 14-16 所示。

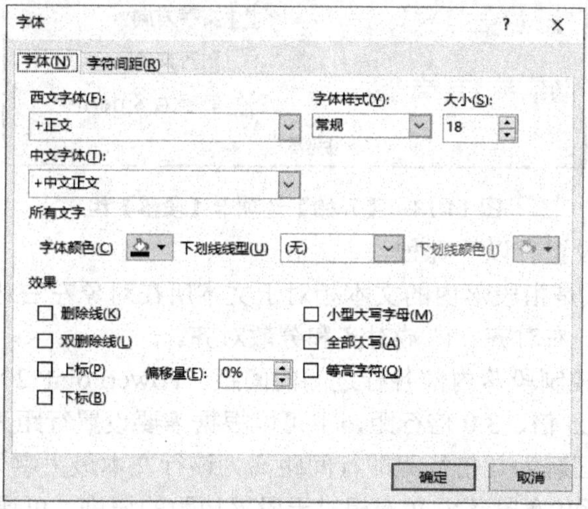

图 14-16 【字体】对话框

在【字体】标签下，可为选中的文本设置中文和西文字体、字体的样式、字号、字体颜色、下划线的线型及颜色、字体的效果等。

在【字符间距】标签下，可设置字符间距的类型及度量值，如图 14-17 所示。

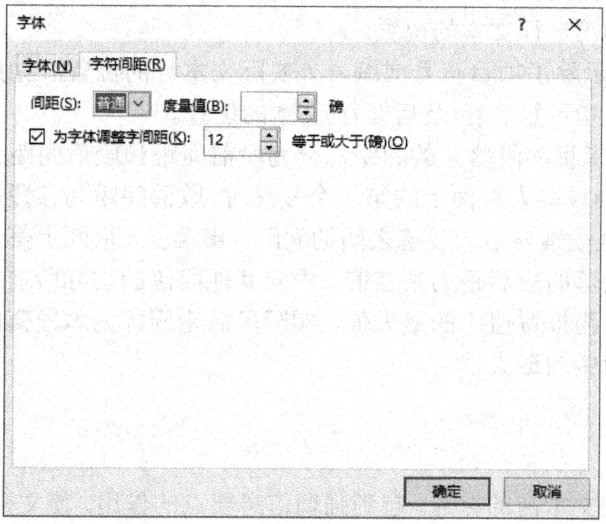

图 14-17 【字符间距】标签

【间距】有普通、加宽和紧缩三个选项，可按相同量值均匀调整所有选定字母的间距，调整字母的间距可在【度量值】栏输入相应的值。

【为字体调整字间距】是指对两个特定字符的间距进行调整，这个选项主要用于西文。

14.1.5　设置文本段落格式

文本的格式除了字体的相关设置外，还包括段落文本的对齐方式、行间距、段间距、文本缩进、项目符号和编号等。这些设置可通过【开始】选项卡【段落】组来完成，如图 14-18 所示。

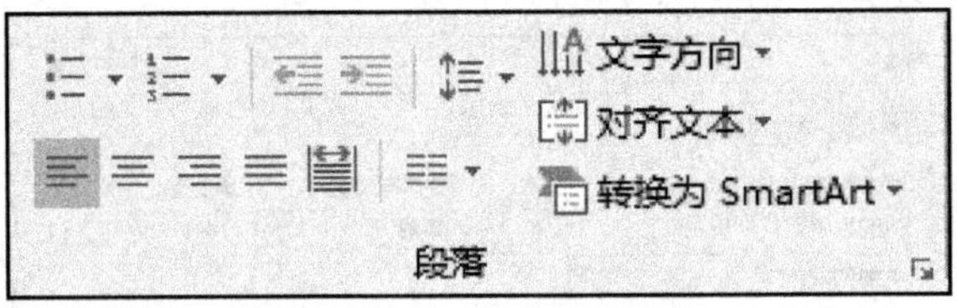

图 14-18　【开始】选项卡【段落】组

常用的段落格式设置有以下几种。

(1) 段落对齐方式是指段落内的文本相对于文本所在对象左右边距的对齐方式，可分为左对齐、居中对齐、右对齐、两端对齐和分散对齐。

(2) 内行距 控制段落内部各行之间的间距。PowerPoint 2016 默认行距有单倍行距、1.5 倍、2.0 倍、2.5 倍、3.0 倍行距，也可以根据需要设置行距为固定值或其他多倍行距。多倍行距可近似理解为几倍行距即行间距离为该行文本最大字体的几倍。

(3) 文本缩进是指文本段落内文本相对于段落边距的缩进，可通过提高/降低列表级别或在段落对话框中进行设置实现。

(4) 提高列表级别 指文本向右缩进。

(5) 降低列表级别 也称文本之前缩进，是将文本左侧的缩进间距减小。

(6) 首行缩进指示实际的项目符号或编号的位置。如果段落不带项目符号或编号，则首行缩进指示段落的第一行文本的位置。

(7) 悬挂缩进指示除了项目符号或编号外实际文本行的位置。如果段落不带项目符号或编号，则悬挂缩进指示第二行(及后续行)文本的位置。

(8) 段落间距是指相邻段落间的间距，分为段前间距和段后间距。段前间距是段落与上一段落间的间距(当段落为页面上的第一个段落时，段前间距为该段落与页面上边距之间的距离)，段后间距是段落与下一段落之间的间距。事实上，页面上第一个段落的段前距和页面上的最后一个段落的段后距为指定值，中间其他段落的实际段前距为上一个段落的段后距与本段落的段前距设置值中的最大值，实际段后距同样为本段落的段后距设置值与下一段落段前距设置值中的最大值。

14.1.6　项目符号

项目符号是放在文本前的符号，起到强调信息要点的作用，使文档的层次结构更清晰、更有条理。合理、有效、美观的使用项目列表，要求列表项要长度合适、简洁并易于浏览。

项目符号可以使用 PowerPoint 2016 内置的 7 种项目符号，如 14-19 所示。也可以单击如图 14-20 所示的【自定义】按钮，在【符号】窗口内选择自定义项目符号，如图 14-21 所示。或使用图片缩略图作为项目符号。

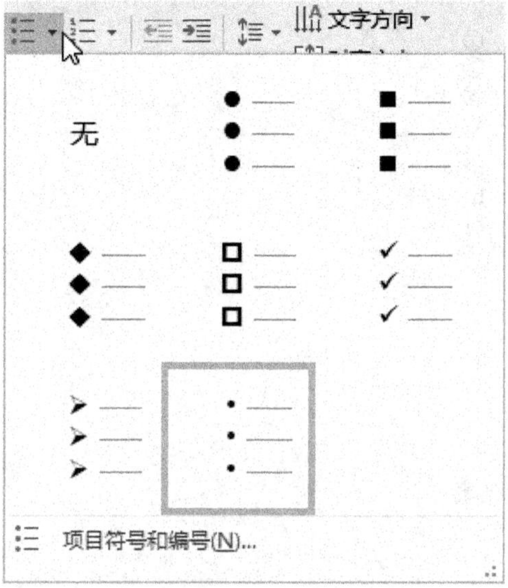

图 14-19　内置项目符号列表

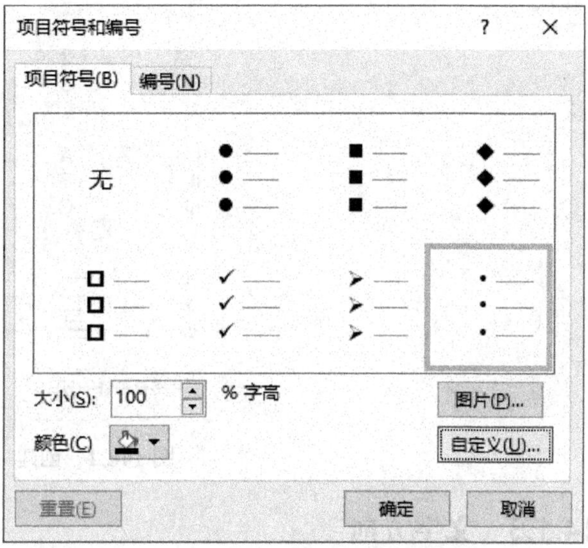

图 14-20　单击【自定义】按钮

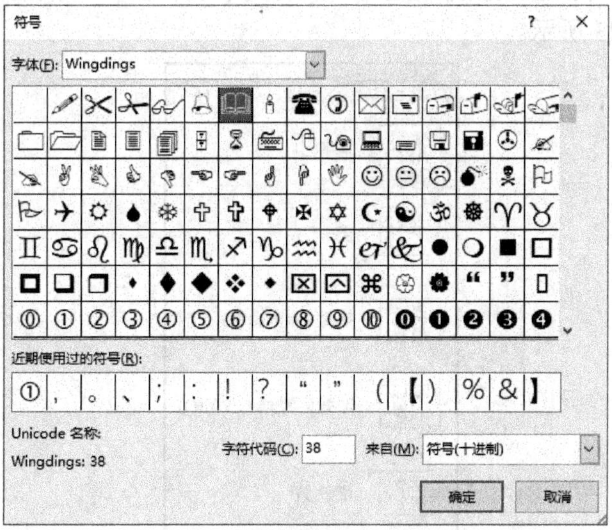

图 14-21　选择自定义项目符号

14.1.7　编号

编号是放在文本前的字母或数字，起到强调信息要点的作用，使文档的层次结构更清晰、更有条理。合理、有效、美观的使用编号列表，需求列表项要长度合适、简洁并易于浏览。

编号列表与项目符号列表的区别在于项目符号列表不强调列表项文本间的顺序，而编号列表则强调这种顺序关系。

编号可以使用 PowerPoint 2016 内置的六种编号，如图 14-22 所示。

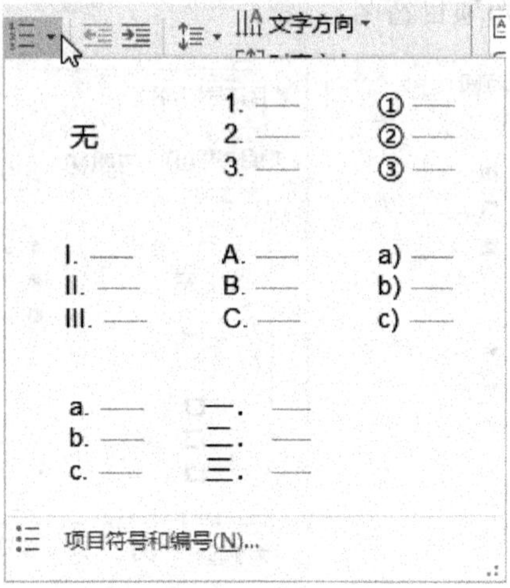

图 14-22 创建编号列表

14.1.8 文字方向

文本的文字方向可按需从横排、竖排、所有文字旋转 90°、所有文字旋转 270° 和堆积中选择，如图 14-23 所示。

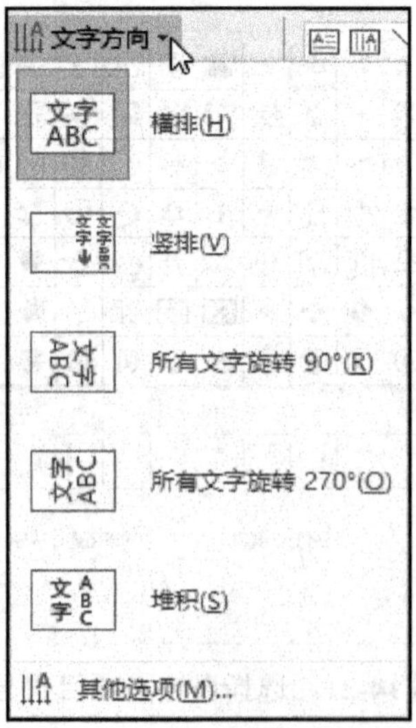

图 14-23 文字方向设置

14.1.9 对齐文本

对齐文本用于设置文本占位符或文本框内文本。根据文字方向的不同，文本对齐方式也相应不同。横排文本的对齐方式如图 14-24 所示，竖排文本的对齐方式如图 14-25 所示，各有六种。

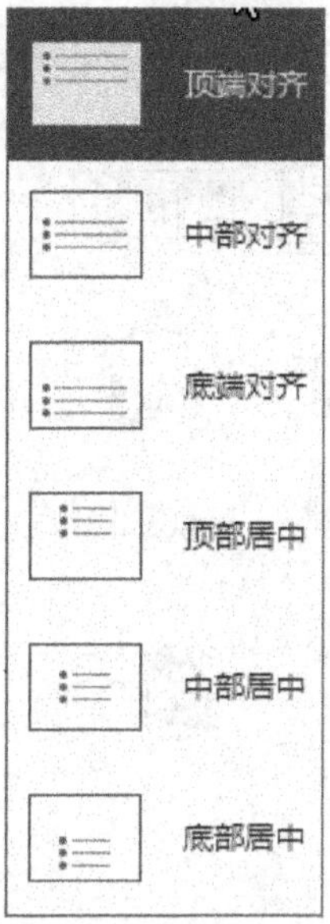

图 14-24 横排文本对齐方式

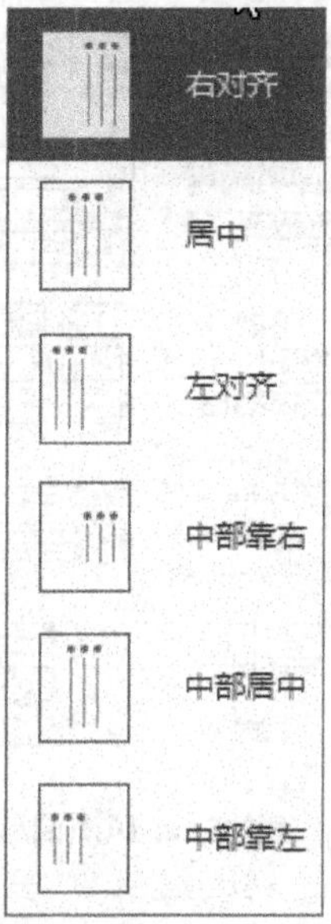

图 14-25 竖排文本对齐方式

对齐文本是文本作为整体在文本占位符或文本框内的对齐，而文本内部还有段落文本的对齐方式，比如左对齐、居中、右对齐、两端对齐、分散对齐等。

14.1.10 文本分栏

文本分栏是将文本占位符或文本框内的文本拆分为一栏或多栏，还可以设置分栏的栏数和栏间距，如图 14-26 所示。

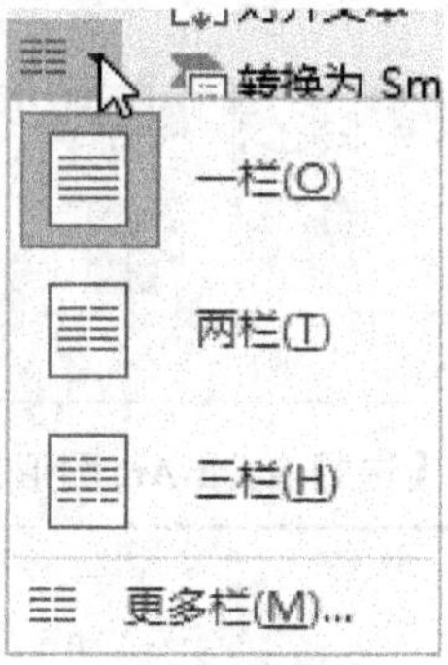

图 14-26 文本分栏

14.1.11 将文本转换为 SmartArt 图形

SmartArt 图形与文本相比是更直观的信息交流方式。将文本转换为 SmartArt 图形，能够组织和演示如关系、循环、进程和其他很多信息，提示文本之间的逻辑关系。将文本转换为 SmartArt 图形，选定文本或直接选中文本框，单击【开始】选项卡【段落】中的【转换为 SmartArt】，在下拉列表中选择推荐的 SmartArt 图形样式，如图 14-27 所示，或单击【其他 SmartArt 图形】打开【选择 SmartArt 图形】对话框进行更多选择，如图 14-28 所示。例如将文本转换为连续块状流程图，如图 14-29 所示。

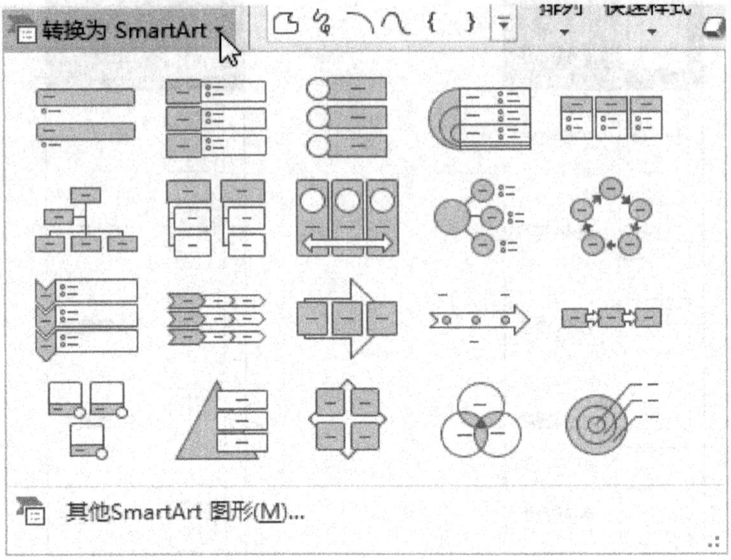

图 14-27　文本转换推荐的 SmartArt 图形

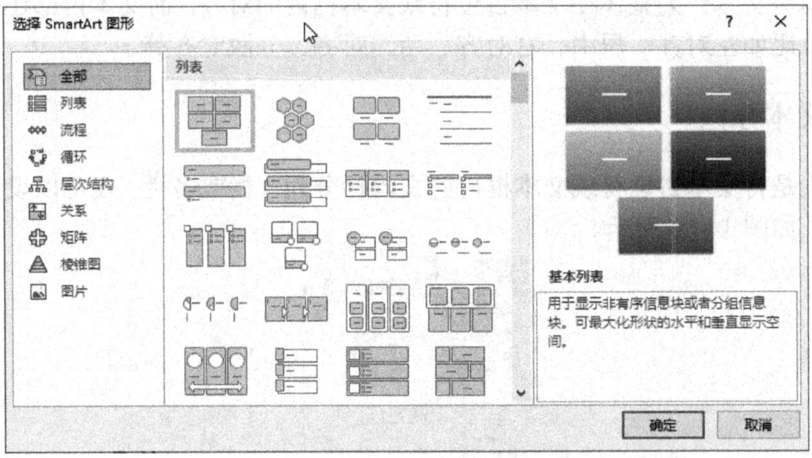

图 14-28　【选择 SmartArt 图形】对话框

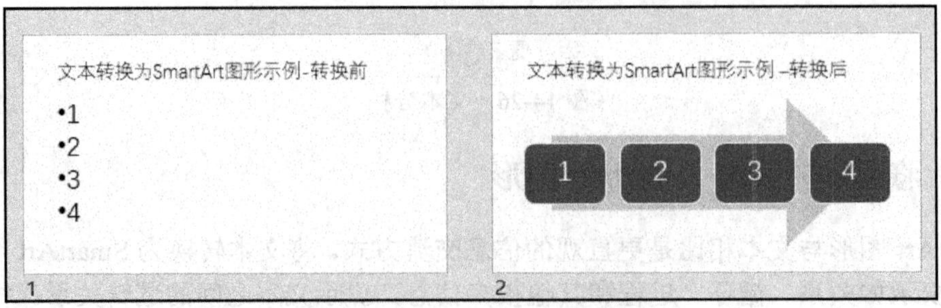

图 14-29　文本转换为连续块状

14.1.12　查找与替换文本

(1) 查找用于搜索文字，可在【查找】窗口中对文本进行查找，如图 14-30 所示。

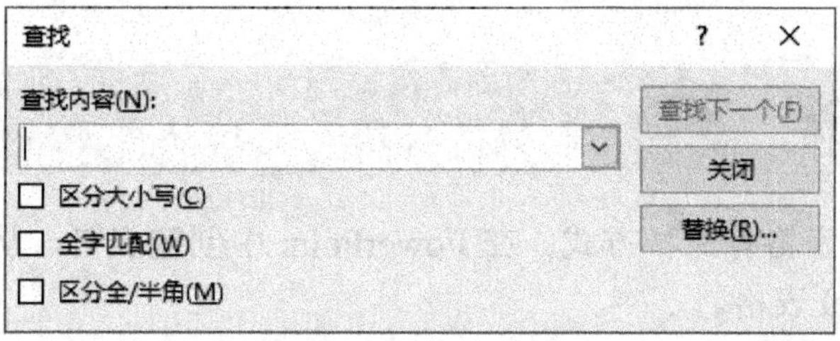

图 14-30 【查找】窗口

(2) 替换用于搜索要修改的文字，并同时替换为其他文字，可在【替换】窗口中对文本进行查找与替换，如图 14-31 所示。

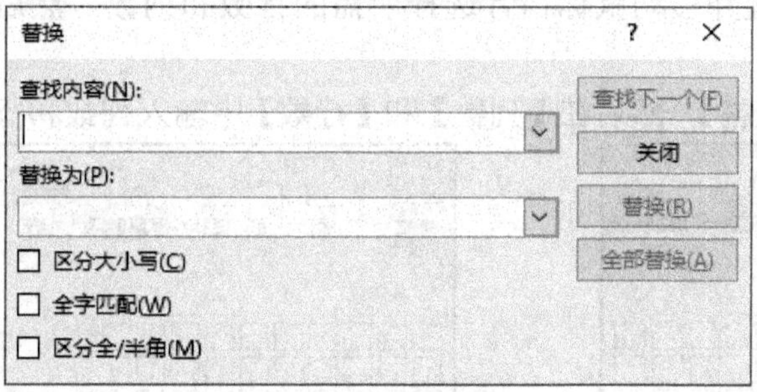

图 14-31 【替换】窗口

(3) 替换字体用于更改演示文稿中所有指定的字体，而不更改文本内容，可在【替换字体】窗口中对文本字体进行替换，如图 14-32 所示。

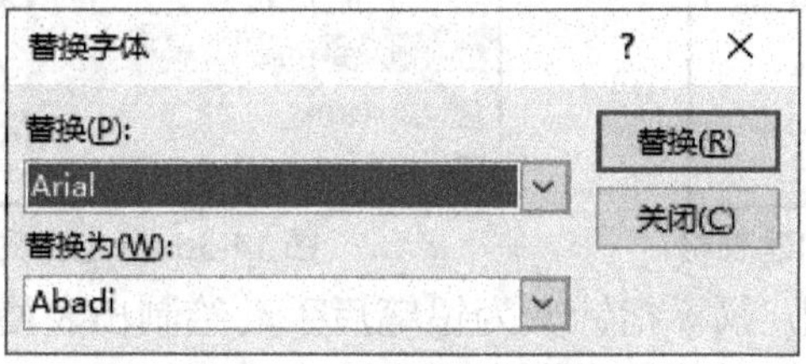

图 14-32 【替换字体】窗口

14.1.13 选择工具

选择工具用于选中幻灯片中指定的对象。选择工具默认处于【选择对象】状态，通过鼠标单击可选中幻灯片上的对象。还可以通过【全选】选中幻灯片内的所有对象，如图 14-33 所示。也可以打开【选择窗格】，在其中选择幻灯片内的对象，并可以隐藏和显示对象及调整对象间的叠放次序，如图 14-34 所示。

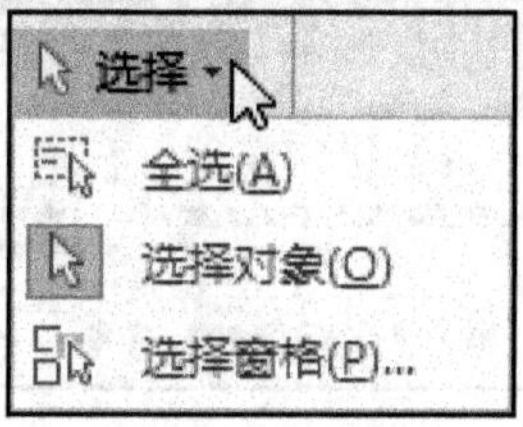

图 14-33 【选择】按钮下拉列表

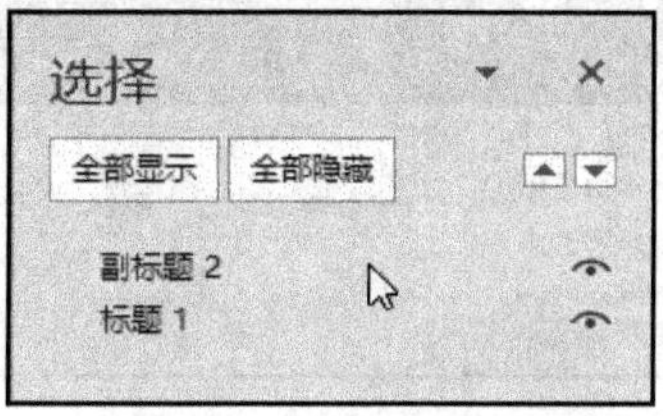

图 14-34 【选择】窗格

14.2　插入表格

在幻灯片中插入表格有三种方式：在 PowerPoint 中创建表格、从 Word 中复制和粘贴表格、直接插入 Excel 表格。

1. 在 PowerPoint 中创建表格

选择要添加表格的幻灯片。单击【插入】选项卡【表格】组中的【表格】按钮。在【插入表格】对话框中，执行下列操作之一。

(1) 单击鼠标左键并移动鼠标指针选择所需的行数和列数，然后释放鼠标左键，如图 14-35 所示。

(2) 单击【插入表格】，然后在【列数】和【行数】中输入列数和行数，如图 14-36 所示。

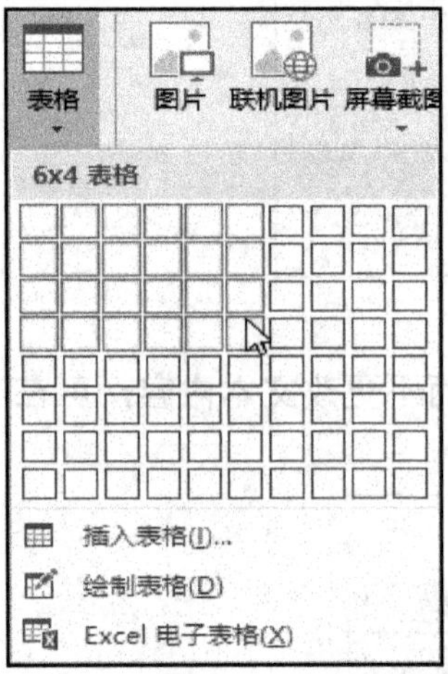

图 14-35　使用鼠标拖选创建表格

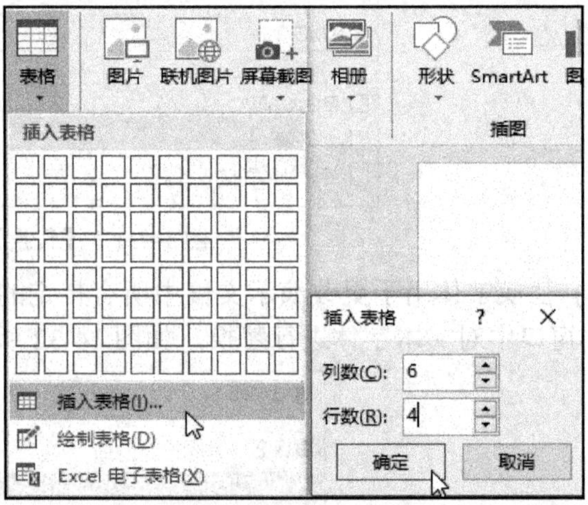

图 14-36 指定行列数创建表格

(3) 单击【绘制表格】，鼠标指针变为铅笔后手动绘制出表格。绘制表格常用于手绘不规则表格，除手绘表格中的斜线外，在规则表格中应用较少。

要向表格的单元格中添加文字，单击要添加文字的单元格，然后输入文字。输入文字后，单击该表格外的任意位置完成文字输入。

2. 从 Word 中复制和粘贴表格

可以将在 Word 中创建好的表格插入到演示文稿中。具体操作步骤如下：

在 Word 中选择要复制的表格，单击【表格工具】下【布局】选项卡【表】组中【选择】的向下箭头，然后选择【选择表格】，如图 14-37 所示。

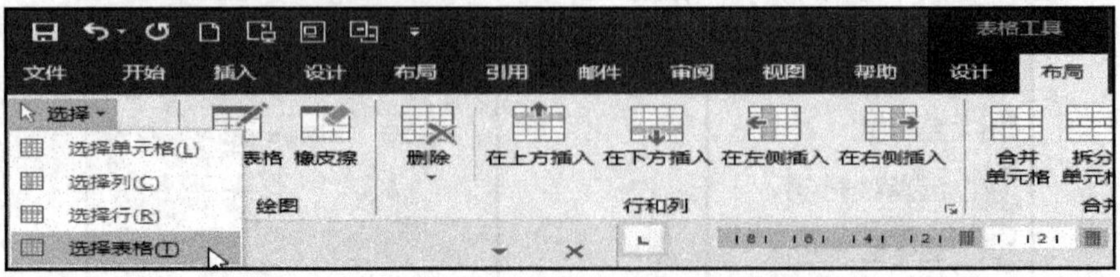

图 14-37　在 Word 中选择要复制的表格

在【开始】选项卡的【剪贴板】组中，单击【复制】。在 PowerPoint 2016 演示文稿中，选择要将表格复制到的幻灯片，然后在【开始】选项卡中单击【粘贴】按钮。

3. 插入 Excel 表格

可以在幻灯片中插入 Excel 电子表格，充分利用 Excel 电子表格函数进行计算。插入的 Excel 电子表格将调用 Excel 进行编辑，PowerPoint 不能用来编辑该表格。插入 Excel 表格的具体操作步骤如下：

首先选择要插入 Excel 电子表格的幻灯片，然后在【插入】选项卡【表格】组中单击【表格】的下拉箭头，选择【Excel 电子表格】，在幻灯片上会插入默认大小的 Excel 电子表格(可拖动其周围控点调整大小)，并调用 Excel 进行编辑，如图 14-38 所示。

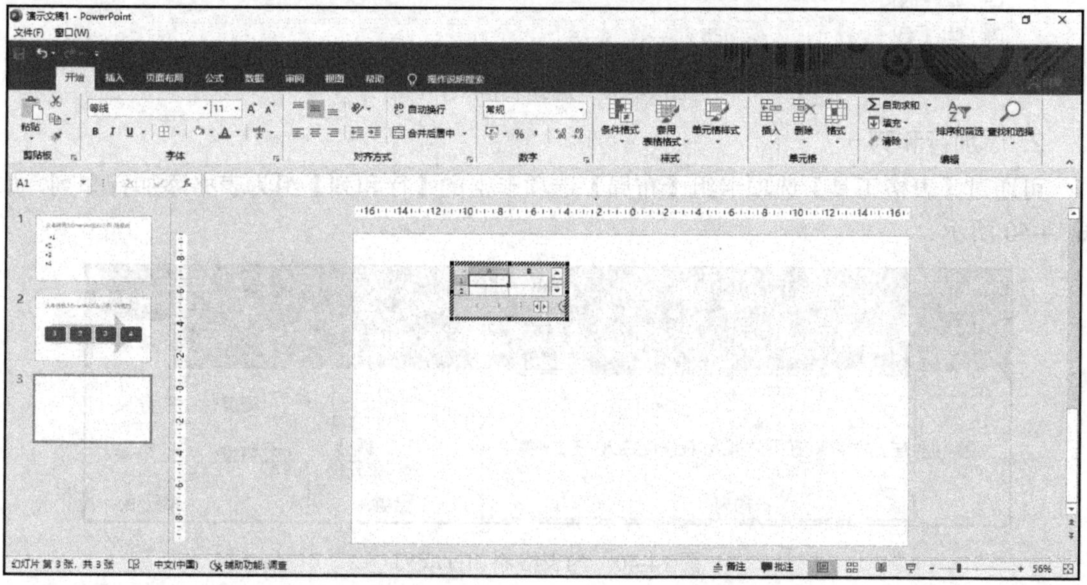

图 14-38 在幻灯片中插入 Excel 表格

若要向表格单元格中添加文字，可单击单元格，然后输入文字。输入文字后，单击该表格外的任意位置，回到 PowerPoint 2016 中。

若要对插入的 Excel 电子表格重新进行编辑，双击该表格，会调用 Excel 对其进行编辑。

14.3 编辑表格

插入表格后根据需要可以对表格进行添加或删除行列、设置行高列宽、设置表格及文本的对齐方式、设置表格的边框和填充、应用表格样式等编辑工作。

14.3.1 表格工具栏

通过表格工具栏可以对表格进行如下的操作。

1. 选择表格/行/列

在表格的任意一单元格内单击鼠标左键，单击【表格工具】选项卡组【布局】选项卡

【表】组中【选择】按钮的下拉箭头，在下拉列表中进行选择。【选择表格】用于选定该单元格所在的整张表格，【选择列】用于选定该单元格所在的列，【选择行】用于选定该单元格所在的行，如图 14-39 所示。

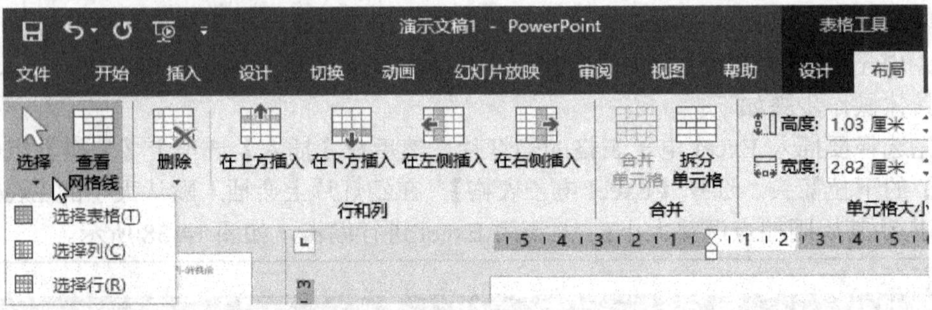

图 14-39　选择表格/行/列

2. 添加行和列

可通过【表格工具】选项卡组【布局】选项卡上的【行和列】组为表格添加行和列，如图 14-40 所示。

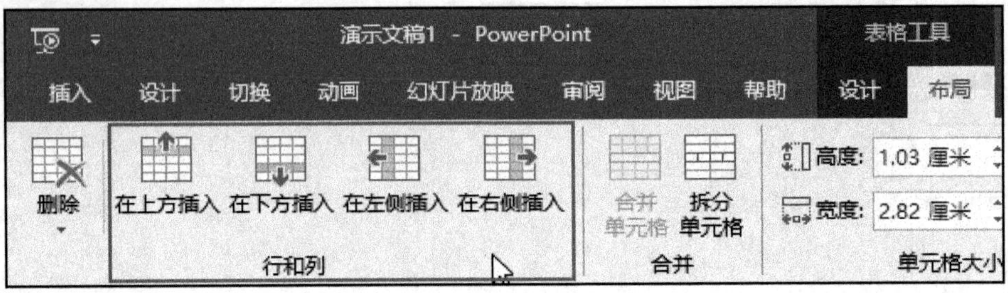

图 14-40　为表格添加行或列

3. 删除表格/行/列

在【布局】选项卡上的【行和列】组中，单击【删除】按钮的下拉箭头，然后在如图 14-41 所示的列表中进行选择：【删除列】用于删除选定单元格所在的列，【删除行】用于删除选定单元格所在的行，【删除表格】用于删除选定单元格所在的整张表格。

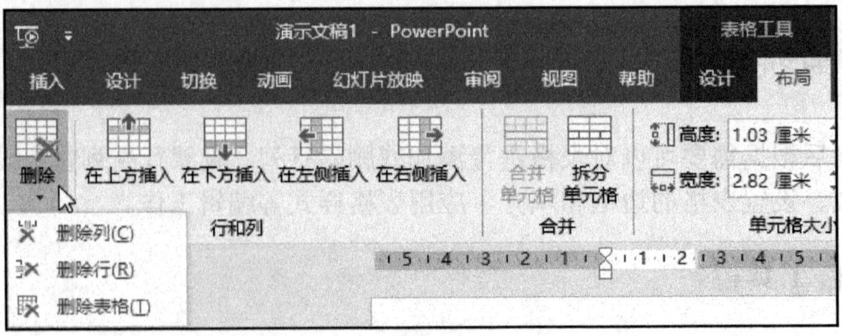

图 14-41　删除表格/行/列

4. 合并或拆分单元格

可通过【表格工具】选项卡组【布局】选项卡上的【合并】组合并或拆分单元格。如

图 14-42 所示。

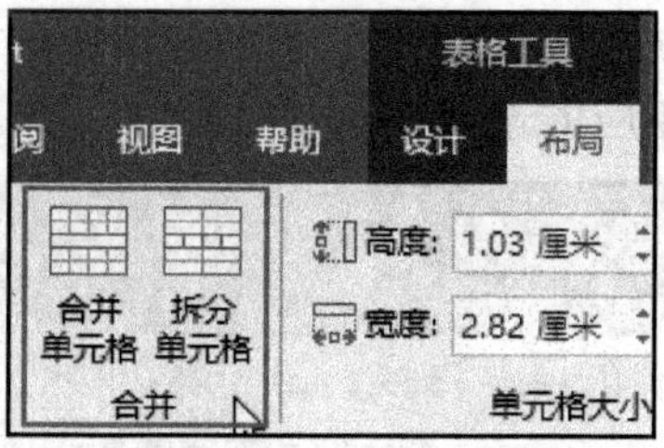

图 14-42　合并和拆分单元格

5. 设置行高列宽

插入表格后可以根据需要调整列的宽度或行的高度。首先单击包含要调整其大小的列或行的表格，执行下列操作来完成行高列宽的设置。

(1) 若要更改列的宽度，将鼠标指针停留在要调整大小的列的边框上，当指针变为垂直双向箭头时，按住鼠标左键并拖动边框以调整列的宽度。

(2) 若要更改行的高度，将鼠标指针停留在要调整大小的行的边框上，当指针变为水平双向箭头时，按住鼠标左键并拖动边框以调整行的宽度。

(3) 也可以先选定要调整行高或列宽的行或列中的任一单元格，在【表格工具】选项卡组【布局】选项卡【单元格大小】组中的【表格行高】和【表格列宽】框中精确输入所需的行高或列宽。在该组下还可以通过单击【分布行】或【分布列】按钮，平均分布选中行或列的行高列宽，如图 14-43 所示。

图 14-43　【单元格大小】组

6. 设置单元格内文本的对齐方式

可以通过【表格工具】选项卡组【布局】选项卡【对齐方式】组设置文本在单元格内的对齐方式、文字方向和单元格边距，如图 14-44 所示。

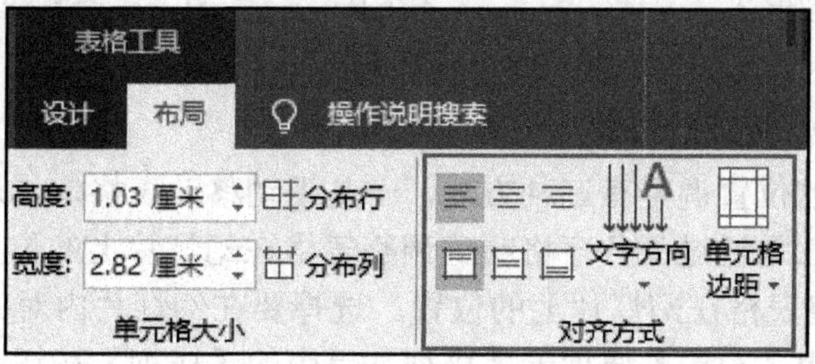

图 14-44　【对齐方式】组

7. 设置单元格内文本的方向

单元格内的文本的方向可根据需要横排、竖排、旋转、堆积等，可通过单击【文字方向】按钮，在下拉列表中进行相应的选择。如图 14-45 所示。

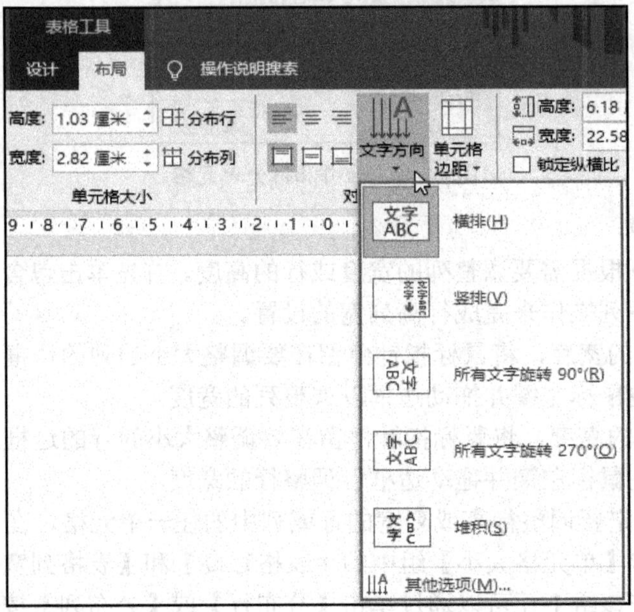

图 14-45　设置单元格文字方向

8. 设置表格的大小

可用鼠标拖动表格边框或使用【表格工具】选项卡组【布局】选项卡中的【表格尺寸】组来调整表格的大小。

若要设置特定的表格大小，首先单击要调整大小的表格，然后在【表格工具】选项卡组【布局】选项卡【表格尺寸】组的【高度】和【宽度】框中输入所需的尺寸。若要在调整时保持相同的高度和宽度比例，勾选锁定纵横比复选框，如图 14-46 所示。

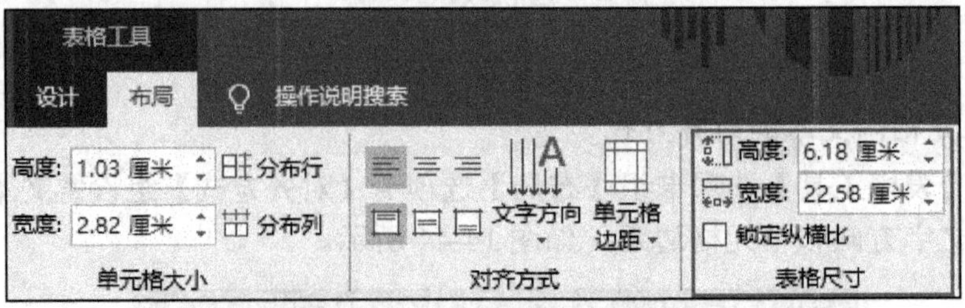

图 14-46　【表格尺寸】组

9. 调整表格在幻灯片上的位置

表格在幻灯片上的位置调整有三种方法，一是手动移动表格，二是通过排列调整表格在幻灯片上的位置，三是通过任务窗格精确调整表格在幻灯片上的位置。

(1) 通过排列调整表格在幻灯片上的位置。选择要在幻灯片内对齐的表格，然后单击【表格工具】选项卡组【布局】选项卡【排列】组中的【排列】按钮，在打开的命令列表中选择表格相对幻灯片的对齐方式，比如水平方向的【左对齐】、【水平居中】和【右对齐】，垂直方向的【顶端对齐】、【垂直居中】和【底端对齐】等，如图 14-47 所示。

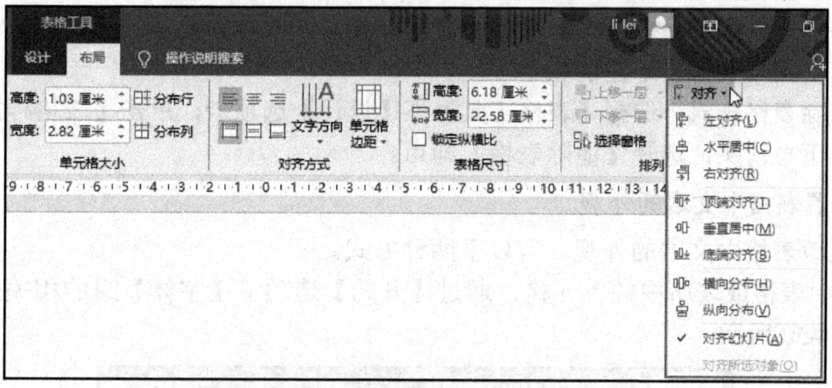

图 14-47　将表格在幻灯片上对齐

(2) 通过任务窗格精确指定表格在幻灯片上的位置。鼠标右键单击幻灯片中的表格，在快捷菜单中单击【设置形状格式】，在幻灯片窗格右侧打开【设置形状格式】任务窗格。单击【设置形状格式】任务窗格中【形状选项】下的【大小和属性】，展开【大小和属性】页面，如图 14-48 所示。在【位置】栏中设置表格位置的参考起点，比如距幻灯片左上角的精确位置。

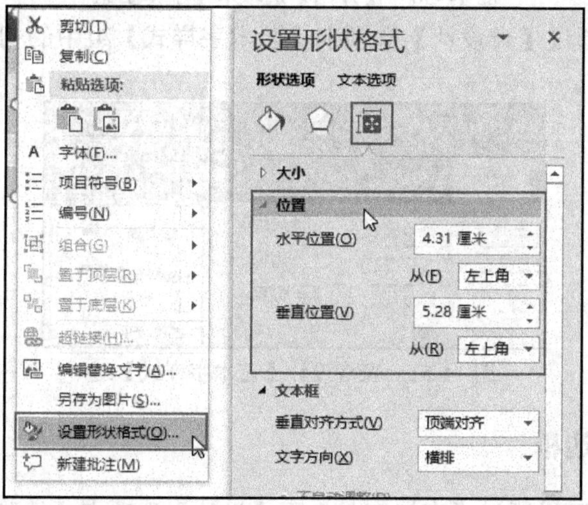

图 14-48　精确指定表格在幻灯片的位置

10. 设置表格的样式

表格样式(或快速样式)是表格的不同格式设置的组合，包括演示文稿主题颜色的组合，表格的格式等。为表格应用表格样式可通过【表格工具】选项卡组【设计】选项卡中的【表格样式】组来完成，如图 14-49 所示。

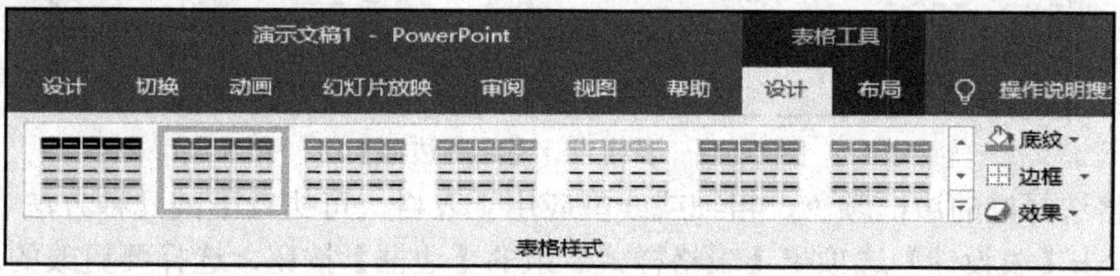

图 14-49　【表格样式】组

应用表格样式时，首先选择要应用样式的表格，然后选择【表格工具】下【设计】选项卡【表格样式】组【表格样式】库中的表格样式。若要查看更多的表格样式，单击【表格样式】库右侧【其他】下拉箭头。

若要删除表格样式，选择【表格工具】下【设计】选项卡，单击【表格样式】库右侧的【其他】下拉箭头，选择【清除表格】即可。

11. 设置表格中文本的外观

若要更改表格中文本的外观，有以下两种方式。

(1) 选中表格或表格中的单元格，通过【开始】选项卡【字体】组的相关按钮进行设置，如图 14-50 所示。

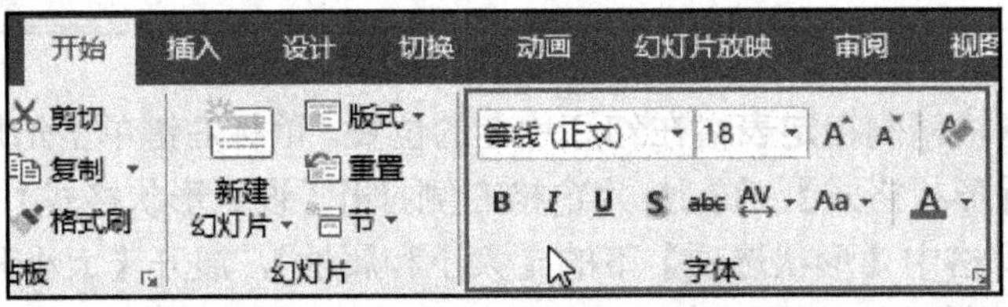

图 14-50　【开始】选项卡【字体】组

(2) 选中表格，通过【表设计】选项卡【艺术字样式】组中的相关按钮进行设置，如图 14-51 所示。

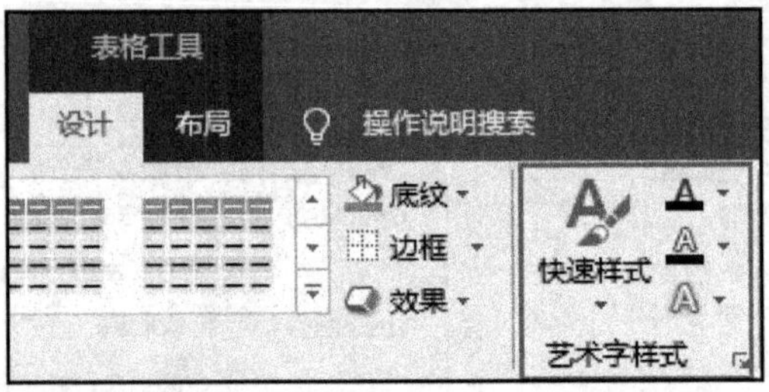

图 14-51　表格设计【艺术字样式】组

14.3.2　设计表格边框

设计表格的边框可以通过【表格工具】下【设计】选项卡【绘制边框】组来完成，如图 14-52 所示。

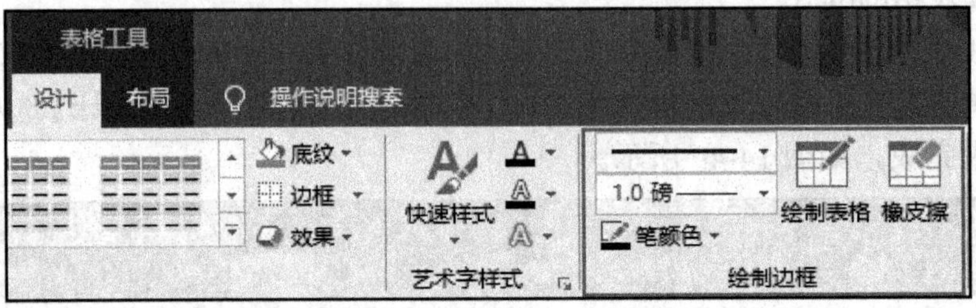

图 14-52　表格设计【绘制边框】组

若要将选择好的边框颜色、粗细或线型应用于表格，可执行下列几种方法。

(1) 单击【表设计】选项卡【表格样式】组的【边框】按钮，选择要更改的边框选项，如图 14-53 所示。这也是为单元格或整个表格设计边框最推荐的方式。

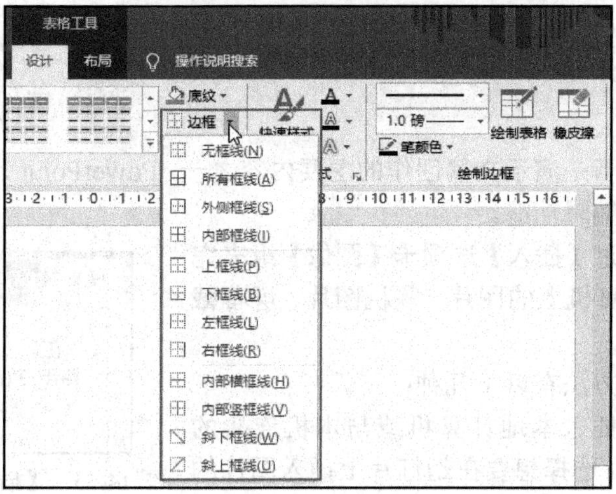

图 14-53　选择应用框线范围

(2) 单击【绘制边框】组的【绘制表格】按钮，当鼠标指针变为铅笔时，单击要更改的边框，完成表格边框的设计。

14.3.3　设计表格背景

可以通过【表格工具】下【设计】选项卡【表格样式】组中的【底纹】按钮可添加或更改整个表格的背景颜色，如图 14-54 所示。如果表格单元格有填充颜色则背景色在表格单元格填充颜色的下方显示。

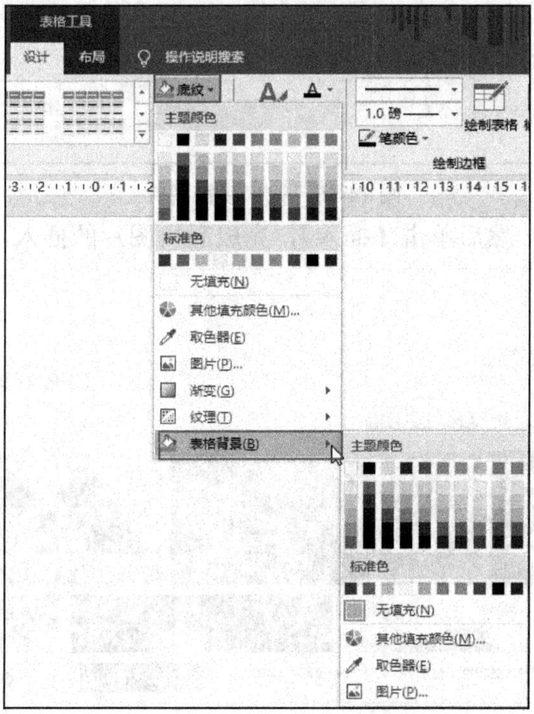

图 14-54　更改表格背景

14.4　插入图片

图片的插入和编辑是演示文稿创作的主要内容之一，PowerPoint 2016 提供了简单易用且丰富的图片插入和编辑功能。

插入图片主要通过【插入】选项卡【图像】组来完成，可以插入本地计算机上的图片、联机图片、屏幕截图，如图 14-55 所示。

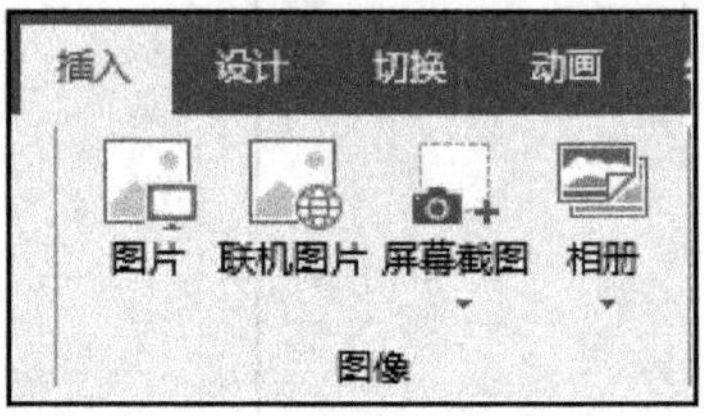

图 14-55　【插入】选项卡【图像】组

常用插入图片的方法有以下几种：

(1) 在幻灯片中插入本地计算机或与本机连接的其他计算机中的图片。选择想要在幻灯片上插入图片的位置，在【插入】选项卡【图像】组中单击【图片】，在【插入图片】对话框中，导航至要插入的图片，然后单击【插入】。如果想要一次插入多张图片，在按住【Ctrl】键的同时选择想要插入的所有图片。

(2) 在幻灯片中插入联机图片。选择想要在幻灯片上插入图片的位置，在【插入】选项卡【图像】组中单击【联机图片】，在【插入图片】窗格中的【必应图像搜索】框中键入要搜索的内容然后按【Enter】键搜索，或在 OneDrive——个人中浏览图片，如图 14-56 所示。

图 14-56　搜索联机图片

选中要插入的图片，然后单击【插入】，完成联机图片的插入，如图 14-57 所示。

图 14-57　选择并插入联机图片

(3) 插入 GIF 动图。在 PowerPoint 2016 中可以像添加图片文件一样，向幻灯片中添加存储在本机上或 OneDrive——个人上的 GIF 动图。其具体操作步骤如下：

选择要添加 GIF 动图的幻灯片，在功能区的【插入】选项卡【图像】中单击【图片】，在【插入图片】对话框中导航到要添加的 GIF 动图的位置，选择 GIF 动图文件，然后单击【插入】。

还可以使用插入【联机图片】功能在 Web 上搜索 GIF 动图。在功能区的【插入】选项卡内选择【联机图片】，在搜索框中键入要查找的关键词加上“GIF”即可。

14.5　创建相册

PowerPoint 相册是演示文稿的一种类型，可用于显示个人或企业的照片。通过添加图片创建相册的具体操作步骤如下：

步骤 1　单击【插入】选项卡【图像】组中【相册】的下拉箭头，选择【新建相册】，如图 14-58 所示。

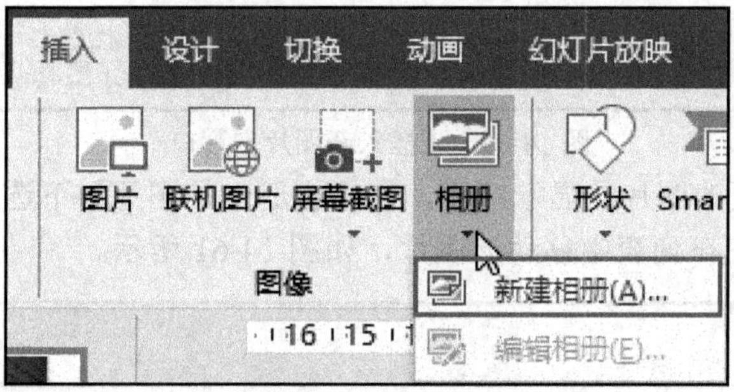

图 14-58　插入新建相册

步骤 2　单击【相册】窗口中【插入图片来自】下的【文件/磁盘】，如图 14-59 所示。

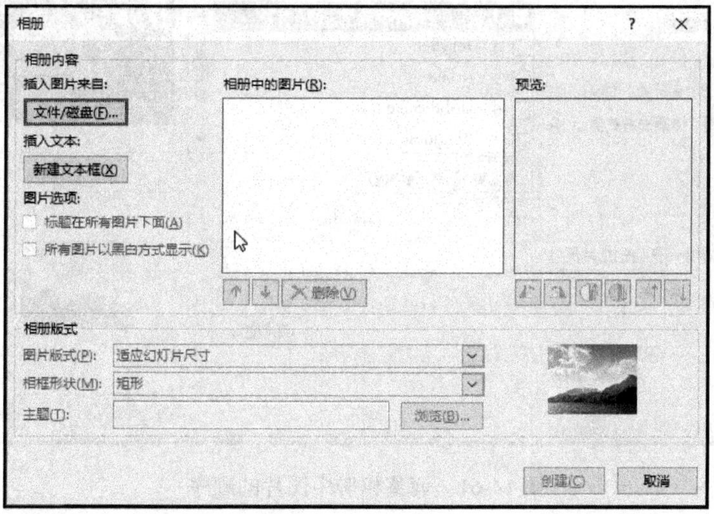

图 14-59　【相册】窗口

步骤 3　在【插入新图片】窗口中，找到并打开包含要插入图片的文件夹，选择要插入到相册的图片，然后单击【插入】，如图 14-60 所示。

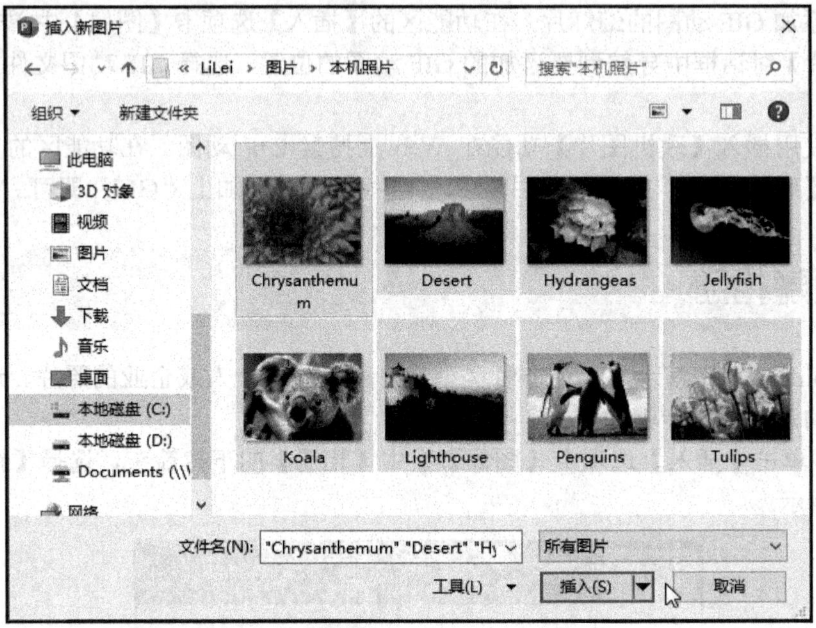

图 14-60　【插入新图片】窗口

步骤 4　如果要更改图片的显示顺序，在【相册中的图片】下选择要移动图片的文件名，然后使用箭头按钮在列表中移动该图片，如图 14-61 所示。

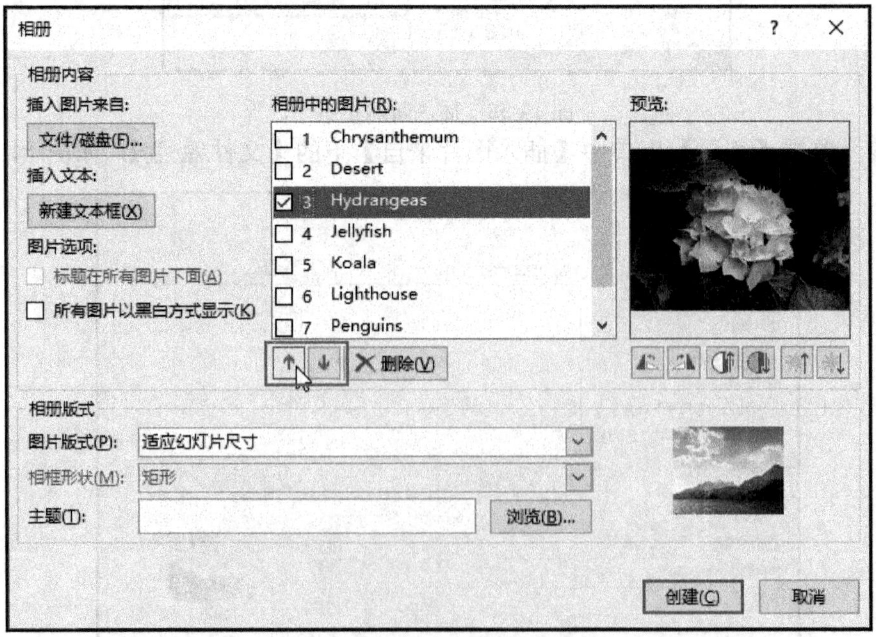

图 14-61　调整相册中图片的顺序

步骤 5　在【相册】对话框中，选择图片的版式和相框的形状以及要应用的主题，单击【创建】按钮，完成相册的创建。

14.6　设置图片格式

添加图片后，可以通过多种格式设置来增强图片(如背景、阴影和效果等)，使图片更加美观。

14.6.1　调整亮度、对比度、清晰度

调整亮度、对比度、清晰度的具体操作步骤如下：

步骤 1　选择图片，单击【图片工具】下【格式】选项卡上【调整】组中的【校正】，如图 14-62 所示。

步骤 2　将鼠标悬停在下拉表中的选项上进行预览，然后选择所需的【亮度/对比度】调整效果。

步骤 3　如需进行更细致的调整，单击【图片校正选项】，在幻灯片窗格右侧打开【设置图片格式】任务窗格中的【图片校正】栏下进行精确的调整，如 14-63 所示。

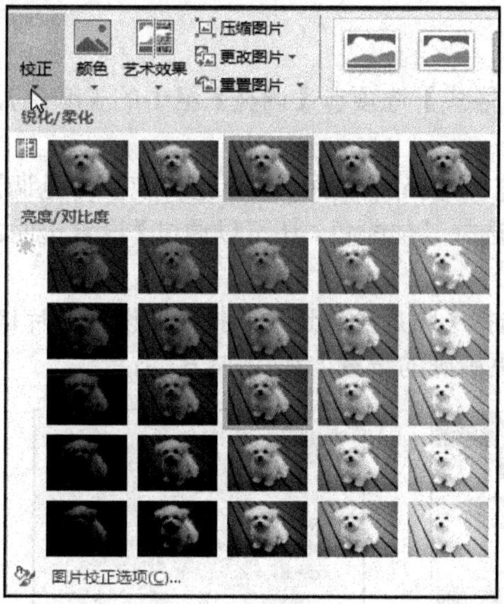

图 14-62　图片校正

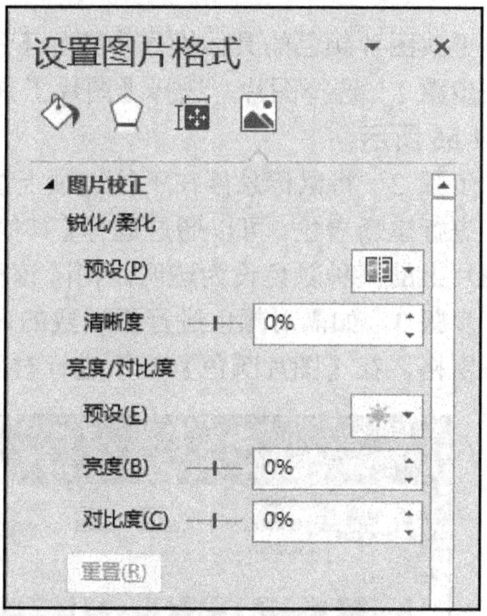

图 14-63　在【图片校正】中设置图片效果

14.6.2　应用艺术效果

为图片应用艺术效果的具体操作步骤如下：

步骤 1　选择图片，选择【图片工具】下【格式】选项卡【调整】组中的【艺术效果】，如图 14-64 所示。

步骤 2　将鼠标悬停在选项上进行预览，选择所需的艺术效果。

步骤 3　如需对艺术效果进行更细致的调整，单击【艺术效果选项】，在【设置图片格式】任务窗格的【艺术效果】栏下选择艺术效果并设置该艺术效果的参数，如图 14-65 所示。

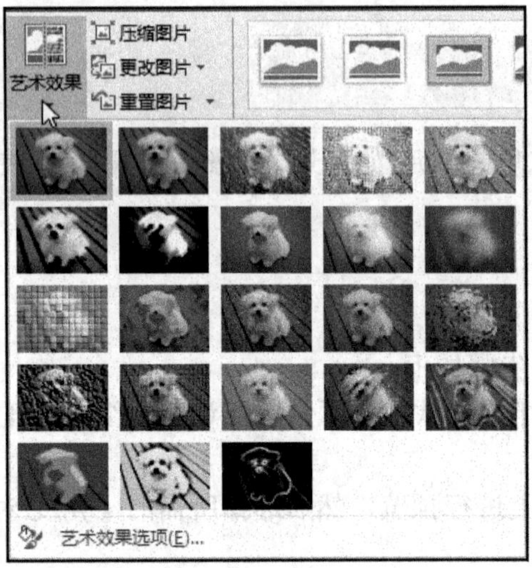

图 14-64　图片艺术效果

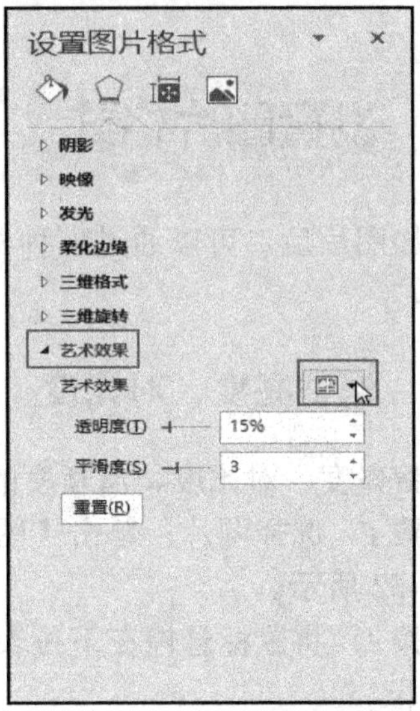

图 14-65　在【艺术效果】中设置图片效果

14.6.3　更改颜色

更改图片颜色的具体操作步骤如下：

步骤 1　选择图片，选择【图片工具】下【格式】选项卡【调整】组中的【颜色】，如图 14-66 所示。

步骤 2　将鼠标悬停在下拉选项上进行预览，选择所需的【颜色饱和度】、【色调】对图片进行重新着色。可以通过选择【其他变体】选择其他颜色。还可以通过【设置透明色】，将图片上的某种颜色设为透明，消除该种颜色。

步骤 3　如需对颜色进行更细致的调整，选择【图片颜色选项】打开【设置图片格式】任务窗格，在【图片颜色】栏下进行对颜色的更精确的设置，如图 14-67 所示。

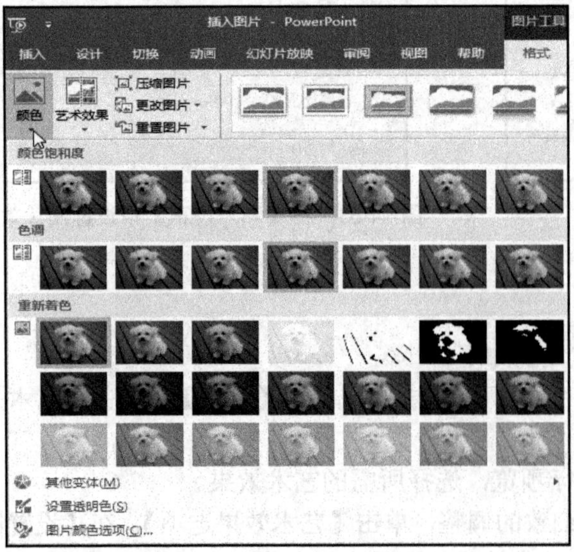

图 14-66　调整图片颜色

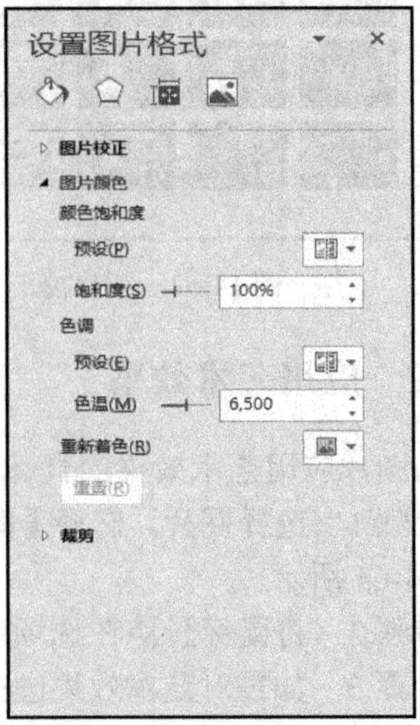

图 14-67　对图片颜色进行设置

14.6.4 应用图片样式

可以为插入幻灯片中的图片，快速应用 PowerPoint 2016 内置的图片样式。其具体操作步骤如下：

选择要应用样式的图片。单击【图片工具】下【格式】选项卡【图片样式】组中的【快速样式】，在【快速样式】库中单击所需的样式，如图 14-68 所示。单击【快速样式】库右侧的下拉箭头展开【快速样式】库可显示更多的图片样式。

图 14-68 应用快速样式

如果【快速样式】库的样式不能满足需要的话，可以通过【图片样式】组中的【图片边框】、【图片效果】设置自定义样式。

14.6.5 应用图片效果

应用图片效果的具体操作步骤如下：

步骤 1 选择图片。选择【图片工具】下【格式】选项卡【图片样式】组中的【图片效果】。

步骤 2 选择所需效果：【阴影】、【映像】、【发光】、【柔化边缘】、【棱台】或【三维旋转】，如图 14-69 所示。

图 14-69 应用图片效果

14.6.6　为图片添加边框

为图片添加边框的具体操作步骤如下：

步骤 1　选择图片。选择【图片工具】下【格式】选项卡【图片样式】组中的【图片边框】。

步骤 2　在下拉选项中对边框的颜色、粗细和线形进行选择，如图 14-70 所示。

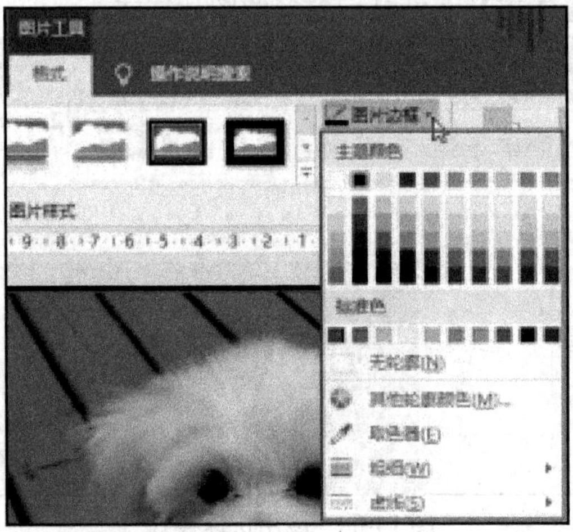

图 14-70　应用图片边框

14.6.7　重置图片

如果对图片编辑后的效果不满意，可以放弃对图片格式所做的全部更改，恢复图片到初始状态。具体操作步骤如下：

步骤 1　选择图片。单击【图片工具】下【格式】选项卡【调整】组中的【重置图片】旁边的箭头，如图 14-71 所示。

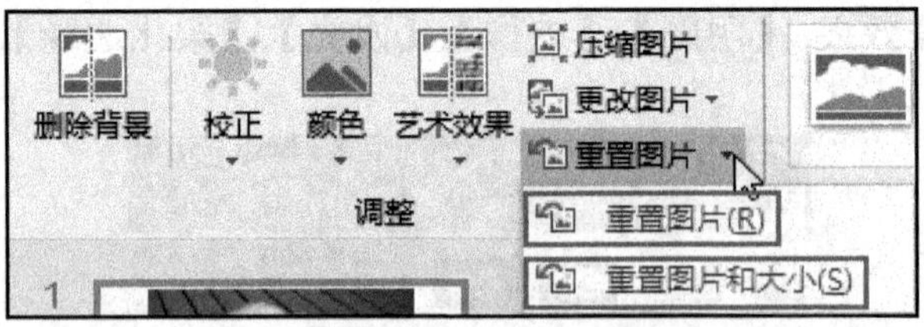

图 14-71　重置图片

步骤 2　选择【重置图片】将放弃除调整图片大小之外的所有格式的更改。选择【重置图片和大小】将放弃包括调整图片大小在内的所有格式的更改。

14.6.8　删除图片的背景

删除图片的背景的具体操作步骤如下：

步骤 1　选择要删除背景的图片。选择【图片工具】下【格式】选项卡【调整】组中的【删除背景】，如图 14-72 所示。

图 14-72　【图片工具】选项卡【调整】组

步骤 2　消除框外的部分和标记为紫色的区域将全部消除，如果 PowerPoint 2016 没有选择正确的删除范围，可手动调整消除框。还可在【背景消除】选项卡【优化】组中选择【标记要保留的区域】或【标记要删除的区域】对背景消除区域进行标记，如图 14-73 所示。手动标记区域后，选择【关闭】组中的【保留更改】完成图片背景的删除。

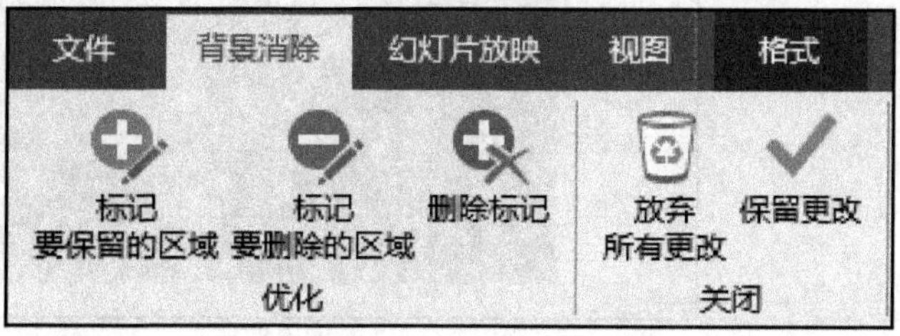

图 14-73　【背景消除】选项卡

若要撤销背景消除操作，选择【关闭】组中的【放弃所有更改】。

若要将删除背景后的图片保存为单独文件供日后使用，鼠标右键单击该图片，选择【另存为图片】，将其另存为单独的文件。图 14-74 为示例图片删除背景后的效果。

图 14-74　示例图片删除背景后的效果

14.6.9　裁剪图片

插入图片后可以根据需要对图片进行裁剪，将与主题无关或不必要的部分剪裁掉。PowerPoint 2016 中除了能完成基本边缘裁剪外，还可将图片裁剪为特定形状和纵横比，或裁剪图片填充到形状中。

裁剪图片的具体操作步骤如下：

步骤 1　选择要进行剪裁的图片。单击【图片工具】下【格式】选项卡【大小】组中的【裁剪】的下拉箭头。在下拉列表中选择【裁剪】，如图 14-75 所示。

步骤 2　图片的边缘和四角处会显示黑色裁剪图柄，如图 14-76 所示。

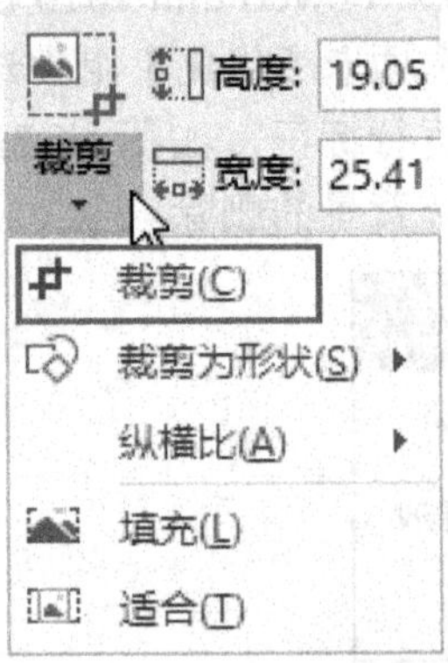

图 14-75　【裁剪】按钮下拉列表

图 14-76　裁剪图片

执行下列任一操作裁剪图像：

(1) 裁剪某一侧：将该侧边裁剪图柄向内拖曳。

(2) 同时裁剪相邻的两边：将角落处的裁剪图柄向内拖曳。

(3) 同时等量裁剪平行的两条边：按住【Ctrl】键的同时将侧边裁剪图柄向内拖曳。

(4) 同时等量裁剪四条边：按住【Ctrl】键，同时将任一角落处的裁剪图柄向内拖曳。

(5) 在图片周围添加边距：是向外拖动裁剪图柄，而不是向内拖动。

步骤 3　按【Esc】键或单击幻灯片上图片外的任意位置完成裁剪。例如裁剪掉图中的木地板，如图 14-77 所示。

图 14-77　裁剪掉图片主体的边缘

还可以使用形状对图片进行剪裁，并使用【裁剪】菜单上的【填充】和【调整】工具对图片裁切进行微调，其具体操作步骤如下：

步骤 1　选择要进行剪裁的图片。单击【图片工具】下【格式】选项卡【大小】组中的【裁剪】的下拉箭头，在【裁剪为形状】的下拉列表中选择剪裁使用的图形。

步骤 2　选择已经按形状剪裁的图片，根据需要在【裁剪】的下拉列表中选择【填充】或【调整】对图片进行微调，如图 14-78 所示。

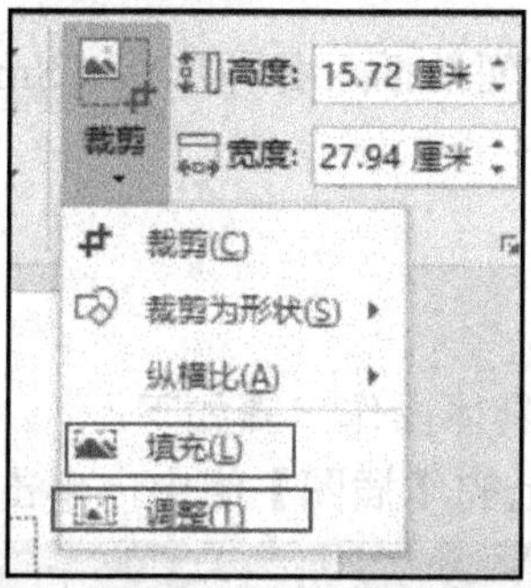

图 14-78　使用形状剪裁图片

【填充】：使图片填充整个形状区域，同时保持原始纵横比，图片填充形状的同时会删除形状外围的所有部分。

【调整】：使整个图片在形状区域内显示，同时保持图片的原始纵横比。使用调整可以使图片尽可能多地放入形状中，但形状的某些区域可能为空白。

步骤 3　完成后，按 Esc 或单击幻灯片上图片外的任意位置。

剪裁图片后，裁剪掉的区域仍将保留，只是无法显示，可删除图片文件中的裁剪区域来压缩图片大小，这种方法也可防止其他人查看已删除的图片部分。具体的操作步骤如下：

步骤 1　单击【图片工具】下【格式】选项卡【调整】组中的【压缩图片】，打开【压缩图片】对话框，展示压缩选项，如图 14-79 所示。

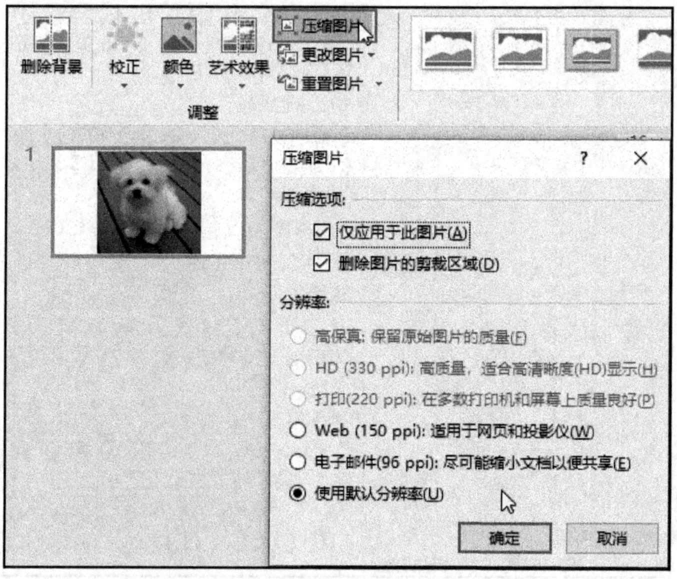

图 14-79　删除图片的剪裁区域

步骤 2　在【压缩选项】下，勾选【删除图片的裁剪区域】复选框。

步骤 3　若仅要删除选定图片的裁剪部分(而非演示文稿的所有图片的剪裁部分)，可勾选中【仅应用于此图片】复选框，单击【确定】完成压缩图片。

14.7　插入插图

在 PowerPoint 2016 中，可方便地插入各种形状、SmartArt 图形和图表。

14.7.1　插入形状

1. 在幻灯片中添加单个形状

在幻灯片中添加单个形状的具体操作步骤如下：

步骤 1　在【插入】选项卡上的【插图】组中，单击【形状】，如图 14-80 所示。

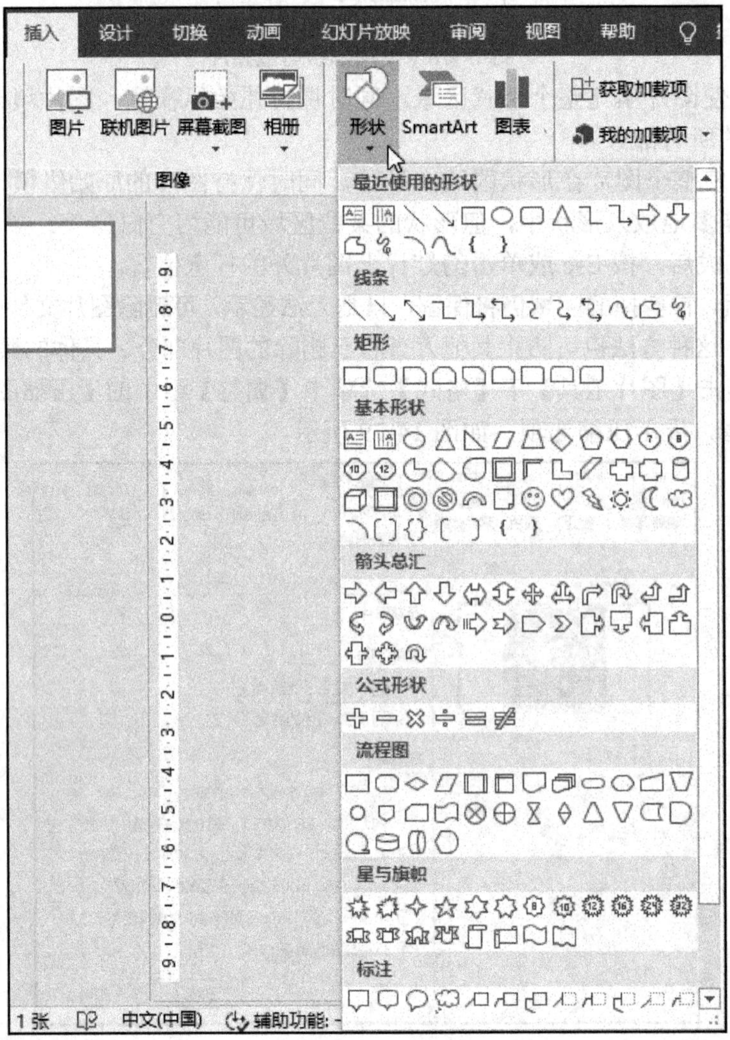

图 14-80　插入形状

步骤 2　在【形状】库中选择所需形状，单击幻灯片上的任意位置，拖动鼠标以放置形状。或双击鼠标插入默认大小的形状。若要创建规范的正方形或圆形，在拖动鼠标的同时按住【Shift】键。

2. 在幻灯片中添加多个相同形状

步骤 1　在【插入】选项卡【插图】组中，单击【形状】。

步骤 2　在【形状】库中鼠标右键单击要添加的形状，选择【锁定绘图模式】，如图 14-81 所示。

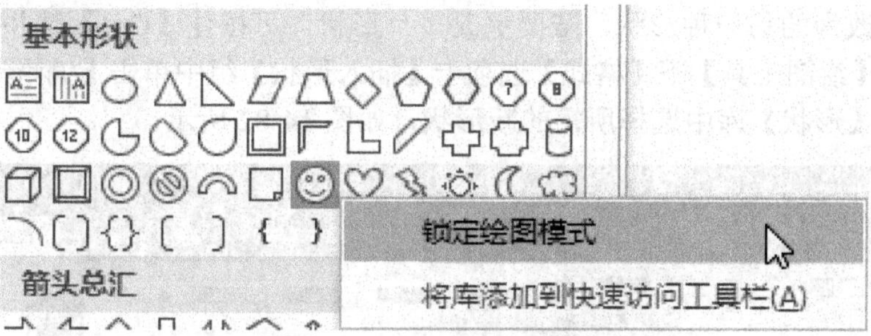

图 14-81　锁定绘图模式

步骤 3　单击幻灯片中的任意位置，然后拖动鼠标以放置形状，对要添加的每个形状重复此操作，不用再去形状库中选择。

步骤 4　添加完所有需要的形状后，按【Esc】键取消【锁定绘图模式】状态。或在形状库中该形状上单击鼠标右键，再次选择【锁定绘图模式】退出锁定绘图模式。

3. 向形状中添加文字

向形状中添加文字的具体操作如下：

单击要向其中添加文字的形状，然后键入文字。或鼠标右键单击形状，然后选择【添加文字】或【编辑文字】，键入内容。

添加的文字将成为形状的一部分，当旋转或翻转形状时，文字也会随之旋转或翻转。

若要设置文本格式和对齐方式，单击【开始】选项卡，然后从【字体】、【段落】组中选择相应选项来完成设置。

4. 向形状中的文字添加项目符号列表或编号列表

向形状中添加项目符号列表或编号列表的具体操作如下：

步骤 1　选择形状中要添加项目符号或编号的文字。

步骤 2　鼠标右键单击选择的文字，在快捷菜单上执行下列操作。

(1) 若要添加项目符号，指向【项目符号】，然后选择所需的选项。

(2) 若要添加编号，指向【编号】，然后选择所需的选项。

以上操作也可能通过选择【开始】选项卡【段落】组中的【项目符号】和【编号】按钮来实现。

5. 向形状添加快速样式

快速样式是不同格式选项的组合，在【形状样式】组中的快速样式库中显示为缩略图，将鼠标指针置于某个快速样式缩略图上时，可以看到形状添加快速样式后的变化，其具体操作步骤如下：

步骤 1　单击要应用快速样式的形状。

步骤 2　在【绘图工具】下【格式】选项卡的【形状样式】组的【快速样式】库中，选择所需的快速样式。要查看更多的快速样式，单击【其他】按钮。要自定义形状外观，可通过【形状样式】组中的【形状填充】、【形状轮廓】和【形状效果】来完成。

6. 从一种形状改为另一种形状

从一种形状改为另一种形状的具体操作步骤如下：

单击要更改为的另一种形状，若要更改多个形状，可按住【Ctrl】键并同时单击要更改的形状。在【绘图工具】下【格式】选项卡【插入形状】组中单击【编辑形状】，在【更改形状】内的【形状】库中选择所需的新形状，如图 14-82 所示。

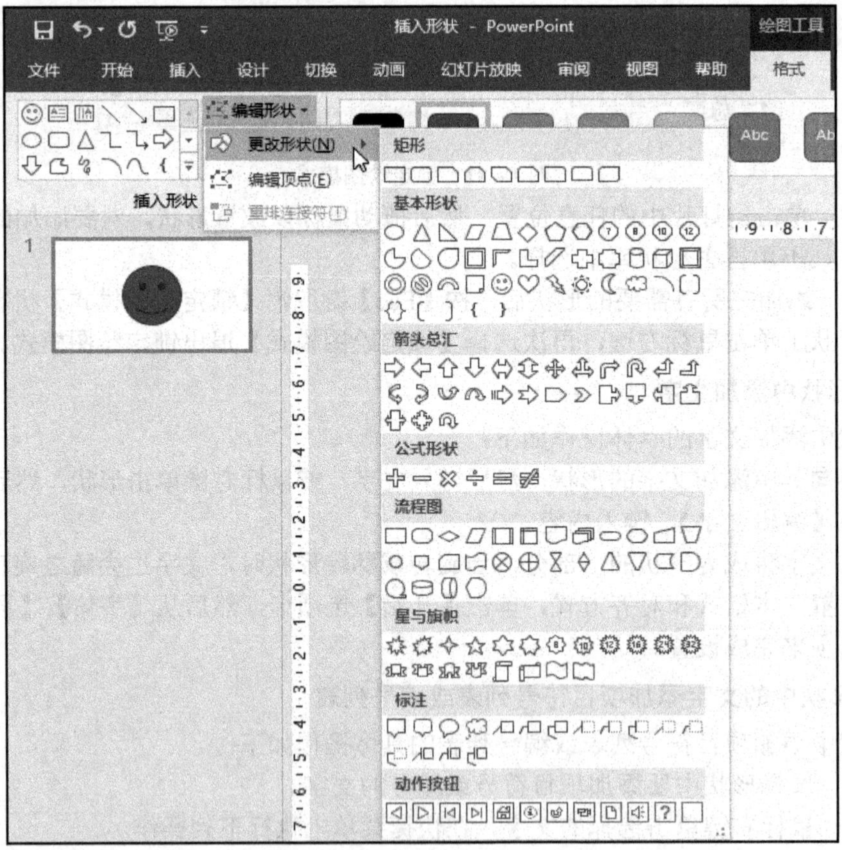

图 14-82　更改现有形状为其他形状

14.7.2　插入 SmartArt 图形

SmartArt 图形是信息和观点的视觉表现形式，与文本相比能够更直观地进行信息的展示和沟通。

1. 插入 SmartArt 图形并向其中添加文本

在【插入】选项卡的【插图】组中，单击【SmartArt】按钮，如图 14-83 所示。

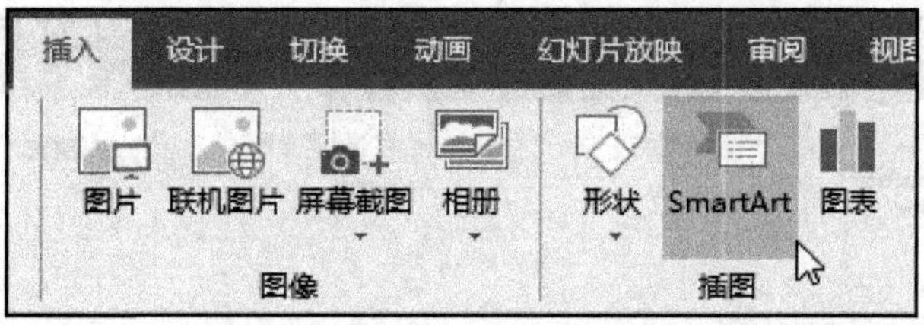

图 14-83 【插入】选项卡【插图】组【SmartArt】按钮

在【选择 SmartArt 图形】窗口中，选择所需的类型和布局，如图 14-84 所示。

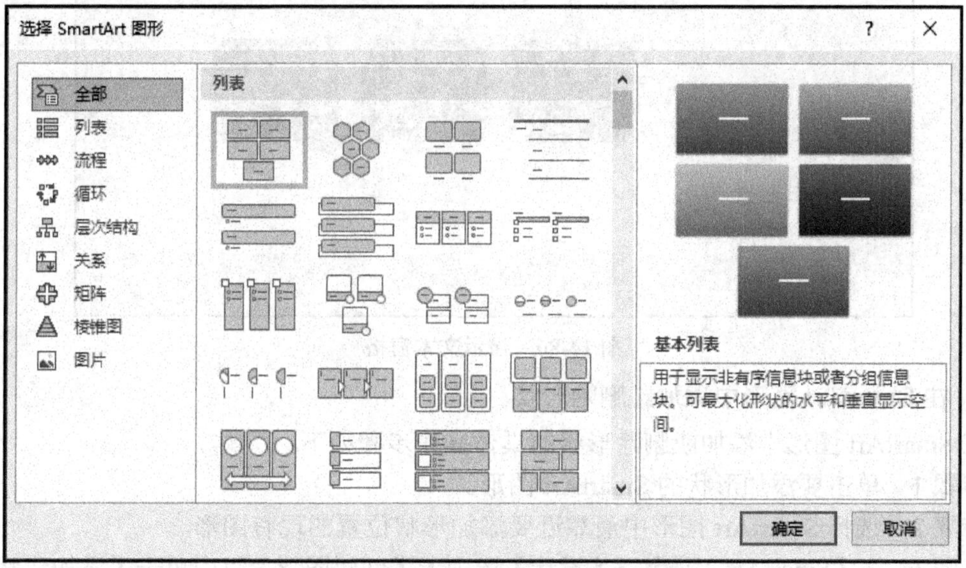

图 14-84 【选择 SmartArt 图形】窗口

单击文本窗格中的[文本]，然后键入文本，如图 14-85 所示。

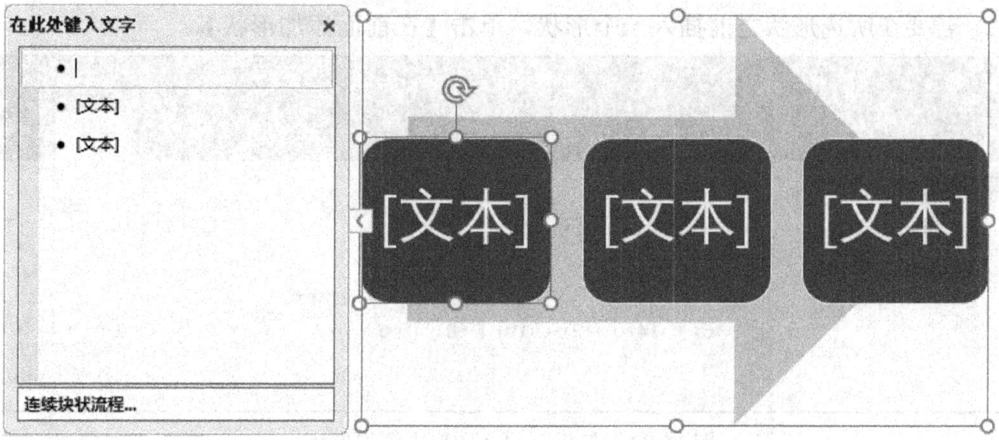

图 14-85 在 SmartArt 图形文本窗格中键入文本

如果未显示【文本】窗格，单击 SmartArt 图形左侧的箭头控件或单击【SmartArt 工具】下【设计】选项卡【创建图形】组中的【文本窗格】，显示文本窗格，如图 14-86 所示。也可以单击 SmartArt 图形中的文本点位符，然后键入文本，相比而言在文本窗格中键入文本更为直接和方便。

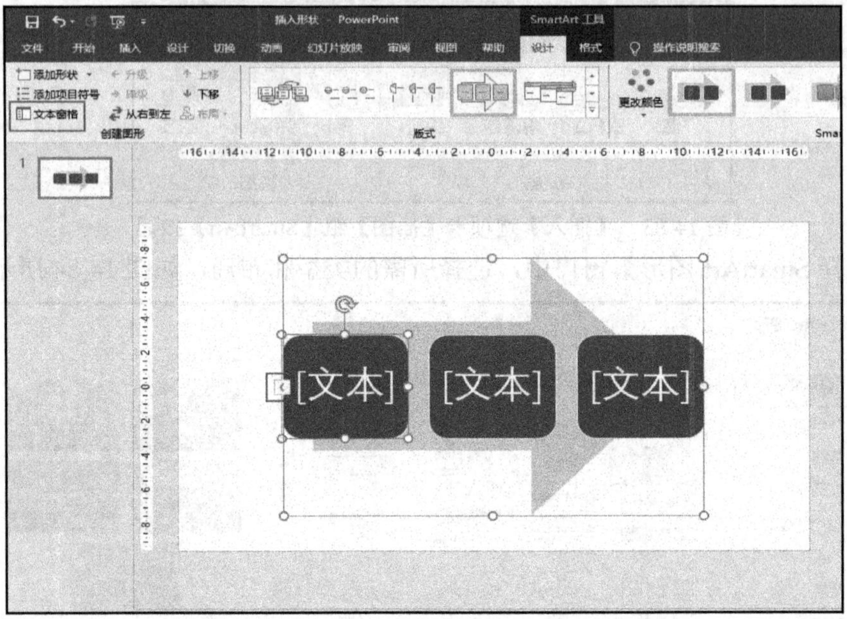

图 14-86　显示文本窗格

2. 在 SmartArt 图形中添加或删除形状

在 SmartArt 图形中添加或删除形状的具体操作步骤如下：

步骤 1　单击要添加形状的 SmartArt 图形。

步骤 2　选择 SmartArt 图形中最靠近要添加形状位置的现有图形。

步骤 3　在【SmartArt 工具】下【设计】选项卡【创建图形】组中单击【添加形状】旁边的箭头，如图 14-87 所示。在下拉菜单中执行下列操作之一：

(1) 若要在所选形状之后插入一个形状，单击【在后面添加形状】。

(2) 若要在所选形状之前插入一个形状，单击【在前面添加形状】。

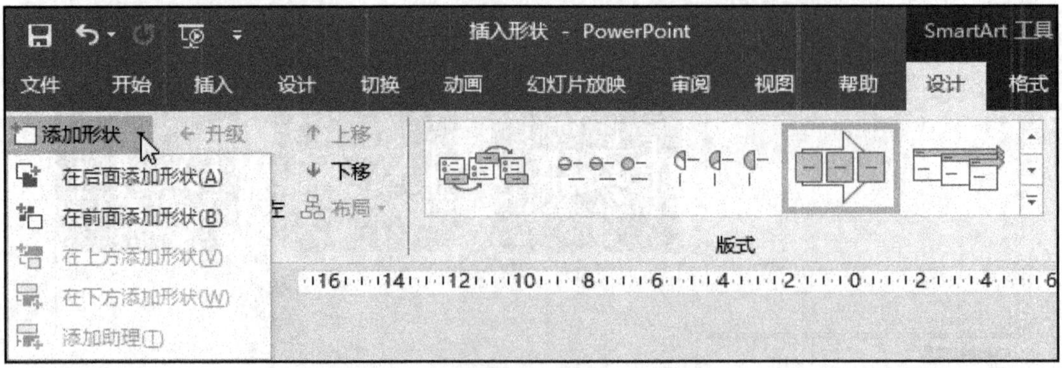

图 14-87　在 SmartArt 图形中添加形状

也可从【文本】窗格中添加形状，鼠标左键单击现有形状，将光标移至要添加形状的文本所在的位置，然后按【Enter】键。

若要从 SmartArt 图形中删除形状，单击要删除的形状，然后按【Delete】键。删除整个 SmartArt 图形，则单击 SmartArt 图形的边框，然后按【Delete】键。

3. 更改整个 SmartArt 图形的颜色

更改整个 SmartArt 图形的颜色的具体操作如下：

选择 SmartArt 图形，单击【SmartArt 工具】下【设计】选项卡【SmartArt 样式】组中的【更改颜色】，在下拉列表中选择所需的颜色，如图 14-88 所示。

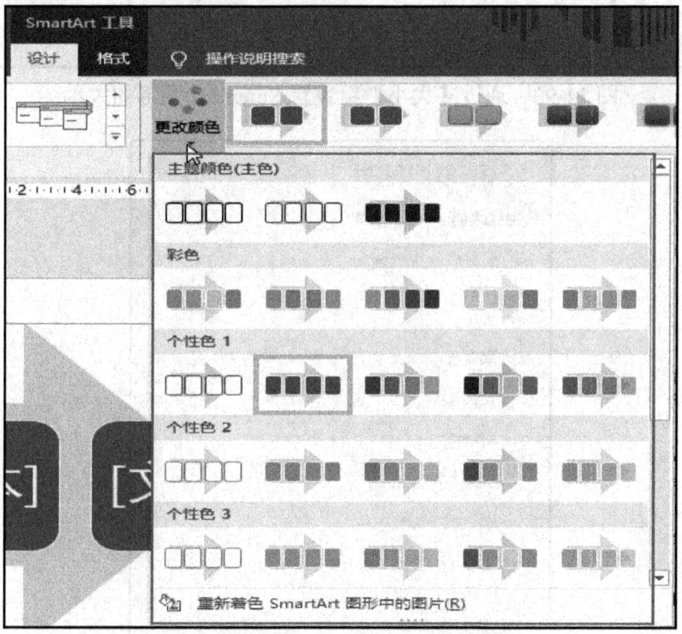

图 14-88　更改 SmartArt 图形颜色

4. 将 SmartArt 样式应用于 SmartArt 图形

SmartArt 样式是各种效果(如线型、棱台或三维)的组合，可应用于 SmartArt 图形中的形状以创建独特且具专业设计效果的外观。其具体操作步骤如下：

单击 SmartArt 图形，在【SmartArt 工具】下【设计】选项卡【SmartArt 样式】组【快速样式】库中，选择所需的 SmartArt 样式，如图 14-89 所示。还可单击【其他】按钮查看更多 SmartArt 样式。

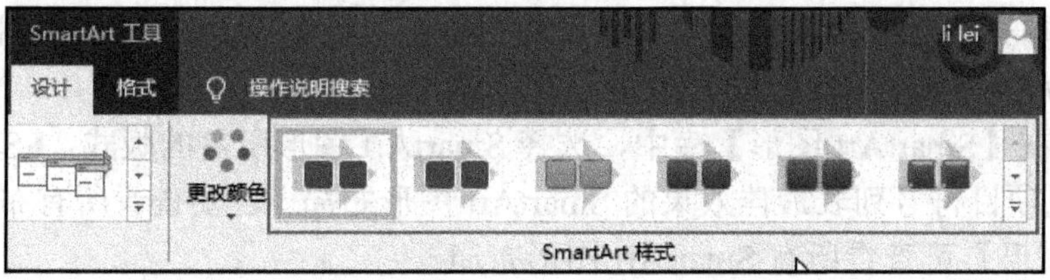

图 14-89　应用 SmartArt 样式

5. 更改 SmartArt 图形的大小

调整整个 SmartArt 图形的大小，可单击 SmartArt 图形的边框并拖动尺寸控点，直到 SmartArt 图形达到所需大小。

也可在【SmartArt 工具】的【格式】选项卡【大小】组中的【高度】和【宽度】框中输入指定大小，如图 14-90 所示。单击该组右下角的启动器，启动【设置形状格式】窗格，在【大小】栏中可对 SmartArt 图形的大小进行详细的设置，如图 14-91 所示。

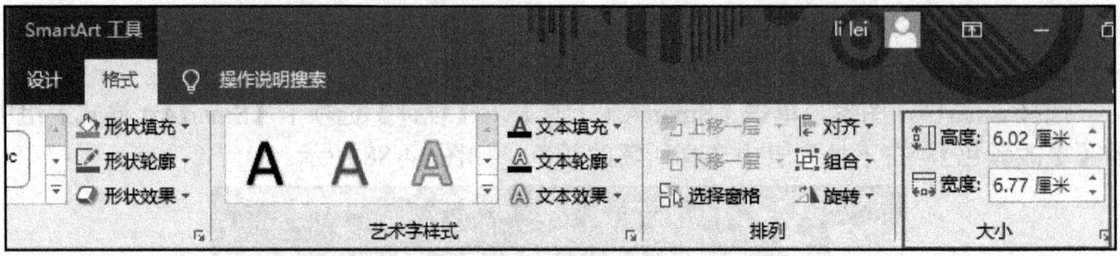

图 14-90 通过【大小】组设置 SmartArt 图形的大小

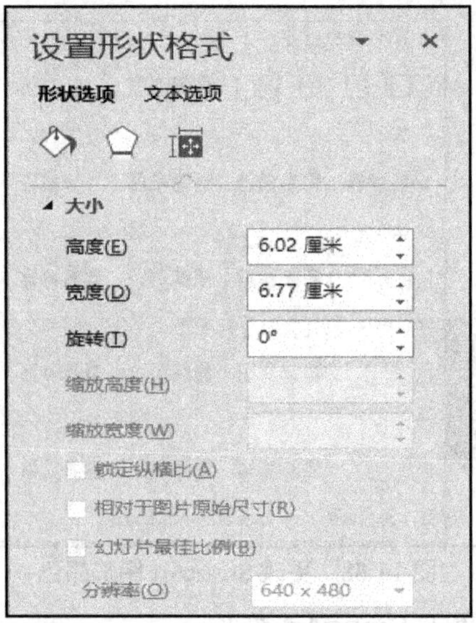

图 14-91 通过【设置形状格式】窗格详细设置 SmartArt 图形的大小

6. 将文本转换为 SmartArt

演示文稿通常包含带有项目符号列表的幻灯片，将项目符号列表中的文本转换为 SmartArt 图形可以对信息进行更直观的展示。将幻灯片文本转换为 SmartArt 图形的操作步骤如下：

步骤 1 单击包含要转换的幻灯片文本的占位符，在【开始】选项卡的【段落】组中，单击【转换为 SmartArt 图形】按钮。

步骤 2 在【SmartArt 图形】库中，选择 SmartArt 图形所需的版式。【SmartArt 图形】库包含可展现项目符号列表最佳效果的 SmartArt 图形布局。若要查看所有布局，单击【其他 SmartArt 图形】可查看所有 SmartArt 图形布局。

通过鼠标右键单击幻灯片上要转换文本的占位符，然后选择【转换为 SmartArt 图形】按钮，也可以将文本转换为 SmartArt 图形。

7. 图片转换为 SmartArt 图形

除了可以将幻灯片上的文本转换为 SmartArt 图形，还可以将图片转换为 SmartArt 图形，使图片的大小排列整齐划一并具有逻辑意义。

将图片转换为 SmartArt 图形的操作步骤如下：

步骤 1 选择想要将转换为 SmartArt 图形的图片。若要选择多张图片，可在按住【Ctrl】

键的同时鼠标左键单击选择多张图片。如图 14-92 所示，在幻灯片中随意插入了 3 张图片，且未进行格式设置。

图 14-92　插入多张图片

步骤 2　在【图片工具】下【格式】选项卡【图片样式】组中，单击【图片版式】。

步骤 3　在【SmartArt 图形】库中，选择所需的 SmartArt 图形版式，如图 14-93 所示。例如采用【标题图片】版式，转换的结果如图 14-94 所示。

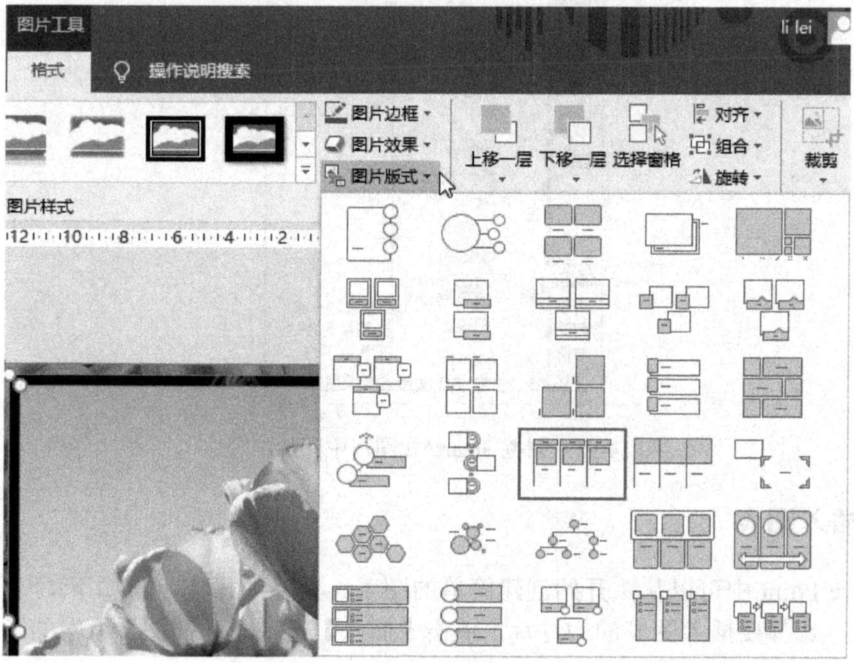

图 14-93　选择图片版式

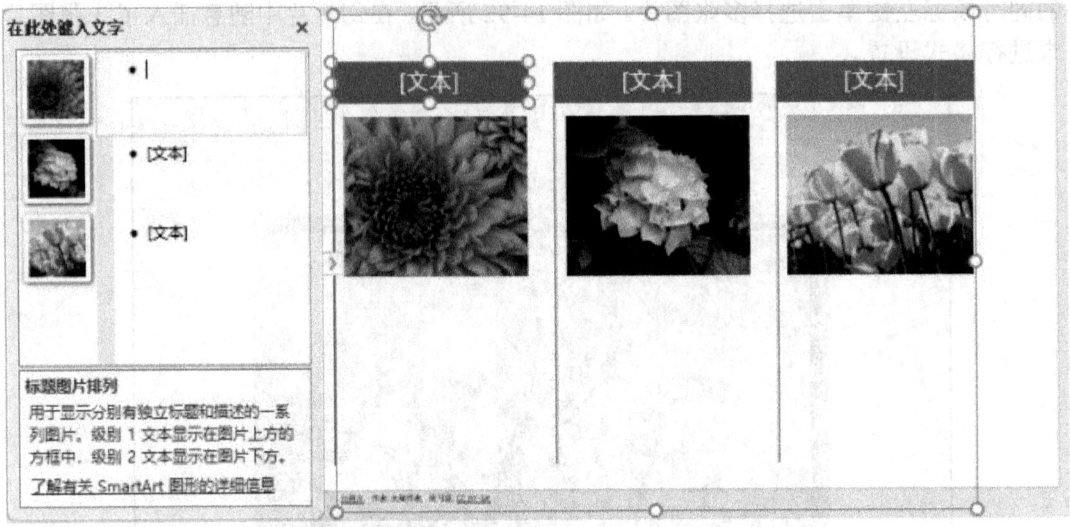

图 14-94　应用【标题图片】版式

8. 更改 SmartArt 图形中的图片顺序

更改 SmartArt 图形中图片顺序的具体操作步骤如下：

步骤 1　在 SmartArt 图形的文本窗格中，鼠标右键单击要重新排序的图片。

步骤 2　在快捷菜单中单击【上移】或【下移】。图片重新排序，其关联的文字将随图片一起移动，如图 14-95 所示。

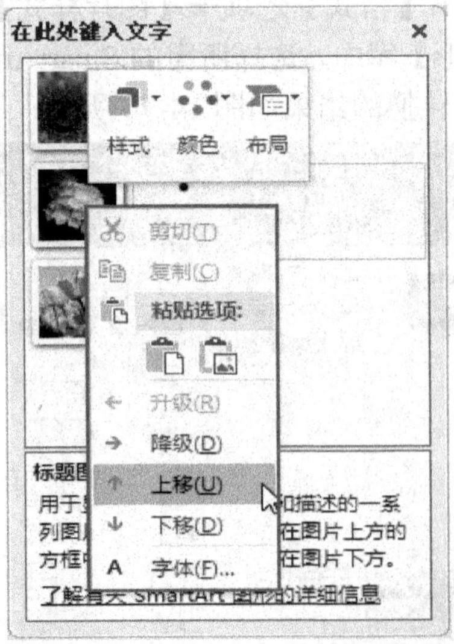

图 14-95　调整 SmartArt 图形中图片的顺序

14.7.3　插入图表

在 PowerPoint 中可以从头开始创建简单的图表。具体的操作步骤如下：

步骤 1　选择要插入图表的幻灯片，单击【插入】选项卡【插图】组中的【图表】，如图 14-96 所示。

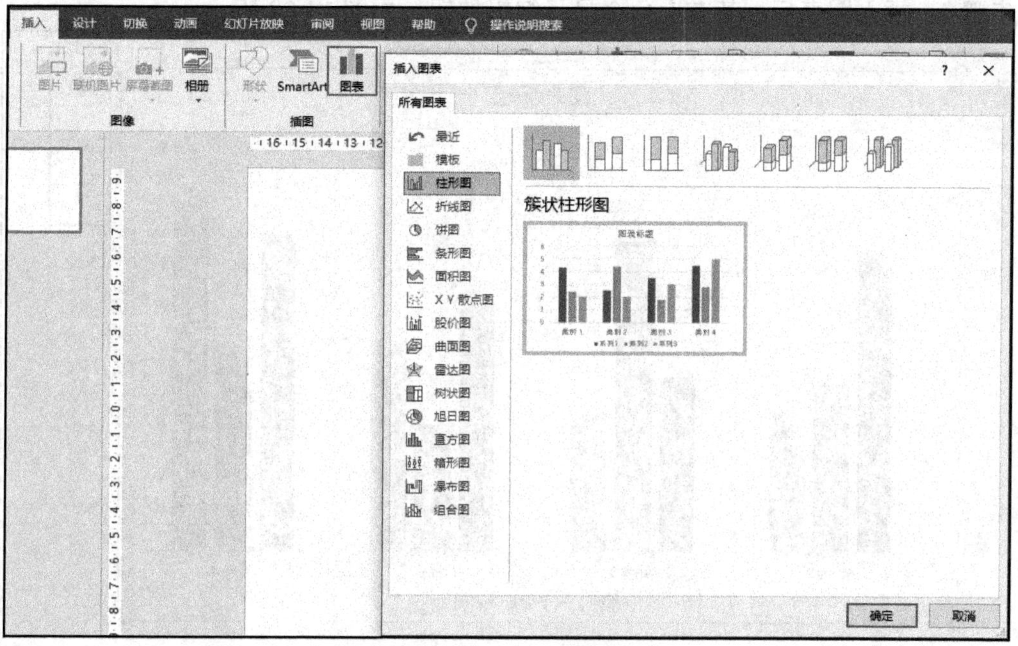

图 14-96　插入图表

步骤 2　在【插入图表】对话框中，单击图表类型，选择所需的图表，然后单击【确定】，或直接双击所需的图表。

步骤 3　在【Microsoft PowerPoint 中的图表】的工作表中，将占位符中的类别、系列及数据替换为自己的行标题、列标题和数据，也可通过拖动数据区域右下角的控点来选取绘制图表的数据单元格范围，然后关闭工作表，如图 14-97 所示。

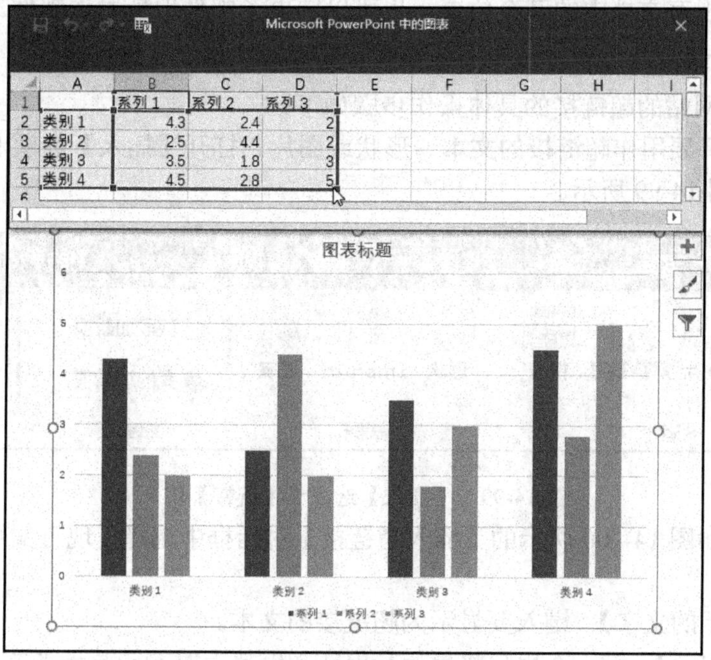

图 14-97　编辑图表数据

步骤 4　插入图表后，其右上角会显示编辑按钮，如图 14-98 所示。

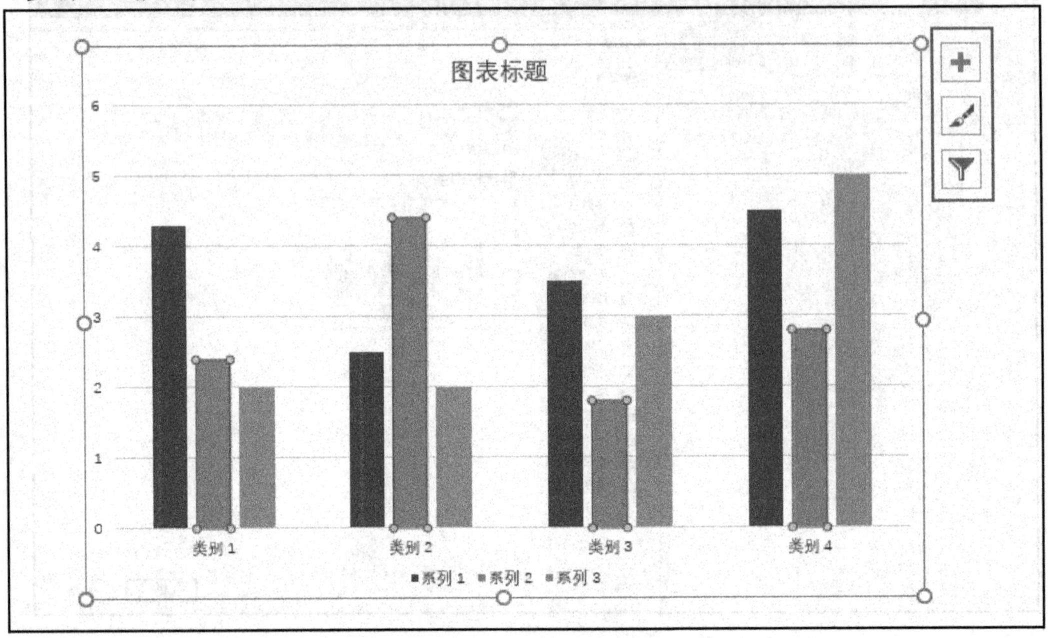

图 14-98　编辑图表

步骤 5　在幻灯片上图表区域外空白处单击，完成图表的插入和编辑。

14.7.4　插入超链接

在 PowerPoint 幻灯片中可以为选定的文本、形状或图片创建链接，可以链接到网页，链接到新文档或现有文档中的某个位置，也可以向电子邮件地址发送邮件。

1. 链接到网站

创建链接到网站的超链接的具体操作步骤如下：

步骤 1　选择要用作超链接的文本、形状或图片。打开【插入】选项卡【链接】组中的【链接】，如图 14-99 所示。

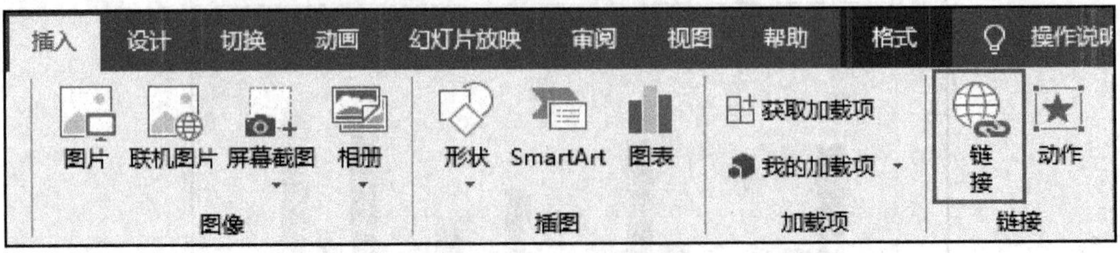

图 14-99　【插入】选项卡【链接】组

步骤 2　在如图 14-100 所示的【插入超链接】对话框中选择【现有文件或网页】并添加相应的选项。

(1) 【要显示的文字】：键入要显示为超链接的文本。

(2) 【屏幕提示】：键入在用户将鼠标悬停在超链接上时希望显示的文本。

(3) 【当前文件夹】、【浏览过的网页】或【最近使用的文件】：选择要链接到的位置，并选中要链接到文件，如果链接的是 PowerPoint 演示文稿，还可以单击【书签】选择链接到该演示文稿文件中具体的某一张幻灯片或该演示文稿的自定义放映。

(4) 【地址】：在其中输入要链接到的网页的 URL。

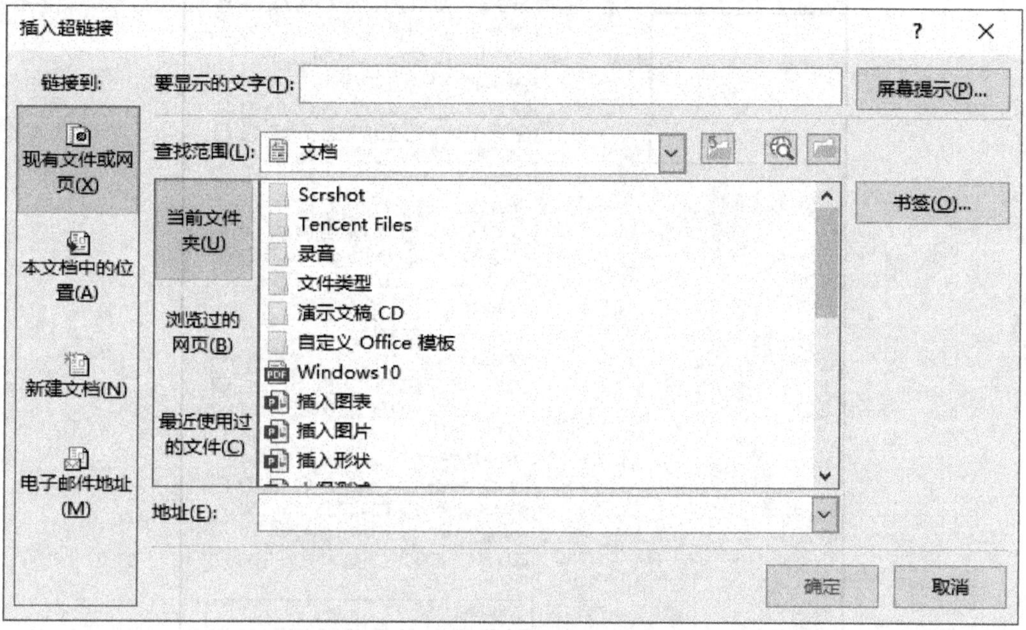

图 14-100　【插入超链接】对话框

◇ **提示：**

如果将 PowerPoint 演示文稿移到另一台计算机，为了保证在另一台计算机上也能正确播放链接文件，需要一起移动所有链接的文件。

步骤 3　单击【确定】完成超链接。

2. 更改超链接颜色

可以根据需要更改超链接颜色。选择要重新着色的超链接，单击【开始】选项卡【字体颜色】按钮旁边的向下箭头打开颜色菜单，在颜色菜单中选择所需的超链接颜色即可。

14.7.5　插入动作按钮

可以使用动作按钮在演示文稿中执行操作，例如转到下一张或特定幻灯片、运行应用或播放视频剪辑等。

插入动作按钮的操作步骤如下：

步骤 1　单击【插入】选项卡上【插图】组中的【形状】，在【形状】库底部的【动作按钮】中选择要添加的按钮形状，如图 14-101 所示。

步骤 2　单击幻灯片上的任意位置，然后通过拖动为该按钮绘制形状。

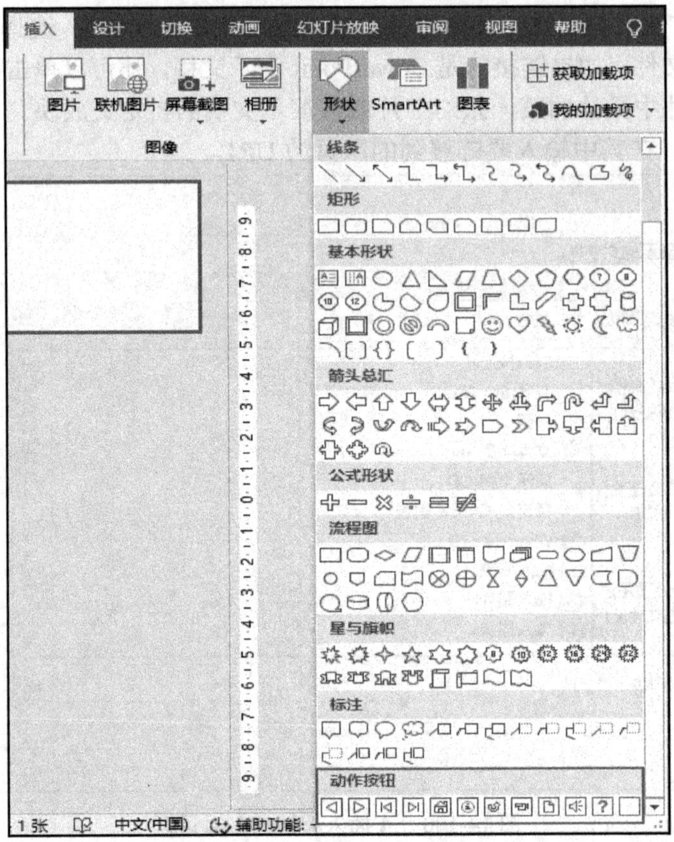

图 14-101　插入动作按钮

步骤 3　在图 14-102 所示的【操作设置】对话框中有【单击鼠标】和【鼠标悬停】两个标签，分别用来设置鼠标单击按钮和鼠标悬停在按钮上时执行的动作。可设置的动作为以下几种。

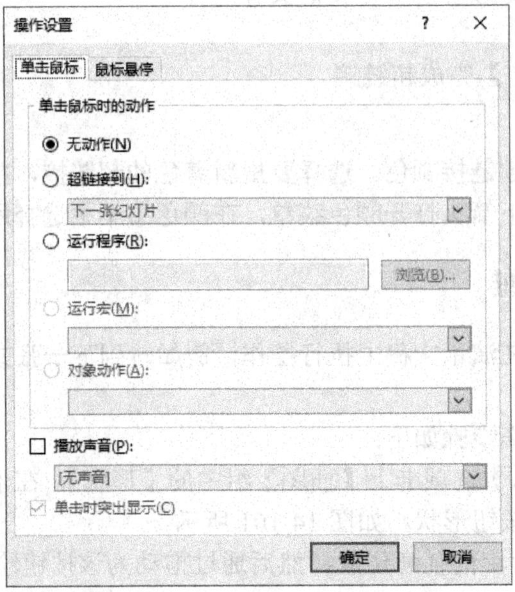

图 14-102　【操作设置】对话框

(1) 选择【超链接到】，在列表中设置超链接操作转到的目标如下一张幻灯片、上一张幻灯片、最后一张幻灯片或另一个 PowerPoint 演示文稿等，如图 14-103 所示。

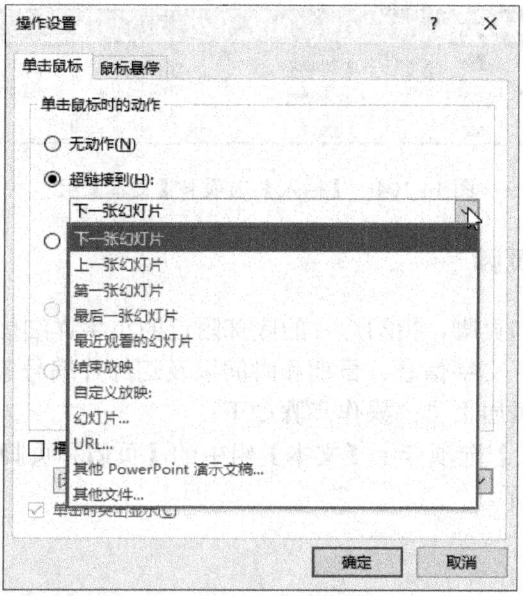

图 14-103 【超链接到】列表

若要链接到由另一个程序创建的文件(如 Word 或 Excel 文件)，在【超链接到】列表中单击【其他文件】，选择要链接的其他文件。选择操作完成后，选择【确定】完成超链接设置。

(2) 选择【无】，则只使用形状，而不执行相应操作。

(3) 选择【运行程序】，单击【浏览】选择要运行的程序。

(4) 选择【运行宏】，然后选择要运行的宏。【运行宏】设置仅在演示文稿已包含宏且演示文稿为启用宏的 PowerPoint 放映。

(5) 选择【对象动作】，可以将选择的形状用作执行动作的动作按钮，在下拉列表中可以选择要通过该按钮执行的动作。但是要注意，只有当演示文稿包含 OLE 对象连接与嵌入对象时，【对象动作】设置才可用。

(6) 勾选【播放声音】复选框，在下拉列表中可以选择使用按钮时要播放的声音。

若要测试所设置的按钮动作，需要通过在幻灯片放映中单击按钮来完成测试。

14.7.6 删除超链接

若要删除超链接但保留文本，使用鼠标右键单击该超链接，然后单击【删除链接】完成操作。若要完全删除超链接，可在选中超链接后按【Delete】键完成删除超链接。

14.8 插入文本类对象

在幻灯片除了通过文本占位符添加文本外，还可以通过插入文本框在需要的位置添加文本，此外可作为文本插入的对象还有页眉页脚、艺术字和来自其他应用的文档等。插入文本类对象主要通过【插入】选项卡【文本】组中的功能来完成，如图 14-104 所示。

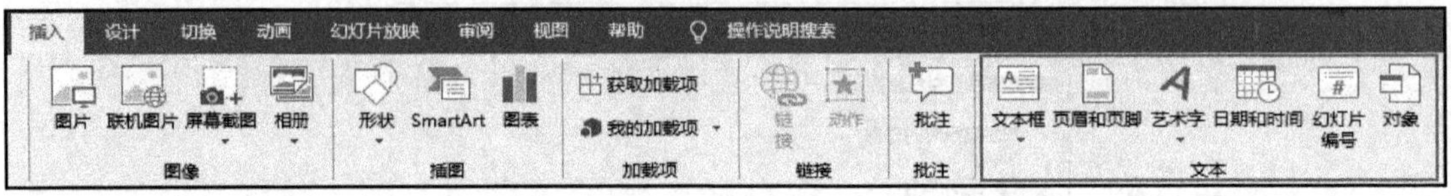

图 14-104　【插入】选项卡【文本】组

14.8.1　插入页眉和页脚

演示文稿中的页眉和页脚，指幻灯片的底部附近的小字详细信息。例如可以在幻灯片底部添加演示文稿标题、文字信息、日期和时间以及幻灯片编号等内容。

在演示文稿中插入页眉页脚的操作步骤如下：

步骤 1　单击【插入】选项卡上【文本】组中的【页眉和页脚】，打开【页眉和页脚】对话框，如图 14-105 所示。

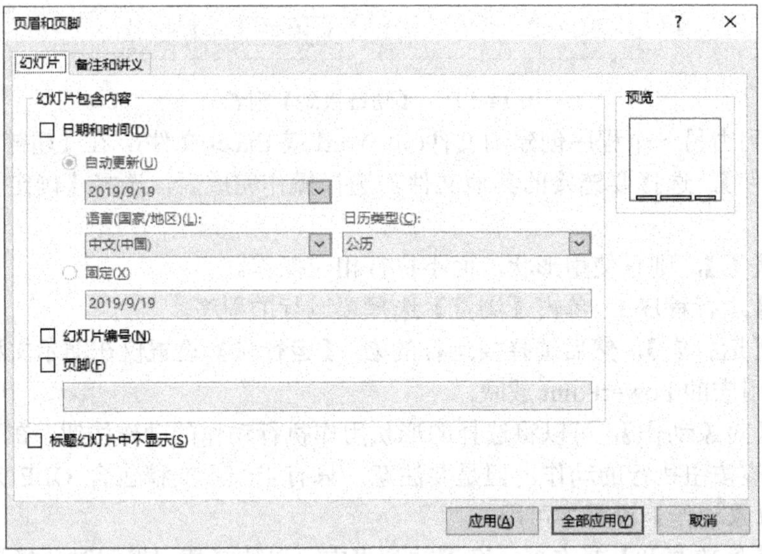

图 14-105　【页眉和页脚】对话框

步骤 2　在【幻灯片】选项卡中选择【页脚】。在【页脚】下方的框中，键入所需的文本，如演示文稿标题。

步骤 3　选中日期和时间可以将其添加至幻灯片。选择【自动更新】，演示文稿每次打开时都更新为当时的日期，选择【固定】，可输入指定显示的日期，默认为当前日期。

步骤 4　选中【幻灯片编号】，可以添加幻灯片编号。

步骤 5　要不显示标题幻灯片的页脚，可选中【标题幻灯片中不显示】。

步骤 6　单击【全部应用】将页眉页脚信息应用到每一张幻灯片中。如果只需要在选定幻灯片上显示页眉页脚信息，单击【应用】而非【全部应用】。

除了可以在幻灯片中添加页眉页脚外，还可以单击【备注和讲义】标签，在该标签下为备注和讲义添加页眉页脚。

14.8.2 插入艺术字

艺术字是一种通过特殊效果使文字突出显示的快捷方法。可以从【插入】选项卡上的艺术字库中选择艺术字样式，然后可根据需要对文本进行自定义。

1. 添加艺术字

添加艺术字的具体操作步骤如下：

步骤 1 选择【插入】选项卡【文本】组中的【艺术字】，如图 14-106 所示。

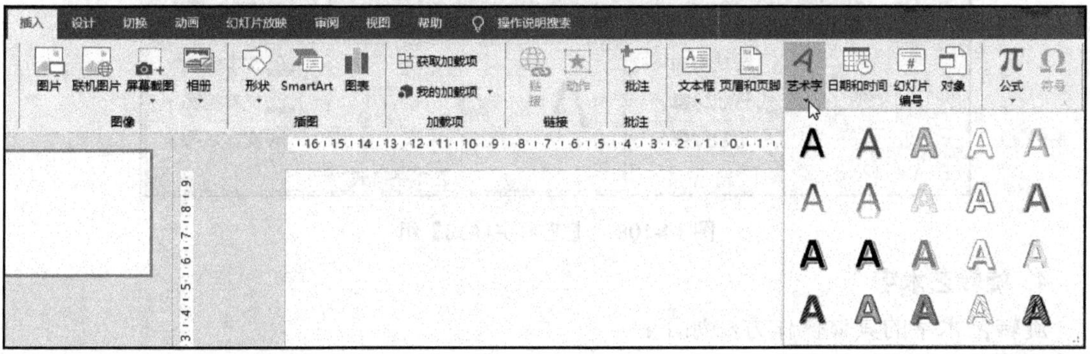

图 14-106 插入艺术字

步骤 2 在【艺术字样式】库中选择所需艺术字样式。

步骤 3 在艺术字占位符中输入所需的文字，代替艺术字占位符中的文本，如图 14-107 所示。

图 14-107 插入艺术字示例

2. 将现有文字转换为艺术字

选择要转换为艺术字的文本，在【绘图工具】下【格式】选项卡【艺术字样式】组中的【快速样式】库中选择所需的艺术字样式。

3. 自定义艺术字

插入艺术字后，可以通过【绘图工具】下【格式】选项卡【艺术字样式】组对艺术字的文本填充、文本轮廓和文本效果进行自定义，如图 14-108 所示。具体的操作步骤如下：

选择艺术字，在【绘图工具】的【格式】选项卡【艺术字样式】组中根据需要对艺术字进行以下自定义设置。

(1) 选择【文本填充】，在下拉列表中选择使用纯色、渐变、图片或纹理填充艺术字的内部。

(2) 选择【文本轮廓】，在下拉列表中选择颜色、宽度和线条来自定义艺术字的轮廓。

(3) 选择【文本效果】，在下拉列表中选择阴影、映像、发光、棱台、三维效果和转换来为艺术字添加视觉效果。

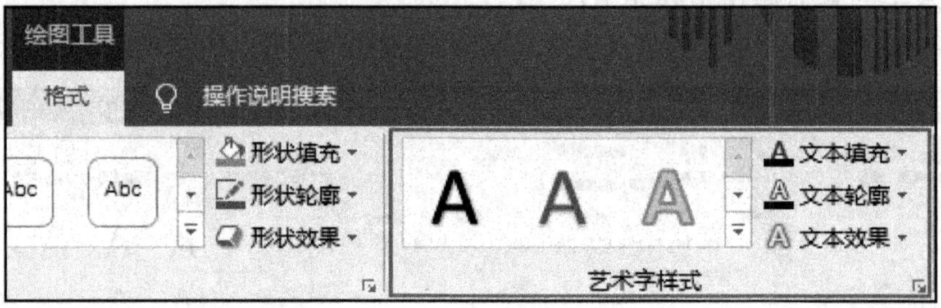

图 14-108　【艺术字样式】组

4. 旋转艺术字

旋转艺术字的具体操作方法如下：

选择艺术字，选择旋转手柄，拖动以旋转文本，如图 14-109 所示。

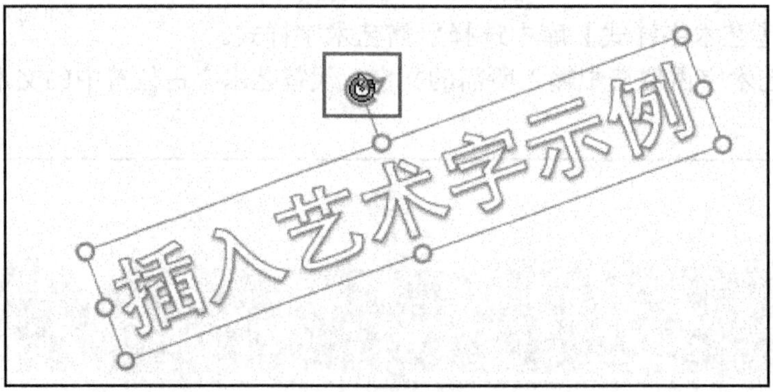

图 14-109　旋转艺术字

5. 清除艺术字

有时需要取消文本的艺术字效果，这就需要清除艺术字，其具体操作步骤如下：

选择艺术字，选择【绘图工具】下【格式】选项卡【艺术字样式】组中【快速样式】库中的【清除艺术字】。

14.9　插入嵌入对象

PowerPoint 2016 能够通过插入对象的方式导入其他应用程序创建的内容，包括其他 Microsoft Office 程序创建的文件、其他程序支持的对象链接和嵌入(OLE)文件。在【插入】

选项卡的【文本】组中单击【对象】，在【插入对象】窗口中查看可以使用的对象类型，如图 14-110 所示。

图 14-110　【插入对象】窗口

将内容对象插入到 PowerPoint 演示文稿有以下两种方法。

1. 链接对象

插入的链接对象，必须保持演示文稿与数据源之间的有效链接。如果更改了其源文件，链接的对象也会更新。例如，更改了 Excel 数据源，则链接自该数据源数据的幻灯片中的图表也会更新。如果源对象比较大或数据比较复杂，建议以链接的方式插入源对象。

2. 嵌入对象

在演示文稿中嵌入源数据。因为嵌入的源数据是演示文稿文件的一部分，所以也可以在另一台计算机上查看嵌入的对象。嵌入的对象通常比链接对象需要更多磁盘空间。

14.9.1　链接或嵌入来自其他程序的内容

步骤 1　在 PowerPoint 以外的其他程序中，选择并复制要作为对象插入的信息。比如从打开的 Word 文件中复制部分内容。

步骤 2　在 PowerPoint 中，单击要显示的对象的位置。

步骤 3　在【开始】选项卡上的“剪贴板”组中，单击【粘贴】下的箭头，然后单击【选择性粘贴】。如图 14-111 所示。

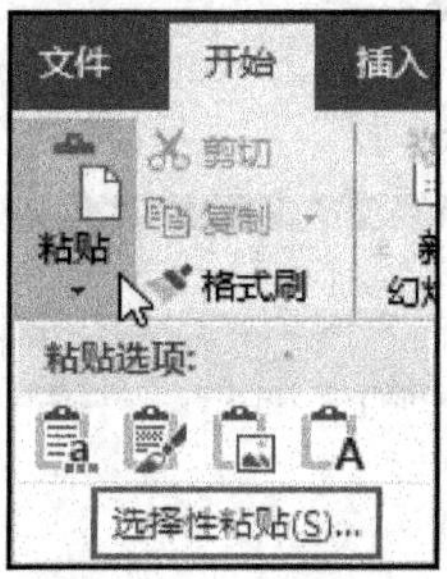

图 14-111　选择性粘贴

在如图 14-112 所示的【选择性粘贴】对话框中，根据需要执行下列操作。

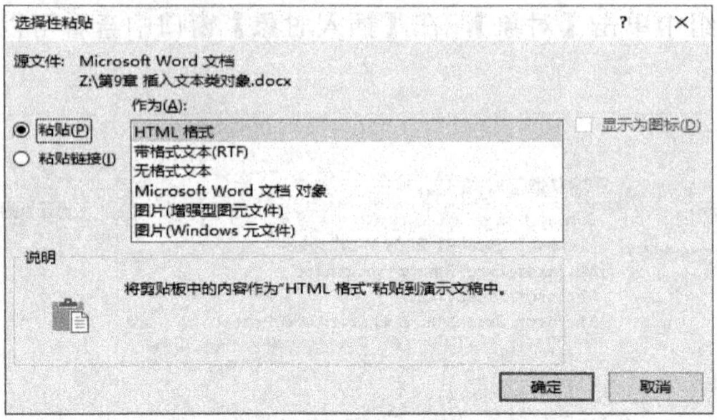

图 14-112　【选择性粘贴】对话框

(1) 若要粘贴为链接对象的信息。单击粘贴链接，在【作为】框中选择要作为链接的对象的格式，比如【Microsoft Word 文档对象】，如图 14-113 所示。勾选【显示为图标】复选框，链接内容在幻灯片中会显示为一个图标，而是不粘贴的内容。在粘贴的显示内容或图标上单击鼠标右键，可手动更新链接对象中的更改。

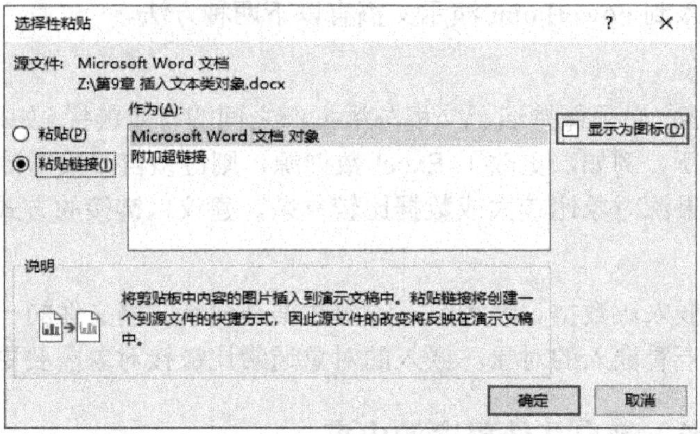

图 14-113　粘贴为链接对象

(2) 若要粘贴为嵌入对象的信息。单击粘贴，在【作为】框中，选择相应的粘贴格式。例如，如果从 Word 文档中复制的信息，选择 Microsoft Word 文档对象，如图 14-114 所示。勾选【显示为图标】复选框，嵌入对象在幻灯片中会显示为一个图标，而是不粘贴的内容。

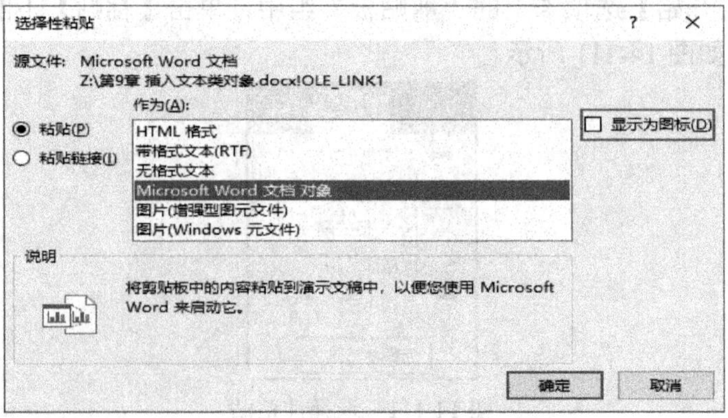

图 14-114　粘贴为嵌入对象

◈ **提示：**

当复制和粘贴的文字或数据很少时，可直接粘贴，而不必作为嵌入或链接对象来粘贴。

14.9.2　插入链接的对象

步骤 1　单击要在其中放置对象的幻灯片。在【插入】选项卡上的【文本】组中，单击【对象】按钮，如图 14-115 所示。

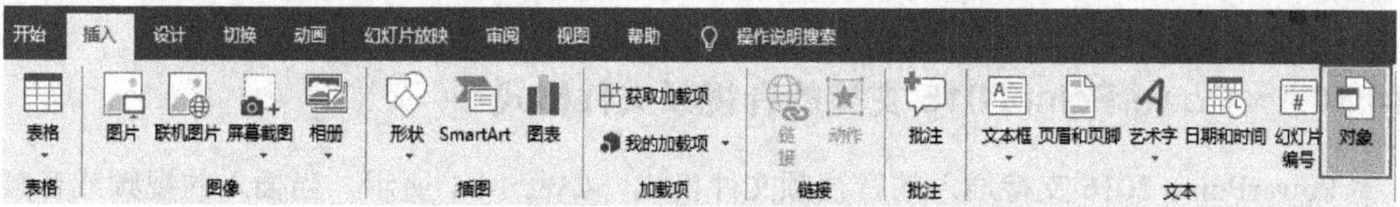

图 14-115　【插入】选项卡【文本】组【对象】按钮

步骤 2　在如图 14-116 所示的【插入对象】对话框中单击【由文件创建】。

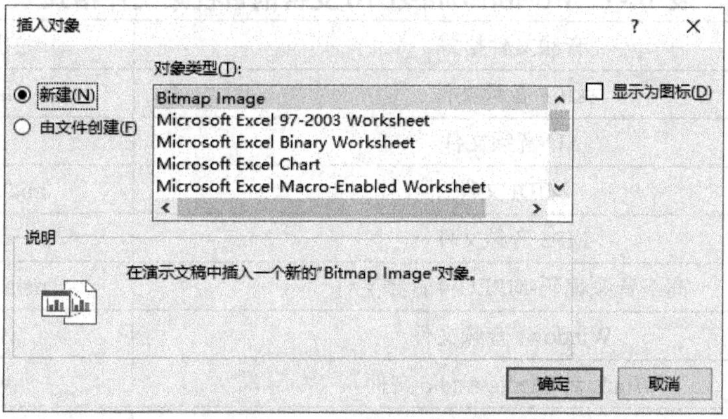

图 14-116　【插入对象】对话框

步骤 3　在【文件】框中键入文件的名称，或单击【浏览】按钮从列表中选择，如图 14-117 所示。

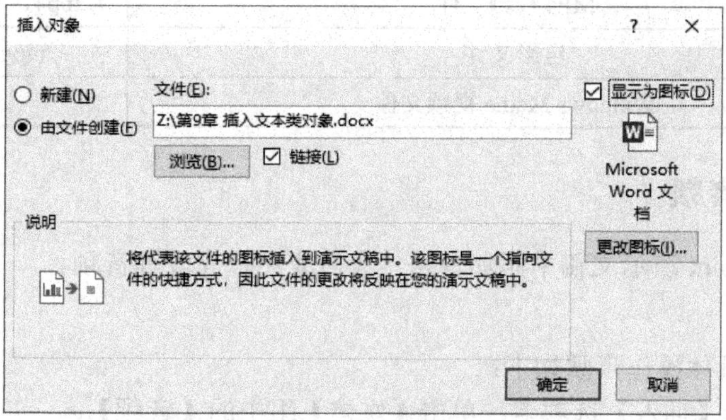

图 14-117　【由文件创建】插入链接对象

步骤 4　根据需要进行以下设置。

(1) 若要显示演示文稿中的内容，取消勾选【显示为图标】复选框。

(2) 若要显示为该对象的图标，勾选【显示为图标】复选框。

(3) 要更改默认图标，单击【更改图标】按钮，然后在图标列表中选择想要的图标，还可以在标题框中键入标签。

14.10　插入媒体

14.10.1　PowerPoint 2016 支持的音视频文件格式

PowerPoint 2016 支持插入的音视频文件格式，如表 14-1 所示。当插入的视频或音频文件为 PowerPoint 不支持的格式，需要将文件转换成支持的文件格式。如果计算机上安装有格式编解码器，PowerPoint 也可支持其相应格式的文件类型。

表 14-1　PowerPoint 2016 支持的音视频文件格式

音频文件格式	扩展名
AIFF 音频文件	.aiff
AU 音频文件	.au
MIDI 文件	.mid、.midi
MP3 音频文件	.mp3
高级音频编码-MPEG-4 音频文件	.m4a、.mp4
Windows 音频文件	.wav
Windows Media Audio 文件	.wma
视频文件格式	扩展名
Windows 视频文件（某些.asf 文件可能需要其他编解码器）	.asf
Windows 视频文件（某些.avi 文件可能需要其他编解码器）	.avi
MP4 视频文件	.mp4、.m4v、.mov
电影文件	.mpg、.mpeg
Windows Media 视频文件	.wmv

14.10.2　插入音频

可在 PowerPoint 演示文稿中添加音乐、旁白或声音片段等音频。

1. 插入音频

插入音频的具体操作步骤如下：

步骤 1　选择【插入】选项卡，单击【媒体】组中的【音频】。

步骤 2　选择【PC 上的音频】，插入用户的计算机(或联机)上的音频，如图 14-118 所示。

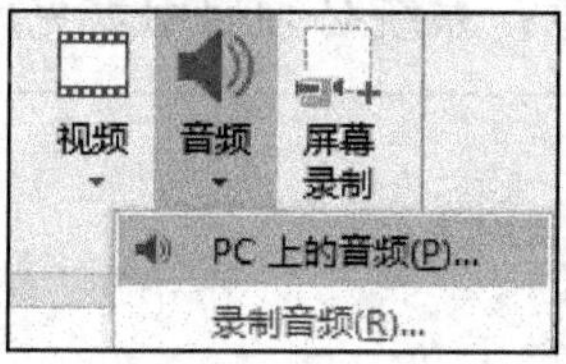

图 14-118 插入 PC 上的音频

步骤 3 在【插入音频】对话框中，选择要添加的音频文件，如图 14-119 所示。

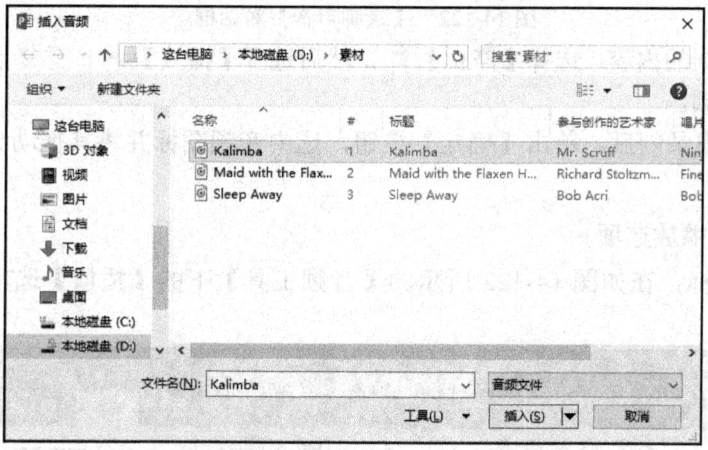

图 14-119 【插入音频】对话框

步骤 4 单击【插入】按钮，插入的音频在幻灯片上默认显示为一个喇叭图标，选中它可显示播放控件，如图 14-120 所示。

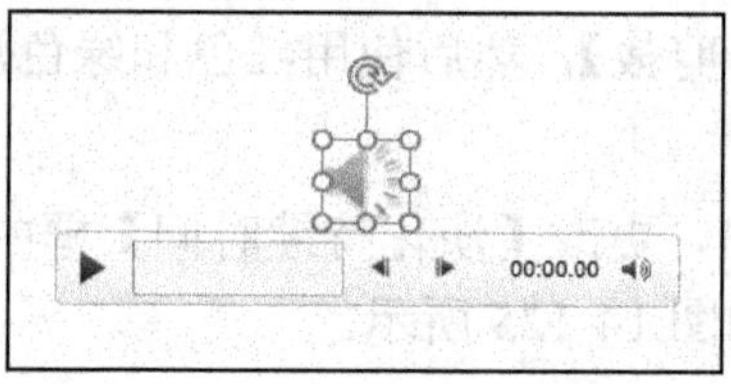

图 14-120 插入的音频

2. 插入录音

插入录音的具体操作步骤如下：

步骤 1 选择【插入】选项卡，点击【媒体】组中的【音频】。

步骤 2 选择【录制音频】，如图 14-121 所示。

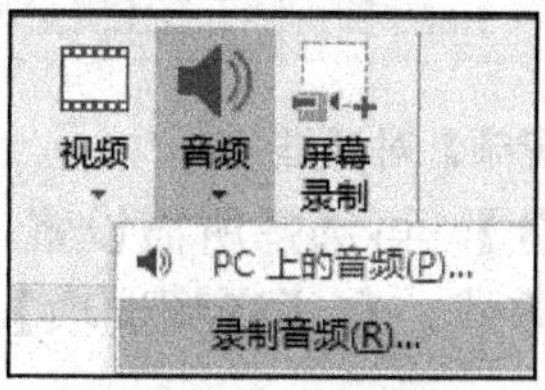

图 14-121 插入【录制音频】

步骤 3 在【录制声音】对话框中为音频文件键入一个名称，点击【录制】 ，即可开始录制，如图 14-122 所示。注意：系统必须启用麦克风才能录音。

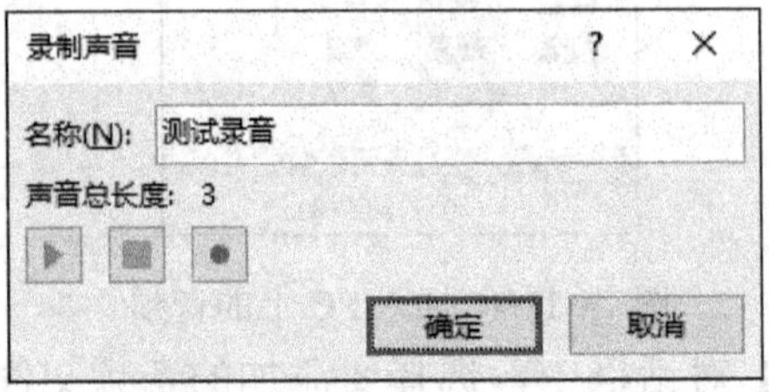

图 14-122　【录制声音】对话框

若要查看录制的内容，选择【停止】，然后选择【播放】。重复点击【录制】可以重新录制音频。

步骤 4　完成录制后，单击【确定】按钮，选中音频图标并将其拖动到幻灯片上所需的位置。

3. 更改音频播放选项

选择音频图标，在如图 14-123 所示的【音频工具】下的【播放】选项卡中选择相应选项：

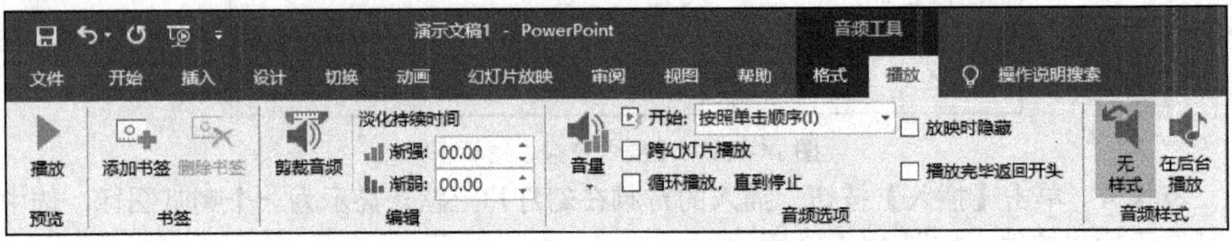

图 14-123　【音频工具】下的【播放】选项卡

(1) 若要剪裁音频，选择【剪裁】，然后使用红色和绿色滑块对音频文件进行剪裁，如图 14-124 所示。

(2) 若要使音频淡入或淡出，更改【淡化持续时间】框中的数值，【渐强】用于音频淡入，【渐弱】用于音频淡出，如图 14-125 所示。

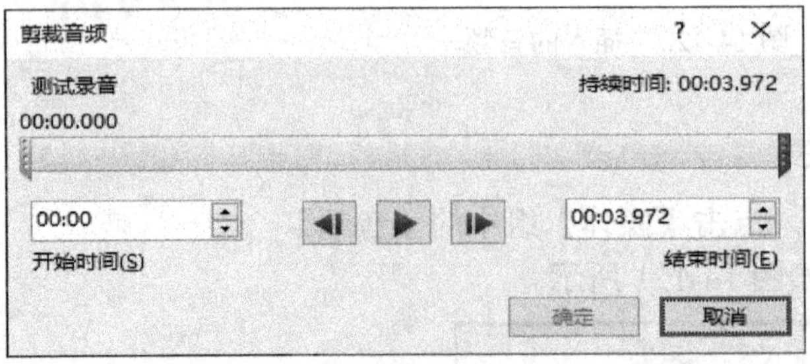

图 14-124　【剪辑音频】对话框

图 14-125　设置音频淡入淡出

(3) 若要调整音量，选择【音量】，再选择所需设置，如图 14-126 所示。

(4) 若要设置音频文件的播放方式，在【音频选项】组中选择【开始】下拉列表中相应的选项，如图 14-127 所示。

① 按照单击顺序：在幻灯片上单击鼠标时自动播放音频文件。

② 自动：进入音频文件所在的幻灯片时自动播放音频文件。

③ 单击时：仅在单击音频图标时播放音频文件。

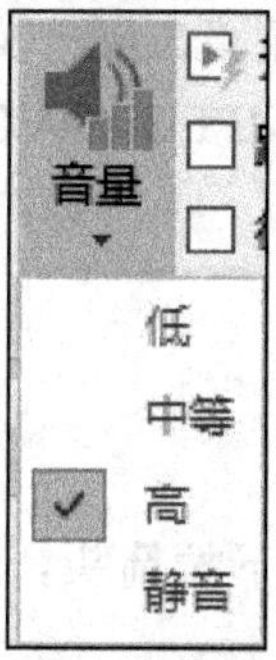

图 14-126　调整音频音量

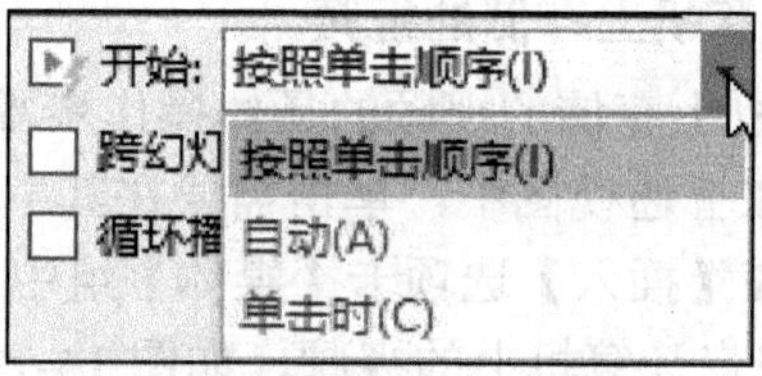

图 14-127　设置音频文件的启动播放方式

(5) 若要设置音频在演示文稿中的播放方式，在【音频选项】组中勾选相关选项，如图 14-128 所示。

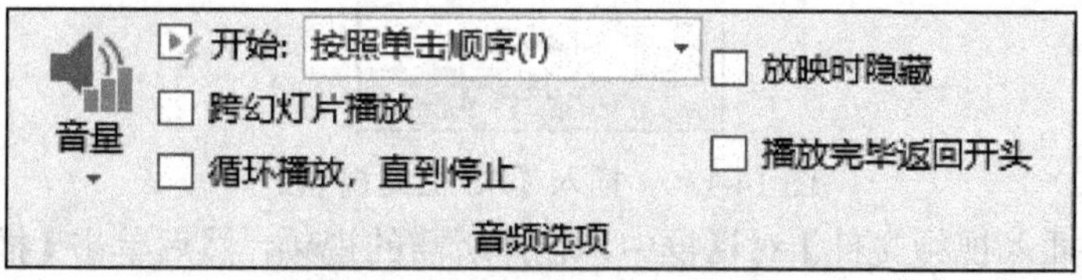

图 14-128　【音频选项】组

① 跨幻灯片播放：跨幻灯片播放同一个音频文件。默认音频文件在切换到下一张幻灯片时就会停止，勾选此选项，音频文件在演示文稿切换到下一张时不会停止，可作为背景音乐。

② 循环播放，直到停止：演示文稿循环播放音频文件，直到单击【播放/暂停】按钮手动停止或退出演示文稿演示。

③ 放映时隐藏：幻灯片放映时隐藏音频图标。

④ 播放完毕后返回开头：音频播放完毕后返回至音频的开头，而不是停留在音频结尾的位置。

4. 设置音频样式

音频样式是音频播放选项的组合。PowerPoint 2016 默认提供了如图 14-129 所示的两种音频样式。

图 14-129　设置音频样式

(1) 无样式：此时音频播放由播放选项组合控制。

(2) 在后台播放：幻灯片放映时隐藏音频图标，同时音频自动并跨幻灯片循环播放，直到幻灯片停止放映。此样式适用于快速给演示文稿添加背景音乐。

5. 删除音频

要删除音频，选择幻灯片上的音频图标，然后按【Delete】键即可。

14.10.3　添加视频

在 PowerPoint 2016 中，用户可以插入嵌入式视频或链接存储在计算机中的视频文件。

插入嵌入式视频很方便，但会增加演示文稿的大小。链接视频可保持较小的演示文稿文件大小，但是链接可能会失效，因此建议将演示文稿和链接视频存储在同一文件夹中。

在 PowerPoint 2016 中，建议使用通过 H.264 视频(也称为 MPEG-4AVC)和 AAC 音频进行编码的.mp4 文件。

1. 嵌入计算机上存储的视频

嵌入计算机上存储的视频的具体操作步骤如下：

步骤 1　在普通视图中，单击需要在其中放置视频的幻灯片。

步骤 2　在【插入】选项卡【媒体】组中，单击【视频】的下拉箭头，选择【PC 上的视频】，插入用户计算机上的视频，如图 14-130 所示。

图 14-130　插入【PC 上的视频】

步骤 3　在【插入视频文件】对话框中，选择所需的视频，然后单击【插入】，如图 14-131 所示。

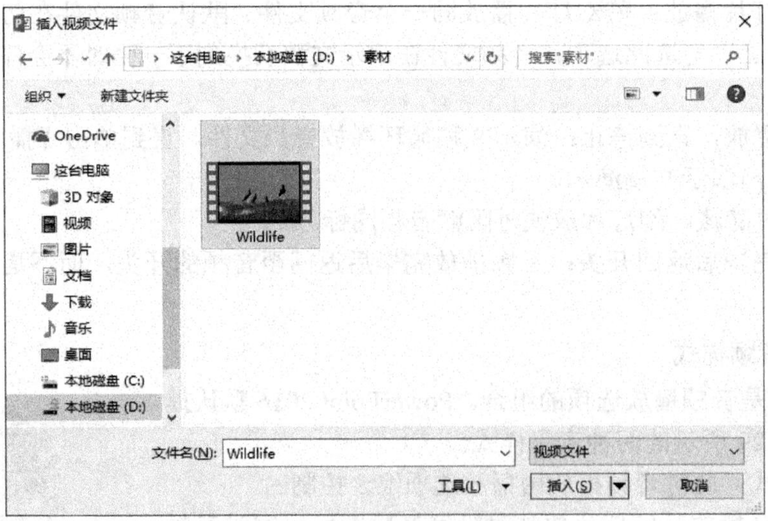

图 14-131　【插入视频文件】对话框

2. 链接到计算机上存储的视频

链接视频文件可以减小演示文稿的大小。为了防止链接失效，可以将链接视频和演示文稿放在同一个文件夹中。

链接到计算机上存储的视频的具体操作步骤如下：

步骤 1　在普通视图中，单击要链接视频的幻灯片。

步骤 2　在【插入】选项卡中，单击【视频】下的箭头，选择【PC 上的视频】。

步骤 3　在【插入视频】框中选择要链接到的文件，单击【插入】按钮旁的向下箭头，选择【链接到文件】，如图 14-132 所示。

在幻灯片内选择视频后，视频下方将出现播放控件，其包含【播放/暂停】按钮、进度条、【快进/后退】按钮、计时器和音量控制。单击【播放】按钮可预览视频，如图 14-133 所示。

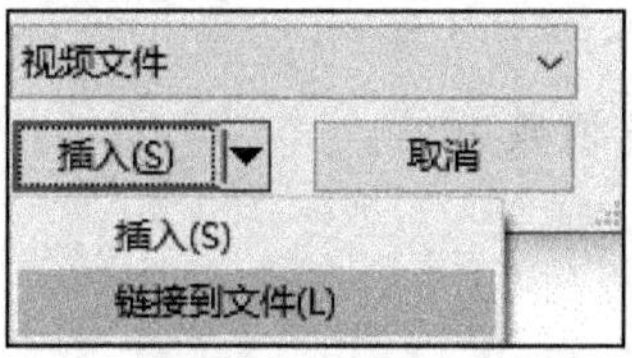

图 14-132　链接到视频文件

图 14-133　预览视频

打开【文件】选项卡，选择【信息】，在【优化媒体兼容性】下可以查看演示文稿中链接视频文件的数量。如果要查询链接视频文件的存储位置，点击【查看链接】，在【链接】窗口中会显示演示文稿中全部链接视频文件的存储位置，如图 14-134 所示。

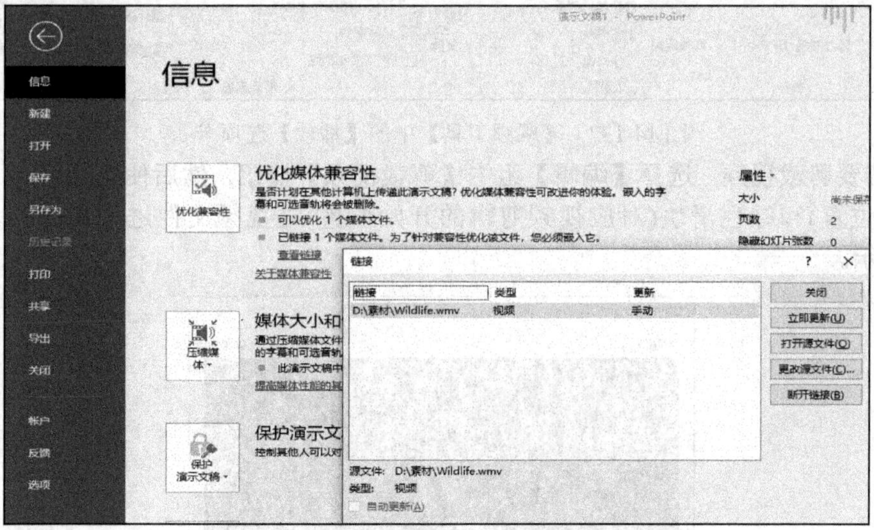

图 14-134　查找链接视频文件的存储位置

3. 插入联机视频

在 PowerPoint 2016 中，可以使用嵌入代码插入联机视频，或者按名称搜索联机视频。因为联机视频位于网站上而不是在演示文稿中，所以播放时必须连接到互联网上。

插入联机视频的具体操作步骤如下：

步骤 1　单击要插入视频的幻灯片。在【插入】选项卡上，单击【媒体】组中的【视频】，选择【联机视频】，如图 14-135 所示。

步骤 2　打开【在线视频】对话框，在【输入在线视频的 URL:】框中，输入在线视频的地址，然后单击【插入】按钮，如图 14-136 所示。

图 14-135　插入【联机视频】

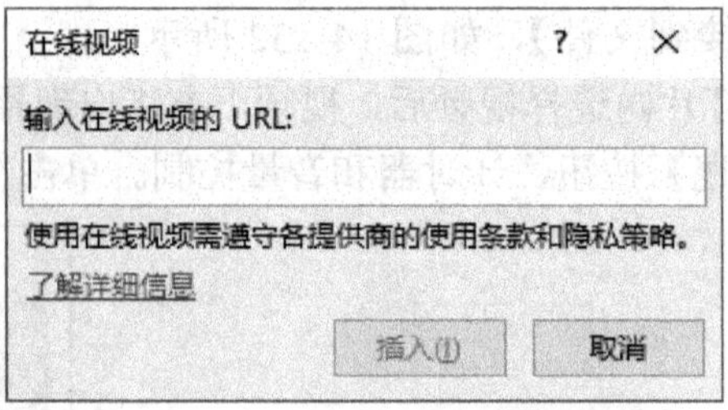

图 14-136　【在线视频】对话框

◇ **提示：**

PowerPoint 2016 专业版联机视频暂不支持国内的在线视频网站。

4. 设置视频播放选项

视频插入以后，可以对其播放方式进行设置。选择视频，然后选择【视频工具】下的【播放】选项卡，如图 14-137 所示。在【播放】选项卡中可根据需要执行以下操作。

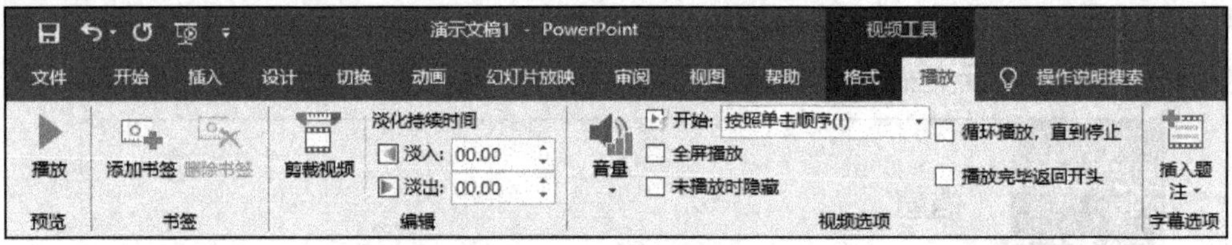

图 14-137　【视频工具】中的【播放】选项卡

(1) 若要剪裁视频，选择【编辑】组中【剪裁视频】按钮，然后使用红色(对应视频剪辑的结束位置)和绿色滑块(对应视频剪辑的开始位置)对视频文件进行相应剪裁，如图 14-138 所示。

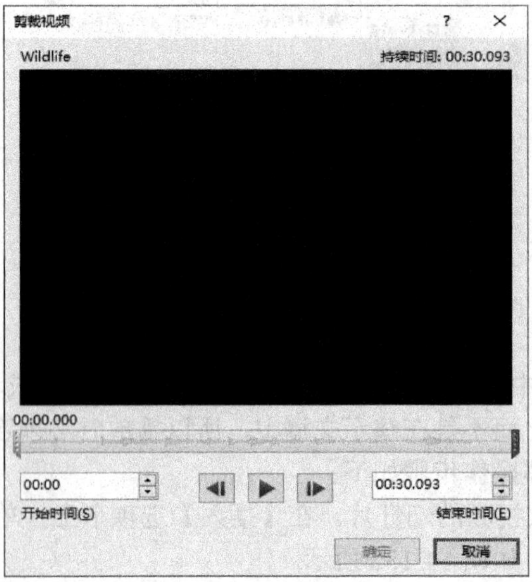

图 14-138　剪辑视频

(2) 若要使视频的淡入或淡出，更改【编辑】组中【淡化持续时间】框中【淡入】和

【淡出】的时间，如图 14-139 所示。

(3) 若要调整视频音量，选择【视频选项】组中的【音量】按钮，再选择所需的设置：低、中等、高、静音，如图 14-140 所示。

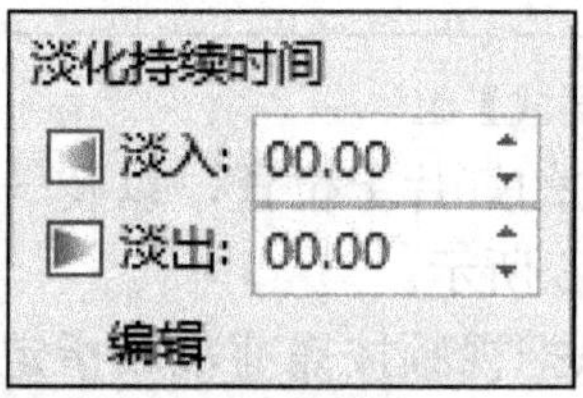

图 14-139　设置视频淡入淡出

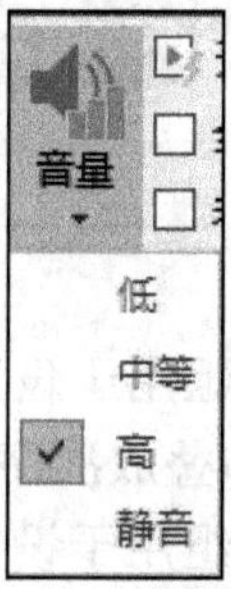

图 14-140　设置视频音量

(4) 若要选择视频文件的启动方式，单击【视频选项】组中【开始:】的下拉箭头并选择相应选项，如图 14-141 所示。

(5) 若要选择视频在演示文稿中的播放方式，勾选【视频选项】组所需的选项，如图 14-142 所示。

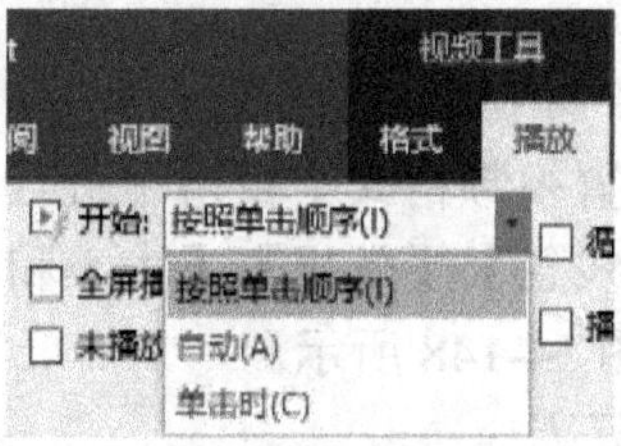

图 14-141　设置视频开始播放方式

图 14-142　【视频选项】组

5. 设置视频格式选项

在幻灯片中插入视频后，可以对视频文件放映时的颜色、位置、外观等进行相应的设置。这些设置可通过【视频工具】选项卡组中【格式】选项卡下的预览、调整、视频样式、排列、大小等五个功能组实现，如图 14-143 所示。

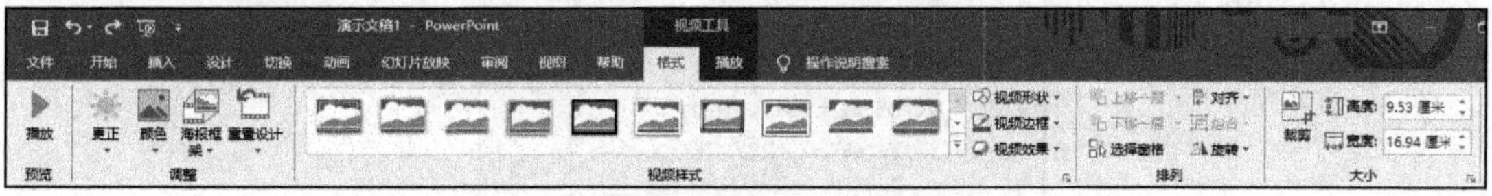

图 14-143　【视频工具】选项卡组中的【格式】选项卡

(1) 【调整】组用于视频亮度和对比度、颜色、海报设计和调整后的重置，如图 14-144 所示。

图 14-144　【调整】组

(2) 【视频样式】组用于设置视频的外观，包括视频的形状、边框和可视化效果等，如图 14-145 所示。

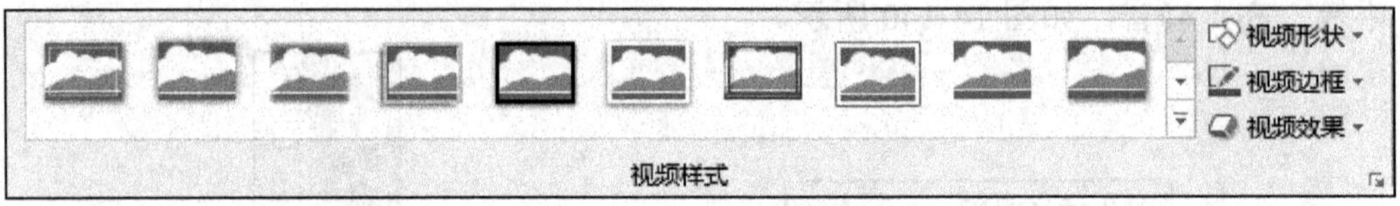

图 14-145　【视频样式】组

(3) 【排列】组用于设置单个视频的旋转和在幻灯片上位置，以及一张幻灯片上多个视频剪辑的布局和叠放次序、组合等，如图 14-146 所示。

(4) 【大小】组用于设置视频的大小，还可以把视频按需剪裁成指定的宽度和高度，如图 14-147 所示。

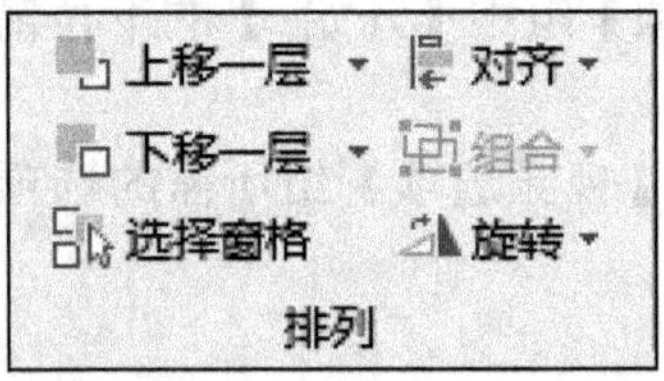

图 14-146　视频在幻灯片上的排列

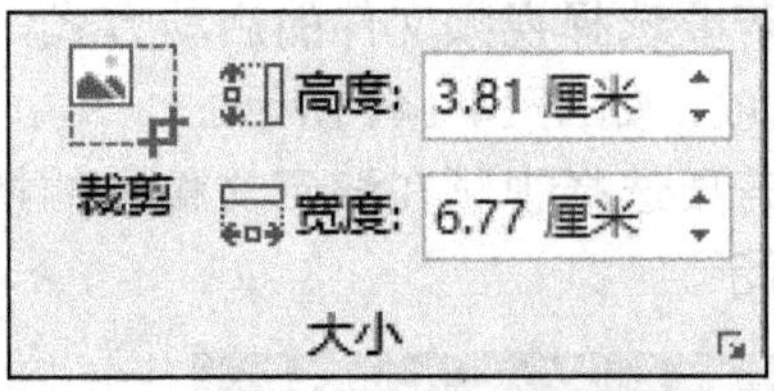

图 14-147　【大小】组

以上视频格式的设置也可以通过在幻灯片右侧的【设置视频格式】窗格中进行，以设置视频大小为例，该窗格上方的四个按钮分别为【填充与线条】、【效果】、【大小和属性】、【视频】，点击相应的按钮，可切换到相应的操作页，如图 14-148 所示。

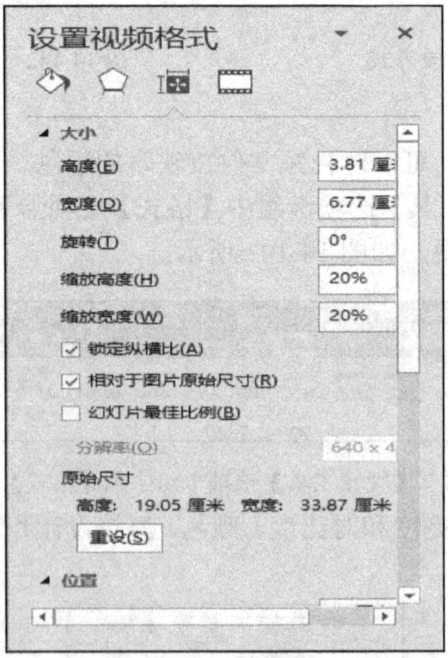

图 14-148　【设置视频格式】任务窗格

要删除视频，选择幻灯片上的视频，然后按键盘上的删除键【Delete】即可。

第 15 章 交互效果

——PowerPoint 2016 幻灯片的切换及动画设计

本章介绍了为幻灯片应用切换效果和为幻灯片上的元素添加、设置动画的方法。

本章学习目标如下：

(1) 掌握幻灯片切换的设置

(2) 掌握幻灯片动画的设置。

15.1 幻灯片的切换设置

幻灯片切换是在放映演示文稿期间，从一张幻灯片移至下一张幻灯片时出现的视觉效果。用户可以在幻灯片之间添加、更改或删除切换，也可以控制切换速度、添加切换声音和自定义切换效果外观。

15.1.1 添加幻灯片切换

添加幻灯片切换，可以使演示文稿更加生动。添加幻灯片切换的步骤如下：

步骤 1 打开演示文稿，选择要添加切换效果的幻灯片。

步骤 2 选择【切换】选项卡，在【切换到此幻灯片】组【切换样式】库中选择一种切换样式，比如【擦除】，可即时看到效果预览。点击【计时】组的【应用到全部】按钮，可使全部幻灯片使用选择的切换样式。单击库右侧的【其他】下拉箭头，可以查看更多的切换样式，切换样式分为细微、华丽和动态内容三类，如图 15-1 所示。

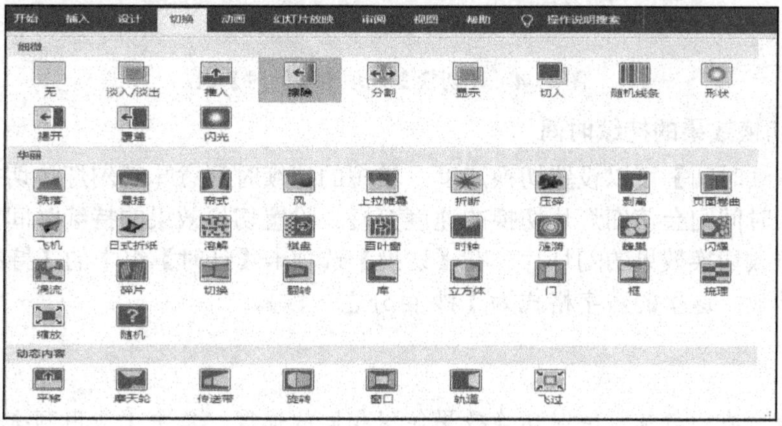

图 15-1 切换样式库

步骤 3　在【效果选项】中可以选择切换的方向和属性，如图 15-2 所示。

步骤 4　单击【预览】按钮可以查看切换的效果，如图 15-3 所示。

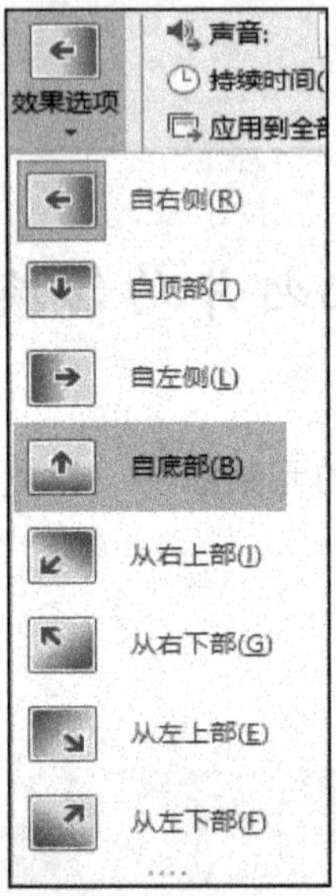

图 15-2　切换效果选项

图 15-3　【预览】按钮

若要删除某页幻灯片的切换，选择该幻灯片，单击【切换】选项卡，在【切换到此幻灯片】组中选择第一种切换样式【无】。

15.1.2　修改切换效果

PowerPoint 2016 中大部分的切换效果都可以进行自定义。选择要修改切换效果的幻灯片，在【切换】选项卡【计时】组中，可以修改切换效果的持续时间、换片方式和切换的声音等，如图 15-4 所示。

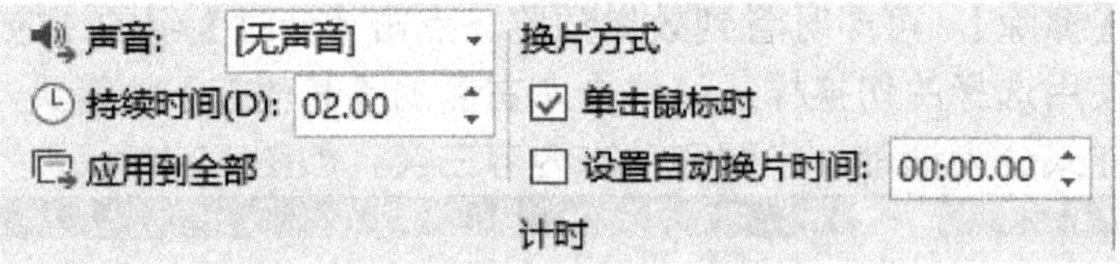

图 15-4　【切换】选项卡【计时】组

1. 设置切换效果的持续时间

使用【持续时间】可以设置切换速度。较短的持续时间意味着幻灯片切换速度更快，而较长的持续时间则会使幻灯片切换的速度变慢。设置切换效果的持续时间的方法如下：

选择要修改切换效果的幻灯片。在【切换】选项卡【计时】组中的【持续时间】框中键入所需的秒数。这里的数字格式为【秒.百分之一秒】。

◇ **提示：**

如果希望所有幻灯片放映时切换效果使用相同的速度，单击【应用到全部】。

2. 设置换片方式

使用【换片方式】设置切换时间，是设置幻灯片在切换到下一张幻灯片开始之前停留的时间，其具体操作方法如下：

选择要设置切换时间的幻灯片。在【切换】选项卡【计时】组中的【换片方式】下，根据需要选择执行下列操作。

(1) 若要在单击鼠标时使幻灯片前进到下一张幻灯片，勾选【单击鼠标时】复选框。

(2) 若要使幻灯片自动前进，勾选【设置自动换片时间】复选框并输入所需的分钟数和秒数，这里的数字格式为【分钟:秒:百分之一秒】。当幻灯片播放完毕后，会自动倒数进入下一张幻灯片。

(3) 若要同时启用鼠标单击前进和自动前进，勾选【单击鼠标时】复选框和【设置自动换片时间】复选框，在【设置自动换片时间】框中输入所需的时间。幻灯片将自动切换，但是也可以通过单击鼠标直接切换，如图 15-5 所示。

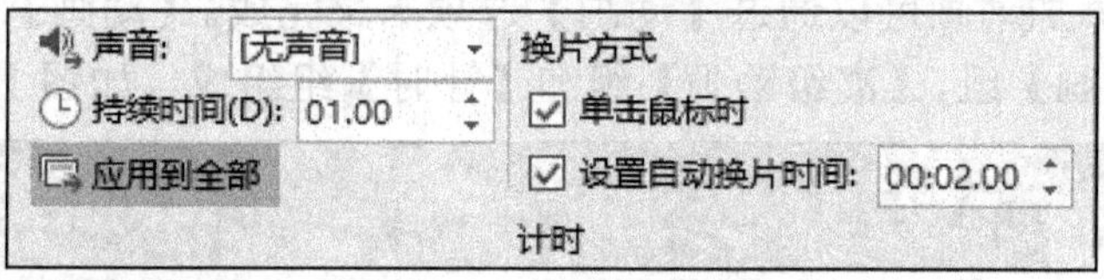

图 15-5　设置换片方式

3. 设置切换期间播放的声音

设置切换期间播放的声音的操作方法如下：

选择要修改切换效果的幻灯片。在【切换】选项卡【计时】组中的【声音】列表中，选择所需的声音，如图 15-6 所示。

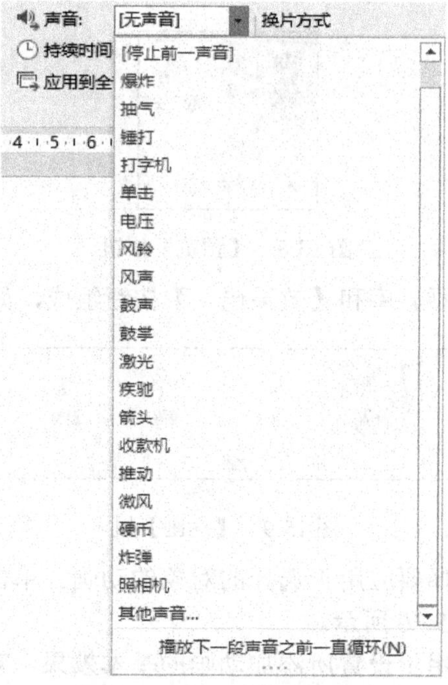

图 15-6　设置切换的声音

如果用户想要使用其他自定义的声音，在【声音】列表底部选择【其他声音】，然后在【添加音频】对话框中选择所需的声音，然后单击【确定】。

15.2　幻灯片的动画

15.2.1 【动画】选项卡

PowerPoint 2016 可给幻灯片上的各种元素添加动画。可添加动画的元素有文本、图片、形状、表格、SmartArt 图形、图表及 PowerPoint 演示文稿中的其他对象。

动画效果可使对象出现、消失、更改大小或颜色、移动等，因此 PowerPoint 中的动画相应地分为进入动画、退出动画、强调动画、动作路径动画四个基本类型。

给幻灯片元素添加动画可以通过【动画】选项卡来完成。【动画】选项卡自左向右由【预览】按钮、【动画】组、【高级动画】组和【计时】组组成，如图 15-7 所示。

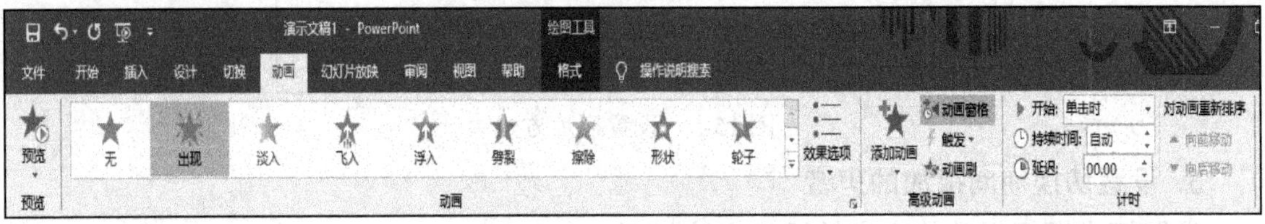

图 15-7　【动画】选项卡

(1) 【预览】按钮用于对当前幻灯片上的动画进行播放预览，默认添加或修改动画时自动预览，如图 15-8 所示。

图 15-8　【预览】按钮

(2) 【动画】组由【动画】库和【效果选项】按钮组成，如图 15-9 所示。

图 15-9　【动画】组

① 【动画】库用于选择要应用于选择的对象的动画。单击【其他】下拉箭头按钮，可显示更多的动画，如图 15-10 所示。

② 【效果选项】按钮用于设置所添加动画的基本效果，对于不同的对象和动画，其效果选项的下拉列表也不同，如图 15-11 所示。

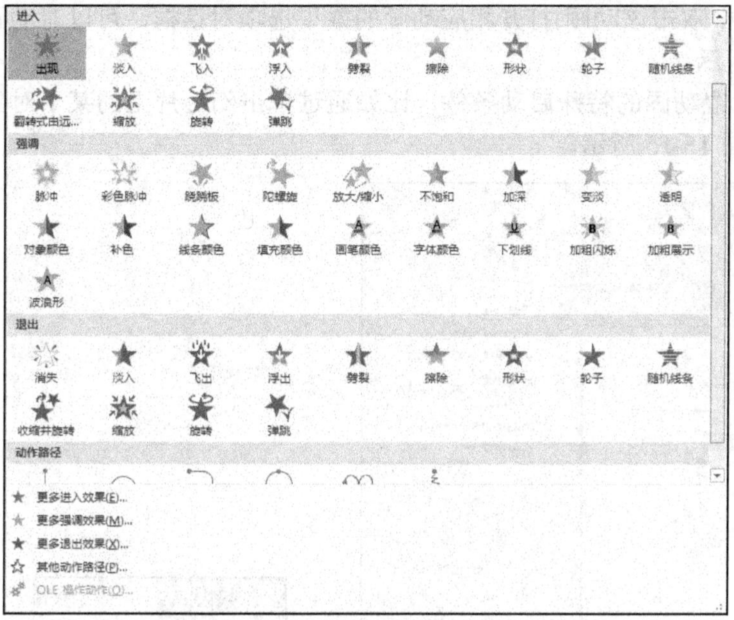

图 15-10　【动画】库

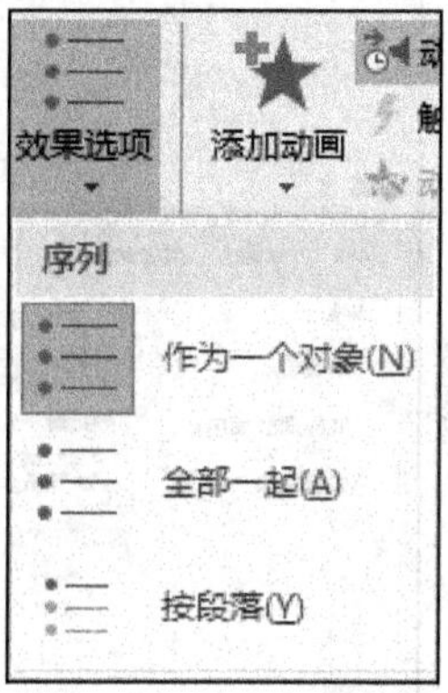

图 15-11　【效果选项】

(3)【高级动画】由【添加动画】、【动画窗格】、【触发】和【动画刷】四个按钮组成，如图 15-12 所示。

① 【添加动画】按钮用于给对象再添加动画，如果对象已有动画，则新的动画应用于现有动画之后，如图 15-13 所示。

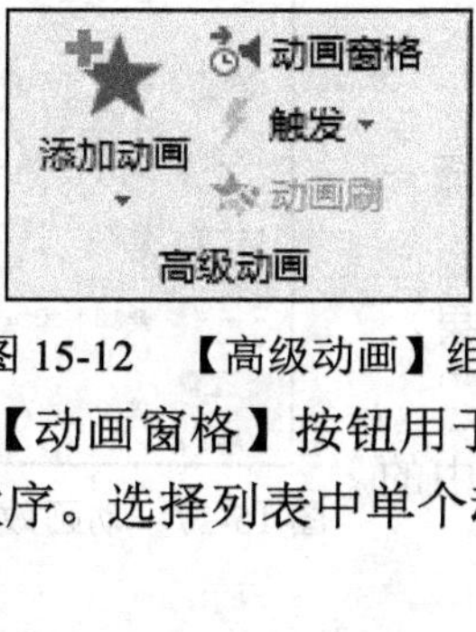

图 15-12　【高级动画】组

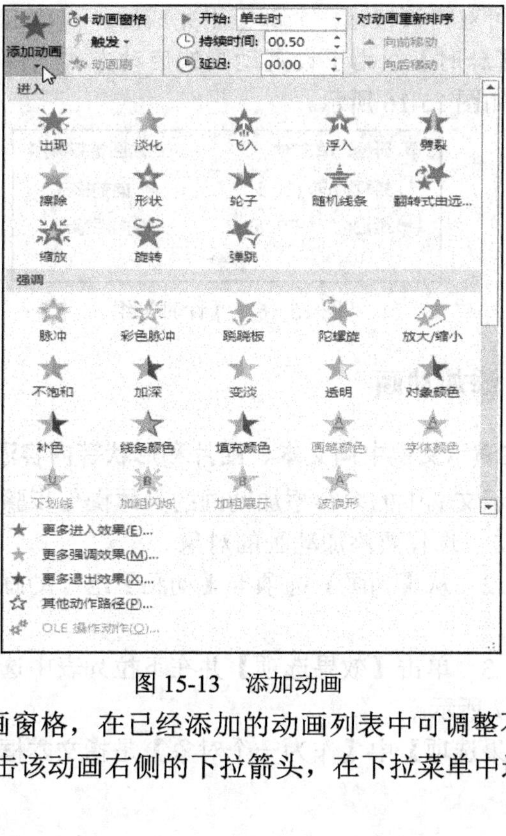

图 15-13　添加动画

② 【动画窗格】按钮用于打开动画窗格，在已经添加的动画列表中可调整不同动画的播放次序。选择列表中单个动画，单击该动画右侧的下拉箭头，在下拉菜单中选择【效

果选项】(或直接在动画列表中双击该动画)打开相应动画的效果选项对话框，可以对动画进行高级设置，如图 15-14 所示。

③ 【触发】按钮用于设置动画的特殊启动条件，比如通过单击幻灯片上的某个对象启动另一个对象的动画，如图 15-15 所示。

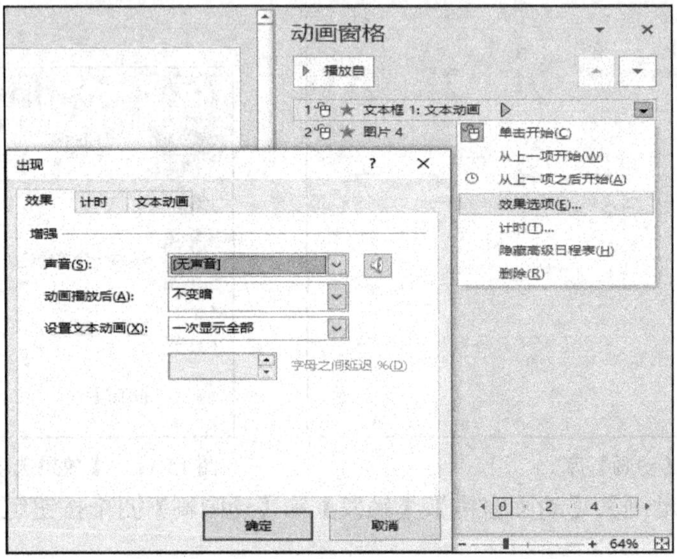

图 15-14　【动画窗格】

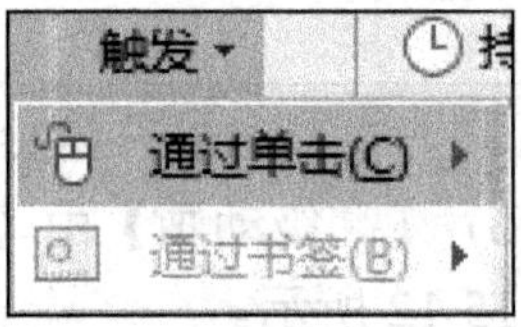

图 15-15　触发动画

④ 【动画刷】按钮用于将选定对象上的动画应用于其他对象上。如果要应用到多个对象上，可双击该按钮，全部应用完成后，再单击该按钮，关闭【动画刷】按钮。

(4) 【计时】组用于设置动画的启动方式、持续时间和延迟时间等，如图 15-16 所示。

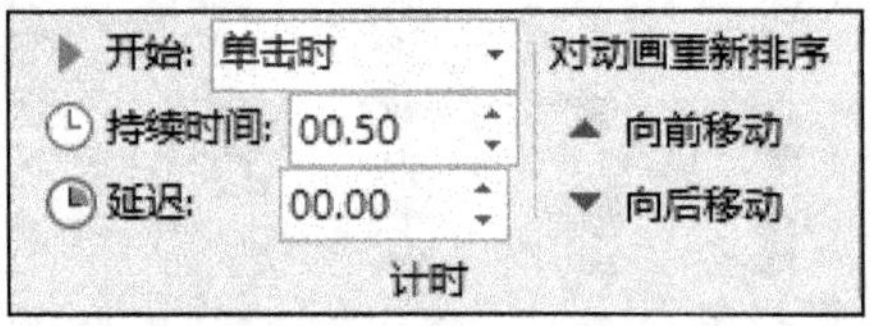

图 15-16　【计时】组

15.2.2　添加动画

1. 在演示文稿中向文本、图片和形状等内容添加动画

给演示文稿中的内容添加动画的具体操作步骤如下：

步骤 1　选择要添加动画的对象。

步骤 2　从【动画】选项卡【动画】组【动画】库中选择一种动画。

步骤 3　单击【效果选项】并在下拉列表中选择一种效果，如图 15-17 所示。

【效果选项】中【作为一个对象】是指文本框或占位符中的

图 15-17　动画效果选项

文本作为一个整体播放动画；【全部一起】指以段落为单位，同时播放动画；【按段落】是指以段落为单位，上一个段落动画播放完毕后，再播放下一个段落的动画，以此类推。如果想让文本以一行或一个一个字符的方式出现，需要打开【动画窗格】，对该动画进行详细的效果选项设置。

2. 添加动作路径动画

可以应用动作路径动画效果使动幻灯片对象按指定的路径运动，其具体操作步骤如下：

步骤 1 单击选中要添加动作路径的对象。

步骤 2 在【动画】选项卡中，单击【添加动画】。

步骤 3 在【动画库】中的【动作路径】下，选择一个需要的动作路径，如图 15-18 所示。

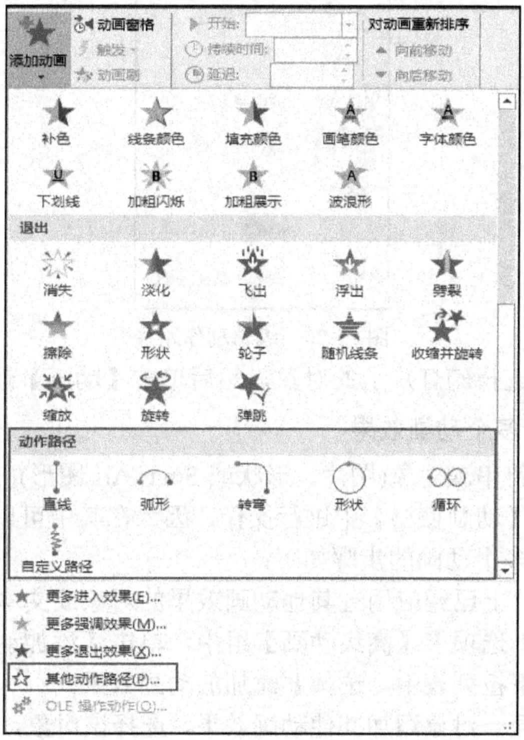

图 15-18 添加动作路径

步骤 4 如果希望自己绘制路径，选择【自定义路径】，单击鼠标左键开始绘制，按 Esc 键或双击鼠标左键完成绘制。图 15-19 中左侧和右侧的透明图像表示图像沿动作路径运动的起点和终点位置。

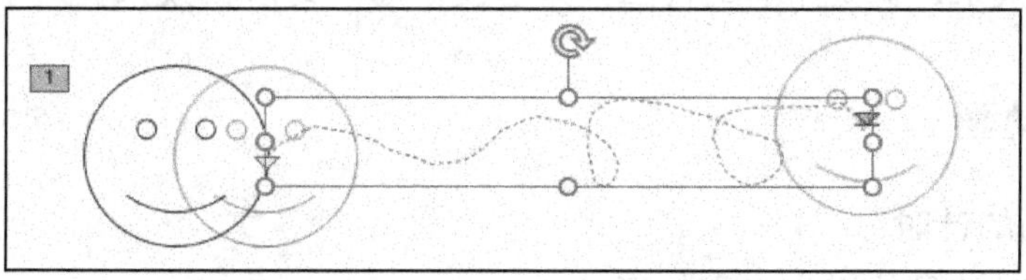

图 15-19 自定义动作路径示例

单击【其他动作路径】可以打开动作路径库，在其中选择所需的动作路径后，单击【确定】添加动作路径。要删除动作路径，在幻灯片上单击动作路径(带有箭头的虚线)，然后按【Delete】键。

要编辑动作路径，可以在【效果选项】中选择【编辑顶点】来编辑动作路径的各个点，如图 15-20 所示。

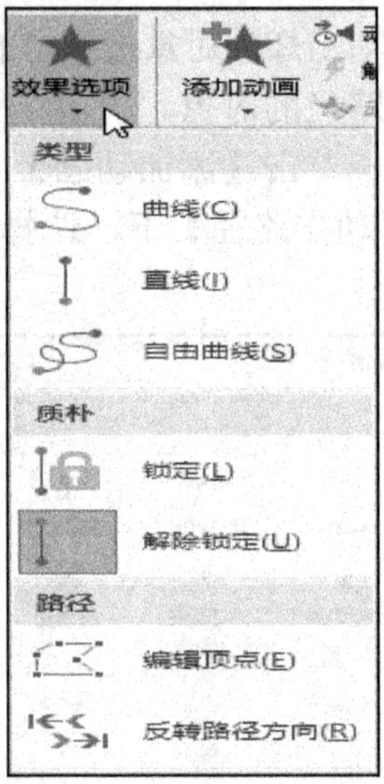

图 15-20 编辑动作路径

要预览动作路径，选择幻灯片上的对象，然后单击【动画】选项卡【预览】。

3. 对一个对象应用多个动画效果

可以为一个文本字符串或对象(图片、形状或 SmartArt 图形)应用多种动画效果。应用多个动画效果时，可在【动画窗格】中进行操作，因为在其中可以看到当前幻灯片上所有动画效果的列表。添加多个动画的步骤如下：

步骤 1 选择幻灯片上已经应用过其他动画效果的对象或文本。

步骤 2 在【动画】选项卡【高级动画】组中，单击【添加动画】。

步骤 3 在打开的下拉列表中，选择要添加的动画效果。

步骤 4 要继续对同一对象添加其他动画效果，选择该对象，单击【添加动画】，然后选择另一个动画效果。

◈ 提示：

应用的第一个动画效果后，不要使用【添加动画】以外的任何方式添加动画，那样不会添加新的动画效果，而是用新的动画效果替换了原有的动画效果。

15.2.3 设置动画

1. 设置动画的计时

设置动画计时的具体操作步骤如下：

步骤 1 单击【动画窗格】中的动画效果旁边的向下箭头，选择【计时】，如图 15-21

所示。

步骤 2　在打开的该动画效果对话框的【计时】选项卡中，单击【开始】框右侧的向下箭头，并选择所需的计时选项，如图 15-22 所示。

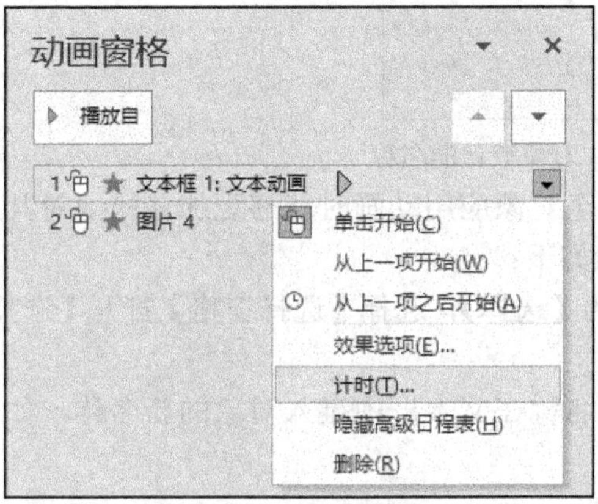

图 15-21　在【动画窗格】中打开动画计时

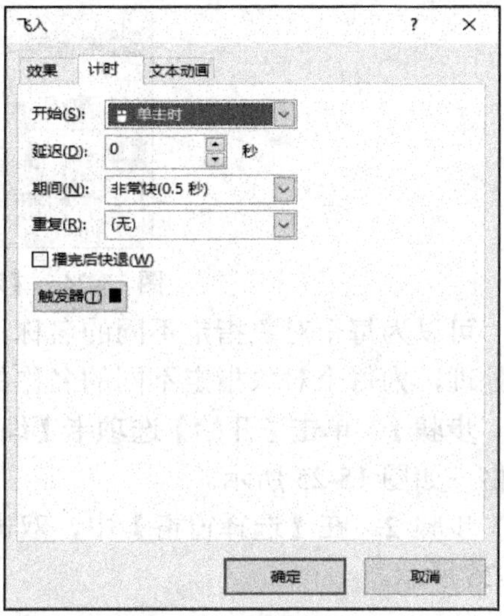

图 15-22　设置动画计时

(1) 单击鼠标时播放，选择【单击时】。

(2) 与上一动画效果同时播放，选择【与上一动画同时】。

(3) 在播放上一个动画效果后播放，选择【上一动画之后】。

◇ **提示：**

上一个动画是指在【动画窗格】的动画列表中紧挨着正在设置计时的动画之上的那一个动画。

步骤 3　若要延迟开始动画效果，单击【延迟】框右侧的上下箭头，调整延迟的秒数。

步骤 4　若要更改动画效果的播放速度，单击【期间】框右侧的下拉箭头，选择所需的持续时间。

步骤 5　若要设置动画的重复次数，单击【重复】框右侧的下拉箭头，选择重复次数或何时结束重复。

步骤 6　勾选【播完后已退】选项，则播放完效果后，对象退回到动画播放前的状态和位置。

步骤 7　若要设置动画的触发方式，单击【触发器】按钮，选择【按单击顺序播放动画】或【单击下列对象时启动动画效果】触发当前所选动画的播放，如图 15-23 所示。

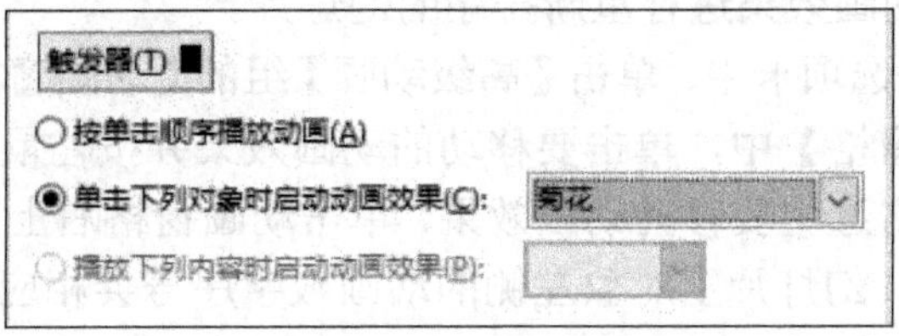

图 15-23　设置动画的触发方式

2. 添加对象描述

当在幻灯片上使用多个对象时，可能很难区分每个对象及其应用的动画效果。如图 15-24 所示，【动画窗格】中的对象，全部使用意义不明的默认名称。

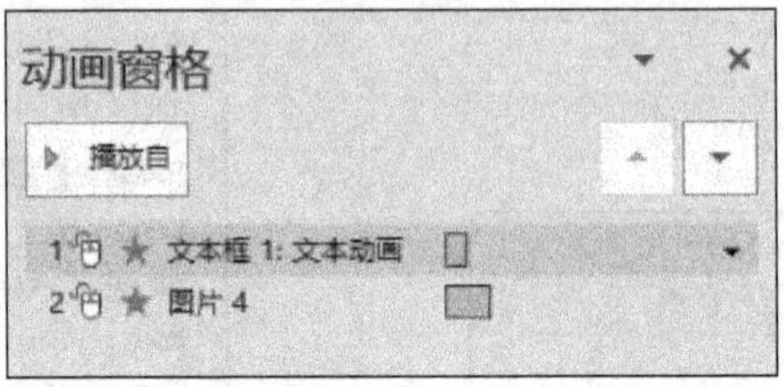

图 15-24　【动画窗格】中对象默认的名称

可以为每个对象指定不同的名称，使在对每个对象应用动画时能够更加轻松地对其进行处理，为每个对象指定不同的名称的操作步骤如下：

步骤 1　单击【开始】选项卡【编辑】组中的【选择】，选择【选择窗格】打开【选择】窗格，如图 15-25 所示。

步骤 2　在【选择窗格】中，双击默认对象名称在文本框中键入对象的新名称，如图 15-26 所示。

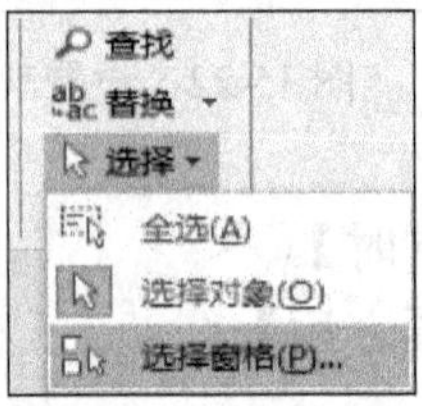

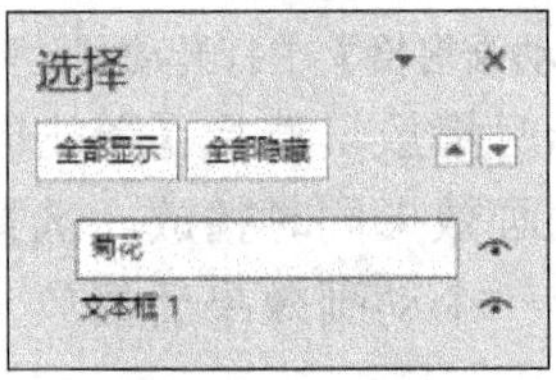

图 15-25　打开【选择】窗格　　图 15-26　在【选择】空格中更改对象的默认名称

步骤 3　返回到【动画窗格】，可以看到原来的动画列表中的【图片 4】已经更改为【菊花】，如图 15-27 所示。

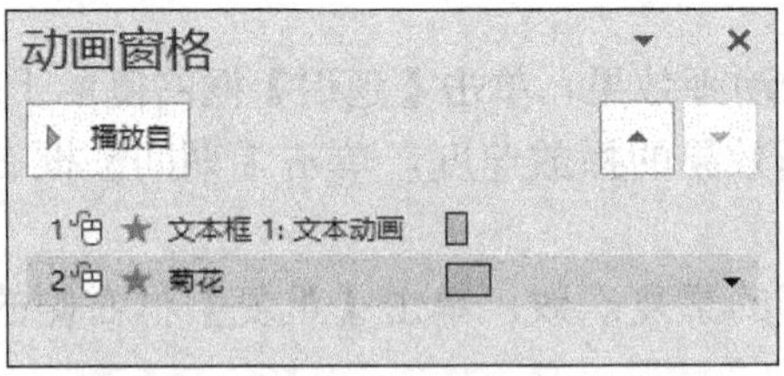

图 15-27　完成默认对象名称的更改

3. 更改动画效果的播放顺序

如果 PowerPoint 中的动画效果未按期望的顺序播放，可以对动画重新排序，其具体操作步骤如下：

步骤 1　选中要对动画效果进行重新排序的幻灯片。

步骤 2　在【动画】选项卡中，单击【高级动画】组的【动画窗格】，打开【动画窗格】。

步骤 3　在【动画窗格】中，单击要移动的动画效果并按住鼠标不放，然后向上或向下拖动到新位置。或单击选中要移动动画效果，单击动画窗格右上角的向上/向下箭头，移动选中动画效果的位置。幻灯片上对象左侧的动画数字序号会相应改变，其指示动画效果在播放序列中的新位置。

第 16 章　放映输出

——PowerPoint 2016 演示文稿的放映、打包和发布

演示文稿创作完成后，在正式演讲的场合需要启动放映，进入放映模式。根据应用场合的不同，需要对放映类型、放映的选项、放映的幻灯片范围、是否录制旁白等进行设置。本章介绍了幻灯片的放映设置和演示文稿的发布和导出。

本章学习目标如下：

(1) 掌握演示文稿的放映方式设置。

(2) 掌握演示文稿打包和发布过程。

16.1　演示文稿的放映和设置

16.1.1　演示文稿的放映

演示文稿编辑完成后，选择放映幻灯片，可以预览演示文稿放映的效果，其具体操作步骤如下：

单击【幻灯片放映】选项卡。在【开始放映幻灯片】组中选择如何开始放映幻灯片，如图 16-1 所示。

图 16-1　开始放映幻灯片

(1) 从头开始：从第一张幻灯片开始放映。

(2) 从当前幻灯片开始：从当前选定的幻灯片开始放映。

(3) 联机演示：使用 Microsoft Presentation Service 提供的免费公共服务，向在 Web 浏览器中观看并下载该演示文稿的人进行演示，如图 16-2 所示。

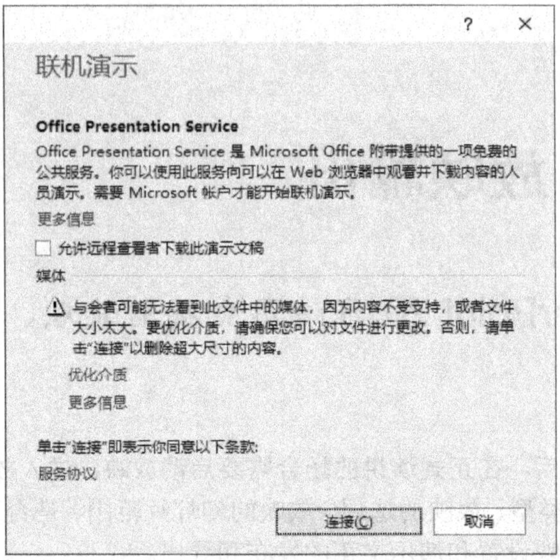

图 16-2　联机演示

(4) 自定义放映：自定义演示文稿中参与放映的幻灯片及其顺序。单击【自定义幻灯片放映】旁边的箭头，选择【自定义放映】，打开【自定义放映】对话框，如图 16-3 所示。

图 16-3　【自定义放映】对话框

单击【新建】，在【定义自定义放映】对话框中创建新的自定义放映，如图 16-4 所示。可以用同一演示文稿根据演示场合和对象的不同创建多个自定义放映。

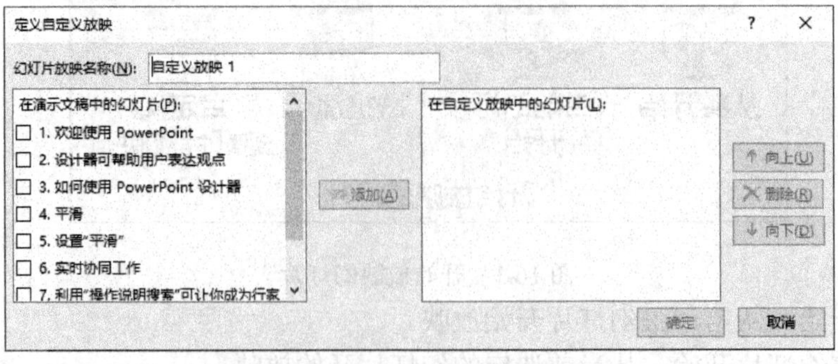

图 16-4　【定义自定义放映】对话框

在【定义自定义放映】对话框中，在【幻灯片放映名称】框中输入自定义放映的名称，在左侧【在演示文稿中的幻灯片】栏中勾选要添加到该自定义放映中的幻灯片，单击中间的【添加】按钮，添加到右侧【在自定义放映中的幻灯片】栏中，并通过【向上】/【向下】按钮调整幻灯片在自定义放映中的位置，通过【删除】删除自定义放映中的幻灯片，该操作不会删除演示文稿中的幻灯片。完成设置后，单击【确定】返回。

16.1.2 幻灯片放映设置

使用【幻灯片放映】选项卡【设置】组能够对幻灯片放映进行详细的设置，如图 16-5 所示。

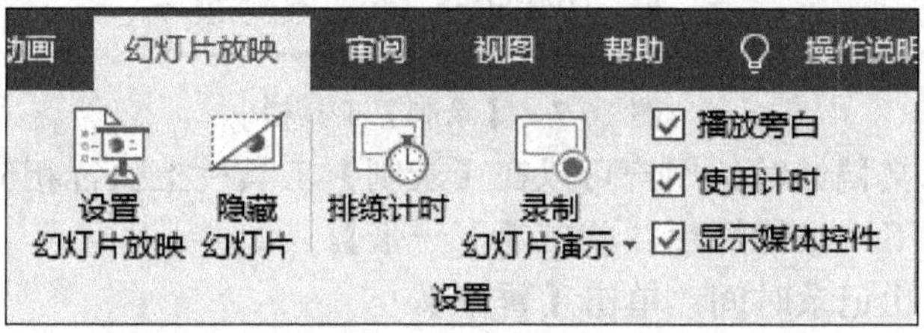

图 16-5 【幻灯片放映】选项卡【设置】组

单击【设置幻灯片放映】打开【设置放映方式】对话框，使用此对话框设置如何在 PowerPoint 中放映幻灯片，如图 16-6 所示。

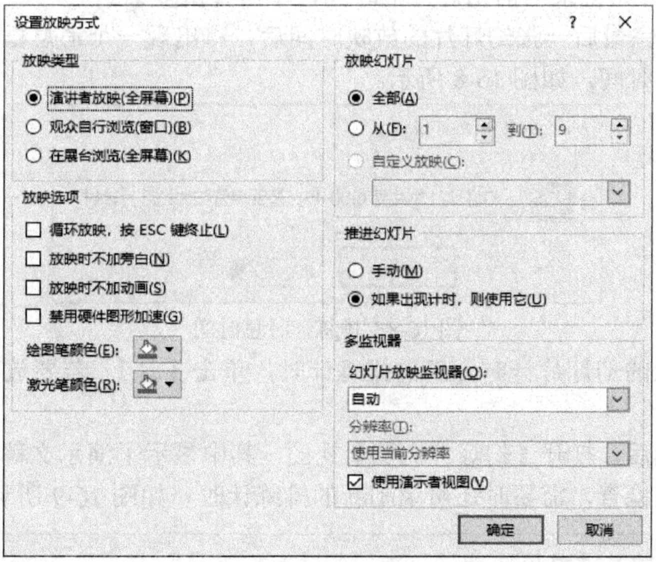

图 16-6 【设置放映方式】对话框

16.1.3 设置自运行的演示文稿

若要将 PowerPoint 演示文稿设置为自动运行，需执行下列操作步骤：

步骤 1　在【幻灯片放映】选项卡中，单击【设置幻灯片放映】。

步骤 2　在【放映类型】选择下列选项。

(1) 若要允许用户在幻灯片放映时控制幻灯片的切换，选择【演讲者放映（全屏幕）】。

(2) 要在窗口中演示幻灯片放映，但在该窗口中，观看用户无法在切换幻灯片放映时进行控制，选择【观众自行浏览（窗口）】。

(3) 要循环播放幻灯片放映，直到观看用户按【Esc】键，选择【在展台浏览（全屏）】。

当选择放映类型为【演讲者放映(全屏幕)】和【在展台浏览(全屏幕)】时，需要排练和录制效果并对幻灯片放映计时，其具体操作步骤如下：

步骤 1　在【幻灯片放映】选项卡中单击【排练计时】，演示文稿计时立即开始排练放映并在【录制】工具栏中的【幻灯片放映时间】框对演示文稿计时，如图 16-7 所示。

图 16-7　【录制】工具栏

步骤 2　对演示文稿计时，用户可以在【录制】工具栏上执行相应的操作。

(1) 若要移动到下一张幻灯片，单击【下一张】。

(2) 若要暂时停止记录时间，单击【暂停】。

(3) 若要在暂停之后重新开始记录时间，再次单击【暂停】。

(4) 若要为幻灯片设置准确的放映时间长度，在【当前幻灯片放映时间】框中键入时间长度。

(5) 若要重新开始记录当前幻灯片的时间，单击【重复】。

步骤 3　设置完最后一张幻灯片的放映时间后，将出现一个消息框，其中显示了演示文稿排练计时的总时间，如图 16-8 所示。

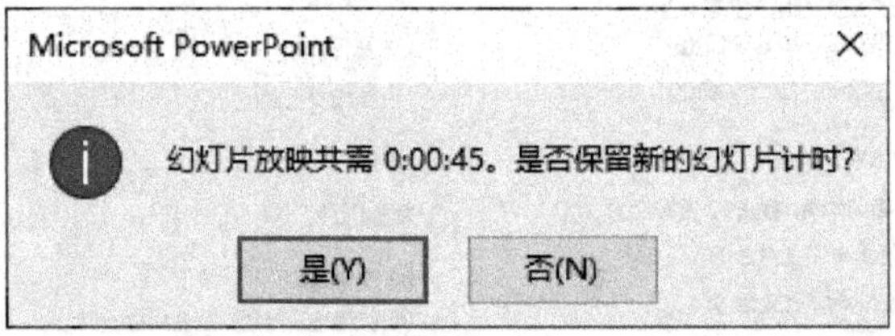

图 16-8　排练计时总时间

若要保存记录的幻灯片计时为新的排练计时，单击【是】。若要放弃记录的幻灯片计时，单击【否】。

排练计时完成后，打开【幻灯片浏览】视图，其中显示了演示文稿中每张幻灯片的时间，可以进行浏览检查，需要时还可录制新的排练计时，如图 16-9 所示。

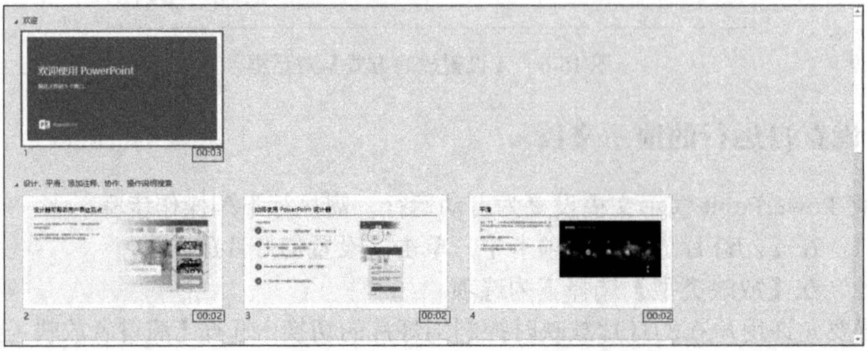

图 16-9　排练计时完成后的幻灯片浏览视图

16.1.4　录制有旁白和幻灯片排练时间的幻灯片放映

可以在运行演示文稿前或运行演示文稿的过程中录制旁白，如果不希望旁白贯穿整个演示文稿，可以为选定的幻灯片或对象单独录制旁白。

旁白和排练时间可增强基于 Web 或自运行的幻灯片的放映效果。如果计算机上有声卡、麦克风和扬声器，则可以在录制 PowerPoint 演示文稿时添加旁白、幻灯片排练时间和墨迹笔势。录制完成后，录制结果可以作为演示文稿的放映内容之一，也可以将演示文稿另存为视频文件。

1. 录制幻灯片放映

录制幻灯片放映的具体操作步骤如下：

步骤 1　单击【幻灯片放映】选项卡【设置】组中的【录制幻灯片演示】的向下箭头，根据需要选择相应的操作，如图 16-10 所示。

步骤 2　在【录制幻灯片演示】对话框中，勾选要录制的内容，然后单击【开始录制】，如 16-11 所示。

这些选项的含义如下：

(1) 幻灯片和动画计时：PowerPoint 2016 会自动记录每张幻灯片的播放时间，包括发生的所有【动画】步骤以及在每张幻灯片上使用的所有触发器。

(2) 旁白、墨迹和激光笔：在整个演示过程中记录旁白。如果用户使用笔、荧光笔、橡皮擦或激光笔，PowerPoint 2016 也会记录这些操作。

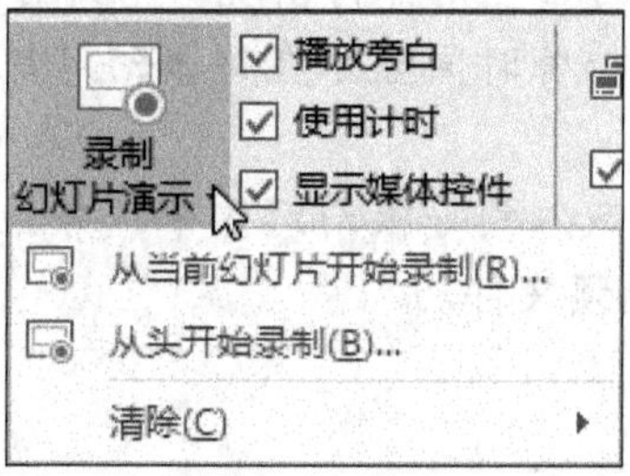

图 16-10　【录制幻灯片演示】选项

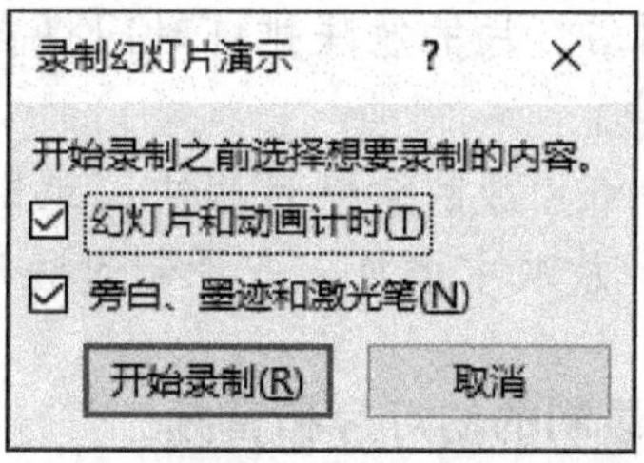

图 16-11　【录制幻灯片演示】对话框

步骤 3　窗口的左上角出现【录制】工具栏，如图 16-12 所示，可以使用该工具栏执行以下操作：

(1) 转到下一张幻灯片：➔

(2) 暂停录制：❚❚

(3) 重新录制当前幻灯片：↶

图 16-12　【录制】工具栏

如果重新录制旁白（音频、墨迹和激光笔），PowerPoint 2016 会先擦除之前录制的旁白（音频、墨迹和激光笔），然后再在同一幻灯片上开始录制。也可以使用【幻灯片放映】选项组中的【录制幻灯片演示】进行重新录制。

要在录制的内容中使用墨迹、橡皮擦或激光笔，鼠标右键单击幻灯片，打开【指针选项】，选取相应的工具，如图 16-13 所示。

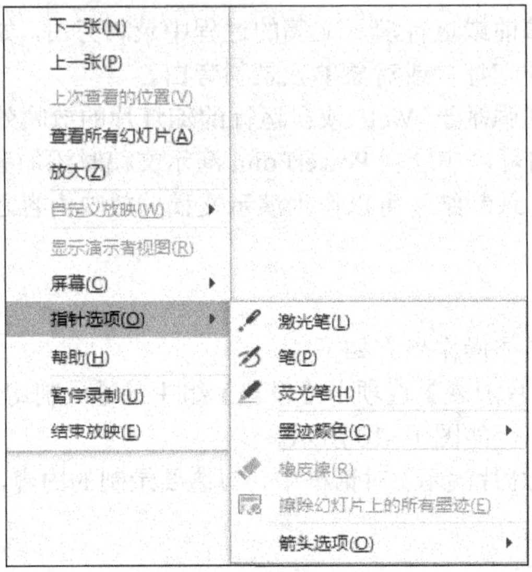

图 16-13　【指针选项】

步骤 4　鼠标右键单击最后一张幻灯片，然后单击【结束放映】，结束录制。

◇ **提示：**

(1) 录制旁白完成后，每张带有旁白的幻灯片的右下角都将出现一个声音图标。

(2) 录制幻灯片的放映排练时间将自动保存。排练时间显示在每张幻灯片下方的幻灯片浏览视图中。

(3) 在幻灯片放映录制过程中，录制的内容将嵌入到每张幻灯片中，并且录制的内容可以在幻灯片放映中播放，此录制过程不会创建视频文件。

2. 预览录制的幻灯片和音频

在【幻灯片放映】选项卡上，单击【从头开始】或【从当前幻灯片开始】，来预览录制的幻灯片，如图 16-14 所示。

在播放过程中，动画、墨迹书写操作、激光笔、音频和视频会同步播放。

图 16-14　预览录制的幻灯片

在普通视图中，鼠标单击幻灯片右下角的声音图标，然后单击【播放】预览录制的音频，如图 16-15 所示。

图 16-15　预览录制的音频

3. 手动设置计时

PowerPoint 会在添加旁白时自动录制幻灯片排练时间，也可以手动设置幻灯片排练时间结合旁白使用。手动设置计时的步骤如下：

步骤 1　在普通视图中，单击要设置排练时间的幻灯片。

步骤 2　在【切换】选项卡【计时】组中的【换片方式】下，勾选【设置自动换片时间】复选框，然后输入幻灯片应在屏幕上切换的秒数。如果希望下一张幻灯片在单击鼠标时切换或者在输入的秒数后自动切换，需同时勾选【单击鼠标时】和【设置自动换片时间】复选框，如图 16-16 所示。

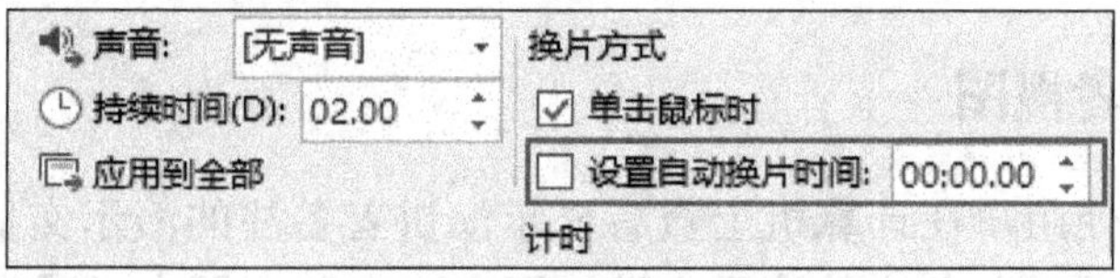

图 16-16　手动设置计时

4. 删除计时或旁白

【清除】命令用于删除排练时间或旁白。在【清除】命令的下拉列表中可以根据需要执行相应的操作，如图 16-17 所示。

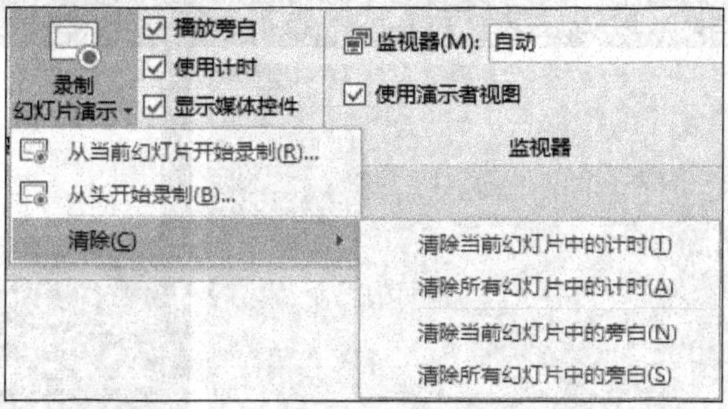

图 16-17　清除【计时】或【旁白】

如果不想删除演示文稿中的所有排练时间或旁白，打开带有要删除排练时间或旁白的幻灯片，然后根据需要选择【清除当前幻灯片中的计时】或【清除当前幻灯片中的旁白】命令。

5. 关闭计时或旁白

录制完 PowerPoint 演示文稿后，所执行的所有排练计时、旁白等都会保存在每张幻灯片上，如果想在没有它们的情况下查看幻灯片放映，可以将其全部关闭。

若要关闭记录的幻灯片计时：在【幻灯片放映】选项卡【设置】组中，取消勾选【使用计时】框。若要关闭录制的旁白、墨迹以及激光笔可在【幻灯片放映】选项卡【设置】组中，取消勾选【播放旁白】框，如图 16-18 所示。

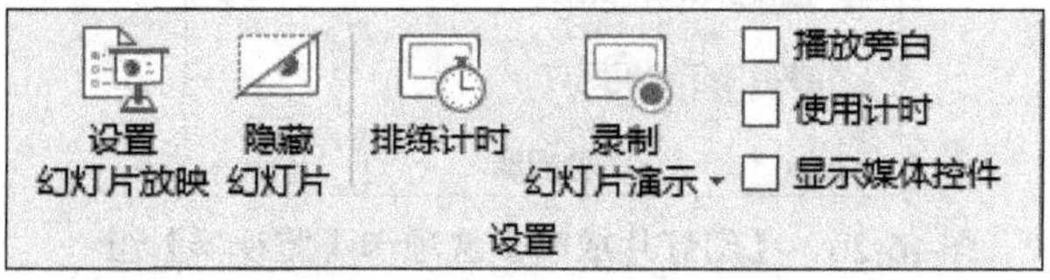

图 16-18　取消【使用计时】和【播放旁白】

◈ **提示：**

(1) 录制内容按幻灯片添加到演示文稿中，如果要更改录制内容，只需重新录制受影响的幻灯片即可。

(2) 可以在录制后重新排列幻灯片的顺序，而无需重新录制任何内容。

(3) PowerPoint 2016 在幻灯片之间的切换过程中不会录制音频或视频。

(4) 在每张幻灯片的开头和结尾都应有一个简短的沉默缓冲时间，可以使转换流畅并确保在切换幻灯片时不会切断可听到的旁白。

16.1.5 使用演示者视图

演示者视图可以使用户在计算机上查看显示演讲者备注的演示文稿，而同时在另外的显示器上向观众全屏展示无备注的演示文稿，即在一个监视器上（通常是用于观众观看的外接投影或大屏显示器）放映全屏幻灯片，而在另一个监视器（通常是演讲者的计算机屏幕或监视器）上显示【演示者视图】。演示者视图显示内容包括当前幻灯片、下一张幻灯片预览、演讲者备注、计时器等，如图 16-19 所示。

图 16-19　演示者视图

使用演示者视图，系统必须至少有两个及以上的监视器连接。设置 PowerPoint 通过两台监视器使用【演示者视图】的步骤如下：

步骤 1　在【幻灯片放映】选项卡的【监视器】组中，勾选【使用演示者视图】，如图 16-20 所示。

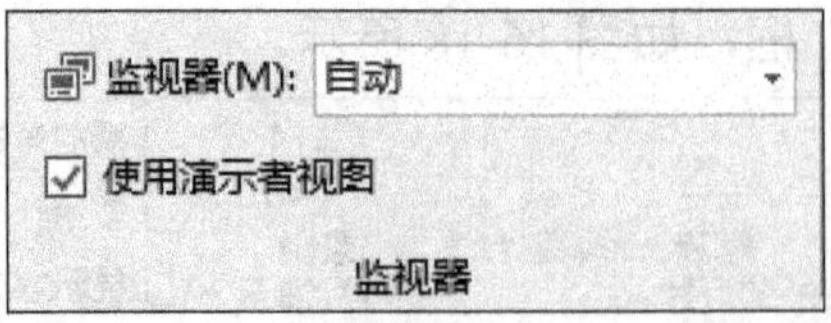

图 16-20　【幻灯片放映】选项卡【监视器】组

步骤 2　打开 Windows【显示】设置页面，如图 16-21 所示。

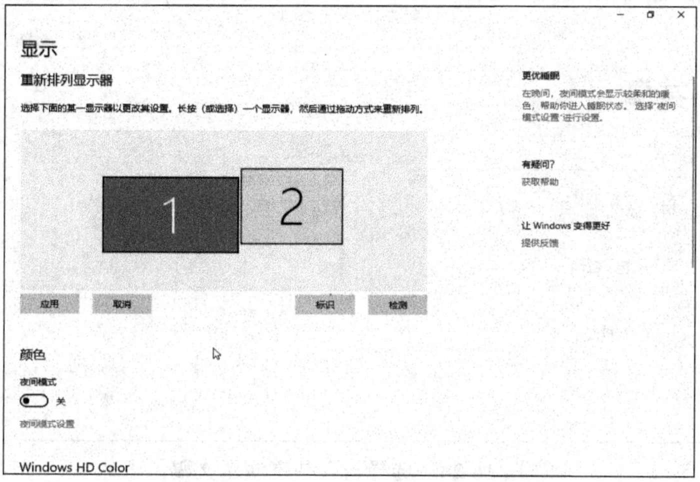

图 16-21　Windows 10 显示设置页面

在【重新排列显示器】的设置画面中显示连接到计算机的显示器，每个显示器都有编号，计算机本身的显示器通常编号为 1，其他连接到计算机的显示器通常显示为 2，以此类推。

步骤 3　在画面中选择要用于查看演讲者备注的显示器的图标，在【多显示器设置】勾选【设为主显示器】复选框。如果该选项呈灰色，说明该屏幕已默认设为主显示器，如图 16-22 所示。

步骤 4　选择用于观众将观看的第二台显示器的图标，在【多显示器设置】下拉列表中选择【扩展这些显示器】，如图 16-23 所示。

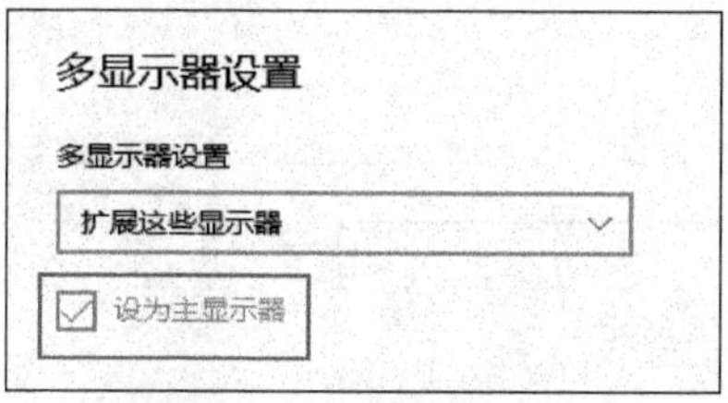

图 16-22　设置主显示器

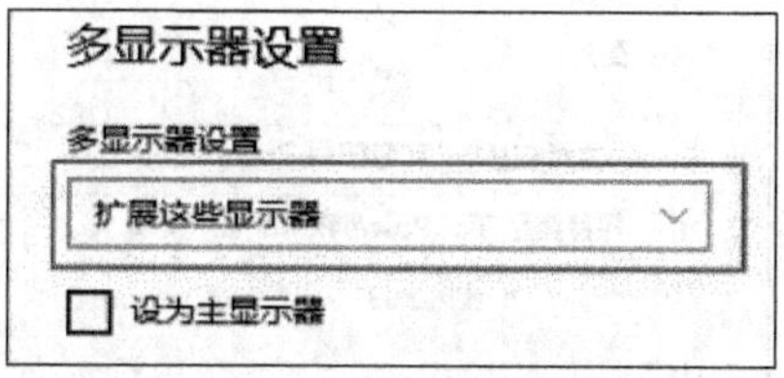

图 16-23　设置扩展显示器

16.2　演示文稿的共享

共享演示文稿的方法有三种：与人共享、电子邮件和联机演示。其中通过选择【与人共享】方式共享演示文稿，可以允许多个用户通过网络协作共同完成演示文稿。

1. 与人共享

要与人共享演示文稿，首先必须将演示文稿保存到文件共享位置，比如保存到 OneDrive 使其访问、存储和共享更为方便。以下是通过将演示文稿保存到云并发送给他人，共享演示文稿的步骤：

步骤 1　打开【文件】，然后选择【共享】，如图 16-24 所示。选择将演示文稿保存到云中的位置，例如保存到 OneDrive，如图 16-25 所示。

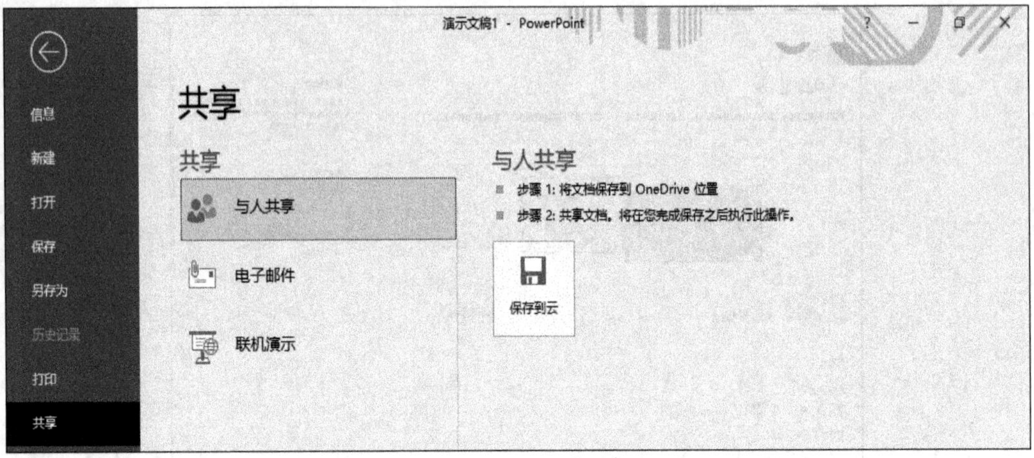

图 16-24　选择与人共享演示文稿

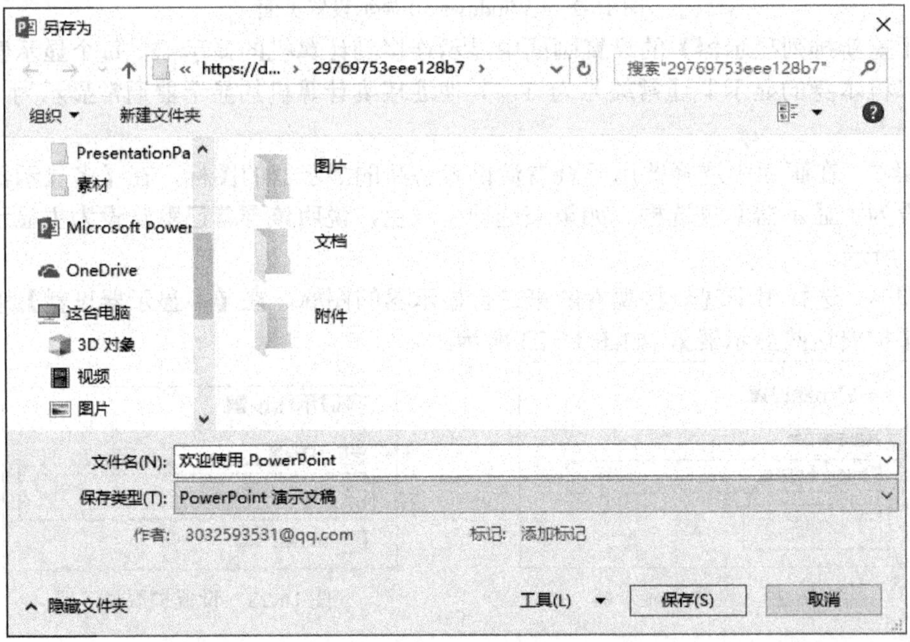

图 16-25　将文件保存到云

步骤 2　在【共享】任务窗格的【邀请他人】框中，输入要共享演示文稿人员的电子邮件地址。如果已存储此人的联系人信息，只需输入姓名即可。使用下拉列表确定被邀请者【可编辑】文件还是仅【可查看】文件，还可在【包括消息】消息框中输入附加消息，如图 16-26 所示。

步骤 3　单击【共享】。如果已将文件保存到云，则将向被邀请者发送电子邮件邀请。如果尚未将演示文稿保存到云，PowerPoint 将提示立即执行该操作，执行操作后将发送电子邮件邀请。

步骤 4　收到电子邮件邀请的用户通过打开电子邮件中的共享链接，打开共享的演示文稿，并进行查看和编辑。也可以通过点击【共享】窗格中的【获取共享链接】手动获取共享链接并发送给被邀请人，如图 16-27 所示。

图 16-26　【共享】窗格

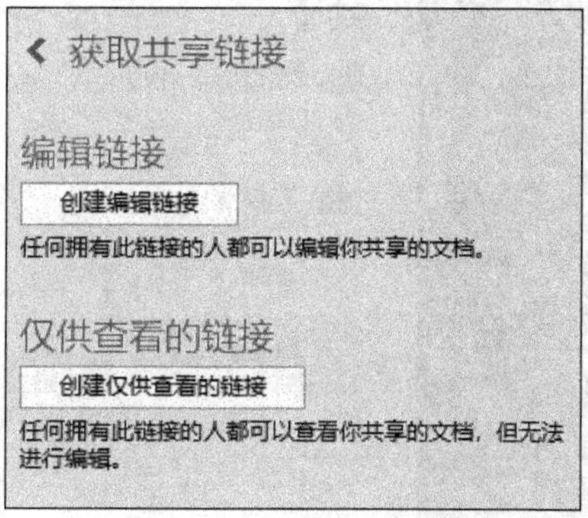

图 16-27　获取共享链接

2. 电子邮件

如果不想与其他人共享文档以进行协作处理，只需使用传统的电子邮件附件将演示文稿发送给其他人，如图 16-28 所示。

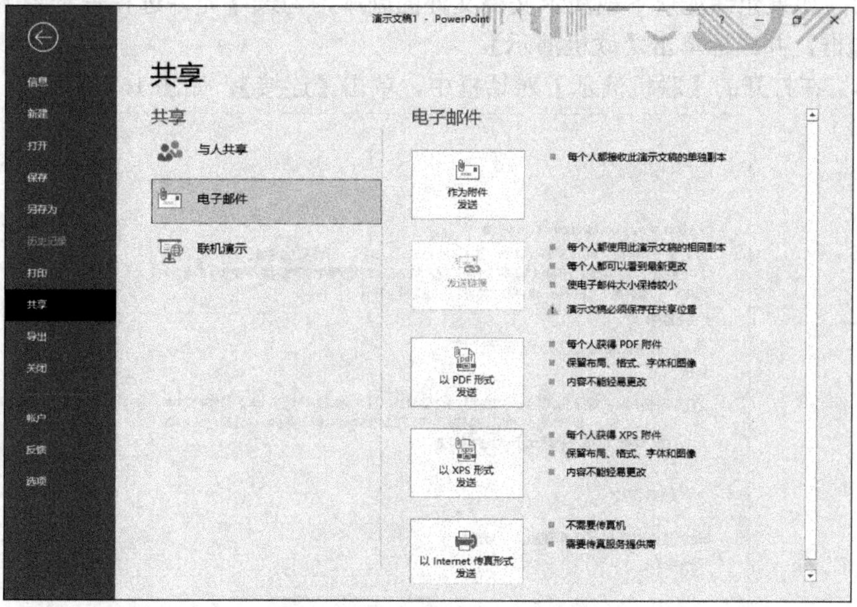

图 16-28　演示文稿通过电邮共享页面

3. 联机演示

PowerPoint 2016 能够通过 Office Presentation Service 对演示文稿进行联机演示。通过 Internet 将 PowerPoint 演示文稿广播给远程观众，在 PowerPoint 内演示幻灯片放映时，观众将在其 Web 浏览器中观看。

联机演示的具体操作步骤如下：

步骤 1　在 PowerPoint 2016 中，打开需要联机演示的演示文稿。

步骤 2　单击【文件】→【共享】→【联机演示】，如图 16-29 所示。

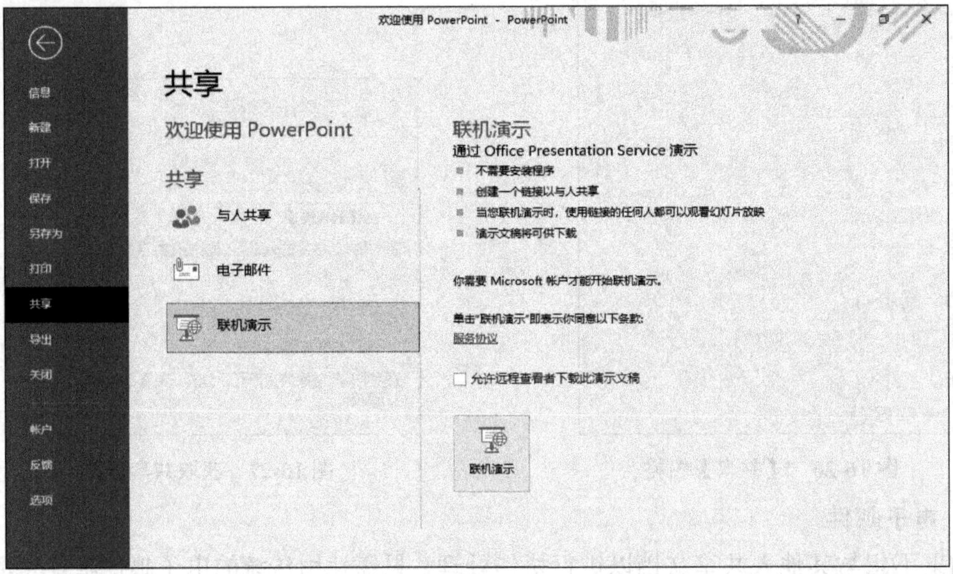

图 16-29　演示文稿共享为联机演示页面

步骤 3　如果允许观众下载演示文稿文件的副本，勾选【允许远程查看者下载此演示文稿】复选框，并鼠标单击【联机演示】。

步骤 4　在打开的【联机演示】对话框中，单击【连接】，如图 16-30 所示。

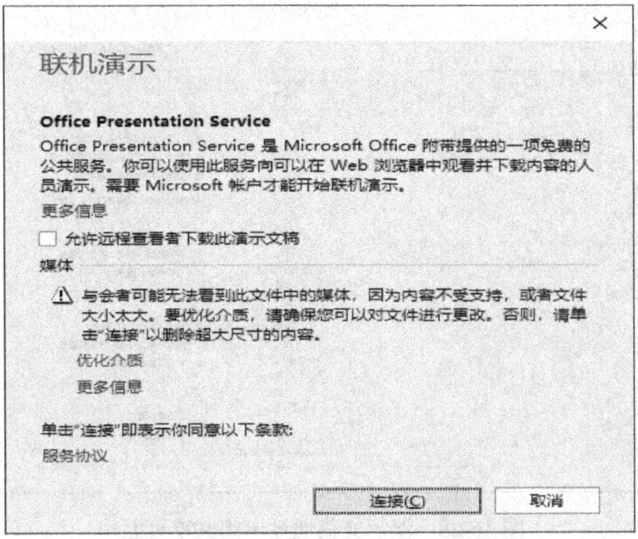

图 16-30　【联机演示】对话框

要发送会议邀请给与会者，可选择下列方法。

(1) 复制链接并将其粘贴到他人可以访问的地方。

(2) 通过电子邮件发送。

单击【启动演示文稿】，启动演示文稿。若要结束联机演示文稿，按【Esc】键退出【幻灯片放映】视图，然后在【联机演示】选项卡上，单击【结束联机演示文稿】。

16.3 演示文稿的导出

PowerPoint 2016 能够将演示文稿导出为其他格式，比如 PDF、视频或基于 Word 的讲义等。

16.3.1 创建 PDF/XPS 文档

PowerPoint 2016 可以将演示文稿转换为 PDF 或 XPS，以便与其他人共享，其具体操作步骤如下：

步骤 1 打开要转换为 PDF 的演示文稿，单击【文件】→【导出】→【创建 PDF/XPS】项，单击【创建 PDF/XPS】按钮，如图 16-31 所示。

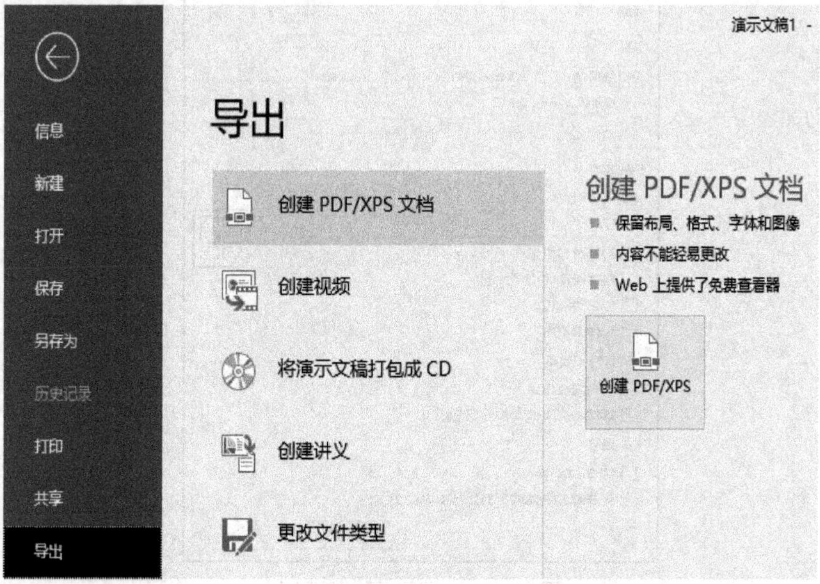

图 16-31 演示文稿导出创建 PDF 页面

步骤 2 在【发布为 PDF 或 XPS】对话框中选择保存位置，并在【文件名】框中输入文件的名称，如图 16-32 所示。

步骤 3 在【保存类型】列表中，确认已选中【PDF】。

如果要在保存文件后以选定格式打开该文件，勾选【发布后打开文件】复选框。

如果文档要求高打印质量，勾选【标准(联机发布和打印)】。

如果文件大小较小比打印质量更重要，勾选【最小文件大小(联机发布)】。

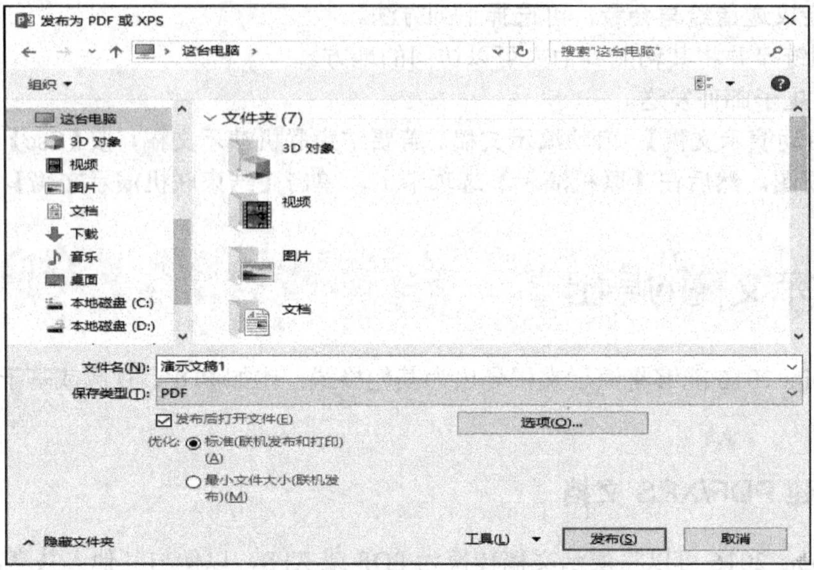

图 16-32　【发布为 PDF 或 XPS】对话框

步骤 4　单击【选项】按钮，在【选项】对话框中设置要转换的页面范围、发布选项、非打印信息、PDF 格式选项等，完成后单击【确定】，如图 16-33 所示。

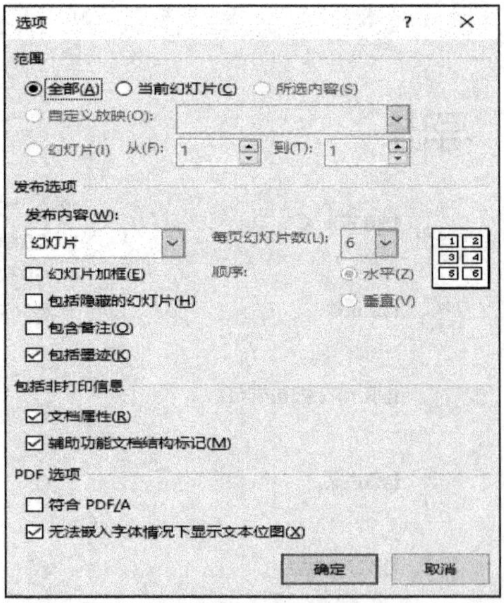

图 16-33　【选项】对话框

步骤 5　返回到【发布为 PDF 或 XPS】对话框，单击【发布】，弹出【正在发布】进度条，完成后自动打开发布的 PDF 文件，完成 PDF 文件的导出。

16.3.2　将演示文稿转换为视频

PowerPoint 2016 可以将演示文稿转换为视频文件。

若要将演示文稿转换为视频，可通过两种方式：将演示文稿保存/导出为视频文件格式

(.wmv 或 .mp4)；将演示文稿另存为 PowerPoint 放映(.ppsx)文件，其打开后默认进入 PowerPoint 全屏放映模式。

1. 导出为视频文件

创建好幻灯片并根据需要录制计时、旁白以及激光笔笔势后，即可创建视频文件，其具体操作步骤如下：

步骤 1　在【文件】选项卡选择【保存】，确保文件已保存为 PowerPoint 演示文稿格式(.pptx)。

步骤 2　单击【文件】选项卡选择【导出】，在【导出】中选择【创建视频】，如图 16-34 所示。

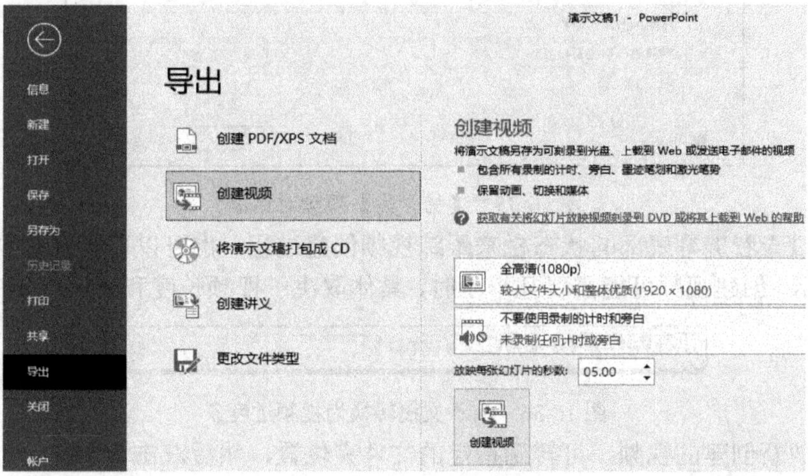

图 16-34　演示文稿导出创建视频页面

步骤 3　在【创建视频】标题下的第一个下拉框中，选择所需的视频质量。视频质量用于设置转换完成的视频的分辨率，视频的质量越高，文件大小就越大。视频分辨率区别如表 16-1 所示，日常使用的主要是表中的后三种。

表 16-1　视频分辨率区别表

选　项	分辨率	将显示于
Ultra 高清(4 k)	3840 × 2160，最大文件大小	大型显示器
全高清(1080 p)	1920 × 1080，较大文件大小	计算机和 HD 屏幕
高清(720 p)	1280 × 720，中等文件大小	Internet 和 DVD
标准(480 p)	852 × 480，最小文件大小	便携式设备

步骤 4　【创建视频】标题下的第二个下拉框中，选择创建视频时是否包括旁白和计时。

每张幻灯片花费的时间默认为 5 秒。可以在【每张幻灯片花费的秒数】框中更改计时。在此框右侧单击向上键可增加持续时间，单击向下键可减少持续时间。

如果没有录制计时旁白，默认值是【不使用录制计时和旁白】。

步骤 5　单击【创建视频】按钮，在打开的【另存为】对话框中选择视频文件的保存位置，在【文件名】框中为视频输入文件名，在【另存为类型】框中选择【MPEG-4 视频】

或【Windows Media 视频】，然后单击【保存】，如图 16-35 示。

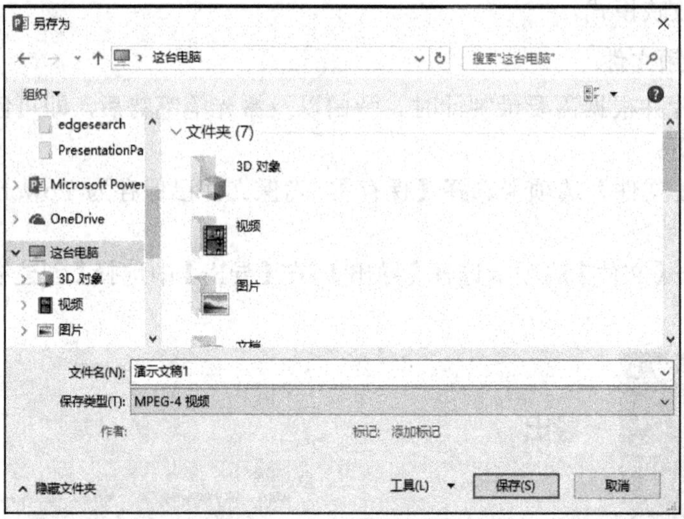

图 16-35　【另存为】视频对话框

可以通过查看屏幕底部的状态栏来跟踪视频创建过程，也可以取消视频创建过程，如图 16-36 所示。创建视频可能需要几个小时，具体取决于视频长度和演示文稿的复杂程度。

图 16-36　演示文稿转换为视频进度条

若要播放新创建的视频，可转到指定的文件夹位置，然后双击该文件。

2. 将演示文稿另存为 PowerPoint 放映格式

打开 PowerPoint 放映文件时，查看者可立即观看演示文稿。该文件在幻灯片放映时全屏显示，而不是显示编辑模式。将演示文稿另存为 PowerPoint 放映格式的具体操作步骤如下：

步骤 1　在【文件】菜单上选择【保存】，确保文件已保存为 PowerPoint 演示文稿格式(.pptx)。

步骤 2　在【文件】菜单上选择【另存为】。

步骤 3　选择要保存 PowerPoint 放映文件的文件夹位置。

步骤 4　在【另存为类型】框中单击打开文件类型列表，选择【PowerPoint 放映(*. ppsx)】。

步骤 5　选择【保存】。

16.3.3　将演示文稿打包成 CD

可以为演示文稿创建包含演示文稿及其用到的辅助文件(如链接文件、字体文件等)在内的程序包，并将其保存到 CD 或 USB 存储器中，以便他人可以在大多数计算机上观看演示文稿，其具体操作步骤如下：

步骤 1　在磁盘驱动器中插入空白的可写入 CD。

步骤 2　在 PowerPoint 2016 中单击【文件】→【导出】→【将演示文稿打包成 CD】，

选择【打包成 CD】。

步骤 3　在【打包成 CD】对话框中的【将 CD 命名为】框中键入 CD 的名称，如图 16-37 所示。

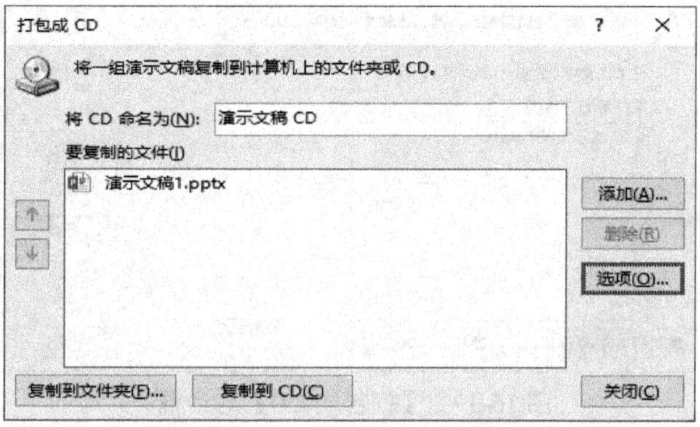

图 16-37　【打包成 CD】对话框

步骤 4　若要将一个或多个演示文稿添加到一起打包，单击【添加】，选择演示文稿，然后单击【添加】。如果添加多个演示文稿，它们将按其在【要复制的文件】列表中列出的顺序播放，使用对话框左侧的箭头按钮对演示文稿列表进行重新排序。

步骤 5　若要包括辅助文件(如 TrueType 字体或链接的文件)，单击【选项】。在【选项】对话框中的【包含这些文件】下，勾选相应的复选框，如图 16-38 所示。还可以设置打开或修改每个演示文稿的密码，以增强安全性。若要检查演示文稿中是否存在隐藏数据和个人信息，勾选【检查演示文稿是否有不合适或私人信息】复选框。单击【确定】关闭【选项】对话框。

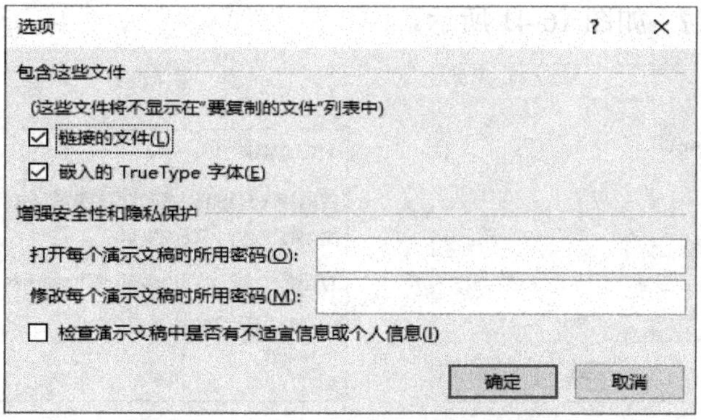

图 16-38　打包到 CD【选项】对话框

步骤 6　在【打包成 CD】对话框中，单击【复制到 CD】。

16.3.4　将演示文稿打包到 U 盘

将演示文稿打包到 U 盘里的具体操作步骤如下：

步骤 1　在计算机的 USB 插槽中插入 USB 存储器。

步骤 2　在 PowerPoint 2016 中，单击【文件】→【导出】→【将演示文稿打包成 CD】，然后单击【打包成 CD】。

步骤 3　在【打包成 CD】对话框中的【将 CD 命名为】框中键入 CD 的名称，如图 16-39 所示。

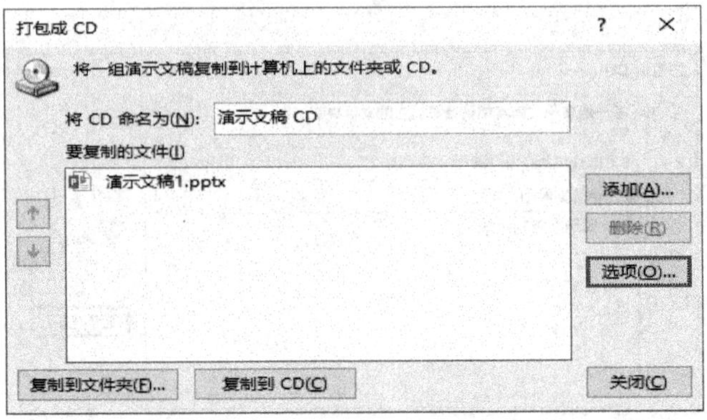

图 16-39　【打包成 CD】对话框

步骤 4　若要将一个或多个演示文稿添加到一起打包，单击【添加】，选择演示文稿，然后单击【添加】。如果添加多个演示文稿，它们将按其在【要复制的文件】列表中列出的顺序播放，使用对话框左侧的箭头按钮对演示文稿列表进行重新排序。

步骤 5　若要包括辅助文件(如 TrueType 字体或链接的文件)，单击【选项】。在【选项】对话框中的【包含这些文件】下，勾选相应的复选框，如图 16-40 所示。还可以设置打开或修改每个演示文稿的密码，以增强安全性。若要检查演示文稿中是否存在隐藏数据和个人信息，勾选【检查演示文稿是否有不合适或私人信息】复选框。单击【确定】以关闭【选项】对话框。

步骤 6　在【打包成 CD】对话框中，单击【复制到文件夹】。在【复制到文件夹】对话框中，选择【浏览】，如图 16-41 所示。

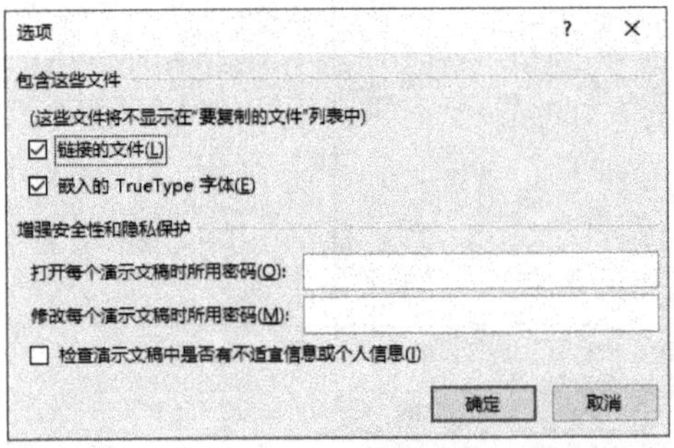

图 16-40　打包成 CD【选项】对话框

图 16-41　【复制到文件夹】对话框

步骤 7　在【选择位置】对话框中导航到 USB 存储器，单击【选择】。所选的文件夹和路径将添加到【复制到文件夹】对话框中的【位置】框中。

步骤 8　单击【确定】按钮，PowerPoint 会询问有关链接文件的问题，选择【是】确保将演示文稿所需的所有文件都包含在保存到 USB 存储器的程序包中。PowerPoint 2016 开始复制文件，完成后它将打开一个窗口，显示 USB 存储器上的完整程序包。

第五篇

网络环境下协同办公及办公数据的安全和共享

随着互联网的发展，网络协同办公及保护办公数据和维护计算机安全，成为办公人员必须掌握的技能。本篇将重点介绍办公数据的安全与共享，办公计算机的优化与维护以及常用工具软件的使用等知识，具体包括以下两章内容：

第 17 章　信息安全

——办公数据的安全和共享

对于使用计算机办公的人员来说，保护数据是一项很重要的工作。在实际工作中，应该养成对重要数据进行保护的好习惯，以免带来不必要的损失。

本章学习目标如下：

(1) 掌握办公文件共享的方法。

(2) 掌握办公文件加密的方法。

(3) 掌握办公计算机优化和维护的方法。

17.1　办公文件的共享

Office 2016 为用户提供了多种共享数据的方法，可以将 Office 文档存放在网络或其他存储设备中，以供用户更方便地查看和编辑 Office 文档。本节介绍文档上传至网络云端 OneDrive 的方法。

云端 OneDrive 是由微软公司推出的一款云端服务。用户可以通过 Microsoft 账户登录并上传文档到 OneDrive 中进行存储，以便用户可以随时随地访问 OneDrive 上存储的内容。以 PowerPoint 2016 为例，将文档保存到云端 OneDrive 的具体操作步骤如下：

步骤 1　打开需要保存到云端 OneDrive 的文档。在【文件】选项卡中选择【另存为】，在【另存为】界面中选择【OneDrive】选项，如图 17-1 所示。

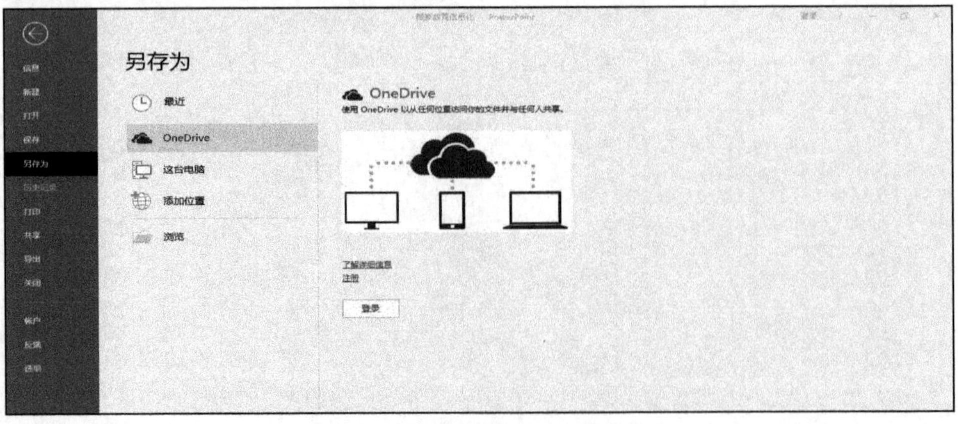

图 17-1　【另存为】界面

步骤 2　单击【登录】按钮，在【登录】对话框中输入 PowerPoint 账户的电子邮箱地址，然后单击【下一步】按钮，如图 17-2 所示。

步骤 3　在【登录】对话框中输入账户的密码，如图 17-3 所示。

图 17-2　【登录】对话框

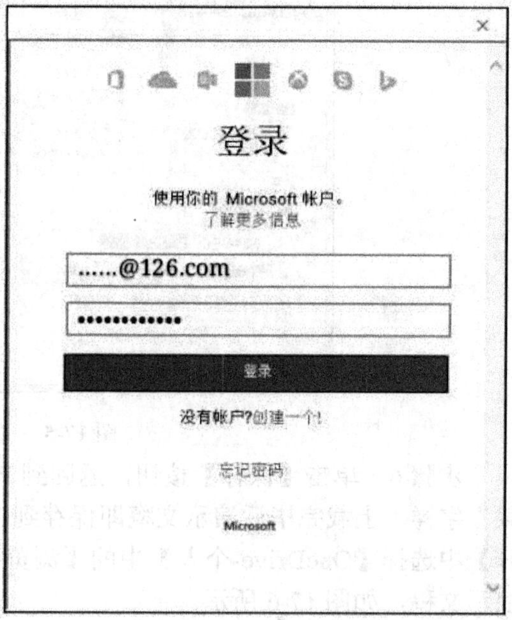

图 17-3　输入账户密码

步骤 4　单击【登录】按钮，即可登录账号。在 PowerPoint 窗口右上角会出现登录的账号名。在【另存为】区域选择【OneDrive-个人】选项，如图 17-4 所示。

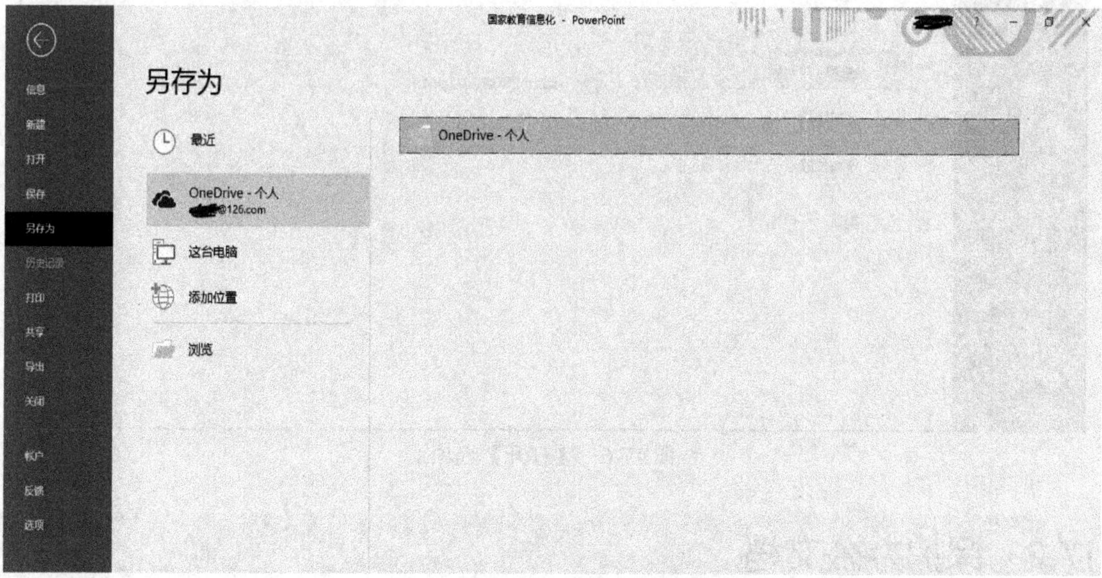

图 17-4　选择【OneDrive-个人】选项

步骤 5　鼠标双击【OneDrive-个人】按钮，在【另存为】对话框中选择文件要保存的位置，如图 17-5 所示。

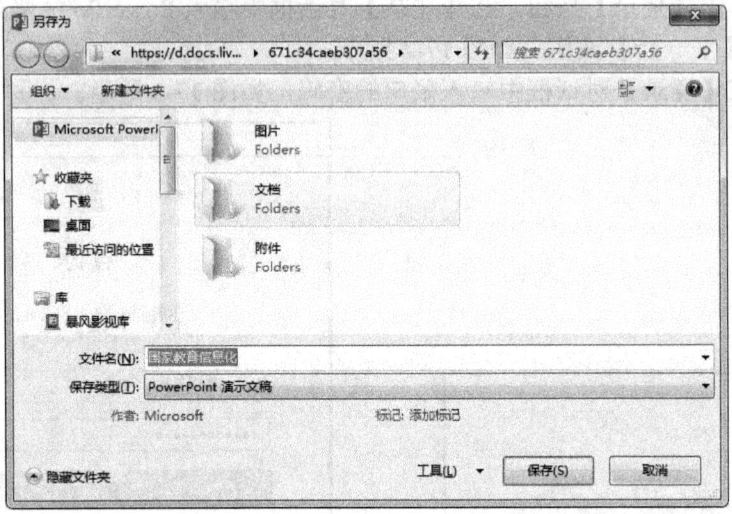

图 17-5　【另存为】对话框

步骤 6　单击【保存】按钮，返回到 PowerPoint 界面，在状态栏会显示“正在等待上载”字样，上载完毕后演示文稿即保存到了 OneDrive 中。单击【文件】选项卡，在【打开】中选择【OneDrive-个人】中的【浏览】选项，即可选择并打开保存在 OneDrive 中的演示文稿，如图 17-6 所示。

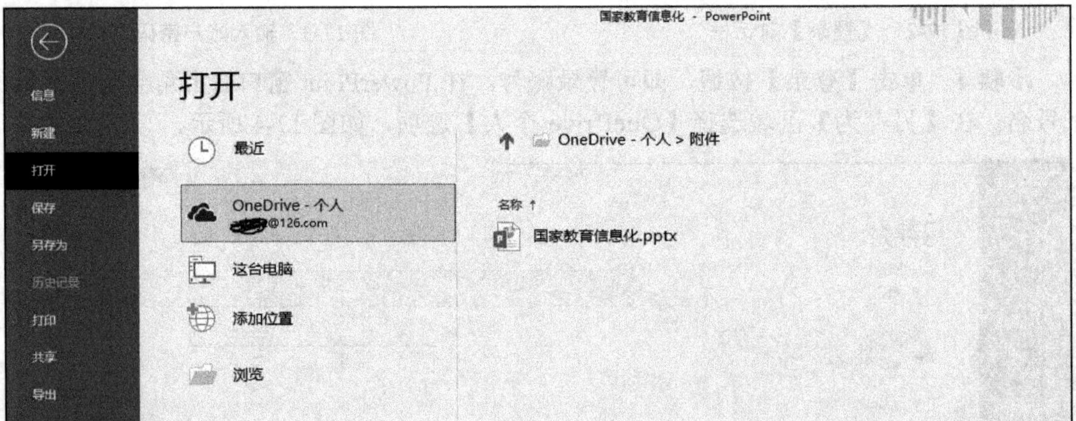

图 17-6　【打开】选项

17.2　保护办公文档

如果用户不希望制作好的办公文件被别人看到或者修改，那么可以将文件保护起来。常用的保护文件的方法有标记为最终状态和用密码进行加密等。

17.2.1　标记为最终状态

【标记为最终状态】命令可以将文档设置为只读，以防止审阅者或阅读者更改文档内容。在将文档标记为最终状态后，键入、编辑以及校对标记都将处于禁用或关闭状态，文档的状态属性会被设置为“最终”，具体的操作步骤如下：

步骤 1　打开随书素材中的“素材\ch17\民族文化中的技艺传承与发展.pptx”文件，在【文件】选项卡列表中选择【信息】，在【信息】区域中单击【保护演示文稿】按钮，如图 17-7 所示。

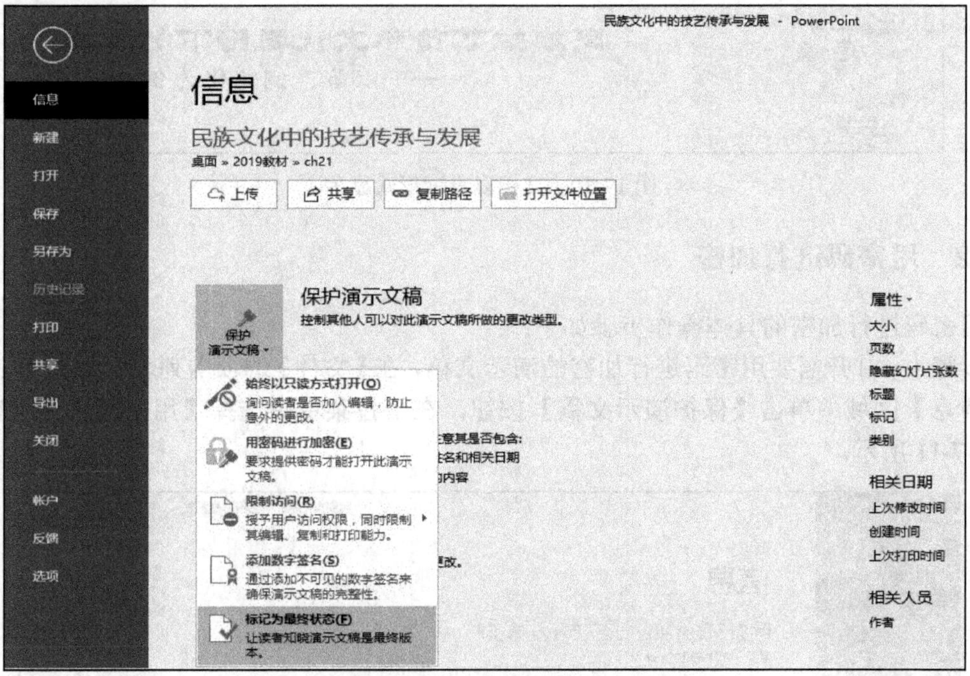

图 17-7　选择【标记为最终状态】按钮

步骤 2　在【Microsoft PowerPoint】对话框中单击【确定】按钮，如图 17-8 所示。

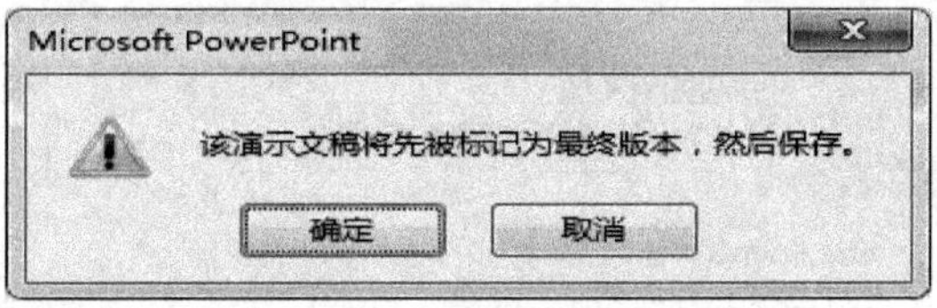

图 17-8　【Microsoft PowerPoint】对话框

步骤 3　在【Microsoft PowerPoint】提示对话框中单击【确定】按钮，如图 17-9 所示。

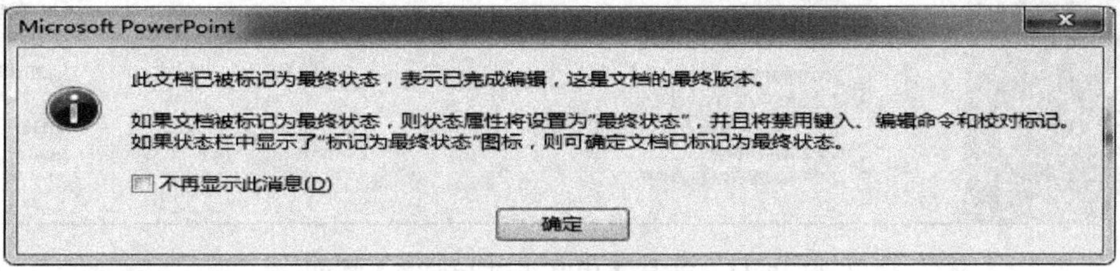

图 17-9　【Microsoft PowerPoint】提示对话框

步骤 4　返回到 PowerPoint 界面，该文档已被标记为最终状态，以只读形式显示，如图 17-10 所示。

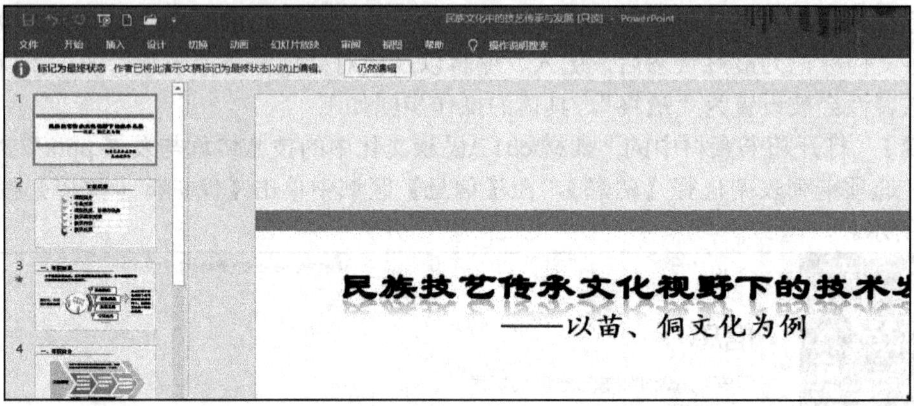

图 17-10　文档以只读形式显示

17.2.2　用密码进行加密

用密码进行加密的具体操作步骤如下：

步骤 1　打开需要用密码进行加密的演示文稿，在【文件】选项卡列表中选择【信息】，在【信息】区域中单击【保护演示文稿】按钮，在下拉菜单中选择【用密码进行加密】，如图 17-11 所示。

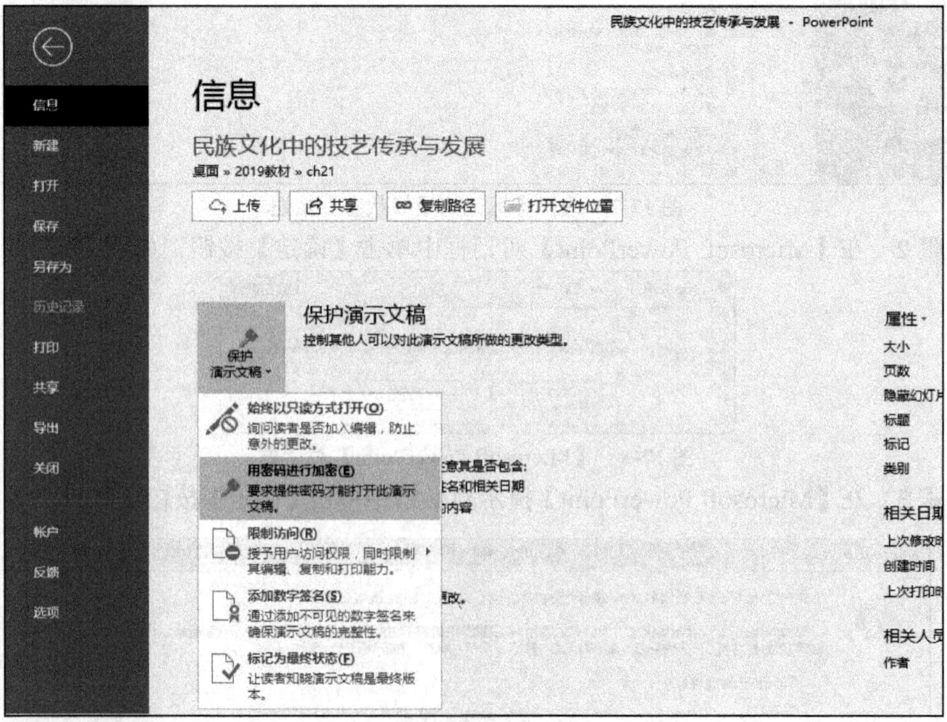

图 17-11　选择【用密码进行加密】按钮

步骤 2　在【加密文档】对话框中输入密码，单击【确定】按钮，如图 17-12 所示。

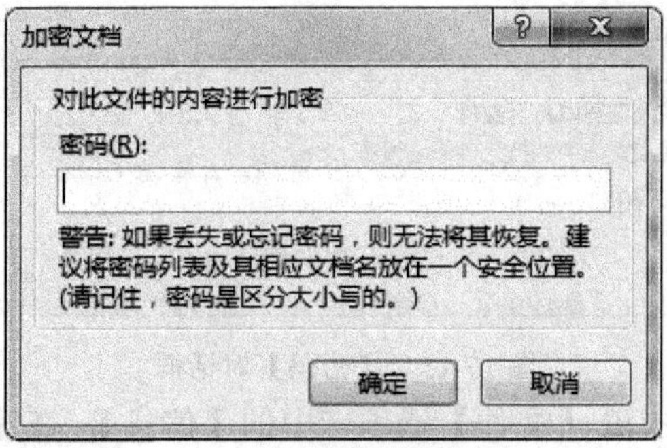

图 17-12　【加密文档】对话框

步骤 3　在【确认密码】对话框中再次输入密码，单击【确定】按钮，如图 17-13 所示。此时，在【信息】区域中显示已加密，如图 17-14 所示。

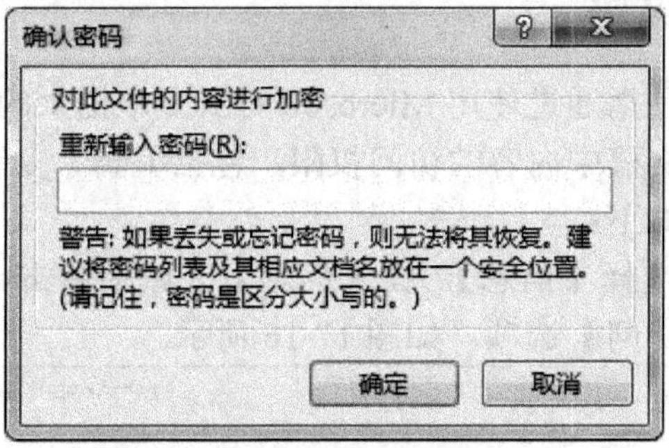

图 17-13　【确认密码】对话框

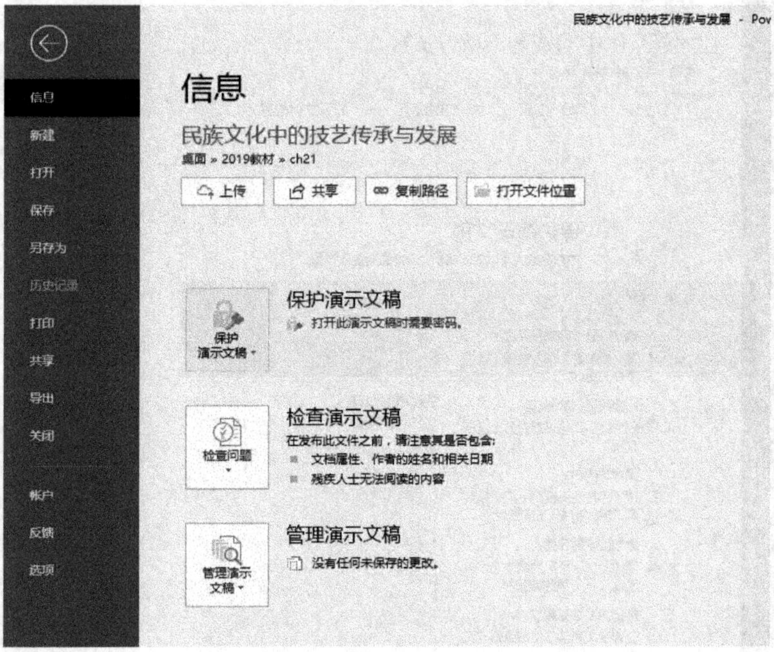

图 17-14　加密完成

步骤 4　关闭当前页面，再次打开演示文稿，将弹出【密码】对话框，输入密码后单击【确定】按钮，才可以打开演示文稿，如图 17-15 所示。

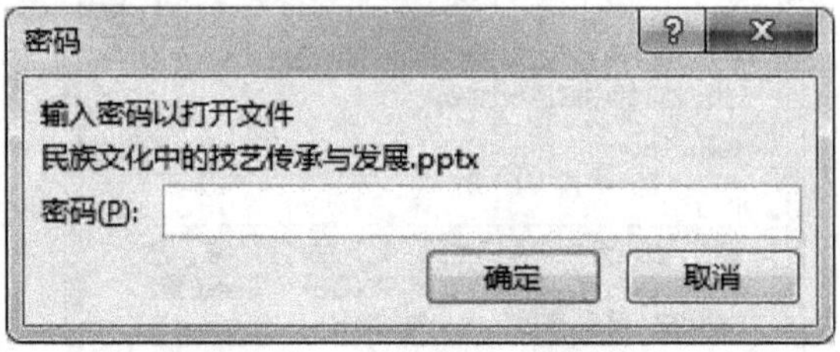

图 17-15　【密码】对话框

如果要取消加密，则打开【文件】选项卡中的【信息】，在【信息】区域中单击【保护演示文稿】按钮，在下拉菜单中选择【用密码进行加密】选项。在【加密文档】对话框中清除文本框中的密码，单击【确定】按钮，即可取消演示文稿的加密。

17.2.3　限制访问演示文稿

限制访问演示文稿，是指通过使用 Microsoft Office 中提供的信息权限管理(IRM)来限制对文档、工作簿和演示文稿中内容的访问权限，包括编辑、复制和打印功能。限制访问演示文稿的具体操作步骤如下：

在【文件】选项卡中选择【信息】，在【信息】区域中单击【保护演示文稿】按钮，在下拉菜单中选择【限制访问】选项，如图 17-16 所示。

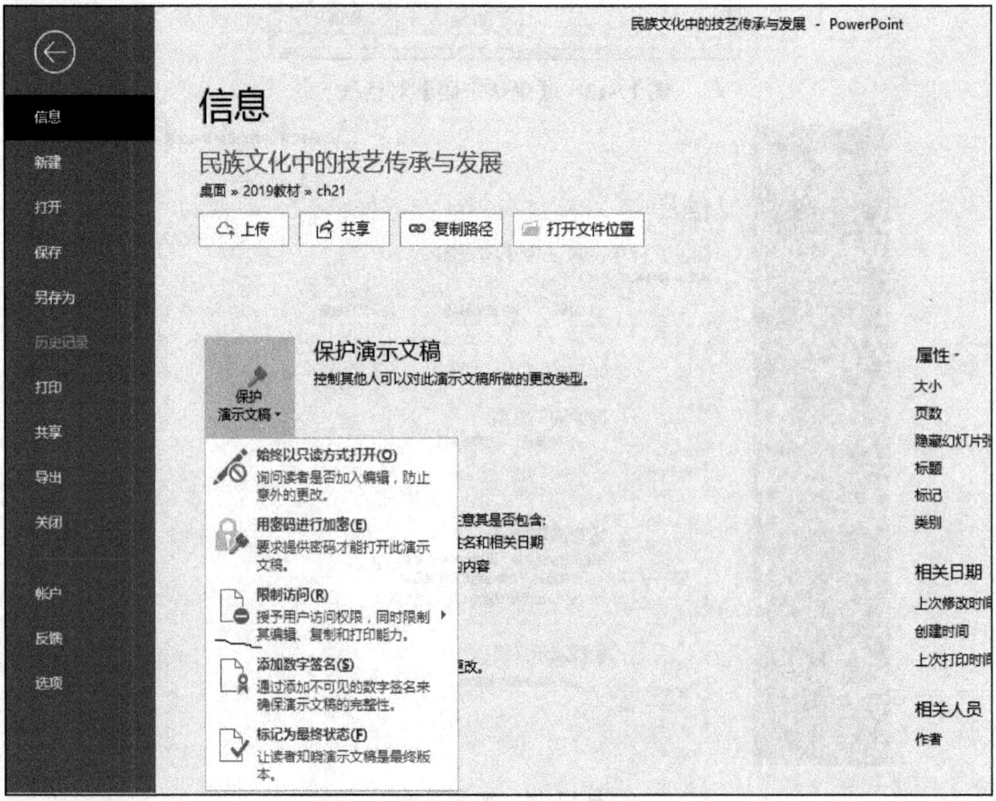

图 17-16　选择【限制访问】选项

17.2.4　数字签名

数字签名是一种经过加密的电子身份验证戳，用于确认宏或文档来自数字签名本人且未经更改。添加数字签名可以确保文档的完整性，从而进一步保证文档的安全。用户可以在 Microsoft 官网上获得数字签名。添加数字签名的具体操作步骤如下：

打开需要添加数字签名的演示文稿，在【文件】选项卡中选择【信息】选项，在【信息】区域中单击【保护演示文稿】按钮，在下拉菜单中选择【添加数字签名】选项，如图 17-17 所示。

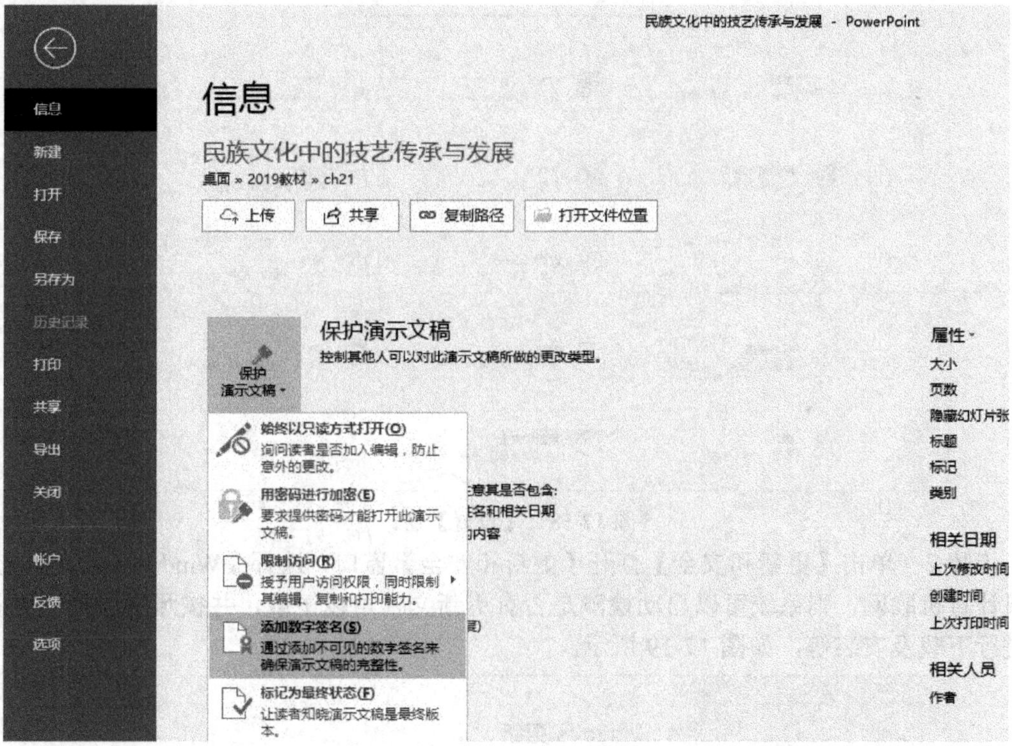

图 17-17　选择【添加数字签名】选项

17.3　办公计算机的优化维护

随着计算机的不断使用，很多空间被浪费，用户需要及时优化和管理系统，包括计算机进程管理和优化、计算机磁盘管理和优化、清理系统垃圾文件、查杀病毒等，从而提高计算机性能。

17.3.1　系统安全防护

计算机安全问题已经是计算机使用者面临的最大问题，计算机病毒不断出现，迅速蔓延，要求用户要做好系统安全的防护，并及时优化系统，从而提高计算机的性能。

1. 使用 Windows 更新系统

Windows 更新是系统自带的用于监测系统版本的工具。使用 Windows 更新系统的具体操作步骤如下：

步骤 1　单击【开始】按钮，在“开始”屏幕中选择【设置】选项，打开【设置】窗口，在其中可以看到有关系统设置的相关功能，如图 17-18 所示。

图 17-18　【设置】窗口

步骤 2　单击【更新和安全】打开【更新和安全】窗口，选择【Windows 更新】选项，如果计算机联网，则系统可以自动检测是否有更新文件可以下载，并按照所选择的更新方式进行下载及安装等，如图 17-19 所示。

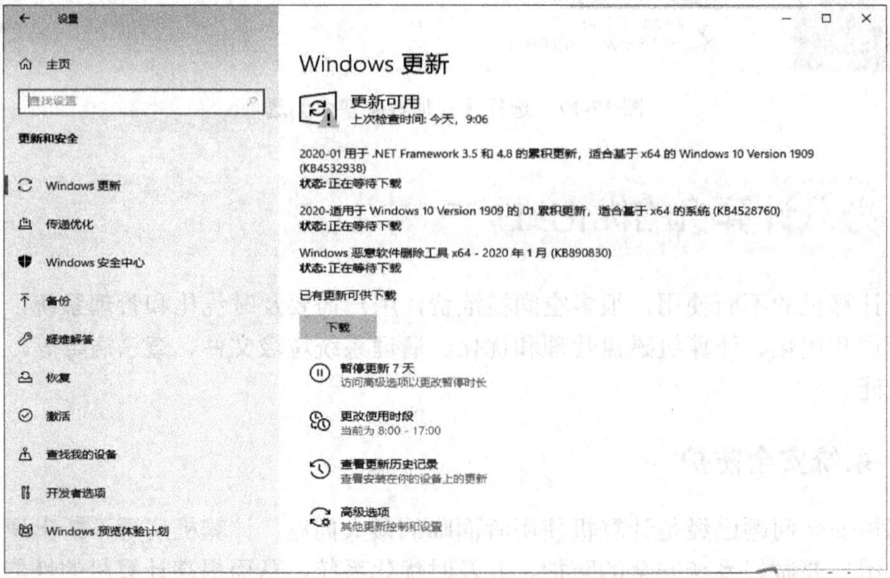

图 17-19　【更新和安全】窗口

步骤 3　更新下载完毕后，系统会自动安装文件，安装完毕后，会提示需要重启系统，如图 17-20 所示。

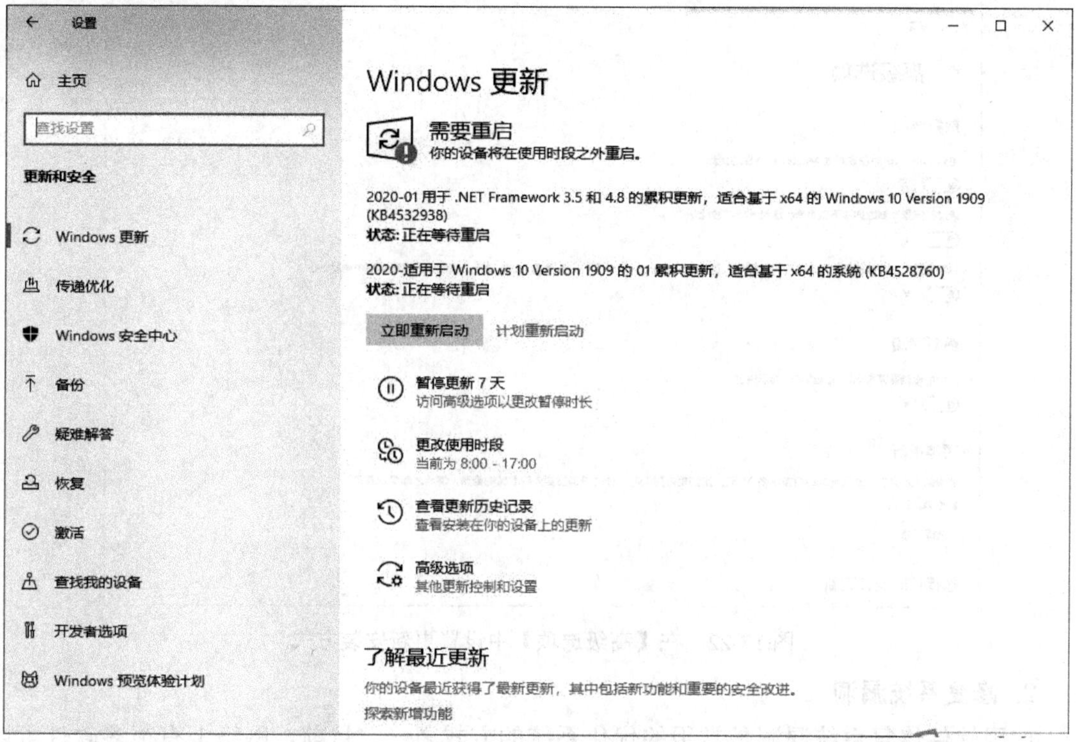

图 17-20　安装更新

步骤 4　单击【立即重新启动】按钮重新启动系统完成更新，打开【Windows 更新】窗口，在其中可以看到“你使用的是最新版本”提示信息，如图 17-21 所示。

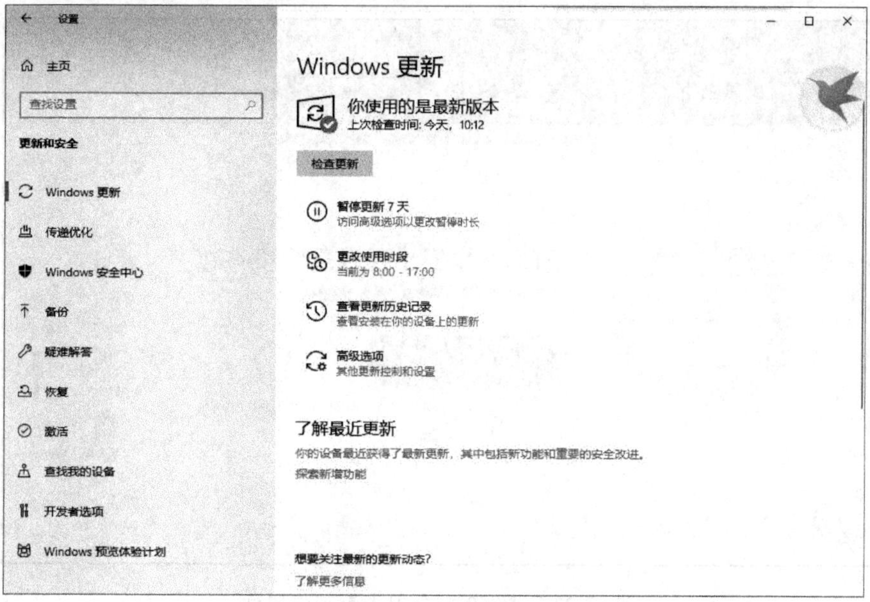

图 17-21　完成更新

单击【高级选项】按钮，在【高级选项】界面中可以设置更新的安装方式等内容，如图 17-22 所示。

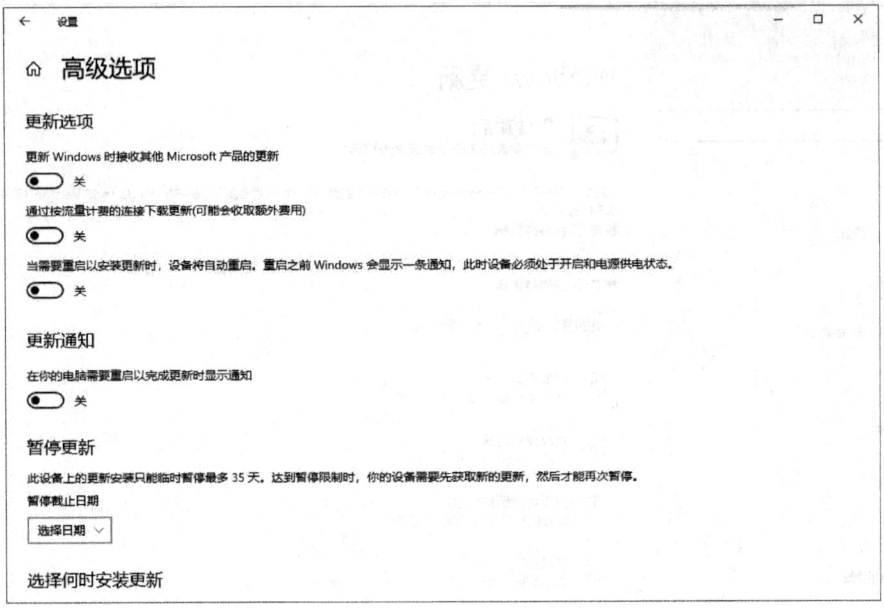

图 17-22　在【高级选项】中设置更新安装方式

2. 修复系统漏洞

使用软件修复系统漏洞是常用的优化系统的方式之一。目前，网络上有很多软件可以进行系统漏洞修复，如鲁大师、优化大师、360 安全卫士等。下面以 360 安全卫士为例，介绍修复系统漏洞的操作步骤。

步骤 1　双击 360 安全卫士软件，打开【360 安全卫士】工作界面，如图 17-23 所示。

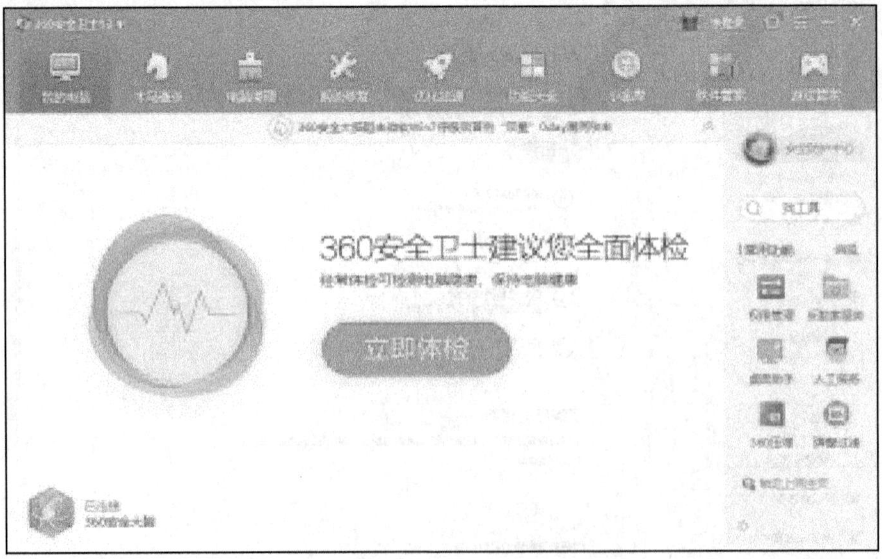

图 17-23　【360 安全卫士】工作界面

步骤 2　单击【系统修复】按钮，打开【系统修复】工作界面，如图 17-24 所示。

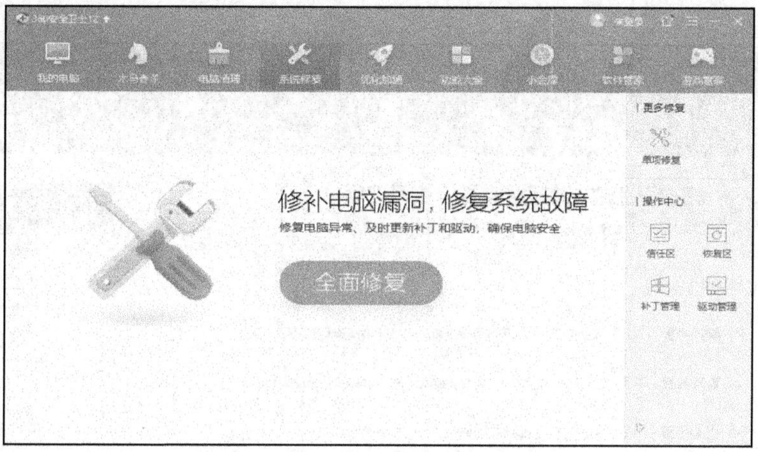

图 17-24　【系统修复】工作界面

步骤 3　单击【全面修复】按钮进行全面修复，或单击【单项修复】按钮，在下拉列表中选择某一项修复，如图 17-25 所示。

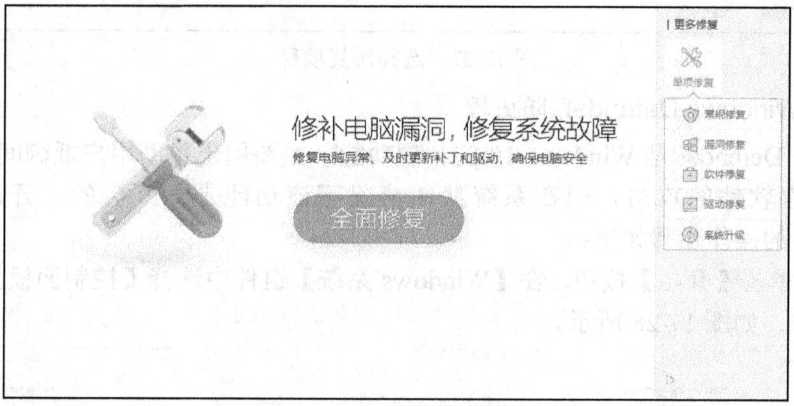

图 17-25【系统修复】项目选择

步骤 4　360 安全卫士对系统开始进行扫描，如图 17-26 所示。

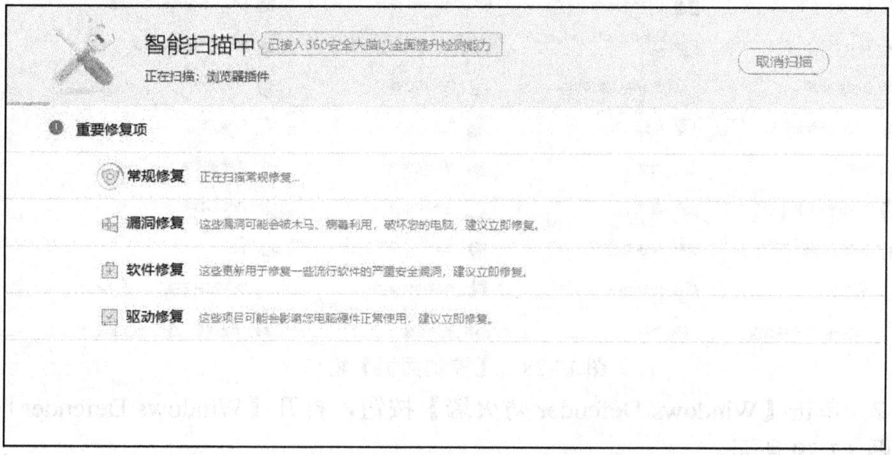

图 17-26　智能扫描工作中

步骤 5　如果扫描结果提示系统存在问题，则用户应按照软件提示进行修复，如图 17-27 所示。

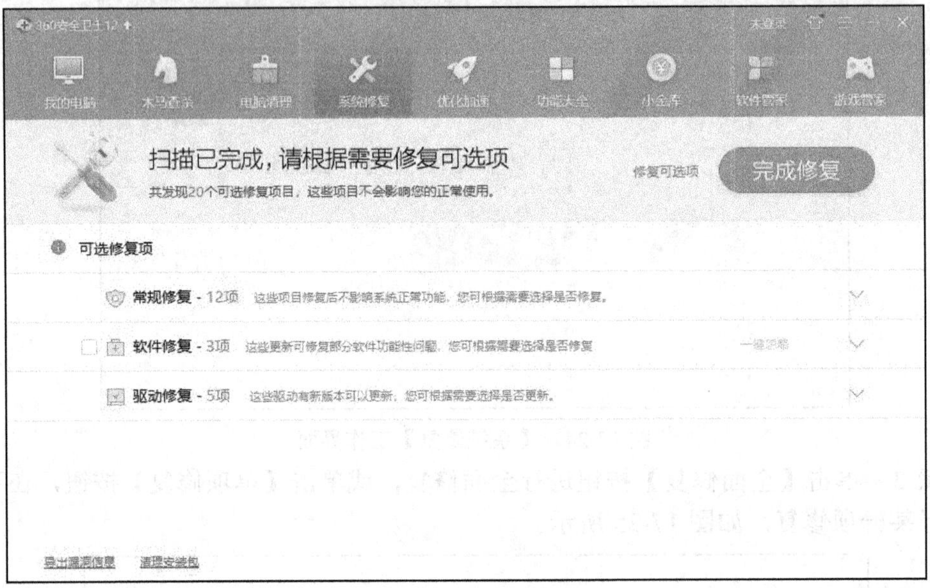

图 17-27　选择修复项目

3. 使用 Windows Defender 防火墙

Windows Defender 是 Windows 10 的一项功能，主要用于帮助用户抵御间谍软件和其他潜在的有害软件的攻击，但在系统默认情况下该功能是不开启的。开启 Windows Defender 功能的操作步骤如下：

步骤 1　单击【开始】按钮，在【Windows 系统】组件中选择【控制面板】，打开【控制面板】窗口，如图 17-28 所示。

图 17-28　【控制面板】窗口

步骤 2　单击【Windows Defender 防火墙】按钮，打开【Windows Defender 防火墙】窗口，如图 17-29 所示。

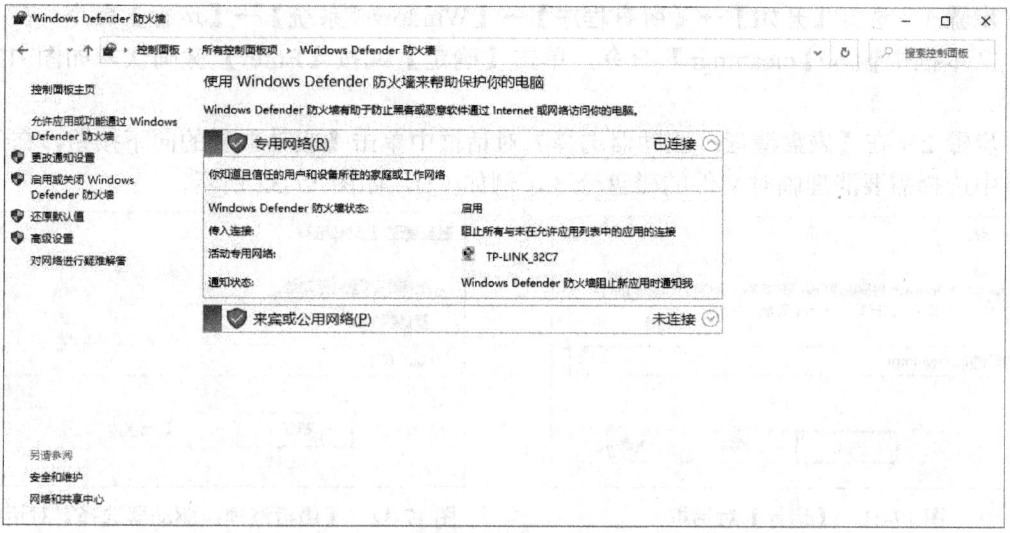

图 17-29　【Windows Defender 防火墙】窗口

步骤 3　选择【启用或关闭 Windows Defender 防火墙】，打开【自定义设置】窗口，按图 17-30 所示进行自定义各类网络的设置。

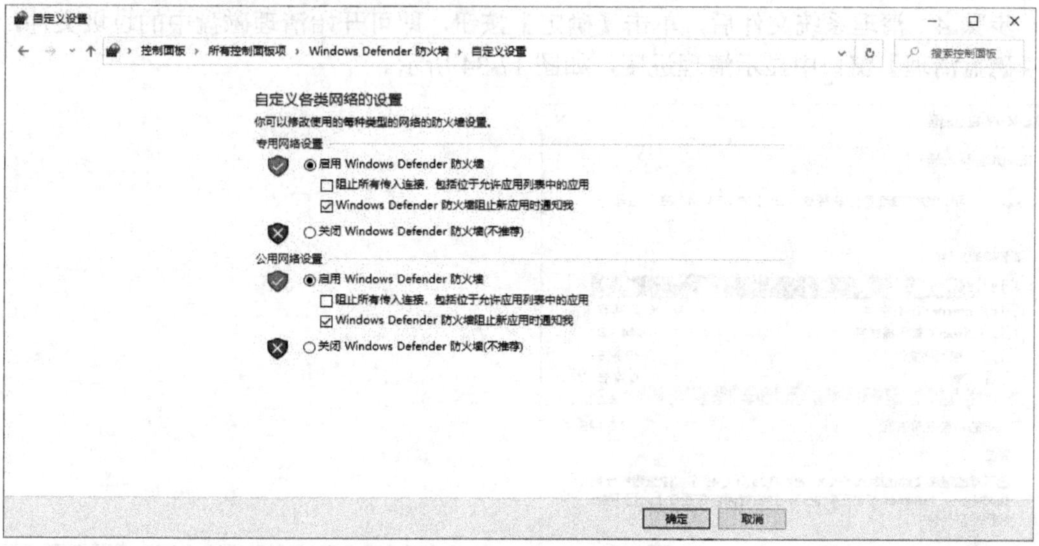

图 17-30　【自定义设置】窗口

17.3.2　系统运行速度优化

对系统运行速度进行优化是系统安全优化的一个方面，用户可以通过清理系统临时文件、清理磁盘碎片、禁用开机启动项、清理系统垃圾、清理系统插件等方式来对系统运行速度进行优化。

1. 系统盘瘦身

在没有安装专业的清理系统垃圾的软件前，用户可以手动清理磁盘垃圾临时文件，为系统瘦身。具体操作步骤如下：

步骤 1　选择【开始】→【所有程序】→【Windows 系统】→【运行】命令，在【打开】文本框中输入【cleanmgr】命令，单击【确定】或按【Enter】键确认，如图 17-31 所示。

步骤 2　在【磁盘清理：驱动器选择】对话框中单击【驱动器】的向下按钮，在下拉菜单中选择需要清理临时文件的磁盘分区，例如(C:)，如图 17-32 所示。

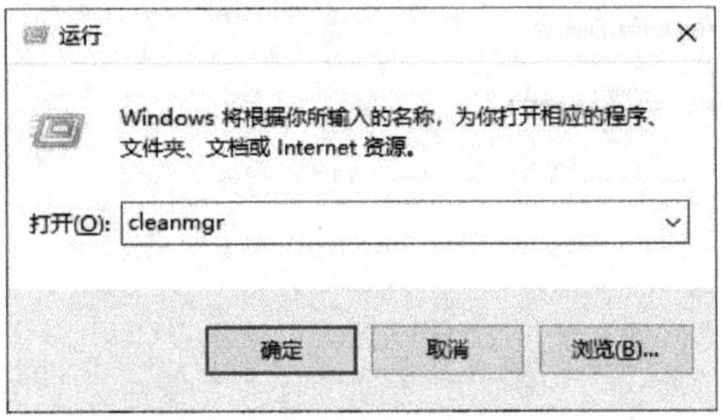

图 17-31　【运行】对话框

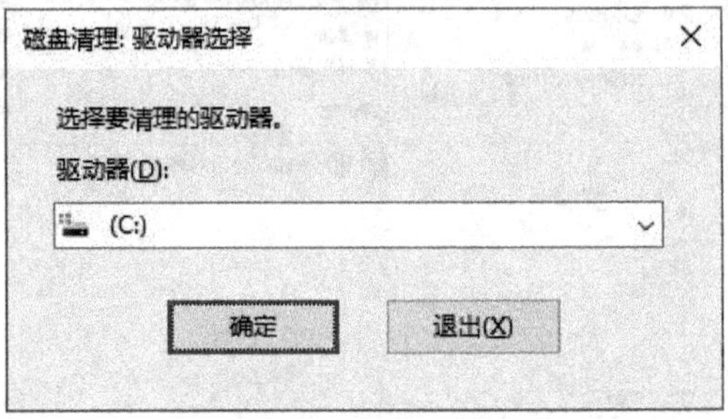

图 17-32　【磁盘清理：驱动器选择】对话框

步骤 3　在自动计算清理磁盘垃圾后，会弹出【(C:)的磁盘清理】对话框，在【要删除的文件】列表中会显示扫描出的垃圾文件和大小，勾选需要清理的临时文件，单击【清理系统文件】按钮，如图 17-33 所示。

步骤 4　清理系统文件后，单击【确定】按钮，即可开始清理磁盘中的垃圾文件，并在【磁盘清理】窗口中显示清理进度，如图 17-34 所示。

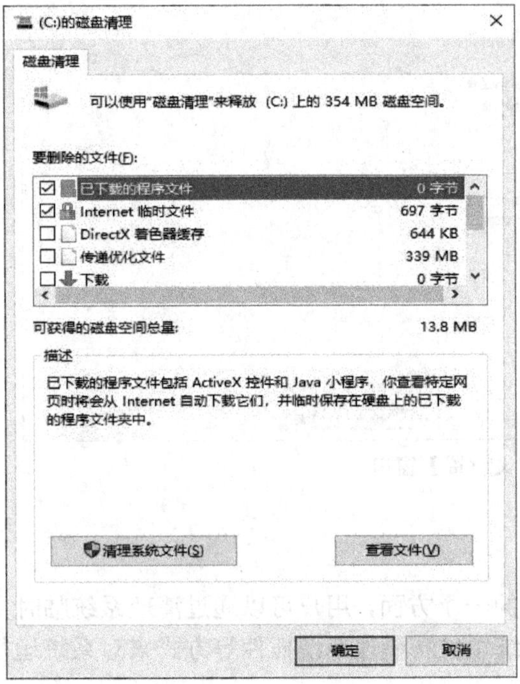

图 17-33　【(C:)的磁盘清理】对话框

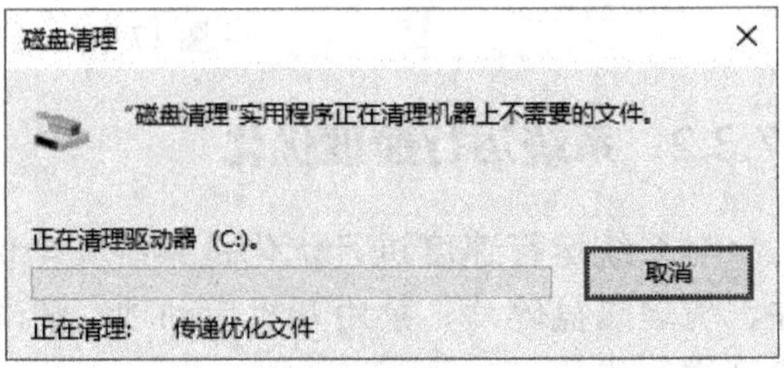

图 17-34　【磁盘清理】窗口

2. 整理磁盘碎片

随着计算机的使用，在保存、更改或删除文件时，卷上会产生碎片。使用磁盘碎片整理程序可重新排列卷上的数据并重新合并碎片数据。在 Windows 10 操作系统中，磁盘碎片整理程序既可以按计划自动运行，也可以手动运行该程序或更改程序的使用计划。使用磁盘碎片整理的具体操作步骤如下：

步骤 1 单击【开始】按钮，在【Windows 管理工具】下选择【碎片整理和优化驱动器】，打开【优化驱动器】对话框，如图 17-35 所示。

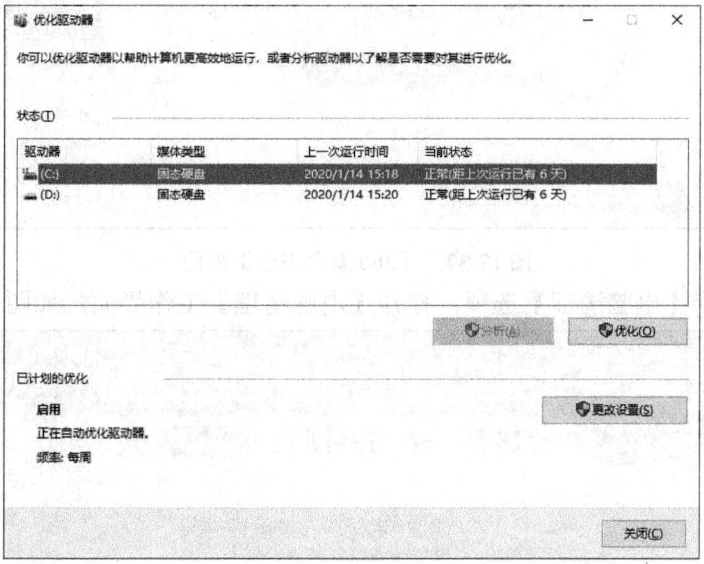

图 17-35 【优化驱动器】窗口

步骤 2 选择需要整理碎片的磁盘，单击【优化】按钮，系统会自动整理磁盘碎片，磁盘碎片整理完成后，单击【关闭】按钮即可。也可使用【更改设置】按钮，对碎片整理进行自定义设计，如图 17-36 所示。

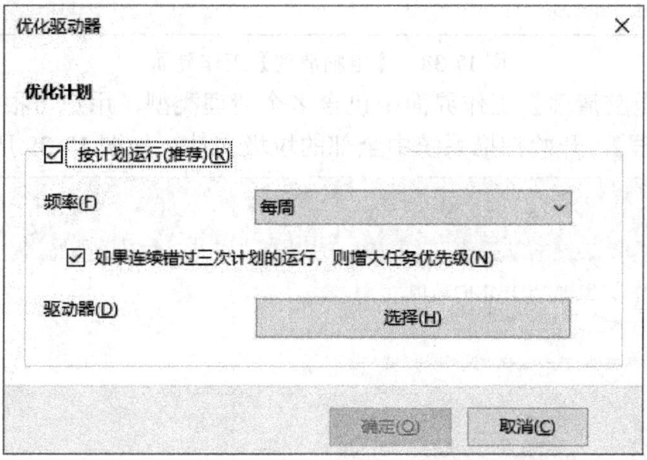

图 17-36 设置优化计划

3. 清理系统垃圾

使用 360 安全卫士清理系统垃圾的操作步骤如下：

步骤 1 启动 360 安全卫士，打开【360 安全卫士】界面，如图 17-37 所示。

图 17-37　【360 安全卫士】界面

步骤 2　选择【电脑清理】选项，打开【电脑清理】工作界面，如图 17-38 所示。

图 17-38　【电脑清理】工作界面

步骤 3　在【电脑清理】工作界面中包含多个清理类型，用户可根据需要进行选择。例如选择【全面清理】，开始扫描系统中全部的垃圾文件，如图 17-39 所示。

图 17-39　扫描系统中的垃圾文件

步骤 4　扫描完成后，在【电脑清理】工作界面中会显示扫描结果，如图 17-40 所示。

图 17-40　显示扫描结果

步骤 5　选择需要清理的项目，单击【一键清理】按钮，开始清理系统垃圾，清理完成后，在【电脑清理】工作界面中会给出清理完成的提示，如图 17-41 所示。

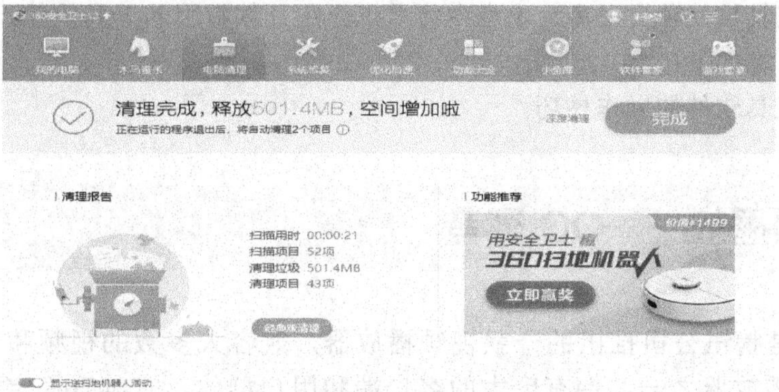

图 17-41　完成清理系统垃圾

步骤 6　单击【电脑清理】工作界面右下角的【自动清理】按钮，打开【自动清理设置】对话框，开启自动清理功能，并设置自动清理的时间和内容，单击【确定】按钮完成设置，如图 17-42 所示。

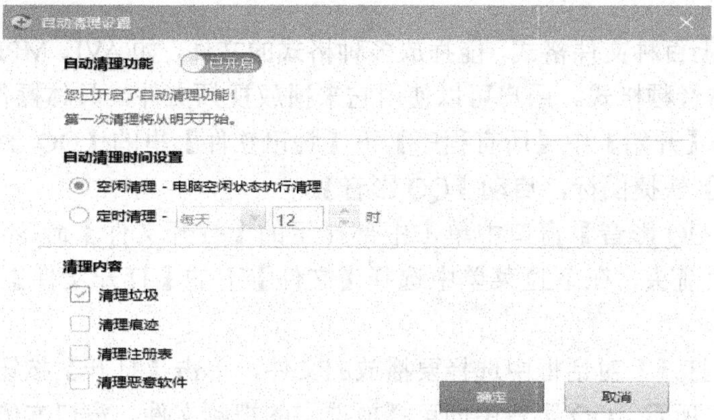

图 17-42　【自动清理设置】对话框

第 18 章 拓展使用

——常用工具软件

计算机硬件决定了计算机的性能，计算机软件决定了计算机的功能。计算机软件分类繁多，除了一些大型的专业实用软件外，如 Microsoft Office、Photoshop 等，我们平时还会用到一些工具软件，如迅雷、QQ 影音等，以方便用户进行文件下载、音视频播放及剪辑等。常用的工具软件种类很多，本章中将重点介绍几款常用的工具软件。

本章学习目标如下：

熟悉常用工具软件的操作技巧。

18.1 视频播放——QQ 影音

QQ 影音是腾讯公司推出的一款视频播放器，兼容大多数的视频和音频格式，是最优秀的影音播放器之一，拥有庞大的客户端和用户群体。它具有稳定灵活的安装、卸载、维护和修复功能，并集成了优化的解码器组合，适合大多数用户的多媒体欣赏需求。

18.1.1 播放本地视频文件

QQ 影音支持上百种文件格式，能播放多种格式的文件，如 AVI、MPEG、FLV、WAV、MP4 等流行视频与音频格式。用户可以使用它来播放视频文件，具体操作步骤如下：

步骤 1 单击【开始】中【所有程序】下【腾讯软件】里的【QQ 影音】或者双击桌面上的【QQ 影音】快捷图标，启动【QQ 影音】。

步骤 2 在【QQ 影音】窗口中单击中部显示的【打开文件】命令，或者单击【QQ 影音】右侧的下拉箭头，在下拉菜单中选择【文件】下的【打开文件】命令，如图 18-1 所示。

步骤 3 在【打开】对话框中选择要播放的文件，单击【打开】按钮，或双击要播放的文件，如图 18-2 所示。QQ 影音中即可播放选中的视频文件。窗口右侧的播放列表中显示已经播放过的文件名称，如图 18-3 所示。

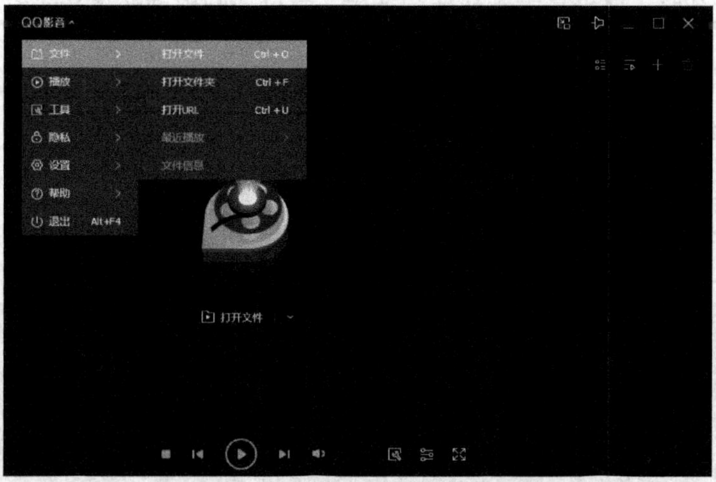

图 18-1　执行【打开文件】命令

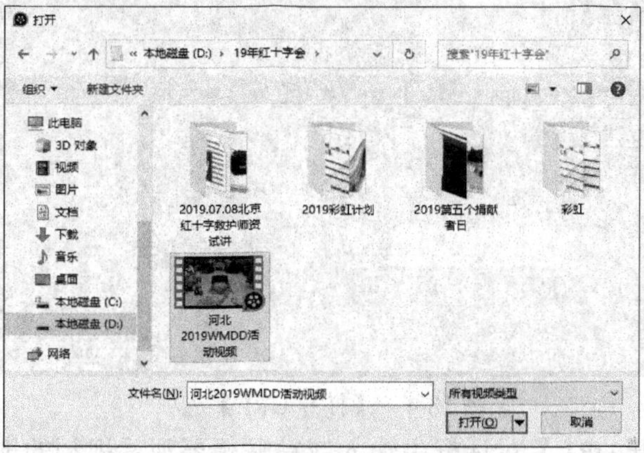

图 18-2　选择要播放的文件

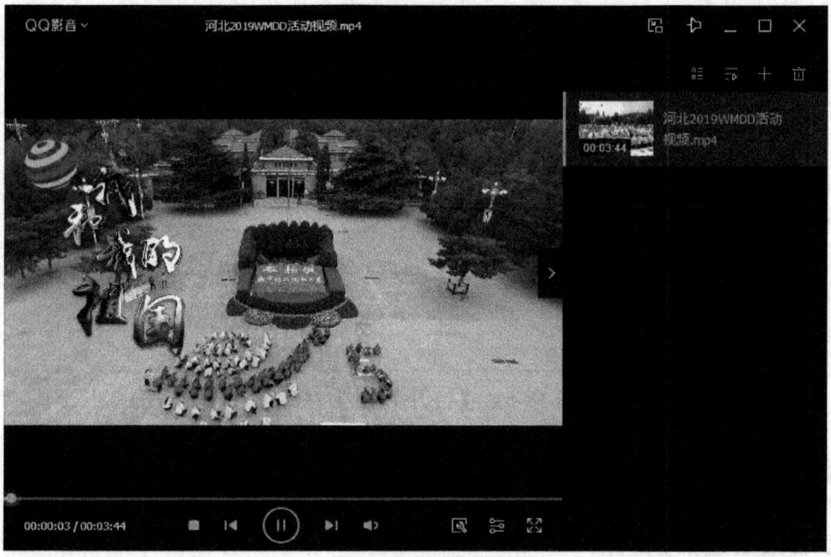

图 18-3　播放选中的文件

播放视频文件时，通过最下方的控制按钮，可以控制视频的播放或对 QQ 影音进行基本的设置。

18.1.2 播放在线视频文件

通过 QQ 影音可以观看在线电影和电视，操作步骤如下：

步骤 1 启动 QQ 影音后，单击窗口中间【打开文件】的下拉三角，从中选择【打开 URL】，如图 18-4 所示。

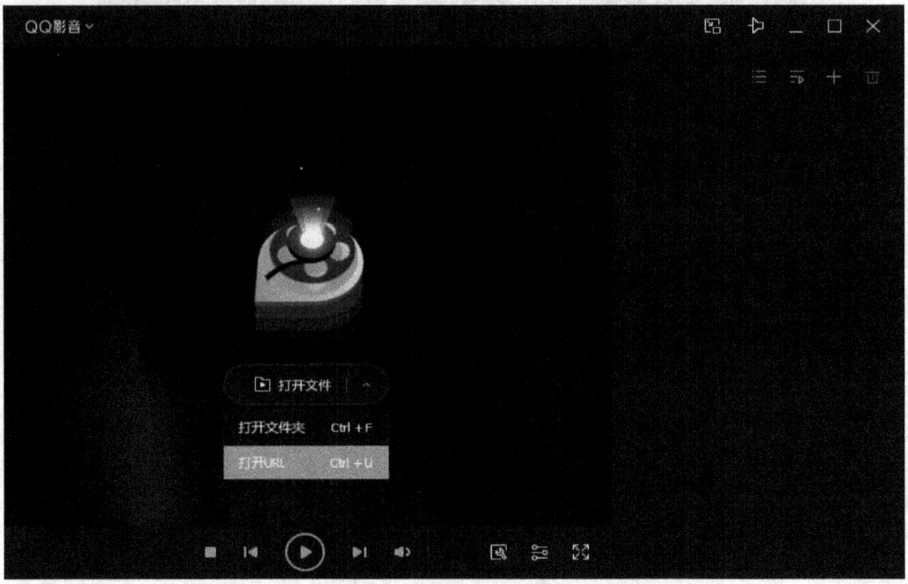

图 18-4 【打开 URL】选项

步骤 2 在【打开 URL】对话框中输入或粘贴想要观看视频的地址，单击【确定】按钮即可打开在线视频，如图 18-5 所示。

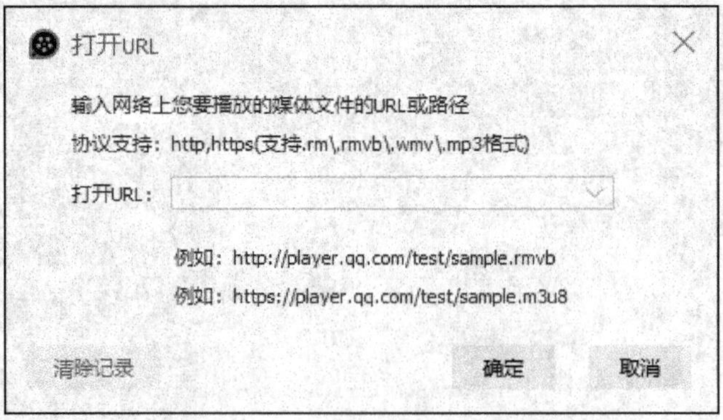

图 18-5 【打开 URL】对话框

18.1.3 截取视频画面和视频连拍

1. 截取画面或连拍

QQ 影音提供了截取视频画面和视频连拍的功能，如果要获取视频中的某个画面，可以单击【QQ 影音】窗口最下方的【影音工具箱】按钮，在打开的工具中选择【截图】或【连拍】便可以截取需要的画面图片，如图 18-6 所示。

图 18-6　QQ 影音的【影音工具箱】按钮

2. 视频截取及合成

在打开视频文件后，用户可以单击窗口页面右下角的【影音工具箱】选项，在出现的工具栏中选择【截取】，如图 18-7 所示。

图 18-7　QQ 影音视频截取

在出现的【视频截取】页面中，首先拉动左右两个滑动的按钮，确定视频截取的范围，接着使用【微调】对视频截取范围进行更精确的设置，然后点击【播放】按钮进行预览，点击【自定义参数】，在弹出的界面中进行格式及分辨率的设置，再次预览检查，确认无误后点击【保存】按钮，如图 18-8 所示。

图 18-8　【视频截取】设置

在分别对几个视频进行截取保存后，可以通过合成将几个视频编辑到一起。通过 QQ 影音打开要合成的视频之一，单击窗口页面右下角的【影音工具箱】选项，在出现的工具栏中选择【视频合并】，如图 18-9 所示。

图 18-9　【视频合并】选项

在打开的【视频合并】窗口中，点击下方【素材】项目下的【+】号，增加另外需要合并的视频文件，如图 18-10 所示。

图 18-10 添加合并视频文件

合并视频文件选择完成后还可以通过【背景乐】添加其他音乐，如图 18-11 所示。

图 18-11 添加视频合并背景乐

单击【保存】按钮打开【保存视频为】对话框，如图 18-12 所示。

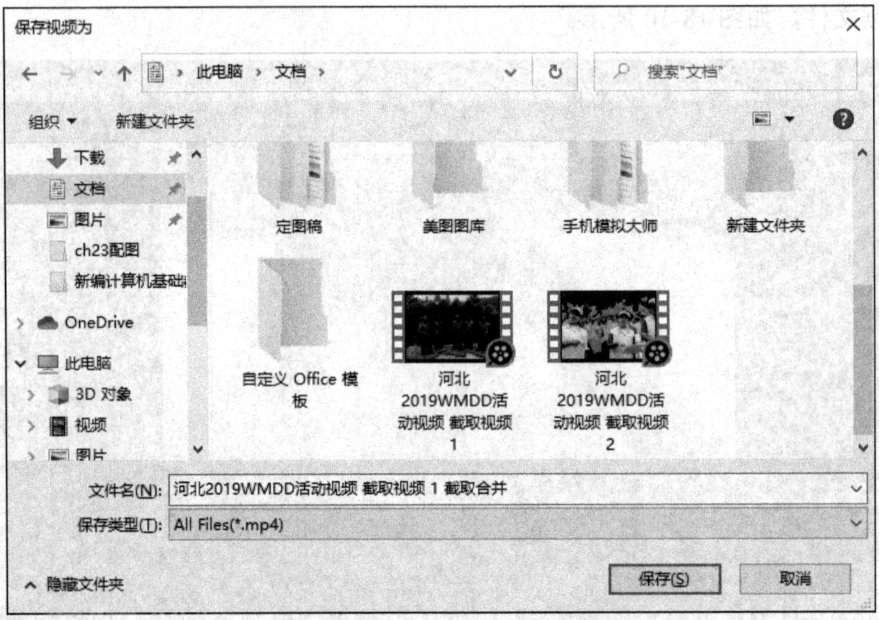

图 18-12　【保存视频为】对话框

根据需要进行保存位置及文件名的设置后，单击【保存】按钮即可将多个视频合并为一个文件，如图 18-13 所示。合并完成后的视频会自动播放。

图 18-13　视频合并过程

播放视频时还可以对播放画质、音质、字幕等进行调整，使画面更适合用户的视觉感受。可单击【QQ 影音】窗口下方工具栏的【效果设置】按钮，在弹出的对话框中对以上各项内容进行相关设置，如图 18-14 所示。

图 18-14　视频效果设置

18.2　网络下载——迅雷

迅雷是一款基于多线程的专业下载工具，它可以同时从服务器、镜像和节点处下载网络资源，速度较快，适合下载比较大的文件，如软件、教学视频、光盘镜像等。

18.2.1　使用快捷菜单下载

使用迅雷下载网络资源可以直接在下载地址上单击鼠标右键，在快捷菜单中选择【使用迅雷下载】命令，具体操作步骤如下：

步骤 1　在网页中找到要下载资源的链接，单击鼠标右键，在快捷菜单中选择【使用迅雷下载】命令，如图 18-15 所示。

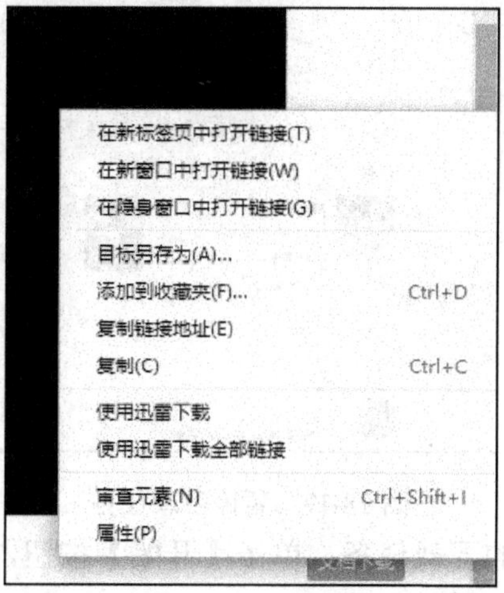

图 18-15　选择【使用迅雷下载】命令

步骤 2　在对话框中单击【存储路径】右侧的文件夹图标按钮，可以选择下载文件的保存位置，单击【立即下载】按钮即可开始下载，如图 18-16 所示。

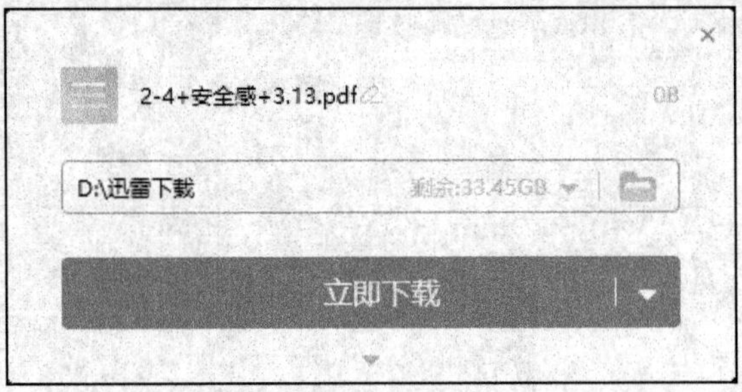

图 18-16　【新建下载】对话框

另外，有的网站会专门提供使用迅雷下载的超链接，只要单击下载超链接，就会启动迅雷并添加到下载列表中进行下载。

18.2.2　自由控制下载任务

在下载网络资源的过程中，用户还可以自由控制下载过程，如开始、暂停或删除下载任务等。具体操作步骤如下：

步骤 1　启动迅雷软件，打开迅雷主页面。

步骤 2　在下载列表中选择要控制的下载任务，单击【暂停】按钮，可以暂停下载进程，如图 18-17 所示。

图 18-17　暂停下载任务

步骤 3　选中已经暂停的下载任务，单击【开始】按钮，则可以在上一次暂停下载的基础上继续下载，如图 18-18 所示。

图 18-18　重新开始下载任务

步骤 4　如果要删除下载任务，先选择要删除的下载任务，然后单击【删除】按钮，或在要删除的任务上单击鼠标右键，在快捷菜单中选择【删除】或【全部删除】即可，如图 18-19 所示。

图 18-19　删除下载任务

18.2.3　查看下载任务

在使用迅雷下载网络资源的过程中，可以随时对下载任务进行查看，包括正在下载的任务、已完成的下载任务、删除的下载任务等。查看下载任务的具体步骤如下：

步骤 1　启动迅雷软件，在迅雷主页面的【下载】分类中选择【正在下载】即可以看到正在下载的下载任务，如图 18-20 所示。

图 18-20　查看正在下载的任务

步骤 2　在【下载】分类的【已完成】中可以查看已经完成的下载任务，如图 18-21 所示。

图 18-21　查看已经完成的下载任务

步骤 3　在【下载】分类的【垃圾箱】选项中可以查看被删除的下载任务，如图 18-22 所示。

图 18-22　查看被删除的下载任务

18.2.4 搜索下载资源

使用迅雷下载网络资源时，常用的方法是在网页中找到资源的下载链接，然后再使用迅雷工具进行下载。在迅雷中也集成了搜索功能，可以直接搜索下载资源。

在下载界面中有一个快捷搜索文本框，直接输入搜索关键字，然后单击回车键即可搜索需要下载的资源，如图 18-23 所示。

图 18-23 使用快捷搜索文本框搜索下载资源

搜索完成后，迅雷界面中会出现一个新的选项卡，在该选项卡中显示了最新的资源搜索结果，如图 18-24 所示。

图 18-24 最新的资源搜索结果